两千多年来天文学、物理学、
化学和生命科学等核心科学领域
众多科学家的重要著作节选

科学通史

The History and Philosophy of Science: A Reader

科学的历史与哲学

[美] 丹尼尔·J.麦考恩 [美] 霍莉·范德沃尔◎著
赵彤 杨爽 孟楠楠◎译

地震出版社
Seismological Press

图书在版编目(CIP)数据

科学通史:科学的历史与哲学/(美)丹尼尔·J.麦考恩,(美)霍莉·范德沃尔著;赵彤,杨爽,孟楠楠译.--北京:地震出版社,2022.10

书名原文:The History and Philosophy of Science: A Reader

ISBN 978-7-5028-5298-6

Ⅰ.①科… Ⅱ.①丹… ②霍… ③赵… ④杨… ⑤孟… Ⅲ.①科学史—世界 Ⅳ.①G3

中国版本图书馆 CIP 数据核字(2021)第115442号

著作权合同登记 图字:01-2021-6881

地震版 XM4519/G(6215)

科学通史:科学的历史与哲学

[美]丹尼尔·J.麦考恩,[美]霍莉·范德沃尔 著
赵彤,杨爽,孟楠楠 译

责任编辑:范静泊
责任校对:凌 樱

出版发行:地震出版社

北京市海淀区民族大学南路9号　　邮编:100081
发行部:68423031　68467991　　传真:68467991
总编室:68462709　68423029
证券图书事业部:68426052
http://seismologicalpress.com
E-mail:zqbj68426052@163.com

经销:全国各地新华书店
印刷:固安县保利达印务有限公司

版(印)次:2022年10月第一版　2022年10月第一次印刷
开本:710×960 1/16
字数:650千字
印张:44
书号:ISBN 978-7-5028-5298-6
定价:188.00元

前　言

◎丹尼尔·J. 麦考恩　霍莉·范德沃尔

我们非常荣幸能将这些在西方文化中从古时一直流传到19世纪末期各个科学领域的原始文稿呈现出来。我们的目的是希望能像亚里士多德、欧几里得、哥白尼、伽利略、笛卡儿、哈维、牛顿、拉瓦锡、达尔文、法拉第、麦克斯韦这些伟大的人物的作品中写的那样，将我们能接触到的最重要的科学发现、研究、实验和成果都变成原则和定理。我们希望这部作品可以将广大潜在读者带到天文学、物理学、化学和生活科学等科学领域的起源和发展，探索其更广阔的历史和哲学领域，这件事是非常有意义的。

这些精心挑选的原始阅读资料是要选入优秀本科生或研究生科学历史、科学哲学课程教材的核心资料。我们认为让从事这些行业的人了解这些资料非常有必要，我们也希望这部作品可以成为这些科学原理的标准入门材料。我们在波士顿学院科学和数学的历史与哲学入门专业进行时长一年的双学分任教时由于推崇直接接触原始资料，这部作品才得以逐渐诞生。2008年秋季，学院主席帕特·拜伦委托我们将《科学新视野》课程重新纳入波士顿学院庞大的课程体系中。尽管如今科学的历史和哲学领域已经非常活跃，专业性也达到了一定高度，但我们还是很惊讶地发现很难找到一部原始文字资料集能做到不止包含从哥白尼到牛顿为止的科学史认真探讨古时的研究，并且没有忽略地质学也是科学的一部分，并能将科学史的方法和理论的进展与环境相结合，因此我们利用现有的课程资料、在研究生课程上阅读过的资料以及同事们的推荐资料开始呕心沥血地拼凑整理，每年大概会有五十位学生接受我们的课程。几年来我们不断寻求改变，将无用的部分剔除，并加上能覆盖更广阔和更有趣话题的材料，删除冗余的阅读段落，并扩充了探讨不足的部分。

为了简洁易懂，这些阅读材料已经进行了删减，为了更好地阐明学科的发展、方法和学科的统一，文章并未纯粹按时间顺序排列，而是按照主题和主题的统一来分组的。章节的分割让讲师可以将课程重点放在哥白尼革命或达尔文进化论的背景上，让学生只看与课程相关的部分，其他这类课本往往侧重于像力学和天文学这类更狭窄的领域，忽略了本书中第一、四、五部分的内容。此外，在 17 世纪末，他们倾向于将阅读科学课本转向科学哲学文本，通过关注对最容易获得的原始材料的选择性学习，本书仍将关注点保留在科学家自身上。这些读物展示了自然哲学家们对宗教、种族、政治和认命权的生动讨论，各个种族真实的人们活生生出现在书页之中，这一切正是因为作者们都在尽心尽力地学习如何了解自然世界。他们的作品中包含了异议和轻蔑、幽默和刻薄的批评、傲慢和谦逊——一切都是在自然哲学的背景下。

第一部分自然哲学的诞生：古希腊世界的科学与数学的选文展示了古代科学的几个分支的发展，涉及塑造了西方科学传统的物质、运动、生命、数学和宇宙学理论。

第二部分翻译、引用及批判性参与：罗马、中世纪伊斯兰教及欧洲世界的科学既反映了古代世界观在中世纪伊斯兰教和欧洲被采纳和发展的程度，也反映出这些成果对 16 和 17 世纪革命的影响和启发的程度。

第三部分天文学和力学的革命：从哥白尼到牛顿包含了对亚里士多德理论的批判以及方法、仪器和技术的发展，这些都导致了 16 和 17 世纪天文学和力学领域影响深远的世界观大变革。

第四部分研究无形之物：光、电和磁学体现了关于光粒子和光波理论的争论、研究电和磁本质重要的里程碑事件以及法拉第和麦克斯韦研究成果中这三种现象惊人的理论统一。

第五部分过渡元素：化学、空气、原子与热从炼金术的原理推移到现代化学，包括识别不同类型的空气、了解元素周期表发展历程中的重要阶段、分析热是分子运动而不是热质以及热力学的兴起。

第六部分地球及其所有生物：地质学与生物学发展从哈维发现血液循环到莱尔的均变论地质学，着重于生物学、地质学和人类学的非凡理论和实验发展。

第七部分进化的出现：达尔文与其对话者关注达尔文进化论，涉及《物种起源》和《人类的起源》两本巨著中的选段以及同时期对达尔文作品批评和支持的意见。

我们预想，仔细阅读和讨论这些文本会产生一系列丰富的历史和哲学对话，有助于学生理解关键的科学思想，探索它们诞生的社会背景和文化背景并能反思它们的意义。

根据：为什么普通读者需要关心科学的历史和科学哲学？

科学史和科学哲学的独立知识价值无须辩护。然而，还是请允许我们对科学的起源、发展以及如何以解决更重大的社会问题的眼光来理解和评估科学材料，对培养历史和哲学上已知角度的潜在价值进行简短的评述。

科学已经对我们的社会、工业、政府政策、教育机构、国际事务，以及我们对现实的看法都产生了巨大的影响。也许现在与以往任何时代一样，有机会了解和反思科学的起源和发展，对公民明智地参与全球文明未来即将面临的一系列与科学技术有关的社会道德问题也至关重要。当然，我们也不会假装说未来社会挑战的解决方案都可以从科学史的一系列文本中找到，这些文本并没有涵盖当代科学探究的内容和方法。然而，为了确保科学可以按照既能蓬勃发展，又服务于公共利益的结构形成体系，对科学的历史和哲学有一定了解不仅对有志向的科学家有意义，对公民来说也是至关重要的。

我们认为，接触和参与与科学的历史和哲学有关的问题可以在许多重要方面促进科学素养的培养和对科学负责任的反思。与读者互动的大学课程主要目标可能包括：

仔细分析和讨论伟大的经典及当代自然科学的课本和人物，如天文学、物理学、化学和生命科学。

了解科学思想涌现的社会和文化背景。

使学生掌握阅读、复述和批判性理解西方科学历史和哲学中心问题和思想的必备工具和技能。

认识和描述数学在科学探究中所扮演的角色。

探讨一些中心主题，例如是否存在一种（或多种）科学方法可以随时间发展，及其随时间发展的情况。

培养学生的背景知识、历史观点，以及独立思考科学活动的习惯，有助于公民理智地参与科学与社会交汇处出现的重要问题。

从人文的角度进行科学的研究也有很多价值，如提出和科学相关的问题，当科学家不将直接提问或试图回答作为其工作的一部分理解在这种文化背景下科学的地位；试着去理解人们在不同时期提出的关于自然世界的问题、他们提出的假说、他们使用的方法、他们觉得令人满意的答案，以及体现在他们身上的思想和价值观的含义。

在每一次阅读中问自己以下问题：在作者理解自然世界的方式中，哪些思想、活动和价值观是直白的，哪些是隐晦的，这些活动如何与形而上学、神学、文学、伦理学、政治哲学或工程学等其他学科相比较或相区分，作者都提出了什么类型的问题，他们又准备如何回答这些问题，他们用什么标准来评估各种提案（例如，数学严谨性、准确地找出原因等），是什么激发了这些提问，这些活动在社会中有怎样的意义（例如，神话和预言的实用性、实际应用、为自己的利益而提问等），对于他们的社会需求、兴趣和能力，这又告诉了我们什么信息，这篇文章是用什么体裁写的（例如，诗歌、信件、演讲、论文，或对话），你认为目标受众是谁（例如，他们特定科学领域的其他专家、所有自然哲学家、公众、赞助人），感官体验、理论、数学或其他因素对作者认知论或关于知识来源的观点起了什么作用，考虑到这些阅读材料中所表达的哲学观点，在作者的哲学概念中对于“探究”处于自然的位置有怎样的暗示，阅读材料是否表明了作者所处文化背景下各个学科或探究的各个领域的状况，在作者所处的社会环境下，哪些领域和技术得到了发展，他们如何运用数学来思考生命和行星的本质以及我们在宇宙中的位置，伟大的科学成就是如何通过打破传统产生的，又是如何依赖传统而产生的，各门独立的科学是如何开始成为分门别类的学科的，数学的进步为何经常激发新的科学观点，鉴于科学在任何时代的特定时段都是具体化的，科学的范围和限制或是承诺和风险都是什么，我们将如何利用科学释放出来的或好或坏的力量，那些愿意在人类历史上培养这样一种视角，愿意接受这个具有挑战性的任务但也很愉快的人们能试着去理解自然世界、生命和行星、物质构成的原理，还有各种元素引发的关乎我们在宇宙中地位的重大问题，以及我们如何能以更好的姿态去独立思考，科学要如何继续发展，我们要如何最好地利用它。

术语说明：在本书的简介中，我们交替使用术语“自然哲学”和“科学”。直到18世纪末，“科学”一词才被广泛用于描述对自然现象的研究（尽管它起源于拉丁语 scientia 和希腊语 episteme，意为“知识”，常与单纯的意见相对使用）。天文学、光学、力学和解剖学等特定学科领域的术语是存在的，但直到20世纪初，如果有人想要表明对这些领域中多个领域的兴趣，他会称自己为“自然哲学家”。伽利略为了“宫廷哲学家”的职位多年来一直倾向于美第奇家族。在比格尔号航行的那些年里，达尔文的船员们称他为“哲学家”（达尔文在这次航行中的实际头衔是“船上的自然学家”）。

即使在有些时期作者并不会以“科学”形容自己或自己的作品，但“科学”和“科学家”是如今常用的术语，我们为了保证清晰简洁，也在本书中这样使用。

目 录

第一部分 自然哲学的诞生：古希腊世界的科学与数学

第二部分 翻译、引用及批判性参与：罗马、中世纪伊斯兰教及欧洲的科学

第三部分　天文学与力学的革命：从哥白尼到牛顿

第四部分　研究无形之物：光、电和磁学

第五部分　过渡元素：化学、空气、原子与热

第六部分　地球及其所有生物：地质学与生物学发展

第七部分　进化的出现：达尔文与其对话者

第一部分

自然哲学的诞生：古希腊世界的科学与数学

人类本质

Ⅰ.如果一个人对用与医学的关系来讨论人类的本质的论调习以为常，那他一定不会得到多少收获。我从来不会说人类是气、火、水、土，或是什么其他根本不是人类构成部分的物质，这种说法的成因就让给那些愿意解释的人来讲吧。但依我所见，那些会有这种想法的人可能掌握了错误的信息。因为一旦他们接受了同样的信息，就不会给出不同的观点。虽然他们会在自己的想法上加上一样的说明，即“人类是什么”这个问题是一个整体，所以既是整体也是万物，但这种说法还是无法自圆其说。其中还有人坚称，万物皆气，万物皆火，万物皆水，万物皆土。而每个人都在自己的说法被佐证后指出万物皆空。实际上如果接受同样的信息，但给出的观点却截然不同，这只能说明他们接受的信息有误。

Ⅱ.这些人我已经谈得够多了，现在我来说说医生们。有些医生说人类是血液，还有些说人类是胆汁，还有少数人说人类是黏液。和形而上学者一样，医生们也会附加同样的说明。他们也会说，人类是一个整体，美其名曰人类会按照自己的意愿改变自己的形态和能量，受到冷热的限制，会有甘苦黑白之类的变化。而依我之见，这种观点也是错误的。绝大多数医生都保持这种想法，但并非人人尽然。我觉得如果人类是整体，那么人类应该不会感到痛苦，因为整体中的任何一种元素都不会让人承受痛苦。就算他要承受，也一定会有一种疗法。而实际上疗法是有很多的。

由于人体内有多种物质，这些物质经过加热、冷却、风干、加湿，转变成自然状态的相反态时，就会诱发疾病，因此疾病的种类和治愈疾病的方法都纷繁复杂。但对于坚称人类只由血液组成的人，我想请他们指出一个从未改变形态，或状态始终一致的人，或是说出血液是组成人体唯一物质的一个时期、一个季节或是人生的一个阶段，因为如果人体内只有血液一种物质的话，那么只有保持同一时期的形态才合理。我的回应对于人类只由黏液或胆汁组成的说法同样适用。我会证明我认为的人体构成，在传统方面和自然方面的依据都一样，不论长幼，不论冷热。我还会用证据说明每种物质在体内生长和消退的主要原因。

Ⅲ．因此既然这是人类和其他所有事物的本质，显然人类就不是由一种物质组成的，而是由每一种物质在体内聚集成族群，进而积累出的能量集聚而成的。同样，在人体死亡后，每种物质都会回归最本质的形态——湿润干燥，炎热寒冷，皆为如此。动物和其他一切生物的本质也是一样的。万物生长和衰亡的方式都很类似。万物本质上就是由我上面提到的那些物质组成的，而且就像我说过的，万物也都会以组成物质的形态终结，这便是它们的归宿。

Ⅳ．人体本身包括血液、黏液、黄胆汁和黑胆汁。这些物质构成了人体的本质，人们也是通过这些感受痛苦或是享受健康状态。当各种物质彼此的结合、功能和剂量比例都刚好协调的时候，人体就会感到非常健康。而当某种物质有所缺陷或过量时，或是未能与其他物质结合，在体内遭到孤立时，人体则会感到疼痛。在某种物质被孤立时，不仅源头一定会有病痛，淤积位置也会由于物质过量累积而产生病痛。实际上保证体内有一种以上的液体流动，对于避免液体过剩是非常必要的，空就意味着痛。另一方面，如果在其他物质的排空、转换或隔离过程中是内部官能作祟，那么根据上面的说法，人体将承受双倍的疼痛，一边是排空，一边则是泛滥。

Ⅴ．现在我要展示出我认为人体内物质保持固定的传统依据和自然依据。我认为人体内的物质有血液、黏液、黄胆汁和黑胆汁。首先我保留这些物质流传下来的名字，并且我坚信这四类物质彼此不同，且依据科学事实，它们的基础形态对比鲜明。黏液和血液、血液和胆汁、胆汁和黏液都截然不同。它们在视觉效果上给人的感觉是颜色各异，触感也各有不同，怎么会彼此相似呢？所以它们的冷暖和干湿都不尽相同。它们彼此之间从基础形态到能量都差异巨大，就像水、火不是一种东西一样，它们也不是一码事。接下来我的举证会让你知道，它们不光不是一种东西，反而每一种都有自己的能量和特质。如果一个人服用了会排出黏液的药物，他会马上吐出黏液来；如果一个人服用了会排出胆汁的药物，他会马上吐出胆汁来。而且如果你有意让一个人受伤，血液也会流淌出来。你会发现只要这个人还有呼吸，上述的事情就会不论四季更迭，整日整夜地发生，直到他的某种原生物质消耗殆尽。原生物质正是我们已经提过的几种与生俱来（怎么可能不是呢）的物质，首先只要人活着，体内就肯定留有这些物质——从生而为人到养育成人，体内一直拥有这些物质，也就是我上述佐证的物质。

……

Ⅶ.冬季，人体内的黏液量会有所增长，因为黏液作为人体内最寒冷的物质，是和冬天最为相似的。要证明黏液温度最低很简单，在触摸黏液、胆汁和血液时，你会发现黏液最凉。同样，黏液也是最黏稠的。其次，黑胆汁最难排泄。物质在受力排出的过程中，由于受力的影响温度会升高。但尽管如此，黏液仍然由于自身的本质显示出温度最低的特点。冬天来临体内充满黏液也有很多证据可以佐证。冬天的痰液和鼻涕都为黏液，因此很多肿胀处会发白，疾病也变得非常顽固。而在春季也一样，黏液还是会顽强地留在体内，此时血液量也在增长。寒冬离去，春雨袭来，血液量会随着气温的回升和雨水的增多而继续增长。这种季节是和血液的特质最为相似的，春季也是湿润而温暖的。看了下面这个例子你就可以理解了。春夏两季人们主要的疾病就是痢疾和鼻腔出血，这两种情况都是燥热又鲜红的。夏天血液依然顽强，体内的胆汁量则开始增长，一直到秋季来临。秋季血液量开始减少，因为秋季和血液的本质相悖，而体内的胆汁则在夏秋两季占了上风。下面这个例子也可以帮助你理解。秋天人们会在未催吐的情况下吐出胆汁，清理时会发现呕吐物是最有胆汁质感的，发烧导致的呕吐物也具有一样的特性，人们的肤色也会变得苍白。但夏天黏液量最少，因为夏天干燥温暖，刚好和黏液的本质相悖。秋天人体内的血液量最少，这是因为秋天干燥，人的体温要开始下降；秋天黑胆汁量最多，也最为强大。冬天来临时，由于降温，胆汁分泌量也开始下降；由于降水量的增多和夜晚时间变长，黏液再次增长。所有元素就这样组成了人体，只是分泌量年复一年地随着自然环境的变化多多少少有所改变。作为每一年中的变量，诸如冷热、干湿等，实际上如果没有宇宙中的万物，这些变量并不会持续太久，但如果其中任何一种消失了，一切也都会消失。之所以一切元素都有着相同的重要性，是因为各个元素彼此之间是相互依存、相辅相成的关系。尽管如此，如果一个人体内任何一种原生物质即将消耗殆尽，那他也命不久矣。一年之中，春夏秋冬，哪个季节劲头最强都有可能。所以人体内的血液、黏液、黄胆汁、黑胆汁，哪种体液最为强劲也都有可能。最明显的佐证就是，如果在一年之中的四个季节将同一种药物给同一个人服用，通过他的呕吐物你会发现，冬天的最具有黏液质感，春天的湿度最大，夏天的有胆汁样的物质最多，而秋天的颜色最黑。

……

Ⅸ. 而且，人们必须理解，由饱胀而引发的疾病要通过排解而治愈，由匮乏而引发的疾病要通过填充而治愈，由操练而引发的疾病要通过休憩而治愈，由停滞而引发的疾病要通过运动而治愈。医师们为了了解整体病因，必须将自身和已知病患的疾病、体质、季节和年龄进行比照，让紧张处放松，让松弛处紧绷。这样患病处才会得到最大限度的休憩，而且我认为这样才可以称为治疗。

（希波克拉底[①] 公元前400年）

①同《希波克拉底选集》部分文字一样，对于《动物史之人类本质III.3》的作者存在一些怀疑，亚里士多德认为该作是由希波克拉底的女婿波吕波斯所著。

蒂迈欧篇

克里提亚斯：苏格拉底，我来说说我们今天的安排。蒂迈欧作为我们当中天文学了解最多的，主要研究宇宙本性，我们打算让他先讲。他先从宇宙的产生讲到人类的诞生；接着我将继续谈谈你说过的，人们如何从最优秀的教育中获益；然后根据梭伦的定律和他的故事，我们要把他们带到法庭纳为公民，就像远古时代被时光遗忘但仍被庙祭司记载下来的雅典人一样，我们在这里让他们成为雅典人和同胞。

苏格拉底：我想我这次一定会收获颇丰。蒂迈欧，请继续讲吧。

蒂迈欧：苏格拉底，但凡有一点儿想法的人，在做每一件事之前，不论大小，都会求助于上天……我现在要问的问题是一切问题的起源，也就是，这个世界是没有起源，一直存在的，还是被创造的且有起源呢？在申明宇宙的世代发展的问题上，有很多观点可以证明，我们无法就每个方面给出全面、准确且连贯的解释。对这一点不要吃惊。现在我们把这种类似的可能解释得差不多了，因为我们一定要记住，我作为演说者，你作为评判官，我们都是人，所以我们要去接受类似的说法，不要再去奢求。

苏格拉底：太好了，蒂迈欧。我们会向您说的，尽可能做到准确。这段开场非常好，我们都非常认同。接下来可以讲主题了。

蒂迈欧：我来谈谈为何创造宇宙万物。我们应该凭着人的智慧相信上天希望万物尽可能完美无缺，但也发现可见事物变幻不息，毫无规律地到处移动，于是上天在无秩序中引入了秩序，认为这样总会有所改善。现在最好的举措已经做了出来，而造物主在自然界可见事物中积累经验，发现可见事物中有理性物整体上要优于无理性物，而理性除了灵魂之外不可在其他地方存在。因此在他创造宇宙之时，他将理性放入灵魂，将灵魂放入躯体，于是成就了可能是自然界中最伟大的作品。因此根据概率学，我们可以认为宇宙作为生命体是有灵魂和理性的。

既然这样，那我们就接着说吧。我们是要承认只有一个宇宙，还是多个甚至无数个宇宙呢？如果根据原始版本创造副本，那就一定只有一个宇宙，因为包容各种理性生命体就不会有副本或是同类，否则将会有另一种生命体可以包含两者，这样它们就成了组成部分，更有可能成为并非它们自身的相似品。为了让宇宙像完美生物一样更具有独一性，再怎么讲也不会创造出两个或无数个宇宙。

既然创造物是物质的，可见可触，没有火则不见一物，没有硬度则无法触摸，没有土则没有硬度。因此最初便用到了火和土。但两种东西在没有第三者的介入下是不会完美融合的，因此需要第三种东西来调和。而最好的调和物可将自身融入结合物中，为了达到最好的融合效果，调和比例也很重要。任何三个数字，都会有一个中数，即对于尾数来说它是头数，对于头数来说它是尾数，因此中数既是头数也是尾数，而头数和尾数又都是中数，三者都扮演了同样的角色，三位一体。如果宇宙体被设计成没有深度的平面，一个中数就可以将自身和其他混在一起，而现在宇宙作为立体物需要两个而不是一个中数，于是在火和土中加入了水和气，并让彼此间的比例尽可能相同，比如火和气的比例与空气和水的比例一样，气和水的比例与水和土的比例一样。这样便组合成了可见可触的完美宇宙。就这样，用这四种成分，宇宙这一整体就形成了，比例的调和具有和谐的力量，它自成一体，不容任何人破坏。

宇宙由这四种元素构成，造物主用水、火、气、土创造了世界，没有遗漏任何一种原料或能量。造物主最初的想法是，动物[①]应该尽可能成为完美的整体和完美的组成部分；其次，它应该是一个整体，在它之外不存在任何

①其他地方译作“生物”而非“动物”。

创造物；同样它不受任何疾病和衰老的困扰，并且它应该给世界一个合适又自然的形象。因为它包含了全部生命体，这个合适的形象也将包含造物主自身其他各种形象。因此造物主将宇宙做成球形，从中心到圆周各点距离相等，这也是最完美最像自身的形状。他认为自我相像者要远比自我不像者完善。他还进行了完善，将表面制作得绝对平滑，这样做也有很多原因：首先，由于外界无可所见，生物并不需要眼睛；其次，没有空气，也不能呼吸；再者，也不需要器官辅助其获取和消化食物，因此无进无出，所以，除它本身以外，再无其他。因此它被设计成自给自足的模式，而它的所作所为也都由自身承担，造物主认为自给自足总比缺乏某种物质要优越。并且由于它无须抵御任何人，造物主认为无须赐予它双手，同样也没有双脚或任何行走工具，但由于它具有球形的结构，所以被赋予了一种运动，也是运动中最适合理智和智慧的一种：它被设计成在同一点做着同一种运动，在自身限制中做着最大限度的转动。另外六种运动与它无关，这样可以尽可能地避免偏差。这种圆周运动无需双脚，因此宇宙本身也没有腿脚。

因此创造之神一定有平滑的躯体，并且有中心到表面全部相等的表面，有由完美的躯体演变而成的完美躯体，他在中心置入了灵魂，这样扩散至全体，也成为外在的环境；他将宇宙设计成做圆周运动的球形，唯一且独立，也是由于它可以独立自主，无须依赖他者。

……

造物主看着这个运动着的有活力的创造物，如同为永恒之神打造出了形象，他非常高兴，于是决定打造一个和原版相似的副本。由于原版永恒，所以宇宙也将尽量是永恒的。如今理想物的本质都是不朽，但要将这一本质赋予副本不太可能。因此他决定设定永恒的动态形象，即有规则的天体运动，这样永恒的形象就会根据数字来运动，而永恒本身仍保持统一性，这种形象就是我们所说的时间。在提案存在之前没有日、夜、月、年的度量，因此在创造天体时他也创造了这些。它们都是时间的组成部分，过去和未来是时间的种类，但我们往往无意识地错误理解为是永恒的本质。我们常说“过去”“现在”和“未来”，但实际上只有“现在”最适合时间本身，而“过去”和“将来”只是用来形容创造物的，因为它们是运动的，但不变的相同者不会随着时间的流逝而变得苍老或年轻，它们对任何可以影响运动物和敏感物的原因或时光都不会有任何影响。这些都是时间的形式，它们效仿着永恒，按照数字法则运转。加之，我们说的已经发生就是发生了，发生着就是正在发生，将要发生就是尚未发生，不存在是指现在不存在，以上这些都是不准确的表达方式，但或许以后更适合讨论这个话题。

就这样，时间和天体同时产生，同样如果要消失的话也会同时消失。它是根据自然的永恒天性创造出来的，它会尽可能与本体相似，由于本体永恒存在，所以天体过去、如今和将来都是永恒的。太阳、月亮，以及如今被我们称为行星的其他五大星体，是他用来确定和保存时间数据的创造物。他在创造星体时，将它们置于不同的七条环形轨道上。首先月亮在最靠近地球的轨道上，然后太阳在第二轨道上；其次是晨星和赫尔墨斯神的居所，它们的运行速度和太阳一样，但方向相反，这也是太阳、晨星和暮星彼此赶超的原因。说明他给其他行星安置的位置和原因，尽管无关紧要，但还是比前面几个麻烦得多。所以这个以后我们空闲的时候再来说吧。

当这些对于时间的出现至关重要的行星都有了适合自己的运动后，它们也都成了被重要纽带连接而成的生命体，了解了各自负责的任务后开始进行多样运动，倾斜且受同种运动控制。它们的轨道或大或小，轨道较小的星体运行更快，轨道较大的星体运行更慢。由于都在进行同种运动，那些快速运行的行星看上去像是被慢速运行的行星赶超，而实际上却是相反的。由于同种运动让它们进行螺旋形的旋转，且方向相反，这样导致在同样运动中运行最慢的反而成为最快的，所以看上去依然紧密相随。八大行星运转速度的相对快慢需要一种可见的度量，于是点燃了火，也就是第二轨道上的太阳，让它为所有天体提供光亮，而自然中所有生物都可以参与到数字中，分享同种运转下的同种计算法则。于是，便有了昼夜，昼夜成为最有智慧的周期。月亮完成它的周转就是一个月，太阳完成它的周转也就是一年。人们很难留意到其他行星的运转周期，没有相应的名字，也不会用数字辅助计算彼此之间的运转，因此也很难说它们的运转在数字上是无限的，多变性多么伟大，或者也可以当作时间。然而，实际上不难看出，八个行星的运转，由于在一年之中速度不同，所以都有精准的刻度，它们相互依存，在同样的时间内完成自己的运转，而时间正是由它们相似的运转计算出来的。有了这种方法，其他天体也都以同样的运转方式被创造出来，最终天体都效仿着永恒的本性，也尽可能成为最完美且最有智慧的创造物。

现在有了时间，宇宙也是仿照原版而成，但其中的各种生物并不和原版完全相似。剩下的工作由造物主根据本性继续完成，由于理想生物一定要有某种天性和数量，所以这种创造物就应该有相似的天性和数量，于是就有了下面四种形式：一是天上的诸神，二是空中的鸟儿，三是水中物种，四是陆地上的生物。至于天神，他用万物中最明亮最光辉的火来打造，赋予了和宇宙类似的球形，并让其追随优越的理性运动，将其置于天空各处，点缀了真实的宇宙和美妙的世界。他也给每个天体赋予了两种运动：一种是原地反复运动，它们可以对同样的问题保持同样的思考；第二种是向前运动，受到相似运动的控制，但不受另外五种运动的干扰，因为要让它们每个都达到最高的完整度。就这样，恒星诞生了。它们是永恒且神圣的生命体，在固定点以同样的方式自我旋转。而那些改变运动的行星都会有所偏离，它们的运动方式我们已经谈论过了。地球作为我们的养育者，围绕着贯通的轴心旋转，作为昼夜的守护者和度量者，是天神中最有资历的一个。实际上搞清楚这些天体的运行和位置是徒劳的，还有它们自身的返程、相似的地方、哪个和哪个会相遇、哪个和哪个背道而驰、前后顺序、隐现时间表，这些都会给未来那些无法勘测天体运动的人造成恐慌。解释这些问题就要用可视化模型来说明。这个话题说得差不多了，现在我们说的可见天神和创造物本性的问题就告一段落。

想要搞清楚其他神的起源也超越了我们的能力范围，我们只能接受远古时期的传统说法，他们自证是神的后代，当然这是他们的说法，他们肯定非常了解自己的祖先。我们怎么能质疑神的后代的话呢？尽管他们给不出合适或确定的证据，但他们声称他们讲的正是他们家族所发生的事，我们必须入乡随俗并相信他们。这样，根据他们的说法，这些神的家族就得以延续下来。

欧克阿诺斯和特提斯是天神和地神的孩子，他们又生出了福尔克斯、克洛诺斯、瑞亚等一代神；克洛诺斯和瑞亚生下了宙斯、赫拉和他们的兄弟姊妹，他们也都有了自己的孩子。

进化过程完全可见的神和那些天性较为孤僻的神都诞生了，造物主对他们说："诸神，你们都是神的孩子，而我创造了神，因此我是造物主，万物之父。我的创造物永垂不朽，我也一样。这一切也许都会消亡，但让如此和谐美满的事物消亡绝对是邪恶之人的念头。因此，虽然你们是创造物，也都并非永恒或无法消亡，但你们一定不会消亡，也不会承担必死的命运，我的意愿要比你们从出生之时开始的纽带更强更优越。现在请听我的指导：还有三个物种没有被创造出来，没有它们宇宙就不算完整，完善的宇宙是要囊括每一种生物的。但反过来讲，如果是由我来创造他们并赋予他们生命，他们将与众神平等。这样他们也终将死亡，这个宇宙将达到绝对的普遍，用我创造你们的能量，根据你们的天性来创造生物。我将亲自播下种子，做开始的工作，接下来将转交给你们。你们要将永生之物和非永生之物交织在一起创造生物，给予他们食物，让他们生长，待死亡之后再将他们容纳。"

他这样说着，在盛着宇宙灵魂的容器中加入了剩余的元素，以同样的方式进行搅拌，然而他们并不像之前那样纯粹，反而愈加稀释。完成后他将整体分成和繁星一样多的灵魂，并为每一颗星赋予了一个灵魂。然后他将他们放到了神车上，向他们展示了宇宙的本质，宣示了命运的法则，即他们从出生之时命运都是一样的，他不应该有任何偏袒或不公。他们应该在合适的时间被播种，成为最虔诚的生物，因此人有两种，优秀的一种会被称为男人。[①]如今灵魂由于其必要性被植入躯体中，所以总会导致部分身体有所获得或缺失。因此，首先至关重要的一点就是他们要有共同的感官，对外界不可拒绝的事物做出反应；其次，他们要有爱，快乐与苦痛交织并存，同样还有恐惧和愤怒以及与其相反的感受，他们只有控制了这些感情才能生活得舒适，一旦被这些感情控制，就不会有舒适的生活。在指定时间里，能生活舒适的灵魂将回归并栖居在原本的星星中，过着幸福和谐的生活。

---

①本篇是古希腊时期柏拉图所著，仅代表当时的观点。

但如果做不到这一点，他将转型为女人，一旦进入这种状态，还未停止邪恶行为的话，他将转变为与他品性相似的动物。这样不断轮回和转变，直到他的转变和他自身相符，混乱的火、水、气、土都受到自身统一运动的制约，通过理性的控制回归到他最初最好的状态。他把这些法则赋予他的创造物，认为未来即使有罪恶发生他也无须承担责任，于是将他们播种，有些被播种在土地里，有些被播种在月亮上，有些则被播种在时间体上。随后,他让年轻的天神来塑造他们非永生的躯体,装备人类灵魂所需的一切，给予其所需要的一切，并对其加以管制，尽可能以最优秀最聪明的方法来带领他们，如此一来，日后罪恶的产生都与他无关。

造物主安置好这些法则后，仍保持自己平常的样子，他的子嗣都认真遵循他的话。他们学习着为非永恒创造物设定的永恒法则，为了模仿造物主分配的火、土、水和气的比例，他们借来了一些，随后也归还了回去。他们将材料糅在一起，没有用自我连接不会毁坏的纽带，而是用小到看不见的夹子将四种元素揉成不同的物体，控制着身体内永生灵魂的出入状态。就这样，灵魂像河流一样，在可控范围内运动。但往复的湍急流动也会让身体运动逐渐升级，毫无规律、不合逻辑地徘徊于上下左右前后六种运动中。时而湍急时而停息的洪水也带来了充足的营养，进而与外界接触，产生更大的喧哗。

……

我认为，视觉是我们的最大福祉，因为如果我们从未见过星星、太阳等，我们将永远不会对宇宙有任何看法。但如今有了昼夜的景象和年月的轮转，数字和时间的概念也应运而生，我们也有了探究宇宙的能力，也是因为这样衍生出了哲学，就诸神能给予凡人的恩赐而言，这绝对是最好的了。这已经是视觉最大的好处了，那些次要的方面我为何还要再说呢？当好处受损时普通人会哀叹自己的损失，不过这都是徒劳。但我还是要说，上帝创造了视觉并愿意将其赋予我们，希望我们可以看到天上智慧的变幻，并将其运用到与之相似的包括受到影响的和未受影响的自己的智慧中。我们学习并参与到自然的真理中，可能还要效仿绝对无误的法则，掌管着自己的无章法的变幻。同样的道理也适用于讲话和听觉，这就是讲话的主要目的，也是它的主要贡献。加之，这么多的音乐能够被人的嗓音和听觉所接受，是因为我们有和谐的本性。而和谐是一种和我们的灵魂变更相似的运动，并非像缪斯的理性崇拜者认为的一样，是非理性的快感，这种观点如今也可能存在，相反，和谐是用来矫正人类的灵魂运转的，在偏离轨道时让它回到正常轨道。节奏也是以同样的方式，帮助我们摆脱猖獗的无序无理的灵魂。

……

我们必须考虑火、水、气和土的本性，比如它们在作为原料之前是什么样的状态，至今没有人对它们的产生有过任何解释，但我们谈到过这几样物质不论意味着什么，就像人们了解自己的本性一样，我们把它们作为第一原则和首要元素，但人们实际上不会把它们和音节或最初组合物相提并论。让我这样说吧，我这里不说什么第一原则、万物原则或是类似的什么说法，因为就目前我们使用的讨论方法来讲，我很难阐述我的看法。别奢望解决这种难题时我一定是正确的，要记得我最开始说的类似解释，我会尽我所能给出最接近的解释，相比其他说法，这一定是最接近的；我也会从头开始逐件说起。重申一遍，在我们陷入歧途不知所措时，我会求助于神，请求救世主带我们脱离困境，并带我们重回相似领域。那现在我们就重新开始吧。

……

起初，多种元素的产生都是没有缘由也没有度量的。在世界开始变得有序，水、火、土、气自身都只剩下微弱的痕迹，造物主出现之前，它们和其他元素一样。我认为这一点在当时就是它们的天性，造物主后来赋予了它们形状和数量。在我们持续的维护下，也就有了造物主尽可能将并非完善的它们做到尽善尽美。现在我要尝试向你们说明它们的品性，不寻常的是这个话题现在还有争议，但我还是有必要讲一下；我相信你们熟悉了科学方法还是可以理解的。

首先大家都会认同的就是，火、土、水、气都是物体。物体都有硬度和多个面，每个面都由三角形构成，这些三角形分为两种，但都有一个直角和两个锐角。其中一种底角都是半直角，两腰相等；而另一种，两腰不等。由于概率及论证，我们认为以上就是火和其他物体的原始元素，但先于此的本源只有造物主和他所喜爱的人才知道。接下来我们要确定的问题是，互不相似但又可以相互转化的最完善的四种物质是什么？解决了这个问题，我们就知道了土和火的起源及其他按比例存在其中的物质。我们不应该允许其他可见物质比这几种更加完善，因此我们必须竭力建构这四种完善物质，这样才能说我们充分了解了它们的本质。在两个三角形中，等腰直角三角形只是一种，但不等腰直角三角形有无数种。为了进展得顺利，从无数的三角形中，我们要选出最完善的一种，如果有人可以找到更好的比例，那么他将以朋友而非敌人的身份胜出。现在我们认为众多三角形中最完美的（我们也不再谈论其他）就是等边三角形，原因要是讲起来就太长了。如果有人证明我们的说法有误，也将赢得友好的胜利。现在我们来选两种三角形，作为火和其他成分的模型，一种是等腰三角形，另外一种三角形的短边平方的三倍等于长边的平方。

现在可以解释一下上面没有说清的问题：四种元素之间可以相互转化的想法是错误的。我认为这是一种错误的推测，因为这是由四种元素构成的三角形，其中三种构成了非等腰三角形，第四种则由等腰三角形构成，因此它们不可通过分解而相互转化，即不可通过小型元素结合成大型物质，反之亦然。但其中三种元素可以这样转化，因为它们在同一个三角形中，大型物质被破坏后，许多小型元素会因此形成合适的形态；同样，在小型元素相结合后将会形成一个大的形态，这也就是它们之间相互转化的过程。我现在要谈谈它们当中不同数量的多种结合体。第一种是最简单最小的结构，它是长边的长度为短边两倍的直角三角形；将 2 个这样的三角形沿斜边放在一起，这样重复三次，以斜边和短边的交点为中心，6 个直角三角形就形成了一个大的等边三角形；将 4 个等边三角形放在一起，将 3 个平面角合成一个立体角，这时的立体角锐度最小；4 个立体角则会形成第一个立体，且每条外边等长。第二个立体也是由 8 个同样的三角形合成，4 个平面角合成一个立体角，6 个立体角形成一个立体。第三个立体则由 120 个原始三角形合成，由 20 个基底、5 个平面角合成一个立体角，12 个立体角形成一个立体。长边为短边两倍的基本三角形合成了这些立体。但第四种立体由等腰三角形形成，4 个等腰直角三角形的直角置于中心，形成一个正方形，6 个正方形、3 个平面角形成立体角，8 个立体角形成一个立体。还有第五种立体，造物主把它作为整体模型……

人们听到这里可能会问，宇宙的数目是有限的还是无限的？这种提问表明发问者并未意识到自身意识的不确定和愚昧无知。更合理的问法应该确切到宇宙是一个还是五个。根据我们的相似解释，我认为只有一个。而从另一个角度看这个问题，就会是另一种想法了。这些先暂且不提，我们先将这些立体结构分配给四种物质。

我们把立方体分配给土。土是四种元素中最稳定、可塑性最强的，因此稳固的平面才符合这种本性。在最初研究三角形时，我们注意到等腰三角形要比非等腰三角形牢固，而对平面而言，正方形自然要比三角形更加稳固，不论是整体还是部分，因此将这个结构赋予土最符合我们的相似理论。余下的结构中，我们将最不活跃的给水，最活跃的给火，中间的给气。同样，将体积最小的给火，体积最大的给水，中间的给气；并把角度最尖锐的给火，其次是气，最后是水。在这些形状中，平面最少的一定是最为活跃的，因为角度最尖锐，任何时候都有很大的渗透力，同样，由于包含的部分最少，所以也是最轻的。第二、三立体列于其次。这样根据严格的理论和相似理论，金字塔是最稳定的，也是最原始的元素和火种，第二个立体归为气，第三个立体归为水。我们要留意的是这些元素都很小，以至于我们看不到它们中任何单一的立体，但它们聚集在一起时就是可见的。它们的数量、运动和其他特征都是造物主按尽可能完善的比例设置的。

上面我们说的都是元素种类，最接近的解释如下：土遇到火时会因其锋利而溶解，不论是在火自身还是蔓延到气和水，各部分相遇且相互融合，就会再次成为土，因为它们不会变成其他类别。而对于水来说，在被火或者气分解时，它则会成为一部分火和两部分气，而一份气可以分为两份火。同样，在小部分的火被大量的气、水或土包围时，火会在其中运动、挣扎，最终被分解，然后两份火将会形成一份气，在其被挤压分裂成小分子的时候，两个半的气会结合成一个完整的水。我们来换个角度考虑这个问题，如果某个元素被火包围，并被其锐利劈为碎片，如果这些碎片复合后成为火，分解则到此为止，因为没有同类会被同类分解或改变，同样同类也不会分解、改变其同类，但只要弱者还在和强者抗争，分解过程就在继续。另外，在小分子被大分子包围并击碎变形时，它们只会在可以对抗本性时，挤压的过程才会停止，比如火变成气，气变成水，但如果它们（对小分子）进行抵抗，这个分解过程仍会继续，直到完全被挤压分解，并逃回自己的同类中，或被征服且同化为与优势者相同的立体，并安居其中。由于这种变化，这些元素互换了位置，且在载体的摇晃下同类大量聚集，且与异类分散各占领地，但那些总是异类的元素也因为摇晃而盘踞在自己的领地。

诸如上述的原因产生了纯粹且原始的物体，大的种类中也包含了诸多分类，这是由两种原始三角形的构造决定的，因为每种结构都不止有一种尺寸的三角形，而是有大有小，尺寸的种类和元素的种类各不相同。它们相互混杂，产生了无限的种类，为了对宇宙做出相似解释，就要对此加以研究。

（柏拉图　公元前 360 年）

斐莱布篇

苏格拉底：现在既然快乐已经经过重重考验，我们就不要过于闲置自己的头脑和知识了，让我们勇敢地用试金石来检验它们，直到我们找到其中天性最纯粹的部分。随后最真实的元素，即快乐和知识也就进入了我们的考虑范围。

普罗塔库：没错。

苏格拉底：知识分为两种，一种是功能性的，一种是教育性的。

普罗塔库：是的。

苏格拉底：从功能性方面或者说从手艺上来讲，一种和知识并不相近，而另外一种相近度更低，那么是不是可以将这一种称为纯粹的，而另一种称为不纯粹的？

普罗塔库：当然。

苏格拉底：我们把其中的类型区分开吧。

普罗塔库：它们是什么呢？您又要怎样区分呢？

苏格拉底：如果剔除任何艺术品中的算数、度量和重量，那么剩下的也就不多了。

普罗塔库：的确所剩不多。

苏格拉底：剩下的除了一定的猜测力之外，将只有推测以及更好地利用经验和实践带来的感觉，而这些受到关注和苦痛打磨的普遍被称为艺术。

普罗塔库：没错，仅此而已。

苏格拉底：这方面有很多例子，比如说音乐。和声不是由度量测试的，而是靠娴熟的弹奏。

普罗塔库：很对。

苏格拉底：我们在医疗、农业、航海、军事中都会发现相同的事。

普罗塔库：是的。

苏格拉底：而另一方面，需要运用大量度量和工具的建造业，有了它们的辅助，也比其他艺术领域达到了更高的精准性。

普罗塔库：怎么会呢？

苏格拉底：在造船业、房屋建造业和造农具业的其他分支中，建造师有自己的尺子、木钉、圆规、铅锤和最精致的拉直木材的器械。

普罗塔库：没错，苏格拉底。

苏格拉底：我们现在再把艺术分为两类。一种像音乐一样，结果精密度并不高；另外一种像木工一样，要更为严谨一些。

普罗塔库：可以这样划分。

苏格拉底：后面更严谨的这种是基本技艺。

普罗塔库：我想你是说算术，一种与测量称重有关的技艺。

苏格拉底：没错，普罗塔库。但这些不是也可以分为两类吗？

普罗塔库：是哪两类？

苏格拉底：首先，算术分为两类，其中一种更为流行，而另外一种偏哲学性。

普罗塔库：那要如何分辨呢？

苏格拉底：两者之间有很大的不同，普罗塔库。有些算术家使用不同的单位，比如，两支军队、两头牛、两个最大的东西或是两个最小的东西。而与之相反的另外一方却坚持一万以内的每个单位都必须和其他单位相同。

普罗塔库：毫无疑问，就像您说的，科学仰慕者之间的确有很大区别。所以有理由相信算术有两种。

苏格拉底：我们在比较建筑中用到的计量艺术和哲学几何时，或是比较商贸中用到的计算艺术和精准计算时，我们要说它们是同一类还是两类呢？

普罗塔库：基于我们前面谈过的，我认为应该有两类。

苏格拉底：没错，但你明白我为什么谈论这个话题了吗？

普罗塔库：我应该明白了，但我还是希望您能说出来。

苏格拉底：我们做的探讨一直在寻求和对比，而实际上从原始设计上来说也确实如此，我们已经在探讨是不是一种知识要比另一种更纯粹，就像会不会有一种欢乐比另外一种更纯粹。

普罗塔库：没错，是这个意思。

苏格拉底：我们的探讨不就已经表明，艺术有不同的分类且准确性也各有不同吗？

普罗塔库：没错。

苏格拉底：那么现在我们的讨论并没有以单一的名称命名某种艺术，所以这也让我们相信艺术的统一性。其次，如果说到两种不同的类别，就要问到，艺术究竟是不是由哲学家或非哲学家引领时才会有更强的准确性和纯粹性呢？

普罗塔库：这正是我们要问的问题。

苏格拉底：可是，普罗塔库，我们要怎么解答这个问题呢？

普罗塔库：苏格拉底，我们已经搞清楚知识海洋中各种知识准确性的不同了。

苏格拉底：那回答起来就容易多了。

普罗塔库：当然，这样说吧，这些有关算术和计量的艺术远远超过其他，而那些纯粹依赖哲学来推动的艺术或科学在准确度和真实性方面有很大优越性。

苏格拉底：这是你的看法。那么根据你的说法，我们将回答那些艺术扭曲论者……

普罗塔库：回答什么呢？

苏格拉底：算数的艺术有两类，计量的艺术也有两种，还有多种像这样成对的艺术，但都共享一个名称。

普罗塔库：苏格拉底，我们带着希望和好运，把这些答案回击给你所说的那些人吧。

苏格拉底：我们已经解释过对最精准的艺术和科学的理解。

普罗塔库：太好了。

苏格拉底：但是，普罗塔库，如果我们不把一切归功于辩证法的话，反过来会被辩证法反驳的。

普罗塔库：但什么是辩证法呢？

苏格拉底：很显然，我们现在谈论的一切都和科学有关，所以我确定所有有理智的人都承认，与生物、现实、同类和不变有关的知识目前看来就是最真实的。但你对这个问题怎么看呢，普罗塔库？

普罗塔库：苏格拉底，我经常听高尔吉亚的理论，他认为说服的艺术远远超越一切。他说因为它不用胁迫，一切都是自愿被征服的，所以是最好的。但现在你们两个人的观点我都想否定。

苏格拉底：你是说如果不是觉得羞耻的话，你已经要放弃了吗？

普罗塔库：随你怎么理解吧。

苏格拉底：我可以点破你的一个误解吗？

普罗塔库：什么误解？

苏格拉底：亲爱的普罗塔库，我从未质问过科学或艺术中哪个门类最伟大、最优秀或是最有用，寻求的反而是清晰度和准确度以及最大限度的真理，尽管卑微，用处也不大。而对于高尔吉亚来说，如果你承认他的艺术被利用了对人类来说用处极大，那么他也不会跟你争论那个我所谓基于真理所以优越的学科。就像和白色比较起来，这只是有一些泛白。现在我们要仔细思考，全身心关注，不是为了竞争或是为了名誉而利用科学，而是为了力量和官能，也就是说灵魂拥有一种热爱真相的能力，做一切事都只是为了事物本身。让我们探索头脑和智慧中最纯粹的元素，之后就可以回答出是否如我所说可以在科学中获得这种官能，抑或有其他更远大的目标。

普罗塔库：我一直在思考，但我几乎想不出其他科学或艺术能比这种技艺拥有更多真理。

苏格拉底：你这样说是因为你意识到广义上的艺术及其相关学科都利用到了观点，而且都与观点的形成和探讨紧密相关吗？就算是将自身奉献给自然的人，实际上也是将自己投入到宇宙的万物中，研究如何形成、如何运作以及过往的过程。这不正是他们一生所寻求的答案吗？

普罗塔库：是的。

苏格拉底：他们的付出不是为了永恒的事物，而是为了未来即将发生的事。

普罗塔库：是这样。

苏格拉底：那我们在这种真理的严苛考验下，是不是可以说这些事现在、过去、将来都不是一成不变的？

普罗塔库：绝不可能。

苏格拉底：那这些非永恒的东西要如何保持长久呢？

普罗塔库：如何呢？

苏格拉底：研究这类变化事物的头脑和科学并未实现最大化的真理。

普罗塔库：我觉得是这样。

苏格拉底：现在你、我、斐莱布和高尔吉亚，都可以一劳永逸地提出下面的结论。

普罗塔库：什么结论？

苏格拉底：稳定、纯粹、真实的事物都是永恒不变、毫无掺杂的，最起码也要尽可能地贴近这些性质，其他一切都被定为次等、低劣的。

普罗塔库：是的。

苏格拉底：在这些我们已经讨论过的话题中，难道不应该把最美好的名字赐给最美好的事物吗？

普罗塔库：这样很合适。

苏格拉底：思想和智慧不就是最受尊敬的名字吗？

普罗塔库：是的。

苏格拉底：思想在沉思真理的过程中，不就是用这些名字来代表最真实最确切的感受吗？

普罗塔库：没错。

（柏拉图　公元前350年）

理想国

第六卷

苏格拉底：但你注意到如果没有其他天性，视觉和可见物也就没有意义吗？

格劳孔：你是什么意思？

我认为，视觉存在于眼睛和眼睛想要看见的人心中，他们同样可以感知颜色。除非有第三种物质尤其适合这种目的，否则即使有眼睛的人也将什么都看不见，颜色也将是不可见的。

你是说什么物质呢？

也就是你所谓的光。

没错。

能将视觉和可见性连接在一起的纽带有多神圣啊，远远超过其他差别无几的物质。因为光是它们的纽带，光就不是卑微的物质了吗？

不是的，反而是非常可敬的。

你认为天上的哪个神是这个元素的掌控者呢？是谁让眼睛清楚地看到事物，也让事物变得可见呢？

你是说你和人们所说的太阳吧？

视觉和这个天体的关系是否如此呢？

怎样呢？

视觉和视觉存在的眼球都不是太阳吗？

不是。

但所有感官中眼睛不是最像太阳的吗？

是这样。

眼睛的射流取自太阳的射流，对吗？

没错。

那也就是说太阳不是视觉，而是视觉的成因，因视觉而被看到？

没错。

这也就是我所说的，在可见世界中与善很像的善之子就是太阳。太阳、视觉和可见物的关系就和理智世界中善、思想、可思考事物的关系一样。

能说得再明确一点儿吗？

你知道为什么在日光不再闪耀而只有月光和星光时，目之所及之处都很模糊，人们就像盲人一样，没有任何视觉清晰度吗？

的确是这样。

但在日光闪耀时，目之所及之处都非常清晰，并且也有了视觉？

是的。

现在，为已知受众提供真相和为求知者提供获取知识的力量，就是我所说的善，你可以把它当作科学和真相的起因，而真相也成了知识的关键。真理和知识都很美妙，你未来会对这两种同样美好的事物充满尊敬。在之前的比喻中，光和视觉就像太阳一样，但又不是太阳，而在这里，科学和真相也像善一样，但又不是善。善是更为可敬的。

能够创造科学和真相的事物，又能在美好上超越这两者，这该是怎样美好啊。你肯定不是说善就是快乐吧？

当然不是。但我想请你以另一种角度来考虑这个问题。

什么角度？

你可能会说，太阳不只是视觉和所有可见物的创造者，而是世世代代的生物、滋养物和生长过程的创造者，虽然它本身并未产生。

没错。

同样，善不只是知识和所有已知物的创造者，还是它们的存在和本质的创造者。虽然善本身并非本质，但在地位和能力上是远远超越本质的。

真是太伟大了！

没错，要是有夸张的成分也要怪你，是你让我说出我的想法的。

请您继续讲吧，对太阳还有什么看法，请都告诉我们。

是啊，还有很多呢。

那么请千万什么都不要省略。

我会尽力的，但我觉得还是会有很多内容不得不省略。

最好不要。

你要想象有两种统治力，其中一个统领智慧宇宙，另一个统领可见宇宙。我不是说天堂，不然你会觉得我在名字上做了文章，所以你的脑海中现在对可见宇宙和智慧宇宙是有概念的吧？

有的。

现在想象一条线被分成了不同的两部分，再将每部分平分为两份。第一次划分的两部分中一个相当于可见宇宙，另一个则是智慧宇宙。之后以清晰度和不清晰度比较第二次划分的部分，你会发现可见宇宙的第一部分是图像。图像首先是指阴影，其次是水中和平滑固体面上的映像。你懂了吗？

我懂的。

现在再来看非常相似的另外一个部分，包括我们能看到的周遭生长或创造出的万物。

太好了。

你是不是得承认，这里的两部分真相程度不同，副本相对于原版是不是就相当于意见相对于知识呢？

毫无疑问。

接下来想想智慧宇宙的划分。

怎样划分的呢？

是这样的。有两个部分，较低一层中，灵魂将可见宇宙中的形象作为映像，研究也只能从假说出发，且不是上升为原理再降为另一极。较高一层中，灵魂跨越假说直接来到更上层的原理层，并不用到前一宇宙的图像，而是用理念贯穿自身的所有研究。

我完全不懂是什么意思。

那我们再来试一下。我做一些铺垫的话你可能会更好理解。你应该知道研究几何和算术这类学问的人首先要在他们的领域中，假定奇偶数、各种图形这类的东西。这些就是他们的假说，也就是他们和其他人都应该知道的，所以他们不必对自己或是其他任何人给出解释。但他们从这里出发，直到最后得到自己想要的结论。

是，我知道。

你也知道，虽然他们运用了可见图形和理论，但他们想到的却不是这些，而是它们所代表的相似物；不是他们画出的图形，而是绝对正方形和绝对对角线等。他们描画或创作出来的图形，还有本身在水面有阴影和倒影的事物，被他们转化成了图像，但他们现在把这些图像当作物体本身，也就是只有他们的思想才能看到的物体。

没错。

虽然在后续的研究中灵魂只能使用假说，但这就是我所说的智慧宇宙。研究中不可升至第一原理层，因为灵魂不可超越假说区，而是应把阴影以及与实物很相似的物体作为图像，它们本身的阴影和映像更加清晰，因此它们的价值也更大。

我明白，你所说的是几何学和其近似学科。

讲到智慧宇宙的另一部分，你要明白我所说的是自身可凭辩证法论证的知识，使用的只有假说而不是原理。这也就是说，假说作为上升到假说之上世界的起点和步骤是为了成为绝对原理，随后再回过头来掌握那些以真理为基础建构出来的东西，之后在不依赖感性事物的前提下再次下降，从一个理念到另一个理念，最后也以理念终结。

我懂你的意思了，但不是完全懂，因为你描述的整个过程在我看来非常宏大。不过无论如何我还是懂了。你的意思是依赖辩证法而进行研究的知识和物体，要比那些只依赖假说而成立的艺术提议更清晰，虽然研究这些也是用理解而不是感觉，但是由于后者的研究是从假设出发而不上升到绝对原理，所以你并不认为它们具有真正的理性——虽然这些对象在和绝对原理联系起来时是被更高的理论认可的。我想你会把几何学家和研究这类学问的人的心理状态叫作理智，而不叫作理性，因为你把理智看成介乎理性和意见之间的东西。

你很明白我的意思。现在你得承认，对应这四个部分，有四种灵魂状态：最高部分是理性，第二部分是理智，第三部分是信念，最后一部分是想象。它们按比例排列，我们也假设每个都和各部分保持相同程度的真实性。

我明白也同意你的意见，并接受你的安排。

第七卷

接下来让我们形容一下天性受过启迪的人和未受启迪的人。嘘！有人住在地下洞穴里，这里有一条长长的通道通向外面，可以让亮光一路照射进来。有些人从小就住在这洞穴里，脖颈和腿脚都被束缚着，无法走动也不能转头，只能看向前方。在他们背后远方的高处有东西发出火光，在火光和被囚禁者之间有一条路，路边有一道矮墙。矮墙像木偶戏演员和观众之间的屏障一样，他们把木偶举到屏障上表演。

我明白。

接下来有一些人举着木料、石料或其他材料制作的假人、假兽，从墙后走过。而这些路人有的在说话，有的则保持沉默。

你说的真是奇特的图像和奇怪的囚徒。

不，他们和我们一样。你认为这些囚徒只能看到火光投射到对面墙壁上而形成的自己和同伴的阴影吗？

没错。如果他们不能转头，他们又能看到什么呢？

那么后面的路人举着东西过去，囚徒们也只能看到阴影吗？

是的。

那如果囚徒们能彼此交谈，你不觉得他们会认为，自己“看到的阴影”

是在讲实物本身吗？

一定是的。

再者，如果一个路人发出声音，引起对面墙壁的回声，你不觉得他们会认为这是对面墙壁上移动的阴影发出的吗？

毫无疑问。

因此，对他们来说——真实，除了阴影之外别无他物。

没错。

现在请再设想一下，如果他们被解除禁锢，矫正错误，这时他们会怎样呢？首先，其中有人被解开了束缚，被迫突然站起来回头环视，四处走动，望向光亮，这时他会感到无比痛苦。并且，强光会分散他的注意力，他看不到那些他原来只看见阴影的实物。如果有人告诉他过去看到的都是假象，但现在由于他靠近了更真实的事物，他的眼睛也变得更有存在感，视力更加清晰，而他会如何回应呢？如果有人把从墙上过去的每件物品指给他看，并让他说出都是什么，他难道不会诧异吗？他难道不会觉得他过去看到的阴影比现在看到的实物更真实吗？

真实得多。

如果他被迫看向光亮，他的眼睛会感到刺痛，他会因此转身走开，逃向那些他能看清并觉得比所示实物更清楚的影像。不是吗？

没错。

再者，如果有人拽着他走上陡峭崎岖的坡道，不让他中途退回，直到走出洞穴见到外面的阳光，他会不会觉得这样被迫走路很痛苦，并且感到恼火呢？当他来到阳光下，他会觉得眼花缭乱，以致无法看见任何所谓“现实”的事物。

没错，根本不行。

他要在高处重新适应。首先看阴影最容易，其次要看人和其他东西在水中的倒影，再者是看东西本身。经过这些之后他可能会觉得在夜里观察月光和星光要比白天看太阳和太阳光容易。

当然。

这样一来，他大概就可以直接看太阳本身，而不必通过水中的倒影、影像或任何其他介质显示出的影像，在它本来的地方看见其本身了。

没错。

接着，他大概对此已经可以得出结论：造成四季交替和年岁周期、主宰可见世界一切事物的正是太阳，这也就是他们过去通过某种曲折看见那些事物的原因。

他看到太阳后会得出这样的结论。

当他记起自己的旧居所、当时的智力水平和他的同伴们，你不觉得他会庆幸自己的变化并为他们感到遗憾吗？

一定会的。

如果囚徒们之间有过某种约定，那些敏于辨别且最能记住过往影像惯常次序并能因此对未来做出最好预言的人会得到奖励，你觉得这个已经解放了的人会再热衷于这种奖赏吗？还是会嫉妒那些统领囚徒的领袖呢？或是像荷马说的那样，“他宁愿活在人世上做穷人的奴隶”，受尽磨难，也不愿和囚徒们同流合污，再过那种生活呢？

没错，我觉得他宁愿忍受苦楚，也不愿再过被囚禁的生活。

如果他又回到地穴里原来的位置上，他的眼睛不会因黑暗而变得什么也看不见吗？

一定是。

这时如果要他和那些从未离开过地穴的人就度量阴影进行一次竞赛，由于这时他的视力还很模糊，他还没来得及习惯黑暗（再次习惯黑暗的时间也不会短），他难道不会变得很滑稽吗？别人会说他到上面走了一趟，回来眼睛就坏了，会说连往上走的念头都是不值得的。要是把那个打算释放他们并把他们引向光明的人逮住，他们会马上杀掉他。

一定会的。

亲爱的格劳孔，现在我们要把这整个比喻应用到前面讲的事情上，把地穴囚室喻为可见宇宙，把火光喻为太阳的能力。不论正误，我觉得在智慧世界中最持久，且要花很大努力才能看到的乃是善的理念。我们一旦看见了它，就必定会觉得它就是万物中一切正确和美的原因，就是可见宇宙中的光的创造者和光之神，在智慧宇宙中它本身就是真理和理性的决定性源泉。任何人凡是能在私人或公共生活中行事合乎理性，必是看见了善的理念。

就我所能理解的来看，我都同意。

那么在看到那些已达到这种高度的人不再愿意做那些琐碎俗事时，也不要感到不解吧——他们的思想永远渴望停留在高处的真实之境。如果我们的比喻合适，这种情形并不奇怪。

没错，非常自然。

如果有人从神的沉思中回归混沌的人间事，行为变得怪异不端，他在还没有足够习惯黑暗环境时，眼睛不断闪烁，并被迫在法庭上或其他地方同人家争论正义的形象或正义形象的影子，与从未见过正义本身的人争论正义的观念，这时你会觉得奇怪吗？

一点儿也不奇怪。

但有常识的人都会记得，眼睛的模糊有两种，分别由不同的原因造成，一种是从亮处到了暗处，另一种是由暗处到了亮处。思想也会和肉体上的眼睛一样出现这种情况。他在看到某个人迷茫时，不会不假思索地予以嘲笑，他会询问离开了光明的生活是因不习惯黑暗而看不见，还是由于离开了无知的黑暗，进入了光明的世界，强光让它失去了视觉，于是他会认为其中一种经历是幸福的，另一种经历是悲哀的。如果他想嘲笑，那么从亮处到黑暗中来的这种要比从黑暗到光明的这种更为可笑。

很有道理。

但如果这是正确的，那么某些教授宣称的把思想里本没有的知识灌输到灵魂里去的这种说法就是错误的，就像是把视力放回盲人的眼中。

的确有过这种说法。

……

所有算术都是关于数的，对吗？

是的。

这个学科好像能把灵魂引向真理，对吗？

以一种绝妙的方式，没错。

因此，这种知识应该包括在我们所寻求的学科之中，有军事和哲学两种用处。军人必须掌握它，以便统帅军队；哲学家也要掌握它，脱离可变世界，把握真理，这样才能成为真正的算术家。

没错。

我们的护卫者是不是战士和哲学家？

当然。

因此，“算术”这门学问看来有资格用法律规定下来。我们应劝解那些将来要在城市中身居要职的人学习算术，而且不是马马虎虎地入门，而是深入地学，直到用纯粹理性看到数的本质。要他们学习算术不是为了像商人一样做交易，而是为了用于战争以及便于将灵魂从变化世界转向真理。

太好了。

既然提到了学习算术的问题，我觉得我一定要补充一下科学是多么精妙。如果人们学习是为了追求哲学家的精神而并非商人的贸易往来，那么它对于我们而言真的益处颇多。

为什么这样说？

正如我们刚刚说的，算术将灵魂向上牵引，迫使灵魂讨论纯数本身，并就可见物体或可触物体的引入问题与他人辩论。你也知道，如果有人企图在算术运算时分割“一”本身，精于算术的人一定会讥笑他并拒不承认。但如果要用除法对“一”进行划分，他们就要一步不放地用乘法对付你。这要么意味着他们否认分式的可能性并让数成为一体，要么表明分式在他们看来就是相乘的过程，因为“一”的分式一直都是单元。这样“一”就一直是“一”，并不会因为分式而失去自我。

非常正确。

现在，如果有人问他们：“我的好朋友，你们正在论述的是哪一种数？既然‘一’正如你们主张的那样，每个‘一’都和其他‘一’相等，分毫不差，毫无变化也不可划分，那该如何去把握？”你认为他们会怎样答复？

我想他们应该会说，他们所说的数只能用思想去把握。

这样你也就明白了，因为他们显然能迫使灵魂使用纯粹理性通向真理本身，这门学问的确是我们不可或缺的吧？

的确如此。

另外你有没有注意过，那些天生擅长算术的人，学习其他学科也都比较快？就算是反应迟缓的人，接受了算术训练，即使不谈别的方面的改变，反应也总会有所提升？

是这样。

其实我觉得，我们很难发现有什么学科学习起来比算术更难，跟它一样难的也不多。

确实。

综上，算术是本性最优秀的人最应该接受训练的学科，且切勿放弃。

我同意。

那这就定下来，算数算是一门学科。让我们再来看看下面的一个学科，看它对我们是否有用。

你是说几何吗？

正是。

显然，几何在军事上的用处是很明显的。由于事关安营扎寨，划分地段以及行军作战中排列纵队、横队和其他各种队形，指挥官是否学过几何区别还是很大的。

没错，但满足军事方面的需要，适量的几何和算术知识就足够了，这里需要我们考虑的问题是，几何学中绝大部分的较高深的知识能否帮助人们更容易地掌握善的理念。我们认为每一学科都在迫使灵魂转向最神圣的真实，这也正是灵魂必须努力追求的。

没错。

如果几何迫使我们看向真实，它就有用。如果它迫使灵魂看向可变宇宙，它就无用。

我们也这样认为。

几何学的概念刚好和几何学家们的说法相反，这点即使那些粗浅了解几何学的人也多少有些了解。

怎么会呢?

他们的说法狭隘又可笑，只提到实践。他们只会“乘方”“延长”“应用”一类的词，将几何的重要性与日常应用混为一谈。而实际上这门学科的真正目的是知识。

没错。

我们还会有更多共鸣吗?

关于什么?

几何学的知识是永恒知识，而不是时盛时衰的事物。

毫无疑问，是这样的。

那我的朋友，几何学将会把灵魂引向真理，创造出哲学精神，并扭转其晦暗的局面，将其重新振兴。

一定会的。

现在最确定的就是，你一定要要求贵理想国的公民重视学习几何。况且它还有重要的间接影响。

什么间接影响?

科学使人在战争中处于优势地位，这我们已经说过了。而且经验证明，它对学习其他学科有一定好处，学过几何的人和没有学过几何的人在理解其他学科时是有很大不同的。

没错，天差地别。

那让我们把几何作为青年必学的第二门功课吧。

就这样定下来吧。

接着把天文学定为第三门功课，你觉得怎样?

我非常赞同。对年、月、四季有敏锐的理解，对农事、航海、行军作战都非常有帮助。

你显然担心世间众人认为你在建议学习无用的学科，这让我觉得很有意思。相信每个人的灵魂里都有一个知识器官，能够在习惯毁坏或迷茫后重新被这些学问除去尘垢、恢复明亮，要相信这一点的确很难。这个器官比一万只眼睛还重要，因为它是唯一看得见真理的器官。现在还有两类人：一类人和我们一样相信这一点，他们认为你的话非常正确；但是另一类人对此茫无所知，他们自然会认为你说的都是废话，因为他们认为这些学问无法带来任何值得挂齿的益处。现在请你自己决定和哪一方讨论吧。你应该会选择不和任何一方讨论，你做这些论证只是为了自我提升，但也无意反对任何人从中得到益处。

我宁愿代表我自己去进行论证。

那你要做一些让步，因为我们讨论的科目顺序不对。

哪里不对？

我们讨论过平面后，还没有讨论纯立体本身，直接去讨论运动立体了。我们应该先从二维进入到三维，三维才是立方体和一切具有厚度的事物所具有的特性。

没错。但，苏格拉底，关于这个学科我们所知道的知识并不多。

没错。但原因有两个。第一，没有国家重视它，加上本身难度大，因此人们不愿去研习它。第二，学者必须有人指导才能成功，而导师难寻，即使找到，按照目前的风气，这方面的研习者也不见得能虚心接受指导。但如果整个国家推崇作为这类学问的导师，并愿意给予相应的荣誉，研习者就会听从劝告，进行持久奋发的研究工作，进而将立体几何的许多课题研究清楚。虽然现在多数世人轻视它，研习者因不了解它的真正作用也不能正确对待它，因而影响了它的发展，但它仍然以自己固有的魅力克服了种种障碍，有了一定进步。如若未来有一天有了国家的扶持，终将拨云见日。

的确很有魅力。但是我并不太懂调整顺序的问题——你刚才说几何学是研究平面的？

是的。

然后是天文学，后来又退了回来。

你要知道，这是欲速则不达。本来在平面几何后应当谈立体几何的，但由于它目前还有待发展，我在匆忙中忽略了它，谈了运动立体的天文学。

是这样，没错。

那假设在国家的鼓励下被忽略了的那门学科得以发展，我们就把天文学作为第四门学习科目吧。

很好。苏格拉底，你先前抨击我对天文学的认识动机不纯，我现在应该用你的精神来评价它。我想，众所周知，天文学一定是引领灵魂看向天空，引导我们去往更大的世界的学科。

或许大家都知道，但我除外，因为我不这样认为。

你怎样认为？

我觉得，目前像学习哲学一样学习天文学只会让我们的目光更加狭隘，而非拓展了视野。

这是什么意思？

你头脑中的天文学概念太崇高了。

你或许认为，凡是抬起头来仰望天花板的，都是在用灵魂而非眼睛学习。或许你是对的，而我无知。但我觉得，只有研究实物和不可见物，才能开拓灵魂的视野。如果有人想研究某种感受，无论是张大嘴巴向上望还是眨着眼睛向下看，我都认为他不会学习，因为这类事物不会有真正的科学知识。不论他接触知识的途径是水路还是陆路，是划桨还是身体力行，他的灵魂都是在向下看，而并不是向上看。

我意识到了，你批评得对。但我还是想知道，你认为怎样学习天文学才会更有效率并能达到我们的目的呢？

我来告诉你，这些可见的天体装饰着天空，虽然它们是可见事物中最完美最精妙的，但由于它们是可见者，所以在绝对快慢方面远不及真实运动。真实的快慢在数字和图形方面是相对于彼此而言的，且相关并承载着运动的，因此这些只能用理性和思考来掌握，肉眼是看不见的。

没错。

因此我们要用天空的图像辅助我们学习更高级的知识，就像我们碰巧看到代达罗斯或某个画家精心画出的设计图那样。因为任何几何学家看到这种图画虽然都会称赞画工精妙，但他们绝不会奢望从图画上找到关于相等、成倍或其他比例的绝对真理。

没错，这种想法甚是荒谬。

你不认为一个真正的天文学家在举目观察天体运动时会有同样的感觉吗？他不会觉得造物主已经把宇宙和天体创造得异常完美吗？但他绝不会认为日夜、日月、年月之间或其他星体的周期、一切可见物质彼此之间有恒久不变的比例存在。这太荒谬了，在其中费力寻求绝对真相也同样荒谬。

现在听你这么一说，我就非常赞成了。

因此，如果我们想悟出天文学的真谛，并正确应用灵魂中的自然天赋的话，就应该研究几何中的天文学，逐步解决问题，无视空中那些可见物。

这样研究天文学的工作要比现在麻烦很多。

没错，如果我们的立法制度要体现价值的话，我们就必须做一些类似的延伸。你有什么其他合适的学科建议吗？

我一下子想不出来。

我觉得，运动不止有一种，而是有多种，其中有两种非常明显，我们都列举得出来，剩下的就要留给智者了。

哪两种？

一种是刚才说过的，另一种是恰好与它相对的。

是什么呢？

我觉得，耳朵相对于这种运动就像眼睛相对于天文学，因为眼睛是为了看到空中繁星，而耳朵正是为了听到和谐美妙的运动。正如毕达哥拉斯派的主张，我们也认为它们是兄弟学科。对吗，格劳孔？

对。

既然这是一门如此渊博的学科，我们最好去问一下毕达哥拉斯派的学者们，看他们对这门学科有什么别的主张。不过，我们还是要坚持自己更高的目标。

什么目标呢？

所有学问都有一个应该达到的完美节点，这是我们的学生都应该努力争取达到而不应错过的，我之前说过天文学的研究就是前车之鉴。你可能也知道，在研究和音问题时他们重蹈覆辙。他们花了许多工夫比较可听音，但和天文学者一样，皆为徒劳。

是啊，难以置信。听他们谈论所谓的音符，就像看好戏一样。他们把耳朵贴到弦上，就像在偷听邻居家的对话一样。有的还说自己能分辨出两个音之间的中间音，并发现它是一个最小的音程，甚至应该用作计量单位。而另一些人则坚持称这两个音没什么不同。两种人都在用耳朵听，而未经任何理解。

你是说那些绅士，他们对琴弦进行严刑拷打，把它们绞在弦柱上不断折磨。我本想继续比喻，说这些音乐家对琴弦的虐待和指控，以及声音的一来一往，但是这么说太乏味了，因此我只能说他们并不像毕达哥拉斯派一样，对和音问题抱有执念。因为他们犯了和天文学家们一样的错误，在寻求可听音之间数的关系，而从不深入解决问题。也就是说，他们无法达到数字的自然和谐或考察出为何有些数字是和谐的，而有些数字不和谐。

这个一般人应该办不到。

如果一个学科的目的是寻求美和善，我才会说这门学问是有益的。但如果是为了别的目的，我会说它是无益的。

非常正确。

既然所有学科在达到彼此之间的沟通节点时，被认为是有了共通点，那么我认为不必等到那时，我们对这些学科的辛勤研究对达成我们的目标就有了价值，否则就是徒劳无功的。

我也这样认为。但苏格拉底，这工作量太大了。

你是什么意思？是指序言还是什么吗？你不知道所有这些学问不过是我们要学习的法律正文前的一个序言吗？你是不会把精通数学的人当成辩证家的吧？

当然不会。我几乎没遇到过可以靠辩证法论证自己观点的数学家。

你觉得一个人如果不能对自己的观点做出逻辑论证，那么他具备我们所要求的知识吗？

不具备。

格劳孔，到这里已经是靠辩证法订立的法律正文了。虽然属于智慧宇宙，但我们可以通过前面说的视觉能力变化过程看到它的摹本。你可能还记得，想象到景象后能看到真实的动物、星体以及太阳本身。辩证法也与之类似，当一个人企图摆脱感官的辅助，试着靠理论去探索万物的本质，并能坚持到靠思想本身理解本善时，他就在智慧世界的尽头找到了自身，就和在可见世界尽头看到的景象一样。

的确是这样。

那这就是你所谓的辩证过程吗？

没错。

打破了囚徒们的桎梏，他们的转变是从图像的阴影转向光亮，从地下洞穴中上升到阳光之下，这时他们还不能直接用肉眼看到动物、植物和阳光，反而用朦胧的视力都能感知到水中的神圣幻影和真实事物的阴影（并非远不及太阳真实的火光投射出来映像的阴影）。这种引导灵魂思考其中最真实部分的能力，正如在我们的比喻中身体上最明亮的东西被转为看见可见物质世界中最明亮的东西那样。

我同意你的说法。虽然难以置信，但又很难否定。不管怎样，这个话题不能走马观花，以后还是要多次讨论的。所以不论结论真假，我们假设就像刚才说的那样，从序言继续讨论法律正文，像前文一样讨论吧。那么请告诉我，辩证法有哪些本质？有哪些分支？各自有哪些方法？因为这些问题也许可以带我们找到最终的答案。

亲爱的格劳孔，你不能追随我了。虽然我还会尽力前行，但依照我的意思，你接下来不应只看到图像了，还应看到绝对真理。

虽然我们不能断定我们看见的东西绝对真实，但可以肯定的是，我们一定见过真实事物，这一点我很确定。

毫无疑问。

但我还是要提醒你，只有辩证法才有揭示这一切的能力，并且只能让学习我们列举的那些学科的人掌握。

关于这一点，你应该和之前一样确定吧？

毫无疑问，不会有人认为还有别的研究途径可以理解一切真实存在物的日常流程或确定每一事物的真实本质。普遍意义上的技艺都是为了人的意见和欲望，或事物的生产与制造，或在事物生产或制造出来后进行维护。至于我们提过的数学科学，即几何学一类学科，虽然对真实存在物有某种认识，但我们也可以看到，它们也只是在幻想物体，只要它们还在使用未经检验的假设却不能给出任何说明，它们就不能清醒地看见真实存在物。因为如果一个人并不知道首要原则，结论和达成结论的中间步骤就是由未知物构成的，这样的结果一致怎么能成为真正的科学呢？

没错，不可能的。

因此，辩证法是唯一能直升至第一原理本身而无须依赖假设的方法。当灵魂的双目陷入无知的泥沼时，辩证法可以轻而易举助它脱离困境，并引导它持续向上，当然，过程中还需要我们列举的那些作品和我们讨论的学科的辅助，我们把这些称为科学，但实际上它们应当有另外一个名字，能表明它们比意见明确但又比知识模糊——而我们在前面的讨论中用过“理解”这个词。但既然我们有如此重大的课题需要讨论，又何必为了一个名字而辩论呢？

是啊。

我们对之前的四个分类都很赞同，两种是理智，两种是意见。第一是知识，第二是理解，第三是信念，第四是想象；意见是关于虚拟世界的，理智是关于现实世界的，因此就有了下述关系——

理智和意见的关系就像真实存在和产生世界的关系。知识和信念、理解和想象的关系就像理智和意见的关系。

但我们还是以后再来说意见和理智的相关问题和再分类吧，因为涉及的问题太多，不然要耗费太多时间了。

好，在我的理解范围内，我赞同。

你是不是也觉得，能正确论证每一事物真实存在的人就是辩证家呢？而做不到这些，就无法传达这个概念，不论哪种程度的做不到，这种无能是不是都可以说是理智上的失败呢？

是啊，无可辩驳。

关于善的说法不是也同样适用吗？一个人要能理性概括并定义出善的概

念，又能经受住各种考验且克服各种障碍，尽力用真相而非意见来考察一切事物，在正确的方向上进行论证而没有丝毫差错，如果缺乏这些能力，他就并不知道善本身和任何其他善者。但是如果只了解大概的轮廓，则他只有意见而没有知识，一生都在浑浑噩噩中度过，在彻底清醒之前就已长眠地下了。

是的，我完全赞同。

就算理想皆可成真，你也不会有你培养教育出来的理想国度中的孩子的，你也不会容许未来的统治者像立柱一样毫无章法，更何况是坐拥至高的统治权呢？

肯定不会。

因此你要制定法令，便于他们受到应有的教育，让自己在提问和回答的过程中获取重要的技能。

好，我们一起来制定这个法令。

那你是不是也认为，辩证法像墙头石一样，放在我们教育体制的最上面，再不能有其他学科置于其上，自然科学也就到此为止了？

是的。

那么接下来的问题就是，我们究竟是给谁布置的这些学科？他们又是如何接纳这些学科的？

显然是这样。

你记不记得之前的统治者是如何选举出来的？

当然记得。

我们要挑选那些有同样品质的人，选出最坚毅、最勇敢，同时尽可能最有风度的人，他们还要具备品德高尚、慷慨大方这类天性，以匹配他们的教育背景。

具体是哪些天性呢？

首先要热爱学习，有求知欲，因为相对于体力劳动的辛苦，面对学习的艰苦时，头脑更容易疲惫，因为这种劳苦是灵魂所专受的，并不是和肉体共受的。

没错。

另外，我们找寻的统治者还要有卓越的记忆力，坚毅不屈，热爱各种形式的劳苦，否则他无法忍受大量的肉体劳苦，并且无法完成智慧规范和我们所要求的训练课程。

没错，一定要有自然天赋。

当前的错误在于，学习哲学的人本身并不具备使命感，而这一点正如我说过的，正是哲学如今名誉不保的原因。哲学的后代应呵护哲学，与其携手同行，而不是像混账一样撒手不管。

这是什么意思？

首先，哲学仰慕者对待劳苦不能像跛脚的人，不能有懈怠的心理，也就是说不能一半爱劳动，一半怕劳动。比如一个人热爱体育、打猎和其他体力上的运动，却不爱学习、听讲、研究和其他脑力上的劳动；或是相反，他只投身于他热爱的方面，但在其他方面仍有短板。

没错。

实际上，有人嫌恶有意的虚假，无法容忍其存于自身之上，看到别人说谎尤其愤怒，但却甘愿接受无意的虚假，在自己暴露出知识匮乏的缺点时不知羞愧，对自己的无知视若无睹，这种人的灵魂我们不是也同样看作残疾的吗？

没错。

关于节制、勇敢、大度等各种美德，我们也必须一样警惕，要去辨别真假，因为如果无法明辨这些品质，国家和公民就会在无意识的情况下犯错。如果国民缺乏这种辨别能力，他们就会选出跛脚人或负心汉一类人作为国家统治者。

没错。

我们必须小心，避免这类错误。如果有人长期接受我们身心健康的教导和训练，正义就不会怪罪我们，我们也将成为城邦和社会制度的守护者。但如果我们挑选了另一种人，结果会完全相反，我们会让哲学遭受比如今更大的嘲弄。

那太可耻了。

的确，但我觉得此刻我有点儿可笑。

为什么？

我忘了我们本没有这么严肃，竟然说得这么激动。因为看到哲学正被人不公地踩在脚下，我不由自主地对诋毁它的始作俑者产生了反感，所以愤怒让我有些言辞激烈了。

实际上，我听起来并不觉得。

但我作为说话人还是觉得太严肃了。我还是要提醒你，尽管从前我们总是选举年长的人，但现在一定不行。梭伦曾说过，人在衰老过程中能学到很多东西，然而人老了跑都跑不动，更何况学习呢？年轻才意味着有时间承担一切繁重的劳作。

是这样。

那么，算术、几何以及其他必须在辩证法前先行学习的预备科目，就要在幼年时期教给他们，而不能采用强迫的方式。

为什么不行呢？

因为自由人不应该被迫进行任何学习。被迫的身体劳累对身体无害，但被迫的学习却无法让学习在灵魂上扎根。

是这样。

因此，我的朋友，不要强迫他们，反而要以娱乐的方式进行早期教育，在这个过程中，你会更好地了解他们的天性。

很有道理。

（柏拉图　公元前 370 年）

范畴篇

第三卷

当一个事物用来描述另一个事物的时候，可以用来描述宾词，也可以用来描述主体。例如，“人”可以代表某个人，但“动物”也可以用来代表“人”。因此，“动物”也可以用来描述某个人，因为某个人既是“人”又是“动物”。

不同属的物种如果平行且没有隶属关系，那它们的属差本身也不同。以“动物”和“知识”这两个属为例，“有足”“两足”“有翼”和“水栖”等就是“动物”的属差，“知识”这个种所包含的各个属之间并不是以这些属差来互相区分的。这一属的知识与另一属的知识有差别，并不在于它是否有“两足”。

但如果某个属是隶属于另外一个属的，就无可避免它们有相同的属差：因为外延较大的种可以用来描述外延较小的属，因此谓语的一切属差也将是主体的属差。

第四卷

每个表明实体、数量、性质、关系、地点、时间、姿势、状态、活动或遭受的用语非复合用语。大致说一下意思：说实体的比如“人”“马”，说数量的比如“两腕尺长”或“三腕尺长”，指性质的比如“白色的”“语法上的”，指关系的比如“二倍”“一半”“更大”，指地点的比如“在市场”“在吕刻昂”，指时间的比如“昨天”“去年”，指姿势的比如“躺着”“坐着”，指状态的比如“穿鞋的”“武装的”，指活动的比如“手术”“针灸”，指遭受的比如“接受手术”“接受针灸”。

这样的词汇本身并不包含确定性，只有这类词汇的结合才能产生肯定或否定。因为众所周知，每个确定性的表达都要有正误，但不论怎样，“人”“白色的”“奔跑”“获胜”等非复合用语，既不是正确的，也不是错误的。

第五卷

实体就其最纯粹、最主要且最确切的词义而言，既不可用来描述一个主体，又不存在于主体中，例如，某个人或某匹马。但是在第二性的意义下，作为属包含着第一性实体的那些东西也被称为实体，以及那些作为种而包含着属的东西也被称为实体。例如，某人是被包含在“人”这个属里面的，而“动物”又是隶属于这个属的种，因此“人”这个属和“动物”这个种就被称为第二性实体。

综上，可以明显地看出：谓语的名称及定义必须都可以用来描述其主体。例如，“人”用来说明某个人，这种情况下，“人”这个属名应用于个人，因为我们用“人”这个词来描述某个人，而“人”的定义既可以代表某个人，又可以代表动物，这样，属名及其定义都可以用来描述某个人。

另一方面，那些存在于一个主体里的物品，通常都不能用其名称和定义来说明它们所在的主体。不过虽然定义绝对不能用来描述主体，名称在某些场合描述却未尝不可。例如，“白色”存在于一个物体内，也可用来描述它所在的物体，因为这个物体被称为是白色的。但“白色”这个颜色的定义绝不能用来形容此物体。

除第一性实体外，任何东西要么可以用于描述第一性实体，要么存在于第一性实体中，关于这一点，看到个别例子就会很清楚。“动物”用来形容“人”这个属，因此也可以形容某个人，因为如果没有任何个人可以用它描述，那它就完全不能用来描述“人”这个属。再举个例子，颜色存在于物体内，因此是存在于个别物体内的，因为如果没有任何个别物体让它得以存在，那它根本就不能存在于物体内。可见除第一性实体之外，其他物体要么用来描述第一性实体，要么存在于第一性实体中，因为如果第一性实体不存在，就不可能有其他物体存在。

第二性实体中，属比种的实体更真切，因为属与第一性实体更为接近，因为在说明第一性实体时，说出它的属比说出它的种，信息更多也更合适。例如，描述某个人时，说他是人比说是动物，会说得更准确、信息更多，因为前一种说法在更大程度上指出了个人的特性，而后一种则过于笼统了。再举个例子，说到树的时候，说“树”要比“植物”给的信息更多。

再者，第一性实体之所以被称为实体，也是因为它们是其他物体的基础，且其他物体要么用来描述它们，要么存在于它们之中。而第一性实体与其他物体之间的关系，也同样存在于属与种之间：因为属对于种的关系正是主体对于宾词的关系；因为种可以用来描述属，属却不能用来描述种。这样，我们就有了判定属比种的实体性更为真切的另外一个根据。

在属与属之间，除去那些本身就是种的属，没有属会比其他属的实体性更强。虽然应用的是相同的方法，在谈到某个人时说出他所在的属，比起在谈到一匹马时说出它所在的属，就不算对这个人给出了合适的说明。同样，在第一性实体之间，也没有比其他同类更真实的实体。作为实体，某个人并不会比某只牛更加真实。

这样，除去第一性实体，我们就有理由把“第二性实体”之称只赋给属和种，因为所有谓语中，只有属和种才能传达出第一性实体的概念，说出属或种，我们才能合适地形容某个人是什么样的；并且，如果说的是种而并非属，那么我们的形容会更确切。我们所说的其他信息，例如，他是白人，他跑步等，都与形容这个人毫不相干。可见除了第一性实体之外，就只有属和种才能被称为实体。

再者，第一性实体之所以名副其实，是因为它是万物的基础和主体。而第一性实体和其他物体的关系，也同样存在于第一性实体所隶属的属和种与不包括在属和种里的其他属性之间，因为种和属就是这些属性的主体。如果我们说某人“精通语法”，则这个谓语也就适用于这个人所属的属和种。这条规律适用于其他情况。

实体绝不存在于一个主体里，这是一切实体的共性。因为第一性实体既不存在于主体中，也不能用来形容主体；而第二性实体，从下面的论据中（暂且不谈其他论据）就能清楚地看出它们不存在于一个主体里面。“人”被用来描述个人，但并不存在于任何一个主体中，因为人并不存在于个人中。同样，“动物”也被用来描述个人，但并不存在于其中。再者，当一个物体存在于主体中，虽然物体的名称可适用于它所在的主体，它的定义却不能适用。但对于第二性实体，则名称和定义都可适用于主体：我们会用属的定义和种的定义来描述某个人。因此，实体不能存在于主体中。

但这个特性并非实体所特有，因为属差也同样不能存在于主体中。“有足”和“两足”这两个特性可以用来形容“人”，但它们并不存在于其中，因为它们并不在人里面，而且，属差的定义可以用来描述属差被用来描述的东西。例如，如果“有足”这个特性被用来描述“人”这个属，则这个特性的定义也可以用来作为“人”这个属的谓语，因为“人”是“有足”的。

实体的部分看上去存在于它们主体整体中，但我们不能因此而迟疑，认为这些部分不应被当作实体。因为在解释“存在于主体中”这句话时，我们说它的意思是“并非像部分存在于整体中那样的存在”。

在所有以实体和属差为谓语的命题中，实体和属差是同名同义用来描述主体的，这一点是两者的标志。因为，所有这类命题都是要么以个体，要么以属为主词的。就第一性实体不能用来描述任何物品这一点而言，第一性实体的确不能成为任何命题的谓语。但对于第二性实体而言，属可以用来描述个体，种可以用来描述属和个体。与之类似，属差也可以用来描述属和个体。另外，属和种的定义可适用于第一性实体，种的定义可以适用于属。因为所有被用来描述谓语的，都可以用来描述主体。与之类似，属差的定义也可以适用于属和个体。但上面已经说过，“同名同义”一词，是用在那些有共同名称和定义的东西上的，因此，应该认为在所有以实体或属差为谓语的命题里，实体和属差是“同名同义”地用来描述主词的。

所有实体看上去都表示某个独立的东西。对于第一性实体而言，这一点无可辩驳，因为所代表的东西是个单一性的东西。而对于第二性实体而言，例如我们说到“人”或“动物”，语言方式也给人留下印象，让别人认为我们是指“某个东西”，但严格来说印象并不是正确的。因为，第二性实体并不是个体，而是具有某一性质的一类东西。因为第二性实体并不像第一性实体那样是单一且独立的，“人”和“动物”都可以用来描述一个以上的主体。

但像“白色”一类的属和种也不是单纯表示性质。“白色”除性质外不再表示其他内容，但属和种是根据实体来规定其性质的，它们用来表示物质性质方面的差别。这种性质的赋予，使得种比属覆盖了更大的范围，如用“动物”这个词比用“人”这个词外延更为广泛。

实体的另一个标志是它没有相反物。像某个人或是动物这样的第一性实体，相反物能是什么呢？不存在的。属和种同样也都没有相反物。但这个特征并非实体所特有，许多其他东西也有，比如数量。“二腕尺”“三腕尺”或“十”一类的说法是没有相应的相反物的。也许有人会反驳说“多”是“少”的相反物，“大”是“小”的相反物，但对于一定的数量，则没有相反物存在。

再者，实体不允许有程度上的不同。我并不是说一个实体不能比另外一个实体的确定性更强或确定性更弱，因为前面说过，这种情形是存在的。我的意思是说，实体不允许它本身有程度上的不同。例如“人”这个实体就不能比另外一个时期的自己有更多或更少的实质。另外，同一种性质在不同时候以不同程度存在于同一个物体中。我们说一个白色的物体在某个时候比它以前更白，或者一个热的物体在某个时候比另外一个时刻更热或不热，但实体不能说它更是它，或更不是它：一个人在某个时刻并不比他以前更是一个人，其他实体也不能说更是这个物体或更不是这个物体。可见实体是不能容许程度上的变化的。

实体的最突出的标志应该是，在保持数量同一性的同时，实体能允许有相反的性质。在实体以外的物体中，我们却举不出任何有这个标志的事物。例如，同一颜色不能既是白又是黑，同一行为不能既是善又是恶，这条规律适用于非实体的一切物质。但当同一个实体保持着自己的同一性的时候，却可以同时容许相反的性质。同一个人有时白，有时黑，有时热，有时冷，有时好，有时坏。任何其他物质都不具备这种性能，虽然有人会认为一句话或一个意见会成为这个规律的例外，众所周知，同样的话既可以是正确的又可以是错的。如果“他坐着”这话是正确的，那么当这个人站起来后这句话就是错的。意见方面情况也一样。因为，如果任何人以为某个人坐着是正确的，那么当这个人站起来后，则再坚持同样的意见就是错误的了。不过，虽然可以承认这个例外，但无论如何，这种情况发生的方式是和实体不同的。实体是由于本身变化才容许有相反的性质。正是由于本身变化，原本热的物体现在变成冷的，因为这个物体已经进入了不同的状态。与之类似的还有，通过变化的过程，原本白的物体现在变成黑的，原本坏的现在变成好的。在其他场合也都是由于变化，实体才能够容许有相反的性质。但陈述和意见本身却在各方面都维持不变，只是由于实际情况改变了，它们才具有相反的性质。“他坐着”这句话保持不变，但有时候它是正确的，有时候它是错误的，要视实际情况而定。这种情况也适用于意见方面。因此，就其发生的方式而言，能够容许有相反的性质就是实体特有的标志，因为实体乃由于自身变化而这样的。

因此，如果有人承认这个例外并认为陈述和意见容许有相反的性质，这种主张则是不对的。因为我们说过陈述和意见有这种性能，并非由于它们本身有所改变，而是由于其他物品发生了改变。陈述的正误取决于事实如何，而不是依赖于言语本身容许相反性质的能力。简言之，言语和意见的本性无论如何是不能更改的。所以既然它们本身没有变化，就不能认为它们容许有相反的性质。

对于实体而言，正是由于实体自身中发生的改变，实体才被称为容许有相反的性质；因为实体在自身里容许健康或疾病，白或黑。正是在这种意义上，我们才说实体容许有相反的性质。

总结来说，实体有个显著的标志，就是在保持自身数量同一性的同时，它容许有相反的性质，而这种改变的发生是由于实体本身的变化。

关于实体的问题就说到这里吧。

第十四卷

运动共有六大种：产生、消灭、增加、减少、改变和位移。

显然，各种运动间彼此有显著的分别，只有一种情形例外。产生不同于消灭，增加和位移不同于减少，等等。但对于改变这种运动，也许有人会提出异议，认为改变的过程必然包含其他五种运动的某一种。但这并不正确，因为我们可以说几乎所有影响都对我们产生了不同于其他运动的改变。

而这种影响并非增加、减少或其他任何运动，所以改变是一种与众不同的运动，否则改变了的物体就不止会被改变，且必然会被增加、减少或遭受其他运动的某一种，但实际并非如此。与之类似的还有，如果改变并非一种与众不同的运动形式，那么正在经历增加或其他运动的物体，也必然经历改变。比如，圆形会增大但不会改变，其他圆形也是如此。因此改变和增大是不同的。

一般来说，静止是运动的对立面。不同运动形式是以其他的运动形式作为自己对立面的，消灭是产生的对立面，减少是增加的对立面，静止于某地是位移的对立面。提到位移，逆方向的位移才是它的对立面，因为向上是向下的对立面，反之亦然。

而改变就很难说出它的对立面。它应该没有对立面，除非人们把对立面规定为要么“性质不变”，要么“向相反性质方向的转变”，就像我们把唯一的对立面定义为要么是“静止”，要么是“相反方向的移动”一样。因为在有性质改变时，物体本身也有了改变，所以它的性质不变或向相反性质方向的转变都可以称为这种性质上运动形式的对立面。这样说来，变白的对立面就是变黑，因为它的性质有了相反的改变。

（亚里士多德　公元前350年）

后分析篇

第一卷

第一部分

一切辩证的教育和学习都依靠已有的知识进行。只要考虑到各种情况，这一点十分明显。数学知识及其他技术都是通过这种方式获得的。无论是三段论还是归纳，各种推理也是如此，它们都运用已获得的知识来获取新的知识。三段论以假定听众已经理解了为前提，归纳推理则根据每个具体事物的明显性质证明普遍性。再者，修辞学家说服人的方法也与此相同：他们要么将例子作为归纳的形式，要么将论证作为三段论的一种形式。

在两种情况下需要有已有知识。有时需要事先假定事实，不然就必须理解所使用术语的意思，有时两者都是必需的。例如，我们必须假设某个陈述要么肯定某个议题，要么否定某个议题；必须知道“三角形”这个术语的含义；至于“单位”，我们必须搞清它的含义及存在。原因在于，这些物品对我们来说并非同样明显。对一个事物的认识既需要已有的知识，同时也需要在认知中所获得的知识，比如对我们已知的某种普遍事物的认识。例如，学生们都知道三角形的内角和等于两直角，但我们只有在把特殊与普遍联系起来时，才能认识到这个半圆中的图形是三角形。对于某些事物（比如对不能描述主体的具体实物）而言，学习就是通过这种方式进行的，换句话说，就是端词不能通过中词[①]而得到认识。在还没有完成归纳或得出结论时，我们或许可以认为，在某种意义上这件事已被了解，但在另一种意义上则没有。

如果我们还不确定三角形真的存在，那我们怎么能确定这个图形的内角和等于两直角呢？很显然不能。我们对这件事的理解并不纯粹，而是在理解了普遍原则的意义上而言的。如果我们不做区分，就会遇到《曼诺篇》中的一个两难问题：一个人要么什么也没有学，要么他只是在学习他已知的东西，因为我们接受不了他人给出的解答。设想某人被问道："你知不知道所有的双数都是偶数？"如果他说"知道"，那么他的论敌就会找出一些他不知道的双数，这样他就不知道它们是偶数。这些人会说，他们并不认为所有的双数都是偶数，而是他们所知道的双数都是偶数。然而他们所知道的正是他们已经证明的事情，即已经确定的事情。他们确定的不是已知的这个三角形或这个数，而是纯粹的三角形和数。在"你已知的所有数是不是怎样"或"你已知的所有直线图形是不是怎样"这样的问题中，没有提出任何前提，谓语属于主语全体。但我认为没有什么可以阻止一个人，学习他在某种意义上知道、在某种意义上不知道正在学什么的东西。如果在某种意义上他知道在学什么，这并不荒谬，但如果他知道学习的准确感受和方式，那就很荒谬了。

第二部分

当我们总体上知道事实发生的因素就是事实的原因，且事实不可能是其他样子时，我们就以为我们完全了解了这个未经核实的科学知识，而不是像智者们只依赖偶然的方式获取知识。很显然，知识就是这样。无知的人和有知识的人的区别在于，无知者只是自以为达到了上述条件，而有知者则是确实做到了。因此，适合的未经核实的科学知识正是不可成为异于自身的他物。

也许还有其他认知的方法，我们未来再加以讨论。我现在要坚持说明的

---

①亚里士多德最早使用"端词"这一概念。他把三段论中的大词（大项）称为始端的词，而把小词（小项）称为终端的词，中词则处于中间的位置上。——译者注

是，一切知识都是通过证明来获取的。我所谓的证明，是指产生科学知识的三段论。所谓科学知识，即只要我们掌握了，就能据此知道事物的东西。如果知识正像我们假设的那样，那作为证明知识的前提必须真实、首要、直接，且先于结果，比结果更容易理解，并且要是结果的原因。只有具备这样的条件，本原才适用于有待证明的结论。如果不满足这些条件，就会有三段论，但对知识来说效率不高，也绝不可能有证明。前提必须是真实的，因为不存在的事物都是不可知的，例如正方形的对角线可用边来测量。它们必须是最原始且不可证明的，否则它们只有通过证明才能获取知识；而对可证明事物、非偶然知识则意味着它们各自有明确的证明。前提必须是结论的成因，要比结论更容易理解且先于结论：因为只有当我们知道事物的成因，才能了解该事物的知识，因此它们必须是成因；而为了成为成因，必须先于结论，且要事先已知。“在先”和“更易了解”都是有歧义的术语，因为“在先”和“更易了解”对于实体和对于我们是不同的。对我们而言，“在先”和“更了解”是指更接近的东西，而纯粹意义上的“在先”和“更易了解”的物体则距离感觉较远。最普遍的概念距离我们的感觉最远，具体事物则距离它最近，它们相互对立。说到科学知识的出发点一定要是最初前提，是指从“适当”的基本原则出发，因为我指的最初前提就是基本原则。证明中的“基本原则”是一个直接的前提。所谓直接的前提，是指在它之前没有其他前提。前提是判断的某个部分，例如它可能表明某个实体的某种属性。如果前提是辩证的，它便可以随意断定任何一部分；如果是证明的，它就要明确落实到某个真实的部分。“判断”这个词无所谓表明矛盾各个部分。矛盾是在本性上排斥任何中庸立场的对立面。矛盾中将谓语和主语连接起来的部分是肯定判断，将谓语和主语分离开的部分是否定判断。我把三段论直接的基本真理叫作“命题”，尽管教学者们无法证明，但忽略它也就少了让学生继续进步的基石。任何获取知识时必须把握的东西就叫作公理。由于存在着这类卓越的原则，所以我们习惯用“公理”这个名字来称呼它们。如果一个命题假设判断的某个部分，例如某物存在或不存在，就叫作假说；如果并没有假设，则为定义。定义是一种“命题”，或者说是“切实存在的事实”，因为算术家把它规定为在量上不可分的单位，但它并不是假说，因为定义单位是什么和确定单位的存在是不同的。

由于我们知识和信念的前提是必须具有三段论，也就是我们所谓的证明，而三段论依赖于前提的真实性，所以我们不仅要提前知道最初前提（就算不能知道全部，也要知道部分），而且要比结论更好地了解它们。因为某物固有某种属性的成因本身与主体的依附性要比该属性更强。例如，我们喜欢某物的原因往往要比那个东西本身对于我们更加珍贵。如果最初的前提是我们知识和信念的原因，那么相比结论，我们必定会更理解且更相信前提，因为正是从前提出发，我们才获取到了后面的知识。一个人只有确切了解了知识，或是了解了比知识更高级的理论，才能在自己已获取的认知外了解到更多。但如果一个人通过没有预先知识的证明得出了信条，我们就会面临悖论的出现。因为相比结论人们会更相信基本理论，就算不完全相信，也会相信其中的一部分。况且，如果有人要通过证明获取知识，那么比起被证明的东西，他不仅会更明确地认识和坚信基本原则，而且会对与基本原则对立的事物会导致错误三段论的信念深信不疑，因为纯粹科学的信念是不容撼动的。

知识会因为成因知识的不同而不同。首先在同一门科学中，分为两种：①三段论中的前提并不直接（因为这样近因不包含在成因的必要条件中）；②虽然是直接前提，但去做中间值的确是两种互相影响因素中更好理解的一个。因为在两个可以转换的谓语中，非成因项可能更容易理解，就这样成了证明的中间环节。因此你就可以这样证明：让C表示行星，B表示不闪烁，A表示相近，那B作为C的谓语可以断定，因为行星不闪烁，所以它们距离我们很近。但A陈述B同样是真的，因为不闪烁的东西是接近的（我们要把这个事实假设为已通过归纳或感官知觉确定的），这样，A也必然可以陈述C，从而证明了行星距离我们很近。因此这个三段论证明的不是成因，而只有事实，因为行星不是因为不闪烁，所以很近，而是因为它们很近，所以不闪烁。不过证据的主要部分和中段可能会反转，这样证明也将成为成因。例如，让C表示行星，B表示距离近，A表示不闪烁，那么B是C的谓语，并且A是B的谓语，所以A也是C的谓语，这个三段论证明了成因，因为中段是距离近。

再比如，月亮由于盈亏而被证明是球形的。如果证明出现盈亏的事物是球形的，且月亮有盈亏，那月亮显然是球形的。三段论用这种形式证明事实，但当中词与大词互换时就揭示了成因。因为月亮是球形的不是由于它的盈亏，而是因为它是球体所以出现盈亏。也就是用 C 表示月亮，B 表示球形，A 表示盈亏。再者，如果中词不能转换，影响比原因更容易理解，那么事实就是证明出来的而成因却不能。中词与大小词不相交的三段论也会出现同样的情况，因为这时并未给出严格的起因，因此证明的也就是事实而不是成因。例如“墙为什么不呼吸”？回答可能是“因为它不是动物”。但这个答案并没有给出严谨的原因，如果因为不是动物而无法呼吸，那么根据否定陈述给出非属性的原因，则相应的肯定陈述就会给出其属性的原因这样的原则，动物就成了呼吸的原因。例如，如果我们身体冷热失调是我们不健康的原因，那它们的合适比例就是我们健康的原因。反过来，如果肯定陈述给出了属性的原因，那么相应的否定陈述就会给出其非属性的原因。但在上述例证中并不能得出这种结论，因为并非所有动物都可以呼吸。证明这类原因的三段论出现在中间段中。例如，A 表示“动物”，B 表示“呼吸”，C 表示“墙”，那么所有 B 都属于 A（因为凡呼吸者皆为动物），但 A 不适用于 C。这样，B 也不适用于 C，因此墙不能呼吸。这样的原因像是牵强附会的解释，用过于遥远的形式去陈述中词。就像阿那赫里西斯格言中，斯库塞人没有吹笛手是因为没有葡萄藤。

同一门科学中，中词位置的不同会导致证明事实三段论与证明根据的三段论的差异。但事实和根据在另一方面也互不相同，就是在为不同学科所研究的方向上。所有互相联系、相互从属的学科都是这样的，就像光学问题属于几何，力学问题属于立体几何，和声问题属于算术，自然现象研究属于天文学系一样（这些学科中有些实际上是同名的，例如数学和航海上的天文学都叫天文学，数学和声学中的和谐都叫作和谐）。问题在于资料搜集者知道事实。数学家了解依据。科学家们能证明原因，但却经常忽略一个事实，就像我们通常对普遍事物有很清晰的想法，但由于缺乏彻底的考察，所以会忽略某些特殊事例一样。一切分离存在、呈现特殊形式的对象都属于这一类。数学是研究形式的，并不会把证明局限在特殊主体上，即使几何涉及个别主体，也不能因此断言数学证明的是它们的属性。就像光学和几何学相关一样，另一门科学也和光学有关，即所谓虹学。了解事实知识是自然哲学家的任务，了解其根据是光学家（要么是纯粹光学家，要么是数学光学家）的任务。许多学科并不严格从属于其他学科，但也有这种联系，比如医学和几何学。医生了解周期性伤口治愈较慢这一事实，但几何学家知道该事实的根据。

（亚里士多德　公元前350年）

论天

第二卷

11

说到每个星体的形状，球形应该是最为合理的观点。因为已经证明它们的自身运动并不是它们的本性，而自然又不是肆无忌惮或随心所欲的造物者，那么很显然，它会为不能运动的物体赋予最不适于运动的形状。这种最不适合运动的形状就是球形，因为它不具备运动的工具。所以显然，星体的框架应该是球形。再者，由个体可以见得整体，且我们眼睛的观察表明，月亮是球形的，因为假如它是其他形状的，为什么不在大部分的盈亏期间，而只在半月时才显出新月形或凸形呢？再有，天文学论证也能加以证明，因为没有其他假说说明日食不是新月形的，所以，如果一个天体是球形的，其余的显然也应是球形的。

12

这里可以很自然地提出两个问题，我们要尽力给出合适的解答。如果在迷茫之际，哲学引领某人接受了哪怕些微的启迪，那我们要把这类人的热情视为审慎，而并非轻率的证明。

众多这类难题中，最奇怪的一个就是：为什么中间物体的运动最多，而不是根据与首个物体的距离排序，运动也依次排下来呢？因为我们应该可以想到，既然第一物体只有一种运动，那离它最近的物体就只有最少的运动，比如说只有两种运动，那接近它的物体就有三种运动，依此类推。但反过来也一样，因为太阳和月亮的运动要比有些行星的少，而这些行星距离中心更远，离第一物体更近，通过观察也可以发现这一点。例如，我们看到半圆的月亮从火星下通过，火星就被月亮黑暗的一半遮蔽，在明亮的另一半转过来时，火星又出现了。埃及人和巴比伦人也对其他星体有类似的解释，他们在多年内进行持续观察，我们对各个星体的诸多结论都是由此得来的。接下来可以提出第二个难题：为什么第一运动包含如此多的星体，以至于它们的序列似乎是不可计数的，而其他每个都相互独立，我们从不会看到两个或更多的物体附着在同一运动中呢？

关于这个问题，虽然我们可依据的内容甚少，又与所要考察的对象相距甚远，但我们还是要力求加深理解。但如果我们的考察从一些确定的原则出发，现在的难题就不会无从解答了。我们只是把星体看作物体和带有一定次序的单位，毫无生命，但我们应把它们理解为享受行为和生命。这样，那些事实就不显得奇怪了。因为万物中处于最佳状态的物体都有无行为的善，这一点非常自然，离它最近的物体只需借助极少且单一的行为获得善，但距离它较远的东西则要借助烦琐的行为才能获得善。就和人的身体一样，有人完全不锻炼身体却很好，有人需要少许散步，有人则需要跑步、摔跤和艰苦的锻炼，还有人虽然付出了巨大的努力，但仍不能实现这种善，只能得到善的同等物。很多时候成功是很难的。例如，掷骰子一万次始终掷出相同点数是不可能的，但只掷一两次却比较容易实现。再有，当 A 为了达到 B，B 为了达到 C，C 为了达到 D 而必定被作用时，如果中间步骤只有一两个，是不难达到目的的，但中间环节越多，难度也就越大。因此，我们也必须把星体的行为视为与动植物类似。在我们的地球上，人类的行为最具多样性，因为人类能实现多种善，所以行为变得多样，且有了超越自身的目的。而处于最佳状态的事物无需任何行为，因为其自身即是目的，而行为却总要涉及两个因素，即目的和手段。低等动物比人的行为种类少，植物的行为种类则更少，也许只有一种，因为它们要么像人类一样只有一种，要么虽然有多种，但每种都直接贡献给最好的了。这样，一个物体具有或享有最好，其他事物去获取它，有些通过直接的几步获取，其他则通过许多中间环节获得，还有些甚至并不打算获取，而是满足于接近其边缘又不被消耗殆尽的状态。比如，如果健康是目的，那么甲总是保持健康，其他人则尽力获取健康：乙通过减肥，丙通过跑步，丁又通过其他行为，这样多了许多运动，而戊自身不能获得健康，只是跑步或减肥。对这些人来说，这些环节中的某一个就是目的。对每个人来说，能达到最真实的目的就是最好的，但如果不可能实现，那越接近最好的东西就越好。正是由于这个原因，地球完全不运动，离它很近的星体也只有少许运动。因为它们并不处于最边缘位置，而是通过到达能力所及之处获得神圣的本原，但第一天体却通过单一运动直接获取，处于第一天体与最末天体之间的那些物体也的确可以获取，只不过要通过许多运动才可以。

关于单一的第一移动含有许多星体，而其他星体都有特有的运动的问题，可以先根据自然排列说出一个理由。思考生命和诸多天体的本原时，我们必须记得第一位相比其他更为高贵，这样这种分级就合理了。因为单一的第一移动要移动诸多神圣星体，而众多其他运动却只运动一个星体，所以每个行星都由多重运动而移动。自然就是通过赋予众多物体一种移动以及把多种移动给予一个物体的方式，使事物相互平等，并形成某种次序。其他运动都只有一个星体还有第二个原因，除了最后的运动只有一个星体之外，其他运动都运动许多星体。因为最后的球体是和众多它被附着的其他球体一同运动的，每个球体实际上都是一个实体，所以，它的运动就应该是大家共享的。实际上，每个球体都有自己特定的自然运动，对这种特定运动来说，普遍运动就像是被加上去的，但每个有限物体的能力也与移动这种有限物体对应。

圆周运动的星体特征，不论是物质、形状、运动还是次序，现在我们都已经充分解释过了。

13

接下来要讨论的就是地球：它的位置，它是静止还是运动的，以及它的形状。

第一，关于它的位置，观点有一些分歧。实际上凡是断言天是有限的人，绝大多数都说地球处于中心。但被称为毕达哥拉斯学派的意大利哲学家们却持相反观点。他们认为中心是火，地球只是星体之一，当地球围绕中心做圆周运动时，就产生了白昼和黑夜。此外，他们还捏造了与我们的地球对立的另一个地球，并把它称为“反地球”。他们不去寻求解释这些现象的理论，而是力图牵强附会地让这些现象贴合自己的理论。还有很多人认为不应该赋予地球中心的位置，但他们支撑这一信念的根据并非来于现象，更多的是源于理论。他们的根据是：最高贵的地方应该属于最高贵的东西，火比土更高贵，且界限比居间物更高贵，外沿和中心就是界限。从这些根据出发，他们说，处于球体中心位置的不是地球，而应是火。毕达哥拉斯学派还提出了进一步的理由。他们认为，中心作为宇宙最重要的部分应被最严格地守卫，并把“中心”一词视为意义明确，把火所占据的这个位置称为“宙斯守望塔”，且几何图形的中心与事物和自然的中心是同样的。但更应该把宇宙的情况理解为与动物类似，动物的中心和躯体的中心是不同的。因此他们不必为宇宙而焦虑，或在“守卫”的意义上来称呼中心，更应该找寻其他意义上的中心，并考察它的性质以及自然位置。中心应该非常重要且珍贵，但地点上的中心更应被视为终点而不是起点。中心是被定义者，定义它的正是界限，包含物和界限比被包含物更为珍贵，因为后者是物质，前者则是结构的本质。

第二，上述就是人们对地球位置的看法，他们对地球是静止的还是运动的观点也是类似的。这个问题也没有统一的看法。否认地球处于中心的人认为它是围绕中心做圆周运动的，且不仅地球这样，像我们前面说的“反地球”也是如此。有些人甚至认为许多物体围绕中心运动也是可能的，只是由于地球在中间，我们看不见罢了。他们认为这也是月食比日食更常发生的一个原因：除地球外，这些运动的天体都要遮蔽月亮。实际上既然地球表面不在中心，那他们就认为，依照他们的观点，我们并非在宇宙中心，要说服普遍的地球中心论没有什么难度。因为即使依照大众的见解，也没有依据表明地球半径让我们远离了中心。此外还有些人说，虽然地球处在中心，但却是围绕着整个天轴“滚动”的。这一点在《蒂迈欧篇》中有过记载。

第三，关于地球的形状，也有分歧。有人认为是球体，还有人说是扁平的，其状如鼓。他们给出的依据是，当太阳升起或下落时，被地球遮盖的部分显露出来的是一条直线，并不是曲线，如果地球是球体，切割线就会是弯曲的了。他们没有考虑到太阳与地球的距离以及地球圆周的大小，从远距离来看这些表面上的小圆时，就显得是直的了。这种现象本不该成为他们怀疑地球是球体的依据。但他们还有其他论证。他们认为由于地球静止着，所以它必须是这种形状。所以对于地球是运动的还是静止的有多种不同的猜想。

每个人都必然遇到困难。小土块在空中自由散放不能保持静止，土量越大，运动速度也就越快，而整个地球悬在空中却纹丝不动。对上述情形丝毫不觉得奇怪的人一定过于骄傲自满。但实际上，这种重量是静止的。再有，如果某人在运动的小土块落下之前把地球移开，那只要没有东西阻止，它就会一直下落。所以这个问题就演变成了哲学问题。人们也许会觉得奇怪，这个问题的答案看起来和问题本身一样荒诞。

这些考察让有些人认为地球向下无限伸展，就像科洛封的色诺芬尼说过的“它的根无限伸展”，以解决寻求原因时遇到的麻烦。因此，恩培多克勒尖锐地指责：“如果地球深度无限、宇宙无穷，经由多人张张嘴便能流传的无味传说，就会从他们口中倾泻出来，尽管他们对整体所知甚少。”还有人认为地球静止在水上。这是流传下来的最古老的理论，而且据说是米利都的泰勒斯说的。之所以它能保持静止，是因为它能像木头一类的东西一样漂浮，因为这些东西从本性上讲，都不能静止在空气中，只能静躺在水上，就好像不用放在支撑地球的水上一样。在空中静止也不是水的本性，这一点和土一样，因此它必须依附其他东西。此外，就和气比水轻一样，水也比土轻。那轻的东西怎么能够在重的东西下呢？再者，如果说漂浮在水上是土作为整体的本性，那很明显，土的每个部分都会如此。但经观察发现并不是这样的，所有土块都沉到底部，土块越大，下沉越快。可见，这些思想家虽然看上去从某些方面把他们的疑问升级成了问题，但也就到目前这种地步了。我们所有人都倾向于不直接让物质本身带领我们的问题，而是通过对方的观点，因为即使是探讨自己的观点，人们也只能推进到这种程度，不会再有任何与自己的观点对立的说法。因此，一个优秀的探究者必须有所准备地去应对在他所讨论主题范围内的各种反对意见，这样才会从所有差异的理解中获得认识。

阿那克西美尼、阿那克萨戈拉和德谟克利特都把地面的平坦作为地球静止的原因。但它并不分割，而是像盖子覆盖着下面的气，就像扁平状物体那样，由于阻力，连风也不容易吹动它们。他们认为由于形状扁平，土与下面的气有着同样的不动性，而气由于没有足够的空间来改变其位置，就被挤压在下面静止着，像漏壶中的水一样。他们还提出论据说，当气被隔断静止时，能承受很大的重量。

首先，如果地球的形状不是扁平的，那扁平就不应该是它静止的原因。但按照他们自己的说法，地球静止与其说是因为它的扁平形状，还不如说是因为它的体积。气之所以会紧密贴合，没有外出通道，只能停留在原地，正是因为它的体积庞大，而这种大体积则是由于隔断它的大地体积巨大。所以，即使大地是球形的，但只要它保持这个体积，这种情况一样会发生。根据他们的论证，地球是静止的。

一般来说，我们与这些讨论运动的人进行争执并非关于部分，而是关于整个宇宙，人们一开始就必须确定物体的运动是自然的还是强制的。然而既然我们在前面已经尽可能地确定了这些问题，我们就必须把它们作为论据来使用，以便得到结论。物体如果没有自然运动，也就不会有强制运动；而如果既无自然运动，也无强制运动，物体也就根本不会运动。这个结论的必然性，我们在前面已经确定了。此外，在这种情形下静止也是不可能的，因为和运动一样，静止也是自然或强制的，但如果有某种自然运动，物体就不会只有强制移动或强制静止了，所以，如果地球现在是强制静止的，那由于所谓“旋转”的作用，它的中心会运动到一起（这种因果关系是大家从对液体和气体的观察中借用来的，观察中更大和更重的东西总是会移到旋转中心，因此主张生成宇宙的人都认为土会积聚在中心。因此在探寻它静止在原地的原因时，有些人认为，按我们解释过的那种方法，它的扁平状和体积就是原因；另一些人如恩培多克勒之流则认为，天体围绕着它的高速圆周移动妨碍了地球的运动，就如铜杯子里的水，杯子圆周移动时，由于同样的原因，尽管水经常处在铜杯的下部，但却妨碍了它本性向下的移动）。但假如旋转和扁平状都不妨碍地球运动，下面的气也被抽掉，那地球会移到何处呢？它到中心的运动是强制性的，它静止在中心也是强制性的，但它必然有某种自然运动。那这种自然运动是向上还是向下的，还是什么其他运动呢？因为它必然有某种运动。如果上下运动比较类似，那么地球上面的气就不会阻止它向上运动，下面的气也不会阻止它向下运动，因为相同的原因对相同的物体必然有相同的影响。

还有一个观点可以反驳恩培多克勒。当元素因彼此“憎恶”而分离时，让土保持不动的原因是什么？肯定不会是“旋转”。如果土的各部分以前是通过旋转而移动到中心的，那现在一切重的东西又为什么移向它呢？这一点看不出来，也非常荒谬，因为旋转不会向我们靠近。再有，为什么火会向上移动？显然不是因为旋转。但如果火自然移向某个方向，我们显然可以推断土也可以这样。再者，轻重并不是由旋转定义的。况且先有轻重存在，然后通过运动，它们才有的到中心，有的停在表面。因此，在旋转开始前，轻重已经存在了，但它们是依据什么区分的，或者说它们如何自然运动，又移往什么方向呢？在无限的混杂中，无谓上下之分，正是这样，才区分出了轻重。

这些原因引起了大多数思想家的关注。但还有人认为地球的静止是由于它的相同性，其中就有早期哲学家阿那克西曼德。他们认为，无论是向上、向下还是偏斜的运动，都不适合处在中心的东西，且与外缘各点有着同样的关系。它也不可能同时朝相反方向运动，所以它必须静止着。这种说法虽然巧妙，但却并不真实。因为按照这个论证，凡是处在中心的东西都必然静止，所以火也会静止在中心，因为这个说法并非只适用于土。但事实并非如此，因为我们观察到的情形是：土不仅静止在中心，而且向更中心移动，因为土的任何部分移向的地方必然也是土整体移去的地方，并且，物体自然移向的地方也是它自然静止的地方，因此，原因并非与外缘各点有着相同关系。因为这一点是一切元素所共有的，但向中心移动则是土所特有的，只探求土为什么处于中心，而不追究火为什么处在外缘，这种做法也很荒谬。如果外缘是火的自然地点，那么显然，土也肯定有个自然地点。但如果中心并不是土的自然地点，而是由于相同的必然性才留在那里，就像毛发虽然被用力拉扯，但只要在每一点上着力均匀也就不会被扯碎；或者一个人非常饥渴，且饥与渴的程度相当，由于他站在一个离食物和饮料同等距离的地方，所以必然会留在原地，所以火留在外缘的原因尚未得知。探讨物质的静止而不探究它们的运动也很奇怪。也就是说，如果没有什么干扰的话，为什么一个物体朝上，而另一物体却朝着中心移动？再有，他们的陈述并不正确。确实偶尔会出现朝各个方向运动都不合适的事物必然会停留在中心的情况，但就他们的理论而言，事物不是静止的，而是运动的，但不是作为整体，而是分散地运动。同样的论证也适用于火。当火处于中心时，必然像土一样停留在原处，因为它与外缘任何一点的关系都是一样的。但事实上，加入没有什么阻碍，它是会离开中心而朝外缘运动的。但是当然，它不是整体朝单一的外缘点运动，因为这只是通过相同性论证得出的必然结论，而是每个部分都朝向它所对应的外缘部分运动，比如朝向外缘的四分之一部分运动。既然没有任何物体是点，所有物体都有分开的部分，在物体扩张占据的体积增大或减小时，扩张和收缩的原则类似。

所以由于相同性理论都显示出相反的理论，如果中心不是土本性所在地，土也就会以这种方式进行脱离中心的运动。

我们现在已经大致概括出了关于地球形状、位置、静止或运动的众多观点。

14

首先让我们判断一下大地是运动还是静止的。因为正如我们说过的，有人把它当成一个星体，另一些人则认为它处于中心，且认为它围绕着极点轴旋转和运动。如果我们考虑到地球不论是在中心还是在远离中心的位置，它的运动都必须是强制运动，如果我们把这一点视为起点，那么很显然上述两种观点都是不可靠的，因为这不是地球自身的运动。如果是的话，地球的每个部分也就会有同样的运动了。但实际上，地球的所有部分都是直线运动，由于这种运动是强制且反自然的，所以不能永恒。但宇宙的次序却是永恒的，在这里，一切圆周移动的物体，除第一球体之外，都可以观察到会被超越，且有多重运动。所以地球也一样，无论是围绕中心运动还是在中心静止，都必须有两种运动。但如果是这样，就必定有恒星的轨道和转折。然而，人们并未观察到这种现象。相反，同样的星体在地球上总是在同样的位置起起落落。

而且，无论是地球的整体还是部分，它的自然运动都在整体的中心，正因如此，它现在才刚好位于中心。但也许有人会提出疑问，既然两者的中心一样，重物体和地球各部分自然运动所朝向的是哪个中心呢？它们的目标是宇宙中心还是地球中心呢？毫无疑问是朝向宇宙中心。因为火和其他轻的物体要运动到有中心物体的边缘处。然而碰巧地球中心与宇宙中心相同，所以重物移向了地球中心，但地球中心和宇宙中心重合只是偶然。它们移向地球中心的现象还有一个例证，就是移向地球的重物并不是平行移动，而是有个相同的角度，所以它们总是移向同一个中心，也就是地球中心。所以现在很清楚，地球必然在中心，且不可移动，不仅是因为上面所述的理由，同时也因为在重物被强制直线上抛时，会再次返回到出发点，即使被抛出无限距离，也依旧如此。从这些考察中可以清楚见得，地球不可移动，也不会处在非中心以外的任何地方。

依上述观点来看，地球不动的原因也很明显。如果一切点都向中心移动是地球的本性，就像观察显示出的一样，而火的本性是从中心移向外缘，那除非是强制运动，否则地球的任何部分都不能从中心移走。因为单一物只能有单一运动，单纯物只能有单纯运动，相反的运动不能存在于同一样物体中，而离心运动与近心运动刚好相反。如果地球的任何部分都没有离心运动，那么很显然，作为整体的地球自身就更不可能。所以，如果没有强力的驱使，它就不能运动，那它必然会停留在中心。数学家们的星象学观点更加佐证了这个观点，因为他们观察到星体的排列次序决定了形状的变化，这一点与地球停在中心的假说一致。有关地球的位置及其静止或运动方式问题的讨论，到这里就可以结束了。

地球的形状必须是球形的，因为地球的每个部分都有重量，直达中心，而且当较小的部分被较大的部分挤压推进时，起伏面并不是波状的，而是彼此靠近和聚合，直达中心的。为了更好地理解我们所说的含义，最好把地球的存在方式设想为某些自然哲学家描述的一样。但他们把向下运动的原因归结于强制运动，我们认为最好还是保留最真实的情况，即地球有向下运动的现象，是由于朝向中心运动是重物的本性。这样分离的各部分同样从每一边朝向中心移动，就又可能生成混合物。无论这些到中心聚合的部分在外缘被均匀区分，还是以其他某种方式区分，都无关紧要。从一方面来说，如果每部分从外缘点到单一中心的移动是类似的，那合成物的体积也必然会每边都相似。因为如果在每个边都加一个相等的量，外缘离中心的距离也必然是相等的，这个形状就是球形，但就算地球的各部分不相等地向中心汇聚，也并不影响这个论证，因为较大部分一定会把前面较小的部分向前推进，两者都有直达中心的冲动，而且重量小的要被重量大的推进，直到到达目标为止。对此有人或许会提出问题，我们同样也有解决方案。有人可能会说，如果地球处于中心并且是球形的，那么，当比地球重许多倍的重量加到半球上时，宇宙的中心和地球的中心就不会相同了。所以，要么地球不停留在中心，要么它继续停留，且现在还静止，但却不在中心，而在本性运动的地方。这就是个难题。但只要我们对“重物无论体积如何，都会移往中心”的假说做些补充和规定，理解这个问题就不难。很明显，较大的物体并不会因其外缘接触到中心就停止。而是大部分必须压制，直到自己的中心占据对方中心为止，无论我们说的这个道理是指土块、地球的任意部分，抑或是整个地球，都无关紧要，因为陈述的这个事实并不取决于体积大小，而是普遍适用于有向心力的物体。所以不论是整体还是部分，地球都必然不断运动，直至每一面都同等占据中心，由于冲力的推进，较小的部分被较大的部分同化。

如果地球是生成的，这就必然是其生成的方式，所以很明显它产生的就是球体。而如果它不是生成的，而是永远保持这样，那它就和最初生成（如果曾有生成的话）时的特征一样。按照这个论证，地球的猜想也刚好符合一切重物都以相同角度，而不是彼此平行运动的事实，朝向自然球形的物体运动也将是自然运动。所以地球要么是球形的，要么至少本性上是球形的。我们必须按本性上的意欲和属于它的东西来称呼它，而不能强制且违反自然地来称谓每个事物。感观中也能加以佐证。假如地球不是球形的，月食怎么会呈现出残缺形呢？因为每个月，月亮会呈现出不同的形状，直边形、凸面形和回陷形，但在月食时，外线总是弯曲的，既然月食是由于地球插入其间，那它外线的形状就应是地球表面造成的，所以地球一定是球形的。此外，对星体的观察，不仅表明地球是球形的，而且也能表明它的体积并不大，因为只要向南或向北有很小的变化，都会引起地平线发生明显的改变，所以，我们头上的星体有很大的变化，并且当我们朝北或朝南运动时，所看到的星体也是不同的。的确，有些星体在埃及和库勃洛斯附近都能看见，但在更北的地区却看不见，在北方却完全可见星体的升起和下落。所以，这些不仅表明地球是球形的，而且表明地球的体积并不大，否则，如此微小地点的变化就不会很快地显现其影响了。因此，那些认为海利克斯石柱与印度周围地区接壤，并以此认为海洋只有一个的观点，就似乎不像人们认为的那样不可信了。为了支持这种观点，他们还用大象来进行说明，认为它是在两个最远地区才能发现的动物，而且解释称两个最远地区之所以有这种共性，就是由于它们接壤。还有那些力求推算地球圆周大小的数学家，最后得出的结果是400000斯塔德，这不仅可以说明地球是球形的，而且可以说明与其他星体相比，它的体积并不大。

（亚里士多德　公元前350年）

气象学

第一卷

第一部分

关于自然的最初起因和自然运动，天上星体的有序运动，物质元素的数量、性质和相互转化，我们都已经在前面论述过了。现在要探究的是这类问题的一部分，也就是气象学。气象学涉及的都是自然事件，但规整性不及物体第一元素。它们出现于距离星体运动最近的区域，例如银河、星辰，以及燃烧且运动的流星。气象学的研究还包括气和水共同具有的属性，土的组成、种类以及各部分的属性。通过对这些问题进行研究，我们就能了解风、地震，以及一切由于运动而产生的现象。这类现象中，有些会让我们迷惑不解，有些我们则可以在某种程度上给出解释。此外，还涉及雷电、飓风、火风的生成以及一些周期性现象。在讨论了这些问题之后，我们还要思考，能否依据一直遵循的方法，对动植物给出普遍或详细的说明。做完这些工作，我们就可以宣布，最开始为自己提出的全部考察任务都已经圆满完成了。

介绍完毕，现在开始直奔主题吧。

第二部分

我们前面已经确定过，有一种元素构成圆周运动物体的本性，此外，还有因四种本原而存在的四种物体，它们的运动分为两类：远离中心和靠近中心。这四种物体是火、气、水、土。其中，火升向顶点，土沉到底部，另外两种元素在关系上与它们相对应，气离火最近，水离土最近。整个宇宙，以及我们要讨论的现象，都是由这些物体构成的。这个世界必然与上方运动有一定连续性，所以它的所有能力和秩序都受它们掌控（因为一切运动的起始本原必定是最初原因。此外，元素是永恒的，运动在空间上虽没有界限，但总是完整的。相反，其他物体由于彼此的限制，都有个别区域的分离）。因此，我们必须把火、土以及这类其他元素视为这个世界上一切事件的质料性（即载体和受体）原因。

第三部分

让我们先来回忆一下最初的原则和早先给出的定义，然后来解释银河、彗星以及与它们类似的其他现象。

我们说，火、气、水、土是相互生成的，每一种都潜存于其他种类之中，就像有着某种单一且相同载体的东西最后都还原为载体一样。

第一个问题是关于气的。我们假定它在环绕地球的世界中，依据是什么？相对于其他所谓的物体元素，它的位置是什么（因为地球体积与其周围物体之间的大小关系是毫无疑问的，而天文学研究现在已经向我们证明：地球实际上比有些星辰还小得多。至于水，我们没有观察到它聚合存在还是分散存在，它也不可能与在地球周围的物体分离，例如我们看得见的海洋与河流，以及我们看不到的地下水）？问题在于位于地球与附近星辰中间的星辰。我们是将其考虑成一类自然物体，还是多类？如果是多类，有多少呢？它们区域上的界限是什么？

我们前面已经说过第一元素及其特征，也解释了上方运动的整个世界都充满着那种物体。

并不是只有我们抱有这种看法，它似乎是一个被祖先们深信不疑的古老假设，因为所谓的“以太”早已被用来命名那种元素了。在我看来，阿那克萨戈拉认为这个名称代表与火相同的东西。因为他认为，上面的地方充满火，当人们说到以太时，指的就是那些地方。他的后一个观点是正确的，因为人们假定永恒运动的物体本性神圣，而且正因为这类物体与我们陆地上的元素不同，所以他们才决定把它称为“以太”。

持相同看法的人反复出现。

有些人认为，不仅是移动的物体，就连它们的包容物都是纯粹的火，地球与星辰的居间物是气。但如果他们考虑到了现在数学给出的充分证明，或许就会放弃这种幼稚的想法了。我们在地球上看，认为每个运动的物体体积很小，这实在非常幼稚，因为它们看我们也是一样。

这个问题在前面的讨论中已经说明了，但我们现在要回到刚才的论点。

假如居间物充满火以及由火构成的物体，那其余各种元素早就陨灭了。

但也不能简单地说只由气充满，因为即使由两种元素充满天地之间的空间，气也远远超过了与其他相关元素保持适当比例的所需量，因为相对于包容它的整个宇宙的大小而言，地球的体积（包括其中的全部水的容量）是极其微小的。但是我们发现当水融入气或气融入火时，体积并未以同样大小超越。相反，少量的水和由它生成的气的比例，与全部气和全部水的比例必然是相同的。即使有人否认元素间的相互生成，主张它们能量相等，也没有什么区别，因为按这种观点，它们的大小在能量上相等，就和它们相互生成会出现的情况一样。

所以很明显，气和火都不可能单独充满居间地。

在讨论了最初的疑难问题之后，现在要说明的问题是气和火两种元素与第一元素的位置关系，以及出于什么原因，来自上方星辰的热会传送给地球及其周围的地点。和之前一样，我们先来讨论气，再来说明这些问题。

既然水从气中生成，气从水中生成，那为什么云没有在上空形成呢？在离地球较远而又较冷的地方，就应该更容易形成较多的云。因为它既不靠近星辰的热，也不靠近地球反射的光线。而正是这些光线用热量驱散了聚集物，阻止了地球附近云层的形成。因为云是在光线分散并失去热力的地方聚集而成的。为了解释这个现象，我们必须假设要么水不是从所有气中自然生成的，要么是从所有气中生成的，那么包围地球的东西就不仅仅是气，而是蒸汽，而蒸汽的本性就是能重新凝聚成水。但如果是如此大量的蒸汽，气和水的量就会大得不成比例了。因为天体之间的空间必定由某种元素填充，但不能是火，否则其他一切早就被烤焦了，因此填充物一定是气和水，因为蒸汽就是水蒸发形成的。

解决了这些难题之后，让我们继续探究事实，并提出与事实和论述相关的自己的看法。我们认为月亮以上的上空由某种物体占据，它既不同于气，也不同于火，但纯度有所变化，尤其是在气和地球周围世界相邻的地方。当第一元素及其中的物体进行圆周移动时，下方世界离它最近的部分就凭借这种运动生成了热。从另一个角度出发，我们还可以这样看待这种运动：天体圆周运动下面的物体是某种物质，有冷、热、干、湿及这些性质衍生的其他属性。但实际上，运动或静止，它只能获得其中一种，其中的原因和本原，我们已在前面说过了。所以，中心和边缘的元素就是土和水，也就是最终和最冷的元素，它们周围接续着的是气和我们所谓的火。实际上并不是火，因为火是过度的热和某种程度的沸，但现实中地球周围是湿热的，也就是我们所谓的气，因为它是蒸汽和地球的散发物，但在这上面的下个部分则是干热的，因为蒸汽的本性是湿冷，散发物是干热；而蒸汽像水一样，散发物像火。所以，我们必须假设云不在上方形成，是因为那里不仅有气，更多的是火。

然而，上方云的形成也要被圆周移动阻碍，因为地球周围的气，一定会运动。实际上，我们可以观察到，风生成于地球的沼泽地带，且从未看见最高的山峰上有风。它的圆周运动是由整个天的旋转带动的，因为火与上方元素相连，气又与火相连，所以，这种运动成了气无法凝聚成水的第二个原因。

一旦它的某个部分变重，其中的热被挤到上空就会下沉，反过来另一部分则与火性的散发物混合在一起。因此，有的地方总是充满气，另一地方则总是充满火，它们永远都处在相互变化的过程中。

关于云无法生成和气无法凝聚成水的原因、星辰和地球的居间地以及居间地由什么物体充满的问题，就说这么多。

关于由太阳生成的热的问题，准确而科学的解释应该在探讨感觉的著作中，因为热是某种感觉的属性，但我们现在可以解释它是如何生成的，因为天体的本性不是热的。

我们知道运动可以分解和点燃气，所以运动的物体经常会被分解。现在仅太阳的运动就足以保证地面的温暖与热，因为有这种影响的运动必定快且距离近，而星辰的运动虽然快，但距离远，月亮的运动近，但速度慢，只有太阳的运动满足这两个条件。如果用陆地上的现象来进行类比思考，大多数热都来自太阳，这一点也就很好理解了，因为在陆地上离快速运动的物体最近的气也是最热的。这个结论很合理，因为坚固物的运动最能分散最近的气。

这是热能传到我们这个世界的一个原因。另一个原因是包围着气的火经常被天体运动所驱散，并被迫向下移动。

流星足以证明上空既不热，也不是由火构成的，因为它们不在上空，而是在下方生成。但物体运动得越频繁、越快，它燃烧得也就越快。此外，公认万物中最热的太阳看起来也是白的，而不是暖色的。

第四部分

确定了这些以后，我们来解释一下空中燃烧的火焰、流星，以及所谓的“火炬”“山羊”等现象的成因。这些现象都是一样的，原因也相同，区别只在于多少。

下面说一下对这些现象和许多其他现象的解释。太阳加热产生的大地散发物并不像有些人认为的那样只是一类，而一定是两类。一类的本性更像蒸汽，另一类的本性更像风。蒸汽源于土里面和表面的潮湿，源于土本身是干燥的，比如烟。其中，像风一样的散发物由于温热，升到潮湿蒸汽之上，较潮湿的重，沉到另一种下面，因此，地球周围的次序是这样的：首先，在圆周移动下面是温热而干燥的元素，我们称之为火，因为没有适用于像烟一类散发物的名称，但由于这种元素是一切物体中最易燃烧的，所以我们必须使用这个名称，在这种物体的下面是气。我们必须将地球外周扩散，也就是刚才称为火的物质考虑为某种燃料，这样只要少量运动就可以让它像烟一样突然燃烧，因为火焰就是干燥气息的沸腾。所以，当圆周运动以某种方式进行搅拌时，这种聚合物就会在最易燃的点起火。

可燃物位置或数量不同，结果也会有差异。如果可燃物又宽又长，我们就会经常看见火焰如麦田残梗燃烧般燃烧。如果只是狭长，我们见到的就是所谓的"火炬""山羊"和流星。如果可燃物较长但并不宽，那在燃烧时，就会同时出现火星（出现这种情况是因为它的微小部分虽然边缘着火，但却与主体部分连着）。这就叫作"山羊"。如没有出现这种情况，就是所谓的"火炬"。但如果散发物的长度在各个方向被分成小段，在宽度和深度上也是一样的，也就成了所谓的流星。

这些流星的成因是运动有时点燃了散发物。而有时热是由于冷凝聚的气挤压而排出产生的。因此它们的运动似乎更像抛掷，而不像火焰。有人也许会提出疑问：流星的过程是不是就像把一盏灯置于另一盏之下，低处灯下散发物的发光源于高处灯的火焰，因为火焰速度快得惊人，所以与抛掷物类似，而不像一团又一团的火焰，或者说流星的路径是不是像抛掷某个物体呢？显然两种情形都存在，因为有些就像灯盏里的火焰，有些则由于被挤压而被抛射，就像手指挤出的果核，所以，能看到它们在夜间或白昼从晴空中落到地上或海中。它们被抛下是由于推进它们的凝聚物趋于下落，因此，雷电也在下落。这些现象产生的原因都不是燃烧，而是靠挤压的排射，因为一切热在本性上都自然朝上运动。

……

第九部分

我们接着论述第二个地区，即直接包围在地球周围的区域。这是水和气共同占有的区域，也是随着地球上水的生成而出现各种现象的地方。我们必须和之前一样考察这一切现象的特征和成因。动力的最初本原是太阳移动。因为显然当太阳靠近或远离时引起了分散与聚合，所以它就是生成与毁灭的原因。地球静止着，但它周围的潮湿被阳光和上空的其他热所蒸发，并向上运动，但当上升的热消散时，有的散入上空，有的则由于升到更上层的空中而冷却了。冷却的蒸汽由于热的消散和高海拔就再度聚合，由气变成水，此后，又重新落回地面。

水的散发物是蒸汽，气凝成水就是云，雾是云凝集成水的产物，因此雾预示着晴天，而不是雨天。这种周期就要遵循太阳的运动，因为随着太阳的起落，该过程中的水蒸气就会向上或向下运动。我们可以把它想象成一条由气和水共同构成的上下流动的环形河，太阳靠近时蒸汽流上升，太阳离远时水流就下泻。所有现象中的次序总是这样的。所以，如果古人所谓的“洋”有什么隐义的话，那么他们指的或许就是围绕地球环形流淌的这种河。

所以，潮湿总是由于热的作用升起，又由于冷重新下落到地面。有些情况下这种过程会用专门的名称来区分它们的类别。例如，当小水点下落时叫毛毛雨，水滴较大时则称为雨。

……

第十三部分

我们现在来说明风、一切流动的蒸汽，以及河与海的本性，但首先，我们要提出一些问题。就和其他问题一样，这些问题也没有什么理论留给我们，而这些似乎不是普通人能想到的。

有些人认为，当所谓的气运动和流动时就成了风，同样的气被重新凝聚时，就成了云和水，这就意味着水和风的本性是相同的，所以他们把风定义为气的运动。因此，有些想说至理名言的人就断言，所有风都是一种风，因为运动的气是一样的，只是由于气流碰巧出于不同地点，才显示出区别，但真的分辨不出来。这就像说所有河流都是一样的，因非科研观点要比这类研究理论更好。如果所有河流都来自同一个本原，同样的情形也适用于风，这种理论中或许有某种真实的成分，但如果两种场合同样没有真实可言，那么显然这种说法虽然巧妙，但却是错误的。实际上真正需要研究的是风的特性，它是如何生成的，它的直接成因是什么以及它的起始本原是什么，是应该假定风的流动像从容器中流出直到容器空了为止呢（例如从酒囊中流出），还是像画家们画的风那样从自身找到本原……

第十四部分

地球上的某个地区并非总是潮湿或干燥的，而是会根据河流的生成或干涸发生变化，因此，陆地与海洋的关系也随之变化，一个区域并不会始终是陆地，另一区域也不会始终是海，而是曾为陆地的地方现在成了海，现在是海的地方总有一天也会重新变成陆地。我们必须认为这些变化遵循着某种次序，而且是循环的。这些变化的成因是地球内部也在成长和衰老，就像动植物的躯体一样。只不过区别在于，动植物不会只有部分承受这些变化，必须作为整体同时成长或陨灭，而地球则是只有部分承受变化，原因还有冷热变化，冷热的增减由太阳及其运转决定。因此，地球的各部分才有不同的特征，有些部分能保持一段时间的潮湿，然后干涸、衰老，而其他地方充满生命和湿气，变得比较干燥时，泉水也必然消失，而河水一旦发生这种情形，最开始水流会变小，最后干涸；当河流在某个地方退落并消失时，相应地就会在其他地方生成，海也必然发生变化。

如果海被河流推进从而侵蚀陆地，在退潮时就必然出现干燥的陆地，而当干燥的陆地被河流涨潮淤堵时，也就一定会再次发生洪水泛滥。

但由于地球生成的整个过程异常缓慢，与人的生命长度相比时间跨度非常大，以至于我们察觉不出这些变化，没等到这个过程能被完整记录下来，整个种族就已经消亡和毁灭了。这些摧毁中，毁灭最彻底、速度最快的就是战争，其他的还有疾病和饥荒。而饥荒有时迅速而残忍，有时则微小而缓慢，这一种一般觉察不到种族的毁灭，因为有些人离开了，而有些继续留在这里，而且这个过程要一直持续到这个地区不能养活任何人为止。所以从第一批人搬离到最后一批人迁走，这个时间跨度可能很长，无人记得；而因为时间太长，还没等到最后一批居民去世，所有的记录也早就无迹可寻了。同样，在潮湿的沼泽变成的干燥的陆地上居住的第一批人也一定会忘却时间的变化。这里也一样，长期的变迁微小而缓慢，所以人们不记得谁先到来，以及什么时候这里是什么情况。埃及就是这样，很明显这里会变得愈加干燥，而且整个地区都是尼罗河沉积而成的，但由于邻近的种族住在逐渐干燥的沼泽地上，时间的跨度就淹没了整个过程的开端，然而，尼罗河的所有河口，除了卡洛比可斯外，都是人造的，而非河流本身形成的。在古代，埃及被称为忒拜，荷马也说过这一点，虽然相对于这些变化，他是比较近代的——因为荷马只提到了忒拜，也就是说孟菲斯还不存在，或者不像现在这样重要。如果是这样，也很合理，因为人们先住在高处，后来才选择住在低处，一个地方离泥沙淤积处越近，沼泽化的时间也就越长，因水更多集中在最后形成的陆地中，但当时这片土地要改变本性并再次肥沃（因为在干燥时，土地状态就会变好，而气候宜人的地方也总有一天会变得恶化而极度干燥）。在这种情况下，就出现了希腊的阿尔格亚和穆克奈亚地区。特洛伊战争期间，阿尔格亚是沼泽地，只能供养极少人口，穆克奈亚则因条件优越而名声大噪。而现在，由于我们前面说过的原因，情况刚好相反。穆克奈亚变成了完全干燥的不毛之地，而曾经土地贫瘠的阿尔格亚现在因为有了水则成了肥沃的良田，在这小块区域发生的变化，一定也同样发生在大范围的各个地区。

视野不开阔的人们认为，这些变化的原因也会在生成意义上改变整个宇宙，因此他们说，海由于干燥才缩小，因为现在与过去相比能看到更多地方发生了这种情形。但对于这种说法，只能说只有一部分是对的。确实有许多地方过去被水覆盖，现在干燥了，但相反的情形同样存在：因为只要他们观察就会发现，很多地方都被海侵没了，但我们不要以为这种变化的原因是宇宙生成的原因，因为微小而短暂的变化都被认为是宇宙运动，是非常荒谬的，地球的体积与大小根本不能和整个宇宙相比较……

第四卷

第一部分

我们前面解释过元素的本质有四个，它们的结合就决定了元素的数量也是四种。

冷、热这两个本质是能动的，干、湿这两个是被动的，这种观念能从对事例的考察中得到证实。在任何情况下，我们都能看到冷和热决定、结合并改变着同类和不同类的事物，并让它们滋润、干燥、硬化或软化。另一方面，干和湿的东西则无论是单独还是二者共处于同一物体上，都是其他性质的结果和承受者。我们规定它们的本性时也能体现这一点。我们认为冷和热是能动的，因为“结合”就是一种“能动”性；干和湿是被动的，因为正是依据其被动的本性，一个东西才可以被说成是“易于规定”或“难以规定”的，所以显然，有些是能动的，有些是被动的。

……

第二部分

接下来我们要来说说上述那些性质作为载体构成自然事物时的其他形式。

热的结果是烹调，分为三种，即催熟、煮沸和炙烤。冷的结果是反烹调，也分为三种，即生的、未煮熟和未烤熟（但我们必须记得，上述名称用以描述这些事物并不严谨，而且也并没有普遍性名称来指称同类的其他事物。所以我们必须认识到之前说过的那些词汇并不是直接描述，而只是类似）。现在我们来逐一说明它们的本性。烹调是以事物自然且固有的热，产生被动性质的，而被动性是事物固有的，因为当事物被烹调时，就已经生成完毕了，而完成的本原正是事物固有的热，虽然外部影响也在某种程度上有所帮助。比如说沐浴一类行为虽然有助于食物的消化，但本原还是体内固有的热……

每一事物的这种烹调性质发生在质料和潮湿受掌控的时候。因为质料是被物体中自然的热决定的，只要它们之间的比例存在，事物的本性就会保持，因此大小便及一般排泄的废物，就是身体健康的征兆。这些东西就可以说是完成了“烹调”的过程，因为它们可以表明，固有的热控制了不确定的质料。

经过这个历程的物品必然更加浓密，且更热，因为热造成的结果就是使事物更密集、更浓厚、更干燥……

（亚里士多德　公元前350年）

物理学

第二卷

第一部分

存在的万物中，有些是因天性而存在的，有些则是因其他原因而存在的。

“天性存在”的不仅有动物及它们的组成部分、植物，还有那些单纯的物体（例如土、火、气和水）。

上面提到的物体很明显和那些非天性构成的事物相区别。因为所有天性存在的事物都在自身之中有一个运动或静止的本原，有些是地点方面的，有些是增加或减少方面的，有些则是性质变化方面的。相反，床、外套一类的东西在各自名称规定的范围内，并且就工艺制品而言，都没有变化的内在冲动，尽管它们偶然由石头、土或石土混合物构成，也会从这些构成材料中得到这种内在冲动。因此，天性就是一种因自身而非偶性存在于事物中的运动或静止的最初本原。

我之所以说“非偶性”，是因为比如医生或许可以自我治愈，但他并不是有医术的患者，医生和患者是同一个人纯属偶然，所以二者常常是分开的。所有工艺制品也是如此，因为没有一件工艺品的制作根源在自身之中，而是在其他情形中（例如房屋和其他各种手工制品），本原在该物体之外的其他物品上，但却因副属性可以对其自身造成变化。它在物体本身中，但并不关乎它的身份。

如上所述就是“天性”的含义。具有这种本原的事物就具有“天性”。

一切这样的事物都是实体，因为它是某种主体，而主体总会有某种天性。

“合乎天性”不仅指这些天性事物，同样也指那些因自身属于天性的属性，比如火向上移动，因为它不是“天性”，也不是“具有天性”，而是“由于天性”和“合乎天性”。

“天性”“由于天性”和“合乎天性”都已经说过了。试图证明天性存在是非常幼稚的，因为很显然有很多这类东西存在着。用模糊事物来证明明显事物的做法，反而会暴露一个人没有辨别是非的能力（显然，这种混乱的思想很有可能出现。就好像天生的盲人去奢谈各种颜色，想必那些对词汇进行理论却无所思考的人也是这样）。

有些人主张，本性或直接由自然物质组成的实体是无须加工的，例如木料是床榻的“本物”，青铜则是雕像的“本物”。

安提丰就曾这样表示，如果某人种下一张床，且腐烂后的木头如果能长出幼芽，那长出来的就不会再是床，而是树木。这也就表明因为根据习惯和技术所做的安排都是偶然的，所以实体的原本性质是始终存在着的其他东西。

但假如每个事物的质料都与其他事物有同样的关系，例如青铜（或黄金）与水的关系，骨骼（或木料）与土的关系等，那么它们就成了本物和实体。

所以有些人说万物的本物是土，有些人说是火、气、水，或是其中的几个，还有些人认为是全部。无论把其中的一个或多个元素当作本物，他们都认为这个或这些元素是实体，而其他一切只是它们的影响、状态和倾向。他们还认为这些元素是永恒的，因为它们不能相互转化，而其他事物则是在无数次地生成和消灭着。

上述这些是“本性”的一种说法，即将自身具有运动或变化本原的物体作为载体的原始质料。

另一种说法则是“天性”就是依据物体定义而特定的形状和形式。

“天性”这个词是依本性和自然而来的，就像“技艺”是依据技术和艺术而来的一样。如果只是可能是一张床，但还没有床的形式，我们不应说这东西有什么技艺性，也不应该说它是工艺制品。在自然物中也是一样，因为可能的血肉或骨骼还没有自己的“天性”，只有在获取定义（即什么是血肉，什么是骨骼）所规定的形式之后，“天性”才会存在。所以按照这种解释，天性就应当是自身存在运动本原的物体的形状和形式（除特殊说明外不可与事物分离）（两者的结合，比如人，就不是“天性”，而是“由于天性”或“天生如此”）。

而且，形式比质料更是“天性”，因为每一事物在现实存在时进行描述，要比潜在存在时更为恰当。其次，人是由人生成的，但床不是由床生成的，因此，人们不会说床的构架是床的天性，而是说木头才是。因为假如床能生根发芽，长出来的不会是床，而是树木，但如果床的构架是技术，那人的外形就是天性，因为人是由人生成的。

我们还说到，天性也被理解成是生长的过程，因为正是通过成长才获取了“天性”。在这个意义上“天性”不像医疗，因为医疗的目的不是其本身，而是健康，因为医疗一定是从医术出发的，而不是以医术为终结的。但天性彼此之间的关系却并非如此。物体以生长之名进行生长，从一种事物长成另一种事物，那它要长成什么样呢？不是长成它作为原因而长出的事物，而是长成它所趋于长成的事物，因此，形式就是天性。

但需要补充的一点是，“形式”和“天性”都有两层含义，因为在某种意义上，短缺也是种形式。至于未谈到的方面是否存在着短缺或对立的问题，以后再来考虑。

第二部分

我们已经分析了“天性”的不同用法。

接下来我们来考察一下数学家与物理学家有什么区别。很明显物体都有点、线、面、体，而这些问题也都是数学家要研究的。

此外，天文学和物理学是不同的学科呢，还是隶属于物理学的不同分支呢？因为，如果物理学家想知道太阳和月亮的特性，但又不了解它们的基本属性，这听起来太荒谬了，尤其是物理学家们实际上已经在探讨月亮和太阳的形状以及地球和宇宙是否为球形的。

尽管数学家们也要着手点、线、面、体的研究，但并不把它们作为物体的界限，也不作为物体的属性来考虑，也正因此，他们会把它们分离出来加以研究，因为它们是与物体运动分离的，所以不会有任何影响，也不会出现错误。那些形式理论者也是一样，只不过他们没有意识到。因为他们分离了物体，而物体是不能像数学对象那样分离的，假如对物体的定义及其属性加以规定，这个问题就更清楚了。“奇数”和“偶数”，“直线”和“曲线”，以及类似的“数”“线”“形状”等概念都不涉及运动，但“血肉”“骨骼”和“人”却不是这样，它们就像“扁鼻”，而不是像“弯曲”那样的概念。

还有很多类似的佐证可以从更偏向物理性数学的分支中找到，比如光学、声学和天文学，因为这些学科在某种意义上是与几何学相反的，几何学虽然研究物理上的线，但却不是作为物理线来研究的；光学尽管研究数学上的线，但又不是以数学角度，而是以物理角度来研究的。

既然“天性”有形式和质料两层含义，那我们就应该像考察扁鼻性那样来考察它是什么，所以这样的思考既不能独立于物料，又不能只根据物料来定义。这里也许有人会提出问题：既然天性有两种，那物理学家研究的是哪一种呢？还是说对两者的合成物加以研究？如果既要研究两者的合成物，又要分别研究每一种，那对两者的分别研究属于同样的学科吗？

我们在研读古人的著作时可能会发现，他们似乎只注重质料（因为不论是恩培多克勒还是德谟克利特，都很少谈到事物的形式和本质）。

但如果技术是模仿天性，并且在技术中，认识形式和质料是同一门科学的任务（比如，医生既要研究病人的健康，也要了解胆汁和黏液的相关知识；建筑师既要了解房屋的结构，也要了解房屋的质料，如砖瓦和大梁），那物理学的一部分也应该在两种意义上了解本性。

其次，目的与方法属于同一个分部，但天性就是目的，因为，如果一个物体进行连续活动，并且有最后阶段，那这个阶段就是目的（正是这一点导致了诗人的荒诞。他说，“他已达到了那个为之而生的目的了”。因为并非一切终结都是目的，只有最好的终结才叫目的）。

因为技术用来制作质料（有些只是简单“制作”，有些则是以有效的方式制作），并且凡是我们所用的东西，全都被当作为了我们而存在的（因为在某种意义上，我们就是目的。“所为的东西”有两层含义，在《论哲学》中已经说过了）。因此支配质料和知识的技术也有两种，即使用产品的技术和生产产品的技术。因此，在某种意义上使用技术是有指导意义的，但二者的区别在于，使用者了解形式，而生产者了解质料。例如，舵工应该了解舵是什么形状的，原料木材应该具备怎样的性质以及操作方式。然而在技术产品中，我们是以自己作业为目的制作质料的，但在自然产物里，天性却是质料本身所具有的。

而且，质料是相对而言的，相对于不同的形式质料也就不同。物理学家对事物的形式或本质要了解到什么程度呢？或许在一定程度上，就像医生必须了解肌腱，铜匠必须了解青铜，并且要了解它们的功用，物理学家也必须了解形式上虽可分离，但却存在于质料之中的东西。因为人生于人，但也生于太阳。至于确定可分离的物体及其本质，则是第一哲学的任务。

第三部分

既然我们已经进行了上面的分析，接下来我们就应该探究原因、性质和数量。我们的质询目标是获取知识，而在掌握每一事物的原因，即把握它们的最初原因之前，是不应该认为自己已经认识了某个事物的，那么显然，我们就应该研究生成、灭亡以及所有物理变化，并就此了解它们的本原，并运用这些原则来解决我们的问题。

第一，是生成之初并继续存留其中的事物，它们被称为“成因”，比如青铜和雕像、白银和酒杯等，其中青铜和白银就是种类。

第二，是形式和模型，即本质的原理以及它们的属，也被称为“成因”，例如八度音[①]中二与一的比例，大部分的数，以及定义的组成部分。

第三，是运动或静止开始的本原。比如策划者是行动的原因，父亲是孩子的原因，以及一般而言，制作者是被制作物的原因，引发变化者是变化物

①在音乐中，相邻的音组中相同音名的两个音，包括变化音级，称为八度。——译者注

的原因。

第四，是作为目的，也就是“所为的东西”。例如健康是散步的原因（有人问：“他为什么散步？”回答：“是为了健康。”这样说我们就认为已经找到了原因）。还有，其他物体的行动成为达到目的的中介，比如减肥、清洗、药剂和器械，都是达到健康的中介。即使有些是动作，有些是器械，但都是为了达到目的。

原因的含义大致就是以上几种。

既然原因有多种含义，那同一个事物就有多种非偶然性原因，比如雕刻家和青铜都是雕像的原因，且是雕像作为雕像的原因，而不是作为其他什么事物的原因。这两个并不是同一方式的原因，而是一个作为质料，另一个作为运动的来源的原因。有些事可以互为原因，例如，锻炼身体可以导致身体健硕，而锻炼的原因也是身体强壮。但它们不是同一方式的原因，而是一个作为目的，另一个作为改变的本原。

再者，同一事物可以造成相反的结果。因为如果某种结果以某物的出现为原因，那我们有时就把相反的结果看作由于这个事物没有出现。例如，船只的失事是由于舵工缺席，若舵工在场，则可以保证安全航行。

上面所说的原因，都属于这常见的四种。字母是音节的原因，原料是器具的原因，火和类似的元素是物体的原因，部分是整体的原因，前提是结论的原因。其中有些作为载体（如部分），有些则作为本原，例如整体、组合和形式。而像种子、医生、策划者以及一般而言的创造者，都是静止、运动和变化的本原。另外有些则是作为目的和善。因为目的就是最好的，并且是其他事物想要达到的（不论是“自身的善”还是“普遍认为的善”，都没有区别）。

上述这些，就是原因的数量以及各种原因的性质。

尽管这些原因的模式还有很多，但仍可被归结为这几类。“原因”有许多含义，并且即使同一种原因，也有先后之分（例如，医生和技师都是健康的原因，二比一的比例和数字都是八音度的原因），而且广泛原因相对于特殊原因来说会靠前。此外，原因的另外一种模式就是偶然性及它们的种，例如，雕像的原因既可以说是彼利克列托，也可以说是雕塑家，因为彼利克列托作为雕塑家是偶然的。并且，包含偶然性的种也是原因，比如人，或者更普遍来说，“动物”也可以是雕像的原因。作为原因的各个偶然性之间又有远近之分，假如“白皙的人”和“有音乐感的人”都可以说成是雕像的原因，这两个原因就有远近之分。

除了固有原因和偶然原因之外，原因还可以分为潜在原因和现实原因，例如建造房屋的原因，既可以说是“建筑师”，也可说是“建筑师的建造”。

那些以所述原因为原因的事物也与之类似，例如，“这座雕像”“雕像”或普遍而言“形象”的原因，或者说“这块青铜”“青铜”或普遍而言“质料”的原因。偶然原因方面也是如此。此外，可以把两者合并起来表述，比如，不说“彼利克列托”，也不说“雕塑家”，而是合起来说“雕塑家彼利克列托”。

上面的用法可以归结为六种，每一种又可以分为两个方面，因为原因要么特殊，要么作为某个种，或偶然性原因，或偶然性的种，要么把它们合并起来表达，要么单独表达。而且，这六种原因既可以是现实原因，也可以是潜在原因。它们的区别在于，现实原因和特殊原因是与它们的结果同时存在的，比如正在为人治病的医生和正在接受治疗的病人，正在建造房屋的人与正被建造的房屋。但潜在原因并不总是这样，因为显然房屋和建房者不能同时消灭。

找寻每一事物的最根本原因是至关重要的（就像在其他场合中一样）。例如，一个人造房屋是因为他是一位建筑师，而建筑师造房屋全凭他有建筑技术。这种建筑技术就是在先的根本原因，而且一般来说总是如此。

再有，种的结果要归结于种的原因，个别的结果则应归结于个别的原因。例如，一般的雕像是一般的雕刻家所为，这座雕像属于这位雕刻家。而且，能力与潜在的结果相呼应，操纵着原因改变物体，使之与其对应。

至此，我们已经充分分析了原因的数量和各种因果关系模式。

第七部分

显然原因存在，数量就是我们提过的那些。这些原因就是针对“为什么”

的回答。因为对不能运动的对象来说，第一，“为什么”归根到底要归结为“是什么”，例如数学中的“是什么”（比如“直线”“可约数”等的定义）；第二，是什么发起了运动，例如，“他们为什么要发起战争？”回答说“因为被入侵了。”；第三，我们要问的是“为了什么”，回答可能是“为了统治”；第四，对于正在生成的事物，我们要问的就是质料。因此，原因种类繁多。

既然原因有四种，那物理学家就应该了解所有原因，并运用质料、形式、动力、缘由来自然地回答“为什么”的问题。后面三种原因多数情况下可以统一，因为“是什么”和“为了什么”是同一的，而运动的本原又和这两者在种上相同（例如人生于人），而且通常来说，引起运动的物体都会运动，否则也就不在物理学的范畴。因为它们发起运动，但在自身中却没有运动，或自身不具备运动的本原，所以作为不被运动的物体，因此有三门学科，一门研究不能运动的物体，一门研究运动但不可毁灭的物体，另外一门研究可毁灭的事物。

所以，要说明“为什么”，就必须追溯到质料、形式和最初的运动起源上。因为考察生成原因的最主要的问题，就是研究什么在什么之后发生，什么是最初的受体，每一阶段都要这样研究。

以物理方式引发运动的本原有两类，一类是非自然的，因为在其自身之中没有运动本原。如果某物自身不运动而又发起运动，就像那完全不能改变的原始事实以及万物的本原，也就是形式，都属于此类，因为它是目的或者说“所为的东西”。所以，既然自然有所目的，我们就必须了解这个原因。而且我们还要指出“为什么”的全部含义，例如甲必然出于乙（要么不需要认证，要么大部分情况下皆为如此）；如果甲发生，乙必然发生（就像结论出于前提）；甲是乙的本原；这样更好（不是笼统的好，而是相对于每一特殊事物的本质来说）。

第四卷

第六部分

对虚空问题的研究同样属于物理学家的范畴，即它是否存在，如何存在以及是什么。关于虚空的已有观点中，和对地点的看法一样，有人相信它的存在，而有人不相信。那些认为虚空存在的人把它当成某种地点或容器，当它有了包容的群体时，它就被认为是“充满”；而在失去它们时，它就被认为是“空虚”，就好像“空虚”“充满”和“地点”是同一个东西，虽然这三者的本质并不相同。

我们的考察必须从认为虚空存在的人提出的理由开始，然后讨论否认虚空存在的人的主张，再说明关于这些问题的共同见解。

那些极力证明虚空不存在的人并没有驳倒人们对所谓虚空的定义，只是驳斥了他们表述的错误，就和阿那克萨格拉等反驳虚空存在的人一样。他们为了证明气是某种物体，就吹胀酒囊来表明气的力量，并把它放进漏壶中去。但主张虚空存在的人们却认为，虚空就是没有任何可感知物体的空旷距离。他们认为一切存在于物体中的物体都是物体，所以就认为没有任何物体的地方就是虚空，因此充满了气的地方就是虚空。可见这里要证明的不是气是什么东西，而是没有一种不同于物体的距离存在着，不论它是不是可分离的，正如德谟克利特、留基伯及其他众多物理学家所说的，这种距离将整体分割，破坏了物体的连续性。

所以，这些人甚至还没到问题的门口，比较起来，那些肯定虚空存在的人反而更有道理。

首先他们认为，如果虚空不存在，那么地点上的改变（即移动与增长）就不可能出现，因为如果没有虚空，就不会有运动存在，因为充满的东西是不能再容纳其他物体的。如果可以容纳，两个物体就会在同一地点中，甚至可能任何数量的物体同时在一起，因为无法说出一个无法超越的数目界限。如果可以的话，最小的物体就可以容纳最大的了，因为“积少成多”，所以如果许多相等的东西在同一地点，许多不相等的东西也同样可以。

实际上，麦里梭就是依据这些证明宇宙万物不能运动的。他认为，如果万物运动，就必然要有虚空，但虚空却不在已存在的万物之中。

这就是他们证明虚空存在的论证之一。

另一个论据是：有些物体可以收缩和挤压。例如有人说，酒桶能把之前装着的酒连同倒出酒的酒囊一起容纳，这就意味着被挤压的物体收缩到它存于其中的虚空中了。

其次，大家认为增长也是由于虚空才发生的，因为食物也是物体，而两个物体是不能同时在一个地方的。他们还用灰烬的现象来证明，认为灰烬吸收的水与空容器吸收的水同样多。

而毕达哥拉斯学派的人也认为虚空存在，并且认为它是通过无限地吸气而进入上空的。把虚空作为区别自然物，就像是分离和区分连续事物的某种东西，首先体现在数目中，因为虚空区分了它们的本性。

那些肯定或否定虚空存在的人所使用的依据大体上就是这么多。

第八部分

我们再来说明一下，像有些人认为的，分离存在的虚空是没有的，如果每种单纯物体都有自然移动，例如，火向上，土朝下，即朝向宇宙中心，那么显然虚空就不应该是移动的条件。那虚空会是什么的条件呢？它被认为是地点方面运动的条件，但不是这方面运动的原因。

同样，如果虚空是缺失了物体的某个地点，那当有虚空时，处于其中的物体移去哪里了呢？它们不能移到全部虚空之中。同样的论证也适用于反驳地点是有事物被移入其中的独立物体，因为处于其中的事物怎样被移动呢？这条论证既适用于地点的“向上”和“朝下”，也适用于虚空，因为肯定虚空存在的人就是把虚空当作地点。

事物会以怎样的方式处于某个地点或虚空中呢？当一个物体作为整体被置于分离且永恒的地点时，这种结果就不会发生。因为如果它的一部分未被隔离放置，就不会在该地点，而是在整体中。此外，如果没有分离的地点，也就不会有虚空。

有人说，如果有运动，就一定能得出虚空是必然存在的。实际上，如果对这个问题进行仔细研究，就会发现真实的情形可以说刚好相反：如果有虚空，任何事物就不可能被移动。有些人凭大地是静止着的，就认为虚空也静止着。在虚空中，不存在事物运动的情况，虚空与虚空之间是没有差异的。

第二个原因在于，一切运动要么是强制的，要么是自然的；如果有强制运动，就必然有自然运动（因为强制的运动就是违背自然的运动，而违背自然的运动是次于自然运动的，所以如果每个自然物体没有自然运动，也就不会有其他运动）。但如果虚空没有差异又无穷无尽，那怎么会有自然运动呢？因为无限就不会有上、下或中，而虚空向上或向下没有差异，就像在没有中没有差异一样，在非存在中也没有差异（因为虚空被认为是非存在和短缺），但自然移动是有差异的，所以自然存在的事物也有差异，因此，要么没有什么事物有自然移动，要么有自然移动，而没有虚空。

其次，虽然抛掷者不再接触，但被抛掷物仍在运动着，这要么是由于有些人认为的互换地点，要么是由于推动起来的气在推动它们，这种运动比被抛掷物移入自己合适地点的移动更快。但在虚空中，这些情形都不可能发生，除了作为被移动的东西外，没有什么事物能被移动。

此外，没有人能说明为什么原来运动的物体会在某个地方停下来，它为什么要停在这里而不是那里呢？所以事物要么静止，要么就一定会无限运动，除非遇到更为有力物体的阻挡。

再者，事物由于要退让而被认为是移向虚空，但在虚空中处处都有这种性质，所以事物就应该向各个方向移动了。

而且，我们的说法还可以从下面的论证中得到证明。

我们看到，物体移动速度不同，有两个原因：要么因为移动通过的东西不同，例如通过水、气或土；要么其他原因都一样，只有移动物的轻重不同。

移动所通过的介质之所以引起速度的不同，是由于它阻碍了移动物体，朝相反方向移动时，阻碍最大，静止时的阻碍次之；如果介质不易分开，即稠密的东西，阻碍也较大。例如，A 物体在时间 C 中移动着通过 B，并在 E 时间中移动着通过较为稀薄的 D（且 B 与 D 等长），那移动速度的不同就在于阻滞物体浓度的不同。假设 B 是水，D 是气，那气比水更稀薄、更无形，A 移动着通过 D 要比通过 B 快。假设速度和速度的比例与气对于水的比例相同，那如果气比水稀薄两倍，A 就需要通过 D 两倍的时间才能通过 B，也就是说，时间 C 是 E 的两倍。而且，移动物体所通过的介质更无形，阻滞就会更少，因此就更容易被分开，移动速度也就更快，永远如此。

但却没有一个虚空被其中的物体所超过的比例，就像没有零与其他数目的比例一样。因为如果4超过3的数目为1，超过2的数目更多，超过1比超过2的数目还要多，但却没有可以用来表示4超过0的比例，因为较大的那个一定可以被分成超出的量和被超过的数两部分，所以4就会等于超过0的数再加上0，因此，线就不会超过点，除非它是由点构成的。同样，虚空没有与充满的比例，所以也不能有通过前者的运动与通过后者的运动的比例；但如果物体在一定的时间中移动着通过最浓稠介质的一定距离，那它就会以超过一切比例的速度通过虚空。

假设Z是虚空，它的积量[①]6对B和D相等。如果在比时间E短的确定时间H中，物体A运动着通过虚空，那么就会有虚空对于充满的比例了。但在等于H的那段时间中，物体A会通过A的部分O，而且在此期间，如果Z在浓度方面超过空气的比例与时间E和时间H的比例相同的话，它也应该会通过某个实体Z，因为如果物体Z比D稀薄的程度与E超过H的程度是相等的，物体A移动着通过Z，它也就会在等同于H的时间中通过Z，所以如果Z中没有任何物体，A通过Z还会更快，但穿过Z时一定是在时间H中，这样，A就会在相等的时间通过充满和空虚的Z。但这是不可能的。那么显然，如果真有物体通过某部分虚空的时间存在，就会得出不成立的结论：我们会发现，物体在相等时间中会通过某段充满和空虚的距离。

总之，原因是很明显的，所以任何运动之间都有比例（因为运动都在时间中进行，而一切时间之间只要有限，都有比例），但虚空和充满却没有比例。

上述就是从不同的介质中得出的结论，下面则是就移动物对另一物的超过而言。我们看到，如果其他方面相同，有更大动势的物体不论轻重，移动着通过相等介质的速度更快，而且它们彼此的积量保持着一定比例，所以它们也会以同样的速度比例通过虚空。但这是不成立的。为什么一个物体移动得要比另一个物体快呢（在充满的处所中运动必然如此，因为力量更大的物

①积量：指体积。——译者注

体劈分的速度也更快，因为运动物劈分介质，要么通过外形，要么通过移动物或抛掷物的动势）。因此，在虚空中一切物体都同速是不可能的。

从上面的陈述中可以看出，如果有虚空存在，其结果刚好和肯定虚空存在的理论相反。但当人们就其自身价值进行考察时，所谓的虚空好像真是空虚的。就像有人把立方体置于水中，就会有与立方体等量的水被排出一样，在气中也是一样，只是不容易感觉到而已。的确，在一切能被置换的物体中，如果不被压缩的话，一定总是在自然置换的方向被置换；如果它的移动是像土一样朝下的话，就总是朝下；如果是火，就总是向上；或者不论置入其中物体的本性，既朝下也向上。但在虚空中这是不可能的，因为它不是物体。原来在虚空中相等于立方体距离的虚空已经渗透到立方体中了，就像假如水或气没有被木质立方体置换，而是完全渗入它之中一样。

但立方体也有与虚空所占据的相等积量。如果这个积量也有冷热轻重的话，那即使它不能与之分离，在本性上至少也是与这些属性相区别的。这里的积量，指的就是木质立方体的体积。所以即使它能与一切其他物质分离，并且没有轻重，它还是占据着等量的虚空，并处在与自身相等的地点中或虚空中。那立方体如何与相等的虚空或地点相区别呢？而且如果有两个这类的东西，为什么就不能有任意数目呢？

可见，这种看法非常荒谬且不能成立。同样明显的还有，即使立方体被置换，它还有着同样的体积，这也是其他物体的属性。所以如果地点没有区别，假如体积没有特性，为什么我们还要在每个体积外再为物体造出地点来呢？因为如果另有一个相等的距离渗入其中，那距离与地点就没有什么区别了。

此外，虚空存在于运动物体中这一点应该非常明显，但宇宙间实际上无处可寻。因为尽管有人不这样认为，但气就是物体，假如鱼是铁铸的，它们也就不觉得有水了，因为可感知物的存在是靠触觉来判定的。

从上面这些观点中可以明显看出，没有分离存在的虚空。

（亚里士多德　公元前350年）

论生命[1]

第二部分

清晰或在道理上更易于知晓的东西，总是从自身不清晰，但更显而易见的事实中产生出来，像现在大多数存在的定义那样，对事物加以说明是不够的，还应该指明原因。现在我们定义中的说明，就像结论一样，例如什么是正方形——正方形是四条边相等的矩形。这样的定义只是一种结论。但如果有人指出，长方形成为正方形的关键在于发现一个比例中项，他就说明了事物的原因。

我们再回到研究的出发点，“生命”这个词有多种含义，以下任何一个条件存在，我们都可以说事物有生命。生命可能意味着理智、感觉、位移和静止，或摄取营养的运动以及生长、灭亡等，所以，一切植物也有生命，因为在它们自身之内显然有某种能力和本原，因此植物可以在各种空间生长和消逝，它们可以向上生长，也可以向下生长，在所有方面都均等，只要它们能吸收到营养，就能继续生存。

对于有生灭的物体，这种摄取营养的能力无须依赖其他能力，可以独立存在，但其他能力不能脱离摄取营养的能力。对于植物，这一点是非常明显的，因为这是它们拥有的唯一超自然的能力。

正是由于这种摄取营养的能力，一切生物才有了生命，但对于我们来说，说起生物要想到动物，首先就是感觉。一个物体虽然可以没有位移的能力，

①原著篇名为《论灵魂》(有删改)。

但只要有感觉，我们就认为它是动物，而不只是生物。

感觉最基础的形式就是触感，所有动物都具备，就像获取营养的能力可以脱离触觉和其他感觉存在一样，触觉也能脱离其他感觉存在（上面说的自主获取营养的能力是指动植物普遍有的能力，所有动物都有触觉）。这两种现象的原因，我们将在后面加以解释。

那每种能力都是一种灵魂吗，还是只是灵魂的一部分呢？如果是灵魂的一部分，那么它是仅仅在定义上可以分辨呢，还是在位置上也可以分辨呢？就某些能力来说，要回答问题很简单，但就其他能力来说，我们可能会陷入迷惘，因为对于某些动植物来说，即使被分割为多个部分，各部分相距甚远，但仍然可以生存，所以，我们在众多灵魂种类中可以看到一个类似的结果，比如被分成两半的昆虫，每一半都能感觉并可以位移。如果有感觉，也就一定会有想象和欲望，因为有感觉，就有痛苦和快乐；有痛苦和快乐，就一定会有欲望。

但对理智和思辨能力，我们还一无所知，区别就像永恒事物和生灭事物的区别，只有它可以独立于其他超自然能力存在。如果感觉和意见有所区别，触感和形成意见的能力也就有所区别，我们所说的其他能力也不外如此。有些动物拥有全部，有些动物只有部分，有的甚至只有其中一个部分（正是这个造就了动物之间的区别）。以后我们还要考察其中的原因。在感觉领域也有相似的发现：有些动物有所有感觉；有些动物有几种感觉；有些动物只有必需的一种感觉，也就是触觉。

“我们靠什么生活和感觉”这句话有两层含义，同样，“我们依靠什么来获得健康”也有两个方面的含义，其一是健康，其二是身体或身体的某个部分。其中，知识和健康属于形式、本质、比例，或我们所谓的现实性的名称，也就是获取知识力的知识和保持健康能力中的健康（因为可以造成改变的动作存在并停止于改变的承受者之中）。而且我们已经说过，实体有三种意义——形式、质料以及两者的结合，其中质料是潜能，形式是现实。

第三部分

我们已提过的能力有营养、欲望、感觉、位移和思维。植物仅有营养能力，其他生物还有感觉能力，如果它们有感觉能力，那么也就一定有欲望能力，欲望包括企求、期待和愿望等。动物至少有一种感觉，即触觉，任何有感觉的物体都知道苦乐，因此在痛苦或快乐出现时，就会有所企求，欲望就是对快乐的企求。而且，动物对食物还有感觉（触觉便是对食物的感觉）。一切动物的食物都有干湿冷热的性质，而这些性质都是通过触觉感受到的，其他可以通过触觉感受到的性质都是通过非间接方式。无论是声音、颜色还是气味，都无助于营养，其中只有味道属于可感知的性质。饥和渴属于企求的不同形式，饥饿是对于干热的企求，干渴是对于冷湿的企求，而味道是上述两种的调剂。以后我们再对这些问题进行阐述，但就动物都有触觉和欲望的问题来说，到这里就足够了。

至于它们是否有想象力，现在尚不明确，我们以后再加以考察。有些动物除了位移，还有其他能力，比如人和其他类似人的生物，甚至比人更高级的生物所拥有的思考能力，也就是思维。在任何情况下，想用普遍的定义来表达任何事物的特殊性质，或者想找到每种分支的属独立的定义都是徒劳的。

序列中各个物体的相关性一定也能成为我们未来考察的主题。但如果没有营养能力，感觉能力也就一定不能存在，而在植物中，营养能力可以独立于感觉能力存在。此外，如果没有触觉，其他感觉就不可能存在，但触觉可以独立存在。很多动物没有视觉、听觉，甚至也没有嗅觉。有些有感觉的生物有位移的能力，有些则没有。最后，极少生物有计算和思维能力，因为（有生灭的事物中）那些有推理能力的，同时也具备上述其他能力。但反过来并不成立，有些虽然具备其他能力，但并不具备推理能力，有些甚至连想象能力也没有，有些则正是依靠想象力生存。关于有直觉的理智是另外一个问题。

第四部分

如果要说明每种能力都是什么，例如思维能力、感觉能力和营养能力，那就必须先对思维和感觉给出解释。因为我们要研究执行者做了什么衍生了这个问题，是什么导致执行者这样做的，所以在解释这些能力之前，我们还要思考和这些能力有关的对象。根据同样的道理，必须先对这些对象加以规定，比如对食物、对感觉对象和思想对象。

所以，我们首先要说的是食物和生殖。一切生物因为营养才有了生命。营养能力就在于摄取食物和生殖，假如生物完整无缺，达到了正常生长阶段，且生长不是自动的，那它们就会产生出另一个和自身一样的生物来，动物生出动物，植物生出植物，它们以这种方式，在自然允许的情况下尽量共享永恒和神圣，这就是万物所追求的共同目标，所有合乎自然行动的生物都以此为目标进行活动。“目的”有两层意义，一是要达到的目标，二是这件事的达成是为了谁的利益，因此万物并不能无休止地享有永恒和神圣（因为有生灭的物体不可能在数目上保持自身同一），它们只能以自己可以的方式来达成目的，所以在程度上可能会有差异。那些延续下来的并非和自身相同的个体，为了延续存在而类似于自身的个体在数目不是一个，但在种类上是一种。

恩培多克勒认为，植物在生长过程中，根部向下伸展是由于土向下的自然趋势，枝叶向上生长是由于火向上的自然运动，这种解释是错误的。他误解了向上和向下的现象，向上或向下对一切事物来说不是一样的，就像对宇宙万物来说也是不一样的。如果我们可以根据器官的功能来区分和辨认器官，植物的根和动物的头就是一样的。此外，我们也想知道是什么力量把向相反方向运动的土和火结合起来了呢？如果没有阻力，它们就会分裂开；如果有阻力，那就一定是灵魂，也就是营养和生长的原因。

但有人认为，火是营养和生长的原因，因为在各种物体和元素中，似乎只有火能自我获取营养，以生长自身，所以有人认为，火是动植物中的关键力。只要有燃料，火的长势就没有界限，但所有自然组合物都有界限，或是决定体积和生长的比率，这种界限和比率更多的是属于可塑本质的层面，而并不是质料层面。

营养和生长属于同一种超自然能力，所以我们有必要先对食物给出精准的解释，正是由于吸收食物的功能，营养能力才能和其他能力区分开来。目前有一种观点认为，生物的食物是其相反者，当然并不是任何情况下都适用，因为有许多相反物可以相互生成，但它们都不是量，因此也不能增长，比如健康和疾病的相互生成。显然这些事物并不都能在同样的方面互为食料，水能供养火，火却不能供养水，特别是基本物体，食料和被供养的东西似乎互为相反者。但这里有一个问题。有人说，供养和数量上的增长是一类；而另外有些人像我们说过的，坚持与之对立的观点，即事物是由相反者所供养的，他们认为同类不能受同类的影响，而食料在消化过程中总在变化，变化总是倾向对立面或中间状态。再者，食料要受到被供养物的影响，而被供养物则不会受到食料的影响，正如木匠不会受到材料的影响，而材料要受到木匠的影响。木匠可能会有所变化，只不过是从不干活到干活而已。

"食料"的"加工后"和"未加工"是有很大区别的。如果两者都用食料表示，即一种是未被完全消化的，另一种是被完全消化了的，那么我们说的食料就有以上两种含义，因为当食料没被消化时，物体依靠相反者生存；当食料被消化后，物体依靠自身生存。总结来说，显然这两种观点既正确也不正确。

……

所以我们现在研究的超自然的能力是保持现在的能量，并持续过往的状态，食料有助于这类任务的进展。也正是如此，一旦没有食料，它就不能继续生存。

营养过程有三个因素——被供养者、供养工具、供养者，供养工具是个模糊的用语，就像"舵手的工具"一样，既可以指手，又可以指舵，也就是说，既可以是运动物，也可以是被运动物。我们应该记得所有食料都需要消化，而造成消化的正是热，同样的道理也可以应用在这里。

对于食物的本质，我们已经给出了简要的说明，以后我们会在专门的文章中给出更详细的说明。

（亚里士多德　公元前350年）

论动物的生成

第一卷

第一部分

我们已经讨论过了动物的其他部分，从普遍意义和特殊类别两方面对每一种给出了描述，按种类分别揭示了它们的特殊本性，并解释了各个部分是根据哪些原因而存在的，这种原因是指最终原因。

原因共有四种：第一种是最终原因，也就是为了什么而存在；第二种是正是原因，也就是对本质的定义（这两种原因几乎可以看作一种原因）；第三种是质料；第四种是产生运动的本原。

其他三种原因已经讨论过，因为定义和最终成因是同一种，而质料对于动物来说就是它们整体的一部分，异类部分是作为整体的动物的质料，同类部分则是异类部分的质料，所谓的有形元素又是同类部分的质料，所以有待讨论的是动物与繁衍有关的部分，也就是那些尚未界定的东西，以及什么是运动和运动的原因。探究这个问题和研究每种动物的生成在某种意义上来说是一回事，因此我们在著述中将两者结合起来放在最后来讨论，也就是其他部分论述完再讨论生成问题。

某些动物通过雄雌交配而生成，所有具有雄雌两性的动物都是如此。但并非所有动物都有雄雌两性，有血动物中，除少数例外，个体发育完善后或为雄或为雌，而某些无血动物既有雄又有雌，因而可以生成与亲本同种的子代，但某些种类尽管可以生成，却不能生成与亲本同种的子代，这些动物并非通过两性交配而产生，而是生自腐土和排泄物。一般来说，如果我们分析所有有位移运动能力的动物，不管是游泳、飞行还是行走，都会发现雄雌两性不仅存在于有血动物中，还存在于某些无血动物中。在无血动物中，雄雌两性又是存在于整个种类，如头足类和甲壳虫类，但也存在于昆虫类的绝大部分中，所有通过同种动物交配生成的动物，也按自身的种类生成子代；而那些并非由动物生成，而是生于腐败质料的动物，尽管可以生成，但产生出另一个类别，子代既非雄又非雌，如某些昆虫。这是非常合理的，因为如果并非由动物生成的动物本身可以交配并产生动物，那么它们的子代在种类上要么像它们，要么不像它们。如果像，那么它们自己的生成方式也就应当和子代相同，这是很合理的推断，因为显然其他动物都是这样；如果不像，但又能交配，那么它们就会生成一种不同的动物，接着由这种动物又生成另一种不同的动物，无穷繁衍下去。而自然总是背离无限，因为无限是不完善的，而自然一直是寻求终点的。

那些不能运动的动物，比如有壳类和依附于某物生存的动物，由于本性上类似于植物，所以像植物一样没有雄雌两性，尽管它们也被称为“雄”和“雌”，但只是类比和相似意义上的。

植物也有同样的生成方式，有些由种子生成，有些似乎由自发活动生成，即要么来自腐土，要么来自其他植物腐烂的部分，因为有些植物并非独立存活，而是依靠其他树木生长，槲寄生就是这样。然而植物必须单独探讨。

第二部分

在动物的生成方面，我们必须按问题顺序一一说明，必须把我们的解释和前面所说的内容联系起来。因为我们前面说过，雄性和雌性可以确立为生成的本原，雄性为运动和生成的本原，雌性为质料的本原。所谓“雄性”，是指在他物中进行生成的动物；所谓“雌性”，是指在自身中进行生成的动物。因此在宇宙论中人们把大地理解为雌性，称为“母亲”，而把天、太阳和其他类似的东西称为“父亲”。

雄性和雌性因各自具备的不同潜能在本质上有所区别，因各自躯体的某些部分在结构上也有差异。本质上雄性是能在他物中进行生成的动物，上文已经提过；而雌性则是能在自身中进行生成的动物，存在于生成者中的子代正是从雌性中产生出来的。既然雄性和雌性通过潜能和活动区别开来，为了满足各种活动，器官就是必需的，而身体部分是用来完成活动的器官，因此为了交配和繁衍后代有些部分必然存在。这些部分必然有所区别，所以雄雌两性也必然有所区别（尽管我们把作为整体的动物称为雄或雌，但动物的雌雄并非根据动物的整体，而是根据动物的某种潜能和某个部分）。

所有有血动物中，雌性与繁衍有关的部分称为子宫，雄性的则称为睾丸和阴茎，某些雄性有明显的睾丸，某些则只有相应的管道。两性对立的无血动物中，也存在着雌雄生殖部分上的差异。但对于有血动物而言，用来交配的部分在形状上不尽一致，我们应当注意到，本原细微的差异往往会导致许多相应情况发生变化。这点在被阉割的动物身上尤为明显，因为尽管只是生殖部分受到损坏，但几乎整个动物都因之发生巨大变化，似乎变成了雌性，因此显然动物的雌雄绝不是随便根据任一部分或潜能。显然，雄性和雌性是繁衍的本原，无论如何，一旦让雄雌区分开来的部分发生变化，许多其他的变化就会随之而来，这也说明本原发生了某种变化。

第二卷

第一部分

我们前面已经讲过，雄性和雌性是生成的本原，以及它们的潜能和本质。但为什么一种是雄，一种是雌呢？随着讨论的进展，我们必须尽力说明：第一，这是必然的结果，也就是出于原动力；第二，就是构成它们的质料；第三，这是出于最终原因，且因为“更好”而存在，而这才是本原。

一个生物是由于雄性和雌性参与某种原则而有生命的，因此甚至植物也有生命，但动物种类则是根据感觉能力而存在的。几乎所有能行进的动物两性都是分离开来的，原因也已说过，像前面所说的，有些这样的动物在交配时排放精液，有些则不会，原因在于高级动物在本性上更独立自主，因此它们体积较大，因为较大的体积必须有较大的力量来推动，而热本身就是一种推动力量。因此在一般意义上我们可以说，有血动物比无血动物大，能行进的动物比保持静止的动物大，它们是因自身的热量和体积而排放精液的。

我们已经说明了两性存在的原因。某些动物以完善的方式进行生成活动，产出和自己相似的子代，如所有赋予子代生命的动物，还有些动物会产出一种尚未分化发育、获得形状的东西。后一类中，有血的产卵，无血的则产头节①。卵和头节的区别在于：卵的一部分生成子代，剩下的部分作为子代的营养；而头节全部都被用来生成整个子代。至于那些在体外产出类似自身的完善子代的动物，即胎生动物，有些在体内就是胎生的，比如人、马、牛以及海豚等；有些在体内是卵生的，在体外是胎生的（如所谓的软骨鱼类）。至于卵生动物，某些产出完善状态的卵，如鸟类、卵生四足类和无足类，即蜥蜴、龟以及大部分蛇，这些动物的卵一旦产出就不再生长；某些卵生动物产出非完善状态的卵，如鱼类、甲壳类和头足类，它们的卵产出后还会生长。

除了那些完全没有生育能力的种类，胎生动物都是有血的，有血动物非胎生即卵生。在无血动物中，昆虫类产出头足，对于由交配产生的昆虫和虽然可以交配但本身并非由交配产生的昆虫来说，都是如此，因为某些昆虫虽然由偶发性因素生成，但却有雌雄，它们的交配可以繁衍，只是并不完善，原因我们在其他地方也已经讲过。

动物的各个种类之间存在大量的交叉重叠。两足的并非都是胎生的（因为鸟类是卵生的），也并非都是卵生的（因为人类是胎生的）；四足的并非都是卵生的（因为马、牛以及许多其他四足动物都是胎生的），也并非都是胎生的（蜥蜴、鳄鱼以及其他四足动物是卵生的）。

种类之间的区别也不在于有足或无足，因为有些无足的是胎生的，比如蝰蛇和软骨鱼类，而有些无足的则是卵生的，比如鱼类和其他蛇类。但在有足动物中许多种类是卵生的，许多种类则是胎生的，比如上面提过的四足类。那些体内是胎生的动物，有些是有足的，比如人类；有些是无足的，比如鲸

①在生物学上很多动物是分节的，一般其前面的一节（或数节愈合）称头节。——译者注

和海豚。因此借助这种特征是不可能对动物进行划分的，任何行进的器官都不是区别种类的原因，那些本性上更完善、有更纯净本原的动物才是胎生的。更为完善的动物是那些在本性上更热，成分中有更多湿气而非土性元素的动物。本性热量的表征是只有血液充斥的肺。一般来说，有肺的动物比无肺的动物更热，前者的肺并非呈海绵状，并非紧密结实，也并非血液供给不足，而是血液充分、质地柔软的动物热量更多。如果某些动物因为有肺而有较多的热量，但在本性上更为干燥，或者更冷，但拥有较多的湿气，那么它们要么是卵生动物产出完善的卵，要么先在体内产卵，然后使子代变成胎生，因此鸟类和有鳞甲的动物由于热量产出完善的卵，但又因为干燥产出的只能是卵；而软骨鱼类比它们的热量少，但潮湿多于它们，因此软骨鱼类有双重特征，既是卵生又是胎生，卵生因为其冷的本性，胎生因为其潮湿的本性，因为潮湿就孕育生命，干燥则距离生命最远。由于软骨鱼类既没有羽毛又没有爬行动物和鱼类的鳞甲，而这些是干燥物或土质元素的标志，所以它们产出的卵是柔软的，土质元素未进入其卵的表层，就像未进入它们躯体本身一样，这就是它们在体内产卵的原因，如果排出体外，就会因为缺少保护层而导致毁灭。

那些趋于冷和干燥的动物也产卵，但它们的卵是不完善的。同时，因为土质的本性和产卵的不完善状态，所以它们具有较硬的覆盖物，也就是壳状的外层，这些东西用来自我保护。鱼类因为有鱼鳞，甲壳类因为有土的本性，从而产出具有较硬覆盖物的卵。

头足动物[①]因为身体黏着的本性，也用相应的方式保护产出的不完善的卵，它们在胚胎表层排放大量的黏性物质。所有昆虫都产头节，而所有昆虫都是无血的，这就是它们在体外产出头节的原因，但我们不能简单地认为所有无血动物都产头节，把这两类重叠，得出以下几种动物：第一，昆虫；第二，产头节的动物；第三，产不完善卵的动物，比如有鳞的鱼类、甲壳类和头足类。这样就形成了一种等级，后者的卵在排出后增长的方面类似于头节，

①头足动物：软体动物门头足纲所有种类的通称，如章鱼、乌贼等。——译者注

而前者的头节因为增长又相似于卵，这个过程以后再加以说明。

我们必须认识到自然是如何按确定的等级序列对生成进行正确安排的。第一，更为完善和热量更多的动物在质的方面，以完善的状态生成子代（没有动物在量的方面产生完善的子代，因为子代产生后总要在体积上增长），子代一开始在其体内就是活着的动物。第二类动物并非一开始在体内生成完善的动物（因为它们只有在产卵后才能让子代成为胎生），但在体外产生胎生动物。第三类动物不是产生完善的动物，而是完善的卵。第四类是产不完善卵的动物，比如有鳞的鱼类、甲壳类和头足类。第五类也是最冷的一类，甚至自身并不直接产卵，像前面说过的，卵的形成发生在亲本体外。昆虫首先产出头节，随着头节的生长变成卵状物（所谓的头节或蛹等同于卵），由之生成完善的动物，在第二个变化阶段达到了生成的目的。

前面讲过，有些动物并非由精液生成的，但所有通过交配而生的有血动物都是由精液生成的，雄性向雌性排放精液，当精液进入雌性时子代便得以形成，形成特殊形状；对于胎生动物而言，该过程发生在亲本体内，而其他动物则发生在卵中。

要理解植物如何由种子生成或动物如何由精液生成的确有不少疑难问题。生成之物必然出自某种东西，被某种东西生成或成为某种东西。“出自某种东西”是指构成生命的质料，某些动物自身内有原初质料，是从雌性亲本那里获得的，像那些并非活着生成而是被作为头节或卵生成的动物；其他动物则是靠吸吮，从雌性亲本那里经过很长一段时间获得的，比如那些在体外、体内都是胎生的动物。因此质料是生成动物的东西，但我们现在研究的不是动物的各部分出自何种东西，而是被什么生成的，要么是某种外在的东西创造了动物的各部分，要么是某种存在于精液中的东西，要么是精液本身。

动物的每个部分，无论是内脏还是其他部分，是由某种外在物创造的。这种看法似乎非常不合理，因为如果不发生接触，没有物体可以在其他物体中运动，既然不能在其他物体中运动，也就没有物体能够受到这种影响。因此我们所研究的物体必然存在于胚胎之中，或是胚胎的一部分中，或者与之分离。然而，认为它与胚胎相分离同样是不合理的，因为如果是这样，动物的生成完成后，这种东西是会消亡还是会继续存在于动物内呢？然而我们又找不到任何一种东西既存在于动植物体内又不是整个躯体的一部分。而另一方面，认为这种东西创造了躯体所有部分或某些部分后就消亡了也非常荒诞，如果它只创造了某些部分，那又是什么东西创造了其他部分呢？假如它创造了心脏然后消亡了，心脏又创造了其他部分，那么就会面临同样的问题：所有这些部分要么消亡，要么继续存在。因此，这种东西必须保留下来，并且不可消亡，它必须是整个躯体的一部分，从一开始就存在于精液之中。

那么其他部分是如何被这种东西创造出来的呢？比如心、肺、肝、眼等部分，或者同时生成，或者按次序生成，就像奥尔弗斯的诗句中，他说动物的生成和编织渔网一样。各部分并非同时生成，这点对于我们来说显而易见，因为有些部分显然存在于胚胎中，而有些部分则没有，很明显，我们看不到这些部分并不是因为它们太小，而是因为肺的体积大于心脏，但在原初生成过程中却比心脏出现得晚。既然一部分生成得早，另一部分晚，那么究竟是一部分创造另一部分，后面出现的部分根据与之相近的部分存在，还是各个部分相继生成？我认为，比如说，心脏并不是一生成就创造了肝脏，肝脏又创造了其他器官，而是肝脏继心脏之后生成，不是被心脏创造。关于这个问题的解释是，在所有自然或技艺的产品中，潜在意义上的东西是通过现实意义上的东西生成的，因此假如一部分创造另一部分，那么后者的形式和形状就会存在于前者中，比如肝的形式存在于心脏中。这种论断也是荒唐和虚幻的。

再者，即使整个动物或植物是由精液或种子生成的，所有部分也不可能从一开始就形成于精液或种子中，不论这部分是否能创造其他部分。因为显然，如果开始就存在于精液中，那么这部分就会被创造精液的物质创造。但精液必须先于任何部分创造出来，这是亲本的功能，因此，所有部分都存在于精液中是不可能的，因为精液本身没有创造部分的东西。

这种东西要么在精液之外，要么在精液之内，然而这种东西也不可能在精液之外。我们必须试着解决这个难题，因为可能我们以前做的某些未经核实的论断应该加以限定，比如动物的部分不能在精液之外的物质中产生。因为在某种意义上不能，但在某些意义上却可以（就精液自身有生成者发起的运动而言，说“精液”或“产生精液的物质”是没有区别的）。

甲使乙运动，而乙又使丙运动，这是可能的，这种情况类似于罕见的自动机器。因为机器的组成部分即使处于静止状态，自身也有某种程度运动的潜能，当外部力量使其第一部分运动时，毗连的部分也立即开始运动。就像自动机器中的外部力量以某种规律（并非通过一一接触各个部分使其运动，而是通过先前某个时刻接触过的部分）使其运动，与之相似的是，产生精液的物质，或者说是创造精液的东西并非通过不断接触胚胎，而是通过最初接触过的某个部分使胚胎运动。使胚胎运动的是一种内在的运动，就像建筑活动让房屋得以建成一样。显然，存在某种创造胚胎各部分的东西，但这种东西并不是以个体存在的，也不是作为完整的部分最初存在于精液中。

那每个部分是如何生成的呢？我们必须从下面的原则出发来解答这个问题：也就是无论是自然的产物还是技艺的产物，都是被某种现实存在之物从某种潜在存在之物中产生的。精液就有这种本性，它包含着运动本原，因此原初运动一旦停止，每个部分就能生成并获得灵魂。因为如果没有灵魂，就不会有脸或肉这样的东西，如果失去了生命，它们只能在同名的意义上被称为脸或肉，就像石制的或木制的脸或肉一样。同类部分和器官部分同时生成，就像我们不应该说斧子或其他工具是单纯由火形成的，我们也不应该说足或手是单纯由火形成的。这点同样适合于肉，因为肉也是有功能的。软、硬、黏、脆和其他存在的性质都是由热和冷形成的，但肉为肉，骨为骨的本质，不是由热和冷形成的，而是由来自雄性亲本的运动形成的，雄性亲本是现实意义上的存在，而子代生成的质料则是潜能意义上的存在。这点就和技艺创造的产品一样：热使铁软化，冷使铁硬化，但并不创造剑，剑是由工具的运动创造出来的，这种运动包含着技艺的本原。因为技艺既是产品的起始点又是产品的形式，技艺只存在于产品之外的地方，而自然的运动存在于它的产品中。

但潜在意义上存在的物体距离实现或近或远，比如正在睡眠的几何学家比清醒状态的几何学家远，而后者又比正忙于研究的几何学家远，因此生成过程的原因不是躯体的所有部分，而是产生原初运动的外部因素。因为没有物体可以自我生成，虽然生成后会自我发育，因此某个部分会首先生成，而并非全部一起生成。最先生成的部分必然就是具备生长发育本原的部分（无论植物还是动物，这种营养功能都存在于它们之中，这也是能让动植物生成同种子代的功能，这是一种属于所有本性上完善的动植物的功能）。之所以必然如此，是因为生命一旦生成，就必然会发育成长，尽管它是由同名的另一种东西生成的，比如人由人生成，但它靠自己发育成长，因此存在着某种自我发育成长的东西。如果这是单一的部分，那么它必然最早生成，因此如果某些动物心脏最早生成，某些无心脏动物类似心脏的器官最早生成，那么正是心脏和类似心脏的器官提供了运动的本原。

对于前面提出的疑难问题，什么是动物的生成本原，什么是原初推动者和创造者，我们已经给出了回答。

（亚里士多德　公元前350年）

几何原本

第一卷

定义

1. 点没有部分。

2. 线只有长度而没有宽度。

3. 线的两端是点。

4. 直线是它上面的点一样平放着的线。

5. 面只有长度和宽度。

6. 面的边缘是线。

7. 平面是它上面的线一样平放着的面。

8. 平面角是在同一平面内，但不在同一直线上的两条相交线的倾斜度。

9. 组成角的两条线都是直线时，这个角叫作直角。

10. 当一条直线和另一条横的直线交成的邻角彼此相等时，每个角都叫直角，且这一条直线垂直于另一条。

11. 大于直角的角叫作钝角。

12. 小于直角的角叫作锐角。

13. 边界是物体的边缘。

14. 图形是被一个或多个边界所确定的。

15. 圆是由一条线包围而成的平面图形，内部有一点与这条线上的点连接成的所有线段都相等。

16. 这个点叫作圆心。

17. 圆的直径是任意一条经过圆心的直线在两个方向被圆周截得的线段，这条直线可以把圆平分。

18. 半圆是直径和由它截得的圆弧所围成的图形，且半圆的中心和圆心相同。

19. 直线形是由直线围成的，三角形是由三条直线围成的，四边形是由四条直线围成的，多边形是由四条以上的直线围成的。

20. 三角形中，三条边相等的叫作等边三角形；只有两条边相等的叫作等腰三角形；各边都不等的叫作不等边三角形。

21. 此外，三角形中，有一个角是直角的叫作直角三角形；有一个角是钝角的叫作钝角三角形；三个角都是锐角的叫锐角三角形。

22. 四边形中，四边相等且四个角是直角的，叫作正方形；角是直角但四边不全相等的，叫作长方形；四边相等但角不是直角的，叫作菱形；对角相等，对边也相等，但边不全相等且角不是直角的，叫作斜方形①；其余的四边形叫作不规则四边形。

23. 平行直线是向两个方向无限延长，不论哪个方向都不相交的只在同一平面内的直线。

公设

有如下假说：

1. 由任意一点到另外任意一点可以画直线。

2. 一条有限直线可以持续延长。

3. 以任意点为中心，以任意距离为半径都可以画圆。

4. 凡直角都彼此相等。

5. 同一平面内一条直线和另外两条直线相交，若在某一侧的两个内角和小于两个直角，则这两条直线经无限延长后会在这一侧相交。

---

①斜方形：即平行四边形。——译者注

公理

1. 等于同量的量彼此相等。
2. 等量加等量，和仍相等。
3. 等量减等量，差仍相等。
4. 能够彼此重合的物体是全等的。
5. 整体大于部分。

第一卷·命题

命题一

在一条已知有限线段上作一个等边三角形，设*AB*是已知有限线段，那么，要求在线段*AB*上作一个等边三角形。

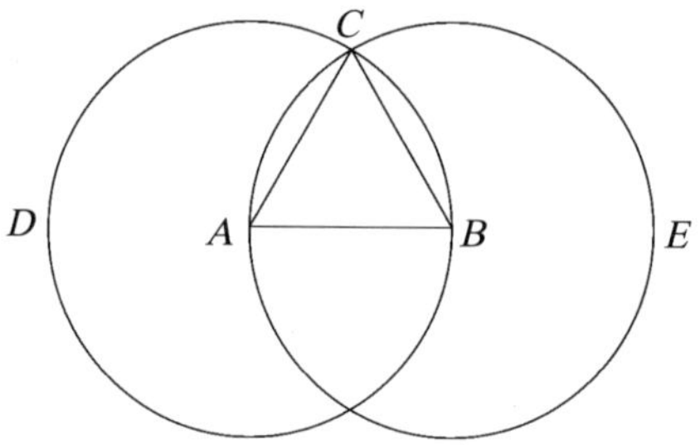

以*A*为圆心，以*AB*为距离画圆*BCD*（公设3）；以*B*为圆心，以*BA*为距离画圆*ACE*（公设3）；由两圆的交点*C*到*A*、*B*连线*CA*、*CB*（公设1）。

因为，点*A*是圆*BCD*的圆心，*AC*等于*AB*（定义15）。

且点*B*是圆*ACE*的圆心，*BC*等于*BA*（定义15）。

但是，已经证明了*AC*等于*AB*，所以线段*CA*、*CB*都等于*AB*，且等于同量的量彼此相等（公理1）。

所以*CA*、*AB*、*BC*三条线段彼此相等。

所以三角形*ABC*等边，即在已知线段*AB*的基础上画出了等边三角形。

符合要求。

命题二

由一个已知点（作为端点）作一线段等于已知线段。

设 A 是已知点，BC 是已知线段。

要求由点 A（作为端点）作一线段等于已知线段 BC。

由点 A 到点 B 作线段 AB（公设 1）；在 AB 上作等边三角形 DAB（命题 1）。

延长 DA、DB 成直线 AE、BF（公设 2）；以 B 为圆心，BC 为半径画圆 CGH（公设 3）；以 D 为圆心，以 DG 为半径画圆 GKL（公设 3）。

因为 B 是圆 CGH 的圆心，所以 BC 等于 BG。

且点 D 是圆 GKL 的圆心，所以 DL 等于 DG。

又 DA 等于 DB，所以余量 AL 等于余量 BG（公理 3）。

但已经证明了 BC 等于 BG，所以线段 AL、BC 都等于 BG。

又因等于同量的量彼此相等（公理 1），所以，AL 也等于 BC。

因此，由已知点 A 作出了线段 AL 等于已知线段 BC。

符合要求。

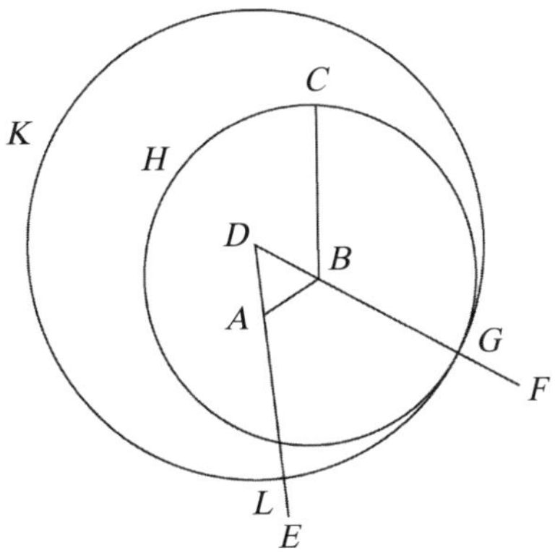

命题三

已知两条不相等的线段，试从长的上面截取一条线段，使它等于另外一条。

设 *AB*、*C* 是两条不相等的线段，且 *AB* 大于 *C*，要求在较长的 *AB* 上截取一段等于较短的 *C*。

由点 *A* 取 *AD* 等于线段 *C*（命题 2），且以 *A* 为圆心，以 *AD* 为半径画圆 *DEF*（公设 3）。

因为点 *A* 是圆 *DEF* 的圆心，所以 *AE* 等于 *AD*（定义 15）。但 *C* 也等于 *AD*，所以线段 *AE*、*C* 都等于 *AD*，所以 *AE* 也等于 *C*（公理 1）。

所以，已知两条线段 *AB*、*C*，在较长的 *AB* 上截取了 *AE* 等于较短的 *C*。

符合要求。

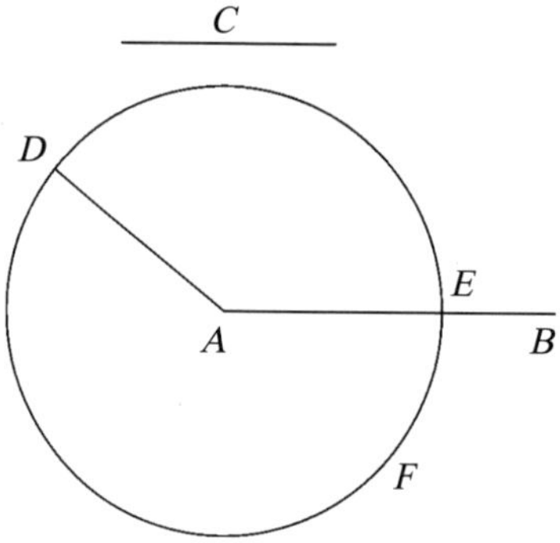

命题四

如果有两个三角形，一个的两边分别等于另一个的两边，且这些相等的线段所夹的角相等，那么，它们的底边等于底边，两个三角形全等，其余的角也等于相应的角，也就是那些等边所对的角。

设 *ABC*、*DEF* 是两个三角形，两边 *AB*、*AC* 分别等于边 *DE*、*DF*，即

AB 等于 *DE*，且 *AC* 等于 *DF*，以及角 *BAC* 等于角 *EDF*。

则可证底 *BC* 也等于底 *EF*，三角形 *ABC* 全等于三角形 *DEF*，三角形 *ABC* 余下的角分别等于三角形 *DEF* 余下的角，即等边所对的角，也就是角 *ABC* 等于角 *DEF*，角 *ACB* 等于角 *DFE*。

移动三角形 *ABC* 到 *DEF* 上，如果点 *A* 落在 *D* 上且线段 *AB* 落在 *DE* 上，点 *B* 也就与点 *E* 重合，因为 *AB* 等于 *DE*。

又 *AB* 与 *DE* 重合，因为角 *BAC* 等于角 *EDF*，所以线段 *AC* 也与 *DF* 重合；因为 *AC* 等于 *DF*，所以点 *C* 也与点 *F* 重合。

但 *B* 也与 *E* 重合，所以底 *BC* 也与底 *EF* 重合。

事实上，当 *B* 与 *E* 重合，*C* 与 *F* 重合时，若底 *BC* 不与底 *EF* 重合，两条直线就会围成一块空间，这是不可能的。所以底 *BC* 就与 *EF* 重合，二者相等（公理 4）。

这样，三角形 *ABC* 与三角形 *DEF* 重合，它们相等。

且其余的角也重合，所以它们都相等，即角 *ABC* 等于角 *DEF*，且角 *ACB* 等于角 *DFE*。

符合要求。

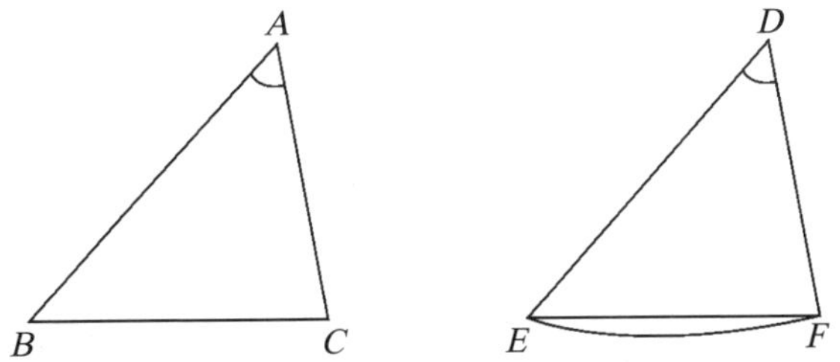

命题五

等腰三角形中，两底角彼此相等，且如果向下延长两腰，则底以下的两个角也相等。

设 *ABC* 是一个等腰三角形，边 *AB* 等于边 *AC*，且延长 *AB*、*AC* 成直线 *BD*、*CE*（公设 2）。

则可证角 *ABC* 等于角 *ACB*，且角 *CBD* 等于角 *BCE*。

在 *BD* 上任取点 *F*，且在较长的 *AE* 上截取一段 *AG* 等于 *AF*（命题 3），连接 *FC* 和 *GB*（公设 1）。

因为 *AF* 等于 *AG*，*AB* 等于 *AC*，且它们包含公共角 *FAG*。

所以底 *FC* 等于底 *GB*，且三角形 *AFC* 全等于三角形 *AGB*，其余的角也分别相等，即相等的边的对角，也就是角 *ACF* 等于角 *ABG*，角 *AFC* 等于角 *AGB*（命题 4）。

又因为整体 *AF* 等于整体 *AG*，且在其中的 *AB* 等于 *AC*，余量 *BF* 等于余量 *CG*。

但是已经证明了 *FC* 等于 *GB*，所以，两边 *BF*、*FC* 分别等于两边 *CG*、*GB*；角 *BFC* 等于角 *CGB*，这里底 *BC* 是公用的，所以，三角形 *BFC* 也全等于三角形 *CGB*，其余的角也分别相等，即等边所对的角，所以角 *FBC* 等于角 *GCB*，且角 *BCF* 等于角 *CBG*。

以上已经证明了整个角 *ABG* 等于角 *ACF*，且角 *CBG* 等于角 *BCF*，角 *ABC* 等于角 *ACB*，角 *ABC* 与角 *ACB* 在三角形 *ABC* 的底边以上。

也已经证明了角 *FBC* 等于角 *GCB*，且它们都在三角形的底边以下。

证毕。

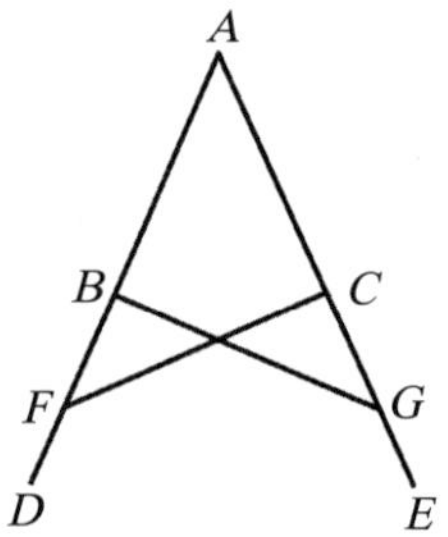

……

命题四十七

直角三角形中，直角对边上的正方形的面积等于夹直角两边上正方形的面积和。

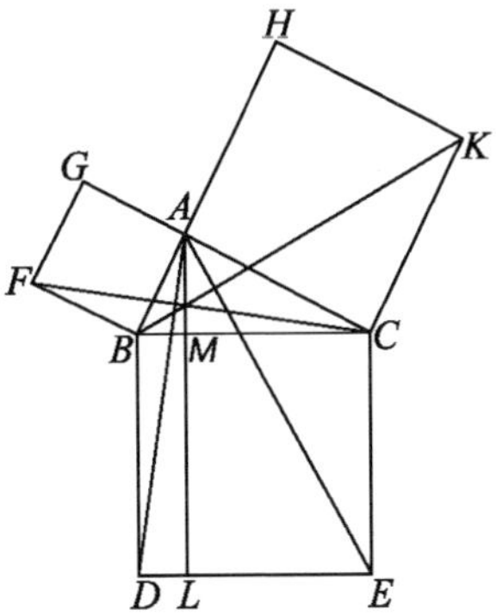

设 ABC 是直角三角形，已知角 BAC 是直角，可证 BC 上的正方形的面积等于 BA、AC 上的正方形的面积和。

在 BC 上作正方形 $BDEC$，且在 BA、AC 上作正方形 GB[①]、HC（命题 46），过 A 作 AL 平行于 BD 与 CE，连接 AD、FC。

因为角 BAC、BAG 都是直角，过直线 BA 上的点 A 有两条直线 AC、AG，且它们不在点 A 的同一侧，所成的两邻角的和等于两直角，于是 CA 与 AG 在同一条直线上。

同理，BA 和 AH 也在同一条直线上。

又因角 DBC 等于角 FBA，都是直角，给以上两角各加角 ABC，所以，整体角 DBA 等于整体角 FBC（公理 2）。

又因为 DB 等于 BC，FB 等于 BA，两边 AB、BD 分别等于两边 FB、BC，角 ABD 等于角 FBC，所以底 AD 等于底 FC，且三角形 ABD 全等于三角形 FBC。

现在，平行四边形 BL 的面积等于三角形 ABD 的二倍，因为它们有同底 BD 且在平行线 BD、AL 之间。

又正方形 GB 的面积是三角形 FBC 的二倍，因为它们有同底 FB，且在相同的平行线 FB、GC 之间（但等量的双倍仍然是相等的）。

所以平行四边形 BL 的面积也等于正方形 GB 的面积。

与之类似，若连接 AE、BK，也能证明平行四边形 CL 的面积等于正方形 HC 的面积，所以整体正方形 $BDEC$ 的面积等于两个正方形 GB、HC 的面积的和（公理 2）。

---

①译者在翻译的过程中发现原书丢掉了线段 AL 与 BC 的交点 M，故作了修改。正方形 GB 按照我们的习惯称呼应该是正方形 $BFCA$；正方形 HC 是正方形 $CKHA$；平行四边形 BL 是平行四边形 $BDLM$；平行四边形 CL 是平行四边形 $CELM$。——译者注

而正方形 *BDEC* 是在 *BC* 上作出的，正方形 *GB*、*HC* 是在 *BA*、*AC* 上作出的。所以，在边 *BC* 上的正方形的面积等于边 *BA*、*AC* 上正方形的面积和。证完。

（欧几里得　公元前 350 年）

第二部分

翻译、引用及批判性参与：罗马、中世纪伊斯兰教及欧洲的科学

论自然力

第一卷

在这篇文章中，我们将探究这些影响自身，以及自然界可能存在的其他影响的来源。然而，首先，我们必须清楚区分和解释我们将在这篇论文中用到的各种术语以及我们将它们应用于什么物体，也会证明这不仅是对术语的解释，而且是对自然影响的解释，因此，当某物的存在状态不发生变化时，我们认为它是静止的，但如果它在任何方向偏离了这点，我们就说它在这个方向上经历了运动，因此，当它以不同的方式脱离它先前存在的状态时，就可以说它经历了不同的运动。因此，如果白色的物体变成黑色，或黑色的物体变成白色，它就是相对颜色发生了运动；或原来甜的现在变成苦的，或者反过来，从原来苦的变成甜的，可以说是相对口味发生了运动。对于这两种以及前面提到的那些情况，我们要用“定性运动”这个词。而且，我们所说的运动，不仅是指物体在颜色和味道方面发生变化，一个温暖的物体变冷，一个寒冷的物体变暖，我们也说它正在运动；当潮湿的物体变得干燥，或干燥的物体变得潮湿也是一样。现在，我们用在这些情况上的共同术语是“变化”，这是一种运动。但也有一种运动发生在改变位置的物体上或者说是从一个地方到另一个地方，这叫作转移。因此，这两种运动都是简单而原始的，当它们结合在一起时，我们就有了成长和衰朽，就像一个小的物体变大或一个大的物体变小，每一种运动同时又保持着自身的特殊形式。另外两种运动是起源和毁灭，起源是一种存在的过程，毁灭与其相反……下面的讨论，我们将完全按照最初的提议，集中讨论自然规律的数量和性质以及每一种自然规律所产生的作用。当然，现在我指的效果已经存在，并且已经通过力的活动完成了，比如血液、肉体或神经的活动。活动是我给活跃的变化或运动起的名字，活动的原因我称为力。因此，当食物变成血液时，食物的运动是被动的，而血管的运动是主动的。类似的还有当四肢的位置发生变化时肌肉产生运动，骨骼经历运动。在这些情况下，我把血管和肌肉的运动称为一种活动，把食物和骨骼的运动称为一种症状或影响，因为第一组经历了变化，而第二组只是运输而已，因此，人们也可以说这种活动是自然的结果，例如消化、吸收、造血。然而，在任何情况下，我们都不能把这种效果称为活动，因此，肉体是自然的结果，但它当然不是一种活动。很明显，其中一个术语用于两种含义，而另一种则不行。

因此在我看来，血管和其他部分一样，都是按照这四种性质混合的方式，从各方面发挥作用的。然而，也有很多杰出的哲学家和物理学家把行动看作温暖的或寒冷的，他们把顺从这些行动的人看作被动的、干燥的或潮湿的。实际上，试图把各种特殊活动的原因归结到原则的第一人是亚里士多德，后来斯多葛学派也追随了他的观点。当然，后者在逻辑上可以成为热和冷的活跃原则，因为它们是指元素本身彼此之间变化为某种扩散和凝聚，然而，亚里士多德并不这样认为，因为他若用这四种性质来解释电的起源，他就应该把所有特殊活动的原因都引到这些性质上来。为什么他在《论生成和毁灭》中使用了这四种特质，而在《气象学》《问题》和其他许多著作中只使用了两种？当然，如果有人坚持认为在动植物的例子中温暖和寒冷更为活跃，干燥和潮湿活跃程度次之，他甚至可能站在希波克拉底一边；但如果他认为这适用于所有情况，我觉得他会缺少论证。同样，在我的作品《论性情》中也对这些问题进行过研究，因为它们对医生有价值。

……

因此，当动物还在子宫里发育时，大自然的影响就作用在了它身体的各个部分上；诞生之后，所有部分都共享了一个影响，就是每个部分都生长到最大，之后就是尽可能长时间地自我维持。与上述三种影响相对应的活动也一定是三种——每种影响对应一种，即起源、生长和营养。然而，起源并不是一种简单的自然活动，而是由改变和塑造结合而成的。也就是说，为了使骨骼、神经、血管和其他组织能够存在，必须改变动物赖以生存的潜在物质；为了使被改变的物质获取适当的形状和位置，它的体腔、分支、附着等，必须经历一个塑形或形成的过程。我们有理由认为这种正在发生变化的物质是动物的材料，就像木头是船的材料，蜡是塑像的材料一样。生长是指动物实体部分（经过塑形或成形过程的部分）的长度、宽度和厚度的增加和膨胀。营养是这些的补充，没有膨胀。

那么，让我们首先谈谈起源，我们已经说过，它是由改变和塑造共同产生的。种子在子宫里、在地里（都没有分别）过了一定时间所生成的物质会生成许多肢体，不同之处在于干湿和冷暖，以及其他自然产生的品质……大自然在动物形成的第一阶段就构造了骨骼、软骨、神经、膜、韧带、血管等，在这个过程中用到了一种力，一般来说，这种力就是生殖和改变的能力，具体来说，是加热、冷却、干燥或湿润的能力，比如产生骨骼的力、产生神经的力和产生软骨的力（为了清楚起见，必须使用这些名称）的融合。肝脏特有的肉也是这样的，还有脾脏、肾脏、肺和心脏的肉也是一样，因此，大脑、胃、食道、肠道和子宫的物质也是敏感的元素，全身所有部分都是相似的，并不复杂。也就是说，如果你把上面提到的每个器官的动脉、静脉和神经都拿掉，那么从感觉的角度来看，每个器官剩下的物质都是简单而基本的。至于那些由两种不同的表皮组成的器官，每种表皮都很简单，表皮对于这些器官来说都是构成器官的要素，比如胃、食道、肠道和动脉的表皮，这两种表皮每一种都有一种特殊变化力，它是由母亲的经血产生的，因此，每种动物的特殊改变力和基本力的数目相同。此外，这些活动必须对每个特殊部分作出反应，就像每个部分都有自己的特殊功能一样，比如从肾脏延伸到膀胱的导管，即输尿管：因为它们不是动脉，不会搏动，也没有两层表皮；它们也不是血管，因为它们既不含血，和血管的表皮也不一样。对于神经来说，它们之间的差别比上面提到的还要多，有人会问："那它们是什么呢？"好像每个器官都必须是动脉、静脉、神经或这些器官的综合体，而事实并不是那样，也就是说，每个不同的器官都有自己独特的物质。因为事实上，两个膀胱（接受尿液的和接受黄色胆汁的）不仅不同于其他器官，而且彼此也不同。此外，从胆囊中伸出进入肝脏的导管和各种导管一样，它们与动脉、静脉或神经都没有相似之处。在我的《论希波克拉底的〈解剖学〉》和其他作品中对这些部分都有更详尽的论述。至于胃、肠、子宫表皮的实际物质，每一种都是由一种特殊的自然变化力表现出来的，当它们结合在一起，插入其中的结构、肠内的生长、内腔的形状等都是由一种力决定的，我们称之为形成力；我们还认为，这种力是艺术的——不，应该说是最好且最高的艺术——为某种目的做每一件事，这样就没有无效或多余的部分，我会在我的作品《论器官的使用》中说明这一点。

现在要提到生长力，我们也是第一次提及，它也作为营养力存在于子宫内胎儿上；但在那个阶段，改变力和营养力这两种能力起到辅助作用，本身并没有至高无上的权威。动物已经长到了最大，那么从它出生后到生长到最大的整个时期，生长力就是最主要的，而改变力和营养力是辅助的。那这种增长能力的性质是什么呢？把已经存在的物体，即身体的实体部分，动脉、静脉、神经、骨骼、软骨、隔膜、韧带以及我们刚才所说的各种基本、均匀、简单的表皮，向各个方向伸展——我将说明它们是如何在各个方向取得这种伸展的，为了清楚起见，我先做一下说明。孩子们把猪的膀胱充满空气，然后在火旁边的灰上摩擦，这样既暖和又不会受伤。这是爱奥尼亚地区和许多其他国家的一种常见游戏。在摩擦时，他们还会唱歌，在一定程度上，时间、节奏以及他们所有的话都是希望膀胱变大。在他们看来膨胀得不错时，他们会再把空气吹进去，让它进一步膨胀；然后他们再去摩擦。他们这样反复做，直到在他们看来膀胱变得够大。现在很明显，在孩子们的这些行为中，膀胱内腔体积越大，它的表皮物质就越薄。如果孩子们可以把营养带到这个薄薄的部分，那么膀胱就会以和自然一样的方法变大，但实际上，他们做不到自然所做的事，因为模仿自然不仅超出了儿童的能力，任何人都无法做到——它是自然独有的一种属性，所以现在你就会明白，营养是万物生长的必要条件，因为身体如果渐渐长大，但同时却没有营养滋补，这种看起来长大的样子并不是真的长大。而且，向各个方向膨胀的只有那些受自然支配而生长的身体；被我们用外力膨胀的，只在一个方向承受这种膨胀，而在另一个方向增长得较少；在三维空间被拉伸时，不会被撕裂的完整躯体是不可能存在的，因此，只有大自然才有力量向各个方向拉伸一个身体，并使它保持完整，维持原来的形态。这就是生长，如果没有营养，生长也是不可能发生的。

现在我们已经谈到了营养问题，这是我们在开始时提出的第三个问题。以营养的形式流向身体各部分的物质被加工成营养时，这种活动就是营养，其原因就是营养力。当然，这里涉及的活动也是一种改变，但不是发生在起源阶段的改变。因为在起源阶段，先前不存在的物体产生了，而在营养中，流入的物质被吸收到已存在的物体中，因此，前一种变化的原因归结为起源，而后一种则是同化。

现在，三种自然力已经详细解释过了，动物似乎不需要其他力（为了生成和尽可能长时间地维持自身，且有生长方式），这篇论文可能已经可以截稿。然而，可能有人认为还没谈及动物的部分（指胃、肠、肝等），以及这些部位中的力，而是好像只是一种对我们论述中实用部分的介绍。整体如下：起源、生长和营养是首要的，也可以说是自然最主要的影响；这些主要的力在数量上有三种，并且是所有官能中最为主要的。但就像已经说过的，它们需要彼此间的服务，以及配合。现在，这些力的产生和成长所需要的都已经解释过了。接下来要说的是营养力需要什么。

（盖伦　公元2世纪）

医典

医学考虑的是对人体来讲治愈疾病以及让疾病远离健康的方法，因为所有事物都有原因，所以关于一切事物的知识只有通过原因才能了解，因此在医学上，我们应该了解疾病和健康的原因。由于健康和疾病以及它们的原因有时明显，有时隐藏，只有通过研究症状才能理解，所以我们也必须研究健康和疾病的症状。现在在科学中已经确立了这样一种观点：如果有原因和起源，那么除了研究原因和起源，不会有其他方法。原因有四种：物质、效用、正式和最终。

健康和疾病所依赖的正是物质原因，即受直接影响的部位和体液，这些就是元素。这两个受体混合在一起，会产生变化，这样构成的实体在变化过程中，达到了某种统一。

效用原因是改变和保持人体状态的原因，比如空气以及与空气相关的因素；比如疏散和滞留；比如地区、城市、可居住的地方以及与之有关的因素；比如年龄变化和多样性，种族、艺术、礼仪，体能上有生机的运动和休息，睡眠和苏醒的因素；比如接触到人体时落到人体上的事物，这些事物要么与自然相融合，要么与自然相矛盾。

正式原因是身体的构成以及由此产生的组合和优点，最终原因是手术。正如我们前面提到过的，手术中蕴含着美德。这些就是医学原理，在这里，我们可以了解到人体的疾病和治疗。人们应该在这项研究中力图达到完美，也就是了解如何保持健康和治愈疾病。造成疾病的原因有饮食规律、空气选择、锻炼和休息的方法，治疗也分用药物和徒手。物理学家认为这一切可以根据三种人来分类：健康的人、病人，以及我们说过的介于两者之间的人。

（伊本·西那　公元1020年）

治疗论：论矿物质和金属的形成

物理学的第五门学科，由两篇关于气象现象的论述组成。本课题主要包括矿物、气象现象等无生命产物的次要成因。

第一篇，主要讨论地球上发生的事。

第一节　山巅之上

我们首先要确定山脉形成的条件以及有关这个主题的意见。第一个（题目）是石头的形成条件，第二个是大体积或大量石头的形成条件，第三个是悬崖和高地的形成条件。

我们认为在大多数情况下，纯净的土壤不会石化，因为干旱的前兆作用在土上，体现出来的不是黏合，而是瓦解。一般来说，石头只有两种形成方式，通过黏土硬化和通过水凝结。实际上，很多石头是由以泥土为主要成分的物质形成的，还有很多石头则是由以水为主要成分的物质形成的。通常黏土会变干，一开始会变成介于石头和黏土之间的东西，也就是软石头，然后变成石头，最容易与之结合的就是有黏性的土，因为如果没有黏性，通常在石化之前它就会碎裂。我小时候在奥克萨斯河岸边，看到很多人们用来洗头而存起来的黏土块，后来我观察到它们已经变成了软石头，那时已经过去大约 23 年了。

石头从流水中形成也分两种方式，水一滴一滴下落或作为整体流淌时的凝结，以及吸附于水床表面的物体随后石化的沉积。有人观察到流水其中一部分滴落在某处，便凝结成各种颜色的石头或卵石；也有人观察到水滴，虽然正常情况下不会凝结，但落在水道附近的石地上便立即石化。这样我们就知道在那块地上一定有一种可凝结的、石化的性质，可以把液体变成固体。因此，石头形成的基础要么是一种软的黏土物质，要么是一种以水为主的物质，后者的凝结一定是由矿化、固化的性质造成的，或者是土在其中占主导地位，就和盐凝结的方式一样。也就是说，泥土之所以在其中占主导地位，是因为它的特性，而不是因为数量。如果实际上土壤的性质并不像盐那样，那它就是另一种性质了，然而这两种性质一定是相似的，因为它们都是由热转化的，热的出现使它们凝固。或者它的性质也可能是另一种，只不过我们不知道。还有一种可能，就是相反的观点，即它的土性只是略微胜过了冰冷、干燥的性质。

简而言之，正如你们所知，水的本质是通过占主导地位的土性转化为土；你肯定也知道，土的本质是通过占主导地位的水性而变成水，在这种联系中，要用到一种物质。有些人在巧妙的发明中过于专注而迷失了方向，这个发明就是铅乳，它是由两种水混合，凝结成坚硬的固体[①]，这表明（我上面所说的）是正确的。此外，许多用于液化和凝固的东西也证明了这些判断的正确性。

因此，石头的形成要么是由于黏土在阳光下的硬化，要么是水由于干燥土性的凝结，要么是由于热脱水的作用。如果说动植物的石化是真的，那么这个现象的原因是一种强大的矿物化和石化特性或出现在特定地点，或突然在地震或沉降时从土里散发，将任何与之接触的物体石化。实际上，动植物尸体的石化并不比水的转化特别。

如果单一元素的特性掌控了化合物，那么让化合物转变为单一元素是不可能的，因为它们所包含的每一种元素都可以转化为该元素。也是因为这个原因，掉在盐盘里的就会变成盐，掉在火里的就会变成火。至于转变的快慢，必然随着性质力量的变化而变化，如果势头很猛，它们会在短时间内完成转变。阿拉伯有一片火山地带，每个住在那里的人，每个落在上面的物体，都会变成它的颜色。我看到过一块面包[②]，中间很薄，上面还有已经被石化的

---

①炼金术士的要点。

②一种圆形面包。

牙印，仍保留原来的颜色，有一面还有烤箱网的横线印子。我发现它被丢弃在贾佳姆附近一个叫霍拉桑的小镇，于是就小心收好随身带了一段时间。这些事情之所以显得奇怪，只是因为它们并不经常发生，然而，它们的自然原因是显而易见且众所周知的。

某些种类的石头是在火熄灭的过程中形成的，通常都是铁质和石质的物体在雷暴中产生的，这是由于火熄灭时寒冷和干燥的偶然性质。在土耳其人的国土上，雷电交加时，铜制的突出箭头形状预示着逆流直上。在吉尔和戴勒姆①也有一个类似的标志，在它下落时灰径直插入地面。这一切的实质都是铜质和干燥。在花剌子模②，我自己承担了熔化这类物体尖端的艰巨任务，但它并不会熔化，有股绿色的烟雾不断从里面冒出来，直到最后剩下一团灰烬……

这就是石头形成的一种方式。在伊斯法罕王国的谢赫有个值得信任的人，名叫阿布·曼索尔·霍姆兹·蒂亚尔·伊本·玛莎可扎，他和著名的阿米尔·阿布·贾法尔·穆罕默德·伊本·邓什南扎关系密切，他告诉我在塔巴里斯坦山上从空中落下来一个类似于上面提到的形状的大铁块，只不过它是一块大石头。这样我们就完成了关于石头形成的论述。

至于大石头的形成，可能是由于高温突然作用在大块黏土上，或者是随着时间的推移一点一点发生的。

高度是由基本原因和偶然原因造成的。基本原因是：像许多猛烈的地震一样，产生地震的风会让一部分地面隆起，就形成了高度；而偶然原因则是：风的侵蚀作用，只带走了一部分土地而另一边则没有，就这样地面有些部分被掏空了，有些则没有。受气流作用的部分被掏空，而不受气流作用的部分就有了高度。气流继续渗透到首先形成的山谷中，直到形成了长长的深深的山谷，气流转向的地方就成了高地。这可能是公众对山脉、山谷以及它们之间通道的普遍认识。

---

①里海西南岸的两个波斯省份。

②现在的希瓦地区。

很多时候，水和风都是没有作用的，除非地球是不均匀的，有些地方软，有些地方充满石头。软的、有土的部分被掏空，而有石头的部分被留下作为凸起。随着时间的推移，越来越多的河道被挖掘和拓宽，而凸起的部分则保留下来，随着更多泥土被挖掉而变得越来越高。这就是三种变化的主要原因（即开始时提到的，石头的形成、大石块或大量石头的形成、悬崖和高地的形成）。

山脉很可能是这样形成的：在我们没有记录的年代里，凝集性黏土慢慢干燥和石化。看起来如今适合居住的世界过去并不适合居住，而且确实淹没在海洋之下。然后它一点一点暴露出来并石化，而这所需要的时间已经超越了历史保留的极限；或者由于海底的高温，它可能在水下已经石化了。（这两种可能性中）可能性更大的是，石化发生在地面暴露之后，这时黏土有黏性，从而有助于石化。

就是因为这个原因，即当时的地面被海洋覆盖，所以许多石头被打碎时，可以发现一些水生动物的部分，比如贝壳等。

矿物化的性质并不可能在石化黏土中产生，矿物化的性质也不会有助于这个过程，因为那样水也会被石化。但很有可能，山是由这些原因形成的。

山上有大量石头，是因为海里有大量黏土并且后来暴露了出来。它们的高度是由于洪水和风对它们之间物质的侵蚀，因为如果你仔细观察大部分的山脉，你会发现它们之间的空洞都是由洪水造成的。然而这个动作是在很多世纪里发生和完成的，因此没有留下每次洪水的痕迹，只有最近发生的才可以看到。

目前，大多数山脉正处于衰朽和瓦解的阶段，因为它们只在被海水逐渐暴露的过程中生长和形成。然而现在它们正处于解体的边缘，除非上天愿意通过它们身上的水的石化作用，或者通过风带来大量可以在它们身上石化的黏土，让它们继续增长。我听说在某些山上曾发现过这种现象。至于我在奥克萨斯河岸上所看到的（类似现象），那里不能称为山。

在海水退去而裸露出来的陆地上，更坚硬的黏土、更强石化得来的或更大块的石块会留下来成为高地，而其他部分则会被冲走。

至于在山里发现的黏土矿脉，很可能不是由经历石化的主要物质形成的，而是由山的碎屑变成尘土，而后又充满了山谷和峡谷。然后被流过的河水滋润，覆盖在形成山脉的石层上，或和山岩的优质黏土混合在一起。还有一种可能，古代海洋黏土中没有统一的物质，·随后有些彻底石化，有些则根本没有石化，有些只是通过某些质量中占主导的物质，或各种数不清的原因变成了软石。

还有一种可能，大海刚好一点点流过由平原和高山组成的大地，然后逐渐退去，于是平原上都成了黏土，而山上却没有，一旦转化为黏土，在暴露的时候就处在了合适的待石化状态，而这种石化过程完整而又强烈。当被石化的物质暴露出来时，那些过去被石化的部分（也就是山脉）一定处于容易瓦解的状态，因此也会经历和土壤相反的情况，也就是变得湿软，而后又变成了尘土，而尘土本身又是适合石化的状态。比如把砖、土壤和黏土浸泡在水里，再把每一个都放在火中，浸泡会增加砖被火瓦解的趋势，也会增加土和黏土强烈石化的趋势。

还有可能每次土地因海水退潮而暴露就少了一层，因为我们能看到，山脉似乎是被层层堆叠起来的，因此有可能形成所需的黏土本身就是一层层排列的。首先形成一层，然后在不同的时期形成另一层（在第一层之上，以此类推）。每一层上面都铺着不同材质的物质，和下一层之间形成隔断，但当石化发生时，两层之间的隔断发生了变化，以致断裂和瓦解。

至于海底的黏土，要么是沉积而成的，要么是原始存在的。沉积的黏土很可能是由于山的地层解体而形成的。这就是山脉的形成。

矿物质的形成

现在该解释矿物质的性质了。我们认为矿体大致可分为四类，即石头、易熔物质、硫化物和盐，原因有以下几点：有些矿体物质衰弱，成分和结体也很微弱，而有些物质则强而有力，后者中，有些可塑，有些不可塑。那些物质上微弱的，有些有盐的性质，且易溶于水，例如明矾、硫酸、卤砂和绿矾①；有些则是油性且不易溶于水的，如硫黄和砷（硫化物）。

①硫酸亚铁，$FeSO_4$。

汞属于第二类，因为它是可塑体的基本组成元素，或至少与之相似。

所有可塑体都可熔，虽然有时只能间接可熔，而大多数不可塑体都不能按传统方法熔化，有的甚至软化都很困难。

可塑体的材料是一种水状物质，与土状物质紧密结合，两者不能分离。这种水状物质受热并成熟后，经低温凝结，由于油性还没有凝固，可塑体都反应得很快，而且也是由于这个原因，它们才是可塑的。

至于那些天然形成的矿物质的石类，它们的原料也是水，但并不只是凭寒冷凝结而成的。相反，它们的凝结是由干燥引起的，干燥把水变成了陆地。它们不能保持快速、油性的湿度，因此不可塑；由于它们的固化主要是由干燥引起的，所以它们中绝大多数都是不可塑的，除非它们经过某种促成熔合的物理过程。

明矾和卤砂都属于盐类，但卤砂的火性比土性更强，因此可以完全升华。它由水和热烟混合而成，非常稀薄且炽热，因干燥而凝结。

而对于硫黄而言，它们的水分在热的发酵作用下经历了强烈的膨松化，具备了泥土和空气的特性，以致性质变得油腻，随后就被冷固化了。

硫黄由盐、硫和石头组成，还有一些易熔体（金属）的优点。它们像硫酸亚铁一样经天然硫酸的部分化学反应而成，盐成分连同所有可能存在的硫化物发生溶解。在金属矿石中获取本性后，就会发生凝结作用，获铁的性质后会变红或变黄，例如硫酸铁，而获得铜的性质后就会变绿。正是因为这样，通过这种技艺很容易就可以把它们提炼出来。

汞像水一样，非常稀薄而含硫的土和它紧密混合在一起，以至于在没有任何干燥度的情况下无法分离出任何表面，因此，它并不是各个分子间紧紧依偎，或是将自身仅仅禁锢在容纳它的容器中，也不把自己紧紧地限制在包含它的容器的形状上，除非被征服①，否则不会保持特定的形状。它的白源于水的纯净，源于它包含的微小泥土的白以及与空气的混合。

汞有一种特性，即可以被含硫物质的蒸气固化，因此，铅或硫黄蒸气可

①可能是指，除了被合并，或被升华，或被修复，即转化为化合物。

以使它迅速凝固。此外，似乎汞及类似的东西是所有可熔体的基本成分，因为可熔体在熔化时都转化为汞。然而，它们中的大多数只有在非常高的温度下才会熔化，因此它们的汞呈现红色。而对于铅来说，观察者并不会怀疑这是汞，因为它在较低的温度下熔化，但如果在熔化过程中被加热到高温（上面提过），它的颜色就会和其他可熔体相同，也就是火红色。

正是由于这个原因，汞才如此容易地附着在所有物体上。但由于汞本身的变化或起同样作用的不论什么东西的变化，这些物质的构成各有不同，同样是通过混合物的变化引发了它的固化。

如果汞是纯的，且因与一种白色硫黄性质的物质混合并固化，这种硫黄既不能引燃也并非劣质，相反它比内行制备得更好，这种产品就是银。如果硫黄不仅纯净，且比刚才描述的那种更好更白，且有光泽、炽热、不可燃——简言之，如果它比内行们制备得更好——就可以把水银凝结成金子。

但如果汞是好的物质，而使它凝固的硫黄不纯，就会具有可燃性，那么产物就是铜。如果汞已经腐坏，不干净，且缺乏凝聚力和土性，且硫黄也不干净，得到的就会是铁。至于锡，很可能制造它的汞是好的，但硫是腐坏的，而且两者的结合并不牢固，而是一层一层发生的反应，因此金属发出了尖锐的声音。铅很可能是由一种不纯、重且黏土性的汞和一种不纯、气味臭而微弱的硫形成的，因此它的凝固尚未彻底。

毫无疑问，炼金术的行家可以设法达成固化，而汞是通过硫黄固化的本质感知到的，虽然从原则和完善度上来说炼金术的质量和自然作物不一样，但是具有一定的相似度，因此就有了这样一种信念：它们的自然形成是以这种或类似的方式发生的，但炼金术在这方面不如自然，尽管付出了巨大努力，也仍然无法超越自然。

至于炼金术士的说法，我们必须清楚地认识到，他们没有能力带来任何真正的物种变化。然而，他们可以制造出优良的仿制品，把红色（的金属）染成白色，使它看起来像银，或者染成黄色，让它看起来很像黄金。他们也可以把白色（的金属）染成任何他们想要的颜色，直到它与金或铜非常相似为止。而且他们可以把铅从大量杂质中解析出来。然而，这些染色的金属，本质并没有改变，他们只是被诱导的品质所支配，因此也会在这些品质上露出马脚，就像人们被盐、硫酸亚铁、卤沙等欺骗一样。

我不否认，即使是最精明的人，也会被这种精准度蒙蔽，但我一直都没有搞清楚如何消除或传授这种具体差别。相反，我认为这是不可能的，因为没有办法把一个组合分解成另一个。这些由感官感知到的性质，很有可能并不是金属的区别，而是意外或结果，具体的区别是未知的。如果一件事未知，怎么会有人努力创造或摧毁它呢？

至于染料的去除或传播，或诸如气味和密度一类的偶然性质，人们不应该只因为缺乏对它们的了解就坚持否认，因为没有任何证据表明它们是不可能的。

上述金属的各种成分之间的比例很可能不同于其他金属。如果是这样的话，一种金属就不能转化为另一种，除非这种化合物被分解并转化成它想转化的化合物的成分。然而，融合不能实现这一点，因为融合维持了统一，并且只是引进了一些外来物质或性质。

关于这个问题，如果我愿意的话本可以谈很多，可是这样做毫无益处，在这里也没有必要。

（伊本·西那　公元 1020 年）

天文学入门指南[①]

……

120. 天球是一个类似球体的物体，在自己的位置上旋转；而它所包含的内部对象的运动却不同于球体本身，我们则正处于球体中心。它被称为法拉克，因为它的圆周运动就像纺锤的旋转。

121. 有八个这样的球体，一个包围一个，像洋葱皮一样；最小的球体是离我们最近的那个，在这个球体内，月亮在独自运行，在自己的范围内升起和落下。每个球体的内外边界之间都有一定空间，因此它所属的行星有两段距离，一段较远，一段较近。位于月亮上方的第二个球是水星，第三个是金星，第四个是太阳，第五个是火星，第六个是木星，第七个是土星。这七个球属于行星，但在它们上面的是被称为恒星（或荒漠之星）的球。从下图中可以看到它们的排列方式。

122. 很多人都认为在第八圈之外，有个完全静止的第九圈；这就是印度人所说的“宇宙之卵”。因为原动力不可移动，所以他们把它描述为不动的。但也有可能它不像其他球体一样是物体，否则它的存在就是可以证明的，那这个名字用在它身上就是错误的。我们有很多祖先认为，在八个球体之外有个无限虚空的空间，也有些人认为有种无限静止的物质，而根据亚里士多德的观点，旋转的物体之外既没有物质也没有虚空……

---

①原篇名为《占星学入门指南》。

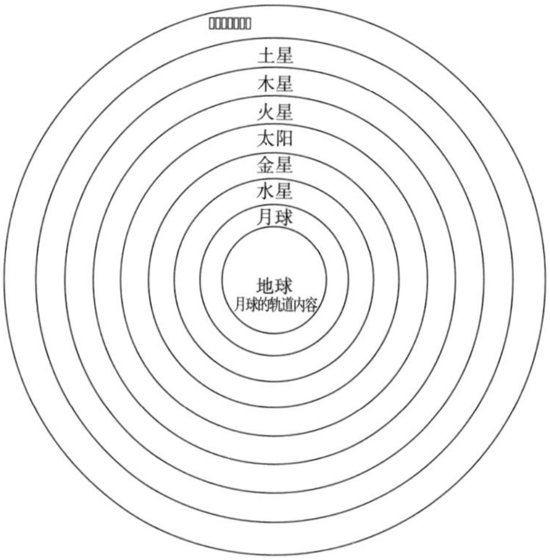

124. 月球周围球体的中心是地球，而这个中心实际上是最低的部分（这是真正的中心，因为所有的重物都受其引力作用而运动）。地球作为一个球状的整体，细致来看有着高高的山峰，表面凹凸不平，但当考虑为一个整体，它不偏离球形形式，因为最高的山和整个球体相比依然很小。你难道不觉得，一个一码或两码直径的球，上面撒着谷子，还有大小相仿的洼地，它依然满足球体的定义吗？如果地球表面没有那么不均，来自四面八方的水就不会被它截留，也势必会将它淹没，它就再也不会是可见的了。因为水虽然和地球一样有一定重量，并且在空气中尽可能低地下落，但仍然比地球轻，所以地球以沉淀物的形式沉入水底。此外，水不穿透地球本身，而是下沉到空隙中，在那里和空气混合，由于这种亲密接触，最终悬浮在空气中。当空气向外逸出时，水就会恢复它的自然状态，就像雨从云中落下一样。由于地表形状不规则，水往往聚集在最深的地方，最终形成溪流。

土和水一起形成一个球体，四周被空气包围，月球与空气接触时，由于接触部分的运动和摩擦，球体的大部分都会变热，这样就产生了包围空气的火焰，由于两极运动的减弱，火焰在两极附近会有所减少。

125. 恒星是点缀在整个天空中的星星，它们彼此之间的距离永远固定，因此它们既不会彼此靠近，也不会彼此疏远……另一方面，七颗行星都在自己的轨道上运动，不断改变着彼此之间的距离及它们与恒星之间的距离，因速度和运动性质的不同而时近时远。

126. 每个人都知道太阳、月亮和星星正在进行第一次（向西）运动，它们逐渐上升，到达路线的顶峰，然后一点点下降直到消失，最后回到它们上升的地方。这是由于感知到这种运动的天体；众所周知，动物会分散开来寻找食物，相比人类，动物的这种特征更为明显，还有动物的运动也与之相关，比如变色龙面对太阳会变色，还有很多植物的叶子一样，比如野豌豆、谷物、甘草……

127. 所有行星的第二次（向东）运动都朝向它们升起的地方，但恒星的运动轨迹很短，由于它们之间的距离保持不变，所以把它们称为固定的，而行星的运动轨迹要长得多，也更明显，而且性质也各不相同。

最明显的是月亮的快速移动，最开始出现在西方，向远离太阳和与太阳之间的行星的方向运动，靠近太阳另一边的行星，当它遮蔽其中一个的时候，它会从东部边界开始，并在西部完成这个动作，第二次运动是所有行星的共同运动，它是第一次运动的反向复制，但并非完全对应的，因为它和第一个相比稍有偏离。它之所以被称为“第二”，是因为每颗行星的数量不同，而第一次运动是统一的，虽然方向相反，但却优于所有第二次运动。这就像一艘船的运动，当所有的乘客都被船载着逆流而上时，船上的乘客可以沿着水流的方向走，由于效率更高，统一的运动会胜过相反的运动。

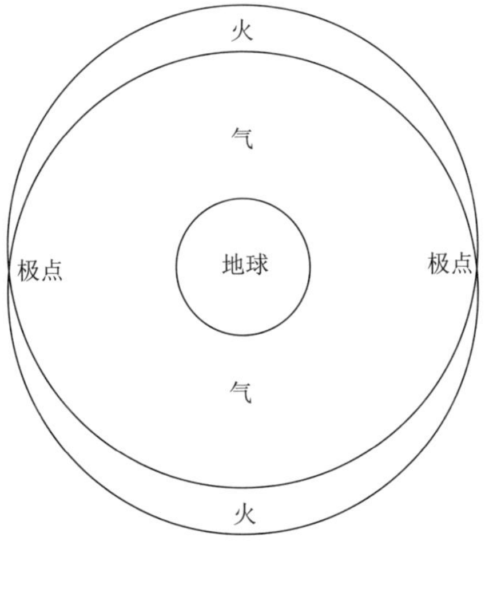

第二次运动不像第一次那样明显，但需要在观察的基础上进行一些思考和推理。由于朝向日出的方向，所以被称为东方。

128. 观测者只能看到天穹的一半，它就像一个盖在地上的圆顶，它的边缘围绕着他形成一个圆。这个圆也就是我们所知的地平线，对他来说是可见的。

地平线有两种，一种是可感知或可见的，另一种是真实或天文的。所谓可感知的地平线，就是我们在地球表面能看到的地平线，它把天球分成上下两部分，上面部分稍小，下面一部分我们是看不见的。

真正的地平线是平行于另一条地平线的，但在一个穿过地球中心的平面上，把天球两等分，它就在两个平面之间，因此在球体（天球）很大时数量很小，所以并不明显，但在球体（地球）很小时数量又很大……

152. 土星、木星和火星是上行星，而金星和水星是下行星，月球也是；但月球不能和其他行星相提并论，上下是相对于太阳的位置而言的。行星的一切条件自然都和太阳有关，尤其是月球的亮度和行星的逆行运动。

下行星和上行星的区别在于，下行星与太阳的距离是有限的，无论在东方还是西方，都不会超过一定的拉长限度，当它们在太阳前（在太阳东面）时，它们把太阳远远抛在后面，以至于在傍晚日落之后就能看见它们了。它们的能见度随着与太阳的距离而增加，直到达到最大的东方拉长限度，此后，它们的运动速度开始变慢，当它们缓慢的运动完全停止时，又开始接近太阳。这是逆行前的一站，在这一站之后，它们会往回走，逆行的速度会变快，直到在下界交汇处，它们会在太阳光线中消失，这就是傍晚的掩星。在这之后，它们在太阳的另一边出现，它们逆行的速度变慢，在太阳出来之前开始上升，这样当它们从太阳光线中逃脱时就可以看见了，这就是所谓的清晨幻影，然后逆行运动变得更慢，直到行星到达第二静止期，随后进入它们的直接轨道。然后，它们很快就会到达距离太阳最远的地方，也就是它们的西方拉长限度，继续沿着它们的直线前进，直到它们再次接近太阳，当它们处于上界交汇点时，就会在太阳的光线中消失，这就是它们的清晨掩星。之后，它们穿过太阳光线，在晚上的西方再次出现，从而回到上述的顺序。

但是上行星和太阳的距离并不因此受到限制，太阳移动得更快，速度超过了它们，所以它们可以逃离太阳的光芒，在早晨的东方就可以看到它们。它们与太阳的距离每天都随着直线上升而增加，直到太阳升起，它们到了空中的一个点，如果太阳在那儿，就表明在下午和傍晚的祈祷之间有一段时间。然后它们在逆行之前到达静止点，之后它们与太阳的距离每天都在增加，到达这一过程的中点时与太阳相对，因此到了它们范围内的最大距离。然后它们开始在日落时从东方升起，就像每个月第十四晚的满月一样，从那以后，它们和太阳之间的距离开始减小，直到日落时达到一个点，如果太阳在那儿就表明是上午，这个时间对应于直行开始前的平稳周期，此后太阳逐渐接近它们，直到它们进入太阳光线中，在西方消失，这种情况被描述为它们的西方化。

因此，下行星和上行星的区别在于，下行星离太阳的距离永远不会超过 1/6 圆，在它们逆行的过程中被遮蔽了，它们的出现和遮蔽同时发生在东方和西方；而上行星在其球体内与太阳的可能距离最大，但在其逆行过程中并不隐蔽，而是与太阳相对，它们的出现只在东方，它们的掩星只在西方。

153. 当一颗行星与太阳汇合时，由于产生所谓的"燃烧"现象，当行星进入太阳光线时没有出现，这意味着它的焚毁或毁灭。这种现象对所有行星而言都很常见，发生在本轮的最高点或远地点。上行星与下行星的不同之处在于，下行星在其最低点或近地点会有同样的现象，上行星则没有，而是与太阳相对。

154. 月球呈现同样的外观，但这被描述为它的交汇点。在月初的晚上，它第一次在西方以细长的新月形出现，被照亮的表面随着与太阳距离的增加而增长，直到第七个晚上，它到了东西方的中间，呈半圆形。当月亮在第十四晚离开太阳 180° 时，它在日落时升起，整个表面都被照亮。之后，随着距离的减小，明亮的表面逐渐缩小，到第二十二天晚上，黑暗的部分又等于明亮的部分，在这之后，黑暗的部分逐渐增加，多过明亮的部分，直到新月形状出现，在东方的早晨可以看到。在所有的相位中，月球的光都来自朝向太阳的表面，因此当它进入太阳光线时就会被隐藏起来，直到两天后它在西方重新出现。在这两天里，它与太阳汇合，紧密结合，就像托勒密在《天文学大成》中描述的那样，因此把这种结合称为陪伴，而不是燃烧。月亮的相对位置（满月）在面对太阳时被称为伊斯提克巴尔。

155. 月球是一个不发光的球体，它的亮度是由于太阳的光线落在它身上，就像落在地球、山脉、墙壁一类的地方一样，其他的面没有被照亮。当月亮与太阳交汇时，它在我们和太阳之间，因为月亮比较低，落在月球表面的光朝着太阳，而我们只看到面向我们的表面，却无法凭借闪烁的太阳光确定月球在蓝色的夜空中黑暗的部分有多少，直到月亮进一步远离。如果破晓之光不那么亮，一小部分被照亮的表面会进入视野，我们就看到了新月。

由于月球的球形形状，太阳光落在月球上的边界一定是圆的，所以大部分被照亮的一半进入视野时，边界也是圆的一部分，两个圆的交点在球面上，它们之间的间隔是像一块切瓜一样的第一夜的新月形。随着与太阳距离的增加，被照亮的表面逐渐变大，直到与黑暗部分相等，这被称为第一象限，因为太阳和月球之间的距离是一个圆的 1/4。这种光明和黑暗部分的平分也发生在第一象限，满月时，当它与太阳被半圆分开时，整个被太阳照亮的表面对我们来说都是可见的，从下图中可以看到。

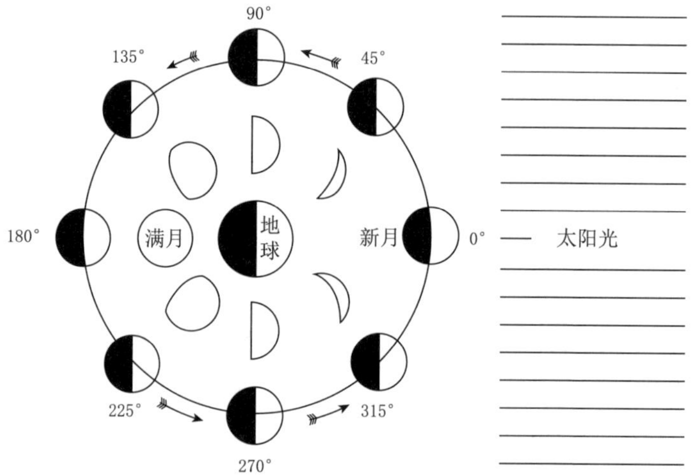

156. 对于月球的盈亏不为其他行星所共有的原因，以及这些行星是像太

阳一样自发光，还是只是被落在自身的太阳光线所照亮，智者们的观点各不相同。

许多人认为光完全是太阳所有的，所有行星都没有光，而且由于行星的运动明显依赖于太阳的运动，所以可以通过类比假定它们的光处于相同的位置。但还有些人认为，除了月球，所有行星的本性都是发光的，月球的特殊之处在于它的苍白和缺乏光泽。行星隐藏在太阳光线下，就像它们在扩散的日光中不可见一样，这是由于日光的强度影响了我们的视觉，以至于我们无法感知到它们的存在，这个观点更符合事实（只要没有反驳的证据）。

无论更高的行星是否自身发光，它们总是在相同环境下才能被看到。因为，如果月亮在太阳的上面，就不会出现月亏的现象，而总是满月。然而，对于金星和水星来说，如果它们不发光，当它们距离太阳最远时它们的光亮度就会有所区别，而在交汇处即将消失于光线中时，它们实际上会低于太阳，看上去却没有太大差别。

因此我们更倾向于行星是自发光的，而月亮的特点和不同阶段的月光则是基于三个原因：它在交汇处被太阳束缚、没有光辉，且位置低于太阳。

157. 天上的恒星数量众多，无法一一列举，但勤恳的研究人员仍然竭力认出它们，并确定它们的经度、纬度。他们观察到恒星们的大小不同，并建立了庞大的星等级别。第一星等有 15 颗星，第二星等有 45 颗，第三星等有 208 颗，第四星等有 474 颗，第五星等有 58 颗。

六级星等中，有 9 颗被托勒密描述为“黑暗”的恒星，除此之外，还有 3 颗没有被计算在内，它们一起被称为“发绺”（后发星座），也就是佩锁者。

我们的视觉不能分辨小于第六星等的恒星，或者说观察起来也很困难……

178. 本轮是并不环绕地球的小轨道，而且完全在地球之外。行星做特有的圆周运动。

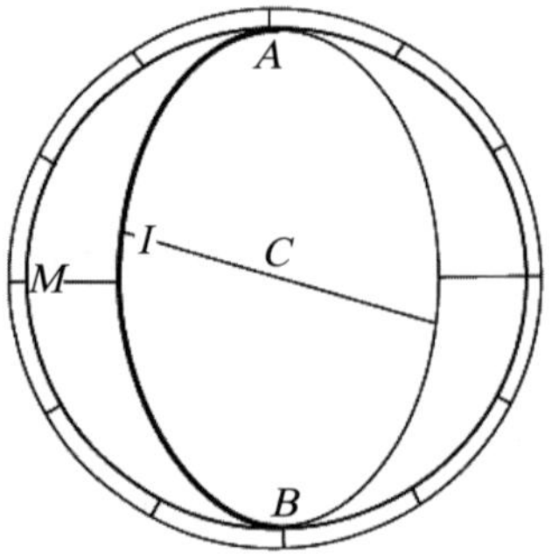

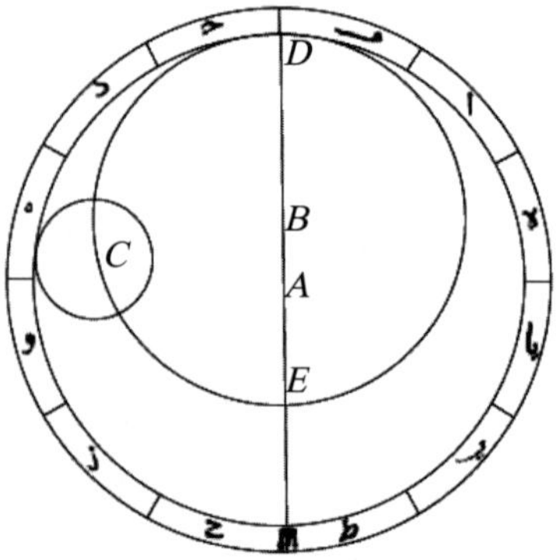

179. 本轮的中心不断沿圆周轨道上符号序列的方向运动（顺时针），这一轨道叫作“均轮”，位于倾斜轨道的平面上，但像偏心圆一样，它的中心与世界的中心不同。

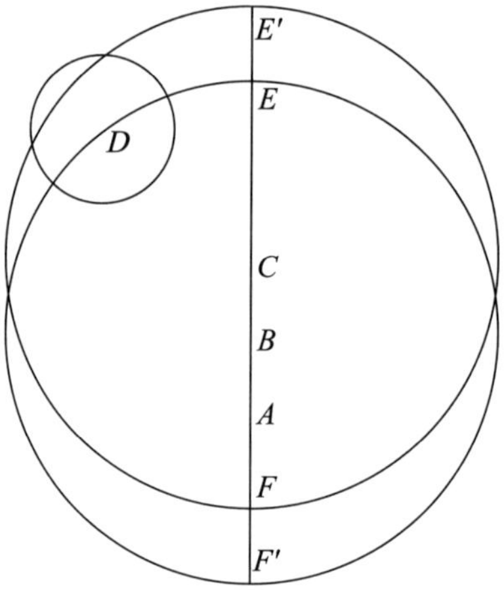

A——世界中心　　*D*——本轮中心

B——均轮中心　　*EF*——均轮近地点和远地点

C——等径中心　　*E′F′*——等径近地点和远地点

180. 如果本轮的中心在相同时间内经过了均轮的等边弧，那么行星的平均运动速度就是本轮中心在均轮上的运动速度，这些等边弧的对角也相等；然而在相同时间内，本轮中心所经过弧的角度不等，但它们所经过的点与均轮中心的距离和地球中心的距离一样远。这一点是等速的中心对金星和三颗上行星来说也一样。这三点在同一条直线上。把这点看作轨道（比如均轮）的中心很有必要，应从本轮中心的位置计算行星在其圆周上的运动进展，这可以通过画线来完成（无须轨道）。

（秘鲁尼　公元1029年）

大著作：论实验科学

在阐述了拉丁人的智慧，即语言、数学和光学之后，我希望现在能从实验科学的角度来回顾智慧的原理，因为没有实践就不可能彻底了解事物。

获取知识有两种方法，一种通过理论，另一种通过实验。论证得出结论，并迫使我们承认，但它既不能使我们确信，也不能消除我们的怀疑，让心灵在真理的直觉中平静，除非通过经验找到这种信念。因此，许多人对可达成的事实有争论，但因为他们没有经历过，就忽视了这些事实，既不会避免有害的过程，也不会遵循有益的程序。从未见过火灾的一个人，通过缜密的推理证明火会燃烧、吞噬并破坏物体，尽管如此，听到他论点的人仍永远不会被说服，也不会避免火灾的发生，直到他把手或易燃物放入火中，通过实验论证上面的道理。但在经历了燃烧的事实之后，也就心满意足了，心智也会平静地躺在真理的确定性中。因此，光有论据是不够的，有经验才行。

这一点在数学中也很明显，数学中证明是最可靠的。如果有人看到有关等边三角形的清晰图形，但没有任何实验，他是不会坚定所得出的结论或是为结论而做出什么行动的，直到通过实验方法进行证明。这样就会毫无疑问地得出结论。亚里士多德所说的三段论的论证既可以给予知识，也可以在有经验时协助理解，而不是只有证明。他在《形而上学》第一卷中表示，知道理论和原因的人要比有经验的人更智慧，他这里说的有经验，是指只知道事实而不知道原因。但我所说的有经验，是指通过经验了解了理论和原因。他们的知识是完美的，就像亚里士多德在《伦理学》第六卷中所期望的那样，他们的简单陈述像他们给出的论证一样，是可以信服的。

没有证据但只沉迷于事物真相的人，只知道如何忽略经验。很多例子都可以证明这一点。作者写了很多内容，而人们没有用通过实验得出论点的方法来坚持自己的观点，真是大错特错。人们普遍认为，只有用山羊的血才能打破顽石，哲学家和神学家更是加固了这个传说。但这一点并没有像结论所论证的那样，用鲜血去打破顽石来证明。但即使没有血，顽石也可以很轻易被打破——我亲眼见过，这一定是因为如果不打破石头，宝石是不能被切割出来的。同样，人们普遍认为医生使用的海狸的分泌物来自雄性海狸的睾丸，但并非如此，因为海狸的乳房下面才有这种分泌物，而且雄性和雌性都能产生这种分泌物。还有一种普遍的说法是，花瓶里冷水比热水更容易结冰，他们认为对立是由对立激发的，就像敌人一同奔跑一样。他们甚至嫁祸于亚里士多德《气象学》的第二卷，但亚里士多德肯定没这样说过，他们说是被类似的话欺骗了，即如果冷水和热水同时涌入寒冷如冰的地方，冷水会更快结冰（这是真的），但如果是放到两个花瓶里，热水则会结冰更快。所以真的有必要用实验来证明一切。

经验的来源有两种，一种通过外部感官获得，比如我们为了寻求天空中的真相以及我们亲眼得见但想通过各种办法加以确定的地面上的真相而设计的各种实验。在我们所处的地方，那些并不正确的事实可以通过其他经历过的智者而确定，因此，亚里士多德凭借亚历山大的权威派遣了两千人到世界各地，以便像普林尼在《自然史》中所说的那样，以第一手信息了解地球表面的一切。这种经验是人类哲学只利用一个人的恩典赐给他的，但这种经验是不够的，这是由于它的复杂性以及并不触及精神层面，而对有关肉体层面的东西不能给出完全的确定。因此，人类的智力必须得到另一种方式的帮助，因此先祖和先知们首先把科学带给世界，保证他们获得内在的光明，而并不是完全依赖于感官。

在这种内在体验中，有七个层次，其中一个层次就是关于科学的精神启迪。第二层由美德组成，如亚里士多德在《伦理学》第二卷中所说，邪恶就是无知。阿尔加泽尔说，心灵受到错误的干扰，就像生锈的镜子，里面事物的形象看不清楚，但如果心灵充满了美德，就像一面擦得很亮的镜子，里面的事物的形象也清晰可见。正因如此，真正的哲学家在道德上的成就和他们美德的健全度成正比。如果他们不能从错误观念中逃脱，任何人都不会发现事物的真正原因。

第三层是以赛亚描述的圣灵的恩赐。第四层是《福音书》中所列举的福气。第五层是精神情感。第六层结满了果子，是神的平和向世间传递理解。第七层是狂喜的状态，和不同人接受它的不同方法……

因为这种实验科学是普通人完全不了解的研究，除非它的优点和特点能显示出来，否则我不能让他们相信它的用处。仅凭这一点，我们就能确定通过自然、艺术的运用，欺诈都能达成什么，主旨是什么，巧合的梦想是什么，魔法、祈求、咒语、魔幻的祭祀以及其中的内容，这样，所有的虚假都可以被消除，只有我们才能保留艺术的真理。仅这一点就教会我们去检验魔术师所有疯狂的点子，不是为了证实而是为了避免它们，就像逻辑批判诡辩的艺术一样。这门科学在其他科学方面有三大目的：首先，如果他们希望结果准确且完整，通过实验可以批评其他科学崇高的结论，因为其他科学知道自己的原则来自实验，但通过论证的结论是通过原理发现的，他们有必要借助高贵的科学来达到这一目的。的确，数学是根据数字和数字的普遍经验得出结论的，这些数字也确实适用于所有科学和这些实验，因为没有数学就没有科学。如果我们按照正确的方法进行精确、完整和确定的实验，就必须对科学本身进行考察，这就是对权威的考验。我在彩虹和类似的现象中发现了这样的例子，其中自然是有关太阳和星星的圆圈，也是从太阳或星星侧面开始的光环或几乎可见的直线，在亚里士多德《气象学》第三卷中被称为垂直，但被塞内加称为光环，也被称为圆形的电晕，里面有彩虹的多种颜色。现在自然哲学家也讨论这些现象，关于透视法有许多与观察有关的事实要补充。但无论是亚里士多德还是阿维森纳，在他们讲自然的书中都没有给出关于这些的知识，塞内加也没有，但实验科学就是分析这类内容的。

研究人员们在思考，是否能在可见物体中找到彩虹中的颜色。他们发现爱尔兰和印度有一种六角晶体，在索林诺斯的《世界奇迹》中，这种晶体被称为彩虹色调。他们透过窗户从阳光中找到了彩虹的所有颜色。此外，与之类似，研究人员发现在有些阴暗的地方当眼睛几乎闭合时，把石头放在眼前时也能看到彩虹的颜色清晰地排列在一起，像弓形一样。很多使用石头的人认为这是由于石头的某些特殊性质，因为它们是六角形的，研究人员进一步发现，颜色不仅存在于晶体中，形状周正，在其他透明石头中也存在。这些爱尔兰水晶不仅有白色的，也有黑色的，所以这种现象发生在烟雾水晶中，也发生在所有类似的透明石头中。此外，石头的粗糙程度不同，会造成颜色的不同。研究人员也观察到在阳光穿透水滴时，能从上升的桨上看到同样的颜色。

这种情况与水车的桨叶上落下的水是一样的。当研究人员在夏天的早晨观察田野或飞机上的露珠时，也能看到同样的颜色。同样，下雨时，如果站在阴凉的地方，太阳光线透过落下的水珠照射在人的身上，那么在特别黑暗的地方，同样的颜色也会出现，而且晚上在蜡烛的周围，也可以看到这种颜色。夏天，人睡醒后眼睛还没有完全睁开时，如果突然透过窗户向外看，太阳光四射，就可以看见颜色。坐在阳光下，如果遮住眼睛，或者闭上眼睛，同样的事情会发生在阴影的边缘。如果把装满水的玻璃花瓶放在阳光下，也会发现同样的现象。如果有人嘴里含着水，突然把水喷向周围，那么站在旁边或透过空中的油灯（光线以适当方式照射或光线照在油灯的表面），颜色也会出现。因此，只要勤恳的研究者知道找到颜色的方法，我们就能以无数种自然和人为的方式看到这些颜色。

……

这门科学的第三层价值在于特权，不只是相对其他科学来说，还有通过自己的力量调查大自然的奥秘。在那些征服宇宙的精美作品中，通常都把这种所谓的力量作为结语。托勒密在《天文学大成》的介绍中说，有另一种比普通天文学更可靠的方法，那就是遵循自然教诲的实践方法，众多忠实的哲学家，比如亚里士多德和许多行星预言家都是这样做的。像他所说的，我们要通过自身经验来获取知识，这是不可否认的。人们发现，这种智慧是对人类无知或轻率行为的自然疗法，因为很难有足够精确的天文仪器，也很难有绝对可靠的列表，特别是与行星运动有关时——想要使用表格非常困难，使用工具就更难了。

（罗杰·培根　公元 1268 年）

第三部分

天文学与力学的革命：从哥白尼到牛顿

天体运行论

致教皇保罗三世：

至高无上的教皇，不难想到，一旦某些人读到我所撰写的这本关于天体运行的书，特别是了解到地球运动的观点，他们定会感到震惊无比，并立刻起身责难。但是本人并没有自我陶醉到全然不顾的地步，而且我深知，哲学家的思考不会受控于世俗之见，因为他们会凭借上帝所恩赐的人类理智，积极地去探索世间万物的真谛，同时我也认为一种观点不必刻意追求标新立异。因此，我早已预见，对于那些因袭几个世纪的成见，深信地球中心说的人们而言，如果我提出全然相悖的结论，他们定会认为我荒诞至极。为此我踌躇已久，不知是该把本人论证地球运动的论文付梓成册，还是该仿效毕达哥拉斯以及其他人的惯例，把哲理之奥秘仅是口传于亲朋好友，而不是形成文字——以莱西斯寄予希帕克斯的信件为证。

以我之见，希帕克斯们之所以如此，并不像某些人的设想，是出于利己之心，而不愿将自己的理论流传于世，与此相反，他们希望这些潜心研究得出的至高真理不必经受被嘲讽的命运，因为那些嘲讽者只会在有利可图的方面耗费精力，除非是碍于他人的训诫，或是受鼓舞于俗世中的榜样，他们才会勉强去从事非营利性的哲学研究。正是由于嘲讽者们的愚笨，他们才混杂于哲学家的队伍内，如同无所事事的雄蜂游荡于蜜蜂之间。鉴于此，我曾仔细斟酌这些情况，甚至担忧自己的观点会因新奇和难以理解而遭人蔑视，这些担忧几乎迫使我全然放弃早已进行的研究。

然而，当我的研究处于长期停滞，甚至濒临退出之际，是我的朋友们使我坚持了下来。首先就是来自卡普亚的红衣主教尼古拉·舍恩贝格，他知识渊博且颇负盛名。其次是我最亲爱的朋友台德曼·吉兹，他是海乌姆诺地区的主教，全心致力于神学以及其他学问的研究。幸得吉兹的敦促和鼓励，他有时更是以责备的方式来激励我，这才使得那些长年掩身于文稿之下的研究成果得以出版成书，重见天日。还有很多博识的学者也提出同样的建议，劝导我不必因为担忧而拒绝将自己的著作分享给热爱天文的学生们。他们认为，如今的某些人对我的学说愈是感到荒谬，待到证据确凿之时，荒谬的迷雾被一扫而光，他们也会对我的成果愈发钦佩和感激。所以，在自身愿望的驱动下，同时受到这些建议者的感召，我最后决定听从朋友们的建议，授权他们出版我的著作。

尊敬的教皇陛下，您对我的决定或许不会感到惊奇，即便我在历经重重磨难之后，依旧不改初衷，决意要将自己的观点变为文字，且公诸于世。但您可能想知道，我为何敢冒天下之大不韪去设想一种关于地球运动的学说。为此，我无意对您隐瞒，本人正是了解到天文学家们关于天体运动研究的意见分歧，才考虑到要从另一个角度来推进研究的。首先，他们对于太阳和月球运动的认知不足，以致他们甚至无法推演出一回归年的恒定长度；其次，他们在测量太阳、月球以及其他五个行星的运动时，并没有使用相同的原理和假说，仅是依据视公转与视运动来证明其结论。还有一些学者利用同心圆，或是借助离心圆以及本轮，却无法自圆其说。虽然那些天文学家使用同心圆模式可以推演出天体的某些不稳定运动，但他们却无法确立一种颠扑不破的原理来验证其所观所测。此外，还有那些设想出离心圆模式的学者们，他们通过貌似合理的运算似乎从很大程度上解决了视运动的问题。然而，他们提出的许多观点好像都与天体的稳定运动原则相抵触。此外，这些天文学家们也无法据此推算出宇宙的形状以及各个行星之间恒定的对称性。就研究过程而言，他们就像是一些怪异的艺术家，从不同的人体上截取手、脚、头部或是其他部位，它们彼此大小不一，单看某个部位并没有问题，一旦将它们组合在一起，便不再像是一个正常的人，更像是一个怪物。因此，在他们奉为圭臬的论证过程中，不是遗漏了一些关键性的要素，就是多添了一些毫无价值的内容。如果这些人能够遵循正确的原则，上述情况就不会发生。或者说，倘若他们提出的假设是正确的，结果就会被准确验证。目前，我的研究前景可能尚不光明，但我坚信这条求索之路终会拨云见日。

鉴于传统的运算模式会造成天体运动研究的不确定性，我思忖良久，尤其想到那些所谓的哲学家能够竭心尽力地去研究世间之琐碎，却不愿用科学的方法去证实宇宙变化之奥妙，全然辜负了至严至尊的造物主为我们所创造的福祉。由此，我尽力去搜索所有哲学家的著作，认真品读，以便观察了解是否有人提出的观点异于天文学教师在学校讲授的内容。功夫不负有心人，我先是在西塞罗的著作中找到依据，一位名叫赫塞塔斯的人认为地球是运动的，之后我在普鲁塔克的著作中也找到相似的观点，为了证实所言不虚，现将原话摘录于此：

有些人坚信地球是静止不动的。但是毕达哥拉斯学派的菲洛劳斯认为地球的运动如同太阳和月亮之间的运动，它沿着圆周轨道环绕黄道运行。来自蓬托斯的赫拉克利特以及毕达哥拉斯学派的埃克范图斯皆主张地球确实在动，而且始终沿着同一方向在运动，恰如一只车轮，自西向东绕其中心旋转。

我由此受到启发，开始思考地球的运动性。乍听起来，这想法可能很荒谬，但据我所知，一些前辈已经设想出关于恒星运动的多种轨迹，故而，我认为自己有权去假设地球的运动性，以确定是否存在关于天体运动更可靠的结论。

正如我在本书后半部分所提到的关于地球运动的内容，我历经长期的研究终于发现：如果假定其他行星的运动与地球的圆周运动相关联，并以每颗行星的运行为参照，不仅可以观测出它们的天文现象，还可以使它们的位置、亮度、运行轨道和宇宙本身产生紧密联系，以使其中任一部分的变动都不会引起其他部分乃至整个宇宙的秩序混乱。因此，我为本项研究制订了如下撰写计划。

第一部分，我将探讨地球的位置和运行轨道，以及地球运动的成因，也可以说，这一部分的内容涵盖了宇宙的总体架构。在本书的其余部分，我将提出其他行星的运动及其运行轨道和地球运动之间的关联，由此就能确定，假使这些行星的运动皆受到地球运动的影响，其他的运动和外观，以及运行轨道会在多大程度上保持原状。

对于上述内容，我相信那些睿智博学的天文学家们只要愿意深入思考，而不是表面应和，认真遵循本学科的基本要求，细致分析我在本书中所列举的事实论据，一定会赞同我的观点。但是，为了使智者与平民都能相信，我绝不会回避他人的怀疑，我决意将此书单独敬献给教皇陛下，即使我生活的地方与您相距甚远，即使常言道“暗箭难防”，但以您崇高的地位以及您对所有学问乃至天文学的热爱，我相信您所拥有的威望与智慧定会抵消那些诽谤者的攻击。

可能恰好有一些空谈家，虽然他们对数理科学知之甚少，却敢于自视甚高。这些人有权评议我的观点，他们可能会出于私心，断章取义地引用《圣经》之言来攻击我的理论，但我丝毫不会在意，甚至视其为无稽之谈，不值得重视。

众所周知，神学家拉克坦修才思过人，但其数学才能却相形见绌。他天真地侃谈地球之形，只为嘲笑那些宣称地球是球形的人。如果这类人也来讥讽我的理论，赤诚的信徒们大可不必为此惊讶。转念一想，若非这些天文学家偏私己见，天文学必无立足之地，假若我言之不谬，我坚信我们的努力将会为您的教廷贡献绵薄之力。就在不久前，于教皇利奥十世任职期间，在拉特兰会议上讨论了关于修订教会历书的问题。当时此事并未解决，仅是因为不能精准确定年和月的长度以及太阳和月亮的运动。自那时起，来自福松布罗内地区的主教保罗时时敦促我把注意力转向精密的观测研究（当时他正负责此项工作）。时至今日，对于此书中我所有的观点，本人特别提请尊贵的教皇陛下及普天下所有博识的天文学家们多多赐教。为了使教皇陛下不会误以为我言过其实，接下来我就言归正传。

（尼古拉·哥白尼 公元 1543 年）

天体运行论之前言

献给所有关注此书的读者们。

哥白尼的这部著作宣称地球是运动的，而太阳安居于宇宙中心。此番惊世之言不胫而走，自然会引来众多人士的大加鞭挞。特别是这些学者对久已建立的人文科学深信不疑，认定这才是宇宙大观的正本之源，责备哥白尼是在妖言惑众。

然而，这些人若是能够放下成见，仔细梳理其中的道理，他们就会明白书中所言不虚。毕竟天文学家之职责就是通过精细的观察研究来阐明天体运行的历史，因此，哥白尼应当通过构思和设想去解释天体运动的成因，论证关于它们的假说，尤其是当他无法依照常规分析出真正的原因时，唯有采用假设的形式，才能借助几何学原理正确推测出各个时期的天体运动。

然而，针对同一种天体运动有时可以提出不同的假定，包括因太阳运动而提出的离心率和本轮论。说法繁多，对于天文学家而言，他们乐于选择易于掌握的观点；对于哲学家而言，他们宁愿追寻真理的表象，除非真相如神谕般显现，他们方能理解并确信。

如此，那就让我们把这些新的假说也同样公之于世，可与那些过时之说相互比较，我们这样做是因为新假说更加通俗易懂，值得推崇，除此以外，还有大量珍贵且纯熟的观测成果。但是只要假说存在，谁也不要期盼从天文学中得到任何确凿的结论，因为天文学对此也无能为力。

如果没有理解这一点，他仍会重蹈覆辙，将假说视作真理。这样的话，当研究结束时，他会比研究之初更加迷惑懵懂。草率书此，不成文理，望乞原宥。

（安德里斯·奥西安德尔 公元 1543 年）

哥白尼天文学概要

第一部分

1. 论宇宙的主体

你如何看待宇宙主体之间的排列布局？

哥白尼天文学将宇宙由整化零，由此推算出宇宙各主体的存在。正如《圣经》第一卷所证，天体正是造物主的精神具象，宇宙之内的不同部分皆由其主体形成，包括：位于核心的太阳，聚其周边的恒星，还有居于两者之间的行星系。

行星是实心球体吗？天体之间是虚无的空间吗？

丹麦天文学家第谷·布拉赫否认行星是实心球体，理由有三：其一，依据彗星的运动；其二，立足事实，光线于球体上没有发生折射现象；其三，根据球体之间的比率。

如布拉赫所说，倘若球体是实心的，当彗星绕过另一天体时，坚实的球体就会挡住它，使我们无法得见。

关于布拉赫提出的第二个理由：如若这些天体是偏心球体，无论我们目及球体或是球表都无法观测到球体的中心，如此，如果球体是实心的，就意味着它的体积和密度远远超过虚空的宇宙，那么，正如光学原理所授，恒星发射出的光线会在其接触空气前发生折射，这样的话，行星就会变得时隐时现，致使天文学家很难对其进行预测。

第三个理由根据布拉赫本人提出的原理。他沿袭哥白尼的观测方式得出这样的结论——有时火星与地球的距离小于其与太阳之距，但是布拉赫认为，如果这些天体是实心球体，当火星与太阳形成一线之时，上述观测结果是不可能出现的。

2. 论天体运行之序

关于行星的划分

行星被分为大行星和小行星。大行星是指那些位于太阳下方且围绕其而存在的天体，小行星是指围绕某一大行星运动并与大行星共同围绕太阳运动的天体。人们通常认为土星吸引着两个小行星绕其而转，而且通过望远镜，上述情况是可以被观测到的。木星则被四个小行星围绕着，它们分别为*D*、*E*、*F*、*H*（如下图所示）。围绕地球（*B*）运动的卫星（*C*）叫作月球。但是，目前还不清楚火星、金星、水星周边是否存在类似的小行星或是卫星。

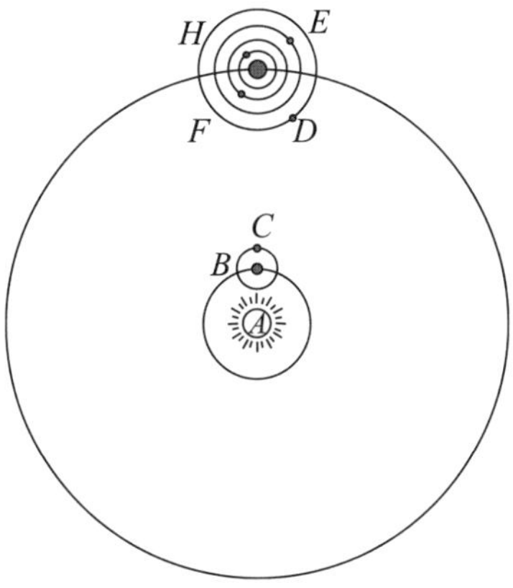

关于本书中讨论的行星数量

总数不超过7个，这6个所谓的大行星包括：木星，土星，火星，地球——因太阳对于视觉的影响，金星，水星。唯一的小行星月球也被列入讨论队伍，主要是因为它是独自围绕地球运动的天体。其他的小行星与我们相距甚远，不借助高倍望远镜是无法观测到的。

哥白尼通过什么方式来测量行星之间的间距？

我们必须选择一种十分适合的测量工具，从而使不同的天体之间可以进行比较，而且这种测量须为我们所熟知，且与地球生活息息相关，例如从地球到太阳的距离，这个距离相当于一个测量杆，适用于同类的测量情况。

正因为地球是人类的家园，所以我们以此为起点来测量天体之间的距离，此外基于地球正好占据了行星间的中部位置以及诸多原因，因此可以说，它在星体之间实现了一种平衡。但是，依照我们眼前的证据和判断，太阳应是主行星。而且根据上面所述，太阳是行星运动时围绕的核心，应当作为测量的起点。由此看来，我们的测量杆就有了两个测量点，一个是地球，另一个是太阳。

那么问题来了，球体之间的间距有多大？

哥白尼的研究显示，土星到太阳的距离约为地球到太阳距离的十倍，约是木星到太阳距离的五倍，约是火星到太阳距离的 1.5 倍，约是金星到太阳距离的 3/4，约是水星到太阳距离的 1/3。

这些行星在循环周期内能够保持球体间距的原因是什么？

其原因与行星总数有关，行星总数是 6。

拜托各位读者，你肯定不希望去解释行星总数为何是 6。

幸好，这种疑虑已释然。鉴于几何原理是永恒的，首要的一点即曲直之分。如第一卷所述，曲线在某种程度上近似于完美，直线则代表世间万物，首先，在宇宙的装饰之下，遥远的恒星群被制成球形，这接近于几何学层面的至尊，因为作为一个实在的至尊，它必须包含其本身所有的一切，因此，列位直线的星等不仅关乎于最远天体的体量，最重要的是它迷人的光度。

但是在列位直线的星等之中，排名第一、最完美的、结构最简单的是五个正多面体。早在2000多年前，毕达哥拉斯就提出这五个正多面体反映了世界的形象，因为他相信4个元素和苍穹——第五要素——代表着数字5的原型。

但是，数字蕴含的真实原因是这5个数字与天体的间隔相一致。因此，如果有5个球面间隔，则必须有6个球体：如同有4个线性间隔，则必须有5位数。

这5个常规数字指的是什么？

立方体、四面体、十二面体、二十面体和八面体。

这些数字是如何划分的，又分为哪些类别？

第一类是立方体、四面体和十二面体，第二类是八面体和二十面体。

为什么将前者列为第一，后者列为第二？

因为前者起源先于后者，而且它们具有最简单的角度（即三线性型）以及适合的位面。后者则以前者为起源，且具有由诸多线条和虚构位面构成的复合角。

现在向大家展示地球球体在这些图形中的位置。

这五个球体被分为上述两种类型：首先形成的球体以及之后形成的球体。前者具有三线角，后者则具有多线角。由此可知，立方体最先产生，不同的是，或者更简单地说，四面体相当于立方体的一部分，也包括十二面体，而且后者皆以这样的方式孕育于前者。照此推论，拥有三角形位面的八面体和二十面体，便相当于以十二面体为父体和以四面体为母体的后代，每一个都有与其父母相像之处。

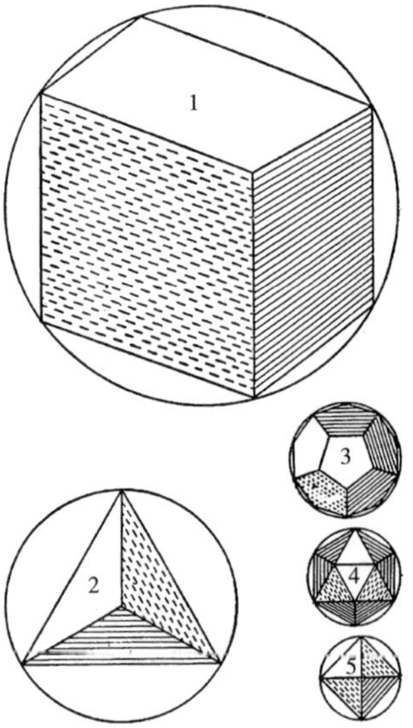

所以一类行星会围绕地球中心的环线而运动，从而升级为二类行星，因此，这个球体会为两种运行轨道形成一个过渡的分界线，因为地球代表造物主之形，也会成为众星之首。但地球原本因其内部结构只能归属于二类行星，又因外接结构而归属于一类，依据自然之理，八面体内接于立方体，二十面体内接于十二面体，相比立方体内接于八面体，十二面体内接于二十面体更为适宜。

依照此理，地球中心的环线则位于行星之间，鉴于一类行星的特性，它们必定位于环线外，至于二类行星，它们位于环线内——被群星环绕的太阳可归为三类行星。因此，土星、木星和火星成为高位行星，金星、水星和太阳成为低位行星。但是，正如上文所述，月球属于卫星，它独自围绕地球的环道运动。

第二部分　论宇宙天体的运动

1. 天体运动总量以及种类

哥白尼对天体运动的看法是什么？对他而言，什么是运动，什么是静止？

有两种区域性运动：一种是公转，它在希腊语中被称为迪尼特，即旋转运动，或是锥形运动；另一种则是自转，否则，天体运动就会成为从一个地方到另一个地方的循环旋转。希腊人将此称为时间之环，拉丁人称之为环、称循环或安比特，但他们把这两种运动统称为旋转运动。

因此，哥白尼认为太阳位于世界的中心，并且相对于其中心和轴而言，太阳处于静止之中。然而，就在几年前，我们意识到太阳也在运动，即围绕它的中心和轴转动——这是我长期以来坚信的理由——而且速度如此之快，以至于可以在 25 天或 26 天的时间内完成一次旋转。

如今，由于第一类天体距离太阳较近，所以它会循着黄道带的环道，在较短的时间内围绕太阳运行——水星绕转一周需 3 个月，金星需要 7 个半月，地球需要 12 个月，火星需要 22.5 个月或不到 2 年，木星需要 30 年，土星则需要 30 年。但对哥白尼来说，恒星的球体是完全静止的。

除此以外，地球会围绕自己的轴心进行运动，月球也在围绕地球旋转——仍然和所有的第一类天体处于同一个方向（如果你远眺宇宙的话）。

对于哥白尼来说，这些运动都是直接和连续的，而且绝对没有违背客观事实。

请问各天体运动周期的比率与上述球体之间的比率有什么关系？

周期的比率不等于球体的比率①，却大于它，而在第一类行星中正好是 3/2 次方的比率。也就是说，如果你以土星 30 年的周期和木星 12 年的周期为立方根并对它们做平方运算，土星和木星球体的真实比例将显现于这些平方中。即使你比较并不相邻的两个球体，情况亦是如此。例如，土星需要 30 年的时间，而地球需要 1 年的时间，那么，30 的立方根大约是 3.11，但是 1 的立方根是 1，这些根的平方则是 9.672 和 1，因此，土星的球体与地球的球体的比率是 9672 : 1000。如果你能够更精准地计算时间，就会得到一个更精准的数字。

我们从中能得到什么？

不是所有的行星都能如亚里士多德所愿以同样的速度运行，然而，由于某颗行星位置更高且离太阳更远，它在 1 小时内移动的平均距离就更短，例如，土星——依照古人所相信的太阳球体的大小——穿越 240 英里（在 1 个

①即球体的表面积与体积的比值。

小时内），木星穿越 320 英里，火星穿越 600 英里，地球穿越 740 英里，金星穿越 800 英里，水星穿越 1200 英里。如果这是根据我在上文所论证的太阳时距，那么这些英里数都必须再增加 2 倍。

如果没有坚实的球体，那似乎就需要更多的智慧来调控天体的运动，尽管智慧并非万能之神，但它不能是天使或其他理性生物吗？

正如即将证明的那样，天体的运动不需要这些智慧，地球上的一切不可能只靠智慧来实现。首要一点，智慧不具有引发天体运动的动力，它本身并不具有任何动力，也不能被非理性的地球所召唤或感知，即使意识被感知到，物质世界也不会有服从或自我移动的能力。但在此之前，已经有人说过，任何动力都不足以将天体从一个地方运送到另一个地方，除非它属于某一部分，而且整体皆处于静止状态，并且可以在其上进行运动，如此，问题又回到了原点。

而且相反的是，植入行星内部的自然之力可以使行星从一个地方被运送到另一个地方，但是，我们也可以假设智慧有足够能力使天体移动到这个或那个区域，那么就会发现，那些位于轨道之上，而且井然有序的天体将是不合理的。因为我们相信，天文观测已确凿表明，行星的轨道大致呈圆形，而且实际上是偏心圆，也就是说，（圆的）中心并不在宇宙或某一天体的中心，此外，在世代更替间，这个星球从一个地方交叉通过另一个地方。目前已有许多观点反对关于行星运行轨道的发现，正如上文所描述的那样。

因此，首先要阐明的是，行星的轨道不是一个完美的圆，但是如果是智慧造成了这个轨道，它定会以一个完美的圆来设计这个轨道，毕竟，对心灵来说，圆寓意着美丽和完美。但事实恰好相反，正是由于自然的平衡之本以及物质必要性，才造就行星运行的椭圆形轨道和天体运动的规律，而不是意识或概念，关于这一点将在下面说明。

最终，为了便于我们认同，在反对者的头脑中闪现出另一种观点：智慧是如何把这个或那个（观点）应用于宇宙的不同区域的？如今，圆被描述为是围绕着某个固定核心的，但是椭圆——行星轨道之形，被描述为围绕着两个中心。

3. 论太阳自转及其对行星运动的影响

为什么要把太阳作为行星运动的原因或运动的来源呢？

显而易见，当某一行星与太阳的距离远于其他行星与太阳的距离时，它移动得更慢——所以循环周期的比率是距离太阳 3/2 次方的比率，我们由此推论，太阳是运动的源泉。

同样的道理也适用于单一行星——任何一颗行星距离太阳越近，它的速度就会以平方的比例增加。

即便是太阳的尊贵和强大也不会反对这一点，因为它拥有非常美丽和完美的球形，是伟大的，同时也是光和热的来源，使所有营养从那里流入植物：从一定程度上来讲，热和光可以被视作安装在太阳上的某种仪器，从而引起行星运动。

但特别是对概率的估计都是通过太阳自转得以验证的，其旋转方向亦与所有行星的运行方向相同：水星的循环周期最短，又因其距离太阳最近，所以它是所有行星中速度最快的。此外，通过望远镜的观测我们可以得知这一事实——正如我们每天都能看到的一样，太阳球体被斑点覆盖，这些斑点会在 12 天、13 天或 14 天内穿过太阳的圆盘或它的下半球，它们在开始和结束时是缓慢的，但在中间是迅速的，这表明它们附在太阳的表面并随之转动。我在《火星评论》第 34 章中曾证明这一点，我认为在太阳黑子形成之前就验证这种运动是必要的。

那么，太阳是通过自身的旋转使行星旋转吗？可是太阳没有手，它怎么可能抓住离它这么远的行星，并通过旋转使行星绕其旋转呢？

虽然没有手，这却是太阳的优势——太阳可以在宇宙的振幅中发出射线，并且因为它是球体的形式，可以使这些射线如涡流一样同它一起极速旋转。因此，太阳在中心处最狭窄的空间里旋转，虽然不会与行星有直接接触，行星依然会绕其旋转。

你能举个例子把事情解释清楚吗？

事实上，磁铁与铁指针之间的吸引力有助于我们理解这一问题，二者一个是已被磁化的磁铁石，另一个是由摩擦而生出磁性的铁指针，将磁铁石转向指针附近之时，指针同时发生转动，虽然不会有任何直接接触，但你会看到指针的转动。

最后你用什么论证太阳是中心，即位于行星的核心，承载着它们所存在的整个系统并不如布拉赫所期望的那样，即天体的旋转周期是无规律的，而是按照哥白尼的说法——太阳固定在一个地方，地球则围绕其进行周期性旋转？

尽管一个结论必然来自另一个结论的论证，但是会有某些结论更适合太阳，或是适合地球，或是适合两者。

首先是第一个论点，我们刚刚谈到的太阳为众天体之中心，换言之，许多无用的天体及其进行的运动则被移除了。因为根据第谷·布拉赫的说法，太阳应该有一个球体系统，而且这个系统应为太阳和五个球体所共有。细想一下，这种说法的可能性要更大。托勒密的说法不尽相同，他认为，在这五颗行星中的任何一颗行星上，在与之相关的球体之上，都存在着一个完整的球体系统，如同太阳的第六系。根据哥白尼的说法，现在更有可能的是，地球轴心按照一年的循环周期进行旋转，太阳则处于静止状态，而不是像布拉赫所说的那样，五个系统之间的节点连同行星本身，以及作为第六个系统的太阳，除了各自的运动之外，应该具有相同的循环周期。因为即使布拉赫把托勒密那五个类似太阳的天体图式从行星的真实系统中移除，并把它们缩略为天体之间的节点，甚至将它们隐藏起来，融合成为一个，他留给这个世界的东西仍是受到这些图式影响的：任何行星，除了自身的旋转之外都应追随太阳的运动而运动，并将这两种运动形式融为一体。由于没有实在的球体，在融合的过程之中，会使广阔的宇宙内生成巨大的旋涡。对此，请参见《火星评论》第 3 页中的对比图。

与之相反，哥白尼通过简单的轴心运动使五大行星全然脱离开太阳的外部运动，并使六大行星的轴心——地球和其余五大行星的轴心——在广阔的宇宙中，分别围绕自己的轨道或是近似圆弧的轨线进行运转。

第二个论点来自纬度的运动。如果依照托勒密或布拉赫的说法，本轮在地球静止时围绕其旋转，那么这些本轮——特别是那些较低的行星，会以各种方式去寻找球体的顶部或底部，正如寻找身体的头和脚一样，这样就会产生一个双重的天平动。但是随着地球的运动，所有的轨道圈都不断地向黄道倾斜。

第三，如上文所述，在天体的学说中肯定了地球的环日公转，也使得庞大的恒星脱离天体昼间活动所存在的极速状态，因此，在对比其他行星的运动模式之后，地球进行周年旋转的运动模式得到肯定，我们也已放弃关于恒星缓慢运动的观点，这被哥白尼称为岁差。令人信服的是，这一切现象被归因于地球的转轴——一个微小的天体，而不是归因于宇宙中的某个大块头。

第四，考虑到球体大小的比率，一个大球体的轴心是绝不可能带动小球体旋转的，因为三颗高位行星的正常球体要比太阳的球体大得多——土星大约超过太阳球体 10 倍，木星大过其 5 倍，火星则是其 1.5 倍，所以这五个球体不会脱离它们的本位，而且它们的轴心保持稳定。因此，地球并没有像它们一样与太阳同步运动，而是保持自转。

第五，与前一个论点相关，和布拉赫试图反驳球体的坚实性的论点是一样的，如果布拉赫的推理成立的话，因为火星的轨道是太阳轨道的 1.5 倍，所以火星会在固定时间返回它在宇宙中的定位，远离太阳之位，令人难以置信的是，第一类行星所经过的区域竟然是混沌一团的，因为在哥白尼的观点中，它们不仅区别明显，而且由巨大的空白分隔开来。

我的第六个论点与第四个论点相似：立足于移动天体的光度。因为更可信的是，小型天体围绕着较大的天体旋转。正如土星、木星、火星、金星和水星一样，它们都小于太阳。此外，月球比地球小，围绕木星旋转的四个卫星比木星本身要小，因此，更可信的是，地球作为一个小型天体应该围绕着太阳这样的大型天体旋转。

第七种论点的原因来自关于天体间距的解释。除非我们也承认地球为坚实的球体，如同哥白尼提出的关于火星和金星之间的间距，否则这些原因就无法成立。即使可以从立方体推导出土星和木星之间的间距，从四面体推导出木星和火星之间的间距，或是从八面体推导出金星和水星之间的间距，即使依照布拉赫的设想，火星和金星之间只存在单一的间距，但在宇宙图形中，这种间距的数量实则为二。火星和金星之间的距离如果大于两倍，就不会与这些图中的一个——十二面体或二十面体——成直角，如此，我们也不能从两个图形中推断出来结果，甚至无法通过在它们之间插入某种间距来进行推断。

第八，接下来要讲的问题是关于天体运动的和谐性、组成要素的数量与比例，这些皆与我们的音阶相似。如果你感受到这份工作的卓越或者思考的乐趣，或是说服之力，那么这种和谐可以被视为天文学的灵魂和生命。但是，只有当地球于繁星之中，伫立其位，去拨弄它的琴弦并通过变换半音来唱出它自己的音调时，这种和谐才最终得以完成，否则，它的半音就不会显现，而这恰好是一首歌的灵魂。事实上，如果地球的半音消失了，那么就会破坏天体运动中所演绎歌曲的属性，即大调和小调，这也是整个讨论中最令人愉快、最微妙、最美妙的东西。但我们的关注点依旧是和谐。

第三部分 论行星的真实不规则性及其成因

2. 论黄经不规则性的成因

那么，你提出的原因是什么呢？尽管初级行星的所有路线都是围绕太阳排列而成的，但是立足于太阳的轴心进行观察，一个行星路线的不同部分并不是由行星按比例完成的。

有两个十分相近的原因，一个源自光学，另一个源自物理，两者的效果几乎相同。第一个原因是行星并不是以等距围绕着太阳运动的，但是当它的一部分越靠近太阳，相对的部分距离太阳就会越远。但对于同等事物，近处的视角会更大，远处的视角则会更小：当我们以相同的角度观测时，近处较小，远处较大。

另一个原因是这颗行星距离太阳越远，速度就越慢；离太阳越近，速度就越快。

因此，如果把这两个原因合二为一，显而易见的是，对于视线中两个相同的弧，于弧中运动的时间越长，弧本身就越大，而且由于行星在那个更远的弧中运动更为缓慢，时间就更长。

但是，仅有一个原因是不够的，因为一般情况下，行星的轨道一侧与太阳的距离等于另一侧与太阳的距离，所以我们是否能得出如此巨大的距离差异，以至于这些明显的不规则性可能仅仅归于轨道各部分的不等距离？

观察结果不允许我们归因于行星之间的不等距，但结果证明，距离的差异足以得出关于这种不规则性的部分原因，因此，其余原因则归于行星的实际加速和减速。

为什么太阳不能立足不同角度，却以同样的力量控制住行星呢？

从太阳球体结构的弱化可知，其能量在长期内消耗的数量远甚于短期，虽然这种减弱发生于天体间距平方的比率中，即在经度和纬度上，但是它仅发生于简单的比率中：具体原因已在上文阐明。

3. 地平纬度不规则性的成因分析

但究竟是什么把行星推到更远的空间，并把它带回太阳的方向呢？

太阳作为行星的掌控者，也就是说，凭借其球体流出的能量可贯穿宇宙各处。在太阳的掌控中，有排斥的力量，也有吸引的力量，而且这种排斥和吸引之力源自太阳轴心所释放出的能量线，正是由于这些线与太阳一起旋转，那些被排斥和吸引的行星也必须依照它们的强度比例以及球体所遭遇的阻力跟随着这些线运动。因此，排斥和吸引的相反运动以某种方式构成了这种掌控的力量。

你是否认为太阳的简单形体和它的非物质形式是由于吸引和排斥这两种并不简单且全然相反的作用？

只在一个区域中，行星与太阳之间是和谐的；可能在另一个区域，它们之间便会是不和谐的。但太阳拥有看似简单的能力来吸收和排除不同的东西，磁铁的例子强化了这一观点，尽管它们不是天体，但它们并不是由复杂的元素所构成的。

那么新的问题来了，行星本身是否由相反的部分组成？

确实不是如此，因为只有行星球体具有由直线或磁线形成的内部构造，问题才能实现。譬如磁线恰好终止于相反的区域，如果在其中的一个区域，天体本身并不产生影响，却是由于它与太阳之间的状态使它们关系和谐，然而在另一个地区，便会出现不和谐的关系。

但令人难以置信的是，天体应该是某种巨大的磁铁吗？

你可以了解一下英国人威廉·吉尔伯特的《磁石论》，在那本书中，尽管作者不相信地球会在繁星间移动，但他通过许多论证将磁性归因于它，他也认为地球的磁力线从南到北以直线延伸，并将此施于教学。因此，任何一个主行星都应是独一无二的，就如同地球一样，这绝不是荒谬或难以置信的。

（约翰尼斯·开普勒　公元 1618—1621 年）

关于两门新科学之间的对话

第一天

……

萨格雷多：我非常同意逍遥学派哲学家关于物质穿透性的观点。我也想听听大家关于亚里士多德论证的讨论，解释他为何反对别家关于真空的观点，还有你，萨尔维亚蒂，请务必回答我。辛普利西奥，我请求你，请出示相关哲学家的确切证据，萨尔维亚蒂，请给我们答复。

辛普利西奥：我记得以往的观点认为，真空是运动的必要前提，也就是说，没有真空，运动就不可能发生。亚里士多德反对这一观点，他认为正是我们所知的运动现象，使真空的观点无法自圆其说。他的论证方法是把论点一分为二。首先，他假设不同重量的物体在相同的介质中运动，然后他又假设同一物体在不同的介质中运动。在第一种情况下，他假设不同重量的物体在相同的介质中以不同的速度运动，两者的速度必须保持与重量同等的比率。例如，一个物体的重量是另一个物体的 10 倍，那么它的移动速度也是另一个物体的 10 倍。在第二种情况下，他假设同一物体在不同介质中的运动速度与这些介质的密度成反比，例如，如果水的密度是空气的密度的 10 倍，则空气中的速度将是水中的速度的 10 倍。在第二个假设中，他认为由于真空的稀薄程度完全不同于充满物质的介质的稀薄程度，故任何可以在一定时间内通过一定空间的物体，都应该瞬间通过真空，然而，瞬间的运动是不可能发生的。因此，运动不可能产生于真空中。

萨尔维亚蒂：如你所见，这个论点是对人不对事的，也就是说，它是专门反对那些认为真空是运动的先决条件的人。现在，如果我承认这个论点是结论性的，并且也承认运动不能在真空中发生，那么只考虑真空而不考虑运动的假设就不会因此而失效。但是为了告诉你们古人们会如何回应，同时，为了更好地理解亚里士多德的论证是多么有说服力，我认为，我们可以否定他的两个假设。关于第一个假设，我非常怀疑亚里士多德不曾用实验测试过，如果让两块石头同时从 100 腕尺①左右的高度落下，一块石头的重量是另一块石头的 10 倍，那么两块石头的下落速度定会全然不同，尤其是当较重的石头到达地面时，另一块石头的下落高度不会超过 10 腕尺。

辛普利西奥：他的言语似乎表明他曾做过这个实验，因为他说过，我们看到的是更重的，而“看”这个词表明他做了这个实验。

萨格雷多：但是，辛普利西奥，我是做过测试的人，可以向你保证，一个重达 100 到 200 磅甚至更重的炮弹和一个只有半磅重的火枪子弹，假设两者都从 200 英尺的高度落下，更重的炮弹并不会先于火枪子弹到达地面。

萨尔维亚蒂：但是，即使没有进一步实验，也有可能通过一个简短而有说服力的论证，清楚地证明只要两个物体都是相同的材料，那么较重的物体不会比较轻的物体移动得更快，简而言之，就如亚里士多德所讲的那样。辛普利西奥，请告诉我，你是否承认每个下落的物体都获得了一个由自然决定的特定速度？这个速度是不能增加或减少的，除非通过动力来促进，或通过阻力来阻止。

辛普利西奥：毫无疑问，在单一介质中运动的同一个物体有一个固定的速度，这个速度是由自然决定的，除非加上冲力，否则是不能增加的，或者除非受到阻力阻碍，否则是不能减少的。

萨尔维亚蒂：如果我们取两个自然速度不同的物体，很明显，当两个物体结合在一起时，越快的物体就会被越慢的物体一定程度地阻滞，越慢的物

---

①腕尺：这一术语广泛用于埃及，也用于希腊和罗马，并作为他们的测量单位。

体就会被越快的物体加速。您是否同意我的这个观点？

辛普利西奥：我对您的话毫无疑义。

萨尔维亚蒂：如果这是真的，并且如果一块大石头以 8 的速度移动，而另一块较小的石头以 4 的速度移动，那么当它们结合在一起时，整体将会以小于 8 的速度移动。但是两块石头绑在一起的时候比以前以 8 的速度移动的石头要大。所以，较重物体的移动速度会低于较轻物体的速度，可这与你的假设结果正好相反。因此，你可以看到，根据你的假设，较重物体比较轻物体移动得更快，但我的推断却是较重物体移动得更慢。

辛普利西奥：我之所以感到困惑，是因为就我而言，较小的石头与较大的石头结合会增加较大的石头的重量，而通过增加重量，我看不出怎么能不增大它的速度，或者至少不能减小它的速度。

萨尔维亚蒂：辛普利西奥，你又错了，因为较小石头增加较大石头的重量是不正确的。

辛普利西奥：我确实对此无法理解。

萨尔维亚蒂：我向你指出你所犯的错误，你就能够理解了。请注意，有必要区分运动中的重物体和处于静止的相同物体。放置于天平上的一块大石头不仅能通过在其上放置另一块石头而获得额外的重量，甚至能通过添加一把草叶而使其重量增加 6 至 10 盎司。但是，如果你把草叶绑在石头上，让它们从某个高度自由落下，你相信草叶会因为压在石头上而加速石头的运动吗？或者你认为部分向上的力会阻碍石头的运动吗？当一个人阻止压在他肩上的重物运动时，他总是感到肩上的压力。但是，如果一个人下降的速度和重物下落的速度一样快，重物如何对人产生吸引力或压力的影响呢？你难道不明白这就好比你用长矛追逐一个人，那个人却以和你相同甚至更快的速度从你身边跑开？因此，你应该得出结论，在自由和自然下落的过程中，小石块不会压在大石块上，小石块不会像静止时那样增加大石块的重量。

辛普利西奥：但如果我们把更大的石头放在更小的上面呢？如果大石块移动得更快，它的重量就会增加。但是我们已经得出这样的结论：当小石头移动得更慢时，它会在一定程度上延缓大石头的速度；假如两者结合的话，它们在移动时会慢于较大的石头，这一结论与你的假设相反。因此，我们推断只有两个重量不同的物体具有相同的比重，它们才能以相同的速度运动。

辛普利西奥：你的讨论真令人钦佩，然而，我很难相信鸟枪子弹会像炮弹一样迅速落下。

萨尔维亚蒂：为什么讨论中不说一粒沙快如磨石呢？但是，辛普利西奥，我相信你不会效法其他人的例子，他们把讨论的重点从主要意图上转移开，而固守我的某些说法，然而，这些说法却与真理“失之毫厘，谬以千里”。此外，这些事实掩盖着另一个人的大错误。亚里士多德说过，一个 100 磅的铁球从 100 腕尺的高度掉到地上，然后一个 1 磅的球从 1 腕尺的高度掉到地上，可我要说它们是同时到达地面的。你应该会发现，在做实验时，大物体超过小物体两指宽，也就是说，当大的到达地面时，另一个与其距离应当小于两指宽。现在你应该不会把亚里士多德的 99 腕尺藏在这两个手指后面，也不会提到我的小错误，同时也不会把他的大错误一笔勾销。亚里士多德宣称，不同重量的物体在相同的介质中，其运动速度与其重量成比例（只要它们的运动取决于重力）。他通过一些物体来说明这一点，这些物体可能会感受到纯粹的重力效应，这一点就会消除其他顾虑。例如，数字是次要的（极小的动量），但这种影响很大程度上依赖于仅能改变重力单一效应的介质，因此我们会观察到，黄金作为密度比较大的物质，当被打造成非常薄的叶子时，会飘浮在空气中；当石头被磨成非常细的粉末时，也会发生同样的情况。如果你想要固执己见，就必须证明——以两块石头为例，若要保持同等的速度比率，一块 20 磅的石头的移动速度应是另一块石头的 10 倍；但我想说，这是错误的，它们若分别从 50 腕尺、100 腕尺的高处坠落，就必在同一时间到达地面。

辛普利西奥：如果不是从几腕尺高度坠落而是从几千腕尺高度坠落，也许结果会有所不同。

萨尔维亚蒂：如果这就是亚里士多德的意思，那他需要承担另一个错误，这就相当于一个谎言。因为，地球上没有这样的绝对高度，所以亚里士多德不可能完成这个实验。然而，当他谈及我们所看到的那种效果时，他不过是想给我们留下他已经完成的假象。

萨尔维亚蒂：到目前为止，我所提出的事实强调了重量的差异，即使是非常大的差异，也不会改变下落物体的速度，因此就重量而言，它们都是以同样的速度下落的；而且，我认为，这个想法是如此新鲜，乍看之下与事实相距甚远，如果我们没有办法使它清晰明了，最好不要提及它。但是，一旦它经我之口，我一定不能忽视通过实验或论证来证明它。

萨格雷多：不仅如此，你的许多其他观点也与大众接受的观点和学说相去甚远，如果你发表这些观点和学说，就会激起大量的反对意见和学说。因为人的本性如此，当人们发现这些真理或谬误不是由自己而是由别人创造的时候，他们是不会心怀欢喜的。人们会把他称作离经叛道者，这是一个令人不快的头衔，他们希望用它来割断那些他们无法解开的结，如同开采地下矿一样，他们试图摧毁耐心的工匠们用传统工具建造的结构。至于我们这些没有这种思想的人，你们所做的试验和争论是完全令人满意的。然而，如果你有更直接的实验或更令人信服的论据，我们十分乐意聆听。

萨尔维亚蒂：这个实验是为了确定两个重量差别很大的物体是否会以相同的速度从给定的高度下落，其过程确实困难重重。鉴于介质的阻滞效应，落体必须能够穿过该介质，而且，如果高度很大的话，较轻物体遭受的阻力将会大于较重物体，因此，在很长的距离内，较轻物体将落后于较重物体。如果高度较小，人们很可能会怀疑没有差别，如若有差异，那将是微不足道的。

因此，我想到要在一个较小的高度上重复多次下落，这样就可以把重物体和轻物体每次落地历经的时间间距累计在一起，而且这个累计总数可以使我们容易观察到两物体下落的时间间距。为了采用尽可能最慢的速度，从而减少稳定的介质在重力的简单作用下所产生的变化，我想到可以使物体沿着稍微倾斜于水平面的平面下落，因为在这样一个平面内，相当于在一个垂直平面内，人们可以发现不同重量的物体是如何运动的。除此之外，我还希望摆脱由于运动物体接触上述倾斜平面而可能产生的阻力，于是我拿了两个球，一个是铅制的，一个是软木制的，前者比后者重 100 多倍，用两条同样细的线把它们悬挂起来，每条线长四五腕尺，我把每个球从垂线上拉到一边，同时放开两球，使它们沿着具有相同半径的圆周下落，越过垂线，再沿着相同的路径返回。这种自由振动（一种物质和另一种物质）重复了100次，这也清楚地表明较重物体维持的时间非常接近于较轻物体的周期，不论是在100次摆动中还是在1000次摆动中，前者都无法先于后者哪怕只是一个瞬间（微小瞬间），所以它们都完美地保持原速。此外，我们还可以观察到介质的作用，它施于运动的阻力，造成软木球的振动比铅球的振动衰减得更多，但并不改变任一频率，即使当软木球穿过的弧不超过5度或6度，铅球穿过的弧为50度或60度时，两者摆动的时间也是相同的。

辛普利西奥：因为铅球以同样的间距摆动至60度，而软木球几乎不过6度，如果是这样，为什么铅球的速度不比软木球的速度快？

萨尔维亚蒂：辛普利西奥，对此你会怎么想？如果两者在同等的时间内完成全部路径，也就是说，让软木球在30度的位置下落，摆动至60度的弧线，同时把铅球拉至只有2度的弧线，摆动至4度的弧线，那么软木球不会相应地更快吗？然而，这就是实验事实。但是请注意：把铅球拉到一边，比如说，拉过一个50度的弧线，放了它，它就摆过了几乎50度的垂线，这样就形成了一个接近100度的弧线；在回摆的过程中，它会形成一个较小的弧，在多次摆动之后，它最终停止。每次90度、50度、20度、10度或4度的摆动都会占用相同的时间，因此，在相等的时间间隔内，运动物体的速度会不断减小，而且它们摆动的弧度也会不断变小。

同样的事情也发生在软木球的摆动上，它由一根等长的绳子悬挂着，几次摆动之后便静止，因为它重量很轻，所以较难克服空气的阻力，然而，无论大小，摆动都是同等的时间间隔内完成的，而且等于铅球摆动的周期。因此，事实即如此：如果在铅球摆动经过50度的弧时，软木球的摆动弧度仅为10度，则软木球比铅球移动得更慢；但是另一方面，如果软木球摆动经过50度的弧，那么铅球会经过一个10度的弧，因此，在不同的时间，软木球和铅球都可能移动得更快。但是如果这些相同的物体以相等的时间穿过相等的弧，我们便可以确信它们的速度是相等的。

辛普利西奥：我不愿承认这一结论，因为你使两个物体处于时而快速、时而缓慢、时而非常缓慢的运动之中，由此会引发混乱，这也使我怀疑它们的速度总是相等的。

萨格雷多：萨尔维亚蒂，请允许我说几句。现在告诉我，辛普利西奥，你是否可以肯定地说，无论何时软木球和铅球的速度都是相等的，两者同时开始，沿着相同的斜坡下降，总是以相等的时间穿过相等的空间？

辛普利西奥：这一点既不能怀疑，也不能否认。

萨格雷多：现在，在摆动的状态下，它们中的每一个都会穿过60度的弧，随后是50度、30度、10度、8度、4度、2度，等等。当它们摆动通过60度的弧线时，这意味着它们都在以相等的时间间隔摆动；当弧为50度、30度、10度或其他数字时，亦是同样的情况。因此我们的结论是，当软木球的摆动经过60度的弧时，在同等的弧度下，铅球的速度等于软木球的速度；在50度弧的情况下，这些速度也彼此相等；在其他弧度的情况下，也是如此。但这并不是说在经过60度弧时的速度等于经过50度弧时的速度，同理，经过50度弧时的速度也不等于经过30度弧时的速度，但弧越小，速度越小。然而，观察到的事实是，所有这些弧都需经历同等的时间间隔，因此，铅球和软木球的速度（运动）都会随着弧线的减小而成比例地减小，但这并不违背这样一个事实，即它们在等弧中保持相等的速度。

我之所以说这些话，是因为我想知道自己是否正确地理解了萨尔维亚蒂，而不是因为我认为辛普利西奥需要给出更清楚的解释，因为萨尔维亚蒂所有论点都解释得非常清楚、明确，以至于当他无法解决那些在表面上甚至在事实上都很难解决的问题时，他所做的观察和实验对每个人来说都是常见和熟悉的。

就像我从各处了解到的那样，萨尔维亚蒂曾和一位德高望重的教授进行交流，那位教授当场贬抑萨尔维亚蒂的观点，认为不过是些老生常谈，甚至认为他的观点在本质上是卑鄙和庸俗的。在教授之流的眼中，这些观点是由众所周知、大家都理解和承认的原则衍生而来的，所以它们似乎并不是实证科学中最令人钦佩、最值得称赞的。

但是，让我们继续这种讨论。如果辛普利西奥乐于去理解并承认，不同下落物体本身的引力无关于它们之间的速度差异，而且所有的物体，只要它们的速度取决于它自身，就会以相同的速度运动，那么萨尔维亚蒂，请你告诉我们，你如何解释这种明显可见的运动的不均衡性，还请答复辛普利西奥提出的反对意见——我同意这一反对意见——炮弹比鸟枪子弹下落得更快。在我看来，当两种同质物体运动通过任何单一介质时，一般观点会认为两者之间的速度差异较小，然而，下落的较大物体在单脉冲内与较小的物体产生的时间差异将会是 1 小时、4 小时，甚至是 20 小时内，例如，在石头和细沙的情况下，特别是那些加水即浑的极细之沙，这种细沙在几个小时内至多下落两腕尺的距离，但一个不大的石头在单脉冲内就会通过这段距离。

萨尔维亚蒂：通过物体重量的减轻，我们可知介质会在那些重量较小的物体上产生较大的阻滞作用。但是同一介质如何在同质且同形但尺寸不一的物体上产生不同的延迟作用？想要解释这一问题，就需要进行一场更巧妙的讨论，远胜于解释某种介质的形状或运动方向如何延迟物体的运动速度。我认为，其原因在于物体表面必然存在的粗糙度和孔隙度，当物体运动时，这些粗糙的地方会碰撞空气或周围的介质。这个证据是在一个物体快速穿过空气时发出的嗡嗡声中发现的，而且那个物体是球形的，因此，当物体表面上有任何明显的空洞或隆起时，你不仅能听到嗡嗡声，还能听到嘶嘶声和哨声。我们还观察到，当一个球形固体在车床中旋转时，会产生一股气流。我们还需要了解些什么？当陀螺以其最大的速度在地面上旋转时，我们难道没有听到明显的嗡嗡声吗？但随着旋转速度的减慢，这种声响也会随之减小，这证明了物体表面上的皱褶遇到了空气的阻力。因此，毫无疑问，物体在下落的运动中，这些皱褶冲击周围的流体并使物体速度减慢。

第三天

萨尔维亚蒂：也许现在不是研究自然运动加速原因的合适时机，关于该问题的原因，各位哲学家已经表达了他们的观点：一些哲学家通过地心引力来解释自然运动；一些哲学家则将其归因于物体内各部分之间的排斥；还有一些哲学家将其归因于周围介质中的某种压力，这种压力作用于下落物体之后，将物体从一个位置推到另一个位置。现在，所有关于加速原因的猜想都应被一一检验，但这又是不值得的。而眼下，作者的意图仅仅是研究和证明加速运动的一些特性（无论这种加速的原因是什么）——这就意味着运动会使得其速度产生的动量（加速的瞬间）在开始运动之后继续增加，并与时间成比例，换言之，这是指在同等的时间间隔内物体获得的速度增量也是相同的。如果我们发现加速运动的性质（稍后将演示）是在自由下落和加速的物体中实现的，我们就可以得出结论，假设的释义包含下落物体的这种运动，并且它们的速度（加速器）随着运动的时间和持续时间而继续增加。

就我目前所见，这个释义也许可以说得更清楚一些，而不改变基本概念，也就是说，均匀加速运动的增加量与其经过的空间是成比例的。例如，一个物体下降 4 腕尺时的速度将是下降 2 腕尺时速度的 2 倍，而后者的速度将是其下降 1 腕尺时的速度的 2 倍，因此，毫无疑问，一个从 6 腕尺高处坠落的沉重物体，其冲力是它在 3 腕尺末端时的 2 倍，是它在 1 腕尺末端时的 3 倍。

若能知晓友人的失误，我深感欣慰。另外，我想告诉你，你的提议似乎是可能的，以至于当我向作者提出这一观点时，他也承认自己曾经也有过同样的结论，但最令我惊讶的是，这两个命题的内在可能性如此之大，以至于它们得到了每一个观者的赞成。

辛普利西奥：我是命题的支持者之一，我相信一个坠落的物体在它的下降过程中获得了力，它的速度与空间成比例地增加，因此当物体从一个加倍的高度坠落时，下落物体的动量同样加倍，在我看来，应该毫不犹豫地承认这些主张。

萨尔维亚蒂：然而，它们是错误的、不可能的，因为运动应该立即完成，而且这里有一个非常清楚的例子：如果速度与经过或将要经过的空间成比例，物体会以相等的时间间隔经过这些空间，因此，如果物体下落 8 英尺时的速度是其下落 4 英尺时的速度的 2 倍（正如一个距离是另一个距离的 2 倍），则经过这些通道所需的时间间隔是相等的，但同一物体同时下落 8 英尺和 4 英尺只有在瞬时（不连续）运动的情况下才有可能，但观察表明，下落物体在4英尺距离上的运动时间比在8英尺距离上的少，因此，“下落物体速度的增量与空间是成比例的”这种论点是不正确的。

关于另一个命题的谬误同样可以清楚地表现出来。单个物体在运动时产生动力的差异取决于速度的差异，如果物体从双倍高度坠落时会产生双倍的动力，那么这个物体就必须以双倍的速度进行冲击。然而，在加倍的速度下，物体将在相同的时间间隔内穿过加倍的空间，但观察表明，物体从较大的高度下落所需的时间会更长。

萨格雷多：你为这些难解的事实提供了太多的证据和便利，可这种伟大的才能使它们没有比那种晦涩的讲解更受欢迎。依我之见，与通过冗长难懂的讨论获得的知识相比，人们更为轻视他们通过少量劳动获得的知识。

萨尔维亚蒂：如果那些人可以言简意赅地证明大众观点的错误，那么等待他们的不是感激，而是蔑视。虽然这种伤害是可以承受的，但是另一方面，若是看到那些自称是某研究领域专家的同辈者，甚至想当然地认为某些结论是正确的，可是后来这些结论很快被证实是错误的，我就会心生厌恶。然而，我不会把这种感觉描述为一种嫉妒，因为嫉妒通常会恶化为对于指正谬误之人的仇恨和愤怒。我只认为他们是在固守老错误，不愿接受新真理，而且，这种欲望有时会诱使他们联合起来反对这些真理，尽管他们内心相信这些真理，只是为了压低无知民众对于某些人的敬仰。事实上，我从院士那里听说过许多这样的谬论，这些谬论被认为是真实的，却很容易被驳倒。可是，我已经把其中一些记在心里。

萨格雷多：你不能对我们隐瞒这些内容，请在适当的时候告知我们有关的一切，即使需要一场额外的会议，这也是必要的。但是现在，应该继续我们的谈话，似乎到目前为止，我们已经确立了关于均匀加速运动的定义：一种运动之所以被称为匀速运动，是因为当一种运动开始，它的动量（加速度动量）会在相等的时间内保持相等的增量。

萨尔维亚蒂：这个定义一经确立，作者即做出一个单一的假设，即当同一物体沿不同斜度的平面向下运动时，如果这些平面的高度相等，则物体的速度是相等的。所谓倾斜平面的高度，是指连接同一平面的上端与下端并垂直于水平线的直线距离，因此，为了便于说明，假设 *AB* 线是水平的，并且平面 *CA* 和 *CD* 向其倾斜。然后作者称垂线 *CB* 为平面 *CA* 和 *CD* 的"高度"，他认为，如果这些平面的高度 *CB* 相同，那么，同一物体沿着平面 *CA* 和 *CD* 下落至终点 *A*、*D*，其速度应该是相等的。而且必须明白一点，该速度是同一物体从 *C* 下落到 *B* 所得的速度。

萨格雷多：你的假设在我看来是非常合理的，它不应受到任何怀疑，但前提是没有其他可能性或外部阻力，而且平面须是坚硬和光滑的，运动物体的形状是正圆形，所以平面和运动物体都应是平整光滑的。所有的阻力和反作用力都被消除了，我的理性立刻告诉我，一个巨大的圆球将以相等的动量（相当于推动力），沿着 *CA*、*CD*、*CB* 线下落到达终点 *A*、*D*、*B*。

萨尔维亚蒂：你的话很有道理，但我希望通过实验使命题的可能性经得起严格论证，这意味着实验将会使命题的真实性得到验证。正是因为两个弧 *CB* 和 *DB* 相等且位置相似，所以通过弧 *CB* 下落获得的动量等于通过弧 *DB* 下落获得的动量，但是在 *B* 处获得的动量归因于物体沿弧 *CB* 下落，其产生的力可以使物体移动通过弧 *BD*（移动体），因此，在弧 *BD* 下落中得到的动量等于将同一物体从 *B* 移动到 *D* 这段弧中所产生的动量。一般而言，物体沿弧下落获得的动量等于同物体移动通过同一弧获得的动量。但是所有物体通过弧 *BD*、*BG* 和 *BI* 引起上升运动时获得的动量亦是相等的，因为它们是由相同的动量产生的，如实验所示，这些动量是通过 *CB* 下降而获得的，因此，通过弧 *BD*、*BG*、*BI* 获得的动量是相等的。

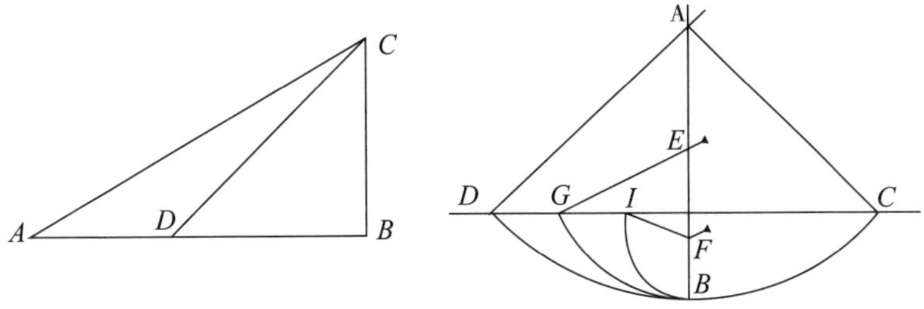

萨格雷多：对我而言，这个论点是如此有说服力，而这个实验又是如此有利于我们去构建这个假设，因此我们实际上可以认为它已经被证明了。

萨尔维亚蒂：萨格雷多，我不希望我们在这个问题上给自己添太多麻烦，因为我们要把这个原则主要应用于发生在平面上的运动，而不是曲线上的运动，若是沿着曲线进行运动，物体加速度的变化方式与我们对平面所做的假设会大不相同。

因此，尽管上面的实验表明运动物体移动通过弧 *CB* 得到的动量刚好足以使它移动上升至弧 *BD*、*BG*、*BI* 的高度，但我们不能以类似的方式表明，当一个球沿着斜度相当于这些弧度的平面下落，结果将是相同的。另一方面，似乎可能的是，这些平面在点 *B* 处形成的角度会阻滞圆球沿着弧 *CB* 下降，并使其沿着弧 *BD*、*BG*、*BI* 进行上升运动。

当运动物体接触到这些平面时，它将会失去一些动力（冲力），因而不能上升到 *CD* 线的高度。但是，阻滞因素一旦消除，显而易见的是，物体移动的动量（随着下降而增加的力量）将能够把物体带到相同的高度。那么，现在让我们把它当作一个假设，当我们发现它的推论与实验相符时，它的绝对真理就会建立起来。作者假定此单一原则仅次于他明确论证的命题。接下来先看看第一个命题。

命题 1

一个匀加速的物体穿过任一空间的时间等于以匀速度运动的同一物体横穿同一空间的时间，该速度的值是最高速度与加速开始之前的速度的平均值。

让我们用线段 *AB* 表示匀加速的物体从点 *C* 开始穿过空间 *CD* 的时间值，用与 *AB* 垂直的线段 *EB* 表示物体在时间 *B* 时速度的值，绘出线段 *AE*，之后依 *AB* 上的等距点绘制出平行于 *BE* 的所有线段，以此来表示速度的增加值，以 *A* 为定点，让点 *F* 平分线 *EB*，绘制出平行于 *BA* 的 *FG*，和平行于 *FB* 的 *GA*，正因为边 *GF* 在点 *I* 处将边 *AE* 平分，从而形成面积等于三角形 *AEB* 的平行四边形 *AGFB*。如果三角形 *AEB* 中的平行线延伸到 *GI*，则四边形内部

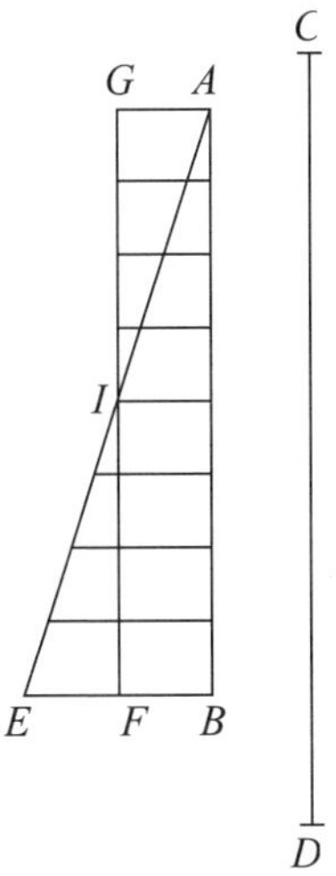

的所有平行线的总和等于三角形 *AEB* 内部的平行线的总和。同理，三角形 *IEF* 内所有平行线的总和等于在三角形 *GIA* 内部的平行线总和，这种情况同样适用于梯形 *AIFB* 之中，因为时间间隔 *AB* 中的每个时刻都有其在线段 *AB* 上的对应点，而且，三角形 *AEB* 内的平行线表示增长速度的递增值，并且由于矩形内的平行线表示速度的值，该速度不是递增的，而是恒定的，如果以同样的方式，特别是在加速运动的情况下，移动物体的假定动量也可以由三角形 *AEB* 内渐增的平行线表示；在匀速运动的情况下，可以由矩形 *GB* 内的平行线表示。因为，在加速运动的第一部分中运动可能缺少动量，而动量的构成则以三角形 *IEF* 内的平行线表示（动量的不足由三角形 *AGI* 内的平行线表示）。

因此，显而易见，两个物体将以相等的时间穿过同样的空间，其中一个从静止开始以均匀的加速度运动，而另一个以匀速度运动的动量是其在加速运动下的最大动量的一半。

证明完毕，谨此作答。

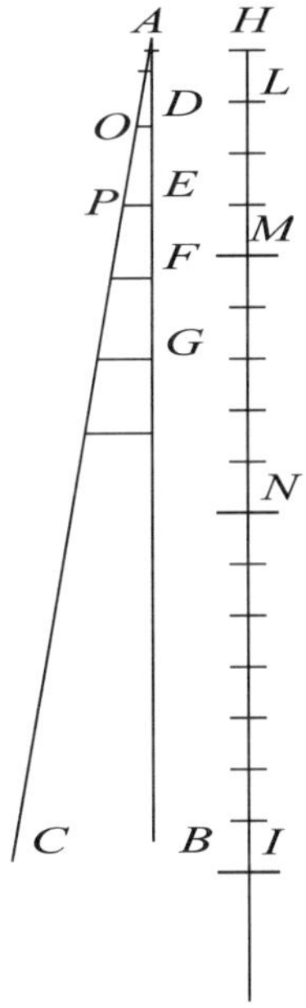

命题 2

物体以匀加速运动下落所经过的空间相当于物体运动经过的时间间隔的平方。

让我们以直线 *AB* 上的时间点 *A* 为起始时间，再取任意两个时间间隔 *AD* 和 *AE*，让 *HI* 表示物体从 *H* 处开始以匀加速下落所经过的距离。如果 *HL* 表示在时间间隔 *AD* 期间穿越的空间，并且 *HM* 表示在间隔 *AE* 期间所经过的空间，则空间 *HM* 与空间 *HL* 之间的比例正是时间间隔 *AE* 与 *AD* 之比的平方。

绘制线 AC，令线 AC 与线 AB 形成任一角度，并从 D 点和 E 点出发画出平行线 DO 和 EP。在这两条线中，DO 表示物体在时间间隔 AD 期间获得的最大速度，EP 则表示在时间间隔 AE 期间获得的最大速度。但是刚刚证明，就所经过的距离而言，无论物体是以均匀的加速度从静止状态落下还是以恒定的速度在相等的时间间隔内落下，两者皆是完全相同的，而且，该物体在同等的时间间隔下落时恒速是在加速运动期间获得的最大速度的一半。由此可推，在时间间隔 AE 和 AD 期间，物体会以同样的匀速度穿过距离 HM 和 HL，并且上述匀速度相当于 DO 和 EP 的一半。因此，如果可以证明距离 HM 和 HL 与时间间隔 AE 和 AD 的平方具有相同的比率，那么我们的命题将被证明。

证明完毕，谨此作答。

推论 1

清楚的是，如果我们采用任何相等的时间间隔从运动开始计数，例如 AD、DE、EF、FG，并通过这些空间 HL、LM、MN、NI，则这些空间彼此间的比率将是奇数序列 1、3、5、7。因为这是直线（代表时间）的平方差的比率，这个平方之差是指彼此之间总量的差异，而这个超过部分用最短的线表示（表示单个时间间隔的那个），或者可以说，这是从 1 开始的自然数平方之差的比率。

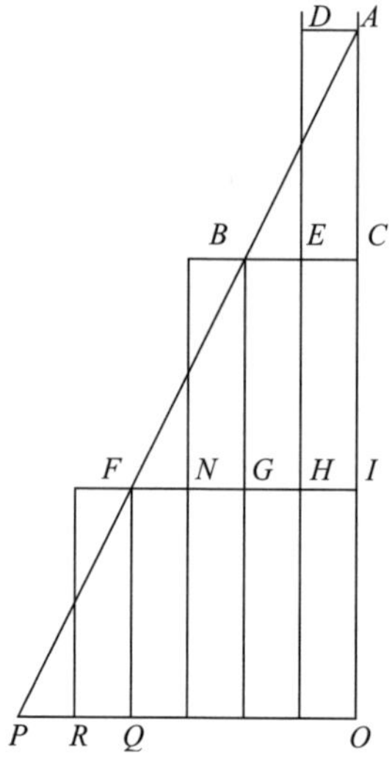

因此，在相等的时间间隔内，速度随着自然数的增加而增加；在同等的时间间隔内，所经距离的增量之比相当于从 1 开始的奇数序列。

萨格雷多： 请暂停讨论，因为我突然有了一个想法，我想用图来说明，以便你和我都能更清楚地了解这个想法。

假设直线 AI 代表从起点 A 到 I 的时间间隔，以 A 为起点的直线 AF 可以与之形成任意角度，同时，连接端点 *I* 和 *F*，并在 *C* 处平分时间 *AI*，使直线 *CB* 与 *IF* 平行。我们可以假设 *CB* 是速度的最大值，其从零开始增加，它与平行于三角形 *ABC* 上的线 *BC* 的截距形成简单的比例，或者其他同类的东西，让我们假设速度与时间成比例地增加，如此，鉴于前面的论点，我毫不怀疑地承认，以上述方式下落的物体所通过的空间将等于同物体在同一时长内以匀速 *EC*（即 *BC* 的一半）所通过的空间。此外，让我们想象一下，物体是以加速运动的方式下落的，因此，在 *C* 时，它的速度为 *BC*。很明显，如果物体继续以相同的速度 *BC* 下降，而不加速，则在下一个时间间隔 *CI* 中，它将以 *BC* 一半的均匀速度，即 *EC* 穿过两倍于间隔 *AC* 的距离。但是，由于下落物体在相等的时间增量内获得相等的速度增量，由此可推定，在下一个时间间隔 *CI* 期间，速度 *BC* 将会增加，其增量由三角形 *BFG* 与三角形 *ABC* 的平行线所表示。那么，如果将速度 *FG* 的一半加到速度 *GI* 上（由加速运动获得的最高速度，即由三角形 *BFG* 的平行线所表示），它就会在时间 *CI* 中以匀速通过同等的空间。而且，由于该速度 *IN* 是 *EC* 的 3 倍，所以在间隔 *CI* 内物体经过的空间应该是间隔 *AC* 内经过的空间的 3 倍。让我们想象一下，当运动在另一个相等的时间间隔 *IO* 内继续，并且三角形亦扩展至 *APO* 时，很显然，如果物体以其在间隔 *AI* 内进行加速时的恒定速率 *IF* 在间隔 *IO* 内继续运动，因为速度 *IF* 是速度 *EC* 的 4 倍，则在间隔 *IO* 期间经过的空间将是在间隔 *AC* 期间经过空间的 4 倍。但是如果将三角形扩展至三角形 *FPQ*（与三角形 *ABC* 相等），此外，假设加速度是恒定的，我们将把等于 *EC* 的增量 *RQ* 加到匀速度上，如此，在时间间隔 *IO* 期间物体运动的匀速数值将是在时间间隔 *AC* 期间内的匀速数值的 5 倍，因而物体在 *IO* 内经过的空间将是其在间隔 *AC* 内经过空间的 5 倍。因此，通过简单的计算可知物体从运动开始时，其运动速率会与所消耗的时间成比例，此外，运动物体在同等的时间间隔内穿过的距离将表示为 1、3、5 排列的奇数序列，若是考虑到穿过的总空间，双倍时间所通过的空间将是单位时间所经过空间的 4 倍，以此类推，在 3 倍时间里经过的空间将是单位时间的 9 倍。通常而言，物体所经过的空间是以时间的重复比率（即以时间平方的比率）来表示的。

辛普利西奥：事实上，我更喜欢萨格雷多的这种简单而清晰的论证，而不是作者本人的论证，依我之见，那种论证相当模糊。因此我确信，一旦接受了均匀加速运动的概念，事情就会如所描述的那样。但是，这种加速度就是在物体坠落的情况下遇到的那种加速度，我对此仍然持怀疑态度。对我而言，这样不仅是为了自己，也是为了所有像我这样思考的人，现在正是介绍其中一个实验的合适时机——我知道其中有很多实验——而且这些实验以多种方式证明了所得出的结论。

萨尔维亚蒂：作为一个科学家，你提出的要求是非常合理的。在那些科学之中，数学论证被应用于自然现象正如在透视学、天文学、力学、音乐和其他科学中所看到的那样，这些原理一旦通过精心选择的实验确立起来，将会成为整个上层建筑的基础。因此，我希望我们可以着重讨论第一个问题，亦是最根本的问题，这样似乎不会浪费时间。在这本书中，我们只讨论了作者提出的问题的一小部分；为开辟一条通往推测性思维的大道，作者做了大量工作。就实验而言，作者并没有忽视它们。特别是在他的陪伴下，我经常努力以下述方式向自我验明物体在下落时实际经历的加速度就是上述的加速度。

先取一块约 12 腕尺长、0.5 腕尺宽、3 指厚的木板或木制模塑，在它的边缘切出一条宽度略超过 1 指的通道。我们对这条凹槽进行打磨，将其处理得笔直、光滑，再衬上羊皮纸，再尽可能对其打磨，使之更加光滑，这样才能使一个具有硬度且光滑的圆铜球在上面滚落。我们把这个木板放在一个倾斜的位置上，把一端举起来，使其高出另一端 1 到 2 腕尺。我们沿着通道滚动球并且注意观察下降所需要的时间。我们不止一次地重复这个实验，只为精确地测量时间，使两个观测值之间的偏差永远不会超过脉冲节拍的 1/10。我们完成了这个操作，并保证了它的可靠性，现在若只把球滚到通道长度的 1/4 处，而后，测量它下降的时间，会发现它正好是前者的一半。接下来，我们尝试了其他的距离，将经过整个长度的时间与经过一半距离的时间进行比较，或者与经过 2/3、3/4 距离的时间进行比较，或者与经过其他距离的时间进行比较。在这样的实验中，重复了整整 100 次，我们总是发现圆球所经过的空间之间的比值相当于其消耗时间的平方，该规律适用于不同斜度的平面，即圆球滚落的通道。我们还观察到，由于平面的斜度不同，圆球下降的时间也形成精确的比例，正如我们稍后将看到的那样，而且，这一比例正是作者为它们所预测和证明的。

为了测量时间，我们将一个盛满水的大容器放置于较高的位置，并在这个容器的底部焊上一根小直径的管子，使之形成一股细水流。每次下降，我们都把水流收集在一个较小的玻璃器皿里，不管是经过整个通道还是经过通道的一部分，在每次下降后，将收集的水流放在非常精确的天平上称重，这样，重量的差异和比率也显示出时间的差异和比率，甚是精确，尽管该实验被重复操作多次，但是结果并没有明显的差异。

辛普利西奥：我很想参加这些实验，而且，对于你亲身操作这些实验时的精准，我深信不疑。此外，我十分乐意接受这些结果是真实且有效的。

萨尔维亚蒂：那么，我们就直接进行下一步了。

第四天

萨尔维亚蒂：这一次，辛普利西奥又是准时到达。因此，我们按时讨论运动问题。关于作者的文章内容如下：

抛射体的运动

在前面的几页中，我们已经讨论了均匀运动和自然加速运动的性质。现在，我提议列出一个物体的性质，这个物体的运动由两种运动复合而成，即匀速运动和自然加速运动。这些性质很值得我们去了解，我建议以一种精准的方式来证明。这种运动通常出现在抛射体上，关于它的起因我构想如下。

请设想一下，沿水平面抛射粒子，且不存在摩擦力，通过前几页的详尽解释，我们已经了解这个粒子将会沿着这个平面运动，而且，只要这个平面没有极限，运动将是匀速且永久的。但是，如果平面是有限的和升高的，那么我们将把运动的粒子想象成是一个较重的粒子，它在越过平面的边缘时由于自身的重量会产生向下运动的倾向，由此所产生的运动，我称为抛射，抛射是由一个均匀的水平运动和一个垂直的自然加速运动复合而成的。我们现在开始演示它的一些特性。

定理 1

均匀水平运动与自然加速垂直运动相复合，推动抛射体完成了半抛物线的路径。

精准的论证往往只会出现于数学中，此番话却使我充满了惊奇和喜悦。根据投炮手的描述，我已经了解到，在使用大炮和迫击炮时，最大射程，即最远的射程出现于当仰角为 45° 时，但要理解为什么会发生这种情况不能仅仅依靠别人的说辞。

……

（伽利略·伽利雷　公元 1638 年）

如何理性务实地探索科学

第一部分

理智可谓世间分配得最为均匀的东西了。世人都以为自己具有足够的理智，就连那些对事事苛刻之人也从不会觉得自己理智不够。在这一点上，不大可能所有人都错了，此种信念却能证明那正确判断、辨别真伪之能力，即我们所说的理智或理性，乃是人类生来就均等的，无差别可言；故而，人们彼此意见之不同，并非理性之多寡导致的，只是我们各自的思维方式不同，所关注对象有别而已。因此，单有聪明才智远远不够，能够合理运用才是首要前提。大智者可使之向善而行，亦能使之为恶而作；笃行而循正道者，较之疾行而入歧途者，进步不可同日而语。

至于我自己，我从未奢想自己才智胜于常人。相反，我常常希望自己能如其他人那样思维机敏果断，想象清晰明了，记忆充盈而持久。此外，我再想不到别的什么可以使才智趋于完美了。因为只有理性或理智才使我们成为人，且异于禽兽，故此，我相信理性或者理智在每个人身上都是完整无缺的。在这一点上，我也赞同哲学家们的惯常之见，即同种属的个体之间只是偶有属性上存在多与少的区别，而形式与本质上并无多寡的差异。

然而，我可以毫不犹豫地坦诚直言，本人非常幸运，可以在早年便摸索出几条路径，以此促使我思索，故得出一些准则，并由这些准则形成了一种思维方法。我想，借助这种方法，我的知识会不断增长，逐步提高到我的平庸之才和短暂生命所能允许我达到的最高点。我已经获益良多，尽管我一贯贬抑自己，尽管我从哲学家的角度观察人间万象，发现世人皆在竭尽所能地追求，但结果几乎尽归虚无。然而，在寻求真理的道路上，我依然会为自己所取得的进步感到无上满足，更觉前途无量。在世上的所有行业中，如果说有一种是确实有益且重要的话，我相信那正是我选择的这个行业。

第二部分

然而，如同一个人在黑暗中踽踽独行，我决定一定要谨小慎微、笃步前行。如此纵然进步不大，至少可以谨防摔跤。甚至，有些观点，虽未经理性之引导就慢慢地成为我信念的一部分，但是我并不会随意将之摒弃，而是花费足够时间仔细考察，为自己所要从事的工作拟出总体计划，确保用正确的方法获得知识。

在哲学的各个分支中，我早年学过一点儿逻辑学；在数学方面，我也学过解析几何和代数。对我而言，这三门学问对我的计划有所裨益。但通过观察，我发现逻辑学的三段论和大部分其他法则只是用来说明我们已知的东西，就连吕利的艺术也只是不加评判地表达些我们不了解的事物，并没有对未知之事加以研究。虽然逻辑学确实包含很多正确且卓越的法则，但其中也混杂着许多有害或是多余的东西，要想辨别真伪，其困难几乎不亚于从一块未经雕琢的大理石中撷取出狄安娜或者密涅瓦的雕像来。至于古代的解析几何和现代的代数，都只是研究一些高度抽象而又看起来毫无用处的东西。此外，前者只限于考察图形，因而只能令人疲于想象之后才有所理解；后者则完全使人陷入各种条框之中，是一种杂乱晦涩、令人难懂的艺术，并非一种适于培养心智的科学。出于此种考虑，我才决心另辟蹊径，剔除这三门学问之短，方能积聚三家之长。此外，法令繁多，常会导致执行不力，因而国家之律法应少且严，如此才会国泰民安。同理，逻辑之学亦无须由大量条规构成。如果我能怀笃定之心，无论何种情况都坚决遵循以下四条，那就已经足够。

其一，凡是我未明确弄清楚之物，我决不可轻信为真。换言之，我要小心避免轻率之判断和一己之偏见。而且，除了可以清晰可辨地呈现于我心里，使我根本无法怀疑的东西，在我的判断里不包容其他东西。

其二，将审查的各个难题尽可能地分解细化，从而逐个妥善解决。

其三，依次思考，从最简单的对象和最容易认识的对象开始，按部就班，逐步上升至最复杂的对象。甚至将那些本质上无先后次序之物也在思想中给出特定之顺序。最后，无论何种情况都要进行全面周到的考察，复查也要周全，确保毫无遗漏。

几何学家常常用一系列简单容易的推理逻辑来完成最艰难的证明，因此我认为，人类所能认识的事物皆是用相同的方式联系着的，只要不把谬误当成真理，并永远遵守由一个真理推导出另一个真理的推理逻辑，世上便没有不可达到之目标，亦不存在真理隐蔽于我们的视线之外的情况。而且，从何处着手，对我来说并不很难决定，因为我早已知道，从最简单、最容易的事物着手。在古今众多学科领域探索真理的学者当中，唯有数学家掌握了证明之法，即一些确切而有证据的推理，于是我毫不迟疑地依循他们调查问题的规则。然而，我并不期待由此获得任何利益，只希望心灵得以熏陶，养成热爱真理、摒弃虚妄之论的习惯。但是，我并未打算去研究数学范围内的一切具体学问。据我观察，这些学问的研究对象虽然各有不同，却有一致之处，即全都仅仅研究那些对象之间的各种关系或比例，因此我认为我的目标最好还是，用最一般的形式来研究这些比例，而不论及任何具体事物，除非是有益之物，更不要使其受制于某些事物，如此才能将其恰当地应用于其他对象。

……

第四部分

我对于事情最初的一些想法，不知是否应该和大家分享，因为那些想法过于玄妙，并不常见，也许未必人人都能接受。但是，为使大家能够评判我所建立的根基是否足够坚实，我觉得必须谈一下。很久以前我就发现，正如前面所述，于实践之中，有时需要采纳些我们明知非常不可靠的观点。然而，因为那时我的目的是追求真理，所以我认为自己需要采用一种完全相反的做法：凡我认为有可疑之处的，皆应视为绝对谬误，不予采纳，鉴于感官有时会欺骗我们，有些东西的实质和呈现给我们的现象是不一样的。此外，因为有些人推理时出错，会做出似是而非的推理，就连最简单的几何问题也会这样，所以我相信，我难免也会犯错误，我就把曾经用于证明的理由皆视为谬误，统统予以抛弃。最后，我想到清醒时的思想（图像）在睡梦中也会袭上心头，而梦中之物皆不是真的，于是我假设，当我清醒时进入我心中的所有事物（图像）必如梦中幻影一般，皆不真实。但我很快注意到，既然我有意将一切视为虚假，那么执此思想的人是我，而我绝对是真实存在的。由于我认为“我思故我在”这一真理十分可靠且显而易见，不论怀疑主义者有多猖狂都不能将之动摇，所以我断定我可以毫不犹豫地接受它，将它作为我所寻求哲学的第一条原则。

其次，我会谨慎地研究我是什么。我发现我可以假设我没有肉体，也可以假设世界不存在，我立足的地方也不存在，但却无法假设我不存在；相反，正因为我有意怀疑其他事物之真实性，从而更确切地证明了我的存在，所以我得出这样的结论，我是一个实体，其全部本性或本质仅以思考之形式而存在，而且，其存在无须空间，亦无须依赖于任何物质的东西。因此，此“思想之我”，就是我之所以为我的“心灵之我”，与“肉体之我”是完全不同的，甚至更易为人认识。即使肉体之我不存在，心灵之我仍然不停止它本来的一切。

再次，我做了总体上的考察，以明确何为命题之真实性和确切性的根本要素。既然我已发现了一个命题，知道它是真实的，我想我同样能够弄清楚它何以真实。我注意到在“我思故我在”这一命题中，根本没有东西可以保证它们的真实性，此外，我明显地觉察出，只有存在才能思考，因此我得出结论：但凡能为我们清晰明确地认识到的事物都是真实存在的。不过，我也注意到，要正确地判断什么是我们能清楚认识的东西，还是有些困难的。

……

第六部分

然而我已下定决心，愿穷尽毕生精力来寻求此极其必要之科学，而且我已经找到了一种途径。依我之见，任何人只要循此前进，必定可以达到目的，除非他因生命短暂或是经验不足而受阻。因此我认为，想要排除这两大阻碍，最好把自己的发现坦诚地与大家交流，激发优秀的天才们进一步研究，依各人之倾向与能力，进行必要的实验，把自己发现的东西告诉大众，代代相传，通力合作，从而把众人的劳动聚合在一起，群策群力，长此以往，我们所得之成绩较之单打独斗将会卓著得多。

关于实验，我还说过，一个人所学的知识越是高深，就越是需要实验。因为在研究之初，我们宁可只采用那些可以自然地呈现给我们感官的实验以及我们不可能忽略的实验（这样的实验我们略加思考便可得到），而不是关注非同寻常和深奥晦涩的现象。原因在于只要常见现象的原因尚未知晓，那些异常现象往往只会误导我们，现象所依靠的条件几乎总是很特殊、很细微，且不易觉察的。但关于这点，我采取了如下步骤：首先，找出万物的普遍原则，而不考虑其他概念，只发掘固有之真理萌芽，从中找出原因，而非强行引证。其次，我仔细观察这些普遍原则，以便从中引申出最为常见的结果，我发现天体、星宿、地球，以及地球上的水、气、火、矿等都是最常见、最简单的，亦是最容易了解的。后来，我又想通过这些普遍原理来研究特殊事物。然而，此时许许多多森罗万象的事物呈现于眼前，我便发现，若非我们利用各种特殊实验来据果寻因，仅以人之心灵来分辨，世界上的很多物类是不可能被认识的，因为除了地球上的物种，还有其他数不清的物种。因此，我把感官所得的印象在心中反复思考后方敢大胆诉说，我所碰到的事物无不可用我所发现的原则圆满解答。此外，还必须承认，自然之力量纵然广袤无边，但这些原则也非常简单、笼统。同时我注意到，几乎没有一个特殊原则可以从这些原则中通过某种途径推演出来，因而我最大的困难通常是判定这些结果究竟依靠哪种方式得来。为了克服这种困难，我认为并无他法，只能求之于特定的实验，依实验结果来决定该用哪种方式。关于其他事情，我非常清楚地认识到，应该采取什么方法来进行实验，从而证明我的理论。不过，我也意识到，这些实验是如此纷繁杂多，我只有两只手，而且收入甚少，我很难做完所有实验，因此，我在自然知识方面获得的进展取决于我今后是否有条件完成实验。这就是我写这篇专题文章的目的，希望大家可以了解情况，并且我明确地指出了大家由此所能得到的益处。所以，我希望所有从内心深处关心人类福利的人，也就是所有真正品德高尚的人，而不是那些追名逐利、表里不一的人，能就已做的实验与我交流一下，以便为我将要做的实验提供帮助。

（勒内·笛卡儿　公元 1637 年）

哲学原理

先生[①]：

您费心尽力翻译的这本《哲学原理》，是如此精致完善，因此，我能预料到将来阅读这部作品法文版的人会比读拉丁文版的人还要多，而且他们也会更理解我的作品。我唯一的顾虑是，人们会因不曾受过教育，或者因自己对于所学的哲学感到不满而鄙视哲学，如此的话，我这本书的标题也许就会使他们退缩不前。正因这种缘故，我想我应该写一篇序言，一来是要指出我写作这本书的目的，二来是要指出我写此书的效用。

为使人们了解我将这些著述付梓成书的真正想法，我还希望在这里说明一下一个人若是打算自我启迪，他所应遵循的逻辑顺序。第一，一个人如果只是得到了通俗但不完备的知识，那么，他应该努力拟定一套足以支配自己行为的道德规则，一是因为在这方面我们不容迟延，二是因为经营好生活乃是人生的当务之急。第二，他应当学习研究逻辑。但我所说的并不是指经院中的逻辑，因为他们的逻辑只是一种辩证法，只是教授人们如何向他人解释自己知道的东西，教授人未经深入思考就喋喋不休地议论自己所不知道的事物，就此而论，它不能增加人们的良知，只能破坏人们的良知。我所说的逻辑，乃是教授人通过正确地运用自己的理性来发现人们尚未得知的真理，即使这种逻辑在很大程度上依赖于熟练度，因此，读者应该在简单容易的问题

①下文至“哲学原理”内容前为作者致法文译者的一封信，兼作序言。

上（比如数学问题）进行长时间的练习。当读者在这些方面已经培养了发现真理的技巧，就可以全身心地研究哲学。哲学的第一部分就是形而上学，其中包含各种知识的原理，这些原理有的是解释关于我们自身的清晰简单的意念的；第二部分是物理学，在物理学中，我们在找到物质的真正原理之后就会进一步地研究全宇宙的构成过程。在此之后，我们会特别考察地球的本质，以及地球上最常见的物体的本质，譬如水、火、空气、磁石及其他矿石的本质。最后，我们还需要分别考察动植物的本质，尤其要考察人的本质，这样便于我们日后发现有益于人类的其他科学。因此，全部哲学就犹如一棵树，其中的形而上学就是树的根，物理学就是树的主干，其他科学就是树的分枝。这些枝条可以被分为三种，即医学、机械学和伦理学。我所指的道德科学乃是一种极高尚、极完善的科学，它以我们在其他科学上的完备知识为先决条件，因此，它就是最具高度的智慧。

不过我们并不是从树根、树干上采集果实，而是从其枝梢上采集果实的，因此，哲学的主要功用在于其各部分的效用，关于这种功用，我们最后才能学到。尽管我对这些功用一无所知，可我依然心怀热诚，愿对公众有所贡献，所以我在10年前甚至12年前就出版了一些论述，并借此发表我的一些学说。第一部就是《论在科学中正确地运用理性与寻求真理的方法》，在此书中，我曾总括地叙述了逻辑的主要规则以及尚未完善的伦理学的主要规则，这些规则只是供尚不知道更好原理的人们暂时应用的。至于其他，分别有三篇论文：第一就是《屈光学》，第二就是《论气象》，第三就是《几何学》。在《屈光学》中，我旨在指出我们在哲学中的长足进步，从而知道那些有益于人生的艺术，正如望远镜的发明（我对此曾进行解释），这是迄今以来最困难的一种发明。在《论气象》中，我曾有意指出，虽然我所研究的哲学和经院中所教授的哲学往往都研究同一题材，可是它们之间存在很大差异。最后，在《几何学》中，我曾公开申说，自己早已发现了许多前所未知的道理，这样的话，便会刺激人们去探求真理，我亦使人有理由相信我们还可以发现许多其他真理。自那以后，我预料到许多人会难以了解形而上学的基础，所以我又在《沉思集》中解释其中的主要观点。这本书并不厚重，但在此书写就以后，一些博学之士和我进行辩论，因此，书的分量就随之增加，其内容亦得以丰富。后来，我又觉得，之前的几篇论文已经使读者做好心理准备，他们已经能够阅读这本《哲学原理》了，因此，我就又把它印行出来，并把它分为四部分。第一部分包括人类知识原理，可以叫作第一哲学或形而上学。若是读者想了解这一部分，他们应该先阅读我关于这个题目所写的《沉思集》。至于其余三部分，主要关于物理学，其中解释了自然的第一法则或原理，并解释了天空、恒星、行星、彗星以及全宇宙是如何构成的。同时，我还特别解释了地球的本质，以及地球上常见的空气、水、火、磁石等物体的本质。此外，我还解释了这些物体中常见的各种特性，如光、热、重等。如此，我似乎已经依照次序解释了全部的哲学，而且在论述最后的问题之前，我就把应当讨论的内容都提前进行了讨论。

不过为了完成该事项，我此后还应以同样的方式来解释地球上较特殊物体的本质，诸如矿物、植物、动物，尤其是人类的本质。最后，我还要精确地论述医学、伦理学和机械学。若想留给世人一套完整的哲学，这件事情是必须完成的。假如我能够通过各种实验来证实我的理论，那么我一定会鼓起勇气来完成这个计划，因为我觉得自己年轻气盛，精力充沛，有能力去追求真理。但是，由于这种事情耗资巨大，除非政府资助，否则如我这般的家资实在难以支撑。当然，我不能奢求政府的资助，我将来只能把研究作为自我慰藉之资，因此，即使我不能将研究成果留给后人，他们也会理解。

此外，我也清楚，由这些原理推演出来的真理也许在多年以后才能全面发展，这是因为即将发现的许多真理都依靠于某些特殊的实验，而那些实验不是偶然出现的，而是尽心竭力方能钻研出来的。除此以外，人们还需要睿智机敏才可以正确应用它们，但若是缺少资金支持，也难以全然掌控。最后，那些自视甚高的人们多因为目前流传的哲学缺点很多而对它表示轻视，不肯用心来追求真理。

总而言之，这些人如果能看到我的这些原理与其他体系原理的差异性，并且能看到由我的原理可以推演出许多其他原理来，那么他们也将了解继续追随这些原理的重要性，而且他们会看到，我的这些原理是有益于带领我们达到知识的更高层乃至人生的完美和幸福的。如果人们能看到这一点，我敢相信，没有一个人会不情愿致力于这样的研究，或者至少会尽力支持和帮助那些有研究成果的人们。

对于本书，我最大的希望是：后人或许会看到这个幸福的结果。

哲学原理

第一章　论人类知识原理

1. 如要追求真理，我们必须于一生之中尽可能地去怀疑一切。我们在幼年之时，尚不能完全运用自己的理性，但已经对感官所感的对象形成各种判断，因此，就会有许多偏见阻碍着我们认知真理的道路，如果我们不能在生活中对那些可疑之事保持怀疑的态度，我们可能无法排除这些偏见。

2. 凡是可疑的事物，我们都应当视为谬误。而且，如果我们能将可疑的事物都视为谬误——这是有益的——那么我们就可以更加清楚地发现那些最具精准性的以及最易了解的事理。

3. 在立身行事方面，我们不可皆以怀疑态度处之。与此同时，我们须知，只有思考真理之时，我们才可以采用这种普遍怀疑的态度，因为在人事方面，我们往往需要遵从大致可靠的意见，即使有时我们看不到两种行动中哪种可能性更大也得选择一种，因为在摆脱怀疑之前，往往容易错过行动的机会。

4. 我们为何怀疑可感知到的事物？既然我们打算研究真理，我们就要怀疑可感知到的事物和我们所想象的事物，我们要思考其中是否有一种是真实存在的。我们之所以如此怀疑，首先是因为依据经验，感官有时亦会犯错，因而，过分依赖那些曾欺骗过我们的事物也是很鲁莽的；其次是因为于梦中我们虽然常能想象或感知到一些物象，然而它们却并不存在。一个人若是决心怀疑一切，他就找不到标志来精确地区分睡眠和清醒的状态。

5. 我们为何要怀疑数学证明？此外，我们还要怀疑自认最确定的其他事物，甚至要怀疑数学的证明以及我们一向明确的原理。我们为何要怀疑？首先是因为我们已经见过人们在这些方面犯错误，而且他们把我们认为谬误的事物视作绝对明确的真理。通过观察可以明白，我们有时难免受骗，可为何我们不会永久受骗呢？我们越有理由相信自己并不完美，越不会受骗。

6. 我们拥有自由意志，可怀疑一切可疑之物，进而避免谬误。可是，不论创造我们的是谁，不论他如何有力，如何骗人，我们依然意识到自己有一种自由，这种自由使我们可以怀疑任何暧昧不定的事物，进而防止受骗。

7. 我们在怀疑时，不能怀疑自己的存在，而且我们依此进行推论，这就是我们所得到的第一种知识。当我们在怀疑这些事物的真实性时，我们却不能同样假设我们是不存在的，因为设想一种有思想的东西是不存在的本身就是一种矛盾。故而，“我思故我在”这种知识正是一个依照条理之人在进行推理时最先获得的最确定的知识。

8. 我们由此发现心灵和身体的区别，或是思维和物质的区别。这就是发现人心本性的最好方法，也就是发现身心差异的最好方法。既然我们假设除了思想以外没有其他事物存在，那么，我们在考察自身时，就会清晰了解到，但凡与身体相关的细节，皆不属于我们的本性，唯有思想除外。因此，我们对心灵的意念先于我们对任何实物的意念，而且它是最为确定的。故而，我们在已经知道自己是在思想之时，仍然会怀疑并没有实物存在。

……

51. 何谓“实体”？提及我们所认为是事物或事物性状的东西时，我们应当分别加以考察。所谓“实体”，我们只能将其设想为一种能够独立存在的事物。

52. 这个术语可以在同等意义上适用于人心和身体，并论实体本身是如何被人了解的。被创造的实体，不论其为物质上的还是思维上的，都可以在这共同的概念下存在。不过我们原来之所以能发现实体，不只是因为它是一个独立存在的东西，因为“存在”自身是不能为我们所观察到的。不过我们却可以根据实体的属性来发现实体，这种发现就依赖于这样一个公共概念，即任何属性、性能或品质，都必须有一种东西作为依托。故而，我们一旦看到有一些属性存在，就会断然指出，依附这些属性的事物或实体也必然存在。

53. 每个实体都有一种主要的属性，如思想就是心灵的属性，广袤就是物体的属性。虽然任何属性都可以使我们知道有一个实体的存在，可是每一个实体都只有一种主要的性质，这种性质构成它的本性或本质，进而为别的性质所依托。譬如，长、宽、高三种广袤就构成物质实体的本性，而思想就成为思考实体的本性，因为凡能归于物体的其他属性都要以广袤为先决条件，而且只是具有广袤属性之事物的某种性状。同样，我们在心灵方面所表现的性质也都是思想的各种性状，这样，除了是在具有广袤属性的事物内，我们便很难设想其形象；除了在有广袤属性的空间内，我们便很难去设想其运动；除了在一个能思想的事物内，我们便不能设想想象、感觉或意志。但在另一方面，通过了解形象或运动，我们却能设想广袤；脱离想象或感觉，我们却能设想思想；对于其他实体，也是如此。人们只要注意这些方面，就可以看到这一层。

第二章　论物质事物的原理

1. 明确物质事物存在的依据。我们虽然充分相信物质事物的存在，但关于这一点我们在之前怀疑过，而且我们曾把这种存在的概念列于儿时的偏见，因此我们必须探讨一下，究竟我们依据什么可以确知这个真理。第一，我们不能怀疑自己的每一种知觉都是由异于心灵的一种物象所产生的，因为，我们没有能力使自己仅仅经验一种知觉或几种知觉，而且每种知觉的获得完全依赖于那个触动我们感官的对象，因此，我们可以提问，那个对象是造物主呢，还是异于造物主的一种事物呢？但是，如果我们感知到或因感官刺激而清晰明了地理解到有某种具有长、宽、高三向的物质，其各部分又有不同的形态，它又使我们生出颜色、嗅味、痛苦等感觉来，那么我们便可以明确设想这个物质是完全异于我们自身，异于我们心灵的。此外，我们似乎还清楚察知这个观念之所以在我们心中形成，主要起因于我们心外存在的对象，而这个观念和那些对象在各方面都是相似的。故可以毫不迟疑地断言，一定有一种具有长、宽、高三向的对象存在，而且它一定具有广袤的事物所能体现的一切特性。这个具有广袤属性的实体，就是我们所谓的物体或物质。

……

24. 普通含义下的运动是什么？所谓“运动”，据其通常意义而言，是指一个物体由此地到彼地的动作（我此处所讲的运动是指位置的移动，因为我并未想到其他运动，因此，我觉得我们也不应该假设自然中有其他运动）。如上面所述，同一事物在同一时刻可以说场所改变，亦可以说场所不变；同理，我们也可以说，同一事物在同一时刻是被运动的，又是不被运动的。例如，一个人坐在启航的船上，如果他只注意他所离开的岸，并且把它看作静止的，那么他可以认为自己是运动的。可他如果只注意船本身，那么他可以认为自己是不动的，因为他和船的各部分间总是保持同样的位置。再者，既然我们惯于假设，那么离开动作就无运动，并且在动作终止时运动就停止了，因此，当这个人处于坐着的状态，就可以说是静止的，而不是运动的，因为他自己意识不到他是在运动。

……

26. 运动的真正含义。如果我们抛开那些全无根据的说法，为了要给它一个确定的本性，那么我们可以说，所谓运动，就是一个物体（或物质的一部分）由其紧相邻接的物体（或我们认为静止的物体）移近其他物体的意思。我认为物体（或物质的一部分）是就被转移的事物的全部而言——全部也许包含几个部分，它们也在进行其他运动。但是我所说的运动是指物质的转移过程，不是指转移的力量或动作，最终的目的在于表明运动是永远在可动的事物之上，不是在能发动的事物之上。我为何如此区分？因为对我而言，我们并不习惯对这两种东西加以区分。除此以外，我还可以说，运动乃是可动事物的一种属性，如同形态是有形态的事物的一种特性，休憩是静止事物的一种性状。

……

第四章　关于地球

198. 通过感官，我们能了解到外部对象的外形（或性状）、大小和运动，但是，我们没有观察到神经之间的这种差异。而通过外部器官向大脑传达的信息，或者通过大脑对其他事物的反应，或者通过神经本身的局部运动，我们可以对外部对象进行判断。我们看到，神经的局部运动不仅会使我们产生兴奋和疼痛的感觉，还会产生光和声音的感觉。如果我们的眼睛受到足以使视网膜感到震动的打击，就会看到无数的火花，然而这些火花并没有从我们的眼睛中射出；当我们用手指捂住耳朵的时候，我们就会听到嗡嗡声，它的起因是被封闭在耳朵内的空气的搅动；我们经常感受到热度（硬度、重量）和其他可感知的性质，只要它们存在于物体中以及那些纯粹是物质的物体形式，譬如火的形式，就都是由某些其他物体的运动所产生的，而这些物体又同样在其他物体中产生其他运动。我们不难想象一个物体的运动是如何由另一个物体的运动引起的，并因其各部分的大小、形状和情况而多样化，但我们完全无法想象这些相同的东西（即大小、形状和运动）是如何产生与自身完全不同性质的东西的。例如，许多哲学家认为那些物质性的形式和真实的性质存在于物体中，而我们却无法想象这些性质或形式是如何拥有引起其他物体运动的力量的。我们从人类灵魂的本质中了解到，身体的各种运动足以使其产生各种感觉，并且我们从经验中了解到它的一些感觉实际上是由这些运动引起的，但是我们并没有发现，这些运动之外的东西会通过外部器官把感觉传递给大脑，因而我们有理由得出这样的结论：在我们称之为光、颜色、气味、味道、声音、热或冷的物体外部性质中，或者是我们称之为物质的实体形式的其他触觉性质，我们决不会以单一的形式去理解这些物体，除非这些物体具有以各种方式触动我们神经的能力。

199. 关于自然现象的解释。

从之前列举的例子中可知，我们全面解释了相关的自然现象，在感官感知之外，没有任何东西可以被认为是自然现象。但是，如果不考虑我提到的存于身体属性中的运动、大小、形状（以及每个身体各部分的情况），那么，除了光、颜色、气味、味道、声音和触觉之外，什么也不会感觉到。特别是我最近展示的这些，至少就我们所知，不过是物体的某些性状，包括大小、形状和运动。

200. 我们提出的原则尽可被普遍接受，这种哲学并非新生的，而是哲学中最古老和最普遍的。同时，我也希望大家注意到，虽然我在尽力解释物质事物的全部性质，但我并没有利用亚里士多德和历代哲学家所不接受的任何原则，因此，这种哲学远不是首创的，而是所有哲学中最古老和最常见的：实际上，我只考虑了物体的形状、运动和大小，并且研究了它们在力学原理上的相互融合后必须遵循的东西，而这些原理正是为确定的日常经验所证实的。但是，从来未有人怀疑物体是运动的，它们有不同的大小和形状，根据它们运动的多样性，它们的运动也是变化的，于相互碰撞之中，那些稍大的物体被分成许多较小的物体，从而改变了形状，因此，我们对这一真理累积了相应的经验，不能仅仅凭借一种感觉，而是通过多种感觉，如触觉、视觉和听觉，鉴于此，我们可以清楚地想象和理解它。对于那些不能言说的事物，可以通过我们的感官去理解，因为它们中的每一个只会影响我们的一个感官，这样会给我们的想象留下一个混乱的印象，使我们无法清楚地了解它是什么。

201. 敏感的物体是由不敏感的微粒组成的。但我考虑到每个物体中还有许多没有被我们感知到的粒子，可能那些以感官来评判事物可知性的人也不会认可这些粒子（然而，正如我所见，如果我们认为人类的理性不会超出我们的视野，那我们就大错特错了），因为没有人会怀疑有如此微小的物质，以至于我们都察觉不到，其实只要他认为那些物质每时每刻都在增加，那它们亦会以同样的方式减少。譬如，一棵树每天都在生长，但无法想象它是如何变得比以前更大的，除非我们同时想象它的躯干也在不断生长。但是，谁能通过感官直接观察到树干之上的增长物呢？至少对哲学家而言，那些认为量是无限可分的人应该承认在这种划分中这些部分可能变得如此之小，以至于全然无法察觉。的确，我们不能感知到微小的物质，但这并不该是一件令人惊讶的事情，因为必须以神经来感知物体的移动，这本身就不是非常微小的，更像细小的绳索由大量较小的纤维组成，因此最微小的物质也不能移动它们。我也不认为人们通过自身理性来观察那些微小之物时，了解到其间发生的变化，就会否认我们是在用至上真理来研讨哲学，我反而认为，我们仅仅是通过比较我们所感知的那些微小变化来解释自然界中的一切（正如我在这篇论文中所说的那样，用这种方式解释自然界中的一切）。

202. 德谟克利特的哲学与我们的哲学的区别不亚于与普通哲学的区别。

可以这样说，德谟克利特也假定了某些不同形状、大小和运动的物体，它们是由所有感觉堆积和相互汇聚而成的，然而，他的哲学模式却不被认可。对此，我回答说，德谟克利特的哲学从来没有被任何人拒绝过，因为他考虑到世上存在着比我们所看到的更微小之物，并将其归因于不同的大小、形状和运动，而没有人会怀疑现实中存在这样的物质，正如我们所表明的那样。然而他的哲学模式先是被拒绝了，因为他认为这些知觉小体是不可分割的，对此我也不予认同。其次，他想象在它们周围有一个真空，但我认为这是不可能的。再次，他把重力归于这些物质，但我否认这些存在于任何物质之中，就物质本身而言，它的性质取决于若干物质彼此的情况和运动的关系。最后，他没有特别解释事物是如何从知觉小体的聚合中产生的，换言之，如果他对其中的一些知觉小体给出这样的解释，他的整个推理就无法清晰连贯（或者，我们有理由把同样的解释扩展到整个自然界）。至少，如果我们可以根据文字传递出的信息来判断他的意见，那么这便是我们对于德谟克利特哲学的结论。你们可以自己来决定我所说的哲学是否具有有效的连贯性。

203. 我们如何了解物体的形态（大小）和无感粒子的运动？虽然我承认无感粒子并不在感官的范围内，但假若我把确定的数字、大小和运动指定给无感粒子，如同我见过它们一样，也许有人会问我如何了解它们，对此，我的回答是：首先我考虑在我们的理解中可以找到的关于物质事物的所有概念，然后我发现，除了数字、大小和运动的概念以及这三种事物多样化的规则，再无其他的概念。这些规则是几何学和力学的原则，我认为，人类所能拥有的一切自然知识都必然出自这个来源，这为我们了解世间之物提供了一定的帮助。因此，我把自然界灌输于我们的至简之法作为推理的基础，同时考虑到物体的大小、形态和情况之间可能存在的差异，这里包括由于微小而不被感知的情况以及通过物质之间的各种接触又能产生怎样的感官效果。之后，当我感知到自身存在的感官效果时，我便判断它们可能是这样产生的，特别是因为无人提出其他的解释方式。在这个问题上，一些人造之物的实例对我有很大帮助，它们使我认识到这些人造之物和自然之物的区别并不大，因为机器的效用在很大程度上取决于某些仪器的功能，所以它们必须与制造者的手臂形成一定的比例，为了便于观察，它们的形状和运动量总是巨大的。而且，自然物质的效用通常依赖于我们的某些器官，以至于我们会在瞬间失去对于它们的感知。可以肯定的是，所有的力学规则都属于物理，属于物理的一部分或种类（如此说来，所有人造之物都是自然的）。因此，对于一个由一定数量的轮子组成的时钟来说，其标记时间的纯熟度并不低于一棵自然生长之树所产出果实的纯熟度。如同那些熟悉自动机的人一样，当他们被告知使用机器并看到机器的某些部件时，他们很容易从这些部件中推断出那些看不到的部件是如何制造的。因此，通过观察自然之物的感官效应和其他成分，我确定了它们的成因和非感官部位的特征。

204. 如亚里士多德所说，触摸到我们感觉不到的东西，就足以解释它们如何存在。对此，也许有人会说，虽然我可以构想出所有自然物体产生之原因，但不能因此得出结论，认为它们是由这些原因造就的，如同一个工匠可以制造两个钟，这两个钟虽然都能很好地指示时间，外表也没有什么不同，但轮子的结构却没有什么相似之处，因此，毫无疑问，至高无上的造物主拥有多重手段，通过这些手段，他可以使世间万物如我们所见的那样出现，然而，凭人类的头脑却无法了解他究竟选择了哪一种手段。我可以坦诚直言，因为我相信自己已经做了所有需要做的事情，如果我所指定的原因是这样的，它们产生的影响对应着自然现象，但无法确定它们是由哪一种原因产生的。

对于人生而言，我们能够了解这些原因就足够了，因为医学、力学，以及所有物理知识所涉及的人文科学，其目的只是收获那些有意义的结果，而这些结果也被认为是自然界的现象之一。为了避免大家误以为亚里士多德早已完成了这些发现，应该铭记他本人在《气象学》中明确说过的：对于那些未经感觉的事物，若要证明它们如构想中那般，就应该举出充分的理由进行论证。

（勒内·笛卡儿　公元 1644 年）

研究自然的正确方向和新工具论

序言

有些人认为应该把历经深思熟虑的东西作为自然界的法则来加以规定，这样做无论是出于简单化的口头保证抑或是职业化的修饰之说，都会极大地损害哲学以及其他科学。因为，他们这样做固然能够成功地吸引他人的注意，却也同样抑制了人们的探讨。而且，阻断和破坏他人的努力相较于他人通过努力得到善果，前者贻害无穷。另一方面，还有些人采取了相反的途径，断言绝无任何事物是可解的，无论他们的这种见解是出于对古代诡辩家的憎恨还是出于心灵的游移不定，甚至是出于对学问的专心，无疑推进了理性对知识的要求，而这正是值得赞赏的。但是他们既没有从真实的原则出发，也没有归于正确的结论，热情和骄气又引得他们误入歧途。古代希腊人（他们的著作已遗失）则凭借着较好的判断力来面对这两个极端，当然，一个极端是对一切事物都擅自论断，另一个极端是对任何事物都不求甚解。希腊人则介于两者之间，采取了折中的立场。他们虽然经常痛苦地抱怨着探讨之不易，事物之难知，如同烈性之马匹用力咬其嚼铁，可是他们仍毫不放松地追逐他们的对象，竭力抗争自然，他们认为（似乎是这样）事物是否可解并不能仅仅依靠辩论，靠试验才能解决。可是，由于一味信赖自己理解的力量，也不曾应用什么守则规范，他们把一切事物都诉诸艰苦的思维，诉诸心灵之活动和运用。

我的研究方法说起来简单，做起来却很难，它是这样的：我提议建立一列循序渐进的阶梯，使其可以通往准确性。感官的验证需要借助某种校正过程，这也是我要保留的。至于由感官活动而起的心灵活动，我对此几乎都加以排斥，我要直接以简单的感官知觉为起点，开拓一条崭新的笃定之路，让心灵得以前行。

语录

第一卷

1. 人作为自然界的服务者和解读者，他所能做、所能懂的正如他在事实中和思想中对自然进程所做的观察，也仅仅如此。除此以外，他既无所知，亦不会有所作为。

2. “巧妇难为无米之炊”，这同样适用于理解力，事物的完成要依靠工具和助力。手用的工具不过是供以动力或加以引导；同样，心用的工具也不过是为理解力提供启示或示以警告。

3. 人类知识与权力合归于一，若不知原因，便不能产生结果。因而，要支配自然就须服从自然，凡在思辨中为原因者在动作中即是法则。

4. 在事物的功能方面，人所能做的只是对一些自然物体加以分合，其他的则由自然于其内部运作。

……

38. 如今，假象和谬误束缚着人类的理解力，并植根其中。这不仅困扰着人们的心灵，使真理不得进入，而且即使人们寻得真理，它们也要于科学复兴之际来搅扰人们，除非人们预先得知危险即将来临的信号，从而尽力增强防御，以抵挡它们的猛攻。

39. 束缚人们心灵的假象共有四类。为了明确区分，我分别给以命名：第一类叫作“种族假象”，第二类叫作“洞穴假象”，第三类叫作“市场假象”，第四类叫作“剧场假象”。

40. 通过真正的归纳法来形成概念和原理，这无疑是排除和肃清假象的良药。而且，率先指出这些假象，作用极大，因为论述“假象”的学说相对于“解释自然”正近似于驳斥“诡辩”的学说相对于“普通逻辑”。

41.“种族假象”根植于人性，即根植于人的某一族或某一类。倘若断言人之感官是事物之量尺，则荒谬至极；相反的是，不论感官还是心灵的知觉，总依个人的量尺而非宇宙的量尺。人类理解力犹如一面哈哈镜，它接受无规则的光线，因而在反映事物时混合它自己的性质，致使事物本身变形和褪色。

42.“洞穴假象”是指每个人的假象。每一个人（除了人性普遍共有的错误）都有自己的洞穴，可使自然之光屈折和变色，这个洞穴的形成，或出于这个人固有的独特本性，或出于他所受之教育和与人来往，或出于他通过阅读书籍而对其权威性产生崇敬，又或出于各种印象，这些印象又依人心不同而作用各异。如此，人的精神（因人而异）实际上是一种易变而又多扰的东西，又似为机运所操控。正如赫拉克利特所说的那样，人们追求科学往往拘泥于自己的小天地，而不是放眼于广大天地。

43.还有一类假象是由人们相互间的交往和联系所形成的，我称之为“市场假象”，取意于人们在市场中的交往。人们通过谈话而互相联系，其所利用的文字则依照一般民众的了解，因此，如若选用文字失当，则会极大影响人们的理解力。面对某些失误，学识渊博之人惯于以概念与定义来支持自己的见解，但这丝毫无益于纠正失误。此外，文字对于理解力仍然有着很强的操控力，甚至会导致混乱，并把人们引至无数空洞的争论和无谓的幻想上去。

44.还有一类假象根植于人们心中的各种哲学教条以及一些错误的论证，我将之称为“剧场假象”。于我而言，一切公认的学说体系近似于某些舞台戏剧，表现着人们依照虚构的布景而创造的世界。我所说的不局限于目前时兴的一些体系，亦不限于古代的各种哲学和流派，正因为不同的错误往往出自同样的原因。依我之见，日后定会有更多的同类剧本被编制出来，并以同样人工造作的方式进行排演。这不仅包括那些完整的体系，还包括许多由于传统、轻信和疏忽而被误认为是原则和原理的东西，鉴于上述各类假象，我必须更加精准地加以论证，以使理解力得到恰当的警示。

45.人类理解力依其本性容易将世界的秩序性和规则性无限放大，自然中许多事物是单独存在的，人通过自身的理解力却常会想象出一些实际并不存在的平行物、连属物和相关物。所以，人们就虚构出一种说法，即所有天体都沿正圆轨道运动，却完全拒绝了螺旋线等运动轨迹，因为如此，人们就把“火”这一元素连同它的活动轨迹一并抬出，与感知到的其他三种元素合在一起，凑成四元素。此外，人们还把这些元素的密度比例强制地规定为10 ∶ 1，诸如此类的想象还有许多。这些想象不仅影响着教条，同时影响着简单的概念。

……

52. 综上所述，我所提的种族假象就是如此。它们或起源于人类精神之本的同质性，或起源于它的成见性，或起源于它的狭窄性，或起源于它的无止之运动，或起源于情感之注入，或起源于感官之疏忽，或起源于感知模式。

53. 洞穴假象归于各人身心的独特组织，也可归于教育、习惯和偶然的事情。隶属于这一类的假象数目繁多且花样不少，为此，我将仅举几条为例，专指那些最不易理解和最需警惕的。

54. 有些人沉迷于某种特定科学和思索，这或因为他们幻想自己就此成为有关的著作家和发明家，或因为他们曾在那些东西上付出努力，因而对它们有了极深的习惯。这类人若再进行哲学和某种具有普遍性的思考，则会使用自己原有的想象对这些事物加以歪曲。在亚里士多德那里就可以看到这种情况，他使自然哲学成为他逻辑的奴隶，从而使它富于争议又近于无用。还有一帮化学家仅仅通过火炉中的少量实验并以少数参考事物为骨架就建立起一个异想天开的哲学世界。又如吉尔伯特，他亦是十分勤奋，致力于磁石的研究之后，进而建造起一个合己心意的学说体系。

……

58. 综上所述，洞穴假象大部分发生于几种情况：或是在讨论众人热衷的话题，或是在进行比较或区分时有着过度的倾向性，或是对于特定的年代有所偏爱，或是所思辨的对象有偏大偏细之症。因此，为了消除洞穴假象，我们应在思想上有所准备和加以警戒。总而言之，从事自然研究的人都请把这样一句话当作准则：凡是你心关注且赞同者就该予以怀疑，而且当我们处理相关问题时，应该小心谨慎地应对，以保持理解力的平稳和清醒。

59. 市场假象是四类假象之中最复杂的一个。它通过文字和各种名称而介入理解力之中。人们依靠理性而运用文字，然而，文字亦会反作用于理解力。这一点，使得哲学和科学具有诡辩性和稳定性。另一方面，关于文字，它一般依照世俗而构建和应用,所以它所遵循的底线亦是适应世俗之理解力。而且，每当一种较为敏锐且审慎的理解力要来改变那底线使其适合自然之区别时，文字就会横亘其间，因此我们常会见到，学者们光大崇高的讨论往往以争文字和名称而终结，但是依照数学家们的习惯和智慧，从这里开始讨论本是更为慎重的,所以就用定义的办法把它们纳入秩序之中。可是在应对自然事物时，定义也无法全部解决，因为定义本身也由文字组成，那些文字又会衍生出其他文字。这就仍有必要回归个例,回到那些具有适当的系列且有序的事例之上。关于这一点，待我讨论形成概念和原理的方法与方案时即会涉及。

60. 文字施于理解力的假象有两种。有些是实际并不存在的事物名称（譬如，因为观察不足，遂把一些事物弃而未名，或是因为荒诞的假想也会产生一些有名无实的称谓）。有些虽是存在之物的名称，却含义混乱，定义不当，草率地取自现实,却又不合规则。属于前一种的包括“幸运”“原始推动者”“行星的轨圈”“火之元素”以及源于虚妄学说的其他虚构之说。但是这一类假象是比较容易去除的，若要去除它们，只需坚定地拒而弃之即可。

关于后一种，即产生于错误和拙劣的抽象，这一种不仅错综纠结，并且扎根很深。请以“潮湿”这样一个词为例，试看它所指称的几个事物之间有多少一致之处，就会了解“潮湿”一词不过是一个符号，被人们随意混乱地使用着，来指称一系列没有恒常意义的活动。就此而言，它的指称既可以适应那些性状不稳的东西，亦可以涉及各个领域；既可以使事物分离，又可以使之凝聚；既可以表明那些流动易变之物，又可以表明贴附他物而将其浸湿之物，还可以表明为液体或本系固体而易于溶化之物。如此，当你使用这个词的时候，如用某一个意义，则可以说空气是潮湿的；如若再换个意义，则微尘亦可是潮湿的；如另换一个意义，则玻璃亦可说是潮湿的。在这里，我们就很容易看出，原来这个概念只是从水和一般普通液体中抽象得出的，并未经过任何适当的验证。然而，文字中的歪曲性和错误性的程度各有不同，错误较少的一类是某些实体的名称，特别是那种地位较低并且被很好推演而得的名称（譬如，“白”和“泥”的概念就是妥当的，而“地”这概念却不妥当）；错误较多的一类是关于活动的称谓，例如“生成”“坏灭”“改变”等；至于错误最多的，则是关于属性（除了感官对象的属性）的字眼，如“重”“轻”“稀”“浓”之类，不过在这些情形当中，总有一些概念必然好过另一些概念，这种差别与人类感觉事物的丰富程度不可同比。

61. 剧场假象不是固有的，也并非隐含于理解力之内，而是通过各种哲学体系的“剧本”和不当的论证规律深入人心，从而为人所接受。若想要对此进行辩驳，那便违背了我之前所说之话，正如我曾说过，我与他们在原则上和论证上都无一致之处，如此就没有辩论之余地。但这样也很好，如此便不会冒犯前辈之荣誉，因为古人们并未遭受任何贬抑，他们和我之间的问题不过是路径的问题。常言道，在正路上行走的跛子会超过误入歧途之人。不但如此，当一个人奔跑于歧途时，越是活跃，越是迅捷，就迷失得越远。因而，我建议，在科学发现的路途中，越是较少依赖理智的锐度和强度，越是要把智慧和理解力置于同一水平。譬如，要画一条直线和一个正圆形，若是只用自己的手去做，就要依赖手的坚稳和熟练；如果借助尺和规去做，则手的影响就很小，甚至可以忽略。至于我的计划，情形也正是如此，虽说针对某种特定对象的驳斥实属无益，但对于那些哲学体系的宗派和分类我有话要说，而且，我还要提到它们的不完善之处，最后我还要论说其何以不完善以及大家为何一致认同，这样，人们走向真理之路也会少些困难，并使人类的理解力欣然接受净化。

62. 剧场假象，或是学说体系的假象很常见，也许未来会更多。从古至今，若不是人心忙于宗教和神学，若不是政府，特别是君主政府，一向反对这种新奇的东西，甚至仅仅思考这类东西也会被反对，若不是在这方面辛苦耕耘的人都难免性命之虞，毫无疑问，也就会生出许多其他哲学宗派，正如百家争鸣的古希腊。如果在天体现象方面人们可以设想出许多假设，那么（或许更甚）在哲学现象方面亦会有多种多样的教条被建立起来。而且，在哲学剧场的戏文中，你会看到和在诗人剧场见到的一样的情况，那些为舞台演出而编写的故事要比历史上的真实故事更为紧凑，更为雅致，更合人们心意。一般而言，人们在为哲学选取材料时，不是较多取于少数事物，就是较少取于多数事物，如此，无论从哪个角度来讲，哲学总是建筑在一个过于狭窄的实验史和自然史的基础上，把微小的实例作为权威来进行裁定。然而，唯理派的哲学家们只能从经验中提取不同的事例，但未经核实，且尚未认真考量就任由激情来应对一切。

还有一类哲学家，在勤勉认真地进行了少数实验之后便敢于大胆地抽引和构造出各种体系，甚至扭曲其他事实来适应那些体系。

第三类哲学家，出于信仰，把自己的哲学与神学和传说融合起来，其中一些虚妄之人竟要在精灵神怪当中去寻找科学的起源。如此看来，诸错误的母体，即这个错误的哲学可以分为三种：诡辩的、经验的和迷信的。

……

92. 但是，就目前而言，科学的发展、新事业和新领域肩负的任务面临的最大障碍还在于这一点，就是人们对那些事感到绝望且自认无法完成。因为聪明的、严肃的人们在这些事情上往往全无信心，他们总是想到自然之难知，生命之短促，感官之富于欺骗性，判断之无力，实验之难于进行，诸如此类，从而就认为在世界时空之中，科学自有其兴衰交替，某时生长和繁荣，某时又枯萎和衰落，当其达到某点或遭遇某一情况时就不能再进一步。因此，假如有人进行积极的尝试，他们就会认为这是由于稚嫩的心灵不受羁绊，还认为这类尝试往往开始时顺利，走下去困难，而终会陷入混乱。如今，正因这些思想是自然投合于人们的，我们就更需好好注意，切不可被其吸引，由此放松或降低了我们判断的严肃性。因此，我们必须勤勉地考察究竟有何物会给予我们鼓励，它会现身于何方；此外，我们必须撇开那些如风般浮动的希望，筛检出那些具有较大稳定性和恒常性的希望。不仅如此，我们还必须心怀老成谋国之思虑，其原则就是对于人事不予信赖，并多考虑其不利之处。因此，我必须论及希望一事，但是我不会向大家许愿，也不愿强制或束缚人们的判断，而要引导人们欣喜地前进。虽说鼓动人心最有力的办法是把他们引至特殊的事物上，但是，鉴于“欲速则不达”，我将按照原定计划预先为人们做好心理准备，在准备过程中，给予希望并非一个重要部分。但若是不给予希望，反倒令人忧愁（给予人们一种看法，使他们看待事物时感到更糟和更轻蔑，亦使他们彻底地了解自己处境之不畅），从而不会引发人们积极踊跃地努力尝试。因此，我会把自己的一些构想公之于众，这就表明我们有理由对此充满希望。和哥伦布的做法一样，他在进行横渡大西洋的惊人壮举之前，就已预先说明他为何坚信能够发现新陆地和新大洲，这些理由起初虽遭拒绝，但其后终为经验所验证，遂成为许多伟大功绩的前因和开端。

……

95. 历来处理科学的人不是实验家就是推论家，实验家好比蚂蚁，只会采集和使用；推论家则如蜘蛛，只凭自己的材料来编织丝网。然而，蜜蜂却是两者兼具，它于庭院和田野里从花朵中采集材料，通过自己的能力进行转化和消化——哲学的真正任务正是这样，它并非完全依靠心灵的能力，也并非仅把自然历史和机械实验收集的材料僵化教条地堆置在记忆当中，而是将它们消化之后放置于理解力之中。如此看来，若把这两种机能，即实验的和理性的两种机能，更加紧密精准地结合起来（迄今尚未做到），我们就可以有很多的希望。

……

108. 上述内容皆是通过消除或矫正过去的错误来消除绝望并鼓起希望的，现在再看看是否还有其他道路可以成为希望的依据，于是，这样一个想法就出现了：既然当人们并非着意寻求有用的发现，而是致力于他物之时仅是因为偶然和机遇就已获得许多有用的发现，那么，如果人们全力追求它们并以此为专业，同时注重方法和因循秩序而不是凭借一时冲动，那么，诚然，无人会怀疑他们能够完成更多的发现。人们在探索的过程中偶尔会遭遇阻滞，但总体来讲，情况无疑是相反的。由此可见，若要花费较短时间得到较好且较多的事物，应当仰仗人们的理性和努力，仰仗人们的指导有方和全神贯注，而不应寄希望于偶然的机遇、动物的本能等——然而，以往的发明竟是以这些为根源。

（弗朗西斯·培根　公元 1620 年）

新大西岛

我们从秘鲁（在那里我们航行了整整 1 年的时间）航行到中国和日本，经过南海，我们所带的食物仅够 12 个月。从东方吹来的风，虽然柔和而微弱，但持续了 5 个月甚至更长的时间，而且风向改变，我们只好在西边多住几天，所以那段时间我们几乎无路可走，有时甚至想到了返航。但是，有一次南方刮起了强风，风向偏东，把我们吹向北方。那时候，尽管我们省吃俭用，所携带的食物却所剩无多。就这样，我们在世界上最大的旷野中，没有食物，没有希望，唯有俯首等待死亡。

但是，奇迹出现了，次日晚上，就在我们前方不远处，往北方向，好像是一片密云，这也为我们带来了陆地的希望。我们知道南海是一片未知区域，可能有岛屿或大陆，迄今仍无人知晓。因此，我们整夜都努力向陆地显现的方向进发。待到黎明，我们可以清楚地看出那是一块陆地，还有满眼的丛林，这令它显得越发黑暗。航行了一个半小时之后，我们进入了一个很好的港口——一个依附着美丽城市的港口。其实这城市规模并不大，但建筑精美，从海上可以望见令人愉快的景色。我们无时无刻不在想象其美，直到上岸，我们才真正踏上这片土地。首先看到的是一些民众，他们手持木杖（看上去很像）阻止我们上岸，却没有任何凶狠的叫喊声，只是做出手势警告我们。因此，我们并没有感觉不舒服，依旧我行我素，依照自己的想法前行。

就在这时，一艘小船向我们驶来。

当我们走到距离小船不到六码的地方时，船上的人叫我们停下来，不要再靠近了。我们照驶不误，于是，船上的人站了起来，说："如果你们发誓，你们不是海盗，在 40 天内不会发生任何流血冲突，你们就可以获得登陆的许可。"我们说："已准备好宣誓。"

第二天一早，一个军官拿着手杖来到我们这里，对我们说，他要带我们去异乡人之家。

异乡人之家是一个精美宽敞的房子，由砖石建造而成，比我们所用的砖略蓝一些，房子上有漂亮的窗户，窗明几净，里面还有一些加了润滑油的橱柜。他先把我们带到楼上一个漂亮的客厅，然后问我们："你们一共多少人？"我们回答说："我们全算上，共有 51 人，其中有 17 人生病。"他请求我们忍耐一下，且等他再回到这里。"你们要知道这里的规矩，从今天起到明日，我们会帮你们转移船上的人，但你们要在这里先住三天。希望不会让你们感到烦恼，这也不是限制你们的自由，只是想让你们好好休息。这里应有尽有，我们派了 6 个人来伺候你们，包括完成船上的各种事务。"我们对他满怀尊敬与感激。我们又给他 20 支手枪。但他笑了，只说："什么意思？付了两次钱！"说完他就离开了我们。

我们的晚餐尽是珍馐美味，胜过我所知的任何一家欧洲学院提供的食物。我们喝了三种酒，都是有益于健康的：一种是葡萄酒；一种是谷物饮料，就像我们的啤酒，但是更加清澈；还有一种是用当地水果制成的苹果酒，真是令人愉快和提神的饮料。又有人带了许多朱红色的橙子来，给我们的病人吃。他们说这是治疗海上疾病的可靠方法。他们还给了我们一盒灰色且发白的小药丸，希望我们的病人每晚睡前吃一粒。他们说，这将会加速他们的复原。

第二天，10 点钟左右，城主又来找我们，行礼之后，他亲切地说："我是来拜访你们的。"我们叫人搬来一把椅子，请他落座。我们大概有 10 个人，其余的可能在船上。当我们坐下来，他这样说："我们是班萨兰姆岛上的人（依照他们的语言），拿着这个吧，因为我们的居所与世隔绝，所以我们为旅人制定了保密法则。虽然我们了解大部分的人类世界，但对于他们来说，我们的世界却是未知的。

"大约 1900 年前，在这片土地上，有一位国王，他是我们最为崇敬之人。

他不是神，只是凡人，却是一种神圣的象征。他的名字叫所罗门，我们尊敬他，因为他是我们国家的立法者……

“你们终会明白（我亲爱的朋友们），纵观国王所有的远见卓识，有一点最为杰出，这就是构想和建立起一种秩序和一个社会，我们称之为‘所罗门宫’，它是地球上最高贵之所在（如我们所想），也是这个王国立世之明灯。所以我以为这是希伯来国王的名号，他在你们那里应该很有名，对我们而言也不陌生，因为我们还保存着他的一些著作，你们却已遗失了。譬如，他撰写的《博物学》一书，涵盖了所有的植物，从黎巴嫩的香柏木到墙上生出的苔藓以及一切鲜活之物。这件事使我想到，我们的国王发现他在许多事情上都与比他年长许多的希伯来王相近，因此以此名来纪念希伯来王。我现在也很倾向于这种意见，因为我在古代典籍中发现，这个教团、这个公会有时叫作‘所罗门之宫’，有时叫作‘六日大学’，所以他大概在我们的贤明之王建立这个研究万物之本质的组织时，给它另取了一个名字。

“现在还是回到原题吧。国王禁止他的子民航行到任何不属于他管辖的地方去，与此同时，还发布了这样的命令：每 12 年要从本国派出两条船，进行几次航行；每条船上要有一个由‘所罗门之宫’里的三位弟兄组成的使节团，他们的任务就是研究各国的具体情况，特别是关于全世界的科学、艺术、创造和发明等方面的情况，而且还要带回来书籍、器具和各种模型。当这三位弟兄在别的国家登陆后，船只须立即回国，他们三个人要一直留在他国，直到下一个使节团去替换他们。这些船装满了粮食和财物，供使节团的弟兄们购买珍奇之物，并酬谢他们感激之人。接下来，我还要讲一讲，一般的海员怎样躲藏在陆地上，还有他们留在岸上时怎样冒充外国人，这些航行都通向什么地方，新的使节团和旧的使节团在什么地方会面……这些事情我本可以不讲，因为你们未必愿意听。不过，从这些事情上，你们可以了解到，我们从事的贸易不是为了金银珠宝，也不是为了丝绸香料，更不是为了其他商品。我们为了首先被创造出来的东西，那就是光。我是说，为了得到世界各地所产生的光。

“你们真是有福之人，‘所罗门之宫’的元老知道你们在这里，命令我告诉你们，他将接见你们，并和你们推选出的代表进行私人会谈。他定在后天接见你们，为了向你们传递祝福，时间定在上午。”

我们准时前往，同伴们推选我去进行私人会谈。他在一间华美的房间里接见我们，周围挂着精致的帷幔，地上铺着地毯，但宝座前并没有阶梯。他坐在一个装饰得十分华丽的矮矮的宝座上，头上有一个蓝缎子绣花的华盖。他左右两边各有一名白衣侍者，除此以外，并无他人。他穿的衬衣和我们那天看到他在车里穿的一样，但没有穿长袍子，而是披着一件同样料子的黑色斗篷。我们进门以后，依照人们的叮嘱，先深深地鞠躬，待我们走近他的椅子，他站起来，伸出他不戴手套的手，做出祝福的姿势。我们每个人都弯下腰去，吻他斗篷的边缘。在这之后，其他的人都离开了，只剩我一个人留在屋内。他命令那两名侍者退出室外，让我坐在他旁边，就用西班牙语这样对我讲起来：

“祝福你，我的孩子，我将赐给你我最大的珍宝。我将告诉你一些关于‘所罗门之宫’的真实情况。孩子，为了使你了解‘所罗门之宫’的真实情况，我会按这样的顺序来讲：第一，我将告诉你我们这个机构的目的；第二，我们的措施和设备；第三，我们的成员所担负的工作和任务；第四，我们所遵守的法令和仪式。

“我们这个机构的目的是探讨事物的本原和它们运行的秘密，并扩大人类的知识领域，以使一切理想的实现成为可能。

“我们的措施和设备是这样的：我们有各种又大又深的洞穴，最深的可达600英寻。有一些是在山底下挖掘的，所以如果你把山的高度和洞的深度计算在一起，它们就会超过3英里深。而且，我们发现从山顶到平地和从平地到洞底是一回事，因为都是远离太阳和天上的光线，都不是露天的。我们将这些洞穴叫作下层地区，我们用这些洞穴来凝结、僵化、冷冻和保存各种物体。我们也在那里仿造各种天然矿物，并且利用化合物和原料，以及埋藏在那里多年的物质，生产出人造金属来。也许你会感到奇怪，我们有时也用这些洞穴来治疗某种疾病，并把它作为延年益寿之用，住在那里的隐士们在获得必需品供应的情况下，确实能活得很久。我们通过这些人可以学习到许多东西。

“我们也会像中国人埋藏陶器一样，在许多洞穴里埋藏各种各样的胶泥制品，不过它们的种类比中国的陶器更多，样式更美。我们知晓各种制造腐殖土和复合肥料的方法，那些肥料可以使土壤变得更肥沃。

“我们还有高塔，最高的可达半英里，有一些建造在高山上，连山带塔最高的至少有 3 英里。我们管这些地方叫上层地区，把上层、下层之间的地方叫中层地区。我们按照这些高塔的位置和高度来进行曝晒、冷却、保存，并用它们来观察气象，例如风、雨、雪、雹和其他突变的气象。于这些塔上，有些地方住有隐士，我们偶尔也会访问他们，告诉他们应该观察些什么。

“我们有很大的咸水湖和淡水湖，在那里我们可以养鱼和水禽。有时也会在那里埋藏一些自然物质，因为我们发现把东西埋在土里或是空气流通的地下，与埋在水里是不同的。我们也有池子，有的人从盐池中汲出淡水，也有人用技术把淡水变成盐水。我们在海中央建有岩石，在海岸上建有港湾，在那里进行的工作需要利用海上的空气与雾气。我们同样有奔腾的河流和磅礴的瀑布，它们为我们提供动力；还有许多机器来增强风力，以发动各种机器。

“我们还有许多人造温泉，是仿照天然温泉造就的，带有硫黄、铁、铜、铅、硝石等矿物的颜色。我们还有一些小井，那里边的水能够浸泡东西，其效力比放在盆子里的水更强、更快，其中有一口井里的水被我们称为‘天堂之水’，经过处理以后便有增益健康和延年益寿的功效。

“我们还有宏伟宽敞的建筑，人们在那里进行气象研究和试验，诸如降雪、降雹、降雨（人工的实物雨，不是水滴）、雷电等，我们也研究和试验万物的繁衍，如青蛙、苍蝇等。

“我们还有一些疗养院，称之为保健院。我们可以调节那里的空气，使之适合治疗各种疾病和保持健康。

“我们还有许多清洁而宽敞的浴池，水里掺有各种药水，能够治疗疾病和祛除人们身体的疲劳，还能增强人们的体力以及各部分的机能，使他们精力充沛，身体强健。

“我们还有各种大型果园和花园，我们关注的不是风景的优美，而是土壤的性质和肥沃的程度，看它是否适合种植树木和花草。除葡萄园以外，还有种植其他果树和浆果的大型果园，可以用果子酿制各种酒。我们也尝试对各种野生树木和果树进行嫁接，取得了良好的效果。我们在这些果园和花园里应用各种技术，使树木、花草的成熟早于或晚于它们应该成熟的季节，并使果树更快更多地结出果实来。我们应用的技术使它们生长得更高大，结出的果实也更大、更甜，有异乎寻常的色、香、味和形状。我们对其中一些加以培养，供医学使用。

“我们还有方法使植物从各种混合的土壤中生长出来而不需要种子，同样也能生产出各种不同寻常的新品种，并且能使一种植物变为新的品种。

“我们还有许多养着各种鸟兽的动物园，不仅因其珍异而作观赏之用，也是为了解剖和试验，把得到的知识应用到人体上。在这些事情上，我们发现了许多使人惊奇的效果：有些动物身体上极重要的部分已经死亡或者被割掉，但这些动物还能活下去；有的看上去已经死了，但还能复活。我们还会在这些动物的身体上试验各种毒素和药品——外用的和内服的。我们用各种技术使它们长得异常高大，或是使它们生得矮小，甚至停止生长；我们使它们有特别强的繁殖能力，或者使它们失去繁殖能力，不能繁衍生息；我们也能使它们的颜色、形状、习性等发生改变；我们也有办法使不同种类的鸟兽进行杂交，它们不但不像一般人所想的那样失去生育能力，而且还生出了新品种。当然，我们并不是偶然获得成功的，而是预先知道使用何种物质和某种混合物就能生出何种生物。

“我们还有特殊的池塘，这些池塘用来饲养鱼类，上边所说的对鸟兽的操作，也会在鱼类身上做试验。

“我们还在一些地方养育着有特殊用处的昆虫，如同你们饲养的蚕和蜜蜂。

“我不想多占用你的时间来听我讲述我们的酒厂、面包房还有食堂，在那里我们能做出精美的酒、面包和肉食。关于酒，我们有葡萄酒和各种露酒、果汁酒、米酒、药酒，各种蜂蜜、蔗糖、甘露和果汁混合而成的酒，还有树汁、蔗露所造的酒。这些酒至多保存了上百年，至少也有三四十年。我们还用各种植物来酿酒，有的竟是用兽肉和鸡肉酿成的，所以有几种酒实际上既是酒又是肉。有些人，特别是老年人，喜欢喝这样的酒，他们不愿吃肉食和面包，即使吃，也吃得很少。最重要的是，我们竭力把酒酿造得十分柔和，使它的力量能够慢慢地倾注全身，叫人并不感到刺激，其中有几种滴在手背上，很快地就会使手掌感到温暖，但喝到嘴里却非常柔和。

“我们还制造各种能为身体增加营养的饮料，它们相当于很好的酒，所以有的人就不再喝别的饮料了。我们有用各种粮食、植物根和果仁做的面包，还有的是用干肉、干鱼做的。做的时候使用了各种发酵剂和调味剂，所以有些面包不但美味可口，而且非常有营养，只吃这些面包就能长寿。关于肉食，我们把一些肉捣碎，烧得又烂又嫩，供消化能力弱的人食用；对于消化能力强的人，我们给他们准备另外一种肉食。我们还有一些肉类、面包、酒类，人们吃了可以长时期不饿；还有一些食物，人们吃了可以使身体变得更为结实健壮，肌肤富于弹性，他们的体力也强于不吃这些东西的时候。

“我们有药房和药店。在那里，你们一定会想，既然你们动植物的种类比我们欧洲多，那么你们也一定有更多的药草制剂、药材和药品了。我们储藏的药物年代不同，且历经长期发酵。为了配制这些药品，我们不仅使用微火、各种过滤器和其他物质，而且通过最完善的过滤和分析，用最准确的配剂方法，使药品配成之后如同天然产品一样。

“我们还有你们所没有的各种制造技术，制造出来的东西有纸张、布匹、丝绸、纱绢、美丽且富有光泽的羽毛制品、优良的染料和其他物品。有的工厂制造的这一类产品专为大众所用，有的不是。你知道，上面提到的这些东西多半已经在我们国内普遍使用，但如果有了任何新的发明创造，仍可作为样品试用。

“我们还有各种各样的熔炉，可以保持不同的热度：猛烈而短暂的，强大而持久的，微弱而温和的；有的风力大，有的风力小，有的干热，有的湿热。最主要的是我们可以仿造太阳等天体热，通过各种均差、各种轨道（可以这么说），从而产生意料不到的效果。此外，我们还有生物粪便的热、肠胃的热、血液和身体之热以及草木发酵和石灰淬水所产生的热，还有专靠运转便能生热的器械。此外，我们有一些地方可以为曝晒工作提供充足的阳光，包括在地下能够天然地或者人工地产生热力的地方，我们用这些热为我们要进行的各种操作提供所需能量。

“我们还有光学馆，在那里我们做各种颜色的光线和辐射的试验，我们能使无色透明的东西变成有颜色的，不是像宝石和棱镜中所呈现的那种色彩，而是各种单一的颜色。我们还能增加光的强度，使它照射得更远，凭借它的力量可以洞察一切。我们能使光线具有各种颜色，使视觉在形状、大小、动作和颜色上产生各种错觉和假象，并做各种影像的试验。我们能通过你们不知道的方法使各种物体发光。我们有方法看到远在天上或极远之地的东西，能视近若远、视远若近，制造一种虚假的距离。我们还能用比现在所用的眼镜更好的办法来辅助提高视力。我们有办法用镜子清晰地、完整地看到极微小的物体，看到原来看不到的昆虫的形状和颜色、米粒和宝玉上的瑕疵，观察原来无法观察的便溺和血液。我们能人工造出彩虹、日月晕和光圈。我们能使物体的光柱发生各种反射、折射等。

“我们还有各种各样的宝石，大多数异常美丽，而且是你们从未见过的，还有各种晶石、玻璃制品、金属和其他材料，还有你们所没有的化石和半矿石，同样还有吸力惊人的磁石以及其他天然或人造的珍贵宝石。

“我们还有音乐馆。在那里，我们可以做各种声音和发声的试验。我们有你们所没有的四分音和较少滑音的和声。同样，这里的乐器也是你们从未见过的，其中有一些乐器发出的声音比你们的乐器发出的声音更婉转动听，还有优美且铿锵悦耳的钟铃。我们能使轻微的声音变得洪亮低沉，使洪亮之声变得悠扬和高亢。我们能保存原调，同时发出各种震音和颤音。我们能表现和模仿各种语言的发音和歌唱以及各种鸟啼兽叫。我们还有一种助听器，放在耳朵上可以大大提升听力。我们还有各种奇怪的人造回声，把声音多次地反射回来，好像有什么东西在震荡着它，有时回来的声音比发出的声音更大、更尖锐，有时这些声音竟会改变了原本的发音和音节。我们还有办法通过利用筒子和管子把声音传至不同的方向和不同的距离。

“我们还有香料室，香料室与辨味的设施合并在一起。我们增添了香味的种类，其中一些似乎是很特别的。我们制造香味，使所有的东西都能发出一种它原本没有的香味。我们也能仿造出各种美味，人们尝了以后无法辨出真假。我们还设有糕点室，制造各种糖果、可口的酒、奶、肉汤，远胜过你们的花样。

“我们还有机器馆，在这里我们通过各式机械装置做出各种机器和工具。我们在这里仿制或试制出一些机械，其运转的速度超过你们发射步枪子弹的速度。我们借助机轮或其他方法可以毫不费力地使机器转动，发出强大的力量，强过你们的机器，甚至超过你们最大的大炮和火炮。我们还制造各种武器军械，同样也根据新的配方制造各种火药以及可以在水中燃烧、用于海战的‘鬼火’，还有供观赏和使用的各式焰火。我们还能模仿鸟的飞行，而且我们已经有了一些飞行方法。我们有潜于水底，能够抵抗海浪的船只，还有救生圈。我们有各种奇异的钟表，能够周期和长期转动的机械。我们还制造机器人、机器兽、机器鸟、机器鱼、机器蛇；我们还有很多其他机器，它们都制造得非常匀称、精美和细致。

“我们还有一个数学馆，那里有制造得非常精美的几何学和天文学仪器。

“我们还有幻术室，在那里我们能演出各种魔术并揭示其秘密。你一定会想到，我们既然有这么多真正使人惊奇的东西，那么如果把这些东西伪装起来，必然能在这个偏好新奇的世界上瞒人眼目，使它们显得更为神奇。但我们痛恨一切欺骗和谎言，所以我们这里严禁行使骗术，如有违犯，就会被罚款。因此，他们决不把原有的事情或者物品加以装点或者夸大，伪装神奇，只会使人们看到它们的原本面目。

“我的孩子，这些就是‘所罗门之宫’的财富。

“至于我们的工作和任务，我们有 12 个人会以他国之名义（因为我们的国家不能为外人知晓）航行到外国去，收罗各地的书籍和论文以及各种实验的模型，我们把这些人称作光之商人。

“我们还有 3 个人专门负责收集各种书籍中所记载的试验，我们称其为‘剽窃者’。

“还有 3 个人收集关于机械工艺、高等学术的实验的实际操作方法，我们把他们叫作‘技工’。

“还有3个人从事他们认为有用的新实验。我们把他们称为‘先驱者’或者‘矿工’。

“还有3个人把上述实验制成图表，以便从中得出知识和定理，我们把他们叫作‘编纂者’。

“还有3个人专门观察他们同伴的实验，从中提炼出对人类的生命、知识以及工作有用的东西，能清楚地说明事物的本原和预测未来之法，并轻松发现事物的性质和构成，我们把这些人叫作‘天才’或者‘恩者’。

“当我们全体人员举行各种会议和讨论，特别是研究了以前的工作和搜集的材料之后，其中有3个人会进行新的更高级的且深入自然的试验。我们称其为‘明灯’。

“我们还另有3个人专门执行计划中的试验，并就此提出报告。我们把他们叫作‘灌输者’。

“最后，我们有3个人会把以前试验中的发现提炼为更完全的经验、定理和格言，我们将其称作‘大自然的解说者’。

“你们一定能想到，我们还有许多学徒和实习生，他们可以接替上述各种人员的职务，此外，这里还有大批的男女佣人和侍者。我们还会一起研究那些我们发现的经验和发明，明确哪些应该发表，哪些不该发表，并且一致宣誓，对于应该保密的东西一定严守秘密。不过，其中有一些秘密我们有时向国家报告，有时不报告。

“关于我们的规章和仪式，这里有两条美丽的长廊，其中一个陈列着各种新奇且有价值的发明模型和样品；另一个陈列着主要发现者、发明者的雕像，那里有发现西印度群岛的哥伦布、轮船的发明者、你们那里发明大炮和火药的僧人，还有音乐发明者、文字发明者、印刷术发明者、天文观察的发明者、金属器具发明者、玻璃发明者、蚕丝发明者、酒类发明者、谷类和面包发明者、糖的发明者。关于这些人的传说，我们所知道的比你们知道的更为可靠。还有我们本国的许多伟大发明家，因为你没见过，说起来又太长，况且你也未必能正确了解他们，所以我就不详细说了。对于每个有价值的发明，我们都会为它的发明者建立雕像，给他们优厚的待遇和荣誉的奖赏。那些雕像有铜的、大理石的和玉石的，还有柏木的和其他特种木料的，当然，还有铁的、银的和金的。

“我们有赞美诗和乐曲，每天歌颂和感恩如此奇妙的创造；我们还有各式祈祷文，恳求帮助我们，赐福给我们，使我们的劳动更为辉煌，成为神圣而有价值的事业。

“最后，我们还会巡视和访问我们的主要城市，并在所到之处发布我们自认为最好的新发明。我们也预警瘟疫、虫灾、饥荒、风灾、地震、洪灾和一年四季的气候和其他事情的到来，并指示人民如何防御和救治。”

他说完这些之后，站起身，我便依照人们所教的那样跪下，他把右手放在我的头上，说道：“赐福给你，我的孩子。为了他国的幸福，我准许你发表我所讲的一切，因为现在我们是在上帝的怀抱中，在一个外人所不知道的国度里。”说完他就离开了我，并给予我们2000达克特的奖赏。

（弗朗西斯·培根　公元1627年）

论地球之运动

我在前面的观察中发现了一些关于地球的新运动，这在之前是从未想过的，当这些研究成果得到进一步确证时，我将进行更详细的论述。届时，我还要解释一个关于世界体系的概念，它在许多细节上不同于已知的体系，而且，它在所有方面都符合机械运动的一般规律——这主要取决于三个假设。

第一个假设是，无论哪个天体，皆有引力。因此它们不仅吸引自己的部分，阻止它们脱离星体，而且正如我们对地球的观察一样，它们确实吸引了在其活动范围内的其他天体。因此，不仅太阳和月球会对地球的运动产生影响，地球也会反作用于它们。同样，水星、金星、火星、木星和土星的吸引力也会对它们的运动产生相当大的影响。

第二个假设是，任何物体只要开始运动，就会沿着直线向前运动，直到它们受到其他力量影响被改变运动方向，从而形成诸如圆形、椭圆形或其他更复杂的曲线。

第三个假设是，这些引力越是强大，越会将天体的周边吸引向其中心。关于吸引的程度，我尚未通过实验验证。虽然这只是一个概念，如果它被充分理解，那将有助于天文学家将所有的天体运动纳入统一的规律。我甚至怀疑，如果没有它，这将永远无法实现。倘若一个人了解圆摆和圆周运动的本质，他就极易掌握这一原理的全部基础，亦会懂得于自然之中陈述其实，找寻方向。

就此而论，我只会将线索给予那些有能力和机遇进行研究的人，他们能够认真观察，仔细计算，我衷心希望能找到如此热诚之人，但是我首先要完成手边的任务，因此无法兼顾。所以，我必须向承办人保证，他会发现世间所有运动皆受此定理影响，如若能充分掌握此定理，将会真正地完善天文学。

（罗伯特·胡克 公元 1674 年）

自然哲学之数学原理

作者序言

由于古代人（如帕普斯告诉我们的那样）在研究自然事物方面尤为看重力学，而现代人则抛弃实体形式与隐秘的本质，力图将自然现象诉诸数学定律，所以我将在本书中致力于探讨与哲学相关的数学。古代人从两方面考察力学，一方面是理性，讲究精准演算，另一方面则是实用性。实用力学包括一切手工技艺，力学也由此而得名。但因为匠人们的工作并不精确，于是力学便这样从几何学中分离出来，那些相当精确的即称为几何学，而不那么精确的即称为力学。然而，误差不能归因于技艺，而应归因于那些工作精确性差的人，即有缺陷的技工；能以完善的精确性工作的人，才是所有技工中最完美的。画直线和圆虽是几何学的基础，却属于力学，几何学并未教授我们如何画这些线条，却需要我们先画好它们，初学者在进入几何学之前需要先学会精准作图，然后才能学会怎样运用这种操作去解决问题。

虽然画直线与圆是问题，但不是几何学问题，这些问题需要借助力学来解决，在解决之后，则需要几何学来说明它的应用。几何学的优势在于，它从别处借用较少的原理就能产生如此众多的成就，所以，几何学以力学的应用为基础，它并非包含力学的全部，只是包含力学中能够精准地提出并演示其技巧的那一部分。然而，由于手工技艺主要应用于物体运动之中，通常是将几何学与物体的量相联系，而力学则与其运动相联系，就此而论，理性的力学是一门精准地提出问题并加以演示的科学，旨在研究由某种力产生的运动，以及某种运动所需要的力。古代人曾研究过部分力学问题，涉及与手工技艺有关的五种力，他们认为较之于这些力，重力（或非人手之力）也只能表现在以人手之力来搬动重物的过程中，但我考虑的是哲学而不是技艺，所研究的不是人手之力而是自然之力，主要是与重力、浮力、弹力、流体阻力以及吸引力或排斥力相关的问题。因此，我的这部著作论述哲学的数学原理，是因为哲学的全部困难在于通过运动现象去研究自然力，再由这些力去推演其他现象。为此，我在本书第一和第二章中推导出若干普适性的命题。在第三章中，我将示范如何把它们应用于宇宙体系，通过前两章中数学证明的命题，由天文现象推演出使物体倾向于太阳和行星的重力，再运用其他数学命题由这些力推算出行星、彗星、月球和海洋的运动，我希望其他的自然现象也由力学原理推导出来。基于诸多理由，我猜测它们都与某些力有关，这些力以某些迄今未知的原因促使物体的粒子相互接近，凝聚成规则形状，或者相互排斥、疏散分离，由于哲学家们对这些力一无所知，所以他们对自然的研究迄今无甚收获，但我期待本书所确立的原理能于此或真正的哲学方法有所指导。

艾萨克·牛顿

1686 年 5 月 8 日于剑桥三一学院

第一章　自然哲学之数学原理

定义

定义 1

物质的“量”就是物质的度量，可以通过物质的密度和体积来算出。

在一个 2 倍大的空间里，如果空气的密度增加 1 倍，它的量就会有 4 倍；而在一个 3 倍大的空间里，它的量则会有 6 倍；因挤压或液化而被压缩的雪、微尘、粉末或是无论任何原因在任何情形下被压缩的物体，都可作同一解释。在这里，我并不考虑存在某种穿透物体的介质（如果此类物质存在的话），在后面，不管我在什么地方提到物体或质量这个名称，一般来说，都是指的这个量。这个量可从每一个物体的重量中推出，因为它与重量成正比，这就与我在钟摆实验中得出的精确的结论一样，对此，我将在后面进行详细阐述。

定义 2

运动的量即运动的度量，是由其速度和物质的量共同算出的。

整体运动是部分运动的总和，因此，如果物体的速度不变而量增加 1 倍，运动的量也将达 2 倍；如果速度达 2 倍，那么，运动的量就会到 4 倍。

定义 3

vis insita（物体本身固有的力，也是一种起抵抗作用的力）存在于每个物体中，并始终使物体保持现有的静止或匀速直线运动的状态。

就观察而言，这种力总是与该物体成正比，而且物体的惯性并无差别，由于惯性原因，一个物体若要改变它的静止或运动状态有一定的困难，因此，vis insita 这个名称我们可以用更恰当的名称来代替，比如惯性或惯性力。但是对于一个物体来说，只有当某种力作用于它或要改变它的状态时，才会产生这种力。这种力既可看成是抵抗力，也可看成是推动力，只要物体保持现有状态并同外力相抵抗，它就是抵抗力；当物体不轻易顺从外力，并且努力改变外力的状态时，它就是推动力；抵抗力通常在物体处于静止状态时产生作用，而推动力通常在物体处于运动状态时产生作用。一般而言，所谓的运动和静止也是相对的，通常被认为是静止的物体并不是真正的完全静止。

定义 4

施加在物体上的外力其作用是使物体改变静止或匀速直线运动的状态。

外力只在物体产生作用的时候存在，并将随着作用的停止而消失，因为，物体只能依靠惯性来维持其所获得的每一个状态，而外力的来源有多种方式，例如，它可以来自撞击力、压力或向心力。

定义 5

向心力迫使物体趋向一个中心点，并对任何倾向于该点的物体起作用。

重力属于向心力的范畴，它能使物体坠向地球的中心；磁力亦是如此，它能使铁吸向磁石。另外，这种力可使行星不断偏离直线运动，再进入曲线轨道。再比如，在投石器上旋转的石块，为了使它从旋转器上飞离出去，便加大投石器的张力，旋转速度越快，张力也就越大，一旦放手中，石块将飞逝而去。另外一种反抗力又会促使投石器不断将石块拉回人手，并将石块限制在一个环形轨道上，在这里，人手就相当于这个环道的中心，也就是我所说的向心力。凭借同样的道理，就可以解释在任何轨道中运动的物体，这些物体都力图离开轨道的中心，如果没有一个反抗力来遏制它们力图飞离的趋势，并将它们限定在轨道上，它们就会沿着直线做匀速运动而飞离出去，因此，我把这种力称为向心力。一个抛射物，要不是因为地心引力的牵制，它将不会回到地球上；如果没有空气的阻力，它将在空中做直线运动，正是由于引力，物体才不断偏离直线轨道，从而向地球偏转。关于偏转的强弱取决于地球引力和抛射物运动速度的大小，物体的质量越小，引力就越小，由此抛射物的速度越大，它对直线轨道的偏离也就越小，飞得也就越远。如果在山顶借助火药力来发射铅弹，对它的速度进行一定的限定，并让它处于与地平线平行的方向，那么，在它坠地前，将沿曲线飞行 2 英里。同样，如果没有空气的阻力，抛射速度增加 1 倍或增加到 10 倍，铅弹的飞行距离也会增加 1 倍或增加到 10 倍。通过增大发射速度，我们可以任意增加抛射距离，从而减轻它的轨迹弯曲度，直到它最终落在 10°、30° 或 90° 的地方，甚至在落地之前绕地球运动 1 周；或是使它最后不再返回地球，而是进入外层空间，做无限运动。根据同样的方法，抛射物在引力作用下可以回到环道中，并且环绕地球运转。同样，月球也受引力的牵制作用，如果它本身具有引力，或者因其他力的作用而被不断拉向地球，它就会由于惯性力而偏离直线路径，沿着现在的轨道运转。如果没有这样的力来牵制月球，月球就不能保持在它的轨道上；如果这个力太小，就不足以使月球脱离直线路径；如果这个力太大，就会使偏转角度变大，从而将月球从其轨道中拉向地球。这个力必须是一个恰当的量，因此，数学家必须算出这样一个力，换而言之，它可以使物体以既定速度精确地沿着既定轨道运转。反之，亦可先确定一个曲线路径，使其从给定发射地用给定速度使抛射物偏离其原本的直线路径而进入其中。

因此，任何一个向心力都可有三种度量：绝对度量、加速度度量和运动度量。

定义 6

用向心力的绝对度量来量度向心力，它与由中心产生并且通过与周围空间传递出的向心效能成正比。

因此，两块磁石磁力的大小，是由它们自身的尺寸和强度来决定的。

定义 7

用向心力的加速度度量来量度向心力，它与向心力在某个既定时间里产生的速度成正比。

从地球上只能看到月球始终不变的一半，这是因为月球虽在转动，但在地球的引力下，它始终是围绕地球转动，月球不会自转，所以我们无法看到它的另一面。这种现象也是万有引力定律的体现。对同一块磁石而言，距离越近，向心力就越大；距离越远，向心力就越小。同理，山谷里的引力大于高山顶峰处的引力，而物体距离地球越远，其引力也就越小（这个问题将在之后证明）。如果不考虑空气阻力的因素，当距离相等时，其向心力也相等，因为做自由落体运动的物体或重或轻，或大或小，引力都会对它们做相同的加速度。

定义 8

用向心力的运动度量来量度向心力，它与向心力在某个既定时间里产生的运动量成正比。

物体越大，重量也就越大；物体越小，重量也就越小，但对同一个物体而言，离地球越近，其重量也越大；离地球越远，其重量也越小。这就是向心性，即整个物体对中心的倾向，也就是我所说的物体的重量。这个量值，等于与它方向相反但足以阻碍物体下落的那个力。

注释：到此为止，我对那些鲜有人知的术语全部进行了定义，并对它们的意义进行了解释，这为之后的讨论奠定了基础。但是，我没有对时间、空间、位置和运动的概念进行定义，因为这些概念众所周知，唯一需要说明的是，一般人通常只能通过可以感知的客体来体会这些量，除此之外别无他法，但结果往往因此产生谬误。为了消除这些误解，可将时间、空间、处所和运动的概念分为绝对的和相对的、真实的和表象的、数学的和普通的，这样的区分既清楚又简单。

（1）绝对的、真实的、数学的时间。这种时间由其自身特性所决定，它稳定地流动，与外在的事物没有任何关系，因此，它又被称为持续时间。而且，相对的、表象的和普通的时间是外在的并能被感知，它可以度量对运动的延续，通常可用它来替代真实的时间，例如，我们日常所说的 1 小时、1 天、1 个月或 1 年。

（2）绝对空间。绝对空间始终保持着一种不变和静止的状态，它与一切外在事物无关；但相对空间则是一些可移动的空间，或是对绝对空间的度量，我们往往是通过它和物体的相对位置来感知它。一般而言，绝对空间是不可移动的空间，例如，地表以下的空间、大气中或天空中的空间都是通过它们与地球间的关系来确定的。绝对空间和相对空间的形状和大小是相同的，但在数字上却不完全相同。比如，在地球的运动中，相对于地球而言，大气的空间总是不变的；但在某一时刻，大气将通过绝对空间的某一部分，而在另一个时刻，大气又将通过绝对空间的另一个部分。换言之，从绝对的意义上来理解，它又是不断变化的。

（3）处所是被物体所占有的空间中的一部分。处所既可以是绝对的又可以是相对的，这由空间的性质来决定，我所指的处所是空间的一个部分，并非指物体在空间中的位置，也不是指物体的外在表面。因为，物体相等，其处所也相等，但是，处所的表面却常常因为形状不同而不相等，位置并无量的概念，因此，它们不是处所本身，它们与处所只是一种所属关系。物体整体的运动等于各部分运动的总和，换言之，物体整体离开其处所的移动，就是物体的各个部分离开处所的移动之和，即整体的处所等于各部分处所的和。就此而言，处所是内在的，是位于整个物体之内。

（4）绝对运动和相对运动。物体从一个绝对处所向另一个绝对处所的移动叫绝对运动，物体从一个相对处所向另一个相对处所的移动叫相对运动。在一艘航行的船里，物体的相对处所就是物体在船上所占据的位置——也就是船舱中堆积物体的那一部分，这一部分与船共同运动。而相对静止则是指物体堆积在船或船舱的同一部分。但事实上，绝对静止是指物体堆积在固定空间里的相同地方，相对于这个地方，船、船舱以及船舱所携带的物品都处于运动中。因此，如果地球确实处于静止状态，相对船而言，船里的物体则是相对静止，这时，物体就会以船在地球上运动的速度，进行真实的、绝对的运动。但是，如果地球此时也在运动，那么，物体真正的绝对运动应该是一部分来自地球在固定空间里的真实运动，一部分来自船在地球上的相对运动。假如物体也在船上进行相对运动，那么，物体的真实运动就是一部分来自地球在固定空间里的真实运动，一部分来自船在地球上的相对运动，以及物体在船上的相对运动，而物体在地球上所做的相对运动就由这些相对运动所决定。譬如，船所处的地球上的那一部分，向东做真实的运动，假设速度为 10010 等份，这时，船在强风中向西行进，假设速度是 10 等份，水手在船上向东走，假设速度为 1 等份；那么这时，水手在固定空间里所做的运动实则是向东运动，速度是 10001 等份，而相对于地球表面来说，水手则是向西运动，速度则为 9 等份。

在天文学中，一般是用时间的均值或纠正值来区分绝对时间和相对时间的。因为，自然日虽然通常被认为是相等的并被作为时间的一种度量单位，但在实际上它们并不相等。天文学家之所以要纠正这种模糊性，正是为了可以更精准地测量出天体的运动规律。用等速运动来精确测量时间可谓一剂良方，但它可能是不存在的，所有的运动都可以加速或减速，但是，绝对时间的流逝永远是真实且稳定的，它不会因为外界的变化而发生任何改变。无论运动快、慢还是停止，物体都是持续存在并能保持不变的，因此，应该把这种持续性区分于只能依靠感官感知的时间，所以，我们可以用天文学中的均值将它推算出来。这种均值的必要性已在对现象的时间测量中得到具体的体现，钟摆实验、木星和卫星的相互掩食现象就可以作为例证。

正如时间各部分的排列顺序不可改变，空间各部分的次序也不能改变。假设空间中的一些部分被移出它们的处所，那么它们也会移出它们自身。因为时间和空间就是它们自身和其他一切事物的处所。所有的事物都会在时间中排列出顺序，在空间中排列出位置。它们的本质或属性就是处所，而物体的基本处所可以移动的说法不合常理。因而，这些处所皆是绝对处所，离开这些处所而进行的转移运动，也只能是绝对运动。

由于空间中的那一部分我们不能看见，也不能通过感觉来进行区分，于是，我们就用可以感知的度量来替代。从物体的位置到公认为是固定物体的移动距离中，我们可以定义出物体的处所，然后根据物体在那些处所中的相对移动，可以测算出物体在处所期间做的所有运动，因此，我们通常采用的是相对处所和相对运动，而不是绝对处所和绝对运动，这样做并不会给我们带来不便；然而，如果是进行哲学研究，我们就应该通过自己的感官抽象出事物并对事物本身的特性进行思考，以此来获取一些信息，这与单靠感知去度量事物的方法截然不同，因为涉及相对于其他运动物体的处所和运动。由此可知，没有哪一个静止物体是真正的静止。

但是，我们可以通过事物的特性、原因以及结果将一种事物与其他事物的静止和运动、绝对和相对区分开来。静止的性质是指真正静止的物体对于另一个静止物体而言，也是静止的。实际上，在有恒星的遥远区域或者更远的地方，极有可能存在着一些所谓的绝对静止物体，但在我们的世界里，我们却不可能通过物体间的相互位置，去发现这个世界里的物体是否与那个遥远区域的物体保持着同样的位置。换言之，在我们的世界里，物体的位置不能确定为绝对的静止。

运动的性质是，其中的部分保持整体给定的位置，并参与整体的一系列运动。在一个旋转的物体中，物体的每一个部分都有可能脱离旋转轴，不断向前运动的物体的动力等于其他各个部分动力的总和。因此如果周围的物体开始运动，原先在里面的那些相对静止的部分也将参与它们的运动。由此说明，物体的真实而绝对的运动不能由那些貌似静止的物体的移动来决定，因为周围的物体不能只是形式上是静止的，它应该是真正的静止的。另外，被包围的物体，除了从它们附近的物体那里进行转移之外，它们也会参与真正的运动。也就是说，即使它们没有做转移运动，它们也不会是真正的静止，不过貌似是静止而已。因为，周围的物体与被包围的物体的关系，可以看作物体外部与内部的关系，也可比作果壳和果仁的关系。但是，如果果壳开始运动，作为整体一部分的果仁也会参与运动，但它靠近果壳的地方没有任何移动。

与上述性质相关的另一个性质是：假如处所在运动，那么，位于此处所中的物体也将随之运动。由此可知，一个物体虽以运动的形式从一个处所移动出来，但它仍然参与处所的运动。因此，所有离开处所的运动，都只能是整体运动和绝对运动中的一部分。而且，每个整体的运动都是由物体和处所移出其原来位置而做的运动，直到最后到达某一个固定的处所，就如之前谈到的船在海中航行的例子。因此，整体的和绝对的运动只能由固定处所来决定。正因如此，我才在前面将固定处所与绝对运动联系起来，将可动处所与相对运动联系起来。除了那些从无限到无限的事物以外，没有哪个处所是不可移动的，而那些做无限运动的事物总是保持着相互间的既定位置，不发生任何改变，永恒地保持不动，从而构成了固定空间。

真实运动之所以有别于相对运动是因为某种力在发生作用，这种力施加在物体上并使物体产生运动。如果没有力在物体上产生作用并使其移动，真正的运动是既不会产生也不会改变的，但相对运动就不同了，即使没有力在物体上产生作用，相对运动既可能产生也可能发生改变。只要对与前一个物体进行比较的其他物体施加某种力，就足以证明这一点。由于其他物体的移动，先前存在于其他物体之中的相对静止或相对运动的关系也可能会随之改变。另外，当某种力施加在运动物体上时，真正的运动通常都会发生一定的改变，而相对运动则不会发生任何改变。如果把相同的力施加在进行比较的物体上，物体间相对位置就会得以保持，且相对运动所包含的条件也得到保持。换言之，当真正的运动保持不变时，相对运动可能会发生改变，而当真正的运动发生改变时，相对运动又可能保持不变。由此可知，真正的运动绝不会产生在这种关系之中。

通过脱离旋转运动轴的那种力，可以从效果上对绝对运动和相对运动进行区分。因为在相对运动中，这种力是根本不存在的。这种力只存在于绝对运动中，但这种力的强弱取决于运动的量。如果将一个器皿悬挂在长绳上，使其反复旋转而将长绳拧紧，然后在器皿中注满水，让器皿和水都保持静止。此时，再突然通过另外一个力使器皿朝相反方向旋转，这时，绳就会自己松开，而器皿的运动则会持续一段时间。起初，水的表面是平静的，因为器皿的运动尚未开始，但随着器皿不断将运动传递给水，水就开始旋转起来，水逐渐地脱离中间地带，并沿器皿的四周上升，逐渐形成一个凹形；运动越快，水上升得越高，到最后，它将与器皿同时旋转而进入一种相对静止的状态。水的上升预示着它将脱离运动轴，此时，水所进行的真实且绝对的旋转运动与它的相对运动产生矛盾，这种矛盾可以通过趋势来度量：最初，当器皿中水的相对运动达到最大时，它并无脱离轴的运动倾向，也没有显示出旋转的趋势，更没有沿四壁上升，此时水面保持着平静，因为水真正的旋转运动尚未开始。但在此之后，水的相对运动开始减弱，它沿着器皿四周上升，显露出了它将脱离轴的运动倾向，这种倾向预示着水真正的旋转运动开始不断加强，直到它获得最大的动量，它在器皿中才能实现相对静止。因此，这种倾向并不取决于水与它周围物体间的任何移动，而这样的迁移也不能够来定义真正的旋转运动，任何一个旋转的物体都只存在于一种真实的旋转运动中，它也只与一种力（试图让它脱离运动轴的力）相关，这是一个相当合适的结果。但是，在同一个物体内的相对运动，如果依据它与外界物体之间的关系进行判定，其数量难以计算，如同其他关系一样，并不存在真正的影响，除非它们有可能参与真正的运动。对于天体系统而言，可以这样理解：行星，于恒星下部旋转。从相对的角度来看，行星与天空皆为静止状态。然而，它们却是真正地处于运动中。它们不断改变着相互间的位置，因处于天空之中，遂成为天体旋转运动中的一部分，于是，也就产生了要脱离运动轴的倾向。

因此，相对的量并非实如其名，而是一种可以感知的量。且不论这种量是否精确，它们通常被用来替代量本身的度量。如果这些词的意义是根据它们的用途来定义的，那么，“时间”“空间”“处所”“运动”这类词的度量就能得到合理的解释。如果度量之量代表它们本身，这种表述就非同一般了，它将是一种纯粹的数学语言，然而，有些人在解释这些度量名词时，会损害语言的准确性，把真实的量同与之相关联的可感知的度量混为一谈，这并不有益于捍卫数学和物理真理的纯洁性。

要真正认识特定物体的真实运动并把这种真实运动同表象上的运动区分开来，其实并非易事，因为对于进行运动的物体的固定空间的那一部分，单靠我们的感官无法感知，但是事情并非全然如我们所想的那般糟，因为还有一些论据可以为我们提供支持，这些论据部分来自表象运动。表象运动不同于真实运动，真实运动部分来源于力，而力是真实运动的原因和结果。例如，用一根细绳将两个球连接起来，并让它们始终保持既定距离，然后围绕它们共同的重心旋转，依据细绳的绷紧度，我们可以发现球体存在试图脱离运动轴的运动倾向，据此我们可以计算出其旋转量，并将一个同等的力施加于球的两侧，以此来增大或减轻它们的旋转量，根据绳子紧绷度的增强或减弱，我们就能推算出运动的增加量或减少量。同时，我们还能发现在球的哪一面施加力可以最大限度地增加球的运动量。

换言之，我们可以看到它们的背后——也就是在旋转运动中背对观察者的一面。当我们看到其背面时，也就相应了解它所对应的那一面了，因而我们就能知道它们运动的方向了。由此可知，我们能同时找到旋转运动的量和方向，即便处于广袤的真空世界中，没有任何可被感知的物体来进行比较，我们依然可以做出相应的判断。然而，在那样的空间里，一些距离遥远的物体始终保持着彼此间的既定位置，正如我们观察到的那些星体。以此我们就无法根据地球在那些星体间进行的相对运动，来做出确定的判断：究竟是地球在运动，还是恒星在运动？

但是，如果我们对运动中的细绳进行观察，就会发现绳子绷紧的力度正是地球运动所需要的力度。于是，我们可以就此得出结论：是地球在进行运动，而其他星体是静止的。此外，根据地球在星体间的运动，我们还可以确定它们运动的方向。但是，究竟如何通过其原因、结果以及它们表面上的区别来确定真正的运动抑或与此相反，如何通过真实的或表象的运动来推导其原因和结果等问题，我将在之后的篇章中进行详细解释和论证，而且，这也是本书的写作目的。

运动的公理或定律

定律 1

对于任何一个物体，除非有外力作用于它并改变其状态，否则它将保持静止或匀速直线运动的状态。

如果一个抛射物没有受到空气阻力的阻碍或重力的向下牵制作用，那它将会保持刚抛射出时的运动状态。一个陀螺会因各部分的凝聚力而使自己时常偏离直线运动，如果没有空气阻力，它的旋转也不会自行停止。那些体积较大的天体如行星、彗星等，因为在自由空间里基本上不会受到任何阻力，所以将在较长时间里始终保持向前旋转的运动。

定律 2

运动的变化与外力成正比，并沿着外力作用的直线方向进行变化。

如果某种力可以产生一种运动，那么双倍于此力就能产生双倍的运动，三倍于此力也就产生三倍的运动，且不管这个力是一次施加的还是逐次或是连续施加的；如果在此之前物体是运动的，那么应该加上还是减去之前的运动则决定于物体运动的方向与力的方向是一致还是相反；如果力是从斜向加于运动，在它们之间就会形成一个夹角，由此就会产生一种新的混合运动，而这个运动的方向也同样是倾斜的。

定律 3

每一种作用都有一个与之方向相反的反作用，并且两个物体间的相互作用总是相等的。

对一个物体来说，无论是拉还是压，施力那方同样会受到这个物体的拉或压的作用。比如，你用手指去压一块石头，手指也同样会受到石头的压迫。再比如，让一匹马去拉一块拴在绳上的石头，这匹马也会受到石头相等的拉力。而且绷紧的绳索亦会有同等之力使其松弛，其拉力既会把石头拉向马，亦会把马拉向石头，阻碍马前进之力等同于拉石头前进之力。如果一个物体作用于另一个物体，并以其作用力来改变另一个物体的运动，则这个物体也会发生相同的变化，但变化的方向相反；如果物体没有受到任何其他阻碍，这些运动带来的变化则都是相等的，但这并非指在速度上发生的变化，而是指物体运动本身发生的变化是相等的，因为运动都是发生同等的变化，所以相反方向速度的变化与物体成反比。

推论 1

当两个力同时作用于一个物体时，这个物体将沿着平行四边形的对角线运动，所需时间等于两个力分别沿两边运动所用的时间之和。

如果一个物体在既定时间内受到力 M 的作用后从 A 离开，这时，它是

以一种匀速运动从 A 到 B；如果是受到力 N 的作用后离开 A，它就应该从 A 运动到 C，从而补足平行四边形 $ABDC$；如果两个力同时作用，物体就会在两个力作用的相同时间内沿对角线从 A 到达 D，因为力 N 沿直线 AC 方向作用，且平行于 BD，此力（由定律 2 可知）绝不会改变使物体沿 AB 方向运动的力 M 所产生的速度。此时，无论力 N 是否产生作用，物体都将以相同的时间到达 BD，并且在最后它将位于 CD 的某一处上。同理，物体也会在最后时刻位于 BD 的某一处上，从而位于 D 点上，这个点正是 BD 和 CD 的交点。而且，据定律 1 可知，它将沿着直线从 A 运动到 D。

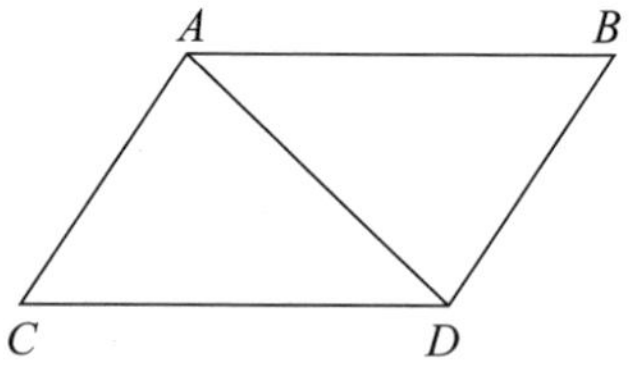

推论 2

由上述论证可以得到以下结论：一个直线力 AD 可由任何两个倾斜力 AC 和 CD 合成。反之，任何一个直线力 AD 都可以分解成 AC 和 CD 两个倾斜力，这种合成和分解在力学上已由大量的事实证实。

因此，螺丝之力也可以进行类似分解。就此而论，这条推论的应用领域非常广泛，其真理性也由此得到进一步证实。这是由不同的人通过广泛的实验而证明的。根据力学准则，由此也不难推广至由轮子、滑轮、杠杆、绳子等构成的机械力以及直线或倾斜上升的重物的力，还有其他的机械力、动物运动骨骼的肌肉力等。

推论 3

运动的量，是由计算同一方向运动的以及相反方向运动的差所得出，并且在物体间的相互作用中保持不变。

推论 4

两个或多个物体共同的重心不会因为物体间的相互作用而改变其运动或

静止的状态。如果将外力和阻碍作用排除在外，那么所有相互作用物体的公共重心不是静止就是处于匀速直线运动状态。

推论 5

在某个既定空间内，物体的运动和它们自身之间的运动是同样的，无论该空间是静止的还是在做不含任何圆周运动的匀速直线运动。

依据假设，方向相同运动的差与方向相反运动的和是相等的。此外，根据定律 2，因为这些和与差，物体产生碰撞和排斥等相互作用，在这两种情形下其碰撞产生的效果是相等的，因此，在一种情形下物体间的相互运动等同于另一种情形下物体间的相互运动。根据船的实验，我们可以清楚地了解到无论船是静止的还是处于匀速直线运动状态，船内的所有运动都将照常进行。

推论 6

无论物体相互之间以何种形式运动，在平行方向上被相同的加速力加速时都会继续之前的相互运动，如同没有加速力时一样。

附注：至此，我阐述的那些原理已为数学家们所接受，同这些原理也经由大量的实验证明。根据前两条定律和前两则推论，伽利略在观察中发现，物体下落的变化与时间的复比相关，抛射物的运动路径是曲线的。这也得到了实验的证明，但是条件是这些运动只受到很小的阻力作用。当一个物体下落时，它受到均等的重力作用，并在同等时间内，对物体施加相等的作用力，因此也就产生了相等的速度。而在整个时间里，所有的作用力产生的所有速度与时间成正比。在相应的时间里，距离是速度和时间的乘积，也就是说，距离与时间的平方成正比。当物体被向上抛出时，重力作用于物体之上，物体不断减小速度以与时间成正比，当达到最大高度时，速度也随之消失。因此，高度就相当于平均速度和时间的乘积，也可以说，其相当于速率间的复比。此外，如果物体是从任意方向被抛出，抛物运动就是其初始运动与重力运动的复合。假设

有一物体 A 受抛物力作用，在既定时间里沿直线 AB 运动，而在下落时也以同等时间沿 AC 运动，从而形成平行四边形 $ABDC$，由于做复合运动，物体最后将落在 D 点上。物体经过的曲线路径为抛物线 AED，并且该抛物线与直线 AB 相切，切点为 A，纵标线 BD 就是 AB 的平方。根据相同的定律和推论，很多其他的事件都已得到证明，比如，单摆振动所需时间的例子。

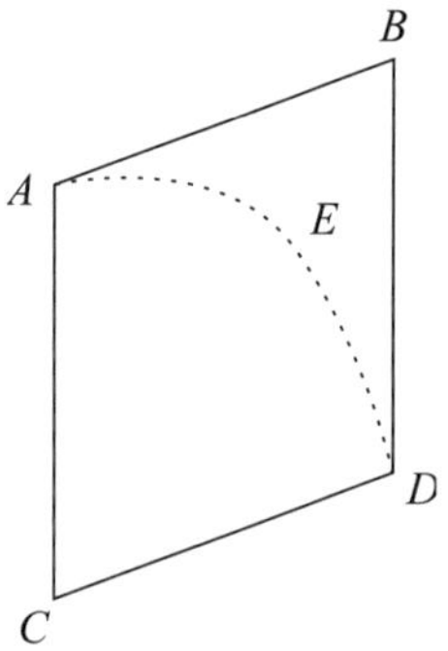

除此以外，这些砝码会对天平摆臂施加同等的力，砝码的重量总是与摆臂上下运动时的速度成反比。换言之，如果上升与下落都是直线路径，那么砝码施加天平的力便是相等的，而且与砝码所在的点到天平轴的距离成反比。即使有其他的斜面或者阻碍物介入其中使物体倾斜上升或下降，物体也将会保持平衡，并且与它们垂直上升或下降的高度成反比，前提是需要给物体施加一个向下的重力。

同理，在滑轮或是滑轮组中，无论是直线还是倾斜上升，手对绳索施加的拉力与重量成正比，这就和重物垂直上升的速度与手拉绳子的速度成正比一样，这样才能拉住重物。

在由轮子组成的钟表或是类似的仪器中，推动或阻碍轮子向反方向运动的力如果与轮子的运动速度成反比，那么两者也会相互抵消以实现平衡。

螺丝钉压迫物体的力与手转动把手的力之比，与把手反作用力产生的旋转速度和物体反作用螺丝所产生的前进速度之比相同。

如果用楔子将木头劈为两个部分，楔子压迫或劈开木头的力与木槌作用在楔子上的力之比，与楔子在木槌施力方向上的运动速度和木头在直线方向上运动产生的速度之比相同。在所有的机械中，我们可以得到完全相同的解释。

机械的用途只是帮助我们减小速度而增大力量或者增大力量来减小速度，所以，任何恰当的机器都能很好地解决这一问题，即以既定的力去推动一个既定的重量，或者以一个既定的力去克服既定的阻力。如果机器作用物的速度与它们的力成反比，那么，作用力就刚好抵消阻力，但是如果有更大的速度就可以克服它了，如果速度大到足以克服所有的阻力，无论这些阻力是来自邻近物体相互间滑动而产生的摩擦力，还是来自被分离物体间的凝聚力，或是被抬高的物体的重量，那些多余的力不仅不会消失，甚至当所有的阻力都被克服之后，那些力还将产生加速度，并与机器的部件和阻碍物的质量成正比。在这里，我并非要谈论力学，只想通过这些例子来说明定律 3 适用的广泛性和正确性。如果我们通过作用物的力与速度的乘积来估算它的运动或按类似方法来估计阻碍物的反作用，也可以通过它某些部分的速度、加速度或由摩擦、凝聚、重量共同产生的阻力来进行估算，那么，我们将会发现，在所有机器的使用过程中，其作用与反作用都是相等的，虽然力的作用必须通过中介物才能被传递，并最终施加在阻碍物上面，但最终作用方向则是与反作用方向相反。

第二章　物体的运动

第一部分

通过量的初值与终值的比率，我们可以证明以下命题。

引理 1

在有限的时间内，量和量的比值总是不断地接近相等，并在最后时刻趋于相等，其差值小于既定值，并最终实现相等。

引理 2

在图形 *AacE* 内，由 *Aa*、*AE* 作边，还有位于同一基线的 *Ab, Bc, Cd, c* 内切曲线 *acE*，其他边 *Bb*、*Cc*、*Dd* 则平行于图形的另一侧 Aa，内接任意数量的平行四边形 *Ab*、*Bc*、*Cd*，由此形成了平行四边形 *aKbl*，*bLcm*，*cMdn*。那么如果这些平行四边形的宽度被假定为减小，并且它们的数目以无穷大增加，内接图形 *AKbLcMdD*、外接图形 *AalbmcndoE* 与曲线图形 *AabcdE* 之间的最终比值是相等的比值。

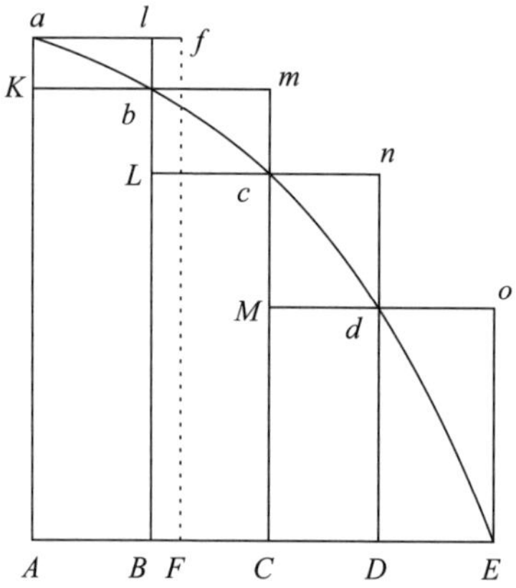

由于内切图形与外切图形面积的差是平行四边形 *Kl*，*Lm*，*Mn*，*Do* 面积之和，所以内切图形与外切图形的面积差就是平行四边形 *ABla* 的面积（因为 $Kb=Lc=Md=DE$，$Ka+Lb+Mc+Dd=Aa$）。由于这个平行四边形的宽 *AB* 是无限缩小的，所以，此平行四边形也就小于任何既定空间。由此，根据引理 1，内切图形和外切图形最终是相等的，其中间的曲线图形也是相等的。

证明完毕！

引理 3

如果平行四边形的宽 *AB*、*BC*、*CD* 不相等，而且处于无限缩小时，其最终比值也是等量之比。

假设 *AF* 为最大宽度，作一个平行四边形 *FAaf*，那么，这个平行四边形将大于内切图形和外切图形的差，但由于此平行四边形的宽 *AF* 在无限减小，所以，它必将小于任何既定的平行四边形。

证明完毕！

第二部分　向心力的确立

命题 1（定理 1）

在轨道上运动的物体由固定中心引线段绘出图形，若图形在一个固定的平面上，那么其图形面积与时间成正比。

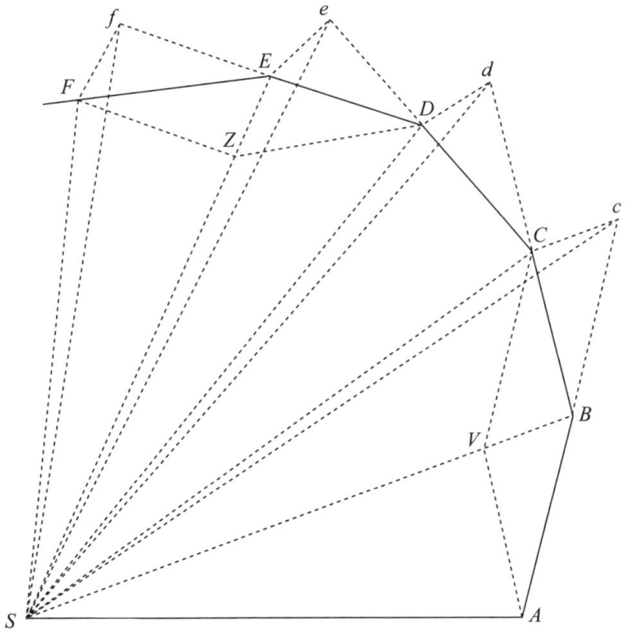

假设时间被分割为相等的几段，物体在第一段时间中依靠惯性运动，其经过的直线路径为 *AB*。在第二段时间里，依据前文定律 1，如果没有阻碍，物体将沿直线 *Bc* 运动，此时，*Bc* 等于 *AB*，因而，由中心引出的半径 *AS*、*BS*、*cS*，就可构成相等的面积 *ASB* 和 *BSc*。但当物体到达 *B* 点，如果向心力开始对它产生巨大的引力作用并使其偏离直线 *Bc*，迫使它沿直线 *BC* 继续运动。绘制直线 *cC*，使其平行于 *BS* 并交 *BC* 于点 *C*，在第二段时间的最后一刻，根据前文推论 1，物体将位于 *C* 点上并与三角形 *ASB* 位于同一平面，连接 *SC*，因 *SB* 与 *Cc* 平行，则三角形 *SBC* 将与三角形 *SBc* 面积相等，因此也与三角形 *SAB* 面积相等。同理，如果向心力依次作用于 *C*、*D*、*E* 等点并使物体在每一单位时间间隔内沿直线 *CD*、*DE*、*EF* 等运动，那么，它们都将位于同一平面上，且三角形 *SCD* 将相等于三角形 *SBC*，*SDE* 与 *SCD*，*SEF* 与 *SDE* 也将相等。因此，在相等时间内，相等面积均位于固定平面之上，根据命题，这些面积中，诸如物体运动所形成的平面 *SADS* 与 *SAFS* 两者的任意之和皆与它们经历的时间成正比。现在，把这些三角形的数目增大，把它们的宽度无限减小，那么，它们的最终周长 *ADF* 将会是一曲线，而向心力将会持续作用，从而使物体从曲线切线上被拉回，那么，由物体运动任意形成的平面 *SADS* 与它所经历时间成正比。

证明完毕！

……

第三章　物体运动的规律和条件

在前文中，我已阐述了哲学的原则，该原则并不专指哲学，而是数学的原则，换言之，我们可以于哲学探究中建立我们的推理支持。这些原则是某些运动、力量或力量的规律和条件，它们主要是关于哲学的，但是，为了避免这些原则略显枯燥无味，我会在各处引用一些哲学格言来说明它们，讲明这些事物的共性，而哲学恰是以此为基础的，譬如物体的密度和阻力、无物之空间、光和声音的运动。尽管如此，依据同样的原则，我将展示宇宙体系的框架。关于这个问题，为了让大家易于理解，我以更为通俗的语言撰写了第三章。但是后来考虑到未能掌握这些原理的人可能无法认识有关结论之义，也无法排除沿袭多年的偏见，所以我采取将本章内容纳入命题形式（数学方式）的办法，因此，读者掌握了前两章中提出的原理才能读懂本章内容。但我并不主张所有人都把前两章中的命题逐条研习，这样会过于耗费时间，通晓数学之人亦是如此，读者认真看过定义，运动定律和第一章的前三部分即已足够，之后就可以直接阅读本章。如果本章有引述前两章中的其他命题，读者遇到疑问时可随时查阅前文。

哲学中的推理规则

规则 1

没有什么比真实且足以解释其现象者更能说明自然事物的原因。为达到这一目的，哲学家自然不做徒劳的事——过多则徒劳，简明才是真谛，因为自然喜欢简单，不会响应长文赘言的奢谈。

规则 2

对于相同的自然现象，我们必须尽可能地找到相同的原因，正如人类与野兽之呼吸；欧洲和美洲的石子坠落；烹饪用火的光和行星的光的反射。

规则 3

关于事物的属性，如果其程度不能增加或减少，且在我们的实验范围内为所有物体所有，则应视其为事物的普遍属性。

因为我们只能通过实验来了解事物的特性，所以我们认为事物的普遍属性只适用于实验中，并且是既不能减少也不能消失的理想状态。即便如此，我们仍然不会放弃实验的证据去追求空洞的梦想或不切实际的臆想，也不会背弃那简单且富于一致性的本质。除了自身的感观，我们尚无法了解物体的广延，也无法由此深入了解所有物体的内部，但是，因为我们把所有物体的广延视作可知，所以我们也把该属性赋予各物体。我们由经验得知很多物体都是坚硬的，又因整体的坚硬来自部分的坚硬，由此可推出，不仅我们所感知的不可分粒子是坚硬的，其他粒子也是坚硬的，换言之，所有物体都是不可穿透的，我们得到该结论是通过感觉而不是通过推理。我们接触物体时，如果发现它是不可穿透的，就会得出所有物体都有不可穿透性的结论。如果所有物体都能运动，那么就有某种力量能使它们保持该状态，这是我们通过观察物体的相似特性而推导出来的。整体的广延、坚硬、不可穿透性、可运动性和惯性都来自部分的广延、坚硬、不可穿透性、可运动性和惯性，因此我们就推论出所有物体的最小粒子也具有广延、坚硬、不可穿透性、可运动性和惯性，这就是所有哲学的基础。此外，根据观察，那些分离但又邻近的物体粒子可以相互分离，而且，在未分离的粒子里，正如数学所证明的那样，凭借我们的思维可以区分开更小的部分。关于这些已区分开但又未分离的部分，我们尚不知晓是否可以由自然力进行分割并加以分离。然而，即使只有一例实验可以证明，从坚硬的物体上取下的未分离粒子可以被再分割，那么由此可知，未分离的粒子和已分离的粒子实际上都可以被无限分割。

最后，如实验和天文观察结果显示，地球附近的所有物体被地心引力吸引，这引力与物体质量成正比。同理，月球也受地球吸引。另一方面，地球之海洋也受月球吸引，并且所有的行星互相吸引，彗星也以同样的方式被太阳吸引。鉴于此规则，我们认为一切物体皆符合相互吸引之原理，因为该论点是经由现象推导的结论，与它们的不可穿透性相比，所有物体皆相互吸引更具说服力，然而我们没有任何实验或任何形式的观察能对前者加以验证。我确信重力不是物体的基本特性。谈及固有的力时，这里指的只是它们的惯性，这是永恒不变的，然而物体的重力会随着它们远离地球而减小。

规则 4

在实验哲学中，我们认为由现象归纳出的命题是准确的或是基本正确的，尽管会有一些相反的假设。直到与命题相悖的现象出现，我们才可以使之更精确，或是推翻这些命题。

我们必须遵守这一规则，使归纳论证不能脱离假设。

现象（表象）

现象 1

木星的卫星其引向木星中心的半径所经过的面积与其经过的时间成正比。假设恒星静止不动，卫星的周期时间与其到木星中心距离的二分之三次方成正比。

通过天文观测，我们了解到以上内容，虽然这些卫星的轨道并不是与木星共心的圆，但也十分相近，而且它们在这些圆上的运动是均匀的，所有的天文学家都认为它们的周期时间与其轨道的半径的二分之三次方成正比。下表很好地证明了这一点。

木星之卫星的周期时间分别为：

1 天 18 小时 27 分 34 秒，3 天 13 小时 13 分 42 秒，7 天 3 小时 42 分 36 秒，16 天 16 小时 32 分 9 秒。

木星与其卫星之间的距离（以木星半径为 1）观测结果表

	1	2	3	4
博莱利的观测结果	$5\frac{2}{3}$	$8\frac{2}{3}$	14	$24\frac{2}{3}$
千分仪观测结果	5.52	8.78	13.47	24.72
卡西尼用望远镜的观测结果	5	8	13	23
卡西尼通过卫星交食的观测结果	$5\frac{2}{3}$	9	$14\frac{23}{60}$	$25\frac{3}{10}$
由周期时间推算的结果	5.667	9.017	14.384	25.299

庞德先生曾利用精确的千分仪通过以下方法测出了木星的半径与其卫星的距角；他采用的是一个长 15 英尺的望远镜，在木星到地球的平均距离上，测出了木卫四到木星的最大距角为 8'16"。在木星到地球的相同距离上，用 123 英尺长的望远镜测出木卫三的距角为 4'42"。在木星到地球的相同距离上，由周期时间推算出的其他两个卫星的距角为 2'56"47'''、1'51"6'''。

用一个长为 123 英尺的望远镜的千分仪反复测量木星的直径，最终得出木星到地球的平均距离总是小于 40"，但不会小于 38"，一般为 39"，在更短一点儿的望远镜内其距离为 40" 或 41"，由于光线的折射不同，木星折射的光线稍有扩散，因而，在较长且性能较完善的望远镜中，光线之扩散与木星直径的比值要小于在长度较短且性能较差的望远镜中的比值。

我们也用长望远镜观测过木卫一和木卫三通过木星的时间。由木卫一通过的路径来看，木星直径为 $37\frac{1}{8}$，而由木卫三通过的路径来看，木星直径为 $37\frac{3}{8}$。此外，还观测过木卫一的阴影通过木星的时间，由此得出木星在其到地球的平均距离上的直径为约 37"。我们假设木星直径近似于 $37\frac{1}{4}$，则木卫一、木卫二、木卫三和木卫四的角距分别为木星半径的 5.965、9.494、15.141 和 26.63 倍。

现象 2

土星卫星到土星中心的半径距离与其经过的时间成正比。如果恒星静止不动，卫星的周期时间与到土星中心的距离的二分之三次方成正比。

正如卡西尼从自己的观测中所得出的结论一样，它们到土星中心的距离和周期时间如下。

土星卫星的周期时间：1 天 21 小时 18 分 27 秒，2 天 17 小时 41 分 22 秒，4 天 12 小时 25 分 12 秒，15 天 22 小时 41 分 14 秒，79 天 7 小时 48 分 00 秒。

卫星到土星中心的距离（以土星环半径为 1 计算）：

观测结果	$1\frac{19}{20}$	$2\frac{1}{2}$	$3\frac{1}{2}$	8	24
由周期推算	1.93	2.47	3.45	8	23.35

由观测得出，土卫四到土星中心的最大角距，近似于半径的 8 倍。然而，如果用惠更斯先生发明的长为 123 英尺的精准望远镜观测，该最大角距为半径的 $8\frac{7}{10}$倍，由该观测结果和周期推算出，卫星到土星中心的距离分别为土星环半径的 2.1、2.69、3.75、8.7 和 25.35 倍。由同一个望远镜观测出的土星直径与土星环直径之比为 3 : 7，在 1719 年 5 月 28、29 日观测的土星环直径为 43"，因而，在土星到地球的平均距离上，土星环直径为 42"，土星直径为 18"。这些结果是通过极长又极精确的望远镜观测得出的，在这种望远镜中，天体的像与像边缘的光线扩散的比值大于在较短的望远镜中的比值，因此，如果我们排除所有虚光，土星的直径不会超过 16"。

现象 3

水星、金星、火星、木星、土星，这五个行星在各自的轨道上环绕太阳运转。水星和金星绕太阳运转这一事实，正如月亮盈亏一般。所以，当它们呈满月状时，对我们而言，它们远于或是高于太阳；当它们亏缺时，则位于太阳水平线上的左右两边；当它们呈新月状时，它们低于太阳，或是在地球与太阳之间；当它们垂直于太阳下方，它们看起来就像是穿过日面的斑点。火星绕太阳运转之时亦是同理；木星和土星绕太阳运转也可依此证明，因为它们会出现在不同的位置上，它们卫星的阴影有时会落在它们的圆盘上，这就说明它们本身是不发光的，它们的光来自太阳。

现象 4

假设恒星静止，则这五个行星的周期时间以及地球绕太阳的周期时间（或太阳绕地球的周期时间）与它们到太阳距离$\frac{3}{2}$次方成正比，该比率最初是由开普勒观测得出的，但现在已被天文学家们普遍接受，不论是太阳绕地球运转还是地球环绕太阳运转，周期时间都是一样的，而且轨道的尺寸也不会变。此外，众多天文学家推算出的周期时间都是一样的，其中开普勒和波里奥对于轨道尺度的观测数据更要精确，其平均距离的周期时间与它们的推算值略有差异，但差值不大，大部分数值都介于它们之间。

行星和地球环绕太阳运动的周期时间（按天计算，精确至小数部分）

♄	♃	♂
10759.275	4332.514	686.9785
♁	♀	☿
365.2565	224.6176	87.9692

注：♄代表土星，♃代表木星，♂代表火星，♁代表地球，♀代表金星，☿代表水星。

行星和地球到太阳的平均距离

	♄	♃	♂
开普勒的数据	951000	519650	152350
波里奥的数据	954198	522520	152350
按周期计算的结果	954006	520096	152369
	♁	♀	☿
开普勒的数据	100000	72400	38806
波里奥的数据	100000	72398	38585
按周期计算的结果	100000	72333	38710

注：♄代表土星，♃代表木星，♂代表火星，♁代表地球，♀代表金星，☿代表水星。

水星和金星为例，它们到太阳的距离是确定的，因为它们是由这些行星的距角决定的。关于行星与太阳的距离大家意见一致，这主要是源于木星与卫星的交食，而且，通过这些交食可以确定木星于卫星上投下的阴影位置，由此我们可得出木星的日心经线的长度，然后通过分析它的日心和地心经线的长度，我们就能求出它的距离。

现象 5

行星延伸至地球的半径所经过的面积并不与时间成正比，但是它们延至太阳的半径所经过的面积与经过的时间成正比。

相对于地球而言，它们时而顺行，时而停留，时而逆行。但是从太阳的角度来看，它们貌似顺行，并且接近于均匀运动，换言之，它于近日点处略微快些，在远日点处慢些，这样才能保持其经过的面积相等。这是每个天文学家都知道的命题，而且该命题已为木星与卫星的交食现象加以证明。一如前文，通过木星与卫星的交食可以求出木星的日心经线之长度以及它到太阳的距离。

现象 6

月球延伸至地球中心的半径所经过的面积与经过的时间成正比，这一结论出自月球的视运动与其直径之间的比较。此外，月球的运动也略微受太阳的影响，但我在得出这些结论时，忽略掉了那些无关紧要的误差。

命题

命题 1

有一种作用力会不断将木星卫星从直线运动中拉回来，并将其限制于适当的轨道之上，而且它指向木星中心。该作用力与卫星到木星中心距离的平方成反比。

本命题的前半部分由现象 1 和第一章的命题 2、3 所证明，后半部分由现象 1 和第一章的命题 4、推论 6 证明。土星卫星绕其旋转的相同原理可以由现象 2 得知。

命题 2

一种作用力持续把行星从直线运动中拉回，并将其限制于适当的轨道上使其指向太阳，该作用力与行星到太阳中心之距的平方成反比。

命题的前半部分由现象 5 和第一章的命题 2 证明，后半部分由现象 4 和第一章的命题 4、推论 6 证明，但是命题的这部分可由在远日点的静止予以证明，因为双重比率所产生的误差极小，所以，每一次旋转至远日点时，其运动更容易被观察，然而多次环绕运动之后就会产生极大误差。

命题 3

一种作用力会将月球限制在适当的轨道上并且使其指向地球，该作用力与月球到地球中心距离的平方成反比。

本命题的前半部分由现象 6 和第一章的命题 2、3 证明，后半部分由月球在远地点处运动减缓证明。月球在每次环绕至远地点时前移 3° 3'，亦可忽略不计。如果月球到地球中心的距离与地球半径之比为 D 比 1，那么引起该运动的力反比于 D，即反比于 $D^{2\frac{4}{243}}$，其指数为 $2\frac{4}{243}$。换言之，该距离的比值略大于平方反比的比值，而且由于该运动是由太阳作用所引起（我们将在后面讨论），暂且忽略不计。太阳吸引月球环绕地球运转的作用力大致与月球到地球的距离成正比，因此该作用力与月球的向心力之间的比值，约等于 2 比 357.45，即 1 比 $178\frac{29}{40}$。如果忽略太阳的这一小小作用力，那么将月球限制在其轨道上的作用力则与 D^2 成反比。如果把该作用力与地心引力作比较，正如下一命题，这样就能更充分地被证明。

推论：我们假设月球在落向地球表面时其受到的引力与高度的平方成反比，其比值为 $177\frac{29}{40}$比 $178\frac{29}{40}$，之后依照地球半径的平方与月球与地球中心的平均距离的比值，则可以得到月球处于地球表面的向心力。

命题 4

月球受地球引力吸引，同时，该引力不断把月球从直线运动中拉回来并把它限制在轨道上。

托勒密和多数天文学家认为，于朔望之时，月球到地球的平均距离是地球半径的 59 倍，凡德林和惠更斯则认为是 60 倍，哥白尼认为是 $60\frac{1}{3}$倍，司特里特认为是 $60\frac{2}{5}$倍，第谷认为是 $56\frac{1}{2}$倍。但是第谷以及其他引用他的那张折射表的人都认为太阳和月球的折射（不同于光的本质）大于恒星的折射，为地平线附近的四至五分钟，这样就使月球的地平视差增加了相应的数值，也就是说，整个视差增大了$\frac{1}{12}$或是$\frac{1}{15}$。如果纠正这个错误，月球到地球的距离就会是地球半径的 $60\frac{1}{2}$倍，接近于其他人的结果。如此，我们假设月球在朔望点时距离是地球半径的 60 倍，并假设月球环绕一次的时间（按照恒星时间）为 27 天 7 小时 43 分，而地球的周长为 123249600 巴黎尺，此乃法国人的度量制。如果月球不做任何运动，受限制其在轨道上的向心力（由命题 3 的推论）的影响，它将落向地球，且在 1 分钟时间里下降 1 巴黎尺，这是由第一章命题 36，或是第一章命题 4 推论 9 推算而出（同样道理）①。因为月球在平均 1 分钟时间里在距离地球半径 60 倍的地方落下所经过的轨道弧长的正矢约为 $15\frac{1}{12}$巴黎尺，或者更准确地说，应是 15 尺 1 寸 $1\frac{4}{9}$分，当那个力在落向地球时，其与距离的平方成反比，且随距离的减少而增加，这样的话，月球在地球表面所受的力是在月球本身轨道上所受力的 60×60 倍。如果地表附近一个物体受该力作用落向地球，在 1 分钟的时间里，其降落的距离为 $60\times60\times15\frac{1}{2}$巴黎尺，那在 1 秒钟的时间里，距离为 $15\frac{1}{12}$巴黎尺，更确切地说是 15 尺 1 寸 $1\frac{4}{9}$ 分。我们发现正是这个力让地球附近的物体下落。正如惠更斯先生所观测的那样，在巴黎纬度上的秒摆的摆长为 3 巴黎尺 $8\frac{1}{2}$

---

①因本书为节选，此处的内容未被选取。——译者注

分。而且，重物在 1 秒钟时间里落下的距离与半个摆长的比值是圆的周长与它的直径之比的平方，所以为 15 巴黎尺 1 寸 11 分。所以使月球限制在其轨道之力当月球落在地球表面时就成为我们所研究的重力，而那使月球保持在轨道上的力（由规则 1 和 2）就是我们常说的重力，如果重力是另一种力，则落向地球的物体会受到这两种力的共同作用从而使速度加倍，其在 1 秒钟的时间里下降 $30\frac{1}{6}$巴黎尺，这样就与实验结果相冲突。

本推算是建立在假设地球静止的基础上，如果地球和月球都在环绕太阳运动，同时又围绕它们的公共重心运动，则月球中心到地球中心之间的距离为地球半径的 $60\frac{1}{2}$ 倍，这与第一章命题 60 所估算的结果相同①。

附注：这个命题的证明还采用以下方式，这样就可以更为详细地进行阐述，假设有若干月球绕地球运转(下图中 A、B、V 环线)，如同木星和土星体系那样，那么这些月球的周期时间（由归纳可知）将遵循开普勒所发现的行星之间的运行规律。根据本章命题 1，它们的向心力与到地球中心的距离的平方成反比。如果它们中运行轨道最低的那个非常小（下图中 V），且十分接近于地球，将要挨着地球上最高山峰的峰顶了，那么由先前计算可得知其向心力约等于任何放在那山峰上的物体的重量。如果月球失去了维系其在轨道上的向心力，不能继续在轨道上前进，它便会落向地球(下图中 D 和 E)，而且其落下的速度与那山顶上的重物的下落速度一样，因为它们受到同样的力下落。如果使所处位置最低的月球下落的力与重力不同，而且该月球像山顶的重物那样落向地球（下图中 F 和 G），因为受到两个力共同作用，它将以两倍的速度下落，因为这两个力，即重物的重力和月球的向心力，皆指向地球中心（下图中 C），相似且相等，它们（据规则 1 和 2）只有一个相同的原因。就此而言，把月球维系在其轨道上的力就是我们通常说的重力，否则那个在山顶上端的小月球必须没有重力，或是以重

①此处引用内容未节选。——译者注

物下落速度的两倍下落。

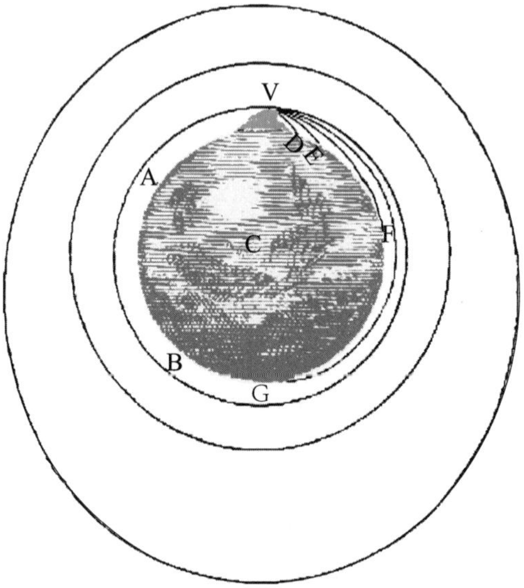

命题 5

木星卫星被吸引向木星，土星卫星被吸引向土星，行星被吸引向太阳，因为吸引力的影响会把它们从直线运动中拉回来，并继续在其曲线轨道上运行。

因为不管是木星卫星绕木星运转，土星卫星绕土星运转，还是水星、金星或是其他行星绕太阳运转，皆同于月球绕地球运转，这样，由前文规则 2 可知，它们皆属于相同原理。我们已经证明这些运动所依赖的力指向木星、土星和太阳的中心。此外，随着渐渐远离木星、土星和太阳这些力会以相同比率减小，与受重力吸引的物体远离地球时其吸引力也减小的原理一样。

推论 1：引力对所有的行星和卫星都有吸引作用。毫无疑问，金星、水星和其他行星，与木星、土星同类，因为吸引力都是相互的（据前文定律 3），因此木星也会受它的所有卫星吸引，土星也会受它的所有卫星吸引，地球也会受月球吸引，并且太阳也会受行星吸引。

推论 2：对任何一个行星和卫星的引力都与到行星中心距离的平方成反比。

推论 3：由推论 1、2 可知，所有行星和卫星会相互吸引，因此当木星和土星运动到其交会点附近时，受相互吸引的影响，它们会明显地干扰对方的运动。同样，太阳会干扰月球的运动，太阳和月球都会干扰地球海洋的运动。

附注：迄今为止，对于可使天体停留在其轨道上的力我们称为向心力；但现已弄清，它并非他物，而是一种起吸引作用的力，此后我们即称为引力，因为根据规则 1、2 和 4，使月球停留在其轨道上的向心力可以推广到所有行星和卫星。

命题 6

所有天体都会被各个行星吸引；在到该行星中心的同等距离处，物体的重量与天体各自的质量成正比。

很久以来，人们就已观测到，所有种类的重物体（除去空气的微小阻力造成的不等性和减速）从同等高度落到地面的时间相等，而时间的相等性是由摆锤以很高精度测定的。我曾用金、银、铅、玻璃、沙子、食盐、木块、水和小麦做过实验。实验中我选用两只相等的圆形木盒，在一只摆锤的摆动中心悬挂木块，在另一只摆锤的摆动中心悬挂重量尽可能相同的金，木盒所系的细绳都等于 11 英尺，使两只摆的重量与形状完全相同，受到的空气阻力也相等，将它们并排放在一起，长时间地观察它们同时往复的相等振动，（由第二章命题 24 推论 1 和 6）①金的物质量与木的物质量之比值等于所有作用于金的运动力与所有作用于木的运动力之比值，也就是说，等于一个的重量比另一个的重量，对于其他物体也是如此。用相等重量的物体做实验，如果说存在差别的话，也不到 1/1000。然而，毫无疑问地是，指向行星的引力的特性与指向地球之引力相同，因为，如果把这些物体送入月球轨道，同

①此处引用内容未被节选。——译者注

时使月球失去其所有运动，然后使两者同时落向地球，则由之前的证明可知，在相同时间内，物体经过的距离与月球相等，因而其与月球质量的比值等于它们的重量比值。此外，木星卫星的环绕时间与到木星中心距离的 3/2 次方成正比，它们指向木星的加速引力与到木星中心的距离的平方成反比，换言之，当距离相等时，力也相等。所以，如果假设这些卫星自相同高度落向木星，那么正如地球上的物体那样，在相同时间内经过相等距离。同理，如果环绕太阳运转的行星自相同距离落向太阳，它们也应在相同时间内经过相等距离。然而，行星趋向太阳时的重量与其质量成正比，而且，木星及其卫星趋向太阳时的重量与它们各自的质量成正比，这可以由木星卫星极为规则的运动（由第一章命题 65 推论 3）[①]证明。因为，这些天体的质量决定了它们经受太阳吸引力的强弱，而且卫星运动也会受到不相等吸引力的干扰（第二章命题 65 推论 2）[②]，如果在距离太阳同等的位置，因为质量不同，太阳对于卫星的吸引力确实大于木星所受的吸引力，假设其比值为任意给定量 d 比 e，如我以往的计算一样，那么，太阳中心与木星卫星轨道中心之间距将总是大于太阳中心与木星中心之间距，并且大致与上述比值的平方根成正比；如果卫星受太阳的吸引力偏小，偏小值为 e 比 d，那么，卫星轨道中心到太阳的距离小于木星中心到太阳的距离，偏小值为同一比值的平方根。所以，如果在距离太阳相等的位置，卫星指向太阳的加速引力大于或小于木星指向太阳的加速引力的 1/1000，那么卫星轨道中心到太阳的距离将比木星到太阳距离大或小总距离的 1/2000，也就是木星最远卫星到木星中心距离的 1/5 会使轨道的偏心变得非常明显，但卫星轨道与木星是共心的，因而木星的加速引力以及其所有卫星指向太阳的加速引力是相等的。同理，在距离太阳相等的位置，土星与其卫星指向太阳的重量与它们各自的质量成正比。但是，月球与地球指向太阳的重量要么精准地与它们的质量成正比，要么毫无关联，而且，依照命题 5 中的推论 1 和 3，它们必定有重量。此外，每个行星指向

①此处引用内容未节选。——译者注

②同上。

其他行星的重量的比值等于它们的质量的比值，因为如果某些部分的重量比其质量大或小，那么，整个行星将根据其主要成分的种类，大于或小于它与总体的质量的比例，这些部分在行星内部还是外部是无关紧要的。举例来说，假设地球周边的星体被提高至月球轨道，并与月球上的物体作比较，如果这些星体的重量与月球外部重量之比等同于其质量之比，但是，与内部重量相比，则偏大或偏小；同样，这些星体的重量与整个月球的重量相比也将偏大或偏小。这个结果相悖于我们之前的证明。

推论 1：物体的重量并不取决于它的形状和结构，因为如果重量随形状而改变，则相等的物质将会随形状的变化而变重或变轻。这不符合事实。

推论 2：一般而言，地球附近的物体都会受到地球的吸引，在距离地心的同等位置，所有物体的重量与其质量成正比。这正是我们实验范围内所有物体的本质，亦是所有物体的本性（依据前文规则 3）。如果宇宙之本原或其他物体是完全没有重量的或因其吸引力而小于其质量，那么，（根据亚里士多德、笛卡儿等人的观点）这些物体与其他物体除形状以外并无其他区别，通过形状的变化，它们最终可以转变为所受引力与质量成正比的物体；相反，初具形状且重量最重的物体，也将可以逐渐失去其重量。由此可知，重量决定物体的形状，并且随形状的改变而改变。这一点与已经证明的上一推论矛盾。

推论 3：空间并非均等分配，如果所有空间都被均等地占据，那么，在空气中运动的流体，会因为密度极大而重量不会小于水银、金或其他密度大的物质，因而，无论是金还是其他物体都不可能在空气中下落，除非物体的重量大于流体的重量，否则它是不会在流体中下落的。

推论 4：如果物体的所有固体粒子密度相同而且必须通过微孔而稀释，那么虚空、空间和真空都能被证实存在。

推论 5：引力的性质与磁力不同，因为磁力与被吸引的物体的质量不成正比，某些物体受磁石吸引较强，某些则较弱，还有许多物体完全不被磁石吸引。同一个物体的磁力可以增强或减弱，当远离磁石时，磁力变小，磁力不与距离的平方成反比，而是大致与距离的立方成反比。我这个判断得自较粗略的观察。

命题 7

万物皆受制于引力，它与各物体的质量成正比。

我们以前已证明，所有行星互为吸引，而且还证明过，当它们相互分离时，指向每个行星的引力与行星之间距离的平方成反比，因此（依据第一章命题 69 及其推论）[①]行星的引力与行星的质量成正比。此外，任意一个行星 A 都会受到另一个行星 B 的吸引，其中各部分的引力与整体的引力之比值等于该部分的质量与总体的质量之比值。（依据前文定律 3）每个作用力都有一个反作用力。反观之，行星 B 亦会受到行星 A 的吸引，部分所受的引力与总体所受的引力之比应该等于部分的质量与总体的质量之比。证明完毕。

推论 1：因此，一颗行星所受的引力由各部分所受之引力复合而成，磁和电的吸引力可为例证。如果我们设想一颗较大的行星由许多较小的行星组合而成，那么，关于引力，也可以如此理解。而且，显而易见的是，整体的力必定是由各组成部分的力组合而成。如果有人就此反驳，认为倘若根据这一规律，地球上所有的物体必定都是相互吸引的，但是却不曾在任何地方发现这种引力，对此我的回答是：因为这些物体所受的引力与整个地球所受的引力之比等于这些物体与整个地球的质量之比，故而物体所受的引力必定远小于我们感官所能察觉的程度。

推论 2：物体含有的同等粒子所受之引力与这些粒子之间距离的平方成反比，这可以由第一章命题 74 推论 3 证明[②]。

①此处引用内容未节选。——译者注

②同上。

命题 8

在两个相互吸引的球体内，如果距离球心同等位置的物质是相似的，则一个球相对于另一个球的重量与两球之间距离的平方成反比。当我观察到，整个行星所受引力由其各部分所受引力复合而成，而且各部分的引力与距离该部分的平方成反比，即便如此，我仍不能肯定当合力由如此之多的分力组成，这种反比关系究竟是精确确立，还是近似如此。因为，在行星附近时，这种比例关系有可能会失效，这是由于粒子间的距离是不相等的而且位置也不相似。然而，根据第一章命题 75 和 76 及其推论[①]，我最终圆满地证明了该命题的真实性，正如我们如今所见。

推论 1：由此我们可以得出各物体相对于不同行星的重量并对此进行比较，因为沿环形轨道绕行星转动的物体的重量（依据第一章命题 4 推论 2）与轨道直径成正比，与其运动周期的时间平方成反比。此外，当它们在行星表面，或在距离行星中心的任意位置之时，这些物体的重量大于或小于（依据本命题，命题 8）其与距离平方的正比。因而，金星绕太阳运动的周期为 224 天 16 $\frac{3}{4}$小时，木卫四环绕木星的运转周期为 16 天 16 $\frac{8}{15}$小时，惠更斯卫星环绕土星的周期为 15 天 22 $\frac{2}{3}$小时，月球环绕地球的周期为 27 天 7 小时 43 分。通过比较金星到太阳的平均距离，木卫四到木星中心的最大距角（8′16″），以及惠更斯卫星到土星中心的距角（3′4″），还有月球到地球的距角（10′33″），我们计算得出，相等物体在距离太阳、木星、土星和地球的中心的相等位置时，其重量比为 $1 : \frac{1}{1067} : \frac{1}{3021} : \frac{1}{169282}$。由此可知，随着距离的增大或减小，重量按平方关系也会随之减小或增大。当某一物体到太阳、木星、土星和地球的中心距离比为 10000 ∶ 997 ∶ 791 ∶ 109 时，即物体刚好在它们的表面上时，该物体相对于太阳、木星、土星和地球的重量比为 10000 ∶ 943 ∶ 529 ∶ 5。最后，我将在以后求出该物体在月球表面的

①此处引用内容未节选。——译者注

重量。

推论 2： 用类似方法可以求出各行星的质量，因为它们的质量与其中心所受的引力成正比。换言之，当其在太阳、木星、土星和地球上，比值分别为 1 $\frac{1}{1067}$、$\frac{1}{3021}$、$\frac{1}{169282}$。

推论 3： 我们也可以求出行星的密度。（依据第一章命题 72）[①]在这些球体的表面上，同等物体的重量与球体的直径相同，因此不同球体的密度与施于球体直径上的重量相同。太阳、木星、土星和地球直径比为 10000 ∶ 997 ∶ 791 ∶ 109，指向它们的重量比为 10000 ∶ 943 ∶ 529 ∶ 435。据此，我们可以计算出它们的密度比为 100 ∶ $94\frac{1}{2}$ ∶ 67 ∶ 400。地球密度并不取决于太阳视差，而是由月球视差所求出，因此结果可靠。所以，太阳密度略大于木星密度，木星密度大于土星密度，地球密度则是太阳密度的 4 倍，因为太阳的超级高温使其处于一种稀薄状态。以后还将得知，月球密度大于地球密度。

推论 4： 其他条件不变时，若按比率，行星越小，其密度则越大，这样可以使它们的表面引力近于相等。同理，当其他条件相同时，行星距太阳越近，密度越大，所以木星密度大于土星密度，而地球密度大于木星密度。因为各行星被分置于距离太阳不同的位置，所以它们依照其密度享受较多或较少的太阳热量。地面上的水，如果送到土星轨道的位置则会变为冰，而在水星轨道上，则会变为蒸气而消散，因为太阳的光线与其热度成正比，在水星轨道上，其密度是地球的 7 倍，我曾用温度计进行观察，该热度会使水沸腾。毋庸置疑，水星之物质必定适应其热度，因此其密度大于地球物质的密度。而密度较大的物质则需要更强的热度。

命题 9

行星表面之下，引力几乎与它们的中心距离成比例地减小。如果行星由

①此处引用内容未节选。——译者注

②同上。

均匀密度物质构成，那么本命题确实成立（依据第一章命题 73）[②]，因此，其误差不会大于密度均差所产生的误差。

总释

涡旋假说面临许多困难。每颗行星距离太阳的半径经过的面积与时间成正比，涡旋各部分的周期与它们到太阳的距离的平方成正比，如果行星周期与到太阳距离的 3/ 2 次方形成比例关系，那么涡旋各部分的周期应与距离的 3/ 2 次方成正比。如果较小的涡旋始终保持着环绕土星、木星以及其他行星的少量运动，并且可以在环绕太阳的大涡旋中平稳且不受干扰地进行，那么太阳涡旋各部分的周期应当是相等的。但太阳和行星各绕其轴心的转动，又应当属于它们自己的涡旋运动，因而与上述这些关系相去甚远。此外，彗星的运动极为规律，是由行星运动的共同规律支配的，虽然涡旋假说对此予以解释，但这绝非涡旋假说可以解释的。

在我们的空气中，抛体只受到空气的阻碍，正如波义耳先生所制成的真空如果抽去空气阻力即会消失，因为在这种真空里一片羽毛的下落速度等于一块黄金的下落速度。同样的论证必定也适用于地球大气之上的天体空间，在这样的空间里，没有空气阻碍运动，所有物体都可以畅行无阻。依照上述规律，行星和彗星都会沿着既定轨道进行着规则的环绕运动。然而，即便这些星体的环轨道运动仅受引力规律支配，但它们绝不可能自起始时就从这些规律中获得既定的轨道位置。

六个行星在环绕太阳的同心圆上转动，且运转方向相同，几乎在同一个平面上。有十个卫星分别在环绕于地球、木星和土星的同心圆上运动，且运动方向相同，它们的运动平面也大致相同。鉴于彗星的行程沿着离心轨道跨越整个天空，难以想象，仅凭力学就能导致如此规则的运动。它们通过这种运动自如地穿梭各行星的轨道，而且速度极快。譬如，在远日点，它们运动最慢，滞留时间最长，相互间的距离也最远，因而由相互吸引造成的干扰也最小。这个美妙至极的由太阳、行星和彗星组成的体系，只能被一个智能无上的上帝设计和统治，如果恒星都是同类体系的中心，那么这些体系也必定完全从属于上帝的统治，因为这些体系的产生只可能出自同一份睿智的设计。尤其是，恒星的光线与太阳的光线具有相同的性质，而且出自每个天体系统的光线都可以照耀所有的系统。因此，为了避免恒星体系在引力作用下相互碰撞，这些系统分别在相隔甚远的地方。

（艾萨克·牛顿　公元 1697 年）

自然史：论行星之形成

第一部分　论行星之形成

鉴于我们的主题是自然史，我们甘愿放弃天文观测，但是，由于地球的性质与天体有如此紧密的联系，而且这种观测是为了更充分地证明所说之言，因此，有必要对地球和其他行星的形成、运动和形状给出一般的概念。

地球是一个球体，在 365 天的时间里，它环绕着太阳进行旋转运动，这种旋转是受两个力的作用，一个可以被认为是从右向左或从左向右的冲力，而另一个可以被认为是从上向下或由下向上直到共同核心的引力。两个力的方向以及它们的数量精准地按比例融汇合，以至于它们在椭圆形轨道上产生几乎一致的运动，近于一个圆。和其他行星一样，地球是不透明的，它投出一个阴影，它接收并反射太阳的光，在与相对距离和密度成比例的周期内围绕太阳旋转。此外，它也会每 24 小时绕自己的轴心自转一圈，它的轴线在轨道平面上倾斜 66.5 度。

这些是地球的主要现象，人们通过几何学、天文学和航海技术发现了这些结果。在这里，我们将不详细讨论这些事实所依据的证据和观察结果，仅做几点说明，用以澄清仍有疑问的地方，同时就行星的形成、行星现在的状态（如我们今天所见）以及之前可能经历的各种变化提出我们的看法。

关于地球的形成和它所经历的变化，已经有了太多的体系和假设，特别是当我们决意更加支持它们时，我们可以假定把猜想加在那些写过这一主题的人身上。而且我们更倾向于表达自己对这个问题的看法，希望可以使读者对由可能性中得出的假设与以事实为基础的理论之间的区别发表意见。对于下文即将呈现的关于地球的形成和原始状态之体系以及在前文所论述的地球真实状态的物理历史，我们也希望读者可就其区别发表意见。

伽利略发现下落物体的规律；开普勒观察到，主行星环绕太阳运动时所经过的区域，以及卫星环绕它们所属的行星运动时所经过的区域，皆与它们的公转时间成比例，而且这些周期也与它们与太阳或主行星之距离的立方的平方根成比例；牛顿发现了一种力，这种力可以使重物落在地球表面，且延伸至月球，并使月球固定在其轨道上，这种力与距离的平方成反比，因此，月球被地球吸引，地球和行星亦被太阳吸引。一般来说，所有围绕一个中心旋转的物体，其经过的面积与它们的旋转时间成比例，如此它们都会受到某一天体的吸引。由此可知，这种被称为重力的力量会扩散到所有物体中，行星、彗星、太阳、地球和所有的自然之物都遵从此规律，它是宇宙中各天体保持和谐的基础。在物理学中，这种力量实际存在于每种物质之中，这就是最好的证明，通过观测证实了这种力的存在，通过几何计算确定了它的数量和关系。

有一件事我们需要另行说明，但它与这一理论无关——这就是原动力。显而易见的是，引力总是把行星拉向太阳，如果它们不被某种迫使它们沿直线运动的力所排斥，那么它们就会在那个行星上沿一条线垂直下落。如果引力停止片刻，这种冲力就会迫使它们飞离各自轨道，并沿轨道的切线运动出去。万能上帝在使宇宙运动时，当然会把原动力传递给行星，但是我们应该尽可能地在自然哲学中避免探究超自然的原因。然而，这股冲力似乎可以给出一个合理的理由，同时完全符合力学定律。可以说，与宇宙中可能或必须发生的变化和运动相比，没有什么比这更令人惊讶了。

太阳吸引的球体不局限于行星，而是延伸到遥远的距离。这就表明，在天空之上，于我们的视线中消失的彗星亦会服从这种力量，而且通过观察它们的运动，发现它们和行星的运动一样是受外力控制的，所有行星的轨道虽不尽相同，但它们环绕太阳所经过的区域与时间成比例。行星的轨道近于正圆形，而在很大程度上彗星的轨道是椭圆状的，因此彗星和行星依靠吸引力和冲力而运动，而吸引力和冲力的持续作用迫使它们进行这些运动。但是必须指出的是，彗星从不同方向经过太阳系，它们的轨道的倾角亦是不同的，因此和行星一样，它们受到吸引力的作用，但它们在前进或冲力运动方面并无共同之处，而是彼此独立地出现。相反，行星在相同的方向上绕太阳运行，在它们的最遥远的平面上，它们的倾角几乎不超过$7\frac{1}{2}$度。而且行星在运动时，它们的位置和方向是一致的，这意味着它们所受冲力的原因也是相同的。

很难想象，当一颗彗星落入太阳之上，会使其部分与表面发生位移和分离，并向太阳和一些行星传递一种充满冲力的运动，因此这些行星以前是属于太阳的球体，在冲力的作用下与太阳分离，然而这些行星仍然保持着冲力吗？

这个假设似乎和莱布尼茨的观点一样富于根据，莱布尼茨认为地球和行星的前身都是太阳。关于他的体系，我将在第 5 条中进行叙述，如果他主动提出这个想法，就会更易理解，也更具可能性。莱布尼茨还认为，当摩西说上帝把光明与黑暗分开的时候，便产生了这种作用。因为，根据莱布尼茨的说法，当行星变暗时，光明与黑暗被分开，但在我们的假设中，这属于物理层面的分离，因为这些发光物质是太阳的组成部分（组成行星的不透明物质实际上是与之分离的）。

关于行星冲力形成原因的想法多数人持反对意见，唯有通过类比得出结果才具有一定的可能性，从而得到大家的支持。首先，行星的运动方向是相同的，从西到东，根据计算会得出 64 比 1 的结果。然而，如果它们的冲力不是出于同样的原因，情况就不会如此。

通过第二次类比可能会强化这一结果。也就是说，轨道平面的倾斜度不超过$7\frac{1}{2}$度。因为通过比较这些空间，我们会发现它是 24 比 1，而且两颗行星会同时出现在距离它们最远的平面上，结果为 7692624 比 1，这六颗行星都会恰好被如此放置，或是近似于此。究其原因，很可能是行星们被施加了一个共同的动力，该动力使它们移动到此位置。但是，除去最初的动力源可以赋予天体运动的力和方向之外，还有什么能赋予它们这种常见的冲力运动呢？因此，极有可能得出这样的结论——行星受到一个单次撞击而产生冲力运动。该结论的概率极高，甚至可以说是确定的，但我想知道运动物体如何能产生这种效果，可我只发现彗星能把运动传递给如此巨大的天体。通过研究彗星的运动过程，我们便会了解，一些彗星会偶尔落入太阳上，这种状态是必然存在的。譬如，在1680年，彗星距离太阳很近，其所在的近日点与太阳的距离不超过太阳直径的1/16；如果该彗星再度返回，预计2255年，它会落入太阳上，这一切必须取决于它在返程中的遭遇以及它在穿过太阳大气层时所遭受的阻碍。

因此，依据伟大的牛顿所提出的假设，彗星有时会落入太阳，但下落的方向也许是不同的。如果它们垂直下落或以不太倾斜的方向下落，它们就会留在太阳上，而且它们传递给太阳的冲力运动，也不会产生其他效果，只能或多或少地移动它，因为彗星的质量还是相当大的。但是，如果彗星的坠落方向是非常倾斜的——这种情况经常发生，若是如此，彗星将只会与太阳擦身而过或是在太阳上留下一道轻微的沟痕。在这种情况下，太阳可能会将自身的某些部分排除出去并向这些部分传递一种冲力。之后这些被排除的部分——也包括彗星本身最终可能会变成行星。这些行星共同朝向太阳这个发光体，而且存在于同一平面，一颗彗星推动太阳，使排除的物质成为六颗行星，我们也许可以计算出，关于这些行星和它们的卫星所包含的质量、速度和方向。但是，在这里观察一下就足够了，所有行星及其卫星不过太阳质量的1/650，就巨行星而言，土星和木星的密度小于太阳的密度，尽管地球的密度是太阳的4倍，月球的密度是太阳的5倍，但与这颗恒星的质量相比，它们只是原子。

不论第650块物质是多么的微不足道，但在初期，它确实需要一颗非常强大的彗星才能脱离太阳的球体。如果我们回想一下彗星在近日点的巨大速度，那么，当它们接近太阳时，速度就会变得更大。此外，如果我们注意到它们组成物质的密度和坚固性，就会了解到它们经受难以想象的高温而不会被融化。考虑到那些明亮而坚实的光从它们黑暗且巨大的大气层中射进来，这些大气层围绕着彗星并将其遮蔽起来。毫无疑问，彗星是由极其坚固且致密的物质所组成，同时，它们是在极小的空间内包含着大量的物质，因此，没有特大体积的彗星能以足够的重量和速度来移动太阳并给予定量的物质以抛射体运动，这个量相当于太阳质量的 1/650，这与已知的行星密度完全一致，行星的密度总是随着它们与太阳的距离增加而减小，所以土星比木星密度小，木星比地球密度小很多。因此，如果如牛顿所说，行星的密度与它们所承受的热量成正比，那么水星的密度将是地球的 7 倍，是太阳的 28 倍。在 1680 年，彗星的密度是地球的 2.8 万倍或太阳的 11.2 万倍，若是假设它和地球一样大，那么它所含的物质几乎相当于太阳的 1/9，若是假设其相当于地球的 1/100，那么它的质量仍等于太阳的 1/900。由此可知，这样一个物体，尽管它只是一个小彗星，也可能会从太阳上分离出第 900 个或第 650 个部分，特别是当我们注意到彗星在太阳附近运动时所产生的巨大速度。

因此，彗星斜着落在太阳的表面，从那里排除了部分物质，而且该物质必定会被认为是液态的，起初它会形成一股激流，其中较粗和较稀的部分将被排除得最远，而较细和较密的部分因为受到同样的推动力，从而距离源头最近。太阳的引力将会作用于脱离太阳的所有部分，并且迫使它们环绕太阳运行。与此同时，物质粒子之间的引力会使不同距离的物质凝聚成球体，与距离较远的部分相比，距离最近的部分必然以更快的速度运动在它们的既定轨道上。

地球和行星在脱离太阳之时，处于液态火的状态，只要不断产生炽烈的热量，它们就能始终保持这种状态。可是，这些热量必然会逐渐衰变，正是在这种流动的状态下，它们形成了圆形。与此同时，它们所进行的规则运动使赤道升高，使极点降低。这个外形非常符合流体静力学定律，它会假定地球和行星一直处于流动状态，我在此同意莱布尼茨先生的看法。这种流动状态是由极致的热度引起的，而且地球的内部一定是可玻璃化的物质，譬如沙子、花岗岩等，由碎片或碎块组成。

因此，我们可能会认为，这些行星起源于太阳，它们因一次撞击而分开，从而产生了一种冲力运动，此外，它们处在距离太阳不同远近的位置，只是源于它们自身不同的密度。为了完成这一理论，只需解释清楚行星的日运动和卫星的形成，然而这非但没有给我的假设增加难度，相反证实了这一点。

因为日周运动或自转仅仅取决于黄赤交角，所以朝向物体倾斜面的推动力必然会使它进行旋转运动。如果运动的物体是均质的，那么，该运动将是均等且保持一致的；如果该物体由不同的部分或不同的密度组成，那么该运动将是不相等的。因此，我们可以得出这样的结论：在所有行星中，球体都是同质的，因为它们的日周运动是相等的，并且在同一周期内进行规律运动。

但是，黄赤交角的变化使得一部分物质从主行星的主体中分离出去，这些物质将继续朝相同的方向运动。这些分离出去的部分将根据它们的密度，在距离行星不同的位置，通过彼此的吸引力而凝聚在一起。与此同时，通过围绕行星旋转，在轨道所处的平面内，绕太阳旋转。显而易见的是，这些分离的部分即是卫星。因此，卫星运动的形成、位置和方向与我们的理论完全一致，因为它们在围绕其主行星进行相同的同心圆运动，它们的运动方向相同，几乎处于运动轨道的同一平面内，所有动能皆为它们所共有，并且取决于冲击力的大小。此外，它们皆产生于同一原因，也就是同一个冲力运动。

（乔治－路易斯·勒克莱尔·布封　公元1749年）

第四部分

研究无形之物：光、电和磁学

致亨利·奥尔登堡的信：光与色的理论草稿

为了履行我最近的承诺，我将不再另行通知。本人于1666年年初购买了一个三角玻璃棱镜，以做经典的彩光现象实验。之后，我使做实验的房间变暗，在窗户上开了一个小洞，让一小束光线射入屋内，并把棱镜放在入口处，这样光线就可以被折射到对面的墙上。起初，这是一种非常愉快的消遣，可以观赏由此产生的强烈生动的色彩，过了一会儿，我开始更仔细地观察，随后我惊奇地发现它们呈现出长方形。依据公认的折射定律，我想这意味着它们是循环的。

它们的两端都是直线，但在末端，光线的衰减是如此缓慢，以至于难以确定它们的形状，虽然它们貌似半圆形。

比较这个彩色光谱的长度和宽度，我发现它约为原本的5倍大小， 这是一种过度的比例失调，却使我产生一种比平常更强烈的好奇心，我迫切地想要研究它的来源。我难以想象玻璃的厚度或者末端的黑暗阴影会对光线产生什么影响，从而产生这样的效果，然而，我认为，首先考量这些情况并无不妥。所以，我就此尝试，通过透射光线穿过不同厚度的玻璃，或者穿过不同大小的窗孔，或者把棱镜放置在外部等方式观察光线被折射之后又将发生什么情况。但是我发现这些情况都不重要。在这些情况下，对于彩光的认知必将通行于世。

对于下面这个结论我保持怀疑，无论是由于玻璃的质地粗糙还是其他偶然的不规则性，这些颜色图案都可能会因此而扩大。为了验证这一点，我取来另一个相同的棱镜，把它放在适当的位置，这样穿过它的光就会被折射到相反的方向，第二个棱镜就会让光线回到原来的方向，也就是棱镜反射光的方向。通过这种方式，我认为，第一棱镜的规则效应会被第二棱镜破坏，但是不规则效应将由于折射的多重性而得到增强。事情原是如此，由第一棱镜扩散成椭圆形的光，再由第二棱镜通过不穿透光的规则性，使部分反射的光形成不完整的圆形。因此，不论是什么原因造成了光的图案长短，它并非源自任何偶然的不规则性。

然后，我更为严谨地研究那些来自太阳不同区域的射线，其入射方向的差异会产生什么影响。为此，我测量了图像中的几条直线和几个角度，结果如下：光线或孔洞与棱镜的距离为 22 英尺，其最大长度为 $2\frac{5}{8}$英寸，其宽度为 $13\frac{1}{4}$英寸。孔洞的直径是 1 英寸，光线与之形成的角度倾向于图像中间部分，形成角度为 44° 56′ ，光线是在没有折射的情况下发生的。此外，棱镜的垂直角度为 63° 12′ ，棱镜两侧的折射，即入射光和出射光线，我尽量使它们彼此相近，形成入射角约为 54° 4 ′ ，光线垂直射于墙上。如果将图像中光线的长度和宽度减去入光孔的直径，剩下的长度和宽度分别为 13 英寸和 $2\frac{3}{8}$英寸，由此组成了穿过孔的光线，与光线的宽度形成的对角约为 31′。

在进行了这些观察之后，首先我计算出玻璃的折光率，发现它是依据正弦数的比率，即 20 比 31 来进行测量。然后，根据这个比值，我计算出从太阳背面透出的两束射线的折射角度，以使它们的入射角度相差 31′，同时还发现出射光线在入射前所形成的角度约为 31′。

以上这个计算是建立在关于入射角和折射角的比例的假设之上，尽管我根据自己和他人的经验，不能判定这个假设是错误的，但其形成的角度貌似为 31′，实际上却是 2° 49′。故而，我的好奇心促使我再次拿起棱镜，如以前一样，把它放在我的窗户上，随后我观察到，把它绕着自身的轴来回轻微转动，以便改变它与光线的倾斜度，可最多不过是 4°～5°的差距，如此彩光就不会在墙上发生明显的变化。由此可知，折射的量也不会有明显的变化。

通过这个实验，以及前面的计算结果，我们极易发现，这意味着来自太阳不同部分的入射光线之间的差异，当光线交叉时，其发散的角度明显大于其凝聚之角度。整个过程最多 32 分钟，当然这里仍有其他原因有待发现，也是因此其角度变为 2° 49′ 。

我开始怀疑，光线在穿过棱镜后会偏离曲线移动，而且我发现光线会略微弯曲，落于墙壁的不同部分，这更加深化了我的怀疑，我记得曾看到一个网球被倾斜的球拍击中，在空中划出一条曲线，因为圆周运动和前进运动相同，都是沿着运动轨迹而进行，它进行运动的那一边，对于流动空气的压力和击打力会大于另一边，这就引起空气的阻力和反作用力成比例地增加。同理，如果光线是球状物体，它们沿着倾斜通道从一种介质到另一种介质，从而形成循环运动，那它们应该能感受到来自外界环境的更大阻力，在运动发生的那一边会不断地向另一边弯曲。尽管这种怀疑貌似合理，但当我进行检查的时候，并未发现其中的曲率（这对我来说已经足够了）。此外，我观察到图像的长度和光线所通过孔洞的直径之间的差异都与它们的距离成比例。

逐渐地，我终于消除疑虑，开始了决定性的实验。我取出两块板，把一块板放在窗边的棱镜后面，这样光线就可以穿过一个小孔，然后落在另一块板上，我把这块板放在距离另一块板 12 英尺远的地方，先在上面开了一个小孔，让一些入射光穿过，然后我把另一个棱镜放在第二块板的后面，这样穿过第一块板的光也可以穿过第二块板，并且在光到达墙壁之前被再次折射。依照这种做法，我拿起第一个棱镜，绕着它的轴慢慢地来回转动它，使投在第二块板上的光影可依次穿过孔，这样我就可以观察到第二个棱镜会把它们折射到墙上的什么位置。通过这些地方的变化，我看到朝向光影那一端的光，也就是第一棱镜所折射的那一端在第二棱镜中所受到的折射比朝向另一端的光要大得多。因此，光影长度的真正原因并非其他，而是光线由不同的可折射光线组成，这些光线在没有任何影响的情况下根据它们的可折射程度向墙壁的不同部分传播。

当我明白了这一点，便停止了上述的实验。因为我发现，望远镜的功效是有限的，但并非如大家所想的那样是因为缺少真正按照光学标准的镜片，而是因为光是由不同的可折射光线组成的混合物。因此，如果一块玻璃的形状可以如此精确，甚至能把任何一种光线聚集到一点，但它却不能把所有光线聚集于一点，而且同一点在同一种介质上具有相同的入射角就容易受到不同的折射。不仅如此，我还想了解，正如我所发现的那样，折射性的差别为何是如此之大才会使望远镜达到如此完美的功效。因为，在测量其中一块棱镜的折射时，我发现如果光线入射到棱镜的平面上的正弦为 44 个部分，通过玻璃介质产生的彩光，其中红色光端中极远射线的折射正弦是 68 个部分，而另一端极远射线的折射正弦是 89 个部分，所以差值大约是整个折射的 24 或 25 个部分，因此，任何望远镜的物镜都不能收集来自物体某一点的所有光线，从而使它们聚集于更小的空间，并最终形成一个环形空间，该空间的直径是其孔径直径的 50%，这种不规则性比圆形透镜大几百倍，如果光线均匀，圆形透镜的截面就会像长望远镜的物镜那样小，这是因为它的形状不合适。

这也使我想到反射，并发现它们是规则的，所以各种光线的反射角等于它们的入射角。我明白，通过调节，光学仪器可以达到任何可以想象到的完美程度，只要能找到一种反射物质，它能像玻璃一样抛光精细，而且其反射的光和玻璃透射的光一样多，同时还能形成抛物线的图形。但是，这似乎非常难，因为反射表面的任何不规则性都会使光线偏离其应有的方向。

当我还在苦思时，瘟疫突然爆发，我因此离开了剑桥。两年之后，我才有进一步的收获。我想到一种适合于金属的柔和的抛光方法，如我所想，它的形状直到最后才真正调整完成。于是，我开始尝试，这样做会有什么影响？到目前为止，我已经逐步完善了一种仪器（就像我送到伦敦去的那套仪器的基本部分一样），用它我可以分辨出木星的四个卫星，并把它们多次展示给我认识的另外两个人。此外，我也能分辨出金星的月相，但不是十分确定。

从那时起，我的研究被中断，直到 1670 年秋天，我做了另一件仪器。因为这明显要好于第一次（尤其是对白昼物体来说），所以我不怀疑通过努力仍然会使它们日臻完美。正如你告诉我的，他们正在伦敦处理这件事。

我有时想要制作一个显微镜，用同样的方法，它应该有一个金属反射片，而不是一个物镜。我希望他们也会考虑到这一点，因为这些仪器和望远镜一样仍可被改进，甚至是更大的改进，因为它们只需要一个金属反射片。对此，你可以从下图中看到，*AB* 代表金属对象，*CD* 代表目镜，*F* 代表它们共同的聚焦点，而 *O* 代表金属放置物的另一个焦点。

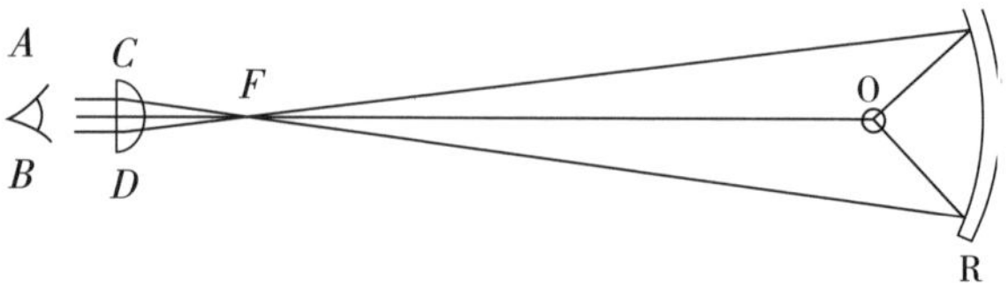

言归正传，光不是相似的，也不是同质的，而是由不同的光线所组成，其中一些光线比另一些光线更容易被折射。即使是发生在同一介质上的光线中，一些光线比另一些光线更容易折射，这并非因为玻璃的优点，也不是因为其他外部原因，而是因为每一种光线都要经受不同程度的折射。

现在，我要告知你们光线中另一个显著缺陷，那就是色彩的起源。自然主义者几乎不希望看到这些科学变成数学，然而我敢断言，如同光学一样，它同样具有确定性。因为我要讲的并非假设，而是一个严谨的结果，不是仅通过推测就能得出，这并非因为它满足所有现象（哲学家的普遍主题），而是因为你们的观测使之可以直接得出结论，而且准确无疑，如果纠结于这些实验的历史性叙述会使一个论述过于乏味和混乱，因此我宁愿先把原则放下，然后为了对其进行检验，我会给一两个实验为标准样例，作为其他实验的样本。

你会在下列命题中找到可理解和说明的原则。

鉴于光线在可再现性的程度上的不同，它们在显示特定颜色的属性上也不同。颜色不是光的本属，它来自折射或自然物体的反射（通常认为），而且原始和原生属性在不同的光线中亦是不同的，一些射线倾向于呈现红色而不是其他颜色；有些是黄色的而不是其他颜色；有些是绿色的而不是其他；并非只有光线为这些鲜艳的颜色所特有，也包括色谱的中间层次。

相同的折射度属于相同的颜色，相同的颜色亦属于相同的折射度，最不易折射的光线更易呈现为红色，相反于其他光线，那些易于呈现红色的光线都是最不易折射的。因此，最易折射的光线易于呈现为深紫罗兰色——相对于其他光线，那些呈现紫罗兰色的光线都是最易折射的，因此光谱序列中的所有中间色都属于中等程度的可折射度。此外，这种关于色彩与可折射度的类比是非常精确和严格的，因此，光线总是要么在两者完全一致，要么在两者成比例地不一致。

颜色的种类以及任何特定光线的可折射度都不会因折射而改变，也不会因自然物体的反射而改变，更不会因我所观察到的任何其他原因而改变。当任何一种射线与其他射线完全分离后，即便我倾尽全力去改变它，它仍然顽固地保持着它的颜色。当我用棱镜折射它，用物体反射它，这些物体在日光下是其他颜色；当我用彩色气膜截住它，而且，中间夹着两块压缩的玻璃板，通过有色介质，通过用其他射线照射的介质传播它，并且随机终止它，却不能由此产生任何新的颜色，它会由于收缩或扩张而变得更亮或更暗淡——由于失去了许多光线，在某些情况下会变得非常模糊和暗淡，但我从来没见过它在颜色上的变化。

然而，如果存在不同类射线的任意混合，那么，可能会出现颜色的转变，因为在这样的混合物中，其本身的颜色不会显现，而是由于它们互相影响淡化从而构成中等色系。因此如果由于折射或上述其他原因在这种混合射线中潜在的单一射线被分离，那么将出现与混合射线不同的颜色，一些并非新产生的颜色由于分离而变得明显。但是，如果它们再次混合在一起，将会再次组成那种颜色，就像它们在分离之前所呈现的那样。同理，由于不同颜色的集合而产生的变化是不真实的，因为当单一射线再次被切断时，它们将呈现出与它们混为组合物之前完全相同的颜色。如你所见，蓝色和黄色粉末当充分混合时，于肉眼看来是绿色，然而构成这种混合物的粉末的颜色并没有因此而真正地改变，而是混合其中，而且用优质显微镜进行观察，它们仍然呈现蓝色和黄色。

因此这里会有两种颜色，一种原始且单一，另一种是混合的。原色是指红色、黄色、绿色、蓝色和紫罗兰色，以及橙色、靛色和各种不确定的中间色。

与这些原色相同的颜色也可以通过混合产生：黄色和蓝色的混合可组成绿色；红色和黄色可组成橙色；橙色和黄绿色则组成黄色。一般而言，如果两种颜色混合在一起，在由棱镜产生的这一系列颜色中，它们彼此之间的色谱距离不会太远，如果它们是通过共同的合金化合物混合在一起的颜色，那么这两种颜色会出现在它们色谱之间的中间位置。然而那些距离太远的颜色却不会如此，例如，橙色和靛蓝不产生中间体绿色，猩红和绿色亦不会产生中间体黄色。

但最令人惊艳的作品莫过于白色。没有一种光线能单独表现出这一颜色，它是混合的，而且对于它的组成而言，上述原色不仅是必需的，还应按适当的比例混合。我常常看到，棱镜产生的所有颜色汇聚一起，如同入射到棱镜之前的光那样混合一起再现了纯白色的光，与太阳直射的光没有明显区别——除非是因为我使用的眼镜不够清晰，因为那样它们会更接近于原本的颜色。

于是，白色成为光的常见色，因为光是由各种颜色所组成的光线的混合体，它们是从发光体的不同部分杂乱地射出。正如我说过的，在这样一个混乱的集合中，如果按适当比例混合，就会产生白色。但是，如果任何一种颜色占主导，光必然会倾向于呈现它本身的那种颜色，犹如硫黄产生的蓝色火焰，橡树果的黄色火焰，以及恒星的不同颜色。

光线产生的方式是经过慎重考量的，而且彩光是如何通过棱镜产生，这亦是显而易见的。在构成入射光的光线中，因为不同颜色的光线的可折射度呈现出比例性差异，所以它们会因为不同程度的折射而产生分离，并且依照从最小折射的猩红色到最大折射的紫罗兰色的顺序扩散成椭圆形。同理，当通过棱镜观察时，物体看起来是有色的，因为不同形状的光线通过不同程度的折射使其向视网膜的不同部分发散，并且在那里呈现有色事物的图像，正如在前一个例子中它们在墙上呈现出太阳的图像。由此可知，通过折射的不均匀性，它们不仅变得有颜色，而且变得非常混杂和模糊。

为什么彩虹的颜色会出现在雨滴中？这也是显而易见的。那些使光线折射的液滴在观察者的眼里多是紫色，然而这却使其他种类的光线折射得极少，以至于并不产生颜色，这就是主彩虹内侧的水滴以及副彩虹外侧的水滴，而那些最易折射光线的水珠在观察者的眼中往往显得很红，更能折射其他种类的水珠，使它们并无其他颜色，这就是主彩虹外部和副彩虹内部的水滴发生的折射现象。

白木、叶金、彩色玻璃碎片和其他透明的有色物体的介入会产生奇怪现象，这些奇怪现象可以使不同颜色显现于不同的位置，但基于此前的研究，这些奇怪现象也不再奇怪。因为，这些物质倾向于反射一种光而透射另一种光，比如，用类似的或未混合的光照射它们，使之可以在黑暗的房间中被看见。因为此时它们仅呈现被照明的颜色，但是在不同位置，它们的生动性和发光性也不同，因此它们被或多或少地设置成反射或透射彩光。

由此，胡克先生在《缩微图》中提到，他用两个楔形透明容器做了一个意想不到的实验，一个装满了红色液体，另一个装满了蓝色液体，也就是说，虽然它们各自都足够透明，但两者混合就变得不透明了。因为，如果一个只透过红色，而另一个只透过蓝色，那么就没有光线能透过两者。

我可以举出更多类似的例子，但我将以具有一般性的例子作为结论。也就是说，除此以外，所有自然物体的颜色没有其他起源，它们的性质不同，因此能在更大的范围内反射一种光而不是另一种光。这是我在一个黑暗的房间里做的用不同颜色的光来照射这些物体的实验，因为通过这种方式，任何物体都可以显现出任何颜色，但是它们从来没有呈现过投射在它们身上的彩光，因为这个区别，它们在日光颜色的光线中是最活泼和生动的。譬如，朱砂并不会显现出明艳之色，但红色却是最明亮的颜色。同样，干冷风并无显色，但蓝色却是最明亮的颜色。就此而论，朱砂可以反射任何颜色的光线，但反射最多的是红色的光线。因此，如果以日光说明，当各种光线混杂时，于反射光之中红色占据大部分，所以物体呈现红色。基于同种原因，干冷风反射出蓝色最多，所以物体就会显得更蓝。同理，其他物体也是如此。这就是颜色的性质，显而易见，它们没有能力改变或改变任何种类射线的颜色，但是它们可以无差别地加入所有的颜色，用这些颜色来照亮它们。

既然如此，就不能再争论黑暗中是否有颜色，也不能争论它们是否是我们所看到的物体的性质，也不能争论光是否是一个物体，因为颜色是光的性质，亦是光的全部主体，但我们不能认为这些就是光的全部属性，除非一种性质可能主导并支持另一种性质。事实上我们将其叫作物质。如果不是因为它们的性质以及那些现在由于其他原因而被发现的主体，我们无法知道光这种物质的实体，但我们仍然有充分的理由相信它们也是一种物质。

此外，曾有人认为某种性质属于异质的集合，一如光的实例。但是，更确切地说，光是什么，以何种方式折射，通过何种模式或行为在我们的头脑中产生色彩的影像，若要解释清楚并不那么容易。当然，我也不会把猜测和事实混为一谈。

回顾我所写的，我认为这篇论述本身将导致对光进行研究的各种实验，因此我将不再增添困扰，只描述我已经提及的那些实验中的一个。

在一个昏暗的房间里，在一扇窗户上开一个洞，洞的直径大致为 1/3 英寸，以便让适量的太阳光进入，在那里放置一个透明无色的棱镜，把进入的光折射到房间的另一部分，正如我说的那样，它将被折射成一个长方形的彩色图像。然后把一个半径大约为 3 英尺的透镜（假设是一个 3 英尺望远镜的物镜）放在距离棱镜 4 英尺或 5 英尺的位置，所有颜色都可以通过透镜立即透射，并通过其折射作用聚集在 10 英尺或 12 英尺的另一处。如果你用一张白纸挡住这道光，你就会看到这些颜色经混合后又变成了白色。但是，必须稳定地放置棱镜和透镜，其上投有颜色的纸必须来回移动。因为通过这样的运动，你不仅会发现，不论距离多远，白色都是最完美的颜色，而且会看到，颜色是如何逐渐聚集并消散为白色，然后在合成白色的地方彼此交叉，再次显现和分离，并以颜色相反的顺序保持着它们进入白色之前的长方形的彩色图像。你也可以看到，如果任何颜色在穿过棱镜后被拦截，白色将被改变为其他颜色。因此，白色的组成是完美的，但必须谨慎是否有颜色落在透镜之外。

在本实验所附设计中，*ABC* 表示棱镜组的三个端点，*EG* 表示窗口，*F* 表示窗口上的孔洞，角 *ABC* 大致为 60 度，*MN* 表示设计的透镜，其宽度为

$2\frac{1}{2}$或 3 英寸。*SF* 是指其中一条直线，在这条直线上，可以设想有不同形状的光线连续地从太阳流出。*FP* 和 *FR* 这两条光线折射不均，透镜使其向 *Q* 会聚，在相交后再次发散。此外，*HI* 是所指代的白纸，颜色投射在不同的距离上，它们在 *Q* 中构成白色，但在 *R*、*r* 和 *p* 中是红色和黄色，在 *P*、*p* 和 *W* 中是蓝色和紫色。

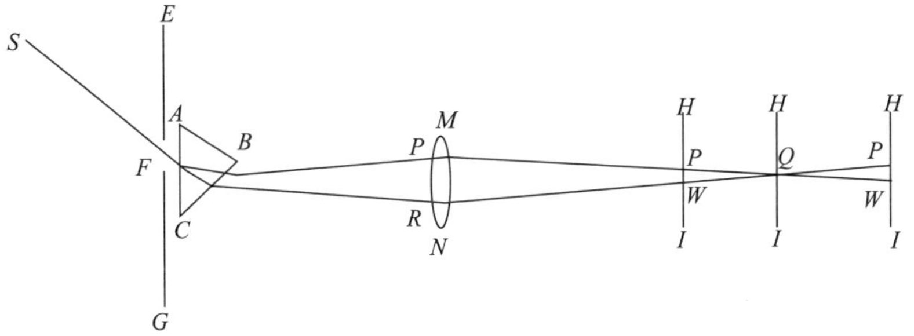

如果你勉强去尝试那些不可能被改变的任何未混合的颜色（我在第三和第十三命题中已经断言过）[1]，那么，必须使房间非常暗，至少是由某种散射光与颜色混合，同时干扰和消除它，并使之混合，然而这与实验的设计相反。同样必要的是，经过上述方式之后，颜色的分离要使用比单棱镜的折射更为完美的方案，而且考虑到已发现的折射定律，如何进一步分离混合后的光线是很困难的。如果试验的颜色没有完全分开，那么这种混合物将会产生成比例的变化。因此，如果复合的黄光落在蓝色和深褐色之间，深褐色就不会显得是黄色，而是绿色的，因为在黄色的混合物中含有许多绿色的光线。

同样地，如果任何一种棱镜色，假设是红色，而且其被拦截，尽管在设计上做出诸多努力，但仍旧无法产生其他颜色。这是必要的，要么是在红色被拦截之前，颜色被很好地分离；要么是与红色一起被隐蔽地分散到相邻颜色（即黄色，也许还有绿色）中。如果其被拦截，或者是考虑到从黄色和绿色中出现如此多的红色，这意味着这些红色已经扩散，并且分散地混合在这

①此处引用内容未节选。——译者注

些颜色中。如果观察到这些情况，就会发现绝不会再产生红色或其他拦截的颜色。

我认为，上述内容足以作为这类实验的导入。如果英国皇家学会中的任意一人因好奇而对此提出质询，我会十分乐意听到这种声音。任何事情似乎都存在缺陷，在别人提出质询之际，我可能有机会就此进行更多的阐释，或是坦诚我的错误，当然，前提是我犯了错误。

（艾萨克·牛顿　公元 1671 年 2 月 2 日）

光学：关于光的反射、折射、曲折和颜色的论述

质疑 31

物体的微小粒子是否具有某种能力、效能或力量，同时凭借这些使它们保持在一定距离上，因为这不仅能作用于光线——反射、折射和曲折光线，也能作用于彼此之间，从而引起更多的自然现象？众所周知，物体能通过引力、磁力和电力的吸引而互相作用，这些事例表明了自然界的趋向和进程，即使不确定，但我相信除此以外还有更多种吸引力……引力、磁力和电力的吸引在可知的距离内，所以用肉眼就能观察到。此外，可能还有其他的吸引力，只因距离过小，以至于我们无法观察到。也许电的吸引力可以达到如此小的距离，甚至无须经过摩擦力的激发。

通过考虑，于我而言，把物质做成实心的、有质量的、坚硬的、不可穿透的、可运动的粒子，其大小、形状以及诸如此类的其他性质，还有空间上相应的比例等都有助于达到创造它们的目的。这些原始粒子是固体，比任何由它们组成的多孔物体都要坚硬，甚至坚硬得永远不会磨损或破裂成碎块，没有哪种力量能够分割这些粒子，只要这些粒子继续保持完整，它们就可以组成性质和结构在任何时代都是一样的物体。但是如果这些粒子被磨损或者破裂成碎块，那么由它们组成的物体的性质就会改变，由早已破损的粒子和粒子的碎块组成的水和陆地，其性质和结构就会不同于创世时用完整的粒子组成的水和陆地，所以，该性质可能是持久的，各种物质的变化只存于这些永久粒子的不同形式的分离以及新的组合和运动之中，但是容易破裂的复合物体不

是在固体粒子的中间，而是在那些粒子放在一起时，只有少数接触的地方。

我进一步观察发现，这些粒子不仅受惯性力影响，而且还按照引力原理运动，并引起物体的扰动和凝聚。我认为这些原理不应出自因事物的特殊性质所得出的玄妙之法，而是事物据以形成的自然界的普遍规律；尽管尚未发现它们形成的原因，可是它们的真理性却通过现象呈现在我们面前。这些原理具有明显的性质，而它们的原因却隐蔽其中。亚里士多德学派所说的玄妙之法不是指明显的性质，而只是指它们应该隐藏在物体之后，属于明显效果的未知原因，它们可能是重力、电磁吸引力和扰动的原因。如果我们设想这些力或运动产生于我们未知的原因，不能发现和弄清楚其中的本质，那么这些玄妙之法将使阻碍自然哲学的发展，正如近年来的停滞不前。如告知每一种事物都有一种隐藏的特殊性质，据已发生作用并产生的明显效果而言，那就等于什么也没有告诉我们。但是根据现象可以推出两三条关于运动的普遍原理，由此可知，所有物质的性质和作用是如何根据那些原理得出的，这亦是哲学的一大进步，尽管那些原理的原因尚未被发现。因此，我直接提出了上述运动的原理，它们属于普适范畴，而其原因则留待以后去发现。

在自然哲学里，和数学一样，用分析方法研究疑难杂症，应当总是先于综合之法。这种分析包括做实验和观察，再用归纳法去从中引出普遍结论，并且使这些结论没有异议的余地，除非这些异议是从实验或者其他肯定的事实得出的，因为实验哲学并不考虑假说。尽管用归纳法来从实验和观察中进行论证并非普遍结论的证明，可是它是事物的本质所接受的最好的论证方法，并且随着归纳法的普遍适用，这种论证看起来也愈为有力，如果没有例外，那么结论就可声称是普遍适用的。但是，如果以后从实验中出现了例外，那么就可以声称有这样的例外存在。利用这样的分析方法，我们就可以进行从复合物到成分、从运动到产生运动的力的这种过程的论证。一般而言，从结果到原因，从特殊原因到普遍原因，一直到论证终结于最普遍的原因，这就是分析的方法。而综合的方法则假定原因已经找到，并且已确立为原理，再用这些原理去解释由它们发生的现象，并证明这些解释。

在《光学》的前两篇中，我继续进行这一分析以发现和证明光线的可再现性、反射性和颜色方面的原始差异、它们的易反射和易透射的特性以及它们的反光性和颜色所依赖的物体的透明度的特性，而这些发现经过证明以后，可以作为解释由它们所产生的现象的综合方法。我在本书的第一编末尾给出了这个方法的实例。在第三篇中，我只是对尚未发现的光和它对自然界结构的效应进行了一些分析，提出一些关于它的线索，并把线索留待感光者进一步用实验和观察来加以考察和改进。如果自然哲学在它的一切部门中都能坚持这种方法并臻于完善，那么道德哲学的领域也将随之扩大。就我们通过自然哲学所能了解的范围来说，什么是第一原因，它对我们有什么影响，我们从它那里能得到什么好处，迄今我们对它的义务以及相互之间的义务，也将由自然界的光呈现于我们面前。毫无疑问，如果假神崇拜没有蒙蔽世人，那么人们就不会被教导死后灵魂传世，崇拜太阳、月亮和死去的英雄人物，而被教导去崇拜我们真正的造物主和恩人，正像他们的祖先在自己腐化之前，在诺亚和他儿子们率领之下所做的那样。

（艾萨克·牛顿　最初于1704年出版，本文内容“质疑31”被添加到1718年版）

关于光的论述

我于12年前旅居法国期间写下了这部论著，并在1678年把它递交给皇家科学院的学者们以及国王召见我时的在场人员，几位健在者尤其是他们中间致力于数学研究的人必然会记得，我在这里只能提到几位知名人士，即卡西尼、罗默尔和德·拉伊尔，尽管此后我已经更正和改动了某些部分，然而，当时写就的稿本可以证实，除去有关冰洲石形成的一些猜想以及对晶体折射的新观察之外，我没有增加其他内容。我叙述这些细节，是想让人们知道我对于现在发表的东西进行了长时间思考，并非为了针对那些尚未读过我的论著且论述过类似问题的人们，更不是以此来贬损他们的功绩。比如，两位著名的科学家牛顿先生和莱布尼茨先生，在一个既定的玻璃表面上聚集光线的问题上的见解。

也许有人会问为什么我拖了这么久才让这部著作问世，其原因是它是草草写就的，我曾打算将它译为拉丁文，以得到更多的注意，在这之后，我准备将它同另一部论著一起发表，但随着新奇感的消失，我就把此构想的实施一再延后，而且经常被一些事务及其他研究分心，以至于连我也不知道什么时候能够完结此事。鉴于这些考虑，我认为，尽管这部作品还不够完善，但将它尽早发表出来终是胜过冒着遗失的风险一再拖延。

于本书中看到的论证并非如几何学中的论证那样，可以反映出很强的确定性，而且，二者的差异甚大，因为几何学家是用确定无疑的原理来证明他们的命题，但这里的原理是由它们引出的结论来进行检验的。这些东西的本性不允许以其他方式来论证，因此很有可能我们难以得到完全准确的证据，也就是当用假说原理论证的内容与实验所产生的现象完全一致时，尤其是当这些现象大量存在时，我们就认为结论得到了证实。进一步来说，这主要是因为我们能够想象和预见的那些应当遵循我们所使用的假说。但是，如果在我提出讨论的东西中，所有这些都如我认为的那样得到确然性证明，那么，这即我完成探究的最强确证。但如果事实并非如我描述的那样完美，那就麻烦了。我宁愿相信，那些乐于了解事物起因并能欣赏光之奇观的人们到时会在对于光之性能的各种推测和解释之中得到某种满足，光的性质是我们视觉结构以及扩展视觉用途的伟大发明的主要基础。

我亦希望有人因循此开端，更进一步地思考这个问题，因为这个主题远未触底，这从我所留下的某些尚未解决的疑难记录中可以看到，更不必说我尚未涉及的问题，诸如数种发光体以及关于颜色的问题。此外，到现在为止，还没有人能够以此居功自傲。最后，还有许多关于光本性的问题有待探究，我不敢妄言自己已经揭示出光的本性，因而我将非常感谢那些能填补我知识缺陷的人。

1690 年 1 月 8 日于海牙

第 1 章　论直线传播的光线

有关光学的论证都立足于从经验引出的事实上，其中包括光线沿直线传播，反射角等于入射角以及光线折射时依照正弦定律发生曲折。这些定律现已为人们所熟悉，并且它和前面的定律一样准确。

多数人撰文涉及光学不同领域都以假定事实而感到满足，但一些更具好奇心的人却渴望探究其原因，认为这些事实本身是自然现象的奇异效应。在这方面他们提出某些有创见的内容，然而还不至于使富有才智的人怠于寻求更好、更满意的解释，因此在这里，我想抛砖引玉，为自然科学这个领域贡献我的绵薄之力，而且我所研究的领域应当被视作光学领域中最困难的一个部分。以我之见，应该非常感谢那些人，是他们首先拨开了笼罩于事实之上的迷雾，并且给予我们希望，这一切都可能通过清晰的推理予以说明。不过另一方面，使我惊异的是，这些人为了使人信服，总是乐于提出一些非结论性的推理，目前我尚未发现有人对光的首个最值得注意的现象做出过较为合理的解释，换而言之，它为何不以除了直线以外的方式传播，以及来自各处的可见光如何毫无妨碍地传播。

因此，我将依据已被当今哲学公认的原则，尝试于此书中提出一些更为清晰合理的解释。首先是光以直线传播的性质，其次是光在遇到其他物体时会发生反射，之后我将解释光线在穿过不同种类透明体时产生折射的现象，此外，我还将解释由大气层不同密度而引起的空气折射效应。

此后，我将研究一种取自冰岛的晶体为何会产生奇异折射现象。最后我还将论述因为透明体与反射体的不同形状而使得光线汇聚于一点，或是以不同方式偏离的问题。由此人们可以清楚地看到，依照这种新理论，我们发现的不仅有笛卡儿先生发明的椭圆、双曲线和其他曲线的透镜，还有其他形状的透镜，而且这时它的另一面也可以被设定为球面或完全的平面，抑或是其他可能的图形。

难以想象将光视为某种物质的运动。因为，人们可能会去考虑它的产生，并且会发现地球上它主要由快速运动物体所产生的燃烧的火焰造成，而燃烧的火焰会熔化许多甚至是最坚硬的物体。若去考虑它的效应，会看到光被汇聚，正如被凹面镜汇聚时它具有像火焰那样的燃烧特性。也就是说，它使物体微粒分离。这无疑是运动的标志，至少在通过机械运动来设想的所有自然效应起因的实际哲学中是这样的。我认为我们必须如此考虑，不然就放弃了领悟物理学一切现象的全部希望。

此外，依照这种哲学，只要人们确信视觉兴奋只是某种物质运动作用于我们眼后神经而产生的感应，就更有理由相信光存在于我们与发光体之间的物质运动之中。

由此可知，当人们考虑到光向各处传播的极限速度时以及考虑到来自不同方位甚至相对方位的光线是如何不受干扰地穿过时，可能会清楚地认识到，当我们看到一个发光体时，光线不可能像炮弹或箭穿过空气的那种方式运动，而是通过物质传给我们。光应以其他方式进行传播，并且关于声音在空气中传播的知识可以给予我们启发。

我们知道，借助于空气这种看不见摸不着的物体，声音是通过空气中的连续运动从产生之处向周围传播的，并且这种运动的传播速度于不同方位进行得同样快，因而应该形成一个球面，以便不断扩大并传入我们耳中。毫无疑问，光从发光体到我们的眼睛，也是通过施加在这些物质上的运动，正如所看到的那样，因为光不可能被一个物体运载到各处，而且，如果光的传播需要时间（我们即将考察这一点），由此可知，施加在介质上的这种运动是连续的，因而它也应像声音那样以球面和波的形式传播，之所以称之为波，是由于它们类似于石头扔入水中时所产生的涟漪，尽管它们的起因不同。

对于明确光的传播是否需要时间，让我们首先考虑是否有什么能够反驳我们的经验。在地球上可以取得的经验中，尽管远处照光证实了光通过这些距离几乎不需要时间，但人们还是有理由认为这些距离太小，由此能得到的唯一结论是光的传播速度极快。笛卡儿先生认为光瞬时传播，他言之凿凿地将其观点建立在观测月食得出的经验基础上。然而，正如我将要证明的，这也无法使人信服，为了使结论易懂，我将采用一种与他稍许不同的方式进行阐述。

假设 *A* 为太阳的位置，*BD* 为地球轨道路径的一部分，*ABC* 是一条直线，我假定它与月球的圆轨道 *CD* 相交于 *C* 点。

如果光需要时间，譬如 1 个小时穿过地球与月球之间的空间，当地球到达 *B* 点时，光线被遮挡并投下地球的影子，这样光就不会到达 *C* 点，而是在 1 个小时后才到达那里。从地球到达 *B* 点的时刻起，地球的影子 1 小时后到达 *C* 点，届时月球将变昏暗。但是再经过 1 小时，由亮光遮挡造成的昏暗才会抵达地球。假设经过这 2 个小时地球到达了 *E* 点，那么于 *E* 点的地球将看到 1 小时前在 *C* 点被遮挡的月球，与此同时，还将看到位于 A 点的太阳。因为我依照哥白尼那样假定太阳是静止的，而光又总是沿直线传播，这意味着太阳必须位于原位。人们观察到，当月食时月球出现在正对太阳黄道上的那一点。然而，如果光从地球传播到月球需要 1 个小时，那么月球会在那点之后出现，所形成的角相当于角 *AEC* 的补角 *GEC*。无论如何，这一点恰好相悖于人们的经验，因为角 *GEC* 是可判断的，约为 33 度，那么，根据我们在有关土星现象之起因的论文中的计算，地球到太阳的距离 *AB* 约为地球直径的 12000 倍，因此，*AB* 比地球到月球的距离 *BC*（相当于 30 倍地球直径的）要大 400 倍。于是，角 *ECB* 几乎比微小之角 *BAE*（此角度为地球围绕太阳旋转 2 个小时的角度，地球围绕太阳一天的角度大约为 0.98 度，因此 2 个小时约为 4.95 分）大 400 倍，换言之，这是地球沿其轨道在 2 小时内穿过的行程，就此而论，角 *BCE* 大约为 33 度，角 *CEG* 亦是同样，相差无几。

不过，应当注意，该论证中的光速被假定为它从这里到月球的行程需要耗费 1 个小时，倘若假定它只需要 1 分钟的时间，显而易见，角 *CEG* 仅有 33 分。如果它仅需 10 秒钟时间，这个角就会小于 6 分。此外，人们难以由月食的观察中得到新知，因而，也难以从中得出光运动是瞬时的结论。

坦率地讲，我们在这里假设了一个比音速快 10 万倍的光速度。根据我所观测的结果，声音在 1 秒钟或者在大约 1 次脉搏的时间内约传递 180 突阿斯①。但是，这个假设应该是有可能的，因为它无关于物体间的急速传递，而是关乎于物体间的连续运动。若是采用这种方式，那么，光的所有现象都可以被解释，如若不然，则所有的事情无法理解，我不会反对就此深思，或去假设需要时间来完成光的传播。以我之见，即使是笛卡儿先生的研究曾清晰地论述了物理学的各类课题，他在这方面确实胜于前人，但在探究光及其特性时，他也说过，研究过程中会遭遇艰难，甚至荆棘铺道。

我借以假设的内容，通过勒麦先生富有独创性的证明，仿佛已成既定事实，虽然期待由他本人给出所有必要的证实，但我在这里也打算说一说。

（克里斯蒂安·惠更斯　公元 1690 年）

①突阿斯：法国的一种计量单位，1 突阿斯约等于 1.95 米。

论光色理论

尽管貌似有理的假设得以创造于世，但无关于实验观察的任何联系，亦无用于促进自然知识。然而，正因发现简单统一的原则，借助这些原则，大量明显不同的现象被简化为连贯普遍的规律，这对提升大众认知异常重要。

本文的目的并不是要提出任何全新的观点，而是要把一些已经提出的理论提交给它们的原创者，并通过更多的证据来支持它们，把它们应用到至今仍无人知晓的各种各样的事实中去。在这种情况下，产生一个新实验并非必要之事。但就实验而言，这里已经有了充足的储备，而且这些储备是无可非议的，因为在他们解释其体系之时必然不失公允。可是，一些至今未被观察到的事实将被揭示，以此来表明这个体系完全符合自然界的各种现象……

这里有些人致力于遵循牛顿认可的所有学说，他们很可能会把更多的注意力投入于此，因为他们似乎更接近于牛顿本人的观点。因此，在简要陈述我理论的每一点之后，我将从牛顿的各种著作中收集最易于接受的内容。而且，虽然我会引用一些可能被认为在光学出版时被撤回的论文，但我不会用这些论文中的内容来影响他的真知灼见。

假说 1

一种发光的以太弥漫在宇宙之中，既稀有又富于弹性。

假说 2

每当物质发光时，波动就在以太中被激发。

注释：我使用“波动”这个词，而不是“振动”，因为振动通常被理解为一种运动，该运动通过物体的动量与加速力的组合而交替进行，并且该运动大致是永久的。但是，波动被认为是一种振动运动，通过介质的不同部分连续地传递，每个粒子本身不具有任何运动的趋势，除非随后的波动可以从一个不同的振动体传递出去。因为，在空气中，弦的振动产生了构成声音的波动……

假说 3

对不同颜色的感觉取决于视网膜中由光激发的振动的不同频率。

注释：牛顿指出，视网膜的运动很可能是振动性的而不是波动性的，振动的频率必须取决于该物质的构成。目前，由于难以想象视网膜的每个敏感点包含无限的粒子，而且每个粒子能够与每个可能的波动一致地振动，所以必须假设该数量是有限的。例如红、黄、蓝这三种主要颜色，其中波动在量值上与数字 8、7、6 相关，并且每个颗粒能够通过并非全然和谐的波动而被强制运动，绿光的波动接近于 61 的比率，这将同样影响与黄色和蓝色一致的粒子，并且产生等同于由这两种物质组成的光的效果。神经的每个敏感纤维可以由三个部分组成，每个主要颜色就是一个部分。鉴于这种说法，似乎任何尝试去产生一个具有音乐效果的颜色，必然是不会成功的，至少通过一个非常简单的旋律来进行仿制是不行的。因为，实际上构成融洽和谐的周期只会是单个波动周期的倍数，在这种情况下，将完全没有视网膜的感受限制，亦会使其失去效果。同理，通过把它压到可听音阶的最低音，可使第三或第四音的和声遭到破坏，而且在听觉中，相关器官的任何部分似乎都没有永久性的振动。

假说 4

所有物质都具有对以太介质的吸引力，通过这种吸引力，以太介质在它们的物质中以及在它们周围的小段距离中会以更大的密度而非更大的弹性的状态来累积。

业已证明，前三个假设可能被称为基本假设，实际上，这只是庞大复杂的牛顿体系中的一部分。这第四个假设也许在某种程度上不同于以前作者提出的假设，甚至与牛顿的完全相反。但是，两者的可能性是均等的，异议不过是一种偶然，唯一需要探究的是哪种假设才能更好地解释现象，其他的假设也许可以代替假说 4，因此我不认为它是最根本的，但在我看来，它似乎是最简单和最好的。

命题 1

所有脉冲在均匀弹性介质中以等速度传播。

每一个与声音有关的实验都符合牛顿已经引用的观测结果，即所有的波动都以相等的速度在空气中传播……

命题 2

一般认为，源于单个粒子振动的波动必须通过均匀介质以球形方式传播，但在不同部分具有不同的运动量。

命题 3

球面的部分波动通过孔径穿过稳定介质之后，将会继续在表面中进行直线传播，最终止步于质地疏松且结构不规则的面。

在进入介质的瞬间，每个波动的圆周可能会产生一个局部波动，填充球体半径和表面之间形成的空间，最终停止于介质中，但由于时间上的差异，它的强度不会因任何部分的波动而有所增加。如果光圈确实只占波动宽度的一小部分，那么新产生的波动几乎可以吸收全部的力，关于这一点，牛顿在

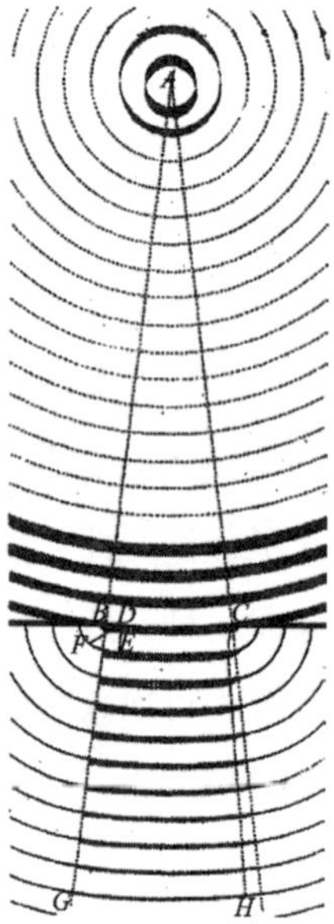

《自然哲学的数学原理》中也有所阐述。但是，在这种情况下，光的波动是微小的，而且受到传播路径的影响，无法用光完成实验。虽然微弱的光已经偏离了任何可能的衍射极限，但光圈的边缘在各个方向都清晰可见，这些现象被牛顿归因于一些未知的原因，而且它们完全符合这个命题的描述。

……

命题 5

当波动通过表面传输终止于不同介质时，它沿此方向行进，即入射角和折射角的正弦与两种介质中的传播速度之比成常数。

推论 1：同样的演示证明了反射角和入射角是相等的。

推论 2：从空气折射的实验中可以看出，其正弦差的比率仅随密度而变化，因此，以太介质密度与空气密度成复比，每个粒子都与其邻近的粒子相配合，从而吸引更多的粒子。

……

命题 8

来源不同的两种波动相遇后会形成一种新的波动，它们的联合效应属于彼此的运动组合。

由于介质的每个粒子都会受到其波动的影响，因此，无论方向如何一致，波动只能通过干涉它们的振动来进行，干涉作用可以是单独粒子波动的振动幅度之和或之差，因为波的干涉会使波动的相似部分或不同部分趋于一致。

在之前，我始终坚持将此原则应用于谐波（见《皇家学会哲学汇刊》）。它似乎在解释颜色现象方面具有更广泛的用途。目前需要针对相同频率的波动来进行比较。当两种连续波动在时间点上精确重合时，显然特定运动的合并速度必然最大，实际上至少是分离速度的两倍。由此可知，波动的强度必然最小。如果两个波动强度相等，当一个波动最强正向运动的时间与另一个波动最强反向运动的时间相一致，谐振必然会被完全破坏。如果在中间状态中，波动的相互作用将具有中等强度，但是，如果没有更多的数据证明，就不能确定这种中间强度的变化规律。众所周知，声音由类似的原因所产生的现象，其被称为节拍。

命题 9

辐射光存在于发光以太的波动之中。

该命题是上述所有命题的一般性结论。由此可知，他们在协力证明以一种令人满意的方式可以获取该命题的本质。牛顿明确承认，波动是存在的，但他否认波动构成光。可是，在最后一个命题的前三个推论中表明，光的增加或减少都指这种波动的增加或减少，同时，这种波动可能引发的一切影响，在光的折射现象中都是清晰可见的。因此，我们可以非常合乎逻辑地推断，波动是减少的。

一些无关的评论将有助于消除可能会对这一理论提出的部分反对意见。

1. 牛顿提出了冰洲石晶体的奇异折射理论，他认为光的粒子必然是投射的最小体。因为他认为这些粒子的不同侧面很可能受到晶体不同程度地吸引，并且因为惠更斯已经承认他无法以令人满意的方式解释所有的现象。但是，相别于牛顿的精准坦率，他提出了一个新的折射定律，却没有给出拒绝惠更斯定律的理由，豪伊先生发现惠更斯定律比牛顿定律更准确，而且他没有试图从自己的体系中推导出任何关于双翼梁的冲击效应的普遍性解释，也没有注意到惠更斯最为简练巧妙的理论完全符合这些普遍现象。当然，由此还衍生出关于真理的其他说法：为了强调困难，他省略了这个借口，因为在他自己的理论中只能找到一个口头解决的办法，而其他理论很可能永远无法对此进行解释。

2. 米切尔先生做了一些实验，这些实验似乎表明，光线有一种真实的动力，通过这种动力，当光线落到悬浮的薄铜板上时，就会产生一种运动（普利斯特列的光学）。考虑到铜板的精确垂直度以及没有任何上升气流，而且，在每个这样的实验中，在光入射的表面必须向空气传递出高于其背面的大量热能量，因此过度的膨胀必然在第一表面上产生过大的压力，由此薄铜板会在光的方向上产生非常明显的凹陷。在没有空气的情况下，班纳特先生采用一种更灵敏的仪器，重试该实验并失败了。而且，他十分公正，从其失败的实验中推断出一个论点，即关于支持光的波动系统的论点（参见《皇家学会哲学汇刊》，1792 年，第 87 页）。因为，如果承认那些最能想象到的细微的光微粒，那么它们的效用自然会对略微逊色的电流的快速运动造成一定比例的影响，这是很容易察觉的，即使在其最弱的状态。

3. 关于一些太阳磷光的现象乍一看似乎有利于微粒系统，例如，它所停留的时间就像在一个潜在的状态，并通过热的作用以推动它的后续发射，但是，细想想，假定磷的微粒在光的作用下发生振动，在寒冷的干预下使这种作用突然中止，不管是由于物质的体积收缩还是其他原因，并非难事。而且，当抑制因素被移除之后，它们的运动会继续，正如弹簧在其振动的中间阶段被按压一段时间之后突然爆发的情况。在某些情况下，热能无法具有这种潜能。（参见《尼科尔森杂志》，第二章，399 页）

但是，也许日后我们会更容易理解热的影响，就目前而言，光与热的差别似乎很可能仅仅在于其波动或振动的频率。关于频率，是指在一定限度内的，且能够影响视神经并构成光的那些波动所产生的，而且，仅就构成热能的频率来看，那些较慢的，却可能是更强的。因此，光和热发生在我们身上，各自处于两种境遇——振动或恒定以及波动或波动间的过渡状态。波动光是被点燃的物体或太阳磷的细微运动，波动光或辐射光是由这些振动激发的以太介质的运动；波动热是所有物质都易受其影响的运动，而且大致是恒定的。此外，金先生（参见《微言小议》，1786 年，99 页）和皮克泰先生（参见《物理札记》，1790 年）通过同种以太介质的运动所产生的波动热以展示它与光一样能够反射，同时，赫歇尔博士也由此证实其能够分离折射（参见《皇家学会哲学汇刊》，1800 年，284 页）。

拉姆福德伯爵借助重要的实验表明，较冷物质通过无介质传输比通过辐射或通过静止介质的传输更容易传递热量。由此可想到，一些可透过光的物质可能不适于传热，正如某些特定物质的透光性可能相同，但它们对于其他物质却是不透明的。

整体而言，该理论符合少数可以用微粒体系来解释的光学现象。其中，许多早已为人熟知，却从未被人了解的事物，通过这些方法变得完全可以理解。此外，一些新的事实被认为只能简化为与其他事实相符的类比，以及波动体系的简单原理。而且，依据推测，牛顿光学理论的第二章和第三章相比本书的第一章更易于充分理解。但是，如果公正的评审员要求更多的证据来支撑这一理论，那么就很容易去详尽地了解各种实验的细节，也很容易展示出牛顿学说所面临的难以克服的困难，而且如非必要的话，把牛顿学说一一列举既乏味又令人反感。因为在他们眼中，牛顿在自然哲学方面的优点是无人能及的，尤其是他对白光组成的光学发现，只会使他之英名流芳百世。然而，那些妄想推翻他学术体系的论据，将会极大地证明他实验的惊人准确性。

虽然这些论点看来是充分且确定，但寻求进一步的证实亦非多余，对于这一点我们早已预知，尤其是罗姆森教授非常巧妙地提出的关于从土星环的相反一侧返回至地球的光折射的实验，据此，加之微粒体理论，土星的环必然非常扭曲。当通过消色差棱镜进行观察时，在木星的圆盘上也会观察到类似的畸变。然而，如果发现从这些行星反射的全部光线中产生了同等的偏差，同时相较于抛射体的运动，几乎难以解释光的影响。

（托马斯·杨　公元1801年）

“电力实验”——写给费城的皮特柯林斯

尊敬的柯林斯先生：这就是抄写长信的麻烦所在，也许，当它们来到你的手中时，没有什么新的内容，也不值得你去读（电力的进步如此之快），基于这种原因，我不愿再写关于这个主题的内容了。然而，我不能不对穆申布鲁克先生那绝妙的莱顿瓶实验补充几点。

1. 在是否通电的情况下，瓶中所含的非电能亦是不同的，这是因为瓶中的非电能积聚在瓶子的表面上，并在瓶子的周围形成相当大的电氛。但是电光花被拥塞于玻璃瓶中，因此而被限制。

2. 在导线和瓶子的顶部由正极或正地通电的同时，瓶子的底部被负极或负地通电，两者皆按照精确的比例进行。也就是说，无论在顶部投入多少电光花，都会有等量的电光花从底部喷出。为了理解这一点，假设在操作开始前，瓶子内的电量等于 20，并且通过真空管进行敲击，假定注入电量为 1，在首次敲击之后，包含在金属丝和瓶子上部的电量将是 21，在底部为 19；在第二次敲击后，上部分电量将为 22，下部分为 18；依此类推，直到第 20 次敲击，上部分电量等于 40，下部分电量则为零，至此操作结束，因为已不能将更多的东西由下部排出，不能将更多的东西注入上部。如果你试图把更多的水倒进瓶子里，它就会从铁丝里喷出来，或者从瓶子两侧的裂缝里飞溅而出。

3. 即使通过部分的内部传播或接触也不能恢复平衡，但必须在没有瓶子的情况下于其顶部和底部之间通过一些非电的且同时接触或接近两者而形成的传播来完成，它会借助难以言表的强力迅速恢复或是彼此交替接触逐渐恢复平衡。

4. 当所有东西都被从底部排出时，因为没有电光花可以进入瓶子顶部，所以，在一个尚未通电的瓶子中，当没有东西从底部排出时，也没有东西可以进入顶部。瓶子底部太厚抑或是当瓶子被放置在电器上时，瓶子通电，只有少量的电光花可以通过多接触的电线从顶部引出。因此，把一个带电的瓶子放在干净的玻璃或干燥的蜡上，你可以不接触电线就能从上面把火扑灭。之后，把它放在一个非电的物质上并触摸电线，你会很快有所收获。但是，很快，你也会发现上述实验现象。

正极与负极这两种电的状态是如此奇妙，结合和平衡发生在这个神奇的瓶子内，两者以一种我无法理解的方式彼此定位和关联，如果一个瓶子的一部分包含大量被强烈压缩的空气，而另一部分包含完全的真空，由此即知，平衡将立即在其中恢复。

然而，如果我们有一个瓶子，它同时包含了一个电火源和一个相同火源的真空，它们之间的平衡则无法维持，除非通过连通，尽管压力强烈挤压使其膨胀，而且贪食的真空似乎也在强烈地吸引，以便被填满。

5. 对神经的电击（或者更确切地说是抽搐）是由火突然从瓶子的顶部蹿到底部并且穿过身体而引起的。正如沃森先生确实观察到的那样，整个过程发生的时间极短。虽然从实验中看不出来，为了让人感到触电之震动，必须与地板进行连通。因为一个人用一只手拿着瓶子，用另一只手触着电线，他也会感到震动，尽管他的鞋子是干的或是整个人是站在蜡上，一旦接触到电线（或枪管也是一样），火就不会像人们想象的那样从接触的手传到电线，而是从电线传到手指，从身体到另一只手，再到瓶子的底部。

实验论证

实验 1：把带电的小玻璃瓶放在蜡上，再把一个小的软木悬挂在一根干丝线上，将其握在手里靠近铁丝，首先会被吸引，然后被排斥。当处于这种排斥性状态时，如果手下沉，球就会被带到瓶子的底部，立刻被强烈地吸引，直到它与火分开。

如果瓶子有一个正电氛——如同电线，那么，一个带电的软木塞将被排斥。

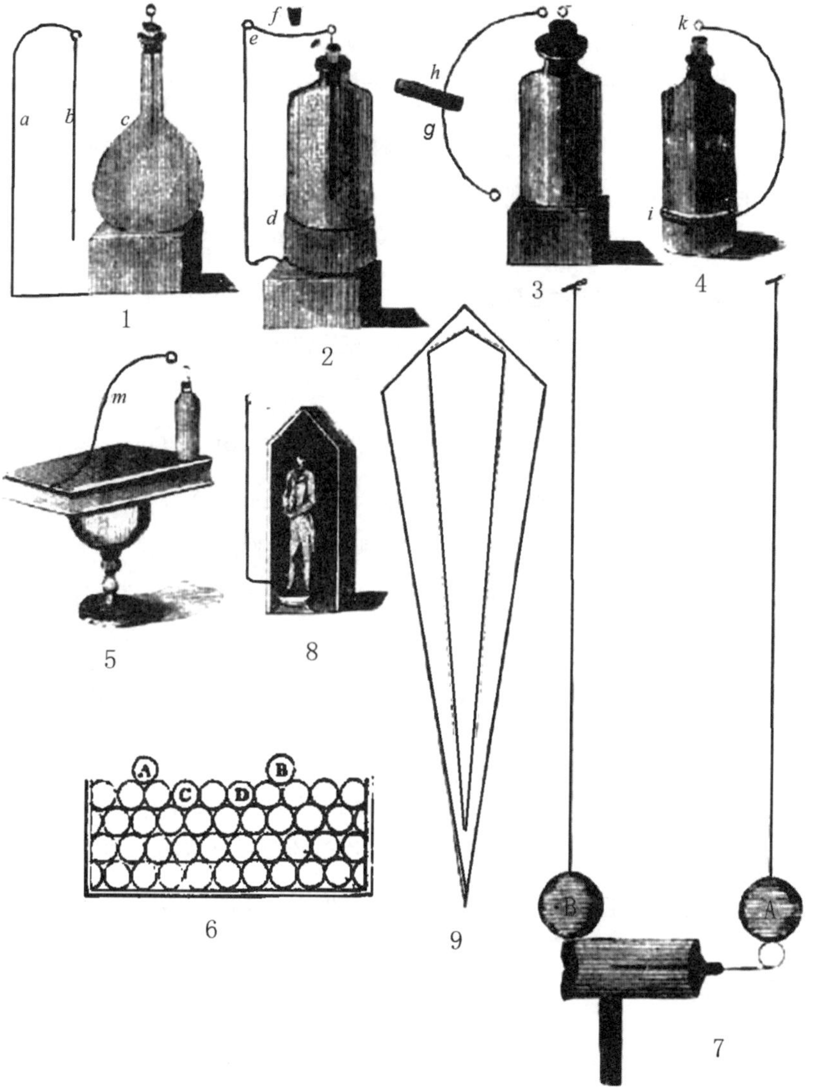
a
b
c
1
f
e
d
2
h
g
3
k
i
4
m
5
8
A
B
C
D
6
9
B
A
7

实验 2 图 1：把一根弯曲的金属丝（a）粘在桌子上，让一根细亚麻线（b）挂在带电玻璃瓶（c）的半英寸范围内，用手指反复触摸电线或玻璃瓶，每次触摸时都会看到被瓶子瞬间释引的线。（最好用醋罐或类似的大肚瓶来做）一旦你通过接触金属丝从上面部分释出任何火，瓶子的下面部分就能通过线吸收等量的火。

实验 3 图 2：在引线上固定一根导线，瓶子底部用该导线固定（d），当向上弯曲时，其环端可与软木塞（e）中导线的顶端或环端平齐，并保持 3 或 4 英寸的距离。然后给瓶子通电，并把它放置在蜡上。如果一根用丝线（f）悬挂的软木塞挂在这两根电线之间，软木塞就会不停地从一根电线弹到另一根电线，直到瓶子不再带电为止。也就是说，它将火从瓶子的顶部带到底部，直到恢复平衡。

实验 4 图 3：将带电玻璃瓶放在蜡上，并取一根 C 形的金属丝（g）将其弯曲，使两端保持一定距离，这样，当金属丝的下端碰到瓶底时，其上端可以碰到瓶口，再将其粘在密封蜡（h）棒上，作为手柄，然后将下端贴在瓶底，逐渐将上端靠近瓶塞内的铁丝，结果是，燃起火花直到平衡恢复。若首先触摸顶部，当从另一端接近底部时，进入瓶子的电线中会有一股持续的火流；若同时触摸顶部和底部，由于弯曲线的连通，平衡将立即恢复。

实验 5 图 4：用一圈细铅或纸包住瓶子（i），与瓶底有一定距离或高于瓶底，让一根线沿着那个环向上延伸，直到它接触到软木塞的线（k），将瓶子固定之后，如不通电，则均衡永远不会被破坏，因为当瓶子的上下部分之间通过外部电线继续连通时，产生的火花只会沿其循环。此外，于瓶子底部排出的火花会不断地由顶部予以供给。因此，如果瓶子的外部是脏污或潮湿的，软木塞或电线也因此受潮，那么，该瓶子不能带电。

实验 6 图 8：让一个人站在一块蜡上，把带电的玻璃器皿的电线递给他，让他触摸；然后，你站在地板上，把电线握在手里，只要他一碰电线，就会被电到——任何一个站在地板上的人都会使他触电。在这个实验中，当你把手伸进瓶子的底部，电线会将电火传到他的身体里。

实验 7：把电瓶交于此人手中时，你定然会碰到电线。只要你一碰电线，他就会成为电的负极，并可能与任何一个站在地板上的人产生火花。火现在从电线传到你身上，再由他传到瓶底。

实验 8：把两本书放在两个玻璃杯上，背对背，相距 2 到 3 英寸远。再将带电的玻璃瓶放在其中一本书的上面，然后触摸电线，那本书便成为电的负极，电火花会从瓶底被吸出。再把瓶子拿下来，拿在手里，用铁丝触碰另一个瓶子，那本书即为正极，当你手握瓶子时，火会从电线进入瓶子。而且，一个悬挂的小软木球将在这两本书之间跳动，直到平衡恢复。

实验 9：当一个物体通电后，它会排斥一个带正电的羽毛或小软木球。当其为负电时（或处于共同状态时），它将吸引它们，但负电时比处于共同状态时吸力更强，而且表现出的差异更大。

实验 10：虽然，如在实验 6 中站在蜡上的人可以通过反复接触带电的电线（握在站在地板上的人的手中）而被通电多次，但是他每次都接收来自电线之火。他若用自己的手拿着或触摸电线，虽然也产生了强烈的火花，而且受到了强烈的电击，但他身上没有电，火只是从瓶子的上部到下部穿过他。请注意，在电击之前，让站在地板上的人触摸他，以恢复他身体的平衡。在握住瓶底的过程中，他有时会有一点儿触电的感觉，电击后这种感觉会持续下去，就和电击前他接收到的电流一样，因为恢复瓶中的平衡根本不会影响火所经过人体产生的电流，而且电力既不增加也不减少。

（本杰明·富兰克林　公元 1747 年 9 月 1 日）

关于电流对磁针的影响之实验研究

去年冬天，我在大学讲授电学、电流学和磁学的时候，第一次做了关于这个课题的实验，我现在打算解释这个问题。这些实验似乎表明，电流装置使磁针移开原位，但电流回路必须是完整的，而不是开放的，这种方法几年前曾被著名的哲学家尝试过，却一无所获。这些实验是在简陋的仪器中进行的，考虑到这个问题的重要性，这些实验并不具有足够的结论性，因此，我联合朋友埃斯马克，通过我俩提供的非常强大的原电池重复和扩展这些实验。乌格尔先生是丹伯格骑士团的骑士，也是飞行员的首领，他出席并协助了这些实验。同样在场的还有豪克先生，他是一位非常精通自然科学的人；莱因哈特先生，他是一位自然史教授；雅各布森先生，他是一位医学教授；还有那位非常老练的化学家、哲学博士蔡泽先生。虽然我经常自己做实验，但是我所观察到的每一个事实都会为这些先生重新演示。

我们使用的电流装置由 20 个铜槽组成，每个铜槽的长度和高度为 12 英寸，但宽度几乎不超过 2.5 英寸。每个槽都配有两块铜片，将它们弯曲，以承载一根铜棒，再将锌片放在水槽中的铜棒上。水槽里的水含有其总量 1/6 的硫酸和等量的硝酸。每个锌板沉入水中的部分是边长约 10 英寸的正方形。一个较小的设备将证实，只要它足够强大，便可使金属生热。

将原电池的两端用一根金属线连接，为了方便叙述，我们称它为连接导体或单元线。对于发生在这个导体和周围空间中的效应，我们将给出电冲突的名称。

将导线的直线部分水平放置在磁针上方，正确悬挂并与磁针平行。如有必要，将接合线弯曲以呈现其用于实验的适当位置。在这种状态下，磁针的末端接着电池的负极，磁针将发生移动并向西移动。

如果接合线距磁针的距离不超过 3/4 英寸，那么磁针的倾斜角度约为 45°。距离增大，其角度会成比例地减小。此外，该磁偏角同样随电池的功率而变化。

如果接合线继续平行于磁针，则接合线可以向东或向西改变其位置，除了流量之外，其效果并无其他改变。因此，这种影响不能归因于吸引力，对于磁针的同一磁极，当它靠近接合线时，位于其东侧；如果磁偏角依赖于吸引和排斥，当位于西侧时，它会远离接合线。联结导体可由连接在一起的若干导线或金属带组成。金属的性质并不改变效果，而只是改变了电流量。使用铂、金、银、黄铜、铁、铅和锡的金属带（大量汞）的导线同样成功。尽管它会被水干扰，除非干扰物长度达到几英寸，否则导体不会失去其效果。

接合线的效果会通过玻璃、金属、木材、水、树脂、石器、石头传递到磁针，因为它不是通过插入玻璃、金属或木板而被取走。即使是玻璃、金属和木头，只要插在中间，也不会破坏，而且几乎不会减弱这种影响。将起电盘、斑岩板，甚至充满水的石器容器插入，亦会得到相同的结果。此外，我们发现，当针头被放入一个盛满水的黄铜盒子中时，效果也没有改变。更不必说迄今为止尚未在电和流电研究中观察到任何在物质中传递的效果。因此，在电冲突中产生的效果与任何一种电效应都是不同的。

如果将接合线放置在磁针下方的水平面上，那么，其所有效果等同于接合线位于磁针上方时的效果，只是它们处于相反的方向。因为磁针的一端靠近电池负极，所以它会向东倾斜。

为了使这些事实易于保存，我们可以使用这个公式：当磁极位于电池负极之上，磁极便转向西方；若在下方，便转向东方。

如果接合线在水平面内转动从而与磁子午线形成逐渐增大的角度，若接合线的运动靠近受干扰的磁针的位置，那么，磁针的倾角增大，但是如果导线距离那个位置较远，其倾角就会变小。

当接合线与通过平衡器进行移动的磁针位于同一水平面中并且平行于该

水平面时，并不产生向东或向西的偏斜。但当倾斜发生且该接合线位于西侧，那么，接入一端为负电，电极被削弱；当接合线位于东侧时，电极则被提升。如果接合线垂直于磁子午线的水平位置（不管是在其上方还是下方），则磁针保持静止，除非接合线非常靠近磁极。在这种情况下，当接入一端为电线的西侧，电极升高；当其为电线的东侧时，电极降低。

当接合线与磁针的磁极垂直且接合线的上端接入负电时，磁极朝东移动。但是当接合线与磁针和电极之间的点相对时，电极向西移动。当接合线的上端接入正电时，则出现相反的现象。

如果将接合线弯曲以形成彼此平行的两条支线，它们在实验中会排斥或吸引磁极。假设电线与磁针的任一极相对放置，使得两条平行支线的平面垂直于磁子午线，并且让东支线与负端结合，西支线与电池的正端结合，在这种情况下，根据支线平面的位置，最近的电极将被排斥，移动向东或向西；极东的支线与正极结合，极西的支线与负极结合，最近的电极将被吸引；当支线所在平面垂直于电极和磁针之间的中部位置时，全然相反的效果重复出现。

将黄铜针如磁针一样悬挂，因它受接合线的影响而保持不动。同样，玻璃针和虫胶针无变化。我们现在可以做一些观察来解释这些现象。

电冲突只作用于物质的磁性粒子，所有非磁性体似乎都能被电冲突穿透，而对于磁性体，更确切地说，它们的磁性粒子阻止了电冲突的通过，因此，它们可以因电冲突产生的动力而移动。

由此可知，电冲突并不局限于导体，而是相当广泛地分散在周围的空间中。

依据上述事实，我们可以推断，这一冲突是循环往复的，如果没有这个前提，当接合线的一部分被放置在磁极下面时，似乎难以把它移向东方；当其被放置在磁极上面时，也不可能把它移向西方。鉴于圆的本质，其进行相对部分的运动应该有相反的方向。此外，根据导体的长度，其进行的圆周运动与渐进运动相结合应该形成贝壳状或螺旋线的运动轨迹。但是，除非我错了，否则这无法解释迄今所观察到的现象。

假设负电向右弯曲的螺旋线运动，驱向北极，并不作用于南极，极易理解上述对北极的所有影响。如果我们把作用于南极而非北极的相反运动和动力归因于正电，那么对南极的影响也会以类似的方式得到解释。重复实验比冗长的解释更能看出定律与自然的一致性。如果用标记或图形来演示接合线中的电流过程，则更易于判断实验模式。

除此以外，我只想补充一点，我在5年前出版的一本书中已经证明，热和光是由电冲突构成的，根据上述观察，我们可以得出结论，在这些效应中同样会发生圆周运动，我认为这将非常有助于说明光偏振的现象。

（汉斯·克里斯蒂安·奥斯特　公元1820年）

物质之力讲座第五讲：磁学与电学[①]

我在想，今天是否应该讲些深奥的东西。还记得我们讲过的万有引力吗？世界上的所有物质只要靠近就会相互吸引。还记得我们讲过的同种物质内部微粒间相互吸引的力吗？这种吸引力使相同的微粒聚成一团，铁吸引铁，铜吸引铜，水吸引水。还记得吗？我们研究水的时候也发现两种不同性质的微粒可以相互吸引，这是比简单的万有引力更深入的一种力，因为它存在于不同性质的物质之间。氢能吸引氧而化合生成水，但氢分子之间却不能通过相互吸引发生化学反应，这便是我们搜集到的关于存在两种吸引力的第一个例证。

今天我们要研究的是更令人感到好奇的吸引力，换言之，我们发现它是具有双重性质的吸引力。首先，我想让大家明白这种双重性质是什么。有时候物体被赋予了神奇的魔力，尽管正常情况下人们并没有发现它的这种神奇力量。例如，这儿有一根紫胶棒，它有重力和内聚力，如果给它点火，它还会表现出对空气中的氧气的化学亲和力，上述这些力似乎都与紫胶棒这种物质本身有关。然而，紫胶还具有一种性质，待会儿我会用这个球——气球（一个充满了气体并用线挂在空中轻轻弹动的橡胶球）来证明。现在，这个球与紫胶棒之间没有吸引力，可能是房间里的风轻微地吹动了橡胶球，但现在橡胶球与紫胶棒之间确实是没有吸引力

①这些讲座是法拉第“圣诞讲座”系列的一部分，主要是为儿童观众所做的有现场实验性质的讲座。所提出的不是新的研究成果，而是该领域富有价值的实验背景及现象。——原编者注

的。我用一块法兰绒布来摩擦紫胶棒（摩擦紫胶棒，接着让它靠近橡胶球），观察紫胶棒经过摩擦后释放出来的吸引力，然后我把紫胶棒放在手掌中轻轻拉动，这样就可以将这些吸引力消除掉（法拉第重复了刚才使紫胶棒带上吸引力的实验，又在手掌中拉动紫胶棒从而消除了该吸引力）。请注意，我还能用另一种物质来做刚才的实验。我用一块表面有“汞齐”的丝绸来摩擦一根玻璃棒，看看它会产生什么样的吸引力，它又是怎样将小球吸引过来的，然后我像刚才那样让玻璃棒在手掌中轻轻摩擦，吸引力就消失了，而再用丝绸摩擦，它又会产生吸引力。

现在我们再来演示一个实验。我拿一根紫胶棒，通过摩擦让它具有吸引力。请记住，不论什么时候我们获得了重力、化学亲和力、内聚力或者电（就像这个实验一样），产生吸引的物体同时也在被吸引，正如这个橡胶球被紫胶棒的力吸引的同时，紫胶棒也被橡胶球以同样大小的力吸引。现在我要把这块摩擦过的紫胶棒悬挂起来，挂在一个小小的纸马镫里，如图所示，便于让它移动。

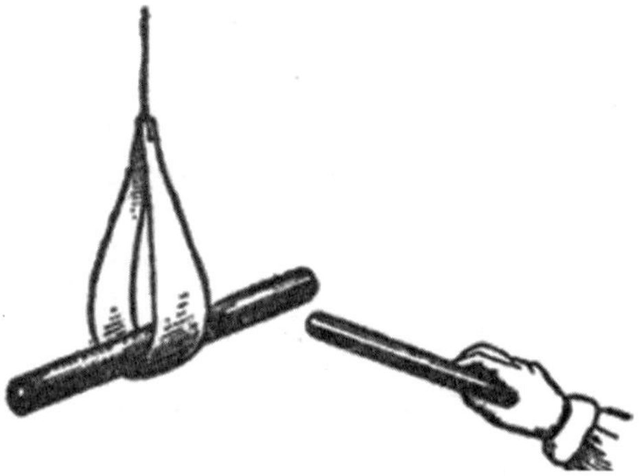

我再拿一根紫胶棒，用法兰绒摩擦，再让这两根紫胶棒靠近，你们可能会以为这两根紫胶棒会相互吸引，但看看现在发生了什么呢？它们并没有相互吸引，相反，它们强烈地互相排斥着，因此我可以让悬挂着的紫胶棒任意转动。所以，结论是这两根紫胶棒互相排斥，尽管它们都带有很强的吸引力——相互间强烈的排斥使得悬挂着的、不轻的紫胶棒可以在空中任意转动。但如果将一根被法兰绒摩擦过的紫胶棒与一根被丝绸摩擦过的玻璃棒靠近，大家认为又会怎样呢（法拉第把摩擦过的玻璃棒靠近摩擦过的紫胶棒，只见它们立刻便吸引在了一起）？大家看，这两种吸引力的区别是多么明显。这两种力与我们之前讲过的那些力有显著的区别，但是这两种力却应该是同一性质的力。因此在这儿，我们得到了一种双引力——双重效果作用力——吸引和排斥。

我们再做一个实验，以帮助大家理解。我做了一个简易指示装置（悬挂着的纸马镫里放了一根摩擦过的紫胶棒）：虽然只是个简易装置，但它足以为我们的实验提供精确指示。我用另一根紫胶棒在手掌中轻轻除去静电，再取一个已烘干的法兰绒帽子，接下来我把这根紫胶棒放进这个法兰绒帽子中，将会出现一个绝佳的实验结果。让紫胶棒与法兰绒帽子摩擦（可以通过转动紫胶棒来实现），然后让它们保持接触，再将它们靠近这个指示装置，那么，这个使它们相互吸引的力究竟是什么呢？什么都不是，没有反应。但如果我将它们分开，然后分别检测，又会有什么样的反应呢？为什么紫胶棒会像之前一样被强烈地排斥，而法兰绒帽子却被强烈地吸引呢？如果我将紫胶棒与法兰绒帽子放在一起，它们之间又不存在吸引力，吸引力全都消失了（重复刚才的实验）。因此实验得出的结论是，紫胶棒与法兰绒帽子摩擦之后，两者都带有了那种吸引力。尽管把它们放在一起检测时没有反应，但大家都见证了它们被分别拿去检测时是有吸引力的。

那么，这些足以让大家对这种叫作“电”的力量的性质有一个初步认识。

我们能从不计其数的物体那里获得这种力量。你们回家后，可以用一个封蜡棒——我这儿有一个比较大的，但小号的就行了——做一个这样的指示装置。

取一块玻璃——用大家的手表就行，其实表面是圆形的东西就可以，在其表面上放一块平板玻璃，这样就做好了一个容易转动的装置。如果我取一块木板条放在平板玻璃上（大家看我在找木板条的重心，好让它在平板玻璃上保持平衡），木板条要转动很容易。现在取一块封蜡，把它在我外套上摩擦，然后试试它是否带电（将它靠近木板条），大家看到吸引力很强，我甚至能以此拖动木板条。现在，大家已经见过一个非常精准的指示装置了，因为我用封蜡和外套就拖动了那样一块木板条，大家就不必再使用其他装置去证明这种吸引力的存在。我们几乎是要物尽其用了，这里有一些指示装置。

现在我将一个纸条弯曲成了一个圆环，就做成了一个很好的指示装置。看看它是如何跟在封蜡条后面滚动的！（示范略）如果将圆环做得更小些，它就会滚动得更快，甚至可能被吸引得飞起来。这里是一个火棉胶气球，它极易导电，以至于它几乎离不开我的手——不是这只手就是那只手。电是一种多么神奇的东西啊！当我去触碰带电的东西时，自己往往也会带电。这个带电小纸条会吸引所有靠近它的东西，还不容易掉下来。这里有一些薄条状的胶木胶，真令人惊讶，与手掌摩擦，它居然能带电。由于时间关系，我们现在不能对其进行深入研究，但大家已经清楚了通过摩擦紫胶棒与法兰绒以及摩擦玻璃棒与丝绸我们可以获得两种电。

自然界中还有一些神奇的物体（桌上有两个样品），我们称它为磁铁或者天然磁石（这儿有很多，都是从瑞典带来的），它们不仅具有重力、内聚力、某种化学亲和力，而且还具有强大的吸引力，看这个小钥匙被这块磁石吸起来了。这种力不是化学吸引力，不是化学亲和力，不是微粒间的聚集力，也不是内聚力，更不是电（因为当它与橡胶球靠近时它并没有吸引球），它是一种独立的双重吸引力。另外，这种力不会轻易地从磁石上消失，因为在地下，这种力已然历经岁月。现在我们已经能做出人造磁铁了（明天大家就能看我做一块力量强大的磁铁），我们要拿一块人造磁铁检查一下，看看这个吸引力在这个物体的什么地方，看看它是不是双重的力。你们看，它吸起了两三把钥匙，它还能吸起更大的一块铁呢。事实上，它与紫胶棒实验中的力完全不同，紫胶棒只能吸起一个非常轻的小球，而这个磁铁能吸起好几盎司的铁。如果进一步研究这个吸引力，我们还会发现它与其他的力有明显的区别。大家看，这个磁铁的一端吸起了这些钥匙，而磁铁中间却没有吸起钥匙。因此，我们认为不是整个磁铁都能吸引东西。如果我将这个小钥匙放在磁铁中间，它不能吸附在磁铁上；但是如果我将小钥匙放在这儿，更靠近磁铁末端的地方，它就被吸住了——尽管不是很稳，那么得出“磁铁两端具有吸引力而中间没有”这个结论就不十分奇怪了，因此一块磁石的两端才具有吸引力。如果我在这个磁铁上找到某个点使其平衡，它就能自由转动，我就能测试出这块铁对它有什么影响了。天哪！它的一端能吸引铁块，另外一端也一样，就像大家在紫胶棒实验和玻璃实验中看到的一样，只是磁铁中间不能吸引铁块。但是现在，我拿的不是铁块，而是另一块磁铁，我用同样的方法对其进行测试，你们看到其中一端在排斥这个悬挂着的磁铁，这个力就不是吸引力了，而是排斥力；但如果我用磁铁的另一端靠近它，它又表现出吸引作用。

人造磁铁

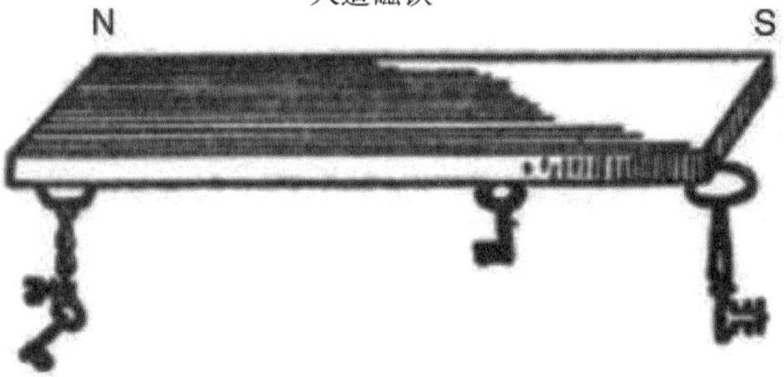

也许通过另一个实验，你们能更好地理解它。这儿是一个小磁针，我将它的两端涂上了不同的颜色，这样便于你们将它们区分开来。这个磁铁中的这一端（S）能吸引没染色的磁铁的末端。大家看，它强力地将磁铁吸引过去。我让磁铁转动起来，这个没染色的磁铁仍然紧随其后。但是现在，我若逐渐让这个磁铁的中间部位靠近这个针的未染色的一端，一点儿反应都没有，不论是吸引还是排斥，直到另外一端（N）靠近它时，你们看，这个染色的针端被吸引了过去。现在，我们遇到的是分别吸引磁铁两端的两种不同的力——一种双重的力，它们以吸引和排斥的形式存在于这些磁石之中。现在我给它们贴上“磁力”这个标签，你们要明白我说的就是这种双重的力。

小磁针

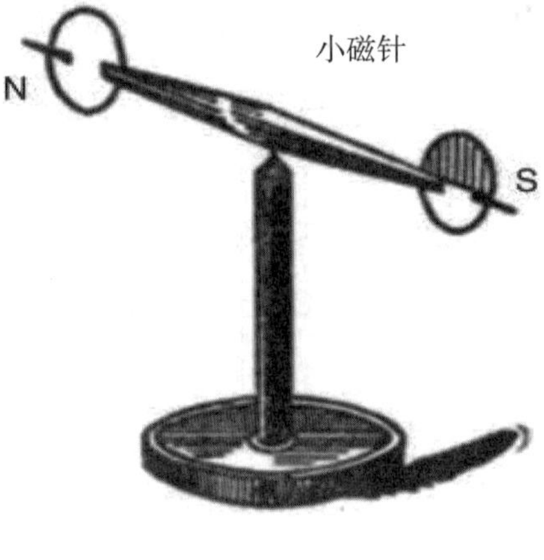

而且，使用天然磁石可以人工制造磁铁。这里就是一块人造磁铁，它的两端被弯在了一起，这样可以增加磁力。这块磁铁可以将那块铁吸起来，另外，将这个叫作衔铁的东西放在磁铁上方，拿起这个把手，它的磁力足以将它自己提起来，这个磁力还真是强大啊！如果你拿一根针，将针的一端在磁铁的一端上拖动，然后将针的另一端在磁铁的另一端拖动，轻轻地将它放在水面上（通常情况下，针会因为从手上沾有少许油脂而附在水面上），你可以使用另外一根被磁化了的针来充分感受所有关于吸引力与排斥力的现象。

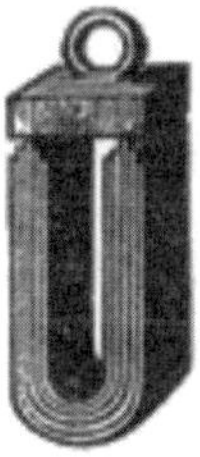

大磁铁

尽管我向大家演示过在磁铁里这种双重力主要集中在它的两端，但现在我会让你们看到这整个磁铁都有磁力。乍一听，有点儿匪夷所思，我得做个实验来证明这并非偶然，整个磁铁确实都具有磁力，正如它下落时每个部分都受到重力一样。这里有一根钢条，我在大磁铁上摩擦它，让它变成磁铁——我已将它的两端分别磁化，现在我们还不能区分这两端，但马上就可以了。你们看，当我让它靠近小磁针时，一端表现出吸引，另一端表现出排斥；中间部分既不吸引也不排斥。但现在我若将它的N和S折断，再对其进行观察，看看其中一端（N）是如何强烈地与这端（S）相吸引的，又是怎样与那端（N）相排斥的？这可以说明磁铁的每个部分都是具有这种吸引力和排斥力的，只是这种力在磁铁的两端表现得更为明显。用不了多久大家就都明白了，但你们现在要知道的就是，磁铁的每个部分都是一个小磁铁。这是我从磁铁最中央部分弄下来的一块小碎片，你们依然能看见小碎片的两端分别表现出吸引力和排斥力。这难道不是最奇妙的一种力量吗？很奇怪的是，它能从一种物质上获得，也能传导给其他物质。我们不能让一块铁或者其他物质变重或是变轻——它必然具有内聚力，事实也确实如此，但是正如你们在实验里看到的，我们可以任意增强或是减弱它的磁力。

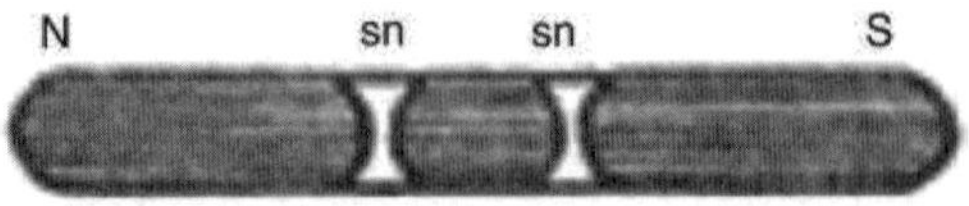

现在我们要花一点儿时间回到我们本节课开始时所说的主题上。这儿是一个让玻璃棒与丝绸相摩擦从而获得叫“电”的动力的大装置，这个装置的把手转动的时候呢，你们可以通过指示装置（在A处）上的麦秸指针的上升知道一定量的电在随之产生。从麦秸末端上的木髓球所产生的排斥现象来看，有电出现在黄铜导体（B）上。我想让大家看看电传递的方式［法拉第用手触摸导体（B），它发出了一道电火花，静电计指针立刻就向下移动了］。它不在那儿了，大家看到，我通过这样一个动作把电带走了。如果我握着这个玻璃把手拿起黄铜圆筒，并用它接触这个导体，就能带走一点儿电。你们看见了这过程中所产生的火花，注意观察带球的小指针向下移动了一点儿，这好像说明许多电都丢失了，但电其实并没有丢失，它在这个黄铜圆筒里呢。我可以将它转移并且传递，不是因为电是有形的，而是因为一些我们尚未讲到的电的特性。我来检测一下圆筒中有没有电（法拉第将圆筒拿到一个正在

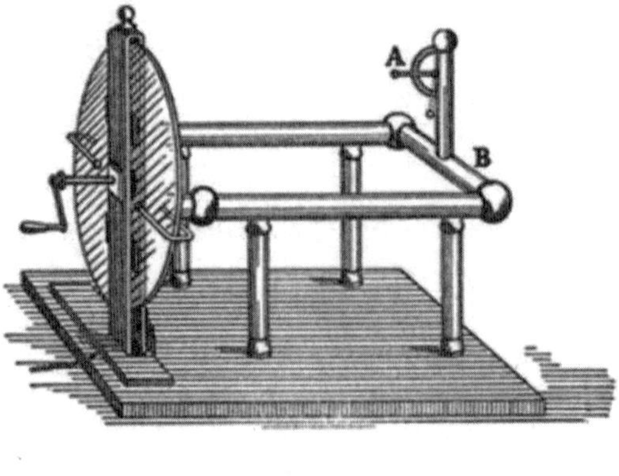

“电”动力装置

喷气的喷嘴旁边，有电火花从圆筒上传递到喷嘴上，但是气体并没有发光）。啊！这气体并没有发光，但你们看到火花了，不是吗？也许，这屋子里有风将气体吹到了一边，否则，它应该亮起来的，稍后我们再来做这个实验。从刚才产生的火花你们就应该明白了，我能将电从这个发生装置上转移到圆筒上，再把它传导到其他物体上去。

世人皆知，在实验中，我们可以将热量从一个物体转移到另一个物体，我把手放到火边，手就变热了。我可以用放在大家面前的球来证明这一点。当这个球正烧得火红，如果我将这根金属丝压在热球上，那么一部分的热量就会转移到金属丝上，现在我再让火棉与这根金属丝接触，这样你们就明白了，热量是怎样从球转移到金属丝，再从金属丝转移到火棉上的，因此有些能量是可以转移的，有些则是不可转移的。注意观察热量能在这个球上停留多长时间：我要用这根金属丝或是我的手去触碰这个球了，如果我动作够快的话，也许不会烫到手；反之，如果我用手指去摸那个圆筒的话，不论我的动作有多快，电会立即消失——以一种值得我们深思的方式瞬间分散了。

我必须占用大家一点儿时间，讲讲这些能量从一个物体转移到另一个物体的方式，因为能量转移或是传递的方式实在特别，而且这也是我们学习的重点。现在我们就来探究这些能量是怎样转移的吧。热能与电能都可以转移，这里有一个我做的装备，它可以让我们知道热能是怎样转移的。它有一根铜条，如果我把一个酒精灯（这是获得热量的一个办法）放在这个小烟囱下面，它的火焰就会包围铜条。对其加热，现在你们清楚热量正从酒精灯的火焰传递到铜条上，稍后你们就会看到热量在铜条上是从一个微粒传到另一个微粒上的。因为我从铜条上最先受热的地方开始，每隔一定距离就用蜡粘上了一个木球，随着热量的传递，第一个木球会最早掉下来，接着是第二个，这样你们就知道热量是沿着铜条慢慢传递的了。与电相比，热量的传递非常慢。如果我拿一个木质圆筒和一个金属圆筒，让它们尾部相连，再用一张纸把它们裹起来，再将这个酒精灯放在它们的连接之处的下方，你们会看到木头上的热量是如何累积起来并将我裹在上面的纸给烧掉的。但是金属就不一样了，热量扩散得太快了，不足以将纸点燃，因此，如果我将一块金属和一块木头连接在一起，然后再把火焰均衡地放在它们下方，我们很快会发现，金属比木头热得快；如果我在木块和金属块上各放一点儿磷，我们会发现金属块上的磷在木块上的磷融化之前就燃起来了，这也说明木头不易于导热。但提到电的传递，那速度简直惊人。我要拿一些金属片和一些玻璃片，通过一两个实验，大家很快就会明白玻璃片不会丢失它与丝绸摩擦所获得的电。我让这个黄铜圆筒接触到这个电力装置，大家看电是怎样离开它并转移到黄铜圆筒上的。如果我拿一根金属棒去接触这个电力装置，电流计上的指针会向下移动；但我若用一根玻璃棒去触碰它，没有电会流失，这说明电在玻璃上的传递与电在金属上的传递完全不同。为了让你们看得更清楚，我们要用到一个莱顿瓶。我不能用这个题目来继续为难大家了，但是我拿一块金属让它连通圆球的顶部以及金属涂料的底部，你们会看到电在空气中如闪电般穿过。它穿过空气的瞬间几乎让人察觉不到。如果我拿一根长长的金属丝，不论多长（只要是我们能想象到的长度），我让它的一端在外面，另一端接触这个圆球的顶部，来观察电是怎样传递的——它瞬间就传遍了整根金属丝。难道这与热量在这个铜条上的传递一样吗？那可是花了 15 分钟甚至更长的时间才传递到第一个小木球那儿的。

这里还有一个实验，演示的是电在某些物体上能传递，但在其他物体上不能传递。为什么我要用黄铜来做我们的装置（指着这个发电装置中的黄铜？当然是因为它能导电。为什么我要用玻璃来做这些圆柱呢？因为它能阻止电流的传递。为什么我在这个玻璃柱顶部的木杆上放上这些纸条，并通过一根电线让它们与这个发电装置相连接呢？一转动机器的把手，大家就知道原委了。机器转动产生的电通过电线传递到木杆上，再传递到顶部的纸条上，你们会看到电所产生的排斥力使这些纸条向外朝各个方向竖起来。电线的外部用胶木胶覆盖着，如果你用手指去触摸这个电线的话，胶木胶不能对你起到保护作用，因为它会破裂，这也正符合我们本次实验的目的。因此你们明白了通过选择能够导电的材料，我就能轻易地输电。如果我要点燃一堆火药，我完全可以通过电的传递来完成。我要用一个莱顿瓶或者其他供电装置，还得准备一根电线（这样才能将电传递到目的地），然后在电线的末端放上一点儿火药，一旦让这个电线杆通电，火药就会燃起来（接通电路，火药燃烧了）。如果我给你们解释一下像这样的凳子的结构，你们就能明白使用玻璃做凳脚是因为玻璃能阻止电传导给大地，因此，如果我站在这个凳子上，并通过这个导体接收电，那么我可以将电传递给任何我接触的东西（法拉第站在绝缘的凳子上，并接触这个发电装置的导体）。现在我也带电了，我感觉到头发都立起来了，就像刚才那些立起来的纸条一样。看看我是否能通过手指去触碰喷嘴，从而将气体点着（法拉第将手指靠近一个有气体逸出的喷嘴，当他尝试一两次后，他手指冒出的火花将气体点燃）。现在大家知道电是怎样从产生它的物质那里转移，然后通过金属或其他物体进行传递的，也知道了它如何被运用到一些新的领域中，这些又是我之前讲的那些力不能做到的。现在你们完全可以将电力与之前提到的那些力进行对比，明天我们将就这些可转移的力进行进一步的讨论。

（迈克尔·法拉第　公元 1859 年）

电学实验研究

第一部分

1. 电压产生的力引发其周围相反的电状态，这种现象被称为电磁感应。它既具有科学性，亦具有普适性。就通常意义而言，电流可能会引发周边物体处于某种特定状态，鉴于此，我打算在本文应用这一观点。

2. 电流感应的某些效应已被熟知，诸如磁化效应。安培在实验中将铜盘接近扁平线圈，并使用磁铁再现了阿拉戈的绝妙实验，也许还有其他实验，然而，这不可能是电流感应产生的所有效应，一旦移除磁铁，这些效应即会全部消失，尽管有许多物体通过电压表现出电磁感应的确定现象，实则是因为电流运动的作用。

3. 此外，无论安培理论是被采纳还是被否认，抑或是仅留存于思想之中，它仍然是十分绝妙的，其表现即伴随电流方向的是与其成直角的具有相应强度的磁效应现象。

4. 鉴于此推论，由磁性中获得电力的想法时常激发我研究电流的感应效应。而且，我最近获得了积极的成果，不仅完成了自我期望，还拿到了一把可以打开阿拉戈磁现象大门的钥匙，同时也发现了新的情况，这可能会对电流产生的重要效应产生巨大影响。

5. 我的目的是阐释这些结果，并非像得到这些结果时那样，而是针对整体用简明的方式来阐释这些结果。

电流感应

6. 将一条长度约为 26 英尺，直径为 1/20 英寸的铜线缠绕在一个木制的圆柱体上，作为线圈，其不同的尖部被一根插入的细麻绳隔开，用白布覆盖该线圈，然后以同样的方式将第二根线缠绕其上，这样，12 个线圈叠加在一起，每个线圈的平均长度为 27 英尺，并且都在相同的方向上。其中的第一、第三、第五、第七、第九和第十一个线圈在它们末端“端对端”连接，其他的也会以类似方式连接，如此就产生了两条主要的线圈线，它们紧密地插入其中，方向相同，互不接触，每条线圈线包含 155 英尺长的金属丝。

7. 其中一个线圈与电流计相连，另一个线圈与 10 组 4 英寸见方的双铜板组成的伏打电池相连，电量充足，然而，电流计指针最轻微反应也无法被观察到。

8. 类似的复合线圈线由 6 根铜和 6 根软铁丝构成。所得的铁线圈包含 214 英尺的线材，所得的铜线圈包含 208 英尺的线材。但是无论来自凹槽的电流是通过铜还是通过铁线圈，在电流计处都无法感知其影响。

9. 在这些和许多类似的实验中，铁和其他金属之间没有出现任何的作用差异。

10. 把一根长为 230 英尺的铜线盘绕在一大块木头上，其他长为 233 英尺的类似电线作为线圈插入第一线圈的匝之间，防止其接触到金属，其中一个线圈与电流计相连，另一个线圈与 100 组 4 英寸见方的双铜板组成的电池相连，电量充足。当接触电池时，在电流计处存在非常轻微的影响，当接触断开时也存在类似的轻微影响。但是，当电流继续通过一个线圈时，虽然电池的功率是巨大的，可以通过加热其自身的整个线圈并通过使木炭放电产生光亮已被证明，却不能感知到电流计现象或是电流感应对另一个线圈的影响。

11. 用 120 对铜板的电池来重演此实验，并没有产生其他效果。但已确定，在进行连接时，电流计指针的轻微偏转总是沿着一个方向，在断开接触时，指针产生的同样轻微的偏转是在沿着另一方向。而且，当使用第一个线圈时，这些效应便发生了。

12. 那时候，我用磁铁获得的结果使我确信，实际上穿过一根导线的电池电流通过另一根导线亦感应出了类似的电流，但这种电流只持续了一会儿，而且与来自伏打电池的电流相比，它更多地反映出通过普通莱顿瓶的电波的性质，因此可能使指针磁化，尽管它几乎不影响电流计。

13. 这一预期得到证实，用玻璃管周围形成的小空心线圈代替电流计时，引入钢针，如之前一样，在电池和感应线之间进行接触，然后在电池触点断开之前取下钢针，便发现它是磁化的。

14. 首先进行电池接触，然后将未磁化的钢针引到小指示线圈中，最后将电池触点断开，我们会发现钢针被磁化到与之前明显相等的程度，但其极点是相反的类型。

15. 在使用之前描述的巨大复合线圈时会发生相同的效果。

16. 当将未磁化的钢针放入指示线圈中时，在感应线与电池接触之前，未磁化的钢针保持在指示线圈中，直到接触断开，未磁化的钢针表现出很小的磁性或没有磁性。第一个效应几乎被第二个效应中和。在接触时感应电流的力总是超过在断开接触时感应电流的力，因此，如果连续多次进行接触和断开接触，同时钢针保持在指示线圈中，那么，钢针最终不是未磁化的，而是变成磁化的，就好像接触时的感应电流单独作用于其上。这种效应可能是由于电流在未连接的电桩极点处积聚（如其所称），使得在接触时电流会比之后更强。

17. 如果在电池与感应导线连接之前或断开接触之前，线圈或导线与电流计或指示线圈之间的电路并未连通，则在电流计处未观察到任何影响。因此，如果先进行电池连通，然后再将感应下的导线与指示线圈连接，则不会显示磁化功率；然后保持后者的连通，当断开与电池的连接时，在线圈中会形成一种归属于第二类的磁铁，也就是磁极显示的电流与电池电流的方向相同，或者当其停止时，其方向依旧和受电流感应的电流方向相同。

18. 在前面的实验中，导线放置的位置彼此靠近，当感应导线与电池接触时则感应效应产生。但是，由于该特定作用可能只施加于连接或断开接触的时候，因此，这种感应是由另一种方式所产生。长度为几英尺的铜线在一块宽木板表面上以较宽的之字形延伸，以字母 W 代表。第二根金属线以完全相同的形式在第二块木板上展开，如此当其靠近第一块木板时，金属线就会相互接触，除非中间隔开一张厚纸，将其中一根电线与电流计相连接，另一根与伏打电池连接，然后将第一根线移向第二根线，当其接近时，电流计指针则偏转。然后，当第二根线被移走，指针则朝相反的方向偏转，先使线接近再移开，指针同时开始振动，之后振动增强。但是，当电线停止相对移动或相向移动时，电流计指针很快归于原位。

19. 当两根导线接近时，感应电流与施感电流方向相反；当两根导线分离时，感应电流的方向与施感电流的方向相同；当电线保持静止时，没有感应电流产生。

20. 当在电流计之间的电路中加入小型伏打装置以及线圈或导线，这会使指针形成 30° 或 40° 的永久偏转。随后，将 100 对电池板与感应导线连接，就会产生第 19 段所述的作用。感应线继续与凹槽接触，但电流计指针会立即恢复并保持不变。无论以何种方式进行接触，情况都是如此。

21. 因此，在相同或相反方向上的间接电流并不会对彼此施加永久的诱导力，从而影响它们的强度。

22. 我无法通过舌头、火花或加热细电线或木炭来获得在感应下通过电线的电流的相关证据，我也不能获得任何化学效应，尽管金属和其他溶液先后与电池进行接触。

23. 效应不明显并非因为电的感应电流不能通过液体，可能是因为电流的持续时间短和强度弱。在感应侧向电路中加入两个大铜板，将金属板浸入盐水中，通过加入的布来隔开金属板，指示电流计或线圈上的效果与之前一样，感应的电也可以通过电流槽，然而当加入的液体量减少到一滴时，电流计不会显示任何反应。

24. 令人深感顾虑的是，旨在尝试通过使用输送普通电力的电线来获得类似效果，使用的是如前所述的包含八个基本线圈的复合线圈，四个线圈的端部通过导线连接在一起，由此产生的两个普通末端与包含未磁化钢针的小磁化线圈连接，其他四个线圈也按此排列，但它们的末端与莱顿瓶相连，当放电时，发现指针是磁铁——但可能是莱顿瓶的一部分电流传递到了小线圈上，从而磁化了钢针头。确实应当考虑到这种情况：极具张力的莱顿瓶所带的电不会扩散至涂层之间的所有金属物质。

25. 然而，这并不意味着普通电流通过电线放电所产生的现象与由伏打电流引起的现象相类似。不可能将放电开始时产生的效应与放电终止时产生的效应相分离，是因为对于普通电而言，这些周期是同时发生的，所以几乎难以使它们在这种形式的实验中被感知。

26. 显而易见的是，尽管如下文中所看到的，它们之间存在诸多差异，但伏打电流呈现的感应现象在某种程度上类似于由电势差产生的感应现象，结果是产生的其他电流与感应电流并联或趋于并联（但仅是短时间内）。参照在指示线圈第 13 段中形成的磁针的磁极，以及电流计指针的偏转，在所有情况下，由施感电流的初次作用产生的感应电流皆与后者的方向相反，但是由施感电流的终止时产生的电流却与后者方向相同。为了避免绕圈子，我建议将来自伏打电池的电流的这种作用称为伏打电感应。此外，通过电磁感应产生的电流会穿过其感应区域，由此构成特殊的电力状态将在下文中继续探讨。而且，所有这些结果都是用由单对金属板组成的伏打装置所获得。

从磁学到电学的演变

27. 一个由软的圆铁制成的焊接环，其厚度是 7/8 英寸，环的外径是 6 英寸；三个线圈围绕着这个环的一部分，每个线圈包含大约 24 英尺厚的铜线，它们与铁彼此绝缘，并以前述方式叠加，在环上占据大约 9 英寸的长度，它们可以单独使用或联合使用，也可以通过字母 A 来区分该组；在环的另一部分，以相同的方式施加大约 60 英尺的相似铜线，分成两个部分，形成线圈 B，线圈 B 与线圈 A 具有相同的方向，但由于圆铁而分开成 A、B。

28. 线圈 B 通过铜线与距离铁环 3 英尺的电流计连接，线圈 A 通过端对端连接以形成一个共同的线圈，线圈末端与 10 对 4 英寸见方的电池板连接，电流计会立即受到影响。虽然继续保持连接，但效果并不会永久，指针很快归位，可能是因为附加的电磁装置处于连接状态。与电池断开接触时，指针再次强力偏转，但与在第一次接通时的感应电流方向相反。

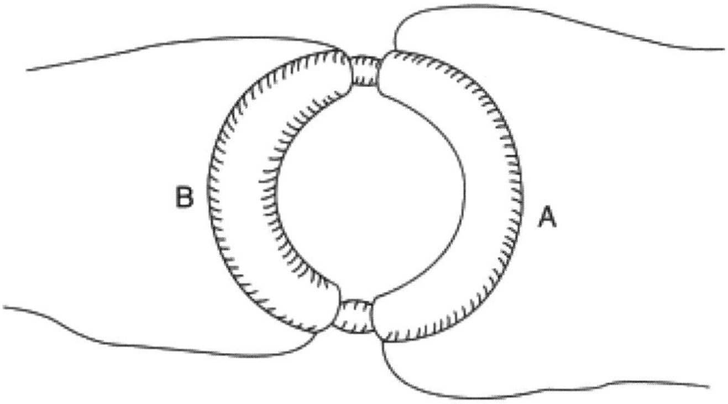

29. 在设备布置中，不使用 B，将电流计与 A 的三根导线中的一根连接，并且让另外两根导线形成螺旋状，来自凹槽的电流穿过该螺旋，电流通过后，产生了类似但更强的效果。

30. 当在某一方向上进行电池接触时，电流计指针偏向一侧；如果在另一个方向上进行，则偏向另一侧；断开电池触点时的偏转始终与完成该触点时产生的偏转相反；当连接触点时，偏转指示与电池方向相反的感应电流；当断开触点时，偏转指示与电池的方向相同的感应电流。接通或断开 B 侧以及电流计电路任何部分的触点，均不会对电流计产生任何影响，电池电流的持续不会引起电流计指针的任何偏转。上述结果适用于所有实验，并且适用于下文详述的关于普通磁铁的类似实验，因此不需要再次具体描述这些结果。

31. 使用 100 对电池板的功率与这个环相连，当接触或断开时，在电流计上的脉冲是如此之大，指针极速旋转四五次，但空气和地磁能将它的运动减少到振荡之前。

32. 在线圈 B 的末端使用木炭，当电池与 A 进行接触时，可以感知到微小的火花，该火花不可能是电池电流的一部分通过铁转移到线圈 B 而引起的，因为当电池继续接触时，电流计仍回到原位。当断开触点时，很少看到火花，虽然细小的铂丝不能被感应电流点燃，但我们有充分的理由相信，借助更强的初始电流或更强的线圈排列可以获得这种效果。

33. 微弱电流通过线圈 B 和电流计，使电流计的指针偏转 30° 或 40° ，然后把 100 对电池板与 A 相连，在第一次效应结束后，由于电流计导线传输的微弱电流，其指针很快回归原位。上述情况发生在电池触点连接时，重复实验会再次呈现。

34. 然后采用另一种排列，再结合当下情况，以便进行之前所述的电压——电感应的实验。如前所述，一个在空心纸板圆筒上构建线圈的组合，其包含有 8 段铜线，总共有 220 英尺；将其中 4 个线圈端对端连接，然后用电流计连接；其余 4 个也是首尾相连的，再通过它们给 100 对电池板放电。在这种形式中，对电流计的影响几乎不明显。尽管可以通过感应电流来制造磁铁，但是，当一个 7/8 英寸厚、12 英寸长的软铁圆柱被引入到纸圆筒中并被线圈包围时，感应电流就会极强地影响电流计并出现上述所有现象（第 30 段）。但很显然，相较于没有铁圆筒的情况，它还具有制造能量更大的磁铁的能力。

35. 如果用同等的铜制圆筒代替铁制圆筒，不会产生超过单独线圈的效果，铜圆筒装置并不如前述环形装置那样强大。

36. 普通磁铁也产生了类似的效果：上述空心线圈的所有基本线圈都通过两根铜线与电流计相连，每根铜线的长度为 5 英尺。将软铁圆筒引入其轴内，其中的一对棒形磁铁，每一个 24 英寸长，连接其相反的一端，使之接近于马蹄形磁铁，然后在其与铁圆柱体的端部之间形成连接，将其暂时转换成磁铁，再通过断开或反转磁性触点，可以随意破坏或反转铁圆柱的磁性。

37. 当进行电磁接触时，指针会偏转；然而，继续接触，指针不再受影响并恢复原位；当断开接触时，它再次偏转，但是在与第一次效果相反的方向上，之后它再次不受影响。当磁性触点被逆转时，偏转随之逆转。

38. 当进行电磁接触时，指针偏转所指示的感应电流与形成磁铁的方向相反，该感应电流所具有的极性与通过条形磁铁所产生的电流极性相同。因此，当标记的和未标记的极点如图中那样放置时，线圈中的电流会在所示方向上，P 被假定为通向电池正极的导线的端部，或锌板面向的端部，N 为负极导线，如此电流会将圆柱体转换成等同于通过磁极 A 和 B 接触而形成的相反类型的磁铁。此外，该电流的运动方向与安培提出的在图示位置上构成磁铁的电流方向相反。

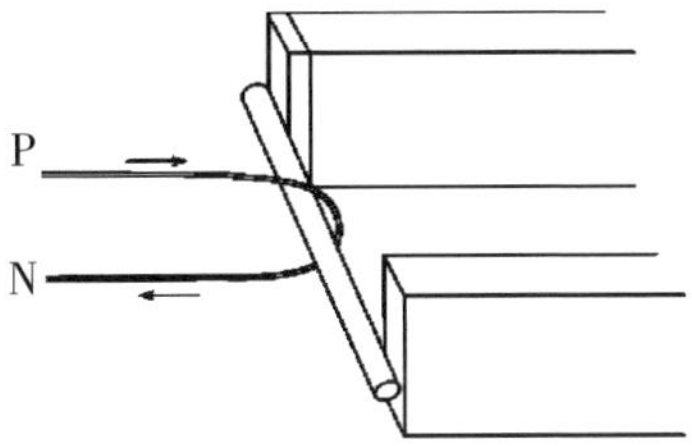

39. 如果在本节前面的所有实验中，是因为磁铁形成过程中发生的某种特殊作用，而不是仅仅由于它的虚拟近似，才激发出瞬时的感应电流，那么便有了下面的实验。复合空心线圈的所有末端通过铜线相连接，形成两个通用末端，并且这两个末端与电流计连接。取下软铁圆筒，代之以一个直径为 3/4 英寸、长度为 8 英寸半的圆柱形磁铁，该磁铁的一端被引入线圈的轴中，然后，当电流计指针静止时，磁铁被突然插入，指针会立刻在相同的方向上发生偏转，正如磁铁通过上述过程中的任一个所形成了的。若留在其中，指针恢复原位；若撤下磁铁，指针沿相反方向偏转。这些影响并不显著，但是，通过引入和撤回磁铁，由此产生的感应都被添加到先前的指针感应上，这可以使指针偏转超过 180° 或更大的弧。

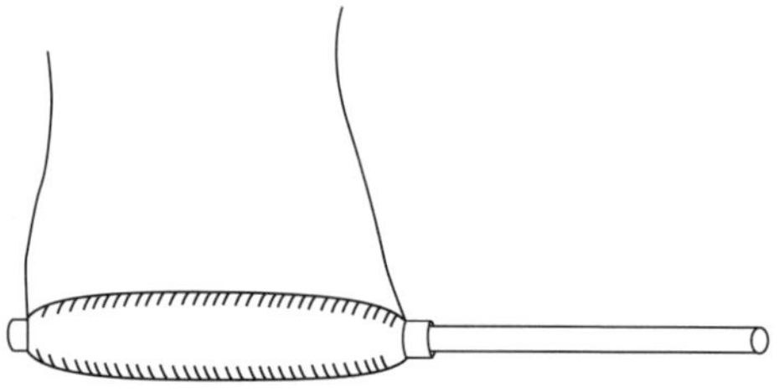

40. 在该实验中发生的二次反应，会导致磁铁不能完全穿过线圈。当磁铁被引入时，电流计处的指针会在某一方向上偏转，在这种情况下，无论是否被完全穿过或撤出，指针都会沿着相反于先前的方向进行偏转；当磁铁以连续运动通过时，指针朝一个方向偏移，然后突然停止，再朝另一个方向偏移。

41. 如果所述的空心线圈被放置在东和西位（或在任何其他恒定位置），且磁铁也被保持在东和西位，那么其标记的磁极总是单向的。此外，无论磁铁进入线圈的任一端，无论磁铁的哪个极点首先进入，指针仍然以相同的方式偏转。无论在撤回磁铁时遵循哪个方向，只要反向于其入口，指针偏转方向也是恒定的。

42. 以上这些影响是下文所述原则的结果。

43. 当将 8 个基本线圈制成一个长线圈时，效果并不如预想的强大；但当仅使用 8 个线圈中的一个时，效果则大大减弱。注意防止感应磁铁对电流计的直接作用，若在相同方向上移动磁铁，并且在线圈的外侧上方移动相同程度，指针不会有任何变化。

44. 皇家学会拥有一块原先属于高文·奈特博士的大型复合磁铁，在总统和议会的允许下，我可以用它来进行这些实验。在那里，幸得负责人克里斯蒂先生的美意，我可以自在工作；我必须承认本人的义务，因为克里斯蒂先生在所有的实验和观察中对我提供了帮助。该磁铁由大约 450 块小磁铁组成，每块小磁铁 15 英寸长、1 英寸宽和 0.5 英寸厚，放置在盒中，使其末端形成两个外部磁极。这些极点从盒中水平伸出 6 英寸，每个杆高 12 英寸，宽 3 英寸，彼此相距 9 英寸，当一个直径为 3/4 英寸、长为 12 英寸的软铁圆柱体从一个圆柱体穿到另一个圆柱体时，需要将近 100 磅的力来断开连接。图中位于左边的极点是标记的极点①。

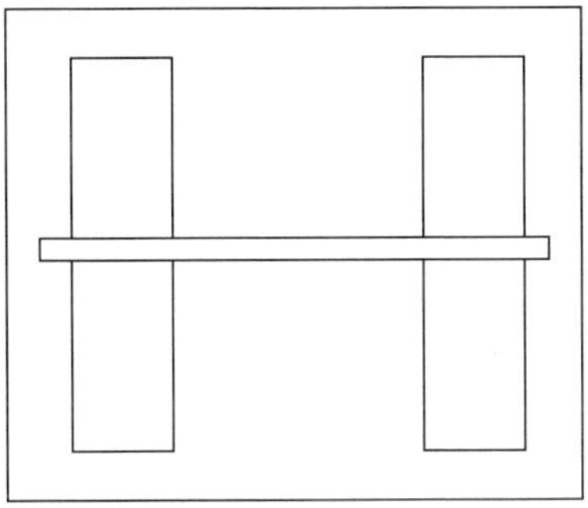

45. 在使用该磁铁进行的所有实验中，指示电流计距离该磁铁约 8 英尺，并非在极点的正前方，而是在一侧 16° 或 17° 的位置。据观察发现，在用软铁连接或断开极点的连接时，仪器受到轻微的影响，但由此引起的所有观察误差都能谨慎地避免。

46. 这种磁铁所表现出的电效应非常显著。如果一个 13 英寸长的软铁圆柱体穿过复合空心线圈，它的两端被安置成两个普通的末端，若将这两个末端与电流计连接，并且铁圆柱体与磁铁的两个磁极接触，如此强烈的电流冲击使得电流计指针连续地旋转多次②。

47. 尽管功率如此巨大，如果继续接触，指针会恢复本位，完全不受线圈位置的影响。但在断开磁接触时，指针会以等同于前者的力沿相反方向

---

①为了避免混淆磁铁的磁极，我将指定指向北方的磁极为标记磁极，我偶尔会提到磁针的北端和南端，并非指北极和南极。然而多数人认为指向南方的磁针是真正的北极，但在这个国家，它通常被称为南极。

②一个软铁条通过提升器形成马蹄形磁铁的形式，在它的中间加一个这样的线圈，其接近磁铁，这样就为短暂但固定的电流提供稳定来源。

旋转。

48. 将一块铜片包在铁圆筒上，近似一个插座，但中间夹着纸以防止接触，使它的边缘与电流计的电线相连，当使铁筒与电极接触时，电流计受到强烈影响。

49. 除去线圈和插座，通过电流计导线，因而，仅绕过铁圆柱体的一半。即便如此，在连接或断开磁接触时，指针也强烈地影响。

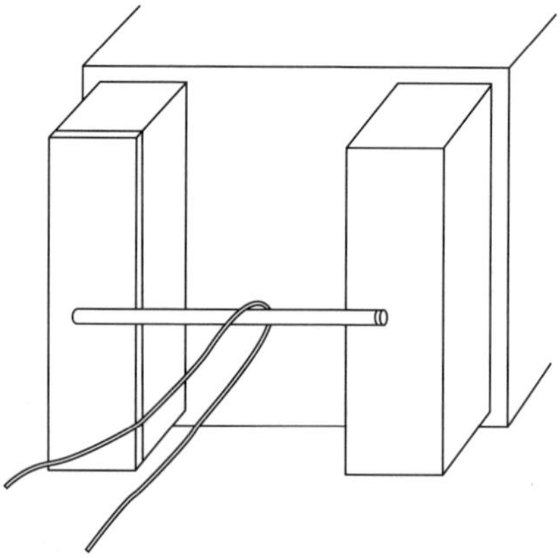

50. 如果带铁圆柱的线圈移向磁极，但不接触，仍能产生很强的作用。当线圈（无铁圆柱体，因此不含金属，但含铜）接近或放置在磁极之间时，指针会转向 80°、90° 或偏移更大。不论铁圆柱体是否存在，线圈越靠近磁极，感应力越大。

51. 引入与铁圆筒相对应的铜线圈，线圈结构产生的效果并不比没有线圈结构产生的效果更大。然而，如果用粗铁丝代替时，磁电感应明显增大。

52. 在所有使用线圈的实验中，其产生的电流的方向与已述的方向相同，如同使用弱磁棒得到的那样。

53. 将一根含有 14 英尺铜线的线圈与电流计相连，沿其轴线接近标记磁极就会对仪器产生强烈影响。可是，在磁铁中的感应电流与安培提出的存在于磁铁中的电流或类似极性电磁铁中的电流方向相反。如果线圈被撤出，感应电流则被反转。

54. 当 80 对 4 英寸电池板所产生的电流通过一个相似线圈时，就会形成一个电磁铁，然后另一个线圈与电流计和它相连接。如果指针振动，指示电流计线圈中的电流与电池线圈中的电流相反；如果撤回另一个线圈，则针沿相反方向偏转。

55. 在接近朝向磁极方向上的单线圈中感应出电流，当它们被移除时，电流被反转。在这样的实验中，移除导线的方向应该不同于接近导线的方向，由此产生的复杂而不规则的效应，相关原因将会在本文第四部分（略）予以澄清。

56. 通过感应电流获得化学效应的所有尝试都失败了，尽管采用了前述的预防措施以及可以想到的其他措施，然而，在舌头上没有任何感觉，青蛙的四肢上也没有任何痉挛的效果，木炭或细金属丝也不能被点燃。但是，当在皇家研究所无意地重复这些实验时，丹尼埃尔教授和卡波夫的一个极磁铁石的负重约为 30 磅，每次磁接触时，都会引发一只青蛙剧烈地抽搐。原本在断开磁接触时，青蛙应当不会发生痉挛，但究其原因是断开接触的相对缓慢，后者的行为受到冲击，因而青蛙发生强烈的抽搐，连接或断开发生得越快，产生痉挛的力量就越大。我想，我也能意识到舌头上的感觉和眼前的闪光，但我找不到化学分解的证据。

57. 我认为，本文的各种实验全然证明了电是由普通磁力产生的，它的强度应该是非常微弱的，虽不如人们期待的那般美妙，但人们会记住，如热电一样，它完全是在具有导电能力的金属物质中产生。该诱因是以所述方式通过金属线传导而得，在这个过程中它具有电流的特殊磁作用和力，最终它能通过木炭放电产生火花①，这一切只能归功于电力。由于所有的效应都可以通过含铁的电磁铁产生，毫无疑问，像摩尔教授、亨利教授、特艾克教授等人制作的磁铁装置可以用于这些实验。在这些装置中，含有负重 2000 磅的磁铁。在这种情况下，不仅可以获得更亮的火花，而且导线也被点燃，同

①关于我发现从普通磁铁中获得火花的有效方法见于 1832 年 6 月版的《哲学杂志》第 5 页。在同一杂志 1834 年 11 月版的第 5 期 349 页你将发现一种获得磁电火花的方法，其原理更简单，完全无须使用软铁。

时由于电流可以通过液体，因而产生化学反应。正如在第四部分中所阐述的，如果磁电布置会被这种装置的功率所激发，仍然有可能获得这些效果。

58. 普通磁铁与电磁铁或电流的作用相似，效果几乎相同，与安培的理论一致，从而也证实了安培的理论，并为验证在这两种情况下的作用相同提供了充足的理由。但是，鉴于言语表达上的差别，我建议将普通磁铁、磁电或磁电感应所发挥的作用称为磁作用。

59. 电压电感应和磁电感应之间最明显的区别即是前者的突然性和后者所需的可感知时间，但是，即使在这种早期的调查状态下，有些情况也似乎表明，经过进一步调查，这种哲学性的区别将会消失。

（迈克尔·法拉第　公元 1831 年）

电磁场的动力学理论

第一部分　导言

在电磁实验中最明显的力学现象是相互作用，通过这种相互作用，处于某些状态的物体使彼此运动，同时它们仍处于可感知的距离。因此，若将这些现象简化为科学形式，首先应确定作用在物体之间的力的大小和方向，但当你发现这种力取决于物体的相对位置以及它们的电磁条件时，乍一看，似乎很自然地会通过假定在每个物体中存在某种静止或运动的物质。由此来解释这些事实，这些物质构成其电磁状态，并且能够根据数学定律在一定距离上起作用。

这样，就形成了静电学、磁学、载流导体之间的机械作用和电流感应的数学理论。在这些理论中，仅仅根据物体的状态和它们的相对位置来处理作用在两个物体之间的力，并没有明确考虑周围的介质。

这些理论基本上明确了物质的存在，这些物质粒子可以通过吸引或排斥对一定距离的粒子起作用。韦伯提出的理论将这种理论发展得更为完整，其中包括静电现象和电磁现象。

然而，在这样做时，他发现必须假设两个带电粒子之间的力取决于它们的相对速度以及它们的距离。

韦伯和纽曼将该理论巧妙全面地应用于静电现象、电磁吸引、电流感应和抗磁现象等方面，为我们树立了权威性，也启发了后人，促使电力科学实践方面取得巨大进步，既通过在电学测量引入统一单位，又通过迄今未知的精准度来确定实际电量。

……

1. 然而，在假设粒子与其周围的力发生作用（力的状态取决于速度）时，过程中所涉及的力学难点使我无法把该理论看作最终理论，尽管它可能是最终理论，并且在现象协调方面可能仍然是有用的。

所以，我想从其他角度来解释这一事实。也就是说，假设它们是在周围介质和主发起物体内部粒子互为作用中产生的，并致力于解答发生在远距离物体之间的作用，但不去假设有一种力直接存在于可感知的距离上。

2. 因此，我提出的理论可以称为“电磁场理论”，因为它与电磁物体附近的空间有关，亦可称为“动力学理论”。它假定在空间中有运动的物质，通过它可以观察到电磁现象。

3. 电磁场是指在电磁条件下包含和包围物体的空间部分。

它可能充满了不同种类的物质，或者我们可努力使它清空所有物质，就像吉赛尔的导管和其他所谓的真空一样。

然而，总会留存足够的物质来接收和传输光和热的波动，因为当可测密度的透明体代替所谓的真空时，这些辐射的传输没有被极大地改变，所以我们不得不承认这些波动是一种非物质的波动，并非肉眼可见的物质的波动，它的存在只是以某种方式改变了以太的运动。

因此，从光和热的现象来看，我们有理由相信，这里存在着一种可填充空间和渗透物体的非物质介质。它能够运动，能够将这种运动从一个部分传递到另一个部分，并将这种运动传递给总物质，加热总物质或以其他方式作用于总物质。

在加热过程中，传递给物体的能量最初一定存在于运动介质中，因为波动早在触及物体之前就已离开热源，传递过程中能量必定有一半是以介质运动的形式，一半是以弹性回弹的形式。鉴于此，汤姆森教授认为，介质的密度必然能够与总物质的密度相比较，甚至为这种密度规定了一个下限。

……

6. 因此，我们可以从独立的科学分支中获取一个数据，即存在一种介质，覆盖范围极广且密度很小，但却是真实存在的，能够运动，并能以巨大且有限的速度把运动从一个部分传递到另一个部分。

因此，该介质的各部分之间的联系必然如此，使得一部分的运动方式受制于其余部分的运动。同时，这种联系必须具有某种弹性屈服性，因为运动的传递不是瞬时的，而是在一段时间内。

由此可知，介质能够接收和存储两种能量，即取决于部分运动的“实际”能量和“势能”能量，所谓“势能”能量是由介质通过弹性在位移恢复时所做的功。

波动的传播在于将这些能量中的一种交替地连续转换为另一种，不论何时，整个介质中能量的量是被均等划分的，这使得一半是运动能量，一半是弹性恢复力能量。

7. 具有这种构造的介质可产生光热现象类型的运动和位移。此外，介质也可以是另一种类型，即它们可以通过自身产生的现象来向我们的感知证明。

8. 如今我们知道，在某些情况下，发光介质会受到磁性的作用。因为法拉第发现，当平面极化射线从附近的磁体或电流产生的磁力线的方向上穿过透明反磁介质时，会引起极化平面旋转。该旋转总是沿同一方向，在该方向上，为了产生磁场的实际磁化，必须在反磁体周围携带正电。

此后，费尔德先生发现，如果用顺磁体（诸如以太中的高氯化铁）来代替反磁体，那么其旋转方向是相反的。

如今汤姆森教授指出的那样，作用于介质各部分之间的唯一的运动是光振动，并无其他的力分布于周围。这一点足以解释相关现象，但我们必须承认，除了构成光振动的运动之外，介质中还存在着受制于磁化运动的其他运动。

确实，只能在具有一定密度的介质中观察到极化平面的磁性旋转，但是磁场的性质并没有因为用一种介质代替另一种介质或是真空而改变得太多，甚至我们可以假设稠密介质所做的不仅仅是改变以太的运动。因而，我们有充分的理由来质问，在可以观察到磁效应的地方，是否存在以太介质的运动；我们还有理由认为，这种运动是以磁力的方向为轴所进行的旋转运动。

9. 我们现在可以考虑在电磁场中观察到的另一种现象：当一个物体在磁力线上移动时，它会受到一种所谓的电动势的影响，物体的两个末端倾向于相反地带电，并且电流倾向于穿过物体，当电动势足够大，并作用在某些复合体时，它会使它们分解，并使它们的一个分量向物体的一端传递，而另一个分量向相反的方向传递。

在这里，我们有证据表明，尽管存在电阻，但还是有一个力引起电流的产生，并且以相反的方式给物体的各端通电。这种情况只有通过电动势的作用才能维持，一旦这种力被消除，就会以相等且相反的力产生通过物体的反向电流并恢复物体原本的电状态。最后，这种力如果足够强的话，会把化合物撕成碎片，并把碎片带向相反的方向，而它们的自然倾向是结合，并与能产生反方向电动势的力结合。

因此，这种力由物体通过电磁场的运动引起，或者由电磁场内发生的变化引起。力的作用是产生电流并加热物体或者分解物体，或者当它不能做到这一点时，会使物体处于电极化状态——一种约束状态，在这种状态下，相对的各端被反向通电。因此，一旦干扰力被消除，物体就倾向于释放被加载的电能。

10. 根据我要解释的理论，这个“电动势”是在介质的不同部分进行运动传递的过程中所产生的力，正是通过这个力，一个部分的运动引起另一个部分的运动。当电动势作用在导电电路上时，它便产生电流，当它遇到电阻时，就会不断地将电能转化为热能，而热能无法通过该过程的任何逆转而再次恢复为电能。

11. 但是，当电动势作用在电介质上时，它在磁体的影响下产生部分的极化状态，该极化状态在分布上类似于铁块的部分极性，并且类似于磁极化，能够被描述为每个粒子在相反的条件下具有相反的极性状态。

我们可以这样设想，在电动势作用下，每个分子的电位移如此之大，使得一侧呈现正电性，另一侧呈现负电性，但是电流仍然与分子保持连接，并非从一个分子传递到另一个分子。这种作用对整个电介质的影响是在某一方向上产生广义位移，这种位移不等于电流，因为当它达到某一值时，将保持恒定，但它是电流的开端，并且随着位移的增大或减小而变化，这种变化构成正电流或负电流。电介质的内部没有带电的迹象，因为分子表面的带电量被其接触的分子表面的相反带电量所中和。但是，在电介质的边界表面，在带电量未被中和的地方，我们发现了表示正带电或负带电的现象。

电动势与其产生的电位移量之间的关系取决于电介质的性质，相同的电动势通常在诸如玻璃或硫的固体电介质中产生比在空气中更大的电位移。

12. 在这里，我们看到了电动势的另一种效应，即电位移。根据我们的理论，它是对力的作用的一种弹性屈服，类似于构筑物和机器中由于缺少连接的合理硬度而发生的情况。

13. 电介质的电感电容方面的研究由于存在两种干扰现象而变得困难。第一种是介电质的导电率，虽然在许多情况下电介质的导电率非常小，但并非完全不敏感。第二种是被称为电吸收的现象，根据该现象，当电介质接触电动势时，电位移逐渐增加，当电动势被去除时，电介质不会立即返回原始状态，而是对其带电的一部分放电，并且自身会截留部分电位移，随着内部逐渐变得去极化，其表面逐渐带电。几乎所有的固体电介质都表现出这种现象，从而引发莱顿瓶中的残余电荷以及詹金先生描述的关于电缆的几种现象。

14. 除了电介质的屈服之外，还有另外两种屈服，我们将其与弹性体进行了比较，由导电性而产生的屈服可与黏性流体（即具有很强的内摩擦力的流体）或软固体的屈服相比较，在软固体上可永久改变其形状的最小力会随着力作用的时间而增加；由电吸收而产生的屈服可以与在其孔洞中包含黏性流体的多孔弹性体的屈服相比较，当受到压力时，由于黏性流体的逐渐屈服，这种主体被不同程度地压缩，并且当压力被移除时，它不会立即恢复其形状，因为物质本身的弹性必须在流体恢复完全平衡之前逐渐克服流体的韧性。

15. 如此看来，电磁中的某些现象导致了与光学相同的结论，即有一种空气介质遍及所有物体，并且会在一定程度上因它们的存在而被改变。该介质的各部分能够通过电流和磁体进行运动，再通过由各部分的连接所产生的力把这种运动从介质的一部分传递到另一部分，在这些力的作用下，通过连接所产生的弹性存在一定的屈服。因此，在介质中可以存在两种不同形式的能量，一种形式是其部分的实际运动能量，另一种形式是由于它们的弹性而存储在连接中的势能。

16. 这样，我们就得到了一个充满复杂机制的概念，它能产生各种各样的运动，同时又是这样连接的——根据确定的关系，各部分的运动取决于其他部分的运动，这些运动是通过力来传递的。这种机制必然服从动力学的一般规律，只要我们知道部分运动之间的关联形式，我们就应该能够计算出运动的所有结果。

17. 众所周知，当在导电电路中形成电流时，电磁场相邻部分的属性取决于某些磁特性。如果在电磁场中有两个电路，那么由这两个电流引起的场的磁特性将被融合。因此，电磁场的每个部分都与两个电流相连，两个电流通过与电磁场的连接而彼此连接。针对这种关联，这是我得出的第一个结果：一个电流被另一个电流感应，这是导体在磁场中的运动造成的。

由此推导出的第二个结果，是承载电流的导体之间的机械作用。由亥姆霍兹和汤姆森提出的机械作用推导出电流感应现象。我按照相反的顺序，从感应定律中推导出了机械作用。然后，我借用 l、m、n 替代现象所需的量来描述我的实验方法。

18. 之后，我将电流的感应和吸引现象应用于探测电磁场以及指示其磁特性的磁力线，通过磁铁探测相同的磁场，我展示了它的等势体表面的分布——以直角切割磁力线。

为了使这些结果可以用符号计算的方式呈现，我将它们表示为电磁场的一般方程式，这些方程式可以表示的含义如下：

电位移、导通量以及总电流之间的关系及彼此的混合的情况。

在电路中磁力线与电感系数之间的关系——正如已从电感定律中推导出的那样。

根据电磁测量系统，反映电流强度与其磁效应的关系。

物体中电动势的值是通过物体在磁场中的运动、磁场本身的变化以及电势在磁场不同部分的变化产生的。

电位移和产生电位移的电动势之间的关系。

任一点的自由电量与附近的电位移的关系。

自由电流的增加或减少与附近的电流的关系。

总共有 20 个这样的方程式，涉及 20 个变量。

19. 然后，我用这些量来表示电磁场的内能，该内能一部分取决于电磁场的磁性，另一部分取决于电磁场每个点的电极化。

由此，我确定了作用在可移动导体上的机械力：第一，该可移动导体承载电流；第二，作用在磁极上；第三，在一个带电的物体上。

最后的结果是，作用在带电体上的机械力产生了基于静电效应的独立的电测量方法，两种方法中使用的计量单位之间的关系表明，其取决于我称之为介质的“电弹性”，并由韦伯的实验确定其速度。

随后我展示了如何计算电容器的静电电容和电介质的感应电容。

接下来研究的是电容器的情况，该电容器是由具有不同电阻和感应容量的物质的平行层所构成。研究表明，通常会发生被称为电吸收的现象，即当电容器突然放电时，稍后将显示残留电荷的迹象。

20. 接着，将一般方程式应用于通过非导电场传播的磁扰动的情况，它显示出可以如此传播的扰动是横向于传播方向的那些扰动，并且传播速度是速度 v，该速度是从韦伯的实验中发现的，该实验表示包含在一个电磁单元中的静电单元的数量。

这个速度接近于光的速度，我们似乎有充足的理由得出这样的结论：光本身（包括辐射热以及其他辐射——如果有的话）是一种电磁扰动，其形式是根据电磁定律在电磁场中传播的波。如果是这样，由发光振动的快速变化计算出的介质弹性，与由电学实验的缓慢过程发现的介质弹性是一致的。由此表明，如果没有比空气更致密的物质的阻碍时，介质的弹性性质必定是完美且守规的。

如果在致密透明体中保持相同的弹性特性，则折射率的平方应该等于特定介质电容和特定磁电容的乘积。由此显示出，导电介质可以快速吸收这种辐射，因此它们通常是不透明的。

法拉第教授在他的“关于射线振动的思想”中清楚地阐明了横向磁扰动传播并不包括正常磁扰动的概念。他提出的光的电磁理论在实质上与我在本文中最初提出的理论相同，只是 1846 年没有计算传播速度的数据。

21. 再将一般方程式应用于计算两个圆形电流的互感系数和线圈中的自感系数，本文首次研究了电流在导线截面上的分布是不均匀的，并由此提出了自感系数的修正，将这些结果应用于英国电阻标准委员会的实验，计算线圈自感系数，并与实验值进行了比较。

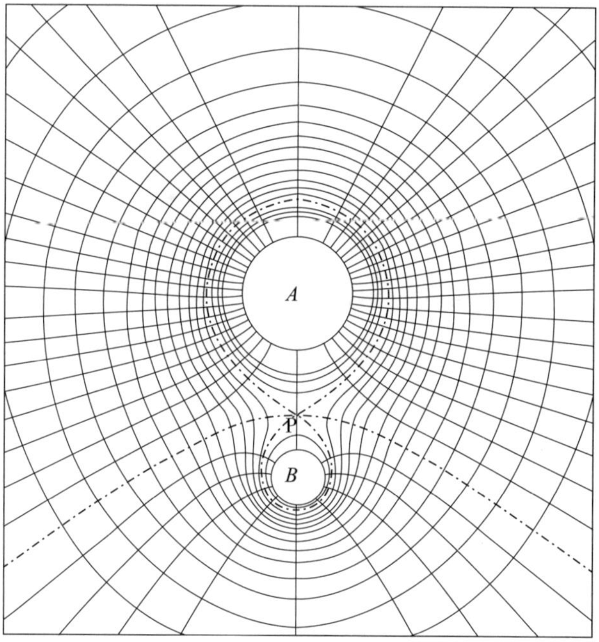

力线和等势面

A=20; B=5; P. 平衡点　　$AP=\frac{2}{3}AB$

（詹姆斯·克拉克·麦克斯韦　公元 1865 年）

第五部分

过渡元素：化学、空气、原子与热

关于微粒或机械哲学的优越性与基础

你所提出问题的重要性使我不得不向你推荐“关于一个好的假设的对话”一文以及其他的与之类似的一些论文，在这些论文中，你会发现我对于机械假设优越性的想法十分明确并做了相关阐述。但是，鉴于你要求我只能用几句话来表达，因此我并不固执己见，你一定乐于从我这里得到一份简短的报告——一份不附带任何序言、确切方法、繁复论述，也没有其他可能需要过多词汇论述的报告，因为我认为，微粒哲学可以说是已经超越了亚里士多德或是其他化学家们的理论，我希望借此来对我们所倾向的这一假设所具有的主要优势加以说明。我可以理解你此时抱有的好奇心，因为我也经常注意到，当你听到某本书被称赞能对腐朽的哲学流派进行修正时，抑或是当一些胆大妄为的化学家狂妄地给自己的学派冠以哲学家的头衔时，他们虽自诩完全是建立在经验的基础上，可其所谓的基础在所有其他自然派哲学家的眼中却不过是门外汉，你会对此感到惶恐不安。因此，你也不必为这些作家的自信心或名誉感到沮丧，他们中的确有人收获了掌声，也有人受到责备，而我担心的是，（就像当那些逍遥学派人士口中高呼物质形态、化学家、机械说明时一样）他们并不了解自然现象。我将提出一些看法，我希望这些看法不仅使你对所信奉的哲学仍抱有善意，或许还可以通过一些此前你并未考虑过的问题，使你不时地获知一些新的尝试。这些新的尝试不会推翻微粒学说，它们可能会被微粒学说挫败，也可能会与之相适应。

但是，我所说的微粒或机械哲学却并非伊壁鸠鲁派所认为的那样，即世界以及所有现象都是原子在无限真空中偶然间相互触碰而创造出来的，也并非如一些现代哲学家所认为的，整个物质被赋予一个不变的动量。但我只为这样一种哲学辩护，即只触及纯粹的有形事物，而这个世界也正是由这些物质所组成的，这些物质确立了运动规则，这种存在于有形物质之间的秩序被我们称为自然法则。鉴于这种哲学关于事物本源所给出的说法，也就不难理解它对自然规律所作出的解释了，即世界的现象是由物质各部分的机械作用自然产生的，它们根据机械定律相互作用。现在我们已经知道了什么是微粒哲学，说到此处，我将自己认为最适当的部分加以说明。

（一）为了达到这一目的，我首先要提到的是机械原理和解释的可解性或清晰性。在逍遥学派之中存在着诸多复杂争论，如关于物质、缺失、物质形态等。而化学家们则十分困惑，他们（正如我在其他地方所指出的那样）所给出的定义以及关于本质原则的解释可以相互调和，甚至可以同某些明显的现象相契合。而他们关于生命本源、星体、生命、气体、布拉斯学说以及其他古怪概念的信条和学说则更为混沌和复杂，或许这些也在某种程度上导致了他们在表达上的隐晦含糊，无法给出明确清晰的阐述，其实远不止如此。如果亚里士多德学派与炼金术士们的原则是如此晦涩难懂，那么我们也就不必抱希望仅仅依靠这些原则便能得到什么明确清晰的阐述了。事实上，它们中的许多原则或过于笼统，或反之，总之无法令人满意，即便承认它们中的原理，也很难理解或承认它们在特定现象中的应用。甚至在一些更为独特巧妙的逍遥学派论述中，由于他们肤浅而狭隘的理论，我甚至认为这些作者与其说是哲学家不如说是扮演了画家的角色，他们不过是具有令人心生幻想的技巧而已，他们使人见到城堡、乡镇以及其他看上去坚不可摧的宏伟建筑。而实际在很大程度上，整个作品都是肤浅的，因为它不过是运用色彩与技巧在一个框架内叠加堆砌而成，而那框架或甚至尚不足一码长。现在再来谈谈微粒哲学：当人们谈论物质的局部运动、静止、体积、形状、规则、位置、结构时，人们可以轻易了解彼此的想法，这些学说的确对这些情况提供了如此清楚的说明，但这些则只能从微粒哲学原则中被正确地推导出来，即使是那些坚持其他原则的逍遥学派学者或是化学家们也会对依据这些原则得出的解释表示默认，尽管这种出色的解释效果可能会使人误以为其中存在着某种隐性形式或是某种超自然属性，不过既然已经有了一种解释， 那么他们也就不必再去进一步探寻了。那些典型的亚里士多德学派们，相信天体是由智慧驱动的，没有任何特殊机构能帮助他们解释“日食”这一现象。我们嘲笑那些东印度人，时至今日，他们仍然会成群结队地走出门去，带着一些工具希望能帮助这颗失去光芒的发光体减轻痛苦，他们希望能将其从昏厥之中唤醒。月球被其与地球之间的阴影部分所遮挡会形成月食，而太阳则会被夹在它与地球之间的月球遮住光芒而形成日食，无论是化学家还是逍遥学派的学者，他们之中没有哪位智者会在知晓这一事实后仍旧固执己见。当我们看到一个人的形象被一面凹面镜投射到空中，尽管大多数人会对此感到惊讶，有些人甚至怀疑这是巫术的结果，然而，能够熟练运用反射光学的人不会求教于亚里士多德、帕拉塞尔苏斯，而是转而追求实体原则和物质形态的说法，他会认同符合数学定律的解释，即这种现象是由光束反射产生并依据光学原理会聚而成。

但正如我已经在其他场合表明过且无须再次重申的，不同教派的哲学家们都拒绝接受微粒学说，并不是他们认为我们的解释不够清楚——毕竟远比他们自己的解释更为清楚明确，而是他们认为，这些学说仅仅适用于极少数事物，因此根本不值一提。

（二）我观察到机械哲学可能是包含理论最少的哲学种类，它只包含物质与运动两大分支。而单纯就物质来讲，除非它发生移动，否则是不具有任何作用力的；同时，当主体的所有部分都处于同一状态而未发生任何运动时，主体也不会发生任何运动，尽管它可能会对作用于它的其他主体产生影响，但其自身不会被任何改变所影响。

（三）难道我们还能构想出比物质与运动更为基础的原理吗？或者都是由上帝直接创造的又或者说，再补充一句，物质并不是被制造出来的。如果物质是永恒的，那么运动一定是由某种超自然的无形力量产生的，而且它必须立即从与其相关的物质本质中发散出来。

（四）也没有哪种物理原理比物质和运动更为简单，它们都无法被分解为其他事物，这可以被称为真正意义上的复合，至少这种说法是可以被接受的。

（五）接下来我要介绍的是微粒学说的强综合性。我考虑到，物质的一个部分对另一个部分足够强烈的运动所产生的真实影响以及必要影响，或者将驱动其整体产生运动，又或者会将其分成具有一定运动、形状、尺寸、姿态、静止、次序或结构的微粒。举例来说，其中的前两项便具有诸多种类，因为物质的部分图形可能是几何学家常见的五种规则图形之一，还可能是某些确切的立体图形种类，如圆锥、圆柱体等，又或者是某种不规则图形，不一定是无名图形，沙粒、圈环、羽毛、枝丫、叉子、锉刀等类似形状都有可能。如同微粒具有多种图形一样，微粒的运动可能也是多样化的，不仅仅是因其会在世界各处随意游荡，更是因其会受到其他因素的影响，特别是几乎无时无刻不在变化的速度、运动过程中是否以旋转的方式进行，以及其他可能会造成影响的状况；更多的影响可能来自微粒多样化的运动轨迹，例如（除了直线之外）圆形、椭圆形、抛物线形、双曲线形、螺旋形，我甚至不知道其他种类还有多少。正如后来几何学家所证明的，那些曲线可能是由几种运动组合而成（所追踪到的物体轨迹是由两种或两种以上的简单运动混合而成），因此，究竟运动的不断组合与分解还能产生多少条曲线这一问题很难得出明确答案，更确切地说，即便抛开运动组合与分解的影响，想要得出答案也并非易事。

既然单个物质粒子，由于其所具有的两种机械性质可以有多种多样的方向，我们可以设想。由包含在一个小物体里无数个看不见的微粒组成、分解所产生的变化有多么巨大，而每种微粒都涉及上述提及的两三个根深蒂固的原则， 特别是这些微粒的聚集会因它们形成一个物体的结构方式不同而变得更加多样化，而这个物体，就其本身而言，有它自己的大小、形状和气孔（也许有许多，而且各不相同），所以，当我考虑到几乎数不清的多样性时，对于组成和分解可以由一小部分组成，也许不超过 20 种不同的东西，我倾向于赞同那些认为机械原理确实可以用来解释如静力学、流体静力学、行星运动理论等自然哲学的这个或那个特殊部分的现象的人。

然而还有另一种哲学家，他们观察发动机的大小、形状、位置、运动以及连接处的巨大功效，并愿意认同机械原理可能对一个可感知的物体运动产生极大影响，因此显化机制可能被用来解释这些物体的影响和现象，但他们却并不认同这些原则同样适用于潜藏在微小的物体微粒之间发生的交换现象，因此，他们认为有必要把它们和他们称之为自然、实体形式、真实质量以及类似非机械的原理与因素等联系起来。

但根本无须如此——因为不仅在大块物质与中等大小的块体中，在最小的物质碎片中也都可以发现物质机械影响与运动定律的存在，即便是很小的一部分，也同较大物体一样，必须且必然具有其既定的体积与形状：用显微镜仔细观察沙子的人会很容易发现，每一粒沙子和岩石或是山脉一样，都有它自己的大小与形状。当我们从一座高楼顶部扔下一块大石头和一块小鹅卵石时， 我们会发现这两者在下降时都遵循着加速度定律。不仅仅是加农炮弹要遵循运动定律，小型射击同样要遵循运动定律，由于遵循着同样的定律，它们一个会轰塌整面墙，另一个则是击落一只鸟。尽管大自然的造化远超用比人类工艺更加精细的材料和更为新奇的发明（即使是最稀有的钟表，其结构也远远无法同人体结构相提并论）。根据所采用的材料数量及所承担设计任务的紧迫性、所使用工具的大小与形状之间的差异来创造事物，工艺家也能够制作出性质相同或体积迥异的作品，这类似于工艺与发明，却又并非完全相同，运动往往便是如此。我们可以在运动中观察到：正如铁匠用铁锤和其他大型工具可以将大量的铁锻造成巨大的铁条或楔子，打造出结实沉重的锁链，用这些锁链来拴住罪犯，或者用它们来保护街道和大门，铁匠也还可以用小型工具做出小铁钉以及几乎细如纤尘的铁屑，他们甚至还可以用更为精细的工具制出一种异常纤细又轻巧的链环。曾有优秀的作家向我们描述过一种由多个圈环连接而成的小链子，这种小链子可以拴在跳蚤身上，却又不会影响跳蚤的正常活动，而如果我没记错的话，我曾见过类似的东西。除此之外，我还愉快地看到，工艺所能赋予这类通常由相当大的材料制成的作品微小之处的其他实例，因此可以说，尽管在体积明确、结构清晰的自然体系中机械原理可能会得到有效认同，但却无法被扩展到结构与纹理皆不可见的物质部分；也许在某些人看来，一个人可以将机械法则应用于镇上的大钟，但却无法作用于怀表。

有些人认为，为了解决自然现象，他们可以借助于某些外力，尽管这些人的观念中并没有自我矛盾的成分，他们的观念就是许多明智之人所认为的事物的实物形式和真实品质，然而，我们却不明白他们是如何起作用的。当他们告诉我们一些不确定的因素，如世界的灵魂、普世精神、塑性功率等时，我便这样回答，虽然他们在某些情况下会告知我们一些事情，然而，他们所告诉我们的却无法满足一个具有强烈求知欲之人的好奇心，好奇之人与其说是想知道什么是产生一种现象的普遍因素，不如说是想知道这种现象是通过何种方法以何种方式产生的。著名的塞内留斯及其他一些博学的医生告诉我们，疾病是由咒语引起的，通过一件小事来说明这一点：一位神志清醒的医生去拜访一位据说被施了魔法的病人，如果他提出的疑问得到了冷漠地回复，他会认为病人遇到的各种奇怪症状的确是由女巫或是魔鬼制造出来的。如果他能设法把这些夸张的症状减少到一些更为人熟知和较为明确的疾病，如癫痫、痉挛、癔症性抽搐等，他就绝不会只是坐下来做出如此简短的叙述。但是如果他做不到，他就会承认自己对这种疾病的了解远远低于对其他疾病的了解，认为自己必须在其他疾病中探索致病物质的本质，至少能从一个人的身体结构及其他相一致的躯体性原因中推断出这种疾病的现象，否则他自己也会心有不甘。对于一个想要了解手表中所观察到的现象的原因的人来说，他想知道手表是如何通过指向、敲击钟点来表示时间的，如果他被告知这块手表不过是出自一个能工巧匠之手，那么他只能获得一点点满足，或者对于那些想要了解回声产生的真正原因的人来说，如果告诉他回声是由一个人、一个墓穴或一片树林造成的，也是如此。

现在我终于开始考虑那些我所观察到的最能使其他教派与机械哲学疏远的东西，也就是，他们认为机械哲学伪装成普遍的数学原理，以至于没有其他的物理假设能与其相提并论或是可被其接纳。

但我却认为它是一个很容易犯但是又很重大的错误，正是通过这一点，机械原理才如此普遍并适用于多种事物，只要自然中存在这样的假设，机械原理就适合包括在内，而不是排除在外。如果一个有技巧的温和之人更倾向于联合教派，而不是使其多样化，如果这个人能够对这种假设进行谨慎考虑，那么他会发现只要这种假设是真实的，就可以从机械原理中合理地（虽然可能并不是立即地）推导出来某些假说，或者与它们十分协调。因为，这些假说可能会试图解释自然现象，或者借助一定数量的物质成分，或者是一些术士所主张的普世精神，或者同时采用这两种方法。

我认为关键问题在于，好奇的博物学家们在解释困难的“现象”时，与其说媒介是什么或做了什么，不如说是承受者发生了什么变化，使之表现出所提出的现象以及这些变化以何种方法、何种方式受到影响。而机械哲学家则会满足于通过局部运动或者局部运动的影响和结果，物质的一部分可以作用于另一部分来解释。他们认为，如果被提议的媒介因素是不可理解的，是非物理的，那么就永远无法从物理上对这些现象加以解释。物质的无限可分性、运动的神奇功效以及几乎无限变化的联合体和结构可能是由微小而无知觉的微粒构成，（我不明白为什么一个哲学家会认为不可能），它们使我们认识到实体媒介的机械可能性，无论它们是多么微妙、多么分散、多么活跃，无论它们是用什么名称来称呼或伪装，它们都是实实在在地存在于自然界中。尽管笛卡儿派都是机械哲学家，然而在他们看来，他们的微小材质——这一名称本身便是一种材质，据我所知，在宇宙中扩散的程度要小一些（如果有的话）——或者比一些术士的普世精神更不活跃，更无法同柏拉图主义者的世界灵魂相比。但顺便说一下，在此之后，我还要冒昧地补充一句，不论物质媒介是什么，不论它是无生命的还是有生命的，纯粹肉体的还是与智力实体相结合的，上述为展示现象而在物体内部造成的变化会受到相同或类似手段的影响。例如，将玉米磨成粉、磨盘的材料与形状以及它们的特殊运动与适应性都将非常相似，而且可以肯定的是，谷物在变成食物的过程中会经历各种各样的碾碎，无论是采用水磨、风车或是马拉磨，抑或是手工研磨。如果一个天使自己要使物体本质发生真正的变化，我们人类是很难想象出他是怎样在没有局部运动的辅助之下做到这一点的，因为，如果没有任何东西与以往相比发生位移或以其他方式移动（同样的情况也发生在与之相关的所有外部实体上），那我们很难想象它本身应该是什么，而不仅仅是它以前是什么。

现在来谈谈前面提到的另一种假设。如果化学家们或是能从盐、硫、汞或其他任何成分数量固定的物质中推导出完整的自然哲学，其他人会对他们所从事的研究认真思考，他们很容易发现，这类物体的取材部分本身只能触及自然现象的一小部分，当这些成分被认为是静止的东西时，这些人就会发现他们必须假设这些静止的东西是活动的；纯物质的事物则并非如此，它们只能通过局部运动以及由此产生的各种影响来实现，并伴随着物质的各种形状、大小聚合部分。因此，化学家与其他唯物主义者（如果我可以这样称呼他们的话）如果没有考虑到物质的机械性与更全面性影响，特别是局部运动的影响，则无法（就像他们的惯常做法一样）借助物质成分（无论是少于三种或是多于三种）对宇宙中的绝大部分现象进行解释。我愿意承认盐、硫和汞或一些类似物质是通过燃烧作用从下述这些可消散物体中获得的；我也并不否认，在解释这些物体的各种现象时，一个熟练的博物学家如果知道并考虑到物体中含有大量的这种或那种成分，例如硫，或许这对他来说很有帮助，因此也许有人会争辩说，通常伴随有这一特质，也可以在许多物体中找到并大量分布。但我在其他地方已经表明，有许多现象是这些知识根本无法解释的，我只在这里指出，虽然化学解释有时是最明显和最现成的，但它们却不是最基本和最令人满意的，因为化学成分本身无论是硫还是其他任何一种化学成分，其性质和其他品质都必须归功于无感微粒在实用的大小、形状、运动或静止状态以及环境中的结合，所有这些不过是将微粒聚集起来的机械作用，这一点可以从人造烟火中得到证明。因为，尽管在大多数不同种类的烟火中，有的用于战争，有的用于娱乐，但其主要成分都是火药，各种各样的现象或多或少都是由火药成分所引起的。然而，除了没有火药的烟火外（就像希腊人与罗马人制造的古代物品一样），火药本身之所以适宜于燃烧和爆炸是因为它的结构中含有更简单的物质，如硝石、木炭以及硫黄；而硫本身，其易燃性是由于它含有更多的简单的初级微粒，化学家们认为它含有一种易燃的成分，而经验表明它含有大量的酸和并不易燃的盐，因此它并不是完全不具有易燃性。我知道也许由此可以断言，化学分析的产物是简单的物体，因此是无法分辨的，化学家们乐于把提供这些物质的物质称为盐、硫化物或水银，但是在其他地方已经充分证明了，这些不同物质并非简单的同质的，它们很难消散或分解，也无法明确证实它们不是由更原始的物质组成的。因为，经过化合甚至是经过分解的物体，可能会如化学家通过燃烧进行分析得到的大多数物体那样难以分解，以常见的绿色玻璃为例，它比许多被认为是实体物质的玻璃都要耐用，却也更加难以分解。我们可以看到，有些珐琅[①]甚至会在火中多次被玻璃化而不会失去它们的特性，或时常会失去颜色；然而，珐琅显然并不仅仅是一种化合物，它还是一种经过分解的物体，它由盐、卵石或沙子的粉末，以及煅烧过的锡组成。如果珐琅不是白色的， 那么其中通常含有某种会叮当作响的金属或矿物。但是，无论化学原理被认为是多么坚不可摧，赋予它们的许多操作永远都无法得到很好的解释，而没有局部运动（同样是多样化的）的帮助，我们便无法对许多现象进行恰当的解释，只有知道这些物体的组成成分，我们才能解释手表的操作运行，知道摆轮、齿轮、链条与其他部件是由多少种金属以及何种金属制成的；或者，我们可以从最简单的知识中得出风车的运作原理，即风车是由木头和石头构成的——当然还有帆布与铁器。这里我要补充的一点是，这根本不会推翻微粒学说。尽管通过精细提纯或通过一些其他的操作而并非惯常采用的燃烧分析，它应该会表现出混合体的物质原理或元素，而不应是那些庸俗化学家们认为的“三原素”， 这是另一种性质的物质，可能数量更少，也可能数量更多。或者真的就像一些术士所断言的那样，从各种各样的混合体中可以分离出五种，而且只有五种类似的不同物质（但我永远也找不到）。或者，海尔蒙特派真的拥有这样一种分解溶剂，就像那些大师们的万能溶剂一样，并由此断言，他们可以将石头变成含有同等矿物质的盐，并可将盐以及所有其他混合的有形物体都变成清淡无味的水。无论这些化学原理的数量或性质如何，如果它们在自然界中确实存在，就很可能表明它们是由具有一定体积、形状且毫无感知能力的微粒所构成，这些微粒在各种不同组合方式及环境条件下，不仅是

①一种瓷釉类物质。——译者注

三五种，还可合成或被制成其他多种物质成分；但是，尽管应当对新提出的碱性还原反应予以认同，然而，机械原理很可能依然适用，即便是对这些微粒来说也是如此。盐的凝固性、味道等都可以通过构成盐的微小颗粒的硬度、锐度与其他机械性能来进行合理解释，而如果盐或任何其他固体通过万能溶剂的进一步作用而被还原成无味的水，这也可以用同样的原理来进行解释。假设这些盐被进一步粉碎，则摩擦会使边缘与尖端部分发生磨损，因此使这些更加微小的盐颗粒能够迅速地冲击味觉器官，因为灵活性与稳定性主要取决于两大原则——运动与息止。而我已在其他地方多次证明，微粒的搅动或息止以及较为松散的联结或是较为紧密的凝聚可以使同样的物质时而呈现为固体，时而呈现为流体。尽管化学家们的远见卓识与勤勉（这一点我并不反对）可以使他们从混合物体中获得与粗盐、硫或汞化物不同的均质物质，然而微粒哲学是如此普遍和丰富，竟与此类发现十分一致；同样有用的是，就像原有的“三原素”一样，这些新的物质原则也需要更多有关微粒学说的法则证明，尤其是局部运动。诚然，不论人们所使用的是何种元素或成分（就我所知的），但如果不受物质机械作用的影响，它们的原理就会很不完善。我常常注意到，那些唯物主义者——除了化学家都如我所说的那样，不仅使许多事情无法解释清楚，而且他们狭隘的原则也无法适用于这些事情；但是，即使是在他们能够说明的细节方面，也只是满足于把一些普通的、不明确的原因加以说明，因为这些原因太过笼统，所以根本无法使一个爱刨根问底的人感到满足。或者，正如我在其他地方经常说的那样，即便他们冒险给出特定原因，他们也会提出不可靠的或错误的理由，而且轻易便被他们的学说中不一致的情况或事例驳倒。然而，化学家们在承认机械哲学特权一事上无须胆怯，因为只要这些特权与他们所应用的现象相一致，这些特权就可能与他们的原理本质相一致，而这些更有限的假设可能从属于那些更普遍、更丰富的原则。在自然界中，没有任何一种成分是真实存在的，它既不能直接得到，也不能通过一系列的分解而从宇宙物质中获得，更无法通过它的机械作用而得到修正。因为，如果用同样的砖将几面墙、房子、火炉与其他结构以不同的方式进行组合排列，那么如拱顶、桥梁、金字塔等可能仅仅是由同一类型的不同部件所构成的； 根据自然界的规律，由微粒的各种组合和环境所产生的各种成分不必像砖块一样大小与形状完全一样，甚至只要人们愿意，两块砖块也可以有很大差异——事实上这种差异可以比想象中更大。如果不是遭到机械哲学的反对，那么属于这些成分的微小基础凝固物的粒子很可能会被认为是非常微小却紧密联结的，它们的自身性质几乎也无法将其彼此分开，正如我们所看到的，水银与黄金可以被相继制成各种形态，但同时又能保持本性，并能还原成原始形态。大家知道，正如我不久之前所说的，普通玻璃与高级珐琅尽管都是人造物质，不仅是混合的，而且是分解凝固物，但它们的各组成部分却因目不识丁的匠人所具有的技能而紧密地联结在一起——在残酷无情的烈火中紧密地团结在一起。我们也并未发现普通的玻璃是由硝酸或王水加工锻造而成——尽管前者可溶解水银，后者能溶解黄金。

通过前面的论述我们可以（至少可能）得出这样的结论：某些其他非物质实体（例如亚里士多德学派的实体形式）被归入自然物质，我们并不知晓它们的工作方式，它们只能帮助构成和影响事物，但对于我们理解事物是如何受到影响的却几乎毫无助益。因此，无论自然事物是由什么原理构成的，它们的现象必须由机械原理解释清楚。例如，要解释行星的位置、位移、逆行以及其他现象， 我们必须求助于偏心轮、本轮等，或是以椭圆或其他特殊线条所做的运动； 总之，在理论中主要运用的是物体的运动、形象、位置以及其他数学或机械属性。但是，如果所提出的原则是物质之类的，那么它们将被相当程度地简化或与机械原理相协调。化学家们通常会指出，混合物体之所以具有这样或那样的特性，是因为它们的三种主要成分具有优势；而微粒学家则会指出，这种或那种成分的特性皆来自其特殊结构以及组成该物体微粒之间的机械作用。还有待确认的是，由于化学家们的熔炉能产生大量不同寻常的产物及现象，所以纯粹物质的事物之间存在着物体或某种运动，它们并非源于机械哲学的全面而深刻的原理，也无法与之相调和，就好像是在音乐家的著作和实践中涉及大量多种多样的曲类，如颂歌、赞美诗、巴温诗、挽歌、古兰诗、加沃特舞曲、布朗莱舞、萨拉邦德舞曲、吉格舞曲以及其他或肃穆或活泼的曲调，我们应该坚持认为，其中有许多曲调——或者至少是音符与音乐无关；或者就像在菱形、长菱形、梯形、正方形、五边形、千边形、万边形与其他无数的多边形、不规则图形中，可以肯定的是，其中有一些线形图无法被简化为三角形，也不能推翻欧几里得有关三角形与多边形的理论。

除了上述所说的内容，我还要补充一件事：正如我前面所指出的，即便是在拥有其他解释的情况下，机械原理及其解释因其清晰性而备受青睐，即使是唯物主义者也是如此推崇。因此，现代博物学家和数学家们以他们的睿智与勤奋愉快地将机械原理及解释应用到一些令人费解的现象中，如流体静力学、光学实用部分、射击学等，在之前很可能被称为“品质”，且很有可能在对某一哲学进行深入探索或是做进一步改进时发现可以用机械原理对越来越多的自然现象加以解释，我认为在这种情况下，这并非总是必要的——虽然在天文学、化学、解剖学或其他物理学领域提出假说的人总是希望能够先证明其假说是正确的，或论证性表明关于同一主题提出的其他假设一定是错误的。因此，在物理假设中，往往有一些人悄无声息或毫无争议地从那些富有洞察力之人处获得认可，只是因为他们适合解决这些现象，而他们的设计也并未违反任何已知的观察或自然法则，因此，机械哲学会继续按照近年来的进展对有形之物加以解释，但有一点毋庸置疑，总有一天，那些心无偏见之人会因为它与自身的一致性以及它能适用于如此多的自然现象，而对其表示支持和赞同。

（罗伯特·波义耳 公元1674年）

各种空气的实验和观察

这部分的内容将提供一个非常引人注目的例证，说明我在我的哲学著作中不止一次说过的一句话的真实性，因为它倾向于鼓励哲学研究；这主要是由于我们所谓的偶然性，也就是说，从哲学上说，由于对未知原因所引起的事件的观察，而不是由于这一行业中任何适当的设计或预先设想的理论。这并没有出现在那些就这些主题写作的作品中，但我毫不怀疑，在那些以其敏锐的哲学头脑闻名于世的人的身上，他们的写作所具有的分析性和独创性。

就我个人而言，我要坦率地承认，在本节所述的实验开始时，我还远没有形成任何能够证明我在探索过程中所取得的发现的假说，因此，如果有人告诉我这些发现，我觉得它们是极不可能的，当决定性的事实终于引起我的注意时，我非常缓慢地、犹豫地向我的感觉屈服了。然而，当我重新考虑这个问题，并把我最近的关于大气构成的发现与第一次的发现相比时，我看到它们俩之间有一种世界上最亲密的关系，因此我感到奇怪，我怎么会没有立刻被它们俩牵着走呢？事实并非如此，我将其归因于偏见的力量，这种力量我们自己也不知道，它不仅使我们的判断存有偏见，也使我们的感觉存有偏见：因为我们可能把一句格言看得那么理所当然，以至最明显的理性证据也不会改变我们的看法，而且往往我们很难改变自己的信念，一个人越有独创性，就越容易陷入错误之中；他的聪明才智只会帮助他欺骗自己，逃避真理的力量。

我相信，哲学中很少有哪句格言比这句话更能牢牢地印在人们的脑海里，这句话就是，空气——不受各种各样的外来物质的干扰，而这些外来物质总是应该被溶解，并与之混合在一起——是一种简单的基本物质，是不可摧毁的，是不可改变的——至少和水一样。可是，在我调查的过程中，我很快便觉得满意，因为空气并不是一成不变的，因为到目前为止，在它里面燃烧的身体、呼吸着的动物以及其他各种化学过程，都使它改变了自身，以至它完全不适合于炎症、呼吸和它所从属的其他目的，我发现水的搅动、植物的生长过程（也许还有其他的自然过程）通过去除多余的燃素可以使它恢复到原来的纯净状态。但是我承认，我不知道这样下去，能不能得到比最好的普通空气还要纯净的空气。我本来可以自然地想象，这样的空气所含的燃烬量应该比大气中所含的燃烬量少，但我不知道这样的构想是不是可能的。

在我最近发表的一篇文章中可以看到，从我对海洋酸性空气所做的实验中我得出的结论是普通的空气由一些酸（我很自然地倾向于我当时正在使用的酸）和燃素组成，这种酸性蒸气和燃素的结合产生了易燃的空气，易燃的空气在水中搅动就不再易燃而变成可呼吸的空气。虽然我无法使它像普通空气一样好，但是我想利用植物进行进一步净化，它会变得更纯净。

我的猜想是建立在这一点上的，没有人能说这是一种不可能的假设：火山产生了这个星球的大气，给它提供了一种永久性的空气。这种空气起初是可燃的，然后通过在水中的搅动变得不可燃，然后植物进一步净化了它。亚硝酸的一些已知现象可能使我认为它比海洋酸更适合构成大气，但我的思绪已经进入了另一个轨道，除了一系列的观察，现在我要清楚地叙述，没有什么迫使我采用另一种假设，并以一种我当时不知道的方式去解决这个大问题。我的读者会发现，自从我发现大气是可改变的，我就一直在考虑这个问题——为什么它不是一种基本的物质，而是一种化合物；以及这种化合物是什么，或者说我们呼吸的是什么，以及如何从它的构成原则是什么。

以前我在发表这篇文章的时候，我尚未拥有一个相当强大的燃烧透镜，由于缺少燃烧透镜，我无法做我所计划的许多实验，而这些实验在理论上看来是很有希望的。事实上，我有一面可以有效发挥作用的镜子，它足以帮我达到目的。但是，这种仪器的性质是这样的，它无法有效地应用，除非是那些能够悬浮或依赖于非常纤细的支撑物的物质；它无法针对任何粉末形式的物质，也无法针对任何需要放入水银容器的物质，而这在我看来是从各种各样的物质中提取空气的最精确的方法。但后来我弄到了一个直径为 12 英寸、焦距为 20 英寸的透镜，于是我很快地利用它检查起来。在它的帮助下，观察各种各样的物质，包括自然的和人工的，会产生什么样的空气，把它们放进容器里，容器内装满水银，并将其倒置于另一个相同的容器内。沃泰尔先生是一位优秀的化学家及自然哲学讲师。那时他恰好在卡恩地区，我向他解释了我的看法，并从他那里获得了许多我无法获知的东西。

通过该仪器进行一系列其他实验之后，1774 年 8 月 1 日，实验结果有了合适的归宿，我竭力通过加热氧化汞抽取出空气，很快我就发现，通过这个透镜，空气很容易从里面排出。我得到的东西是我原本的大部分原料的三到四倍——我承认向里面加了水，却发现并没有被吸收。但更让我惊讶的是，一根蜡烛在这种空气中燃烧时，火焰异常旺盛，很像蜡烛在亚硝酸空气中燃烧时的火焰，但是，由于我没有从任何一种空气中得到这种奇特的外观，除了这种特殊的亚硝气的改变，我清楚在制备氧化汞时并未用到亚硝酸，对此我完全不知道该做何解释。

当时我并没有对眼前的情况给予足够的重视，蜡烛的火焰除了更大以外，也比在那一种含氮的空气中燃烧得更加旺盛，一块红热的木头在里面闪闪发光，就像纸浸在硝石溶液里一样，快速消耗，但我此前从未想过以亚硝气来进行尝试。

在做上述实验的同时，我从普通的氧化汞中提取了同样性质的空气，由于水银溶液在硝化气体中产生，我便得出结论，即这种特殊的性质与上面提到的改变亚硝气的性质相似，是由亚硝酸传递给它的物质决定的。既然氧化汞是将汞暴露在一定程度的高温下产生的，凡是普通空气能接触到的地方皆可，我也同样断定这种物质在这种热状态下从大气中聚集了硝酸钾。

然而在我看来，这比氧化汞理应发生的反应更不寻常，我有些怀疑，我在一家普通的药店里买的实验用的氧化汞，事实上，不过是些红色沉淀；然而，如果我是一个实际的化学家，我就不会有这样的怀疑。当我向沃尔泰先生提到这种怀疑时，他给了我一些他留作标本的东西，并告诉我，他可以保证这些东西的真实性。当我用同样的方法来处理它，只是加热的时间长一些时，我从它里面抽出的空气比从另一个里面抽出的空气多得多。

这个实验可能满足了温和的怀疑论者。但是，在接下来的 10 月，我来到巴黎，知道那里有几位杰出的化学家，我没有错过这个机会，通过我的朋友麦哲伦先生，我拿到了一盎司卡德先生制备的氧化汞，真实性毋庸置疑；与此同时，我多次向拉瓦锡先生、勒·罗伊先生以及其他化学家提及此次制备所得到的气体是多么令人惊讶，能在那个城市获得他们的关注，我感到十分荣幸，我敢说，没人能忘记当时的情形。

与此同时，我并不怀疑我从氧化汞中得到的空气是合乎健康的，因为我根本不知道我究竟发现了什么；我想当然地认为，这只不过是一种空气，就和我在上面提到的过程中所产生的亚硝气一样，在这种空气中，我观察到蜡烛有时会很自然地燃烧，有时会燃烧出美丽的火焰，但仍然是相当有害的。

同时，我从上面提到的氧化汞和红色沉淀物中得到了上述的空气，我也从铅丹和朱砂中得到了同样的空气。这种确定的空气含有我以前观察到的铅丹，我通过蜡烛加热使其排出，且发现它非常纯净。我想它需要的热量比我之前排出的其他任何一种空气的热量都要多。

用铅丹做的实验更证实了我的怀疑，即氧化汞一定具备从大气中产生这种气体的能力，这种制备方法同制备铅丹的方法类似。因为我从来不会对我所观察到的任何事情有所保留，所以我向在巴黎和其他地方相识的所有化学熟人提到了这一实验，以及那些与氧化汞和红色沉淀物相关的实验，当时并不知道这些惊人的事实会导致什么结果。

回国后不久，我就着手研究从卡德先生购得的氧化汞。在加热至一定温度后，我从约 1/4 盎司的氧化汞中提取了用盎司计量的气体。我观察到这种气体很难被氧化汞吸收（因为在我将这种气体转移至别处前，它与氧化汞共存了很长时间）。该气体也不易溶于水，因为在我着手研究该气体前，它与水共存了很长一段时间。正如我所预料的那样，蜡烛可以在这样的气体中燃烧，但这一次（11 月 19 日）我有了新的发现，这一发现令我吃惊的程度完全不亚于以往：只要在水中搅动一会儿，经过改造的亚硝气失去它令蜡烛燃烧的性质，然而，如果搅拌的次数达 10 次以上，足以使亚硝气发生这种变化，但这种气体却并没有发生任何明显变化，蜡烛还会在其中熊熊燃烧，它并未使普通空气有丝毫减少，而我观察到在这样的情况下，亚硝气却在一定程度上有所减少。

但更让我吃惊的是，这种气体持续与水接触 2 天之后（在此过程中它的体积缩小了约 1/20），我在水中剧烈搅拌了大约 5 分钟，发现其中仍有一根蜡烛在燃烧，其燃烧状态如同在普通空气中一样。同样程度的搅动的确会使经过燃烧的亚硝气更加适于呼吸，但也肯定会使蜡烛熄灭。

这些事实使我完全相信，由氧化汞所制得的空气与经过燃烧的亚硝气之间一定存在着本质上的差别，尽管它们在某些细节上存在相似之处。不过，我并不怀疑从氧化汞中提炼出的空气经过在水中的搅动之后是适合呼吸的，如同我在实验中尝试过的每一种空气一样，毫无例外。我仍然不怀疑它最初便是可以呼吸的，到目前为止，我对这种空气尚一无所知，但就这一方面来说，它的确比大气中的空气要优越得多。

此时（11 月）直至次年的 3 月 1 日，我都对这种空气的真实本质一无所知；在此期间，我一直致力于上述关于硫酸空气以及硝石精所制气体各种变化的实验，下面我将对此进行说明。在此期间，尽管过程十分缓慢，但我不仅弄清了这种空气的性质，而且在其引导下完全地发现了我们所呼吸空气的组成。

直到今年，即 1775 年 3 月 1 日，我丝毫不怀疑由氧化汞制得的空气是有益于健康的，我甚至没有想过用它来测试亚硝气，但想到长时间在水中搅动可以使蜡烛燃烧，我最终想到要做该项实验：把 1 计量单位的亚硝气加入 2 计量单位的这种空气中，我发现它不仅有所减少，减少到如同普通空气一样，而且这种红色混合物和亚硝气与普通气体的混合物是一样的。

经过这次试验之后，我毫不怀疑氧化汞制得的空气可用于呼吸，它具有真正普通空气所具有的一切其他性质，但我并未注意到可能观察到的情况，我的大脑可能被“没有比普通空气更好的空气”这个概念完全占据了，但事实上红色真的更深了，并且这种减少要大于普通空气的减少程度。

此外，在向真理之路迈进的这一步使我再次回到错误的道路上，我放弃了自己最初形成的假设，即氧化汞可从空气中提取硝石精，而现在我得出结论，空气中的所有组成部分都是相等的，且在制备该物质以及制备铅丹的过程中以适当比例被吸收。因为在我做氧化汞制取空气的实验的同时，我观察到当固定气体减少之后，我从红铅中提取到的与普通空气具有同样性质的空气，也像普通空气一样被亚硝气减少了，但同时我疑惑地发现，尽管制作这类物质的过程完全不同于制作其他两种物质的过程，可红色沉淀物中的空气也以同样的方式有所减少，但这种情况我碰巧没怎么注意。

我希望读者们不会因为我频繁地重复“惊讶”一词及其他类似表达而感到疲惫，可我必须用这样的方式讲下去，因为第二天我便惊讶地发现，将上述亚硝气以及氧化汞制取的气体混合过后，蜡烛可在容器内燃烧一整个晚上，甚至比在普通空气中燃烧得更好。在此过程中混合气整体一定有所减少,因此，如果是普通空气，它一定已经变成有剧毒的空气，完全不适宜呼吸或是燃烧。

经过了这么久，我已经想不起来我的实验目的是什么了，但我知道我没有预料到真正的问题——我在做这类实验方面已经有了相当程度的准备，一个轻微的、转瞬即逝的动机便足以成为我的动力，然而，如果我不是出于其他目的而碰巧在面前点燃一支蜡烛，我可能根本不会做这一试验，当然，后面我关于这种空气所做的全部实验可能就不会发生了。

然而，由于对这一现象的真正原因一无所知，我认为这很不寻常；不过是偶然发现了从这些物质中提取的空气所特有的一种特性，当我对熟人提起这种空气时，总是会说它与普通空气在本质上是一样的。我尤其记得我对普莱斯博士所说的，我对它可以成为普通空气这一点感到很满意，因为它似乎通过了亚硝气的试验——尽管我还需要一只老鼠来充分证明这一点。

本月 8 日，我买来一只老鼠并把它放进一个玻璃容器里，容器内有 2 盎司的氧化汞，如果是普通空气，那么这样一只成年老鼠大概能在其中存活 1 刻钟，而在这种空气中，我的老鼠足足存活了半个小时，尽管它看上去奄奄一息，不过也有可能是因为天气实在太冷了，因为当我将其移至火边，它立即恢复了活力，似乎并未从实验中受到任何伤害。

我的结论因此得到了证实——从氧化汞等材料中制取的空气至少同普通

空气一样好，但我却无法肯定地说它比普通空气要好，因为，尽管一只老鼠在给定的空气量下只能存活 1 刻钟，但另一只老鼠在里面存活半个小时也并非不可能，所以这种确定空气质量的方法精确度很低。的确，我从来没有为了自己的满足而求助于氧化汞，因为亚硝气提供了最现成、精确和讲究（清洁）的试验环境。但在这种情况下，我打算根据实验性质发表一篇最能令人满意的实验报告。

我回想了这项用老鼠做的实验，它令我怀疑我置入的空气比普通空气要好，次日，我被诱导着将亚硝气加入老鼠已经呼吸了很长时间的那一小部分空气中做测试，所以，如果该气体是普通空气，我会为自己接近真相而感到满意，即便这并不等同于真相，我也可以像排除有害因素一样排除亚硝气的干扰。令我感到惊讶的是，我发现尽管它已经被呼吸了这么长时间，它仍然比普通的空气好，这一不同寻常的事实令我辗转反侧，次日清晨，我在同样的混合物内再次加入了 1 个单位的亚硝气，而令我大吃一惊的是，我发现它进一步减少到原先含量的一半。然后我又进行了第三次测量，但这并没有进一步使它减少，只是使它比将老鼠取出来后少了一格。

现在，即使老鼠已经呼吸了半个小时，这种的空气也比普通的空气好得多，还剩下足够做实验的量，即一磅半，我把老鼠放进去，当我把它放进去时，它似乎没有感到震惊，如果空气并不健康，那么会看到明显的迹象，可是，它又完全轻松地在里面待了半个钟头，当我将它拿出来的时候它生机勃勃、充满活力。次日测量空气质量，我发现它从每盎司 1 减少至 2/3。在此之后，如果我记得没错（因为在我的每日记录中，我仅仅发现它因亚硝气而相当程度地减少了），它几乎和普通空气一样好。从那只老鼠出来时确实活力十足的样子可以看出，空气中的毒害不会更加严重。

为了能进一步获得满意结果，我又购得一只老鼠，将其放进不到 2 盎司的空气中，该空气是从氧化汞中提取的空气与从红色沉淀物中提取的空气混合而成（我发现它们质量相同，便将它们混在一起），老鼠在里面存活了 1 刻钟。但由于事先并未将容器放置在温暖的地方，我怀疑那只老鼠后来是冻死的。然而，因为它的寿命是在同样容量的普通空气中寿命的 3 倍，我对这种测试的精确度并未抱有太大期望，我认为已经没有必要再用老鼠做实验了。

如今我对这种空气的卓越之处十分满意，我便开始通过亚硝气测试来尽可能精确地测量出它的纯度，如同观察普通空气一般，我开始将 1 个计量单位的亚硝气加入 2 个计量单位的该种空气之中，现在我注意到这种减少比同样试验情况下的普通空气更为明显；第二次测量发现亚硝气使它减少至原有含量的 2/3；第三次测量减至 1/2。我怀疑这种减少不会再继续，然后我加入了半个计量单位的亚硝气，它变得更加稀少——并非大幅减少，另加入半个计量单位的亚硝气使其超过原有含量的一半，在这种情况下，2 个计量单位的该种空气需要多于 2 个计量单位的亚硝气，却仍少于原有含量的一半，5 个计量单位则使它完全恢复到了原有含量。

同时，从红色沉淀物中提取的空气要少于同等比例氧化汞中提取的空气，5 个计量单位的亚硝气被 2 个计量单位的该种空气吸收，比例并未有所增加。现在，普通空气是其中亚硝气总量的一半，在它开始从更多亚硝气中吸收更多的气体之前，这种空气已经吸收了超过 4 个计量单位的气体，至此它才不再被更多的亚硝气稀释，即便是 5 个半单位也并未使原有浓度增加，因此我得出的结论是它的质量是普通空气的 4 到 5 倍。从那之后便可以看出，我已经找到了比这更好的空气——是普通空气质量的 5 到 6 倍，甚至是我见过的最好的空气。

第七部分：植物净化空气的方法以及光照对该过程的影响

我对空气最早的观察之一是植被净化因呼吸或腐烂而受到伤害的空气，这完全出于偶然，事实上，我原以为这一过程会产生相反的结果，但在那个时候，我完全不知道光在此过程中所起到的作用。据上文中所述的已发表实验报告，我已完全确定通过绿色物质在水中制造脱燃素空气时光所生产的影响，起初我认为是一种植物，但却未能发现其形式，我只得简单地称其为绿色物质。

然而，我的几个朋友植物学比我高明，他们从来没有怀疑过它是一种植物，后来，我完全相信一定是这样。比利先生最近用显微镜观察到了它的规则形态（我自己的眼睛一直不好，所以我尽量避免使用显微镜）。

使我怀疑这种绿色物质不一定是一种植物的主要原因，除了我不能发现它的形状之外，是它像我当时想的那样，在一个小瓶子里被堵住了（瓶子盖上了软木塞）。这种植物的种子可能无形地飘浮在空气中，因此，它的种子可能会在软木塞中不知不觉地破裂，或者种子可能在放入小瓶之前就已经在水中了。比利先生和我在去年夏天都发现，当把装在小瓶里的水倒进盛着水银的盆子里后，这些绿色物质并没有产生，这种植物的种子没有一粒能穿透水银触到它上面的水，不过，在某些情况下，我们可以看到这些种子以一种真正奇妙的方式扩散和渗透。

众所周知，没有光，没有植物能茁壮成长；如果它真的在黑暗中生长，它总是白色的，而且在其他方面，它都处于虚弱和病态的状态；健康的植物在没有光线的情况下可能处于一种类似于休眠的状态，并且无法恢复正常功能，它们需要受到光线的影响，特别是阳光。这就是为什么在我以前的实验中没有任何绿色物质是仅仅通过加热产生的，其放置在罐子里虽然同样暴露在空气中，但是因为加了盖子，便无法受到光线照射，因此并未收集到纯净的空气，我也没有在里面发现任何绿色物质。

我用黑色的垢蜡遮盖住一个玻璃罐的绝大部分，使它完全不透明，这一点得到了最彻底的证实。除了比棕色纸更好地解决了这个问题外，正如我之前提到的实验，它不吸收任何水，因此也不会促进水的蒸发。为了观察这些罐子里是否有空气被收集起来，罐子的上半部分并未涂蜡，而是有一层厚厚的可移动纸盖，我可以轻易地将其取下，然后检查表面上的水。

为了尽可能充分地满足我自己对这一显著情况的看法，我还做了以下实验，这些实验的结果在这种情况下确实对光的影响起着决定性的作用。

有一大槽水，盛满了新鲜的绿色物质，水中空气非常充足，因此水的表面布满泡沫，罐子里也布满了泡沫，将其倒置过来可以很快收集到大量的泡沫，我把它装进一个罐子，再以同样的方式倒进一个盆里，放置在一个黑暗的房间里，从那一刻起，它不再释放出空气，几天之后，它开始散发出一种非常难闻的气味，它赖以生存的绿色植物都死去并腐烂了。

我再次用水泵将一个容器装满水，一直等到空气充足的时候，我把它搬到一个黑暗的房间里，从那时起，它便不再制造出新的空气了。当我再次把它放在阳光下，它也没有空气；直到大约 10 天之后，当它有了更多的绿色物质，原先的植物可能已经都死了；直到长出新的植物，才重新有了空气……从这些实验中可以看出，空气与水结合后，容易被呼吸作用所消耗，也容易被植物所消耗，就和处于弹性状态的空气一样。鱼类污染了被限制在水中的空气，而现在水生植物似乎净化了空气。毫无疑问，这是杂草和其他水生植物的主要用途之一，淡水湖，甚至海洋中都有大量的杂草和其他水生植物，它们还为许多鱼类提供食物。

（约瑟夫·普里斯特利　公元 1775 年）

包含所有现代发现，以新的系统顺序排列的化学元素

序

当我着手撰写本书时，我唯一的目的，就是更充分地扩充和解释我于1787年4月在科学院的公开会议所宣读的论述改革和完善化学命名法的必要性的论文。而在忙于此项工作之时，我却领悟到，阿贝·德·孔狄亚克在其《逻辑学》及其他一些著作中所属下列箴言的正确性。

“我们只能以语言作为载体来进行思考。语言是真正的分析方法。代数在每一种表达中都以最简单、最确切和尽可能好的方式与其目的相适合，同时它也是一种语言和一种分析方法。推理的艺术不过是一种整理得很好的语言而已。”这样的话，尽管我想到的仅仅是制定一种命名法，尽管我自己的想法不过是改进化学语言，但这部书自身却逐渐变成一部论述化学基础的著作了，而我对此却无能为力。

将一门科学的命名法与该门科学分离开是不可能的，这是因为物理科学的每一个分支都是由三样东西构成的，即作为该门科学对象的系列事实，阐述这些事实的观念，以及表达这些观念的言语。如同同一枚印鉴的三个印迹，言语可以展示出观念，而观念则应当是事实的写照，而且，由于观念依靠言语得以留存和交流，由此必然得出：不同时改进一门科学本身，我们就无法改进该门科学的语言；反之，不改进一门科学所属的语言或命名法，我们也无法改进这门科学；不论一门科学的事实多么可靠，不论我们形成的关于这些事实的观念多么合理，如果缺乏借以充

分表达观念的言辞，我们就只能给他人造成虚假的印象。

……

防止这类错误发生，以及纠正这类错误的唯一方法，就是尽可能充分地限制和简化我们的推理。这完全取决于我们自己，而忽视这一点便是我们错误的唯一根源。除了事实之外我们什么都不必相信——事实是自然界提供给我们的，不会诓骗我们。我们在一切情况下都应当让我们的推理受到实验的检验，而除了通过实验和观察之外，探寻真理别无他途，因此，数学家们仅仅通过整理数据就能得到问题的答案，通过将他们的推理简化到如此简单的步骤得出十分明显的结论，就是因为他们从来没有忽视引导他们的证据。

由于完全确信这些真理，我一直使自己除了从已知到未知之外，绝不任意前进，并将此作为一条定律，除了由观察和实验必然引出的直接结果之外，绝不形成任何结论，并且始终整理事实以及由这些事实引出的结论， 这样一种秩序最易于使化学研究的初学者理解，因此，我只得违反讲课和化学论著的通常次序，这种次序总是假定基本的科学原理是已知的， 可是在后续课程中对哲学原理加以解释之前，我竟没料想到学生或读者们并不懂得这些原理。几乎在所有情况下，这些课程和化学论著都是由论述物质的元素和解释开始的，而没有考虑到他们这么做一开始就必须把重要的化学现象放入视界之中：他们所使用的术语尚未加以定义，他们假定他们刚开始教的人理解科学；同时还应考虑到，在一门基本课程中只能学到极少的化学知识，这不足以使科学语言为耳朵所熟悉，使仪器设备为眼睛所熟悉，没有三四年专心致志的努力，几乎不可能成为一名化学家。

……

在一部论述化学基础的著作中居然没有论述物质的组成或基本部分的专门章节无疑是一件令人惊奇的事，不过，趁此机会我将指出，把自然界的一切物体都归结为三种或四种元素的“癖好”出自一种偏见，这种偏见已经从希腊哲学家那里传到我们这里。“四元素说”认为，四种元素通过比例的变化而构成自然界中一切已知物质，这种看法是一个纯粹的假说，是在实验哲学或化学的基本原理出现之前被人们设想出来的，当时，他们不掌握基于事实的构造体系，而现在我们已经搜集了事实，当它们与我们所笃信的常识不一致时，我们似乎决意要抛弃它们。这些人类哲学之父的权威至今仍然很有分量，因此我们有理由担心这种权威还会对后代人施以沉重的压迫。

非常值得注意的是，尽管有一批化学家曾赞成“四元素说”，但却没有一个人违背事实证据而在他们的理论中不承认有更多的元素。文艺复兴之后从事著述的第一批化学家们认为，硫和盐是组成许多物质的基本物质，因此，他们认为存在六种元素，而不是四种。贝歇尔假定存在三种土质，认为各种金属就是它们以不同比例化合而成的，施塔尔对这个体系进行了修正，而后来的化学家们则贸然进行了一种类似性质的改变或增补。这些化学家都受他们生活的那个时代的思潮影响而昏了头，这种思潮使他们满足于不加证明地进行断言，或者使他们认为证明的可能性极小，得不到现代哲学所要求的严格分析的支持。

在我看来，关于元素的数目和性质所说的一切全都限于一种形而上学性质的讨论。这个主题仅仅给我们提供了含糊的问题，我们可以用一千种不同的方式解决这些问题，而很可能又没有一种解答与自然相一致，因此，关于这个主题我要补充的是，如果我们所说的“元素”这个术语所表达的是组成物质的简单的不可分的原子的话，那么我们对它们可能一无所知；但是，如果我们用“元素”或者“物体要素”来表达我们所能达到的分析物质的终点这一观念，那么我们就必须承认我们用任何手段分解物体所得到的物质都是元素，这并不是说我们有资格断言那些我们认为简单的物质不可能是两种要素甚或更多要素结合而成的，而是说，由于不能把这些要素分离开来，或者更确切地说，由于我们迄今尚未发现分离它们的手段，它们对于我们来说就相当于简单物质，而且在实验和观察证实它们处于结合状态之前，我们不应当设想它们处于结合状态。

前述看法，自然适用于这些观念得到表达的言辞。在德莫沃、贝托莱、德·佛克罗伊诸位先生和我于1787年出版的关于化学命名法的著作（《化学命名法》）的指导下，我尽可能地努力用简单的术语给简单的物质命名，而且我自然要首先给这些物质命名。我们不得不保留了已经为人们熟知的物质名称，只在两种情况下我们冒昧地进行了改动：第一种情况是那些新发现但尚无名称者或者至少是虽被命名但时间不长且未获公众认可的；第二种情况是无论已被古人还是近人采纳，在我们看来却显然表达了错误的观念的名称，这些名称把适用于它们的物质与那些具有不同甚至相反性质的物质混淆了，在这种情况下，我们毫不迟疑地代之以其他名称，这些名称的绝大多数都是从希腊语中借用来的，为表达这些物质最一般和最具特征的性质，我们力图用这样一种方式拟定名称：这种方式有额外的优点，既帮助那些觉得记忆无意义的新词很困难的初学者，又使他们较早地认可不与某种确定的观念相联系的词。

对于那些由几种简单物质结合而成的物体，我们按这些简单物质的性质所决定的结合方式命名，但是，二元化合物的数目已极为可观，而我们能够避免混乱的唯一方法就是给它们分类。按照正常的观念，类或属的名称用于表达大量个体的共有性质，相反，种的名称则仅仅表达某些个体的特有性质。

人们可以想象，这些区别不仅是形而上学的，而且是由自然确定的。“对于一个孩子”阿贝·德·孔狄亚克说，“第一次指出一棵树并告诉他，其被称为树，他看到第二棵树就会产生相同的观念，并且给它赋予同样的名称，对第三和第四棵树，他也这么做，最后，他原先用于个体的‘树’这个词开始被他作为类或属的名称，这样一种抽象观念，包括了所有一般的树。但是，当他认识到所有的树并非具有相同的效用，它们并非全都结出同样的水果时，他就会学会用具体的、特定的名称去区分它们。这是一切科学的逻辑，并自然地应用于化学。”

例如，酸主要由两种物质构成，这两种物质我们认为是简单的：一种构成酸性，为一切酸所共有，类或属的名称应当根据这种物质来确定；另一种则为某种酸所特有，并且将这种酸与其他的酸区别开来，种的名称要根据这种物质来确定。但是，绝大多数酸中，两种组成元素，即酸化要素及其酸化的物质，可以按不同比例存在，构成了一切可能的平衡点或饱和点。硫酸和亚硫酸的情况就是这样。我们通过改变特定名称的词尾来标明这同一种酸的两种不同状态。

经受了空气和火的共同作用的金属物质失去其金属光泽，重量增加，呈现出土状外观，在这种状态下，它们就与酸一样，由一种为所有金属所共有的要素和一种为该种金属所特有的要素结合而成，因此，我们按同样的方式，认为把它们归在取自共同要素的类属之下是适当的。出于此种目的，我们采用了“氧化物”这一术语，并且我们用金属所隶属的特殊名称将它们彼此加以区分。

可燃物质在酸和金属氧化物中是一种特别的要素，但也能够成为许多物质的共同要素。长期以来，人们认为含硫化合物是唯一属于这一种类的结合物。然而，现在我们从范德蒙特、蒙日和贝托莱诸位先生的实验中得知，碳可以与铁，或许还可以与其他几种金属化合，而且从这种按比例的化合中，可以得到钢、石墨等。同样，我们从佩尔蒂埃先生的实验中得知，磷可以与许多金属物质化合。我们已经把这些不同的结合物归在根据共同物质所确定的属名之下，并带上标明这种相似性的词尾，再用与各种物质相应的另一个名称来表示它们。

……

简言之，我们已经前进到了这样的程度，仅通过一个名称就可以立即知道是什么可燃物质参与化合，可燃物质是否与酸化要素化合，以什么比例化合，酸的状态怎样，它与什么碱结合，酸或碱是否过量……

人们很容易认为，在某些情况下，不与既定习惯相脱离，而采用那些看上去就显得粗俗和不规范的术语，是不可能达到这些不同目的的。不过我认为，耳朵很快就会习惯于新词，当这些新词与某个一般的、合理的体系相联系时尤为如此。而且，以前使用的名称，譬如氯氧化锑粉末、氯化汞铵盐、汗疱症、吞噬水、土沥青矿物、科尔卡瑟等，既不规范又不常见，人们需要多次练习才能记住这些名称所适用的物质，而且比记住它们所属的化合物的属要难得多；鞑靼失魂油、矾油、三氯化砷与三氯化锑黄油、锌之花等名称就更不合适，因为它们暗含着错误观念：在整个矿物界，尤其是金属类，并不存在诸如黄油、油类或是花朵之类的东西，简言之，被冠上这些荒谬名称的物质根本就是剧毒。

……

对于我要奉献给公众的这部基础更好的著作，人们也有异议，因为我没有考虑那些走在我前面的人的看法，这就使我没能公平地对待我的同行，尤其是外国化学家，虽然我本想公平地对待他们。不过，我恳求读者考虑，假若我用一大堆语录塞满一部基础性的著作，假若我对科学史以及研究科学史的著作发表冗长的论述，那么，我必定会忘记我原先所考虑的真正目的，而写出来的书也必定会使初学者读起来极为厌烦，它不是科学史，也并非人类心智史——我们专注的是一部基础性论著，我们的唯一目的应当是自在不拘， 清晰明白，并极其谨慎地防止一切可以分散学生注意力的东西进入视野。这是我们要提供的一条较为平坦的道路，因此，我们会尽力扫清能够造成延误的一切障碍……

我认为在安排证据和思想时对于必须遵循的秩序所发的这些议论，仅仅适用于本书第一部分，这是载有我所采纳的学说的总的要点的唯一一部分， 我希望赋予它一个基本的形式。

第二部分主要由中性盐命名表组成。我只对这些表进行了一般性的解释， 其目的是指出获得不同种类已知酸的最简单过程，这一部分不包含我自己的东西，仅仅提供了从不同作者的著作中选录出来的非常简单的概略。

在第三部分，我对与现代化学有关的所有操作进行了详细描述。很久以来我一直认为非常需要这样一种工作，而且我确信它不会没有用处——实施实验的方法，尤其是实施现代化学实验的方法尚不为人所共知， 但却应当为人所共知，假若我在已经提交给科学院的学术论文中特别详细地叙述了我的实验操作的话，我本人对此就会有更好的理解，科学也许会更迅速地进步。这一部分所含内容的次序在我看来几乎是随意的，我唯一注意到的，就是在构成它的每一章中，把那些联系最为密切的操作归在一起。几乎不用说，这一部分不会是从其他任何著作中借用来的，在它所包含的主要项目中，除了我亲自做的实验之外，我没有得到任何 d 其他帮助。

第一部分

论气态流体的形成与分解——简单物体的燃烧以及酸的形成。

第一章

一切物体，无论是固体还是流体，由于其显热的增加而使整个体积增大，这在很久以前已被著名的波尔哈夫完全确立为一条物理公理或普遍命题。曾经被人们用来反驳这个原理的普遍性的各种论据，所提供的只是些靠不住的结果，至少，这些论据由于无关的情况而被弄得非常复杂，以致判断误入歧途；不过，当我们分别考虑这些结果，以根据它们分别所属的原因演绎出各个结果时就很容易看出，热引起粒子的分离乃是一条恒定而普遍的自然规律。

如果我们把某个固态物体加热到一定程度，使其粒子彼此分离，然后再让该物体冷却，其粒子就会按与升高温度使它们彼此分离相同的比例而彼此靠近，该物体以它原先扩展时相同的膨胀程度恢复原状，而且，如果温度恢复到我们在实验开始时所测定的温度，它就会完全恢复到它以前的体积，但是，由于我们仍然远远不能达到绝对零度或者排除一切热，而且不知道能够进一步增大的冷却程度，所以我们仍然不能使物体的终极粒子尽可能地彼此靠近，因此，一切物体的粒子不会在迄今尚不知道的状态下彼此接触，尽管这是一个奇特的结论，但却是不可否认的。

假定由于物体的粒子就这样不断地受热推动而彼此分离，它们就会失去彼此之间的联系，那么自然界就不会有固体了，除非有某种另外的力使它们结合起来，或者说是把它们束缚起来，这种力，无论其作用的原因或方式是什么，我们均将其称为吸引力。

因此，可以认为一切物体的粒子皆受两种力的作用，一种是排斥力，另一种是吸引力，它们在这二者之间处于平衡状态。只要吸引力较强，物体必定仍然处于固态；但若反之，热使这些粒子彼此远远分离，导致它们位于吸引范围之外，使它们失去了原先所具有的彼此的黏附力，该物体也就不再是固体了。

水给我们提供了这类事实的一个普通、常见的例子。当温度在法式温度计零下[①]或华氏 32° 以下时，它是固体，称为冰。在该温度以上，其粒子不再相互吸引而结合在一起，它就成为液体。当我们将其温度升高到列氏 80°（华氏 212°）以上时，粒子就会被热量引起的排斥力所取代，呈现出蒸气或气体的状态，水就变成了一种气态流体。

可以肯定地说，自然界的一切物体都与此相同：随着其粒子内在的吸引力与作用于粒子的热斥力的比例不同，它们要么是固体，要么是液体，要么是处于弹性气态流体状态。

不承认这些现象是由巧妙地潜入物体粒子之间使其彼此分离的某种真实有形的物质或极为细微的流体造成的，就难以理解这些现象；即使承认这种流体的存在是假说性质的，我们在后面也将看到，它以一种极为令人满意的方式解释了这类自然现象。

无论这种物质是什么，它总是热的原因，或者换言之，我们称之为暖和的感觉就是由这种物质的积聚引起的，所以按照严格的语言，我们不能用“热”这个术语来表示它，因为同一个名称既表示原因又表示结果不太合适，因此，我在 1771 年发表的学术论文中[②]把它命名为火流体和热质。自那以后，在德·莫维先生、贝托莱先生、德·佛克罗伊先生和我本人发表的论述化学命名法的改进性的著作中，我们表示，必须排除一切转弯抹角的表达方式，这种表达方式既拖长了自然语言，又使自然语言更加惹人厌烦、不清楚，

---

①文中出现的“热度”，是作者根据列氏温标陈述的。括号中的度数是译者所加的相应的华氏温标度数。——译者注

② 1771 年的《法国科学院文集》，第 420 页。

甚至常常不能充分转达人们对所考虑的问题的恰当想法，因此，我们已经用“热素”这个术语来表示热的原因，或者使热得以产生的极富弹性的流体。这种表达方式除了使我们在我们采纳的体系中达到了目的，还具有一个优点，即它与每一种看法都一致，因为严格地讲，我们不必假定这是一种真实的物质，这种表达方式是充分的，因为不管这种东西是什么，都可以把它看作排斥的原因，这样我们就仍然可以自由地用一种抽象的、数学的方式去探查其结果，在后文还将更清楚地看到这一点。

就目前的知识来看，我们还不能确定光是热素的变体，也不能确定热素是光的变体，然而无可争辩的是，我们应当暂时用独特的术语来区分那些已引起不同结果的东西。因此，我们把热素与光区别开来，尽管我们并不因此而否认它们具有某些共同的质，不否认它们在某些情况下几乎以同样的方式与其他物体化合，而且在某种程度上还引起同样的结果。

我讲过的这些也许足以说明赋予“热素”一词的观念，但是，要给出一个恰当的概念，说明热素作用于其他物体的方式，仍须做出更艰难的努力。由于这种细微的物质渗透了所有已知物质的微孔，由于它能够穿透所有器皿，所以没有什么东西能够盛留住它，所以我们只能通过稍纵即逝、难以弄清的结果去获得有关其性质的知识。对于那些看不见摸不着的东西，特别需要防止过度想象——过度想象总是跨越真理的范围，难以限制在狭小的事实范围之内。

……

如有必要，增加这类事实倒也容易，不过以上所有事实赋予我充分的权力去设想存在这样一条基本原理，即几乎自然界的每一种物体都可以有三种不同的存在状态，也就是固态、液态和气态，而且这三种存在状态均取决于与物体化合的热素的量，以后，我将用“气体”这个通用术语表示这些弹性气态流体，而且我将把每一种气体中的热素与实物加以区分，热素的一部分起溶剂作用，实物则通过与热素化合而构成气体的基。

对于这些已知极少的不同气体的基，我们已经给它们指定了名称，我说明了物体在加热和冷却过程中所伴随的现象，并且确立了与大气的组成有关的精确观念，之后，我将在下文第四章陈述。

我们已经指出，自然界每种物质的粒子，都处于使这些粒子结合起来并保持在一起的吸引，与使它们分离的热素的作用之间的某种平衡状态。因此，热素不仅包围着一切物体的粒子，而且填满了物体粒子彼此之间留下的空隙。我们可以这样设想，即假定有一个装满小铅丸的器皿，倒进一些细沙，细沙慢慢渗入铅丸之间，将会填满每个空隙。铅丸相对于包围它们的沙粒的情况，与物体粒子相对于热素的情况，刚好相同，不同之处仅仅在于铅丸被设想为处于彼此接触状态，而物体的粒子由于热素而彼此之间隔开了一点儿距离，因此并不处于接触状态。

如果我们用六面体、八面体或者其他规则形状的固体代替铅丸，那么它们之间的空隙就将减小，因此也就不再容纳等量的沙。就自然物体而论，情况亦相同，由于物体粒子的形状和大小不同，由于粒子之间的距离随其内在吸引力与热素对其施加的排斥力之间比例的不同而不同，所以粒子之间剩下的空隙并不具有相等的容量，而是有所不同。

按这种方式，我们必定会理解英国哲学家们所提出的下列措辞，他们使我们首次对物体容纳热质的容量这个问题有了极为确切的了解。由于与可感觉到的客体的比较在帮助我们形成对于抽象观念的清晰见解方面极为有用，我们将把被水浸湿和渗透的物体与水之间所发生的现象作为例子，并加上一些见解，尽力对此进行说明。

如果我们把不同种类但大小相同的木块浸入水中，那么这种流体就会逐渐渗入其微孔之中，木块在重量和大小上都会增加，不过每块木头吸收的水量则不相同，较轻的与多孔的木头吸收量较大，木纹致密与紧实的则吸收较少，因为被木块吸收的水量取决于组成木头的粒子的本质。譬如，树脂性的木头尽管是多孔的，却吸收不了多少水，因此我们可以说，不同种类的木头的水容量不同，我们甚至可以通过其重量的增加来确定它们实际上所吸收的水量，不过，由于我们不知道它们在浸透前含有多少水，所以我们不能确定从水中取出之后它们所含的绝对水量。

毋庸置疑，浸入热素之中的物体会发生同样的情况。然而，水是一种不可压缩的流体，热素则相反，它有非常大的弹性，换言之，热素粒子在受到其他任何趋近力的作用时，具有极大的彼此分离倾向。在这两种物质所做的各种实验中，这个不同之处不可避免地会引起各种差异。

由于确立了这些清楚而简单的命题，对于下列措辞所包含的概念进行解释就十分容易了，这些措辞不是同义的，它们在下列定义中具有严格而明确的含意："游离热素"是不以任何方式与其他物体化合的热素。不过，由于我们生活在热素具有极强黏着力的系统之中，所以我们绝不会获得处于绝对游离状态的热素。"化合热素"是被吸引力固定在物体内，以至成为物体物质的一部分，甚至是其体积一部分的热素。

我们可以通过物体的"比热"这一措辞，了解具有相同重量的多个物体升到某个温度时所需要热素的量。热素的量取决于物体的组成粒子之间的距离以及结合程度的大小，这种距离——或者更确切地说——物体形成的空间或空隙，正如我们已经说过的，称为物体容纳热素的容量。

热被认为是一种感觉，或者换言之，可感觉到的热只是脱离了周围物体的热素通过运动或流通作用于我们的感觉器官所产生的结果。

一般说来，我们只是因为运动才得到各种印象，我们也许可以把它确立为一条公理，即没有运动就没有感觉。这条一般性原理非常准确地适用于热和冷的感觉，当我们接触一个冷物体时，由于所有物体所包含的热素总是趋向于平衡，热素便从我们的手进入我们所接触的物体，给我们以冷的知觉或感觉；当我们接触一个暖和的物体时，相反的事情就会发生，热素从物体进入我们的手，引起热的感觉；如果手与接触的物体温度相同或者极为接近，我们就得不到什么印象，不论是热的感觉还是冷的感觉，因为没有热素的运动或流通，因此，没有引起感觉的运动，就不可能产生感觉。

当温度计上升时，就表明游离的热素正在进入周围物体：温度计不可避免地会得到与其质量以及容纳热素的容量相应的一份热素，因此，由温度计上所发生的变化，仅仅知道周围物体中热素的运动或流通，而温度计则是这些物体当中的一部分，这种变化仅仅表明温度计得到了部分热素，并不是离析、取代和吸收了的总量的量度……

第二章

对大气层空气的分析，可分成两种弹性流体；一种适于呼吸，另一种不适合呼吸。

综上所述，我们的大气是由在普通温度和它所受到的常压下能够保持气态的各种物质所组成的混合物，这些流体构成气团，其中部分是同质的，气团由地球表面扩展到迄今人们所能达到的最高处，其密度与压力同地面上的空气成反比地逐渐减小。不过，正如我在前面所谈到的，地表气层有可能被极为不同的流体组成的另外几个气层覆盖……

第四章

到目前为止，我不得不一直采用迂回说法来表示构成我们大气的几种物质的本质，暂时使用了适宜呼吸的空气、有害的或不适宜呼吸的空气等术语，但是，我打算进行的研究需要更直接的表达方式，而且，由于现在就大气组成部分中的不同物质已尽力给出了简单而清楚的思想，今后我将用同样简单的语言表达这些思想。

我们地球的温度十分接近于固态水与液态水相互转化时的温度，而且，由于这种现象通常都发生在我们的观察之下，由此自然得出，至少在每个有冬季温度的地带所使用的语言中，都有一个术语用来表示失去了热素的固态水，然而，尚未发现必定就有一个名称表示由于增加热素的量而变成蒸气状态的水，由于那些并不特别研究这种对象的人们仍然不知道，当温度只比沸腾热高一点点时，水就变成一种弹性气态流体，如同其他气体一样，能被容纳或装于器皿之中，而且只要仍然处于 100℃（212℉）的温度及不超过汞气压计 28 英寸的压力，它就维持其气体状态。由于一般人没有观察这种现象，所以没有哪种语言使用一个特别的术语来表示这种状态的水[①]；就一切流体以及处于我们大气的普通温度及平常压力而不蒸发的所有物质来说，出现的也是同样情况。

由于类似的原因，大多数气态流体的液态或有形状态也一直没有被赋予名称，人们以前不知道它们是由热素与其基态化合而产生的，而且，由于没有看见它们处于液态或者固态，所以甚至连自然哲学家们都不曾知道它们能以这两种形式存在。

我们没有妄自更换这些被古来的习惯神固化了的术语，继续在通常的词意上使用“水”和“冰”这两个词，我们照样保留“空气”这个词，用它来表示组成我们大气的那种弹性流体的集合，因为，我们并不认为有必要抛弃易于引起错误物质观念的术语。新词主要按照其词源所表示的关于那种要被代表的东西的某种性质的方式命名，均取自希腊语，而且我们总是尽力让这些词简短，并且使其具有可变成形容词和动词的特性。

遵循这些原则，我们已经仿照马凯先生的范例，保留了范·赫尔蒙特所使用的“气体”这个术语，把很多种弹性气态流体归在这个名称之下，唯将大气除外，因此，“气体”在我们的命名法中就成了一个全称术语，表示任何物体最大限度地被热素所饱和——事实上，这是一个表示存在方式的术语。为了对每种气体加以区分，我们使用由基本元素的名称衍生而来的另一个名称，这种基本元素被热素所饱和，形成每种特殊的气体，于是，我们把与热素化合而饱和形成弹性流体的水命名为“水汽”，把按同样方式化合了的醚命名为“醚气”，醇与热素的化合物就是“乙醇气体”……遵循同样的原则，对于每种易与热素化合的物质，都设想它们呈气态或弹性气态，按这种方式，我们就有“盐酸气”“氨气”等名称。

我们已经明白，大气是由两种气体或弹性流体组成的，其中的一种通过呼吸作用能使动物存活，金属可在其中煅烧，可燃物体在其中能燃烧；另一种则具有正好相反的特性，它不能被动物呼吸，既不容许易燃物体燃烧也不容许金属煅烧。我们将前者或者大气中适宜呼吸部分的基命名为“氧气”……

对于大气有害部分的化学性质迄今只知道一点点，因此我们已经满足于

---

①在英语中，“水蒸气”一词专门用来指蒸气状态的水。——译者注

根据它具有杀死那些被迫呼吸它的动物的这种已知性质，得出其基的名称，由希腊文否定词 α 和 ξ、α、η 把它命名为“氮”；所以，大气有害部分的名称就是“氮气”；在同一温度与压力下其重量是每立方英尺 1 盎司 2 格罗斯 48 罗，或每立方英寸 0.4444 格令。我们不能否认，这个名称看上去有点儿怪，但是对于所有的新术语来说，情况必定如此，新术语在通行之前，不能指望人们熟悉它们。我们长期尽力寻找一个更恰当的名称，却没有成功，最初提出把它叫作“碱性气体”，因为根据贝托莱先生的实验，它似乎是氨或挥发碱的组成部分，但是我们至今尚无证据表明它是其他碱的一种组成元素，此外，它被证明是硝酸的组成部分，这就为以前把它称为“氮”提供了很好的理由。由于这些原因，我们认为我们在采用“氮”和“氮气”的术语时没有犯错误的风险，这术语表达的只是一个事实，或者说所表达的是它具有使呼吸它的动物丧失生命这样一种性质。

假若我在这个地方开始讨论几种气体的命名法的话，我就应当提前讨论更适合于留在以下各章中的主题，而在本书的这一部分，足以制定出据此得到这些气体的名称的各种原则，我们采用的这种命名法的主要优点就是，一旦有一个适当的术语用来辨识一种简单的基本物质，那么就可以很快由这个第一名称导出其所有化合物的名称。

……

第七章 论用金属分解氧气和金属氧化物的形成

氧对加热到一定程度上的金属的亲和力比对热素的亲和力强，由于这个缘故，除金、银、铂金之外的其他金属物体都具有分解氧气的性质，因为他们能吸收与热素化合了的氧气的基。我们已经说明了这种分解借助于汞和铁发生的方式，已经观察到，在第一种情况下，必须把它看成一种缓慢的燃烧；而在后一种情况下，燃烧极其迅速，并伴有耀眼的火焰。这些操作中热的用处就是让金属粒子彼此分离，并削弱其内聚吸引力或聚集吸引力，换个说法就是削弱它们彼此的吸引力。

金属物质的绝对重量与它们吸收氧的量成比例增加，同时，它们失去金属光泽，变成土状粉末物质，这种状态的金属必然不会被看成是完全被氧饱和了的，因为它们对这种元素的作用被它与热素之间的亲和力所抵消。因此，在金属煅烧时，氧受到两种力的作用，即它对热素的吸引力和金属所施的力，由于后一种力超过了前一种力，一般说来前一种力无足轻重，所以氧倾向于与后者结合；当金属物质在大气或氧气中被氧化时，它们不会像硫、磷、碳那样转化成为酸，而仅仅变成中间物质，该物质虽然接近盐类，但却没有获得盐的性质。老的化学家们不仅把“生石灰”的名称贴在这种状态的金属上，而且还把它贴在长时间受火的作用而没有被熔化的每一种物体上。他们把“生石灰”这个词转变成一个一般术语，由于这个术语的通称，他们把石灰质土与金属相混淆，但石灰土在煅烧之前的确是中性盐，靠火而变成一种土碱，其重量失去一半；而金属则以同样方式与一种新物质结合，其重量往往增加了一半，由此，它们几乎成了酸类；尤其是保留上述术语表示金属物质的这种状态，我们关于该状态的性质所表达的必定是十分错误的概念，因此，这种把具有如此相反性质的物质放在同一个属名之下的分类模式违反了我们的命名原则。所以，我们完全放弃了“金属灰”这一表达方式，而用希腊语 ο、ξ、υ、ς 即“氧化物”这一术语来代替它。

由此可以看出，我们所采用的语言是丰富而有表现力的。物体的第一

或最低氧化度使物体转变成氧化物；第二氧化度构成酸类，其种名取自其特定的基，以 -ous 结尾，如亚硝酸和亚硫酸；第三氧化度把这些酸变成以 -ic 为词尾来区分的酸种，如硝酸和硫酸；最后，我们可以在酸的名称上加上 oxygenated（被氧化的）一词来表达第四或最高氧化度，如上文已经见过的“氧化盐酸”（oxygenated muriatic acid）一词。

我们没有把“氧化物”这一术语仅限于表达金属与氧的化合，而已经将其扩展到表示一切物体的第一氧化度，这一氧化度没有将物体转变成酸，而是使其接近盐类，于是，我们就把硫经初步燃烧转化而成的那种软物质取名为“氧化硫”；用“氧化磷”这个名称来称呼磷在燃烧后所剩下的黄色物质；按同样方式，亚硝气即处于其第一氧化度的氮，就是“氧化氮”；同样，我

们有大量源自植物界和动物界的氧化物；而且我将在后面指出，这种新语言将极有助于阐明人工操作及大自然之造化。

我们已经看到，几乎一切金属氧化物都有独特而持久的颜色，这些颜色不仅因金属种类而呈现区别，而且依同种金属的不同氧化度而表现出差异，因此，我们还必须给每个化合物增加两个表示性质的形容词，一个表示被氧化的金属，而另一个则表示该氧化物的独特颜色，这样，我们就有黑色氧化铁、红色氧化铁以及黄色氧化铁，这些措辞分别与“磁性氧化铁”“铁丹”“铁锈”或“赭石”这些老的无意义的术语相对应；同样，我们有灰色、黄色和红色氧化铅，它们与“铅灰”“铅黄”及“铅丹”这些同样错误或无意义的术语相吻合。

这些名称有时变得相当长，当我们要指明由于与硝石一起爆炸或借助于酸金属在空气中被氧化时，尤其如此；但另一方面，它们传达的始终是合理而准确的思想，这些思想与我们通过它们的用法想要表达的客体内涵相吻合，通过下文的表格，这一切都将十分清楚明显地反映出来。

简单物质表

属于自然界的简单物质可以被看作是物体的元素。下面的表格列出不同类别。

新名称	对应的旧名称
光	光
热素	热、热要素、热元素、火、火流体、火质、热质
氧	脱燃素气、超凡空气、可供呼吸的空气、可供呼吸的空气的基
氮	与燃素结合的空气、与燃素结合的气体、毒气、毒气基
氢	可燃空气、可燃气体、可燃空气的基

可氧化与可酸化的简单非金属物质

新名称	对应的旧名称
硫	同一名称
磷	
碳	
盐酸根	尚未可知
氟石酸根	
硼酸根	

可氧化与可酸化的简单金属物体

新名称	对应的旧名称
锑	锑块锭
砷	砷块锭
铋	铋块锭
钴	钴块锭
铜	铜块锭
金	金块锭
铁	铁块锭
铅	铅块锭
锰	锰块锭
汞	汞块锭
钼	钼块锭
镍	镍块锭
铂	铂块锭
银	银块锭
锡	锡块锭
钨	钨块锭
锌	锌块锭

可酸化的简单土质物质

新名称	对应的旧名称
石灰	白垩、石灰质土、生石灰
氧化镁	苦土、泻盐基、焙烧苦土、苛性苦土
重晶石	重晶石、重土、陶土、明矾土
白黏土	硅土、玻璃化土

（安托万－洛朗·拉瓦锡　公元 1789 年）

化学哲学的新体系

第 2 章　论物体的构造

物体可分为三类（或称三态），哲学化学家对于这点特别注意，这三态是：气体、液体和固体。水是我们所熟悉的一个例子，例如，水是这样一种物体，在某些条件下，能够以三态存在，水蒸气是一种完全弹性流体，是一种液体，而冰则是一种完全固体。由这些现象可不言而喻地得到一个普遍承认的结论：一切可感觉到大小的物体，不管是液体还是固体，都是由极大数目的极其微小的物质质点或原子所构成。它们借助一种吸引力相互结合在一起，随着条件的不同，这些力有强有弱，由于其作用是阻止原子的分离，所以这种力可被称为结合吸引力；但是由于这种力是把原子从分离状态聚拢起来（例如从水蒸气聚集成水），所以它也可被称为聚集吸引力，或更简单地被称为亲和力，不管人们采用什么名称，它们都是表示一种同样的力。我的企图不是对这个结论提出问题，我对这个结论是感到满意的，但是在于指出——直到现在，我们还没有用到它，由于忽略了这一点，人们对化学能的观点变得非常模糊，随着人们试图对它提出新的见解，这种模糊反而日益加剧了。

我特别要提到的是贝托莱关于化学亲和力定律的见解，例如，他认为化学能是与质量成正比的，并认为在所有化合物中，组成元素逐渐变化的层次是难以察觉的。我认为，任何对现象有恰当见解的人都会认为这些见解是和理论与观察不符合的。

一种物体，例如水，它的终极质点是否都一样，即是否都具有同样形状、重量等，这是一个重要的问题，从已知的事实看来，我们没有理由认为这些质点是各不相同的。如果在水中有这种不同的质点存在，则这种情况在组成水的元素即氢和氧中必定也存在着，可是人们很难想象彼此不相同的集合体会这样均匀；如果水中有些质点比其他质点重，那么当一部分液体由于任何偶然的原因而主要地由较重的质点组成人们一定会设想这对水的密度会有影响，而这种情况我们并未遇到过。其他物质也应有类似的情况，因此，我们可以得出结论：所有均匀物体的终极质点在重量、形状等方面是完全相同的，换句话说，水的每一个质点都是相同的，氧的每一个质点也都是相同的，等等。

具有重量的物体除去普遍具有的这种或那种吸引力外，我们发现，在我们认识的各种物质中还有一种力作用着，这种力也是普遍存在着的，这是一种排斥力。现在人们普遍认为，这种排斥力是热的功能，我认为这是合适的。这种精微流体空气包围着所有的物体的原子，阻止它们被吸引到实际发生接触的范围内。一个物体，当减少一些热量时，能够发生收缩，这个事实可以证明这一点。但从上文所述可知，体积的加大或减小或许在更大的程度上由终极质点的排列情况决定，其次才是质点的大小，如果情况真是这样，由上文所述有关热的原理我们不能不推想固体（如冰），含有很大一部分热量，大约是热的 4/5，而这些热以弹性状态存在（如蒸气）。

我们现在就来考虑这两种巨大的相互对立的力量（吸引力和排斥力）是怎样通过调节使得三种不同的状态，即弹性流体、液体和固体能够出现的。我们将这个题目分成四节来叙述：第一，关于纯弹性流体的组成；第二，关于混合弹性流体的组成；第三，关于液体的组成；第四，关于固体的组成。

第 3 章　论化学合成

任何物体，处于气体状态时，其终极质点间的距离较之处于其他状态时更大些，每一质点处于一个较大的球体的中心，力图将其余质点拒于一定距离外，而这些质点则因重力或其他原因而向它接近。如果我们想知道大气中质点的数目，那就好像想知道宇宙中星星的数目，我们会被弄糊涂；但若缩小范围，只取某种气体的一定体积，并让这部分体积分割到最小，那我们可以相信质点的数目就会是有限的，正如在宇宙中一定范围内星球的数目不会是无限的一样。

化学分析和化学合成只不过是把质点彼此分开又把它们联合起来而已，在化学作用范围内，物质既不能创造也不能消灭，要创造一个氢原子或消灭一个氢原子犹如向太阳系引进一个行星或从既有的行星中消灭掉一个一样，我们所能进行的一切变化无非是把处于凝聚或结合状态的质点分开，把分开相当距离的质点联合起来。

在一切化学研究中，确定组成一种化合物的相对重量曾经合理地被认为是一个重要的目标，但不幸的是研究工作到此就终止了，而从物体的相对重量却可以推导出物体的终极质点或原子的相对重量，从而再导出其他各种化合物中原子的数目和重量，如此可帮助和指导今后的研究工作并矫正结果。本书的一个大目标就是要指出单质或化合物中终极质点的相对重量和组成复合质点的简单基本质点的数目以及一个更复杂的化合质点中较简单的化合质点的数目，并指出重要性和优点。

假设有两个倾向于化合的物体 A 和 B，下面就是以最简单形式开始的许多可能发生的化合顺序，即：

1 个 A 原子 + 1 个 B 原子 = 1 个 C 原子，二元的。

1 个 A 原子 + 2 个 B 原子 = 1 个 D 原子，三元的。

2 个 A 原子 + 1 个 B 原子 = 1 个 E 原子，三元的。

1 个 A 原子 + 3 个 B 原子 = 1 个 F 原子，四元的。

3 个 A 原子 + 1 个 B 原子 = 1 个 G 原子，四元的。

诸如此类。

在所有关于化学合成的研究中，下列一整套规则可作为指导来应用：

当两物体 A 和 B 只有一种化合物时，必须认为该化合物是二元的，除非是有某些特殊原因。

当发现有两种化合物时，必须认为它们中的一种是二元的，另一种是三元的。

当发现有三种化合物时，可以认为一种是二元的，另两种是三元的。

当发现有四种化合物时，我们可以认为，一种是二元的，两种是三元的，还有一种是四元的。

……

二元的化合物应该比两种物质的混合物重；三元的化合物应该比二元化合物和简单物质的混合物重……当两种化合物如 C 和 D，D 和 E 等化合时，上述规则亦同样适用。

从已知的化学事实出发，按这些规则可得出下列结论：第一，水是氢和氧的二元化合物，这两种元素的原子的相对重量比接近于 1 ∶ 7；第二，氨是氢和氮的二元化合物，这两种元素的原子的相对重量比接近于 1 ∶ 5；第三，亚硝气是氮和氧的二元化合物，它们的原子分别重 5 与 7。按照制法，硝酸是一种二元的或三元化合物，由一个氮原子和两个氧原子组成，重 19；一氧化二氮是一种与硝酸类似的化合物，由一个氧原子和两个氮原子组成，重 17；亚硝酸是硝酸和亚硝气的二元化合物，重 31；氧化硝酸是硝酸和氧的二元化合物，重 26；一氧化碳是二元化合物，由一个碳原子和一个氧原子组成，重 12；碳酸是一种三元（但有时是二元的）化合物，由一个碳原子和两个氧原子组成，重 19……在所有这些情况中，单位重量是以氢原子的重量为 1 个单位来表示的。

后面，对引出这些结论的事实和实验将详细叙述。此外，还有大量其他事实和实验，许多主要酸类、碱类、土类、金属、金属氧化物和硫化物，以及一系列中性盐类，一句话，所有迄今为止曾获得相当满意分析的化合物其终极质点的组成和重量都是从这些事实和实验推导出的，其中有几种结论将为原始实验所支持。

由于本章所提到的观点新颖且重要，我们认为用图形来表示化合的方式更便于理解（这些图示略，编者著）。迄今一直认为是简单物质的元素或原子用带有不同符号的小圆圈表示，化合物则包含两个或更多的并列着的小圆圈，当三个或三个以上弹性流体的质点结合在一起时，可设想为同样质点彼此相互排斥，从而取得一定的位置。

（约翰·道尔顿 公元 1808 年）

原子相对质量的测定方法及原子进入化合物时数目之比的测定

I

盖－吕萨克先生在一份有趣的报告（《阿尔克伊学会的回忆录》II）中提到气体总是按体积以非常简单的比例结合，当结合的结果是一种气体时，它的体积与它的组成部分的体积也有着非常简单的关系。但是，化合物中物质的数量比例似乎只取决于相互结合的分子的相对数量以及由此产生的复合分子的数量，然而我们必须承认的是，气体物质的体积与构成它们的简单或复合分子的数量之间也存在着非常简单的关系。在这方面提出的第一个假说，显然也是唯一可以接受的假说，即在体积相等的情况下任何气体中的固有分子数目总是相同的，或者总是与体积成正比。事实上，如果我们假设给定体积中分子的数量对于不同的气体是不同的，我们几乎不可能设想调节分子之间距离的定律在任何情况下都能使分子之间的关系像刚才详细的事实迫使我们承认的那样简单。另一方面，我们很容易想到，气体分子之间的距离如此之远，以至它们之间的相互吸引力无法发挥出来，它们对热量的不同吸引力可能仅限于使液体形成大气冷凝，在不同情况下这种液体的冷凝程度也有所不同，因此，分子之间的距离不变，或者换句话说，既定体积中所包含的分子数量总是相同的。道尔顿确实提出了一个与此正好相反的假设，即对于所有气态物体的分子而言，其热量总是相同的，对热量的更大或更小的吸引只会导致分子周围这个量的更大或更小的凝结，从而改变分子之间的距离。但由于我们目前不知道分子对热量的吸引力是如何产生的，没有任何东西能预先决定我们是否支持这些假设中的一个而不是另一个，我们应该倾向于采用一种中立的假设，它会使分子之间的距离和热量的量根据未知的定律而变化，如果不是因为我们刚才提出的假设是建立在气体体积在化合时的简单关系的基础上的，这种关系似乎是无法解释的。

从这个假设出发，很明显，我们有办法确定气态物质分子的相对质量以及化合物中这些分子的相对数量，因为分子的质量比与不同气体在同温同压下的密度比是相同的，化合物中分子的相对数量是由组成化合物的气体的体积比决定的。例如，如果将大气密度视为一个计量单位，则通过对比可以得出氧气与氢气这两种气体的密度分别为 1.10359 与 0.07321，因此这两种气体的质量之比代表了两种气体体积相等时的质量之比，根据我们的假设，这个比例也代表了它们分子质量的比值，所以氧分子的质量大约是氢分子的 15 倍，或者更准确地说，二者的质量比是 15.074 比 1。同样地，氮气分子的质量和氢气分子的质量之比是 0.9693 比 0.07321，或者更准确地说是 13.238 比 1。另一方面，因为我们知道在水的形成过程中氢气和氧气的体积之比是 2 比 1，所以 1 个水分子是由 1 个氧分子和 2 个氢分子结合而成的。同样，根据盖 - 吕萨克先生确定的氨、一氧化二氮的体积比例，2 个氨分子是由 1 个氮分子和 3 个氢分子结合而成的，2 个一氧化二氮分子是由 1 个氧分子和 2 个氮分子组成的。

II

有一种考虑乍一看似乎与我们对复合物质的假设相矛盾，似乎一个由两个或两个以上的基本分子组成的分子，该分子质量应该等于这些组成分子的质量之和，特别是如果在一个化合物中一种物质的一个分子与另一种物质的两个或两个以上分子结合，那么化合物分子的数目应与第一种物质的分子数目保持一致，因此，根据我们的假设，当一种气体与两倍或两倍以上的另一种气体相结合时，生成的化合物如果是气态的，其体积必须等于第一种气体的体积。但一般来说，情况并非如此。例如，正如盖－吕萨克先生所展示过的，气态水的体积是进入它的氧气体积的两倍，与之结果相同的是，它与氢分子数量相等而不是与氧分子数量相等，但是，按照我们的假设用一种方法来解释这类事实，这是很自然的——也就是说，我们假设，任何简单气体的组成分子（例如，分子之间的距离如此之远，以至于它们不能相互作用）并非由孤立的基本分子构成的，而是由一定数量的这些分子组成，这些分子由于相互吸引而结合成一个单一的分子；进一步讲，当另一种物质的分子与前者结合形成一个化合物分子时，这个整体分子就会分裂成两个或两个以上的部分（或整体分子）——由一半、四分之一或其他比例组成，第一种物质的一个组成分子应当与第二种物质的组成分子相结合，因此构成第一种物质组成分子的基本分子数目会与第二种物质组成分子数目的一半、四分之一或其他比例结合（或者同样可以说，是与第二种物质余下的半个分子、四分之一个分子或其他比例分子相结合），这样化合物的整体分子数就变成了两倍，四倍……如果没有分裂将会是什么样子，以及满足产生的气体的体积究竟需要什么①？

在对我们所熟知的各种复合气体进行回顾时，我只找到了体积倍增的例子，即复合气体中某种成分的体积与其他一种或几种成分体积的相结合——我们已经在水中观察到了这一点。我们也同样知道氨气的体积是制备时所需氮气体积的两倍。盖－吕萨克先生已经指出，一氧化二氮的体积与其组成成分氮气的体积相等，因此是氧气体积的两倍。由等量氮气与氧气组成的亚硝气②，其体积等于这两种气体组成成分的体积之和，这也就是说，是它们各自体积的两倍，因此，在上述这些情况下，分子必须一分为二，但也有可能在其他情况下被划分为四、八或是其他等分，这种化合物分子分裂的可能性

---

①例如，1 个完整的水分子（H_2O）是由半个氧分子（O）与 2 个半氢分子（2H）组成。——译者注

②此处指一氧化氮（NO）。——译者注

可能是预先推测出来的，否则，由数种分子数目较大的物质所组成的整体分子与简单物质的分子相比，其质量就会过大。因此，我们可以设想，大自然有某种办法使它们恢复到后者的秩序，事实已经向我们指出了这种办法的存在。此外，还有另一种考虑，似乎使我们在某些情况下承认这种分歧，不然的话，人们怎么能设想出两种气体的真正结合呢？这两种气体在没有冷凝的情况下体积相等，但是为何在产生一氧化二氮气体的过程中出现了不同的结果呢？假设分子之间保持一定的距离使每种气体分子之间的相互吸引力无法发挥，我们就不能想象一种气体分子和另一种气体分子之间会发生新的吸引力，但是关于分子分裂的假设很容易看出，这种结合真的把两个不同的分子变成了一个，如果每个化合物分子不分裂成两个性质相同的分子，那么其中一种气体的整个体积就会收缩，盖－吕萨克先生据实看到气体混合物体积的减小不能代表其基本分子的近似。分子的结合和分裂向我们解释了这两种物质是如何相互独立的。

Ⅲ

道尔顿对化合物中分子最可能的相对数目做了任意假设，力图确定简单物质分子质量之间的比例。假设有充分的根据使我们能够从精确的数据中证实或纠正他的结果，首先，根据气体化合物的体积来确定化合物的大小，而气体化合物的体积在一定程度上取决于这位物理学家完全没有想到的分子的分裂。

道尔顿假设水是由氢和氧分子结合形成的，因此，通过两个成分的重量比就会发现，氧分子的质量将是氢的 $7\frac{1}{2}$倍。正如我们看到的，我们假设的二者的质量比是原来的两倍达到 15 比 1，对于水分子，如果分子没有分裂成两部分，它的质量应该大致用 15+2=17 来表示（以氢为单位），但是由于分裂，数量会减少一半，它的质量应该是 $8\frac{1}{2}$，更确切的数字为 8.537，用水蒸气的密度 0.625（盖－吕萨克）除以氢的密度 0.0732 就可以得到。这个质量与道尔顿给出的数值 7（道尔顿估算二者质量比为 6 ∶ 1）不同，因为水的组成成分含量不同，除去两个补偿误差——氧分子质量的误差，以及他对分子分裂的忽视，道尔顿在这方面的结果是近似正确的。

道尔顿假设在一氧化二氮气体中氮和氧的结合是分子对分子的，我们已经在我们的假设中看到这实际上是相同的，因此如果道尔顿没有从不同的氧的值出发，如果他对一氧化二氮气体中元素的重量取完全相同的值，他很可能会和我们一样假设氢是 1 个单位并发现氮的分子质量。但是假设氧的分子小于我们发现的一半，他就必须使氮的分子也小于我们赋予它的值的一半，即 5 而不是 13。至于一氧化二氮的分子本身，他对分子分裂的忽视使他的结果再次接近我们的结果，他的计算为 6+5=11；而根据我们的算法，它大约是（15+13）/ 2=14，或者更精确，为：（15.074+13.238）/ 2=14.156；正如我们根据盖 – 吕萨克定律得到的一氧化二氮气体的密度是 0.07321。道尔顿也以同样的方式确定了一氧化二氮和硝酸中分子的相对数量，在第一个例子中，同样的情况修正了分子大小的结果。他计算出 6+（2×5）=16，而根据我们的方法则应该是（15.074+2×13.238）/ 2=20.775，通过盖 – 吕萨克定律，除以 1.52092 同样可以得出这一数字，盖 – 吕萨克的一氧化二氮的密度值由氢的密度决定。

以氨为例，道尔顿对其组成分子相对数量的假设是完全错误的，他假设氮和氢在分子间结合，而我们已经看到 1 个氮分子和 3 个氢分子结合。根据他的理论，氨分子应该是 5+1=6，而根据我们的计算应该是（13+3）/ 2=8，或者更准确地说是 8.119，这也可以从氨气的密度直接推导出来。分子的分裂并未进入道尔顿的计算，在这种情况下，我们的假说部分纠正了他的假设可能导致的错误。

我们刚才讨论过的所有化合物都是由一种组分的一个分子和另一种组分的一个或多个分子结合而成的。在一氧化二氮中，我们有另一种化合物，它由前面提到的两种物质组成，其中分子数之比与单位之比不同，根据盖 – 吕萨克的实验（《阿尔克伊学会的回忆录》II）看来，这种酸是由 1 份氧气和 3 份一氧化二氮气体组成，或者，同样的物质，由 3 份氮气和 5 份氧气组成，因此，根据我们的假设，如果不考虑分裂的可能性，它的分子应该由 3 个氮气分子和 5 个氧气分子组成。这种结合方式可以参考前面的简单形式，把它看作 1 个氧分子和 3 个一氧化二氮气体结合的结果，即 3 个分子每一个都是由半分子氧和半分子氮组成的，因此其中已经包括了一些进入亚硝酸的氧分子的分裂，假设没有其他分裂，最后一个分子的质量是 57.542，也就是氢的质量，一氧化二氮气体的密度为 4.21267，空气的密度为 1 个单位。但很可能至少还有另一种分裂，因此，密度减少到一半，这个密度已由实验确定……

Ⅷ

一般说来，读过这份报告的人会认为，我们的特别成果和道尔顿的成果有许多一致之处，虽然我们是从一个普遍的原则出发的，但道尔顿只考虑到把细节作为指导，这种一致是支持我们的假设的论据。而我们的假设实际上也是从道尔顿体系发展而来的，是从我们所发现的它与盖 - 吕萨克先生所建立的一般事实之间的联系出发，得到的一种新的精确方法。道尔顿的体系假设化合物按固定比例生成，看起来这种结合只有在气体中才能发生，由于分子的巨大尺寸，尽管分子发生了分裂，但这种分裂很有可能局限在很窄的范围内。我们发现固体和液体中的分子结合紧密，只有固有分子之间的距离与基本分子之间的距离相同，分子才会分离开，它们的分子可以产生更复杂的比例，甚至是所有比例的组合，但是这些化合物可以说是不同于我们所关注的那些化合物，这种区别与贝托莱先生关于化合物具有固定比例的理论相一致。

（阿莫迪欧·阿伏伽德罗　公元 1811 年）

谈谈热动力以及适于发展热动力的机器

众所周知，热可以被用作运动的原因，而从热中获得的动力是非常大的。现在普遍使用的蒸汽机就是这一事实的显著证明。

我们可以把在地球上随处发生的那些巨大扰动归因于热的作用，大气的运动、雾气的升起、雨水和流星的陨落以及在地球表面的水流人类只成功地利用了其中的一小部分。火山爆发和地震也会引起高温。

我们从这一伟大的力量源泉中获得了可供使用的驱动力。大自然中随处可见的可燃物质为我们提供了随时随地产生热的方法和动力，而蒸汽机使人们得以开发和利用这种动力。

由于蒸汽机的重要性、愈加广泛的应用以及它在文明世界中注定会引发的巨大变化，使人们对蒸汽机的研究最感兴趣。人们利用它开发矿山，推进船只，疏浚河流和港湾，也利用它锻铁、锯木头、磨粮食、纺线和织布，还用它来运送最为沉重的货物，而在未来，它极有可能成为通用发动机，并从动物、瀑布和气流中获取动力供人使用。

与最初的发动机相比，它具有经济性的优点；而与另外两种发动机相比，它具有可计算的优点，即它可以随时随地使用，而且它的工作永远不需要中断。

如果未来蒸汽机能得以完善、制造成本更低，那么它将把所有令人向往的优势结合起来，并将在某种程度上促进工业技术的发展——这是很难预测的。的确，它不仅是一种功能强大、使用方便的发动机，可以在任何地方安装或运输，能取代已经在使用的其他发动机，而且它还能使其所具有的那些技艺得到迅速扩展，甚至能创造出迄今未知的新技能。

对英国来说，蒸汽机的最大作用就是使英国的煤矿恢复了生产——由于采煤的难度越来越大，这些煤矿一度衰败，濒临枯竭。我们可以把制造铁的行业放在第二位，就像在木材濒临枯竭的时候提供煤炭一样，正是各种强大机器的应用，才使进步和发展成为可能。

众所周知，铁和火是机械技术的支柱，也许在整个英国，没有哪种工业的生存不依赖于这些介质，各种工业都在广泛地使用铁和火。如果今天英国失去了蒸汽机，那么它也将失去煤和铁，而这些损失将使它所有的财富来源枯竭，不再繁荣——即便是人们视为英国最强大支撑的海军力量被摧毁，或许都不会如此致命。

由于蒸汽机的出现，蒸汽船的安全快速航行成为一门全新的技术。这种技能已经使人们得以在海洋和大陆间建立起快速和频繁的联结。借助蒸汽机，人们已经穿越了一些蛮荒之地，而在不久以前，几乎没有人能穿越这些地区，如今文明的产物被带到地球上的各个角落，否则可能人们在多年之内也都无法到达那里。在蒸汽机的驱动下，航行得以在一定程度上把遥远的国家连在了一起，还有可能把地球上的人都团结起来，就好像人们都生活在同一个国家一样。事实上，减少航程的持续时间、疲劳、危险和不确定性就是减少航程。

和大多数人类的发明一样，蒸汽机是在各种各样的人所进行的不成熟的尝试中诞生的，而这些尝试的真正实施者却不为人所知。事实上，主要的发明并不在于这些最初的实验，而在于为使它达到完美状态的不断改进。第一个产生膨胀力的结构和真正的蒸汽机之间的差别就像第一个木筏和一艘战舰之间的差别一样大。

如果一项发现的荣誉属于使它得到发展和进步的国家，那么蒸汽机的这项荣誉一定无法将英国除外。关于蒸汽机的发明，萨维利、纽科门、斯米顿、著名的瓦特、伍尔夫、特维希克以及其他英国工程师都功不可没。在他们的手中，蒸汽机得到了连续性的改进。一项发明自然应该在最需要它的地方被制造、改进和完善。

尽管人们在蒸汽机上花费了各种各样的试验性劳动，尽管蒸汽机近乎达到了完美的程度，但是它的理论却没有什么进步，到目前为止，改善这种状况的尝试几乎都是漫无目的的。

热的动力是否有限的问题经常被提出，蒸汽机的改进是否有一个限度也经常被探讨，在这种情况下，或者是无论如何也达不到这个限度，或者是这些改进可能无限期延长。长期以来，发明家们一直在努力探索是否有一种比水更有效的物质来产生热能，例如，大气中的空气在这方面是否并未能提供很大优势。我们建议对这些问题进行严格审查。

热产生运动的现象还没有得到足够普遍的考虑，它只在机器的那些性质和行为方式不允许对其进行全面调查的情况下被进行了讨论。在这类机器中，这种现象在某种程度上是不完美和不完整的，因此，认识它的原理和研究它的规则就变得困难了。

要考察热产生运动的所有一般原理，就必须独立于任何特定机械或任何特定物体来考虑它，必须建立不仅适用于蒸汽机，而且适用于所有其他热机的证据，不论其工作介质和工作方式如何。

例如，那些不是由热来驱动的机器，那些由人或动物提供动力的机器，那些以瀑布或气流为动力来源的机器，可以用力学原理研究到最后的细节——所有可能的情况都是可以预料到的，所有可以想象到的行动都必须遵循已经确立并适用于所有情况的一般原则，这种机器的理论是完整的，但对于热机来说，显然缺乏这样的理论，我们永远不会拥有它，除非物理定律被扩展和推广到首先知道热对所有物体的全部作用。

对于构成普通蒸汽机的各部分的知识我们理所当然应是了解的，我们认为没有必要描述火箱、锅炉、蒸汽箱、活塞、冷凝器等。

蒸汽机运动的产生总是伴随着一种我们应该特别注意的情况，这种情况就是热量平衡的重新建立，也就是说，热量从一个温度或多或少升高的物体传到另一个温度较低的物体。事实上，蒸汽机在工作时发生了什么？燃烧产生的热量在火箱中形成，通过锅炉的内壁产生蒸汽，热量以某种方式与蒸汽结合，这种带着热量的蒸汽首先被输送到圆筒里，在圆筒里起某种作用，然后进入冷凝器；在冷凝器里，蒸汽与冷水接触而析出；最后，冷凝器中的冷水吸收燃烧产生的热量。冷凝器中的水是用蒸汽加热的，就和直接放在火箱上一样，蒸汽在这里只是传递热量的一种方式，因此，蒸汽加热冷凝器中的水的作用与蒸汽加热浴缸的作用是一样的，但在目前的情况下，它的运动是有用的。

我们可以很容易地看出，在我们刚才所叙述的操作中，热量从热的物体过渡到冷的物体，它重新建立了平衡：第一，火箱里的热气；第二，水的凝结。热量的重新平衡是在它们之间完成的，如果不是完全的，至少是部分的：一方面，热空气在完成它的工作后，以比燃烧时低得多的温度从烟囱中逸出；另一方面，凝汽器里的水使蒸汽凝结后，使发动机的温度比它进入时的温度高。

因此，蒸汽机的动力产生并非源于热量消耗，而是热量从一个相对较热的物体向较冷物体传输的过程，也可以说是一种重新构建平衡的过程，而原有平衡可能是因燃烧等化学作用或是受到其他原因影响遭到破坏——我们很快就会发现这一原理适用于所有热动力机器。

（萨迪·卡诺　公元 1824 年）

我们称之为热的运动形式

1. 我的第一本关于热的报告发表于1850年[①]，其中热被认为是一种运动。在该份报告之前，我已经对这一运动的性质有了一个清晰的概念，甚至在几次调查和计算中也采用了同样的概念。在前几份报告中，我有意避免提及这个概念，因为我想把可以从某些一般原理中推演出来的结论和假定某种特定运动的结论分开，我希望能在将来的某个时候用一份独立报告来阐述我对这一运动的看法以及由此得出的特殊结论。然而，因为这个课题的难度很大，该项目的执行比我最初预期的周期要长得多，和其他职业一样，到目前为止，我一直未能使它进展到我认为可以发表所必需的完备程度。

最近克里尼希出版了《气体理论的基本特征》[②]（*Gundz ü ge einer Theorie der Gase*）一书，其中收录的一份报告与我自己得出的观点一致。鉴于克里尼希和我一样独立地得出了这些观点，并在我之前出版专著，那么他享有优先权，然而，这一课题曾经在这份报告中被提到，我觉得我自己被诱导发表了我自己的观点中那些我还没有发现的部分。就目前而言，我将只简要说明几个要点，并留到下次再做更全面的分析[③]。

---

①见《物理学年刊》，1850年。

②最初由 A. W. Hayn 独立刊登在柏林，随后出现在波根多夫的《物理学年刊》第 99 卷第 315 页中。

③ 我必须在此指出，不久前伦敦的威廉·西门子先生拜访柏林的时候告诉我，焦耳也曾在《曼彻斯特文学与哲学学会回忆录》中表达过类似的看法。因此，我的观点不再是全新的，这是为什么我应该加快出版进度的另一个原因，事实上我早就该这样做了。到目前为止，我还没有查到有关焦耳的回忆录，因此，我不知道他在这个问题上谈了多少，以及他的观点是否在所有方面都与我的一致。令人遗憾的是，焦耳未曾在一份发行量更大的期刊上发表他的回忆录。

2. 克里尼希假定，气体分子不会在确定的平衡位置上振荡，而是以匀速直线运动，直到它们与其他分子或某些对它们来说是不可渗透的表面发生碰撞。我完全同意这个观点，我也相信气体的膨胀力来自这个运动。另一方面，我认为这不是目前提出的唯一运动。

首先，分子的旋转和前进运动的假设就说明了这一点，因为在两个物体的每一次碰撞中，除非这些碰撞是同中心的和直线的，否则就会产生旋转运动和平移运动。

我还认为，振动是以渐进的运动状态发生在不同的质量范围内。这样的振动在几个方面是可以想象的。即使我们只考虑原子的质量，把它们看作绝对刚性的，一个由几个原子组成的分子也有可能不构成一个绝对刚性的质量，但在它内部的几个原子在一定程度上是可动的，因此能够相互振动。

我还可以指出，通过把运动归因于原子质量本身，我们并不排除这样一种假设，即每个原子都可能包含数个更细小的物质，它们在不脱离原子的情况下仍然可以在其附近移动。

本份报告结尾处的数学研究可以证明，平移运动的活力太小，不足以代表气体中存在的全部热量，因此在不考虑相同概率的情况下，我们不得不采取另一种或多种运动。根据这一计算，在具有复杂化学结构的气体中，整体活力超过平移运动本身的活力，这在具有复杂化学结构的气体中尤其重要，这些气体的每个分子都由大量的原子组成。

3. 同一种气体中，整个分子的平移运动总是与其他几种运动有着恒定关系（或者常数关系），除此之外，分子的成分也具有同样的性质。为简洁起见，我将后者称为组分运动。

设想一些分子其组成部分在主动运动，但没有平移运动，很明显，当两个相互接触的分子由于其组成部分的运动而互相撞击时，平移运动就开始了，由此产生的平移运动必然会在各成分的运动中引起相应的活力丧失；另一方面，如果处于平移运动状态的许多分子的组成部分是静止的，那么由于分子之间以及分子与固定的边或壁之间的碰撞就不可能长期保持静止，只有当所有可能的运动都达到某种相互关系时，它们才会停止相互增加或减少，而这种关系将取决于分子的构成。

根据一般的弹性定律，当两个分子的运动成分发生碰撞时，它们不会像两个弹性球那样弹回来，因为它们在碰撞后的速度和方向不仅取决于整个分子在碰撞前的运动，而且取决于那些在碰撞时彼此距离最近的组分的运动。然而，在几个运动平衡之后，当平移运动总体上不因各组成部分的运动而增加或减少时，我们在研究大量分子的全部活动时可以忽略几次碰撞中所发生的不规则现象，并假设在平移运动中分子遵循着普遍的弹性定律。

4. 克里尼希对气体膨胀力的解释及其对体积和温度的依赖关系如他所给出的，并没有通过引入其他运动而得到本质上的改变。气体对固定表面的压力是由大量的分子不断地与固定表面碰撞并从固定表面反弹而引起的，因此必然产生的力，首先是由分子运动产生的，这种分子运动的速度与给定气体体积成反比；其次，通过平移运动产生，此处暂不考虑其他运动。

另一方面，根据盖－吕萨克定律可以得知，在恒定体积下，理想气体的压力与 –273℃条件下计算得出的温度比值相同，因此我们称之为绝对温度。因此，根据上面所述，可以得出绝对温度与分子平移运动的活力成正比。但是，正如前面说过的，同一种气体中的几种运动之间有一种恒定的关系，很明显，平移运动的活力形成了全部活力的整体，所以绝对温度也正比于气体的整体活力。

这些考虑以及与之相关的其他考虑将在后文中提出。我在《论热的运动形式》（*On the Moving Force of Heat*）这份报告中提出：气体的比热是恒定的，这一观点却与已知的实验结果背道而驰 。在体积恒定的情况下，为了提高温度，或者说是为了增强气体的活力，气体必须吸收的热量不做任何消耗热量的功，因此，体积恒定条件下的比热便是兰金所说的理想气体中的真实比热值。现在断言气体的真实比热是恒定的，便等于是在断言气体整体活力与平移运动活力之比是恒定的，而平移运动的活力可以作为衡量温度的一种量度。对于恒定压强下的比热，我在之前引用的报告中已经证明基于同样考虑的假设条件下，它只与真实比热差一个恒定数值。

5. 上述情况只适用于永久气体，甚至只适用于近似的永久气体。一般来说，出现的小偏差是很容易解释的。

为了严格遵守马里奥特定律和盖－吕萨克定律，以及其他与之相关的定律，气体的分子组成条件必须满足下列条件：

（1）与气体本身所占的整个空间相比，实际上气体分子所占的空间一定是无穷小的。

（2）撞击的持续时间，也就是说，当一个分子撞击另一个分子或固定表面时，在运动中产生实际发生的变化所需要的时间与连续两次碰撞之间的时间间隔相比，必须是无穷小的。

（3）分子力的影响一定是无穷小的。这里涉及两个条件，首先，与运动所产生的膨胀力相比，必须使所有分子在其平均距离上相互吸引的力消失。但是分子并不总是在它们平均分开的距离上，相反，在分子运动的过程中，往往会使一个分子接近另一个分子，或接近一个由活性分子组成的固定表面，在这种时刻，分子力当然会开始活动，因此，第二个条件要求，如果分子力对分子的影响近乎为零，则与该条件下的部分路径相比，当分子力能够明显改变分子运动的方向或速度时，在分子力的作用下，分子的部分路径会消失。

如果这些条件没有得到满足，就必然会从几个方面偏离简单的气体定律；气体的分子组成条件越不符合上述条件，这些偏差就变得越不可忽略。

在熟悉了雷纳德根据马里奥特和盖－吕萨克定律所做的关于气体偏差的著名研究之后，我试图利用上面提到的定律，从雷纳德在同一种气体中检测到的偏差的性质出发，推导出一些关于几种气体分子状态的结论，然而，对这种方法的描述会过于冗长，甚至是计算结果也因在实际计算中遇到诸多困难而无法得出确切结果，因此不值得在此引用。

因此，每当在结果中提到气体，我们将一如既往地设想它完全符合上述条件，也就是雷纳德所说的理想气体，因为所有已知气体都只近似于这种状态。

6. 在有了以上种种关于气态的考虑之后，便产生了一个问题：固态及液态条件与气态条件有何不同？为了使所有的细节都令人满意，尽管对这些聚合状态进行定义需要比我们目前所掌握的单个分子状态更为全面的知识，然而在我看来，一些基本区别还是值得被提出的。

分子的运动在以下三种聚合状态下都会发生：

在固体中，分子的运动是这样的：除非受到外力的作用，否则分子在某些平衡位置上运动而不会改变，因此，在固体中运动可被描述为一种振动，但振动可能是一种非常复杂的运动。首先，一个分子的各组分之间可能会发生振动；其次，分子可以作为一个整体振动，同样，后一种振动可能存在于重心前后的振动中，也可能存在于围绕重心的旋转振动中，如在外力作用于身体的情况下，分子也可能会永久移位，如脑震荡。

在液体状态下，分子不再有确定的平衡位置，它们会完全改变重心。然而，与分子间的相互吸引相比，这种运动的分离作用还不够强，因此无法完全地将分子分离开。虽然一个分子不再依附于确定的邻近分子，但它仍然不会自发地放弃后者，但是只有在来自其他分子的力的联合作用下，它才会占据和之前相邻分子的相同位置，因此在液体中，分子发生振荡、旋转和平移运动，但是，即使没有外力，这些分子也不会彼此分离，而是保持在一定体积内。

在气态状态下，分子的运动使它们完全运动到相互吸引的球体之外，使它们按照通常的运动定律以直线后退。如果两个这样的分子在运动过程中发生碰撞，通常会以它们相互靠拢时的那种激烈程度再次散开。这很容易发生，因为气态状态下一个分子被另一个分子所吸引的力要比液体和固体状态下被吸引的力小得多。

7. 蒸发现象对我来说显得尤为有趣，我试图用下面的方法来解释它。上面已经说过，在液体中，一个分子在运动时，要么保持在它邻近分子的引力范围内，要么只留下相同的，以便相对相邻其他的分子占据相应的位置，然而，这只适用于运动的平均值，由于后者非常不规则，我们必须假设这几个分子的速度在这个平均值的两边偏离了很大的范围。

其次，考虑到液体的表面——我假定，在各种往复运动中，在平移运动、振荡运动以及旋转运动的有利配合下，一个分子如此猛烈地从它周围的分子中分离出来，以至于在其引力的影响下失去速度之前，便已经从其作用范围中脱离出来了，因此它会继续飞向液体上方的空间。

假设这是在封闭空间内，且最初空无一物，则空间会渐渐被这些被排出的分子填满，这些分子现在将以气体的形式在空间中运动，从而撞击周围的表面，然而，液体本身也是其中的一个表面；当一个分子撞击相同的分子时，一般来说，它不会被击退，而是被保留下来，当上空中的分子达到一定数量时，平均有多少分子相互碰撞，并在一定时间内被液体表面保留，同时便有多少分子从液体表面排出，因此，所得到的平衡状态并不是静止或停止蒸发的状态，而是蒸发和冷凝不断发生并由于它们的强度相等而相互补偿的状态。

这种补偿所必需的蒸气密度取决于在特定时间内从液体表面排出的分子数，这一数字显然又取决于液体内部运动的活动性，也就是说，取决于液体的温度。我尚未从这些因素中成功地推导出蒸气的压力必须随温度而增加的定律。

上述关于液体表面对上层蒸气的行为的说明同样适用于包围充满蒸气的空间的其他表面，蒸气首先凝结在这些表面上，这样产生的液体就会蒸发，所以这里也必须达到冷凝和蒸发相等的状态，这些表面上凝结蒸气分子的必要数量取决于封闭空间中蒸气的密度、蒸气和封闭表面的温度以及蒸气分子被吸引到这些表面的力，这样的话，当封闭表面被冷凝液完全湿润时会出现最大值，一旦发生这种情况，这些表面就会像同一液体的单一表面一样运动。

8. 为什么液体上方存在着另一种无法阻止其蒸发的气体，现在可以做出解释了。

气体对液体的压力完全来自这样一个事实，即气体的单个分子在液体表面上到处碰撞，然而，在其他方面，由于气体分子本身实际上只占上层空间很小的一部分，后者必须被认为是空的，并为液体分子提供一个自由通道，一般说来，这些分子只会在离地面相当远的地方与气体分子发生碰撞，而前者则会像其他混合气体的分子一样，向后者运动，因此，我们必须得出这样的结论：液体也把它的分子排入充满气体的空间，在这种情况下，与气体混合的蒸气数量也在不断增加，当液体本身被排出时，许多蒸气分子撞击液体表面并被吸收，无论空间中是否含有额外的气体分子，其所必需的体积单位的蒸气分子数是相同的。

然而，气体的压力对液体内部产生不同的影响，在此处，或者在液体的质量被容器的一侧所限制的地方，可能会发生这样的情况：分子彼此分离的力量如此之大，以至于在某一时刻，质量的连续性被打破了。然而，这样产生的小真空被不允许运动分子通过的质量所包围；因此，这种真空只会被放大成蒸气泡，并能够继续这样。当从其封闭的液体壁上喷出的分子数目足以产生一个内部蒸气压力时，该压力能够保持平衡，而这种压力在外部起作用，并有再次压缩气泡的趋势。因此，封闭蒸气的膨胀力必须更大，液体受到的压力也更大，从而解释了沸点压力与温度之间的关系。

当液体上方的气体本身是可冷凝的，并与给定的液体混合形成液体时，这种关系就会更加复杂，因为这时两种物质混合的趋势就会以一种新的力量进入。此处我便不再对现象进行描述了。

正如在液体中一样，在固体中也可以理解蒸发的可能性；然而正与之相反，这并不是说蒸发必须发生在所有物体的表面。事实上，我们很容易便能想到，一个物体的分子间的相互凝聚力是如此之大，以至于只要温度不超过一定的限度，即使是几种分子运动最有利的结合也无法克服这种内聚力。

……

11. 最后，我必须提到一个现象，我认为对这一现象的解释非常重要，即当两种气体相互结合时，或者当一种气体与另一种物体结合时，这种组合也是气态的，复合气体的体积与单一组分的体积有一个简单的比例，至少后者为气态时是如此。

克里尼希已经证明了气体施加在封闭表面上的压力必须与体积单位中包含的分子数量成正比，他唯一的考虑因素是由平移运动产生的几个分子的活力。如果我们把它应用到简单气体中，并假设，当压强和温度相同时，相同体积内包含同样数量的原子，就它们的平移运动而言，不同气体的原子必须具有同样的活力。由于也存在其他原因，所以这只不过是一种假设。

接下来我们将研究应用于复合气体分子时，这一定理在何种情况下依然成立。

12. 首先，我们来比较一下介于两种气体之间的复合气体，例如，两种气体的体积比分别为 1 ∶ 1 和 1 ∶ 2，硝酸和亚硝酸便可以作为例子。

对于这两种气体，我们知道含有相同数量的氧并占据相同的体积，因此，在这里，同样的体积包含同样数量的分子，尽管在一种气体中每个分子由两个原子组成，而在另一种气体中每个分子则由三个原子组成，但我们必须进一步得出结论，也就是即便这些不同结构的分子，就其平移运动而言，也具有同样的活力。

我们在大多数其他复合气体中也得到了同样的结论。在不遵守这条规则的情况下，我并不认为无法以一种或两种方式来解释这种差异：或者是气体的体积确定时没有从冷凝点充分地分离出来，抑或迄今所用的化学公式无法恰当地表示原子结合成分子的方式。

然而，在比较复合气体与简单气体时，明显地偏离了上述规则，因为与简单气体的一个原子相对应的空间并不与复合气体的一个分子相对应；当两种简单气体体积相等时，体积没有变化是众所周知的，而根据上述规则，体积应按 2 ∶ 1 的比例减少；同样，当一种气体的体积与另一种气体的两三份体积相结合时，发现这种结合只占两份体积，而根据规则，它只应占一份体积，依此类推。

13. 为了解释这些奇怪的异常现象，特别是为了找到影响气体体积关系的共同规律，我被引导着接受以下观点，并认为这是最可信的。

我认为，决定化学结合的力很可能是由原子的极性决定的，并且已经作用于简单物质中，而在这些简单物质中，两个或两个以上的原子结合成一个分子，例如，让氧气与氮气的体积相等，这些气体的混合物含有一定数量的分子，这些分子由两个氧原子或两个氮原子组成，将混合物设想成一种化合物，然后化合物中就含有同样多的分子，而这些分子只不过是以不同的方式构成的，因为每个分子都由一个氧原子和一个氮原子组成，因此，没有理由会改变体积。另一方面，如果给定一个氧原子和两个氮原子的体积，那么在混合物中每个分子都由这两种成分的三个原子组成，因此，这种化学结合使分子的数目以 3 ∶ 2 的比例减少，因此体积也应以同样的比例减少。

众所周知，有些简单的物质以气体的形式并不占据原子量，而它们的原子量和它们混合物的体积会引发我们的预测；但另一种物质，在大多数情况下体积较小，却占简单比例，对这些物质的特别调查在这里是不合适的，尤其是其中的两种物质如硫和磷，由于能够假设的条件多种多样，我们可以合理地期待这些物质在化学方面的进一步发现，那么，除了其他不规则现象，这些气化物的体积或许也能得到解释。不过，我可以在此回顾一种情况，在某些情况下它可能有助于解释这一切——我指的事实是，上述假设，即简单物质的分子由两个原子组成可能不是唯一的可能。

在比较简单气体和复合气体的所有情况后，我们不能期望立即就能在整个过程中找到完美的一致。然而在我看来，目前在若干物体的内部结构，特别是那些具有复杂化学成分的物体的内部结构有着不确定性的情况下，不应过于重视个别的异常现象，我认为，通过上述关于简单物质分子的假设，气体中所有体积的关系或许都可以追溯到这一定理，即所有气体的诸多分子在平移运动的条件下具有同样的活力。

（鲁道夫·克劳修斯　公元 1857 年）

斯坦尼斯劳·坎尼扎罗教授写给S.德·卢卡教授的一封信：化学哲学课程概要

我相信最近几年科学的进步已经证实了阿伏伽德罗、安培和杜马斯关于气态物质相似结构的假说：相同体积的这些物质，无论是简单物质还是化合物，都含有相同数量的分子。然而，原子的数目并不相等，因为不同物质的分子或同一物质处于不同状态的分子可能含有不同数目的原子，不论性质相同或不同。

为了使我的学生们相信我，我希望能引领他们与我走在同一条道路上——这条道路，即化学理论的历史考察之路。

从第一节课的开始，我将展示对气态物体的物理性质的研究，盖－吕萨克定律关于组分与化合物体积关系的研究，上面提到的假说几乎是自发提出的，它首先由阿伏伽德罗提出，不久之后又由安培提出。分析这两位物理学家的概念，我发现：我们要将分子与原子区别开来，不包含任何与已知事实相矛盾的东西；也不能把比较前者的数量与权重标准同推断后者的权重标准混淆在一起；最后，我们不在头脑中固定这样一种偏见，即虽然复合物质的分子可能由不同数量的原子组成，但各种简单物质的分子必须含有一个原子或者至少相同数量的原子。

在第二节课上，我给自己设定了一个任务：调查为什么阿伏伽德罗和安培的假设没有立即被大多数化学家接受，因此，我很快地阐述了那些研究物质反应量之间关系的人的工作和想法，而不考虑这些物质在气态所占的体积，我停下来解释伯齐利厄斯的观点，由于上述假设的影响，化学家们认为其与事实不符。

我研究了伯齐利厄斯思想的顺序，展示了他如何通过自己的电化学假说发展并完成了拉瓦锡的二元论，又如何被道尔顿的原子理论影响（这已被沃拉斯顿的实验证实）——他运用这一理论，使之与二元论的电化学理论相一致， 同时他扩展了里希特定律，并试图使之与普鲁斯特的结果相协调。我清楚地指出了为什么他认为尽管原子在简单的物体中分离，但它们应该结合成一级化合物，反过来，如果按简单的比例结合便会形成二级的复合原子，以及他为什么无法接受阿伏伽德罗与安培的假说（他不承认当两种物质产生一种单一的化合物时，其中一种物质的分子和另一种物质的分子不应该结合成单一的分子，而应该变成性质相同的两种分子），而这两种假说在很多情况下都得出了上述结论。

然后我向大家展示伯齐利厄斯为什么无法摆脱自己的二元观念。然而，为了解释盖 – 吕萨克发现的气体化合物的体积和它们的气体成分之间的简单关系，人们提出了一个与阿伏伽德罗和安培的假说截然不同的假说，也就是说， 相同体积的气态简单物质含有相同数量的原子，这些原子结合在一起时是完整无缺的。后来，为了测定许多简单物质的蒸气密度，他不得不限制这一假设，称只有简单的物质是永久气体才遵守这一定律。他假设在盐酸、氢化物和氢溴酸的分子中以及在水和硫化氢的分子中都含有同样数量的氢，虽然这些化合物的不同行为证实了阿伏伽德罗假说和安培假说的推论。

我在这节课的结尾指出，我们只需要区分原子和分子就可以调和伯齐利厄斯所知的所有实验结果，与所有弹性流体的物理性质相矛盾的是，不需要假定永久气体与可压缩气体或简单气体与复合气体在结构上有差别。

在第三节课中，我回顾了物理学家们对气态物质的各种研究，并表明从盖 – 吕萨克到克劳修斯的所有新研究都证实了阿伏伽德罗假说和安培假说，即只要分子仍处于气态，它们之间的距离就不依赖于它们的性质，不依赖于它们的质量，也不依赖于它们所含原子的数目，而只依赖于它们的温度和所受的压力。

第四节课我回顾了自伯齐利厄斯以来的化学理论：我停下来研究倾向于

安培想法的杜马是如何使那些忙于研究有机物质的化学家习惯了用这个想法来确定化合物的分子量以及是什么原因使他在应用这一理论时半途而废。接着，我又阐述了两种不同的方法—— 一种是源于伯齐利厄斯，另一种是源于安培和杜马——它们分别被用来确定无机化学与有机化学的公式，直到洛朗和盖哈特试图将这两种科学方法结合起来。我清楚地解释了盖哈特、威廉姆森、霍夫曼、伍尔兹、贝特洛、弗兰克兰等人关于有机化合物构成的发现是如何证实阿伏伽德罗假说和安培假说的。其中盖哈特的理论中最符合事实、最能解释它们之间联系的部分，只不过是安培理论的延伸，也就是说，杜马已经开始完整应用了。

然而，我要提醒注意的是，盖哈特并不是一直都按照那给他带来这样丰饶成果的理论去做的，因为他假设相同体积的气体包含相同数量的分子，但这只是在大多数情况下，并非总是如此。

我展示了他是如何被一种偏见所约束的，与伯齐利厄斯相反，这种偏见常常歪曲事实。一方面，伯齐利厄斯不承认单质分子在结合的过程中是可以分裂的，盖哈特认为所有简单物质的分子都可以在结合的过程中被分解，所有简单物质的分子在化学作用中都是可分的。这种偏见迫使他假设汞和所有金属的分子都由两个原子组成，就像氢的原子一样，因此所有金属的化合物都与氢的化合物属于同一类型。这种错误甚至一直存在于化学家的头脑中，使他们无法在金属中发现与有机化学中伍尔兹最近发现的那些完全相似的仿生自由基的存在。

从化学理论和物理研究的历史考察来看，我得出的结论是，为了使化学的各个分支和谐相处，我们必须充分运用阿伏伽德罗理论与安培理论，以便比较分子的重量和数量。我会在后文中提出，由此得出的结论总是符合迄今为止发现的所有物理和化学定律。

从第五节课开始，我将运用阿伏伽德罗和安培的假设来确定分子的重量，甚至是在它们组成已知混合物之前。

根据上面提到的假设，分子的重量与水蒸气的密度成正比，人们很容易将它们看成是一种单一气体的密度，而不是两种气体（如空气）的混合物的重量。

氢是最轻的气体，我们可以把它看作其他气态物体的密度的单位，在这种情况下，它表示分子的重量与氢分子的重量之比为 1。

因为我更喜欢把半分子的重量作为公共单位，而不是整个氢分子的重量作为共同的单位，所以我以氢的密度等于 2 为单位来表示各种气态物体的密度。

下面两列数字，可以表示相关分子的权重（表 1）。

表 1

物质名称	1 个体积重量的密度，氢的体积为 1	1 个体积重的密度，氢气的体积为 2
氢气	1	2
普通的氧气	16	32
电气化氧气	64	128
低于 1000° 的硫	96	192
高于 1000° 的硫 *	32	64
氯	35.5	71
溴	80	160
砷	150	300
汞	100	200
水	9	18
盐酸	18.25	36.50**
醋酸	30	60

注：* 这一决定是比诺做出的，但我认为仍需得到证实。

** 表示密度的数字近似为：我们将它们与从化学数据中得到的数据进行比较，使两者趋于一致，从而得到更接近的近似。

若想把氢的密度表示为 1，把分子的重量表示为半分子氢的重量，便可以认为分子的重量都由 2 个体积的重量表示。

然而，为了便于说明，我本人更喜欢把氢的密度比作 2，所以分子的重量都用 1 个体积的重量来表示。

从上表 1 中所列物质中我可以看出，同一物质在不同的同素异形体状态下可以有不同的分子量，同时我也不掩盖这一结论所依据的实验数据仍然需要得到证实这一事实。

我认为对各种化合物的研究是从确定分子的重量开始的，例如，它们为气态时的密度便不需要询问它们是简单的还是复合的。

然后我来检查这些分子的组成。如果物质不能分解，我们就不得不承认它的分子完全是由同一种物质的重量构成的；如果物体是复合的，则对其进行基本分析，从而发现其各组成部分的权重之间的常数关系：分子 s 的重量被分成若干部分，与表示各组分相对重量的数字成比例，这样我们就得到了化合物分子中含有的这些组分的数量，这些组分指的是与我们所称的所有分子重量相同的单位，借此方法我列出如下表格（表 2）。

表 2

物质名称	1 个体积的重量（半个氢分子的重量为 1）	1 个体积的混合物质量（半个氢分子重量为 1）
氢气	2	2 氢
普通的氧气	32	32 氧
电气化氧气	128	128 氧
低于 1000° 的硫	192	192 硫
高于 1000° 的硫 *	64	64 硫
磷	124	124 磷
氯气	71	71 氯
溴气	160	160 溴
碘	254	254 碘
氮气	28	28 氮
砷	300	300 砷
汞	200	200 汞
盐酸	36.5	35.5 氯 1 氢
砷氢溴酸	81	81 溴 1 氢
氢碘酸	128	127 碘 1 氢
水	18	16 氧 2 氢
氨气	17	14 氮 3 氢
砷化氢	78	75 砷 3 氢
磷化氢	35	32 磷 3 氢
甘汞	235.6	35.5 氯 200 汞
升汞	271	71 氯 200 汞
三氯化砷	181.5	106.5 氯 75 砷
磷的原氯化物（三氯化磷）	138.5	106.5 氯 32 磷
铁的高氯化物（氯化铁）	325	213 氯 112 铁

表 2　　续表

物质名称	1 个体积的重量（半个氢分子的重量为 1）	1 个体积的混合物质量（半个氢分子重量为 1）
氮的低氧化物（一氧化二氮）	44	16 氧 28 氮
氮的二氧化物（二氧化氮）	30	16 氧 14 氮
碳酸	28	16 氧 12 碳
碳酸	44	32 氧 12 碳
乙烯	28	4 氢 24 碳
丙烯	42	6 氢 36 碳
水合醋酸	60	4 氢 32 氧 24 碳
醋酸脱水	60	6 氢 48 氧 24 碳
乙醇	46	6 氢 16 氧 24 碳
乙醚	74	10 氢 16 氧 48 碳

注：* 表示的意思同表 1 说明。

表 1 和表 2 中所列的数字彼此之间是可比较的，它们指的是相同的单位。为了让学生们更好地理解这一点，我借助了一个非常简单的技巧。我对他们说："假设有一半氢分子的质量是一毫克的百万分之一，那么以上各表中的所有数字都变成了具体的数字；用百万分之一毫克表示分子及其组分的具体重量，依然一样。"我如此这般引导他们对这些数字的可比性有一个清晰的概念，不管共同单位的具体价值是什么。

一旦这种技巧达到了它的目的，我就急于摧毁它，我解释说，在现实中是不可能知道这个单位的具体价值的，但是，无论学生们的数学知识有多深，这些清晰的概念仍然留在他们的脑海中。我就像工程师们那样，只要能够站得住脚便会迅速破坏用来建造桥梁的木脚手架。但我担心你会说："是否值得这样麻烦，浪费时间和墨水告诉我这个如此常见的技巧呢？"然而，我不得不告诉你，我之所以停下来这样做，是因为我对这一教学权宜之计产生了兴趣，在我的学生中取得了巨大的成功，因此，我把它推荐给所有像我一样必须去给那些不擅长比较数量的年轻人教授化学的教师们。

一旦我的学生熟悉了上表所示数字的重要性，我就很容易引导他们从比较中发现规律。“比较一下，”我对他们说，“自由物质的分子和它的所有不同化合物中含有的同一种元素的不同数量，将无法逃脱以下定律：同一种元素在不同的分子中所包含的不同数量都是整数倍，因此有权利被称为原子。”

（斯坦尼斯劳·坎尼扎罗　公元 1858 年）

化学元素周期律

我很荣幸受化学学会邀请来做这个讲座，并向举世闻名的法拉第致敬，这促使我把元素周期律作为这场讲座的主题——这是化学的一个普遍原理，最近引起了广泛的关注。

当科学在稳步向前发展时，人们可以不时地去回顾曾经走过的路，特别是在考虑新的构想时更是如此，这些新构想的目标旨在从我们在实验室里日复一日积累的大量事实中找寻到普遍意义。由于有了实验室，如今现代科学具备了一种新的特点，这一特点不仅在古代无从知晓，即使是在十八世纪也是闻所未闻。培根和笛卡儿将科学的机制同时提交给实验和推理的想法在化学中得到了充分实现，实验不仅成为可能，而且已经成为习惯。在实验的全面渗透下，一个新的理论，即使很粗糙，只要有充分的基础就能迅速得到加强；它的粗糙棱角被移除，被逐渐打磨修正，很快便失去这一神秘形式或是建立在偏见基础上的幽灵之影；它能够得出合乎逻辑的结论，并符合实验证明。无论愿意与否，在科学中，我们都不应该屈从于从某个角度或另一个角度看来对我们有吸引力的东西，而应该服从于代表理论和实验之间一致性的东西；换句话说，是为了证明一般化和得到认可的实验。盖哈特把阿伏伽德罗定律和安培定律推广得如此广泛，难道许多人早已拒绝接受这种概括了吗？我们仍然可以听到反对者的声音——他们享有完全的自由，但只要他们不使用证明事实的语言，他们便只是徒劳地提高声调罢了。用分光镜进行的惊人的观察使我们能够分析遥远世界的化学组成，起初似乎适用于确定原子本身性质的任务，但是，在实验室里根据这一想法所做的工作很快证明，光谱的特征不是由原子直接决定的，而是由原子所组成的分子决定的，因此，很明显，必须收集更多经过证实的事实，才能根据简单的物体和原子的概念制定出能够取代普遍归纳的新概括。但是，正如鲜活植物叶片的阴影与根系以及腐烂地植被残骸同样有利于幼苗的生长并促进其蓬勃发展一样，与之类似，合理地归纳总结——总结那些已被证实是站不住的腐朽遗骸—— 同样也在共同促进着科学生产力的发展，并确保科学得以在科学能量中心的光芒普照下茁壮发展。这些科学能量中心便是各个科学协会与社团。而我即将面对其中历史最为悠久且实力最为强大的学会，在他们面前冒昧地对一项拥有 20 年历史的归纳总结进行回顾，人们称它为“周期律”。在 1869 年 3 月，我大胆地向当时年轻的俄罗斯化学学会阐述了我在刚刚完成的《化学原理》一书中就同一主题所表述的观点。

在不谈细节的情况下，我将以书中原话列出当时所得出的结论：

1. 元素，如果按照它们的原子量排列，那么它们会表现出明显的周期性。

2. 化学性质相似的元素，其原子量要么几乎相同（例如铂、铱、锇），要么呈规律性增加（例如钾、铷、铯）。

3. 元素的排列，或是按照原子量顺序排列的元素，与所谓的原子化合价相对应，在某种程度上来讲，也与它们独特的化学性质相对应，这一点在锂、铍、钡、碳、氮、氧、铁系列中表现得尤为明显①。

4. 最广泛扩散的元素的原子量都很小。

5. 原子量的大小决定元素的性质，正如分子的大小决定化合物的性质一样。

6. 我们必须期待许多未知元素被发现。

7. 元素的原子量有时可由相邻元素原子量的数据来进行修正。

8. 元素的某些特性可以由它们的原子量来预测。 如果我能成功地提醒

①原刊登于《化学会期刊》上的版本注明的则是钡与铁。显然硼（B）和氟（F）是指门捷列夫在 1869 年的论文中所列出的符号 B 和 F，而并非元素。

研究人员注意不同元素的原子量之间存在的关系，那么这份信函便已经充分达到目的了，但据我所知，到目前为止它几乎是完全被忽视了。我认为，我们要解决科学中一些最重要的问题仍有赖于这类研究。

在上述结论形成20年后的今天，它们仍然可以被认为是表达了如今众所周知的周期律的本质。

重新回到60年代末，我们可以说如果没有以下这三组数据的知识就不可能发现周期律，而这三组数据使周期律的出现显得自然而易懂。

首先，正是在那个时候，原子量的数值才得以明确。10年前还没有这样的知识，1860年世界各地的化学家齐聚卡尔斯鲁厄以期达成某种共识，我们可以从这一事实中看出，即便不是关于原子的观点，至少也是关于原子的明确表示。在座的许多人可能还记得当时达成谅解的希望是多么渺茫，在那次会议上，以坎尼扎罗为代表的统一理论的追随者们取得了多大的进展。我清楚地记得他的演讲给人的印象，斩钉截铁、毫无妥协，仿佛是在宣称它便是真理本身，他的理论是基于阿伏伽德罗、盖哈特和勒尼奥的构想，而这些构想在当时还远未获得普遍认可。虽然无法达成共识，然而，会议的目的达到了，因为几年后，坎尼扎罗的思想被证明是唯一经得起批评的，他将原子表示为“元素进入其化合物分子的最小部分”，只有这样的实际原子量——而不是传统的原子量——才有可能提供一般化的基础。举个足以说明情况的例子，从中可以立即看出其中存在的关联：

钾 =39 铷 =85 铯 =133

钙 =40 锶 =87 钡 =137

而与所用的等价物相比，则：

钾 =39 铷 =85 铯 =133

钙 =20 锶 =43.5 钡 =68.5

相对原子量真实值十分明显的连续变化完全消失了。

其次，在 1860 年至 1870 年，甚至是再早的年份，相似元素的原子量之间的关系受一些普遍的简单规律支配，在这种安排尝试中，这种观点应被认为是周期律的真正先驱；1860 年至 1870 年之间，人们便已经为这一理论奠定了基础。我想，在这 10 年结束之前，人们尚未将这一理论以一种确定的形式表达出来，这可能要归因于这样一个事实，即只有类似的元素被比较过。寻求所有元素的原子量之间关系的想法在当时是格格不入的，因此无论是德·尚古尔多阿的碲的螺旋，还是纽兰兹的八音律，都未能引起任何人的注意。然而，像杜马与斯特雷克以及蓝森和佩滕科弗尔一样，德·尚古尔多阿和纽兰兹都对周期律有所研究，并发现了它的萌芽。问题解决与进展缓慢，因为在所有的尝试中，最重要的是事实，而并非规律；而且在同一个八度音阶中的各元素之间并没有明显的联系，因此这一规律并未引起人们的兴趣，例如：

纽兰兹八音律	第一个	氢 氟 氯钴（与镍） 溴	钯 碘 铂（与铱）
纽兰兹八音律	第七个	氧硫铁硒	铑（与钌） 碲 金 锇（或钍）

上述列表中的顺序排列似乎并无规律，而且表现更加随机的是，八音律中偶尔会包含有 10 个元素而并非 8 个元素，且两种元素如钡和钒、钴和镍，或者铑和钌在八音律中占据同一个位置时才会如此。然而，一切渐渐清晰，我现在清楚地看到，斯特雷克、尚古尔多阿及纽兰兹在发现周期律的道路上走在最前方，他们只是想大胆地把整个问题摆到这样一个高度，使人们能够清楚地看到它对事实的反映。

揭示化学元素周期性的第三个时期是 19 世纪 60 年代末，关于稀有元素的新信息不断积累，揭示了它们与其他元素以及彼此之间的多方面关系。马利格纳克对铌的研究和罗斯科对钒的研究具有特殊意义。

在钒和磷以及钒和铬之间存在惊人的相似之处，这在与这些因素有关的研究中变得越发明显，很自然地引出了钒的原子量等于 51 而铬的原子量等于 52，铌的原子量等于 94 而钼的原子量等于 96，钽的原子量等于 192 而钨的原子量等于 194；另一方面，磷的原子量等于 31，与之相比，硫的原子量等于 32，砷的原子量等于 75，硒的原子量等于 79，以及锑的原子量等于

120，碲的原子量等于125……从这种近似，到发现周期定律，仅有一步之遥。

因此，周期性定律是1860年至1870年这10年间所积累的大量归纳和既定事实推导出的直接结果：是这些数据系统性表达的体现。因此自那时起，周期律便被赋予了特殊的重要性，并被提升到一种概括性地位，这种概括性为化学带来了意想不到的帮助，或许有望在未来取得更多进展，并在化学研究的不同领域中留下其独特的、原创印记呢……

在这封信的后文，我将尽可能简短地说明周期法在多大程度上有助于扩大我们的视野。在周期法形成之前，化学元素在性质上只是零星的、偶然的事实，没有什么特别的理由期待新元素的发现，而不时被发现的新元素似乎具有相当新颖的性质。周期性定律首先使我们能够在过去化学视觉无法到达的距离上感知未发现的元素，在它们被发现之前很久，新元素就出现在我们眼前，并具有许多明确的性质。我们现在知道三种元素的情况，它们的存在和性质便是借助周期律为手段所预见的，我只提一提“镓”这一辉煌发现——它被证明与勒科克·德·布瓦博德朗的周期律中类铝相对应；而钪，对应于尼尔森提出的类硼；锗，则被证明在所有方面都符合温克勒提出的类硅。1871年，我向俄国化学学会描述了这些元素的性质，而这些性质都在周期律中有着明确定义，我从来没有希望我能活着向英国化学学会提及他们的发现，以证实周期律的正确性和普遍性。现在，我已经有幸这样做了，我可以毫不犹豫地说，虽然这极大地开阔了我们的视野，但即使是现在，周期律也仍需要进一步改进，以便它能在进一步的发现中成为一种值得信赖的工具……

铀的原子量由120变化为240引起了更多关注，这种变化是由于周期律的缘故，并无其他原因。既然罗斯科、拉梅尔斯贝格、齐默尔曼与其他几个人已经承认了铀元素周期律的各种说法，人们毫无异议地接受了它的高原子量，并对这种元素报以一种特别关注。

因此，除了证明有必要修改若干未知元素的原子量，周期律还使我们能够在确定若干元素的原子量时发现错误，这些元素的原子量和它们在其他元素中的真实位置已经是众所周知的了。

前面的叙述远不是通过周期律将化学无穷无尽的进化领域中所发现的全

部内容都做出详尽论述。但我相信，刚才所说的那几句话足以说明该定律能引发与化学有关的哲学兴趣。虽然只是最近的一种科学概括，但它已经经受住了实验室验证的考验并作为一种思想工具而出现，这种思想工具尚未被迫加以修改，但它不仅需要新的应用，而且需要改进，需要进一步发展。所有这一切终将会到来，毕竟英国化学学会的科学家们已经表示，希望在一场以"法拉第"这一光荣名字命名的演讲中描述周期律的历史。

（德米特里·门捷列夫　公元 1889 年）

在热动力学理论的基础上，推导出的热动力学理论

介绍性通知

1. 汉弗莱·戴维爵士通过摩擦两块冰使之融化的实验，确立了以下观点：斥力现象的存在并不依赖于一种特殊的弹性流体，或者不存在热量。他的结论是，热是由物体粒子之间的运动引起的。“为了把这种运动与其他运动区别开来，并说明我们产生热感觉的原因，”由于热在物质中产生的膨胀或膨胀压力，“因此采用了排斥运动来命名。”①

2. 汉弗莱·戴维爵士由此建立的热动力学理论，发现了热传播现象而扩展到辐射热，特别是辐射热的偏振，这种偏振使热极有可能通过“真空”或透热物质传播，它是由遍及一切的介质中的横向振动波组成的。

3. 梅耶和焦耳最近的发现，即通过运动中的流体的摩擦和电流的磁电

---

①摘自戴维的第一部作品，题为《热、光及光的组合》（*An Essay on Heat, Light, and the Combinations of Light*），于 1799 年发表在《医学博士托马斯·贝多斯编撰物理与医学相关文献辑录（文献主要收自于英格兰西部地区）》（*Contributions to Physical and Medical Knowledge, principally from the West of England, collected by Thomas Beddoes, M.D.*），并于 1836 年在伦敦再版收录于戴维博士及其兄弟作品集第二卷。

激发而产生的热，其中任何一个都足以证明热的非物质性[①]，如果需要的话，也会对汉弗莱·戴维爵士的观点提供一个完美的证实。

4. 这样一来，热就不是一种物质，而是一种力学效应的动力形式，我们认为，在机械功和热之间，就像因果之间一样，一定存在着一种等价关系。关于这一原则的声明似乎是首次发表在梅尔的《热与机械效应相互转化》[②] *Bemerkungen ü ber die Kräfte der unbelebten Natur* 中，其中包含了一些关于热与机械效应相互转化的正确观点，此外，还有一种错误的类比，将重量接近地球与连续物质体积的减小进行类比，在这种类比的基础上，人们试图用数值方法求出给定热量的机械当量。在大约 14 个月后，曼彻斯特的焦耳先生发表了题为《论电磁的热效应和热的机械值》[③]（*On the Calorifc Effects of Magneto-Electricity and the Mechanical Value of Heat*）的论文，明确地表达了热与机械效应相互转化的结果，这是由于热不是一种物质，而是一种运动状态，并研究了"绝对数值关系"这一不容置疑的原理，根据这一原理，热与机械力相联系，他通过实验验证，无论什么时候单纯的机械作用产生热量，而不产生任何其他效果，无论是通过流体的摩擦还是通过电流的磁电激发，所做的功是相同的，所产生的热量是相同的；他确定产生 1 单位热量所需的实际功（单位为英尺磅）并称之为"热的机械当量"。自从那篇论文发表以来，焦耳先生做了许多实验，尽可能精准地定义热的机械当量，并通过各种方式向英国协会、《哲学杂志》、英国皇家学会和法国研究所做出说明。

5. 兰金和克劳修斯最近对热动力学理论做出了重要贡献，他们通过与卡

---

① 1842 年 5 月，梅耶于韦勒与李比希编辑的《物理学年刊》上宣布，他通过搅动把水的温度从12℃提高到了13℃。1843 年8 月，焦耳向英国物理学家协会宣布："热量是由水通过狭窄的管道产生的；我从能将 770 磅举起 1 英尺高的机械力中获得热量，每磅水获得了 1 度热量。"当磁电机或电磁电机转动时，做功便会产生热量（参见其所著论文《有关磁电热效应以及热机械值的研究》——《哲学杂志》，第二十三卷，1843 年）。

②《物理学年刊》，韦勒与李比希，1842 年 5 月。

③1843 年 8 月在英国科学促进会首次发表并刊载于1843 年 9 月的《哲学杂志》。

诺的热动力理论相似的数学推理，建立在与卡诺基本原理相反的公理基础上，得出了一些显著的结论。在过去的一年里，这些作者的研究发表在《学会学报》及波根多夫的《物理学年刊》上，下文会更加详细地提到目前提交给皇家学会的相应部分。

……

6. 本文的研究分为以下三方面：

(1)证明卡诺基本原理和其他遵循关于热的原动力的独特推理模式的人对这些结论所进行的修改，当采用与卡诺的基本假设相反的动力学理论的假设时，必须首先做出这种假设。

(2)为了指出动力理论的重要意义，笔者从勒尼奥对蒸气的观察中推导出数值结果，并在大约 2 年前通过卡诺理论向社会公布，通过数字说明（当提供关于饱和蒸汽密度的准确实验数据时，须加以修正），结合焦耳热单元的力学等效得到了在实验范围内的完整的热动力理论。

(3)指出一些与所有物质的物理性质有关的显著关系，这些关系是通过类似于卡诺定律的推理建立起来的，且部分地建立在动力学理论的相反原理之上。

第一部分 热动力理论中的基本原理

7. 然而，根据卡诺首先引入的一个显而易见的原理，在任何过程中产生的机械效应都不能说完全来自热源，除非在这一过程的最后，所有使用的材料都处于与开始时完全相同的物理和机械环境中。在一些可以想象的“热动力发动机”中，例如，法拉第的浮动磁铁或巴罗的“轮轴”是通过一种电流或通过与接触的两种金属之间的热量的连续激发，使其旋转并均匀地工作，或者在马什设计的热电旋转装置中（实际上已经制造出来了），这种情况每时每刻都在发生。另一方面，在所有以电力机构为基础的热动力发动机中，使用不连续的电流或磁化状态可变的软铁，且在所有以介质的交替膨胀和收缩为基础的发动机中，材料的状态确实发生了变化。但是，根据上述原则，这些改动必须严格地定期进行。在任何这类发动机中，在一段时间内所做的一系列运动， 在这段时间结束时，材料恢复到与开始时完全相同的状态，构成了所谓的完整运转周期；在下文中，无论何时谈及热动力发动机都会详细说明其所做的功或所产生的机械效应，必须明确的是，无论是在一个不变的发动机中，还是在一个完整的循环中，或在一个周期发动机的任意数量的完整循环中，所产生的机械效应都是有意义的。

8. 热源应当始终被假定为一个热体，该热体会在给定的恒定温度下与发动机的某个部分接触；为了阻止发动机的任一部分升温（只能通过抽出积蓄在其中的热量来实现），应当在一个给定的恒定温度下置入一个冷体——也就是所谓的冰箱，与发动机接触实现降温。

9. 热动力的整个理论是建立在焦耳、卡诺与克劳修斯的以下两个命题的基础上的。

命题 I（焦耳）——当从纯热源或纯热效应中以任何方式产生等量的机械效应时，等量的热被放出或产生。

命题 II（卡诺与克劳修斯）——如果一个发动机是这样的，当它向后工作时，它运动的每一部分的物理和机械机构都是反向的，在热源和冰箱温度相同的情况下，给定的热量所产生的机械效应与任何热动力发动机所产生的机械效应相同。

10. 前一个命题被证明包含在一般的“机械效应原理”中，并且通过下面的论证毫无疑问地得到了确立。

11. 在任何可以想象的情况下，通过任何一种直接的效应，对其热量的测定总是建立在确定某种标准物质的热量的基础上，这种标准物质或任何等量的热都可以从一个标准温度升高到另一个标准温度。两种热量相等的检验，即两种热量能使任何物质从任何温度上升到相同的较高温度。现在，根据热动力学理论，一种物质的温度只能通过对它进行某种程度的加工来提高，以便在它内部产生增加的热运动，除了影响粒子相互距离或排列上的变化，这些变化可能伴随着温度而变化，产生这种总机械效应所需要的功，当然与从一个标准温度升高到另一个标准温度的物质的热量成正比，因此，当一个物体、或一组物体、或一台机器带有接受热量的部件，实际上，它产生或被吸收的机械效应在一定程度上与它所散发或吸收的热量成正比。但是，任何外力对它所做的功、它自身的分子力所做的功，以及它各部分的热运动相对于其活力二分之一所减少的热量，加起来必须等于它所产生的机械效果，即等于它所放出的热的机械当量（这些项的总和是正数还是负数，机械当量就是正数或负数）。现在，若使物体的任何部位都不发生分子变化或温度变化，或者通过一个循环的操作让温度和物理条件完全恢复到最初的状态，需满足它必须使产生的三部分工作中的第二和第三部分消失，因此我们的结论是，它所放出或吸收的热量将等于外力对它做的功——这一命题尚有待证明。

12. 第二个命题的论证基于以下公理：

通过无生命物质的作用，把物质的任何部分冷却到周围物体中最冷的温度以下，从而使其产生机械效应是不可能的[①]。

13. 为论证第二个命题，设 A 和 B 为两个热动力发动机，其中 B 满足命题中的所述条件；并且，当 A 与 B 的热源和冰箱分别处于相同的温度时，如果可能的话，使 A 从给定的热量中得到比 B 更多的功。然后，由于其所作的一切操作都满足完全可逆的条件，所以 B 可以向后做功，通过消耗所做功的总量的方式，使任何热量都回归其来源，如果向前做功，也会产生同样的热量。所以，如果 B 向后做功，并在 A 做功的某一段时间内，把从 A 中吸取的热量归还给 A（此处我们假设 A 的热源可以被调节至 B 发动机），那么 B 所消耗的功的总量要小于 A 做功时所获得的总量。因此，如果一直保持 A 持续向前做功，而 B 持续向后做功，则无论是交替进行抑或是同时进行，都会导致二者持续地做功，却无法持续地从热源中抽走热量；即使是借助其他力量也做不到。

通过命题 1，可以得出结论，B 向后做功时从冰箱中吸收的热量一定比

---

①如果在任何温度下都否定这一公理，就必须承认一台自动运转的机器可以通过冷却海洋或地球来工作和产生机械效果没有条件限制，只有来自地球和海洋的全部热量损失，或者，实际上来自整个物质世界的热量损失。

A 在冰箱中蓄积的热量要多。现在很明显，B 向后做功时 A 会同时消耗一部分功，而这一整个过程可能都是自发性的。而且，从整体上看，热源既没有损失任何热量也没有得到任何热量。除冰箱外，周围所有的物体和空间在不干扰任何假定条件的情况下都可以与热源的温度相同，无论是何物体或何种空间。除了冰箱以外，周围所有的物体和空间都可以在不影响任何假定条件的情况下，由同一温度源构成，不管它是什么。因此，我们应该有一台自动运转的机器，它能不断地从周围温度较高的物体中吸取热量，并将热量转化为机械作用。但这种设想却与定理相悖，由此我们得出结论，"当 A 和 B 从同一热源中获得相同热量，则 A 能转化的机械作用要大于 B"，这一假设是错误的。因此，只要热源与冰箱的温度相同，任何发动机从给定的热量中所得到的功都不会超过任何能满足可逆性条件的发动机所获得的功，但需要证明其满足可逆性条件。

14. 这一命题最初是由卡诺提出的，他将这一命题表述为一个完美的热动力工程的判据[①]。他证明了这一点，他指出，要否定它，就必须承认可能有一种构造出来的自组装机器，它可以无限期地产生机械效果，既没有热源，也不消耗材料，也没有任何其他物理作用，但是，这个演示从根本上包含了这样一个假设：在"一个完整的操作周期"中，介质部件的热量与其所接收的热量完全相等。卡诺本人对这一假定作为一种普遍的原则表示了强烈的怀疑[②]——这是错误的，机械的功，总的来说，或者是在操作中获得的，或者是在操作中消耗的，可以认为（正如我上面所试着说明的）这是完全肯定的。必须承认，卡诺最初的论证完全失败了，但我们不能推断得出的结论是错误的。我觉得该结论很可能是正确的，因此我将其与焦耳原理联系在一起，但是卡诺并未能证明焦耳原理，因为他是在有限的温度范围内对空气发动机或蒸汽机中热量动力基础进行研究，并且该论证在大约 1 年之前便得出结论，相关内容参见其论文的第二部分（该论文目前已交由英国皇家学会，直到今

---

①参见《卡诺理论的说明》，第 13 章。

②参见《卡诺理论的说明》，第 6 章。

年年初，我才发现上面的论证），通过这个论证，我认为这个命题的真理是建立在一个公理的基础上的，而这个公理我认为会得到普遍承认。我发表这些声明并不想要求优先权，首先把这个命题建立在正确的原则之上完全归功于克劳修斯，他在 1850 年 5 月发表的有关热的动力的论文中的第二部分即有论证。我可以补充说，在我知道克劳修斯已经阐明或证明了这个命题之前，我给出的论证完全是我想出来的。下面是克劳修斯论证所依据的公理：

若没有任何外部媒介的帮助，一台自动运转的机器是不可能在较高的温度下把热量从一个物体传递到另一个物体的。

由此我们可以轻易看出，虽然这与我所使用的公理在形式上不同，但两者互为结果，每个论证中的推理都严格地与卡诺最初给出的假设类似。

（开尔文、威廉·汤姆逊　公元 1851 年 2 月）

论自然力的相互作用

近来，自然哲学再次引起了人们的兴趣。接下来，我将努力给出关于这种兴趣的本质的概念。它涉及一种全新的、普遍的自然规律，它规定了自然力量在相互关系中的作用，它在有关自然过程理论观点方面以及技术应用方面都有着重要影响。

在所有因自然科学发展而取得进步的实用技艺中，应用力学自中世纪末便以数学科学作为辅助并成为其中最为卓越的实用技艺之一。在当时，这项技艺的特点自然与如今大不相同。人们对这项技艺所获得的成就既惊讶又兴奋，认为它简直是无所不能及，于是立即着手去挑战那些最为困难而复杂的问题。因此，人们试图构建出一种可代为履行人与动物职能的自动机装置……

人们在生物模仿方面不断努力，随之而来的，另一种同样存在误解的想法似乎正在显露头角，甚至可以说成了 17 世纪和 18 世纪新哲学家们的理论基石。如今的目标是努力构造出一台永动装置。你可以将这一术语理解为是一台机器，它无须上紧发条，也不用消耗水、风或是其他自然力，它会一直保持运转，而它的动力来源就是机器本身。动物和人类似乎都很符合这种装置的概念，因为它们一生都在精力充沛地不停活动， 从来不需要上发条，也不用别人来启动它们。营养摄入与力量发展之间也并无明显关联。营养似乎仅仅是出于润滑的需要，也就是用来为“动物机器”的运转提供润滑作用，帮助新陈代谢。力的自身发展似乎是其基本特质，也是有机生命的真正精髓。因此，如果要造出类人机器，首先必须找到永动装置。

这一希望似乎顺理成章地被排在了第二位，而在我们这个更为智慧开明的时代，它自然成为人类思想中的头等要事。永动装置会在无须相应消耗的情况下无穷无尽地从事生产工作，也就是完全地无中生有、凭空而来。毕竟，工作便是金钱。因此，几个世纪以来，所有精明的头脑都以各种各样的方式试图解决这一重大的实际问题，即如何凭空造钱，但至今仍未找到答案。这与古代化学家们寻求“点金石”简直是如出一辙。因为“点金石”同样被认为是包含了有机生命的精髓，并且点石成金……

现在我们已经有了机器驱动力与动力的概念，将来的发展会与其息息相关。为此我有必要对其加以解释说明。将机器与人类或动物的工作进行对比，就可以明显看出，工作的概念被更多地应用于机器，而以往由人类与动物所从事的工作正在逐渐被取代。我们仍然根据马力来测算蒸汽机的工作。人工劳动的价值由所消耗的力量（身强体健的劳动力远比弱不禁风的人更有价值）以及开展工作所需的技能来决定。而与之相反的是，熟练运转的机器可以实现无限增量；但在无法运用机器的领域，机器技能则无法实现人工技能所具有的高价值。因此，机器工作量的想法被局限于考虑力量消耗；更重要的是，大多数机器的构造初衷的确是为了实现一个明确的目标，即能够超越人类与动物所拥有的力量，实现令人震撼的效果。因此，从机械意义上来讲，功的概念与力的消耗概念是相同的，因此，在后文中，我将采用“力的消耗”这一概念。

那么，我们如何对这种消耗加以衡量，并在不同机器的情况下进行比较呢？

此处，我必须引导你们在“数学机械思想”这一令人生厌的领域里——尽可能地——走上一段捷径，把你们带到一个更有前景的观点上来。尽管此处我要举的例子，铁锤水磨机，看起来就像是空想，但是，我必须离开黑暗的森林山谷，离开那发光的铁砧，离开那黑乎乎的独眼巨人，请您留意这句话中不那么诗意的一面，也就是机器。这台机器是由一个水轮驱动的，而水轮又是由高空落水驱动的。水轮的轴在某些地方有几处小的凸出，被称为“关节”，机械转动时，关节能举起重锤，使它再次落下。金属块被引入铁锤下方，落下的铁锤正好敲打在金属块上。因此，在这种情况下，机器所做的工作包括举起铁锤，而要做到这一点，必须克服铁锤自身的重力。首先，在其他条件相同的情况下，力的消耗与铁锤的重量成正比。例如，每当锤子的重量增加 1 倍时，力的消耗就会增加 1 倍。但是，锤子的重力不仅取决于它的重量，还取决于它从多高的地方落下。如果它从 2 英尺处掉下来，所产生的效果将比只从 1 英尺处掉下来的效果更大。然而很明显，如果这台机器在一定的力的消耗下，把锤子举高 1 英尺，那么必须用两倍的力才能把它举高到 2 英尺处。因此，当锤子的重量增加到原来的 2 倍时，不仅这台机器通过力所做的功增加了 1 倍，而且它举起的高度也增加了 1 倍。从这一点很容易看出，功必须用铁锤的重量与其上升高度的乘积来表示。事实上，这种方法可以用来阐明力学原理。工作的单位是英制单位，也就是说，将 1 磅重量上升到 1 英尺的高度……如果我们把落水的重量乘以落水的高度，那么，如前面所述，在理想条件下，机器在举起锤子时所做的功，只能等于锤子落水后所做的功。可实际上，这根本就无法实现：由于部分力量为获得更快的速度而损耗掉了，因此大部分因落水而产生的都是无用功……

据此，我们的机器首先是利用落水的重力来压倒锤子的重力，把锤子举起来。当它把铁锤举到一定高度时，再放开铁锤，使它落在金属块上。但是为什么当它从高处落下时，所产生的力量更大呢？我们发现，实际上，锤子所做的功是由它的速度决定的。在其他情况下也是如此，运动是可以对物体速度带来严重影响的一种手段。你可以想一想，静止状态下的步枪子弹（无破坏力）是世界上最无害的东西。请你们再想一想风车，它的动力来自流动的空气。我们习惯于把运动看作身体的一种非本质的、短暂的天赋，但它却能产生如此巨大的效果，这似乎令人惊讶。但事实是在我们看来，一般情况下，由于地球上所有物体的运动都受到摩擦力、空气阻力等恒常抵制，运动才会不断地减弱，直到最终力达到中和。如果没有任何阻力的阻碍，那么一个物体一旦开始运动，它就会以不变的速度永远向前运动。因此，我们知道，数千年来，行星在太空中一直没有变化。只有通过抵抗力量，运动才会被减弱或破坏。一种运动物体，如锤子或火枪子弹，当它与另一物体撞击时，把后者压在一起或穿透它，直到物体所受的阻力的总和达到足以破坏锤子或子弹运动的程度为止。质量的运动被认为代替了作用力，这叫作质量的生命力（活力）。这里的“生命”与生物无关，仅仅表示运动的力量，有别于静止不动的状态。例如，一个静止的物体，在自身重力的作用下，会对支撑它的表面不断产生压力，但并不会因此而产生任何运动。

因此，在前面的这个例子中，我们首先有一种力量，那就是水的下落之力，然后是锤子的上举之力，第三种力量就是锤子下落时的力。我们应该把第三种形式转换成第二种形式。例如，如果我们使锤子落在一根具有高度弹性的钢梁上，而钢梁的强度足以抵抗冲击。于是锤子会发生反弹，而在最佳情况下，锤子反弹起的高度能够达到它下落时的高度，但永远无法超过该高度。如此，锤子便会实现整体上升；当它上升到最高点的时候，其上升尺磅与下落时的尺磅数值相同，不会超过下落时的尺磅数值；也就是说，生命力所产生的功与生产过程中所消耗的功相等。因此功的数值也是相同的。我们的钟表是靠沉锤来驱动的，我们的怀表是靠弹簧的拉力来驱动的。一个放在地上的重物，一个没有张力的弹性弹簧，不会产生任何影响；要让其产生影响，我们必须首先增加重量或弹簧的张力，这是我们在给钟表上弦时完成的。给钟表上弦的人通过重量或发条传递能量，然后在接下来的二十四小时里，能量便这样传达出来。原来的力被慢慢消耗，以克服轮轴的摩擦和钟摆从空中遇到的阻力。因此，时钟的轮轴不会显示出以前没有传递给它的力，而只是在较长时间内均匀地消耗着分配给它的力。

再比如说，我们用冷凝气泵把大量的空气挤进气枪的燃烧室。当我们打开枪栓，让压缩空气进入枪管时，子弹就会以一种类似于点燃火药的力被推出枪管。现在我们可以确定泵入空气所消耗的功，以及射击时赋予子弹的动力，但我们会发现后者永远不会大于前者。压缩空气没有产生任何的作用力，而只是把先前传递给子弹的力又再次传递给了它。虽然我们给枪充了大约一刻钟的气，但当子弹射出时，原有的力在几秒钟内就消耗完了；但是，由于这一动作在短时间内实现了快速压缩，因此子弹所获得的速度要比单靠手臂抛球所能达到的速度快得多。从这些例子中，你可以观察到，数学理论已经证实的一点，即对于所有纯机械来说，所有的机械和设备都不会产生任何移动的力，而只是简单地释放出自然传递给它们的力量——水力、风力，或者是人类与动物肌肉传递的力量。十八世纪伟大的数学家们确立了这条定律之后，永久运动只应利用纯机械力，例如重力，弹性流体、液体和气体的压力，只有那些困惑和无知的人才会去追求这种力。但是，纯粹的运动力并不包括其他自然力， 如热力、电力、磁力、化学力等，而这些力都与机械过程有多方面的关系。几乎没有一种自然过程不伴有机械作用，或者不可能从机械作用中导出功。在这里，永恒运动的问题仍然悬而未决；这个问题的决定标志着现代物理学的进步，之前我就答应过要解释这一点。

在气枪的例子中，推进球工作的完成是由那个往空中抽气的人的手臂来完成的。在普通火器中，推动子弹的工作是通过一种完全不同的方式获得的，即火药的燃烧。火药在很大程度上是通过燃烧转化为气态产物，而气态产物所占的空间要比之前火药所占的空间大得多。因此，您可以看到，由于使用了火药，所以在使用气枪时就可以省去必须由人的手臂来完成的工作。

在我们最强大的机器——蒸汽机里，水蒸气是被强力压缩的无形物体。水蒸气膨胀时，机器运转起来。在这里，我们也不是通过外部机械力来凝结蒸气，而是通过在一个封闭的锅炉里将热量传递给大量的水，我们把这些水变成蒸气，由于空间的限制，蒸气是在强大的压力下产生的。因此，在这种情况下，是热量的传递产生了机械力。因此，我们可以通过许多方法获得机器所必需的热量：通常的方法是从煤的燃烧中获得热量。

燃烧是一个化学过程。我们大气中有一种特殊成分——氧，它具有很强的吸引力，或者，如化学中所称，对可燃物体的组分具有很强的亲和力，而这种亲和力在大多数情况下只能在高温下发挥作用。一旦可燃物体的一部分，例如煤，被充分加热，碳就会与大气中的氧气发生强烈的结合，形成碳酸，啤酒和香槟中就含有碳酸。通过这种结合，产生了光和热：热通常是由两个相互之间有很强亲和力的物体组合产生的；当温度足够高时，光就会出现。因此，在蒸汽机中，正是化学过程和化学力量使这些机器产生了惊人的工作。同样，火药的燃烧也是一个化学过程，在枪管中，火药将生命力传递给了子弹。

现在蒸汽机从热中产生机械力，而机械力反过来又可以产生热。一个熟练的铁匠能把铁楔锤得又红又热。车轴必须要仔细润滑，以免因摩擦而生火。最近，这一性质被大规模地应用。在一些工厂里，由于拥有多余的水力，这些水力被用来使一块结实的铁板在另一块铁板上快速转动，铁板会因摩擦而变得非常热。从中获得的热量可以使房间变暖，因此就有了一个无须燃料的炉子。现在，难道无法将这些铁板所产生的热量应用到一个小蒸汽机上吗？于是，永动机就终于找到了。这个问题的提出，并非由原先的数学机械研究所决定的。首先要说明的一点是，对于摆在你们面前的这一一般规律，我是持否定态度的。

然而，根据一项类似的计划，一名美国投机商人在前一段时间曾令欧洲的工业世界兴奋不已。众所周知，磁电机常用于治疗风湿病。通过使磁电机的磁铁快速转动，我们可以获得强大的电流。如果这一过程是通过水进行的，水就会被分解成氧气和氢气。通过氢气的燃烧，又生成了水。如果这种燃烧不是发生在大气中（大气中的氧气含量只占 1/5），而是发生在纯氧中，那么当一小块白垩被放在火焰中，白垩就会上升到白热，发出太阳般灿烂的“德拉蒙德之光”。与此同时，火焰产生出大量热量。美国提出了以这种方式分解水，获得氧气和氢气，通过燃烧产生足够的热量来维持一个小蒸汽机的运转，再分解水，再不断地添加燃料。这肯定是所有发现中最辉煌的一项。这是一种永恒的运动，除了产生使它运动的力量外，还会产生像太阳一样的光，使它周围的一切都温暖起来。这件事根本没有经过仔细考虑。大家都知道这件事的每一个实际步骤都是可能的，但是，那些实际调查的人，在第一次听到这个报告时，就可以肯定，这个问题可以被归入这个寓言故事的众多版本之中——《富裕的美国》；而这也的确是一个寓言。

……

现在很清楚，如果我们能像上面那个美国人宣称的那样，可以通过机械力来激发化学过程、电过程或是其他自然过程，在并未永久性改变机器中活性物质的情况下，通过任何循环回路都可以产生比最初所施加的力更为强劲的机械力，从中所获得的功一部分可以用来保持机器运转，其余则可以用于其他任何目的。问题是要在相互作用的复杂网络中，找到一条通过化学、电、磁和热过程回到机械作用的轨迹，而机械作用之后可能产生最终的机械功的增益，这样就可以找到永动机了。

但是，由于前几次实验都是徒劳，所以公众已经变得更加明智。总而言之，人们并没有过多地去寻找能够产生永恒运动的组合，但是问题却反过来了。人们不再问，该怎样才能利用已知的和未知的自然力关系来构造一个永恒的运动；但有人问，如果永恒的运动是不可能的，那么自然力量之间必然存在着某种关系。一切都是由这个问题的倒转得到的。由上述假设所必需的自然力之间的关系，可以简单而完整地表述出来。人们发现所有已知的力的关系都与这一假设的结果相符，同时还发现了一系列未知的关系，而这些关系的正确性尚有待证明。如果其中一个可以被证伪，那么永久运动就是可能的。

1824 年，一位名叫卡诺的法国人试图走这条路，他也是第一个试图走这条路的人。尽管他对实验对象的认识非常有限，对热的性质也理解有误，得出了一些错误结论，但他的实验却不算是完全失败。他发现了一条如今以他的名字来命名的定律，稍后我再继续讨论这一话题。在很长一段时间里，卡诺的工作都没有引起人们的关注。直到 18 年后，也就是 1842 年，不同国家的不同研究者的研究虽独立于卡诺，却获得了同样的想法。1842 年，德国海尔布隆的梅耶医生第一个真正发现了此处所提到的普遍规律，并将其正确地表述出来。不久之后，1843 年，一位名叫科尔丁的丹麦人向哥本哈根学院提交了一份研究报告。在这份报告中，科尔丁同样提及了该定律，并通过实验对其进行了进一步验证。而在英国，焦耳大约也是在同一时间开始对同一课题进行相关实验。我们常常发现，就科学发展所要解决的问题而言，尽管不同的人都是各自独立地进行研究，却得出了一系列完全相同的反馈。

而我自己，既不认识梅耶也不认识科尔丁，我在研究结束时才第一次知道了焦耳的实验，而我们的实验完全相同。我力图弄清不同自然过程之间的所有关系，这些关系是我们运用上述观点而产生的。1847 年，我的调查结果在一本名为《论力的守恒》（*On the Conservation of Force*）的小册子中公之于众。

从那时起，科学界对这一课题的兴趣逐渐增强，特别是英国。在去年夏天的一次访问中，我有幸能对自己的观点加以说明。上述看待问题的方式所产生的很多重要的实质性结果，但最初的理论概念发表时是否经过实验证实，特别是是否经过焦耳的实验证明，却缺乏充分证据；在过去的一年里，法国最杰出的物理学家勒尼奥针对这一问题采取了新的研究模式，他对比热容或比热容气体进行了研究，并对该理论提供了有力支持。

从上述内容中，你可能已经推断出，在一系列的自然过程中，试图通过一种回路获得机械力，并且不消耗相应的能量，这样的回路是无法找到的。永恒的运动是不存在的。然而，这却使我们产生了浓厚兴趣并加以思考。

迄今为止，我们一直在关注着力的自然发展过程，并且只关注那些对人类有用的力，例如机械力。现在你看，我们已经得出了一个普遍规律，它完全独立于人类对自然力的运用而成立；因此，我们必须使我们对该定律的描述符合这一更普遍的意义。首先，很明显的是，任何自然过程在有利的条件下由机器所做的功，只要这种功可以通过指定的方法来进行测量，它就可以用来衡量所有人共有的力。除此之外，还有一个重要的问题是，如果力没有增加，那么除了相应的消耗，它还会有所减少或损失吗？就我们的机器而言，如果我们忽视了将自然过程转化为利用的机会，那么答案当然是可以的，但正如调查所证明的那样，我们所做的一切并不是为了整个自然。

过去几年中，力学简单地假定，在物体相互碰撞和摩擦中生命力消失了。

但正如我前面所说，每一次碰撞和摩擦都会产生热量。此外，焦耳通过实验确立了重要的定律：每失去 1 英尺 · 磅的力，就会产生一定的热量；当通过消耗热量来完成做功的时候，每增加 1 英尺 · 磅的热量就会消耗一定的热量。1 磅水的温度升高 1 摄氏度所需的热量，相当于将 1 磅的重量提升到 1350 英尺高处所需的机械力：这个量被称为——热的机械当量。这里我要提一下的是，这些事实对于得出结论是必要的，热并非如想象中的那样是一种不可估量的精细物质，而是像光一样，是物体终极粒子的一种特殊的振动运动。根据这种看问题的方式，在碰撞和摩擦中，物体质量的运动，显然失去了转化为物体最终粒子运动的机会；反之，当机械力由热产生时，最终粒子的运动会转化为质量的运动。

化学混合物会产生热量，而这种热量的大小完全独立于产生这种混合物的时间和步骤，前提是不同时进行其他作用。然而，如果像是蒸汽机那样同时完成机械功，我们所能得到的热量就和所做的功一样大。一般来说，化学力所产生的功是很大的。1 磅最纯净的煤燃烧所产生的热量足以使 8086 磅的水温度升高 1 摄氏度；由此我们可以计算出 1 磅煤颗粒之间的化学引力的大小，以及相应的氧气含量，这种力所做的功可以把 100 磅的重量提升至 20 英里高。不幸的是，对我们的蒸汽机来说，迄今为止我们只能得到这种功的很小一部分，大部分的功都以热的形式损失掉了。即便是最好的膨胀发动机，燃料产生的热量也仅有 18% 能够以机械功的形式加以利用。

通过对其他已知物理和化学过程所进行的类似研究，我们可以得出这样的结论：作为一个整体，大自然拥有一种无论以任何方式都无法增加或是减少的力量，因此，自然界的力的数量与物质的数量一样，都是永恒不变的。在这种形式下，我将这种普遍定律命名为“力的守恒原理”。

我们无法创造出机械力，却可以从大自然的宝库中获得这种力量。小溪和风驱动着我们的磨坊，森林与煤矿床为我们提供蒸汽机动力，使我们的房间温暖，对我们来说，它们不过是巨大自然资源中被利用的一小部分，我们可以根据自己的想法来利用这些资源。磨坊的主人认为，无论是小溪流水的重力还是风吹来的生命力，都是他的财产。

此外，从力的任何部分都不可能完全丧失这一事实出发，这并不意味着无法被人类加以利用。在这方面，威廉·汤姆森从卡诺定律得出的推论非常重要。这个定律是卡诺在试图确定热与机械力的关系时发现的，然而，这绝对不属于力的守恒的必然结果，克劳修斯第一个对这种方式进行了修正——说明了所有物体的可压缩性、热容和热膨胀之间的某种关系，使它不再违反上述普遍规律。该定律虽未经过证明，但已经从中得出一些引人注目的推论，这些推论后来经过实验证明确为事实，它因此获得了很多认可。除了最初卡诺所作的数学形式表述外，我们还可以给它一个更为通用的理解：“只有当热从一个较热的物体传到一个较冷的物体时，即使只是一小部分的热量传递，热才能被转化为机械功。”

对于无法进一步冷却的物体，它的热量就不能变成另一种形式的力，例如，转化成电力或是化学力。因此，在我们的蒸汽机中，借助锅炉中的水，燃烧的煤能够将一部分热量转化为功。然而，如果自然界所有的物体都具有相同的温度，那么也就无法将它们热量的任何一部分转化成机械功。根据这一点，我们可以把宇宙的总储存力分成两个部分，一部分是不变的热量，另一部分是可变的热量。化学、机械、电气和磁力的总供给能够发生最多样的形式变化，并构成了自然界中所发生的全部变化。

但是，温度较高的物体会不断地通过辐射和传导将热量传递给温度较低的物体，从而达到一个温度平衡。在地球物体的每一次运动中，一部分机械力通过摩擦或碰撞转化为热量，其中只有一部分能再次转化为机械力。这也是存在于每一个电气及化学过程中的普遍情况。接下来，储存力的第一部分，也就是物体中的热量，会在每一个自然过程中增加；而第二部分，机械、电气和化学的力量，则必然会相应减少。因此，如果宇宙的物理过程不受干扰，所有的力最终都会转化为热，所有的热都会达到平衡状态。那么，一切变化的可能性都将结束，所有的自然过程也必然完全停止。如果太阳失去了高温，人类、动物和植物的生命当然也无法延续。如果地球表面的所有成分之间的密切联系所要求的结合都停止下来，那么，光也会随之消失不见了。简而言之，从那一刻起，宇宙将注定进入永恒的静止状态。

当然，卡诺定律的这些结果只有在经过充分证明的情况下才是有效的。而该定律被证明是错误的可能性很小。无论如何，我们都不得不钦佩汤姆森的睿智，他在几封有关一条众所周知的数学公式的信件中反复提到威胁宇宙的后果，即经过无限周期后终将会迎来永恒的死亡，但这种情况只有在谈及物体的热量、体积和压力时才有意义。

……

（赫尔曼·冯·亥姆霍兹　公元 1854 年）

第六部分

地球及其所有生物：地质学与生物学发展

动物的心血运动论

序言

在我们要讨论心脏与动脉的运动、作用及用途时，为了使真理能够得以证实，也为了能够通过解剖、丰富的经验以及精确的观察判断出观点的正确与否，我们有必要先说明其他专家在相关著作中对这些问题的看法，以及相关的常见理论及看法。

但是我想知道，如果肺静脉是用来输送空气的，为什么是以血管的结构存在呢？大自然本应该塑造出如支气管那样的环状管，以便它们能始终保持开放的状态，而不会塌陷；而且它们也应该同血管完全隔开，以免液体妨碍气体的流通，就像当肺部由于受到大力压迫或有痰而剧烈抽动时，呼吸就会发出咝咝声或咯咯声一样。

令人更加无法容忍的观点是，气与血，是维持人体精神状态所必需的两种物质，假设血液通过某些隐藏的孔隙从右心室渗到左心室，空气从肺部通过大血管即肺静脉被吸收进来，据此可知，在心脏的隔膜中有许多用于血液传输的孔隙。但据赫拉克勒斯所说，根本无法证明这样的孔隙存在，事实上也并不存在这样的孔隙。因为除了骨骼与肌腱，心脏的瓣膜比身体的任何部分都要致密。但即便假设这里存在着孔隙，那么当我们看到心室同时进行收缩和扩张时，一个心室是怎样从另一个心室获得血液的呢？例如，左心室是如何从右心室获得血液的？

……

第一章　作者的写作动机

当我第一次寄希望于活体解剖，并试图通过这种实际观察的方式来发现心脏运动及用途，而并非参照他人著作时，我才发现这个任务真的很艰巨，简直困难重重，我几乎忍不住要认同弗拉卡斯托留斯的想法，即只有上帝才能理解心脏的运动。起初我既无法正确地感知到心脏是在何时发生收缩及舒张的，也无法得知究竟是在哪里发生了膨胀与收缩，因为心脏运动的速度实在太快了，许多动物的心脏运动都是在转瞬之间完成的，来回快如闪电；我能看到的只是，此刻这一点在收缩，下一刻又是另一个点在收缩；舒张期则是一致的；然后，一切又都颠倒过来，看起来就仿佛是各种各样的运动混杂在一起，同时发生。我为此心烦意乱，不知道应该得出什么结论，也不知道该相信何种理论……

最后，通过日复一日的调查与研究，对各种各样的动物进行反复观察，对大量观察结果进行整理核对，我想我已经获得真理，我终于走出了这个迷宫，我发现了渴望已久的心脏与动脉的运动及心脏使用的奥秘。自那时起我便毫无犹疑地在这些问题上发表我的个人观点，不仅是在私下里对朋友们进行表述，而且会在公开场合，在我那旧学院式的解剖课堂上发表自己的观点。

……

第二章　动物活体解剖时所见的心脏运动

首先，当活体动物的胸腔被打开，并立即撕开或取出包围着心脏的包膜时，人们可以看到这一器官时而活动时而静止，它在不时地运动或停息。

这些现象在冷血动物，如蟾蜍、青蛙、蛇、小鱼、螃蟹、虾、蜗牛和贝类等身上更加明显。在温血动物身上也十分突出，例如狗和猪，如果我们留心观察，就会发现当它们的心脏开始衰竭，运动就会开始变慢，甚至可以说是在濒临死亡的时候，心脏的活动变得越来越慢，频率越来越低，停顿的时间也越来越长。这样就更容易理解和解释运动的本质，以及运动是如何进行的。当心脏停息之时，就像是死去一般，它变得柔软、松弛、精疲力竭，仿佛是在休息。

在心脏进行运动及停息的过程中，需要注意以下几种情况：

1. 当心脏垂直竖立并上升到某一点时，心脏搏动会撞击到胸部，因此可以从体外感受到脉搏跳动。

2. 心脏整体都是收缩的，主要是朝两边收缩，这时心脏看起来更窄，也变得更长更紧实。当你将鳗鱼的心脏取出并置于桌上，或是放在手中进行观察时便能观察到这些细节；同样的现象在各种小鱼以及那些心脏器官呈圆锥形或细长形的冷血动物身上也表现得十分明显。

3. 将心脏握在手中，你能感到它在搏动时逐渐缩紧变硬。这种硬度来自张力，就像当你用一只手握住前臂时，你能随着那只前臂手指的紧握和放松感受到前臂的肌腱也随之变得紧张和放松。

4. 进一步观察鱼类及青蛙、蛇等冷血动物，会发现它们的心脏在运动时颜色会变浅，而静止时则呈现出一种较深的血红色。

从这些细节中可以明显看出，心脏的运动是由某种普遍的张力造成的，无论是纤维线还是整体都会发生收缩。心脏在搏动过程中会竖直变硬，体积也会变小。这种运动显然与肌肉的肌腱和纤维进行收缩时的性质相同。肌肉在运动时会因获得力量而绷紧，从松弛柔软的状态变得紧实、突出且增厚。心脏也是如此。

因此，我们可以得出结论，即心脏在搏动时四壁会立即收缩，内壁增厚，心室变小，便于泵出或喷出其所负荷的血液。这一点可以通过前面的四种观察得到清晰验证，如果心脏将内部所负荷的血液挤出，它就会变得很苍白；当它进入静止状态时，心室内又会重新充满血液，它也会恢复成深红色。这一事实毋庸置疑，因为如果心室被刺穿，那么当心脏紧缩时，伴随着心脏的每一次搏动，它都会将血液强有力地向外喷射出去。

因此，有些事情会在一刹那间发生：心脏紧缩，从体外都可以感受到心尖跳动时一下下撞击着胸部，随着心脏的内壁增厚，心室收缩迫使血液排出。

由此可知，与人们普遍接受的理论完全相悖的观点似乎才是正确的。人们普遍认为，当心脏撞击胸部且能从体外感受到脉搏时，心脏的心室在扩张，内部血液充盈。但事实却恰恰相反。通常被认为是心脏舒张的运动，实际上是心脏在收缩。同样，心脏的内部运动也并非舒张而是收缩；心脏并不是在舒张时变得坚实紧绷，而是在收缩时才会变得坚实紧绷。

……

人们普遍认为，心脏通过自身的任何扩张或运动都可将血液吸进心室，这一观点也是错误的。因为当心脏变得紧绷时，血液便会被排出；当心脏变得松弛时，才会伴随下沉的过程吸收血液，这一点会在后文中详加说明。

……

第五章　心脏的运动、作用以及基本构造

从这些以及其他类似性质的观察中，我得出心脏运动的结论：

首先，心房开始收缩，在收缩的过程中，血液被泵入心室（心房作为静脉的源头，是血液的储藏库和蓄水池，因此其中含有大量的血液），随着心室被填满，心脏挺直竖起，绷紧全部纤维，心室收缩，使得心脏跳动，心脏立即将心房提供的血液输送至动脉。右心室通过血管将内部负荷的血液送入肺部，这根血管又称为肺动脉，无论是从结构还是从功能等方面来看，它都属于动脉。左心室则将其负荷的血液送入主动脉，然后通过动脉使血液遍及全身。

这两种运动，一种是心室运动，另一种是心房运动，二者是连续且相继发生的，而且它们之间始终保持着一种节奏或规律。这两种运动和谐一致，因此每次只有一个运动会明显呈现，特别是在温血动物的体内，这两种运动十分迅速。也并非出于什么其他原因，它不过就像是一台由一个轮子带动另一个轮子运动的机器，只不过它的轮子看起来是在同时运动着；你也可以将其视为一种适用于火器的机械装置，扣动扳机，激发燧石，燧石撞击钢针，引发火花，火花落在火药粉末上，点燃粉末，火焰燃烧蔓延至枪膛，进而引发爆炸，推出枪膛内的弹丸，完成射击——所有这一切都是迅速发

生的，几乎是在转瞬之间便已经完成……

因此，心脏其中一个作用是通过动脉将血液输送和分布至身体的最末端，所以我们在动脉中感觉到的脉搏只不过是来自心脏的血液脉动。

心脏除了推动血液运往身体局部，再将血液分配到身体各处，在此过程中还增加了其他作用——为血液加温、增添活力、使一切尽善尽美——但这一切仍需在不久的将来进一步调查研究，并结合其他领域的研究再进行下结论。但在此时，我们已经可以证明，心脏的活动是血液从静脉通过心室被传输到动脉，并通过动脉分布到身体的各个部位，了解这些便已经足够。

……在我看来，在这个问题上产生怀疑和错误的主要原因是不了解心脏与肺部之间存在的密切联系，尤其是当人们看到肺动脉与肺静脉都在肺部内汇合时。当然，对于我们来说，右心室是如何将血液输送到身体的，左心室是如何将血液从腔静脉中抽走的，都是未解的谜团……

如果解剖学家们对低等动物的解剖也能像对人体解剖那般熟悉，那么时至今日仍使他们困惑不解的事物将帮助他们从各种各样的困难中解脱出来。

……

首先，鱼类的心脏只有一个心室，它们没有肺，这一点十分明显。位于心脏底部的囊是类似于人类心房的部分，它将血液注入心脏，而心脏则通过管道、动脉或类似于动脉的血管传输血液。当你见到血液通过心脏的每一次跳动被喷射出来的时候，上述事实便可以通过简单的肉眼观察，或是通过血管的分工来得到证实。

同样的情况在那些只拥有一个心室的动物身上也能得到证明，例如蟾蜍、青蛙、蛇以及蜥蜴等，在某种意义上来说它们都有肺，因为它们能够发出声音。我对这些动物的肺部结构进行了诸多观察，具体情况不便在此进行说明。通过它们的解剖结构可以清楚地看到，血液在它们体内通过心脏的作用从静脉转入动脉，这种运送血液的方式与高等动物相同。事实上，这种方式显而易见且十分明确，因此不存在任何争议，也没有怀疑的余地。

因为在它们的身上，也同人类一样，它们的心脏结构更像是人类的心脏瓣膜穿孔或被移除，或是将人类的两个心室合并为一个心室。既然如此，我想不会有人对血液是从静脉进入动脉再有任何疑问。

……

第八章　从静脉到动脉流经心脏的血液量及血液循环运动

……教条一旦播下便会深深扎根，人们不愿轻易冒犯古人得出的结论。因此即便木已成舟，我仍相信自己对于真理的热爱，相信自己的心智因受过高等教养而具有坦率的品质。事实上，当我对自己搜集的大量证据进行审视及思考时，无论是来自活体解剖的观察，还是对心室以及进出心室的血管的对称性与大小的研究——鉴于大自然从不做徒劳之事，因此如果并非出于某种目的，为何要赋予这些血管大小不一的尺寸呢——抑或是对瓣膜排列、内部结构及心脏其他部分的观察，我常常认真问自己，在脑海中久久思索，血管所输送的血量是多少，血液完成一次循环需要多长时间，诸如此类。我发现即便摄取的食物汁液可以提供养分，但一方面静脉仍会干涸，另一方面动脉则会因血液过多而破裂，除非血液以某种方式从动脉进入静脉，然后再回到心脏的右侧；我开始思考是否存在着一种运动，这种运动可以使血液循环。后来我发现确实如此。我终于观察到血液在左心室的作用下流入动脉，然后被输送到身体的各个部位，同时也被输送到肺部。血液被右心室推进肺动脉，然后穿过静脉，沿着腔静脉，最后就像刚才说的那样一路绕回左心室。我们可以将这种运动称为循环运动，就和亚里士多德所说的空气和雨水效仿地表所进行的循环运动一样。在太阳的暴晒下，潮湿土地中的水分蒸发，上升的蒸气冷却凝集，再以雨的形式下降，重新滋润大地。正是有了这样的循环，生物才得以繁衍不息；同样是因为这样的循环，伴随着日升日落，暴风雨及流星才会产生。

同样，血液的运动使身体变得更加温暖、完美、更加虚幻、更加具有灵性，从而使各个部分都能得到滋养与珍视，因此可以说，血液中富含营养。另一方面，血液因与这些部分的接触而变得冷却、凝固，甚至可以说会慢慢衰竭。然后它重新回到它的王国，回到心脏中区，如同回归它的本源，回归身体最深处的家，它会在那里恢复它的完美状态。在心脏内部，血液恢复了流动性，恢复了原有的热度，变得强大、炽热、成为生命的宝库，充满活力，简直可以说是如同香脂一般。在心脏内部，它再度分散开，向身体各处运行。所有这一切都取决于心脏的运动与作用。

因此，心脏是生命之源。就像太阳在其运转中会被认为是宇宙的心脏，心脏也是这个微观世界里的太阳。正是心脏的功能与搏动才使得血液流动，使血液得以完善并富含营养，使血液免于腐败与凝固。这是一种家庭式的神性，心脏恪尽职守，滋养、珍爱整个身体，并使其充满活力，心脏确确实实是生命的基础，是人体活力的源泉。但是，当我们开始考虑这种心脏运动的根本原因时，我们会更加详尽地谈及此事。

血管是输送血液的管道和媒介，因此血管分为两种，腔静脉及主动脉；这并非因为身体有两面，也不像人们常说的那样是由于结构的多样性，而是由于职能的不同。正如我所说的，在许多动物体内，静脉与动脉的壁厚并无区别，仅仅是具有不同的功能和用途罢了。古人将静脉及动脉都统称为静脉，这并非全无道理。正如盖伦所说，动脉是把血液从心脏输送到全身的血管，另一种血管则将血液循环后带回心脏；前者是从心脏出发的管道，后者是通向心脏的管道；后者含有的是粗糙、贫瘠、营养不良的血液，前者传递的则是净化后的、完善的、富含营养物质的血液。

第九章　血液循环的说法自第一个命题便得到证实

……

我们随意假设或是实验假设，当左心室扩张时，其中所含的血液量是 2 盎司 、3 盎司或是 1 盎司半，而在尸体里，我发现它最多只能容纳 2 盎司。让我们进一步假定，收缩状态下的心脏比膨胀状态下的心脏能承受的重量少多少，以及每次收缩时会有多少血液流入主动脉。众所周知，在心脏收缩的过程中，总会有一些东西随之释放出来，这是第三章中论证的必然结果，从瓣膜的结构上看也是显而易见的。因此为了进一步接近真理，我们假定，心脏每次收缩时会将1/4、1/5、1/6，甚至是1/8的血液负荷投入动脉中去；如此一来，每跳动一次，就有半盎司[①]、3德拉克马[②]或1德拉克马的血液被心脏推进主动脉；由于血管根部的瓣膜结构，这些血液不会逆流回到心室。现在，在半个小时的时间里，心脏会跳动1000多次，有时会跳动2000~3000次，甚至4000次。将德拉克马的数量乘以心脏跳动的次数，我们要么得到1500盎司，要么得到1000乘以3德拉克马，或是相近的血液比例。根据我们假设的每次心脏跳动所产生的推力计算，从它送入动脉的血量甚至比整个身体所含的血量都要多……

根据这一假设，我们看到所有血液通过心脏，从静脉流到动脉，并以同样的方式通过肺部。

……

事实上，当我们解剖活体动物时，这一真理就会清晰明确地展现在我们面前；无须分开大动脉，只需一个很小的分支（如同盖伦证明的那样），在很短的时间内——大约半小时甚至是更短时间——就能像静脉或是动脉那样将体内的全部血液抽干。屠夫们非常清楚这一事实，并能为此作证；因为他们宰牛的时候会割断牛的喉咙，把牛脖子上的血管割开，随后不到一刻钟的时间里，所有的血管便都不再流出血液——牛血已经全部流了出来。同样的情况偶尔也会发生在截肢以及切除人体肿瘤的过程中。

……

第十三章 确认第三种论点：血液的循环是从此处体现出来的

最先提出静脉中瓣膜概念的，一说是阿卡彭德的一位最熟练的解剖学家，一位可敬的老人希罗宁姆斯·法布里丘斯，又或者是按博学的里奥兰所说，是雅各布·西尔维乌斯首次对静脉中的瓣膜进行论述，认为瓣膜是由这些血

---

① 1盎司=28.35克，英制重量的单位。——译者注

② 1德拉克马=白银4.37克，古希腊货币单位。——译者注

管内膜的凸起或疏松部分组成，结构纤细，呈乙状或是半月形。瓣膜彼此之间的距离不同，在不同的个体之中也存在差异；它们在静脉的两侧相连；向上指向静脉的主干；它们两两相对——因为在大多数情况下，都是两个一组——相互接触，如果有什么东西试图从主干支进入静脉的分支，或从较大的血管进入较小的血管，它们会通过边缘相接进行拦截；瓣膜排列整齐，后面瓣膜的边缘对着前面瓣膜的中凹处，如此交替紧密排列。

这些瓣膜的发现者未能正确地理解它们的用途，后来的解剖学家也没有任何进展。即使我们得知瓣膜是通过自身重量来阻止血液流向时，它们的作用仍然无法得到解释。颈静脉里的瓣膜边缘向下，它们的构造是如此精巧，以至于不会使血液向上流动。总而言之，这些瓣膜并不总是朝上，而是总是朝着血管的主干的方向。我，实际上还有其他人，曾在乳状静脉以及肠系膜静脉中发现了瓣膜，而瓣膜的边缘分别指向腔静脉与门静脉……

瓣膜的形成是为了防止血液从大静脉流入小静脉导致大静脉破裂或静脉曲张；但是血液恐怕并不是从身体的四肢末端流向身体的中心，而应当是沿着静脉从身体中央流向四肢；这些精细的瓣膜虽然在朝向正确时能够轻易打开，但由于它们的位置与布局堪称精巧，完全拦阻了任何相反运动，即使有什么物质能够侥幸逃脱，或是没有被完全阻塞住，也会被瓣膜的边缘完全挡住，因此可以说，液体从瓣膜边缘之间的缝隙中流过，瓣膜下部凸起的一面便会立即感应，将方向调整为横向朝前，因此得以有效地阻碍异物进一步向前。

我在解剖静脉时，常会观察到以下现象：当我想要将一枚探针沿着静脉的主干插入一个较小的分支时，我发现由于这些瓣膜的存在，无论我怎样小心翼翼地操作，都无法将探针深入到内部；而与之相反的是，将探针朝相反方向推送却非常容易，例如从外部向内推进，或是从分支向主干或根部推进。人体内（静脉血管）的许多位置都拥有一对瓣膜，当它们被抬起的时候，正好在静脉的中间聚集在一起，这对瓣膜会通过边缘的接触而结合在一起；这种结合十分精确，以至于无论是通过眼睛还是通过其他检查手段，都无法观察到两片瓣膜之间的接触线上有任何一丝缝隙。但是，如果你将探测器由末端引入中心的部分，瓣膜便能轻易地被推开，从中让出通路，就像是河流中的水闸。如此安排的效果很明显是为了防止血液从心脏和腔静脉中流出。因此，无论血液的方向是向上对着头，向下对着脚，或是向两边对着胳膊，总之一滴血液也流不过去。所有的血液运动，从较大的血管流向较小的血管时，都会受到较大的血管阻力；而当血液从较小的分支流向较大的分支末端运动时则通行无阻，或者说，无论如何瓣膜都会为其留下一条通道。

如同是做静脉切开手术一般将一只手臂的肘部上方束紧（如图 1 中的 A 点，A 点）。在劳动者以及静脉粗大的人身上，会发现有某些结节或隆起（B 点，C 点，D 点，E 点，F 点），这些结节或隆起不仅分布在血管分支处（E 点，F 点），而且也分布在没有分支的地方（C 点，D 点）：它们都是由瓣膜形成的，这一点仅从外部观察就能看出。现在如果你在其中一个瓣膜的上方空间挤压血液，例如从 H 点到 O 点（图 2），把指尖放在下面的静脉上，你会看到血液无法从上面流入；手指尖与瓣膜 O 点之间的静脉部分仿佛是被抹去了；然而，血管是否会继续在瓣膜（O 点，G 点）上方充分膨胀呢？血液就这样被挤出来，静脉也被抽干，如果你现在再用另一只手的一根手指按在瓣膜 O 点上方扩张的静脉上（图 3），向下按压，就会发现你无法强迫血液通过或是超过瓣膜；你越是努力，越能看到手指与瓣膜之间的静脉变得愈发膨胀，而位于瓣膜下方的静脉部分，则在整个过程中仿佛都空无一物（H 点，O 点，图 3）。

因此，静脉中瓣膜的功能同我们在主动脉和肺动脉起始处发现的三个乙状结肠瓣膜是一样的，也就是说，防止血液回流。

再进一步实验，手臂还是一样被绑着，血管看上去既饱满又膨胀，如果你用指尖按压静脉的某一部分（L 点，图 4），然后用另一根手指把血液划至下一个瓣膜的上方（N 点），你会发现静脉的这一部分（L 点和 N 点之间）仍然是空的，血液不可逆行，就如图 2 中所示；但如果手指先按压（H 点，图 2；L 点，图 4），再移开，静脉就会立即从下方被填满，手臂会变得如图 1 中的 D 点和 C 点一样。因此，静脉中的血液从较低或较远的部位，流向心脏，在这些血管中向这个方向而不是相反的方向移动，这一点十分明显。虽然由于动作不够精确，有些地方的瓣膜似乎并不能完全阻止血液从心脏流出，但是却可以通过后续瓣膜更完美的动作，或是以其他某些方式来进行弥补。总之，虽然静脉是血液返回心脏的自由开放的管道，但是瓣膜的存在却有效阻止了血液逆流或是有任何异物流向心脏。

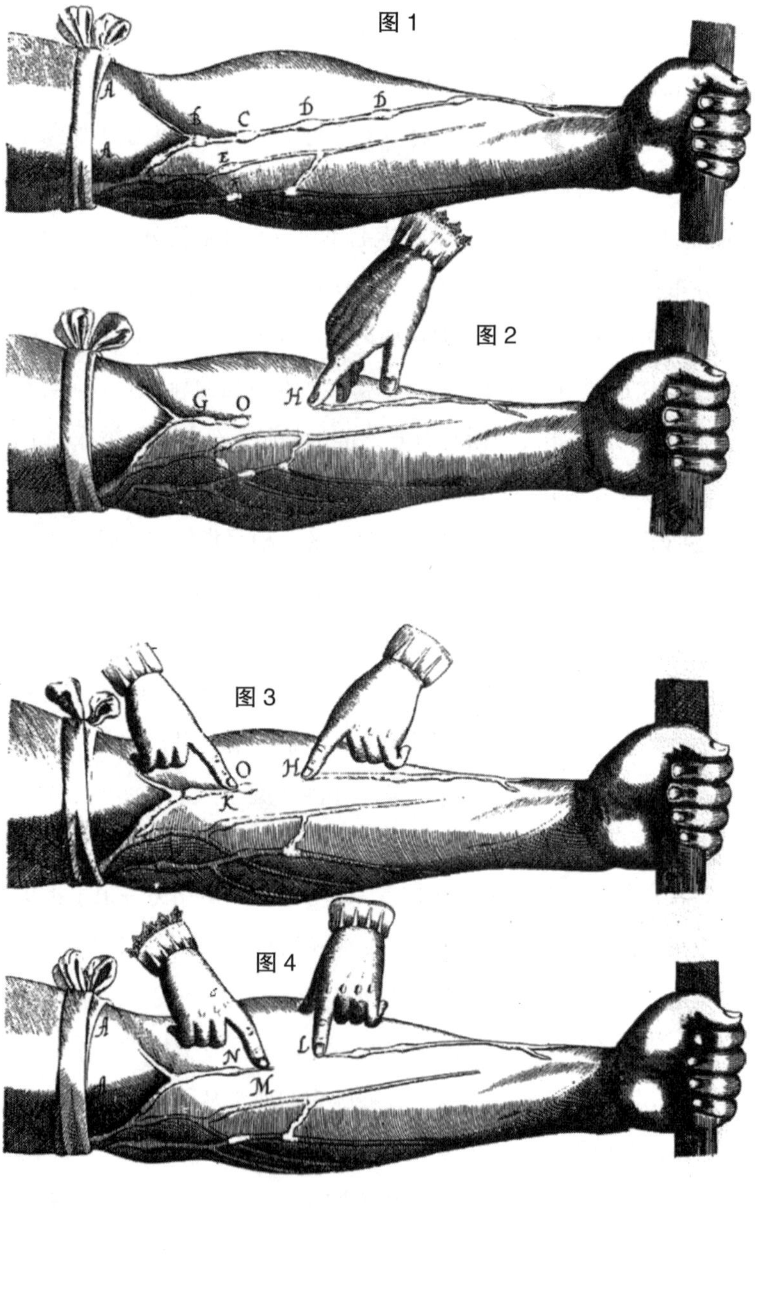

但必须注意另一种情况：当手臂被绑住，血管充血，瓣膜像以前一样突出，将拇指或手指按在其中一个瓣膜的静脉上压紧，防止血液从手上流出；然后，用另一只手的一根手指，将静脉中的血液向上划，直到血液通过另一个瓣膜（N点，图 4），现在这条血管仍然是空的；手指在 L 点移开片刻，血液会立即从下面填满静脉；再把手指按一下，用同样的方法沿着血管向上划，再次移开下方的手指，血管会像之前一样再次膨胀；这种情况可以很短的时间内重复上千次。现在计算你压在瓣膜外的血液量，然后将假设的量乘以一千，你就会发现有大量的血液通过了血管的某一个部分；我想，现在你会对血液的循环及其快速运动深信不疑。但如果你认为在该实验中，是人为因素对自然现象施加暴力影响了实验结果，那我只能说，只要你以同样的方式来进行实验，甚至是尽可能地加长一段实验用的静脉，仅仅以血液向上流动和从下面填满静脉的速度来进行观察，你仍会得出同样的结论。

（威廉·哈维 公元 1628 年）

用放大镜对微小物体进行显微记录或生理描述并加以观察和探究

序言

人类凌驾于其他生物之上的最大特权是我们不仅能看到大自然的杰作，或是依赖自然生活，我们还拥有对大自然加以考虑、比较、改变、帮助以及改进的能力，并赋予自然万物不同的功用。而人类这种与生俱来的特权，还能在技艺与经验的帮助下不断进步提高，因此一些人在观察、推理等方面的能力不仅强于猛兽，甚至远胜他人。也许在某种程度上来讲，对于人类由于疏忽、放纵、任性和迷信而背弃戒律造成的危害和缺陷，也许可以通过某种方式，如借助工具、仪器或其他方法加以弥补。依据自然法则，每个人，无论是天生堕落，还是出于后天教养的缺失，抑或是受到旁人蛊惑，都很容易犯下各种各样的错误。

现在我们唯一能做的就是在一定程度上恢复原有的完美，这似乎可以通过纠正感觉活动、记忆以及理智来得以实现。因为拥有证据、力量、正直，以及对这些因素的正确回应，才能拥有指引我们行动的光明，才能使我们对于一切事物的指令得以确立。

至于我们的感官活动，我们很难不注意到，人类的感官活动在许多细节上都远远不如其他生物，即使处于最佳条件下，也根本无法达到其他生物感官活动所能实现的完美程度。人类官能的软弱或许出于两个原因：或者是由于人类机体与器官的比例失调，无法容纳下大量信息；或者是认知错误，导致即便是在人类力所能及的范围内，也无法做到通过正确方式达成目标。

人类的记忆也存在类似的弱点。我们常常会让许多值得保留的记忆从我们身边溜走，而被我们珍藏在脑海中的，有很大一部分却不过是些琐碎或虚伪的碎片；即便是那些好的、有意义的记忆，要么是在时间的长河中渐渐遗忘，要么是被毫无意义的虚浮泡沫所掩盖或深埋，以至于当我们需要这些记忆的时候，只能徒劳无功地在脑海中一遍遍翻找。

人类的这两项主要基础功能是如此容易受到欺骗，无怪乎我们在此基础上所建立起来的一切后续工作，诸如辩论、归纳、定义、判断以及其他任何程度的理性都具有同样的缺陷，或者虚荣浮夸，或者多为徒劳，或是不确定的。究其问题所在是由于认知中出现的错误，即在认知的数量与质量上存在缺陷；而且我们的思想被局限在狭小的范围内，若是与自然本身的包罗万象相比，简直微不足道；自然领域太过于广阔，即便是某些领域对人类来说也难以窥视全貌，而另一些领域则又过于精细微小，人们往往难以察觉。我们由此可以推断，如果对客体缺乏充分的感知，那么我们对于客体的认识以及据此提出的相关设想必然也是极其糟糕和并不完善的；因此，我们常常错将事物的阴影当作实质，将一些微小的现象视为优良品质，再用这种相似性为客体进行定义；甚至许多我们认为非常可靠的定义，其实也都不过是我们自己的错误理解与表达，而并非事物的真实本质。

这些缺陷会根据人们的不同脾气和性情表现出不同影响，再以不同的方式表现出来，有些人会表现出极度的物质与愚蠢，而另一些人则是专横地把意见强加于人，面对无法确定的事情也会盲目自信过于武断。

因此，所有人类行为的不确定性以及错误行为，或者是源于人类感官的狭隘与迷失，或者是源于记忆的诡计或妄想，再或者就是源于人类理智上的拘谨或轻率。因此，我们在战胜自然因果的能力上之所以会进展如此缓慢，也就不足为奇了，因为我们所要从事与思考的事情本就晦涩难懂、困难重重，而且就连我们自己的思想力量也在密谋背叛我们。

这些都是人类在追求理性的道路上所遇到的危险，而解决这些危险的办法只能是从真实的、机械的以及实验的方法出发，这些要比演说与辩论哲学更有优势，毕竟哲学的优势就在于其推论与辩驳的精妙，却忽视了最为基础的工作，而这些基础工作正是基于人类的感觉与记忆。因此，这意味着它们（此处指人类的感官活动、记忆、理智与本段提及的“真实的、机械的以及实验的方法”）之间应遵循着正确的顺序，并且可互为所用。

在这项紧要的工作中，首先要做的是警惕感官的缺点，并扩大感官的支配权。为了达到这一目的，首先必须要做出谨慎的选择，再对我们所承认的特殊性、真实性、持久性和确定性等方面进行严格检验：这是朝真理迈进的第一步，因此必须采取最为严厉、最公正的努力；如果不考虑任何证据或是用途，只会导致一片黑暗和混乱。因此，我们不能仅从数量上去衡量哲学宝库的丰富性，还应从价值上予以权衡。即便是最庸俗的事例也不容忽视，更为重要的是，对于最具启发性的例子则是值得反复回味的；我们在追踪大自然的足迹时，不仅要追踪它的日常活动，更要追踪它变换的方向，因为大自然会在其发展过程中多次迂回曲折，还会采用各种技巧，设法避免被人们追寻到它的踪迹。

接下来要注意的是，在感官方面，人类可以通过仪器来弥补他们的缺陷，或者也可以说，是给天然器官上加上人造器官；近年来，随着光学眼镜的发明，各种有用的知识都得到了极大发展。借助望远镜，人们可以观察到更遥远的事物；在显微镜的帮助下，再小的事物也逃不过人们探究的目光。因此，人们发现了一个全新的可见世界可供人们进行观察研究。通过这些方式，天空一下变得豁然开朗，数不胜数的新星、新的运动以及新的产物层出不穷，而这一切对于古代天文学家来说都是陌生的。而大地离我们如此之近，就在我们的脚下，借助光学仪器，大地仿佛向我们展示出了全新的世界，它的每一个微小的物质颗粒对我们来说都是全新发现；现在我们所能看到的各种各样的生物，其数量几乎与我们曾经计算出的整个宇宙的物质数量一样多。

这似乎并不是不可能的，正因如此，才能使个体的组成、各部分的结构、各物质的不同质地、各内部运动的方式以及事物的一切可能表象都能得到充分地观察与探究；古代的巡游者只能将这两种东西笼统地理解为物质与形式（除非进一步说明）这两个毫无用处的词。借助工具有许多值得称赞的优点，有助于增加操作与机械方面的知识，这些知识在我们的这个时代颇受青睐，因为我们或许能够借此洞悉大自然的所有秘密活动，就如同我们研究艺术品一样，这些机械同样也是由人类智慧所设计，以轮子、发动机以及弹簧来提供动力。

在此，我将向全世界展示我那算不上完美的努力；我希望它们能在某种程度上有助于哲学改革的设计，只是需要表明，它们根本无须太多想象力，也无须多么精确的方法，更不需要深思熟虑（当然如果能在适当的地方增添这些因素，必然会产生一种更加完美的效果），因为仅有真诚的手，忠实的眼睛，便足以对事物本身的表象进行审视和记录。

我请求读者允许我鼓足勇气保证，在现有的知识条件下，我下定决心，以诚实正直的态度，正确运用自己的感官，将自己努力工作的智慧与有用结论，同那些更有力量、思维更加敏锐之人的思想，同真正的哲学进行比较，毕竟他们的感官不会采用同样的方法。

事实上，长久以来，自然科学一直都仅仅是大脑与想象的产物：现在是时候回到对物质以及明显事物最为朴素与健全的观察中来了。据说对于伟大的帝国而言，保护它们免于灭亡的最好方法，就是将其带回最初的原则和艺术上来，而这些原则和艺术正是一切开始的基础。毫无疑问，哲学也同样如此，哲学一旦脱离了不可见的概念，便近乎是完全毁灭，既无法再恢复，也永远无法继续，除非回到它最初所走的那条感觉的道路上。

因此，如果读者期望从我这里得到任何无懈可击的推论或公理的确定性，那么我只能说，那些强有力的智慧以及富有想象力的作品超越了我那微弱的能力；若非如此，我便不会将其运用到眼前所面临的这一问题：每当有人发现我对所观察到的事物的原因作了小小的推测时，我便会恳求他能以怀疑的眼光看待这些问题以及不确定的猜测，而不是毫无疑问地得出结论，或是不容置疑的科学问题；我在此处并未提出任何结论，只是想将理解与默许结合起来；我离那些太远了，如果读者认为这些发现与将来其他公正的发现者所做的能看到的实验相矛盾的话，那么我希望读者不要完全相信我的眼睛所观察到的事物。

如今，众多学者都在忙于自然观察并提供了大量的观察结果，而于我来说，如果我的这些小小的劳动可在其中占有一席之地的话，那么就已经得偿所愿了。如果我能贡献出最为简陋的地基，使他人能以此为基础建造更为高贵的上层建筑，我便心满意足；而我的理想，是可以为当代伟大的哲学家们服务，就如我的眼镜制造者和打磨工人为我提供服务一样；我可以为哲学家们制备相关材料，以便他们之后可以更为熟练地订购和管理这些材料，从而可以收获更多的益处……

……

如果人们能够勤奋且专注地遵循这种方法，那么在人类的智慧范围内（或是在有效作用范围内），便不再有某物是我们无法企及的。我们不仅希望自己的发明能与哥白尼、伽利略、吉尔伯特、哈维等人的发明相媲美，更希望能与那些发明者早已不得而知的发明相提并论，比如火药、航海指南针、印刷、蚀刻、雕刻、显微镜等，类似的发明还有很多很多。尽管这些发明并不完美，但它们似乎也是这种方法的产物；因此，如果我们能彻底贯彻执行这种方法，是否一切便皆为可期呢？谈话与争辩很快就会转变为劳动；所有与观点相关的美好梦想，所有普遍的形而上学的性质，这些都是精妙的大脑所设计出的奢侈产物，但它们转瞬即逝，取而代之的是坚实的历史、实验和著作。起初，人类品尝了知识的禁果而堕落，因此，我们作为人类先祖的后代或许也会以同样的方式来再现那一场景，只是这一次，我们不仅是通过观察和思考，而且是通过品尝那些从未被禁止的自然果实来获取果实。

因此，世界上可能会出现各种各样的发明，出现可供收集的科学的新素材，以及可供改进的旧素材，例如为它们除去锈迹。得益于感官，我们在研究大自然的过程中获得技能，从中受益，并且会在感官的引导下更加容易、更加准确地履行职责。这并非不可能，或许我们能够找出感官存在哪些缺陷，并轻易地找到修复方法……

观察一　锋利的小针尖

同几何学一样，最自然的开始方式莫过于是从数学角度开始；同样的方法在观察与自然史上同样也是最真实、最简单、且最有指导意义的。当我们鼓起勇气写下一整句话，或是绘制出大幅图画之前，我们必须先努力写好第一个字母，或是画好第一笔。至于对身体的探究，由于身体结构更为复杂，因此在我们冒险进入众多弯路之前必须努力遵循自然法则，以更加朴素、简单的方式来进行探究。唯一令人担心的，是我们对即将要走的路失去辨别与判断，很快我们不仅失去了向导——大自然，也失去了我们自己，以致我们只能在毫无缘由的意见的观点迷宫中反复徘徊；我们需要判断力带来光明，需要经验作为线索，来为我们的研究活动提供指导。

因此，我们的研究将从观察最简单的物体开始，然后再逐渐过渡到较为复杂的物体。在观察时，我们将从一个物体的尖端开始，针尖便是个常见的例子；事实上，在很大程度上来说，针尖是如此锋利，以至于肉眼无法分辨它的不同部分；它能够轻易穿透各种比它柔软的物体；但是，当你用一台很好的显微镜来对它进行观察，就可以发现针的顶端（虽然看起来很尖）看起来很宽，也并不锋利，尖端也很不规则；它并非如想象中一般是圆锥体，而是一块逐渐变细的物体，其顶端大部分都不完整，或是有所缺陷。针尖部分则更加钝，即使是最古怪的数学仪器，其尖端也甚少能达到如此锐利的程度；因此，如果用尺子和圆规则只能简单加以测量，但若是通过显微镜来观察这些点和线，便能够有更好的了解。

虽然这一点通常被认为是最尖锐的（当我们将一个点的锐度表达得淋漓尽致时，我们通常会说，像针尖一样锋利），然而，显微镜却可以给我们提供数以百计的例子，这些例子中的尖端都比针尖锐利数千倍：许多动物的毛发和爪子；荆棘、钩状物、叶子上的细毛，以及其他小型植物……除了上述例证，菊苣的柄端或是小株平行管状花序的末端，以及明矾晶状体也都很尖锐。其中甚至有许多物体，即便是用显微镜（它能把物体放大 100 万倍以上）来观察也无法看清其尖端，至于我们是否真的能够根据这些理论实际制造出显微镜，这一点我也并不怀疑。即使是在这些异常锋利物体的最顶端，我们也可能发现隆起、凹陷、孔隙，以及足够的宽度或是扩张空间，这些结构使各个部分都具有足够空间。当然，任何物体的数量或外延都可以被无限分解，尽管可能最后分解出的已经不再属于物质。

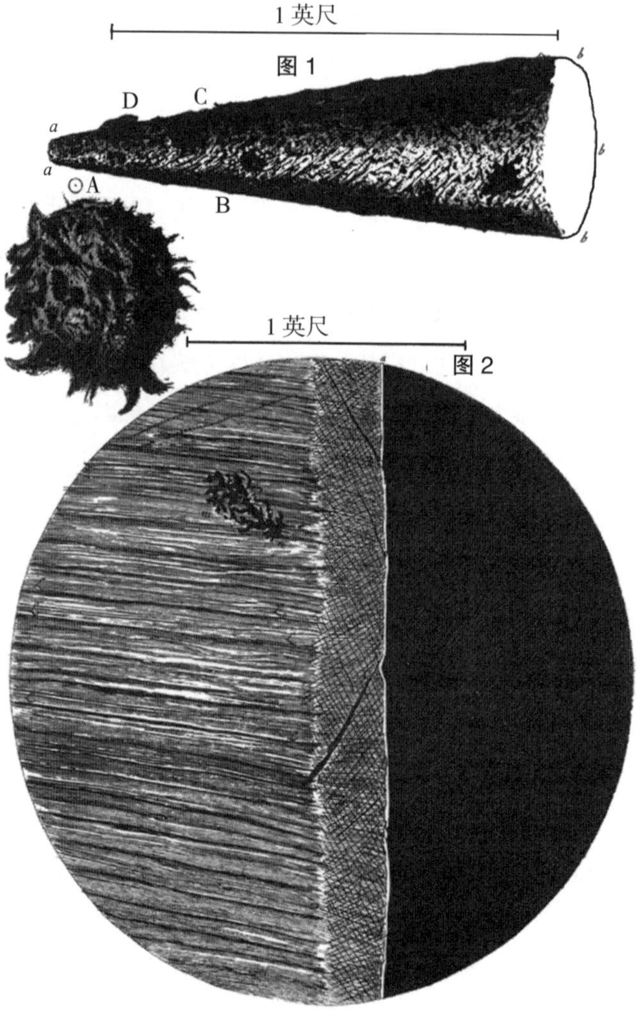

继续来看，我们在此处展示出的第一幅图像是一个非常锋利的小针顶端，然而在显微镜下，它的尖端 aa 看起来却约有四分之一英寸宽，既不是圆的，

也不是平的，而是不规则的，且凹凸不平；因此，它似乎足够容纳一百只全副武装的螨虫，它们甚至可以整齐排列，并能在不伤及彼此的情况下将同伴推开。尽管肉眼看起来针尖的表面十分光滑，但在显微镜下，大量的孔洞、划痕却无所遁形，坑洼之处（如 A、B、C 点可见一些锈斑造成的小孔洞；而 D 点处则可见一位不速之客的身影正紧紧地贴着针尖上）更是常见。其他一切表面粗糙的东西，也只不过是种种工艺粗糙和笨拙的痕迹罢了。那么在所有的同类产品中，即使是那些看起来最为平滑的食物，一旦你用比制造它们的器官更加精锐的仪器来进行检查，就会发现它们是如此粗糙，随着我们对它们的形状观察得越多，越觉得它们的美丽正在逐渐减少。然而，最深刻的观察则向我们展示出了大自然伟大的卓越之作。一个明确的论点是，这一切的造物之主不是别人，正是无所不能的上帝；上帝的作品包括那些我们肉眼可辨的细小的点，而这些细小的点中却包含有各种部件与装置，与此同时，还包括那些诸如地球、太阳或是其他星球等更为巨大的物体（相对来讲，这些同样可被认为是“点”）。地球本身便可以类比为一个物理点，这一点并不奇怪：因为它的本体距离我们如此之近，我们才得以亲眼见证它的奇妙瑰丽，切身感受它的浩瀚，而某些十分方便的眼镜却可使之缩小成一枚依稀可见的小尘埃或小点{就像我经常对月球所做的尝试,(如果不是因为太亮的话）同样也可以用这种方法来观察地球}。那么，机械装置能否帮助我们对相关理论加以佐证，我们所能观察到的最小的点也可能同地球一样大；随即便会发现，正如笛卡儿所推测的那样，在月球或其他行星上也存在着大量的物体。

观察十九　软木的结构，以及其他一些泡沫体的细胞与孔洞

我拿起一块干净的软木和一把锋利如剃刀的钢笔刀，切下一片软木，并尽量使切面光滑，然后用显微镜仔细观察，我能觉察到它上面似乎有许多孔洞；但我却无法对它们进行清晰地分辨，甚至无法确定它们就是孔洞，至于孔洞的形状就更不必说了。但是从软木的轻便性与柔软性来判断，它的质地应当不会很奇怪。但如果我再努力一点儿，用显微镜进行观察，可能就会有

新的发现。我用同样锋利的小刀，从原来光滑的表面上切下极薄的一片，并将其放在一块黑色的置物板上。由于其本身是一片白色物体，再加上我用一块深深的平凸面玻璃将光投射到它上面，所以我可以非常清楚地看到软木片上如同蜂巢一般遍布孔隙，但那些孔洞并不规则，在一些细节上又与蜂巢不同。

首先，除了空腔部分，软木只含有很少的固体物质，这一点与蜂巢相比十分明显。这些孔隙的间隙、墙壁（我们可以以此来称呼它们）或是间隔与它们的孔隙大小成正比，它们的作用与蜂房内薄薄的蜡膜（蜂蜡膜嵌在蜂房之内，构成诸多六角形结构）一样。

其次，由于这些孔洞或细胞并不是很深，它们由从一个连续的长孔中分离出的许多小格子组成，而这些小格子是由一些隔膜构成，由长径中分裂出多个孔洞。

我一看到这些（这也的确是在显微镜下观察到的第一个气孔，在此之前，我并未见任何作家或是由任何人曾提到过它们）便以为是我最先发现了它们，没过多久，我就明白了软木奇特样貌背后的真正原因……

首先，我想知道的是，为什么这个物体如此之轻？我的显微镜也很快就告诉了我答案，很显然其中的原因与泡沫的轻盈类似，诸如蜂巢、羊毛、海绵、浮石等东西也同样具有类似的性质。也就是说，微小的固体可以延伸至超大尺寸。

其次，为什么软木塞这种物质很难吸水或是被水浸湿，但是却能漂浮在水面上？尽管漂浮的时间不算太长。要用一个浅显易懂的理由来解释这些问题似乎并非易事。还有，为什么软木能够隔绝空气，将空气封进瓶子里？关于这些问题，既然显微镜告诉我们软木塞的物质内部完全充满空气，而空气又被完全封存在不同的小盒子或小房间里，那么水或者外部空气无法轻易进入软木塞的原因似乎就很简单了，那就是它们的内部存在着套叠现象，因此，软木塞可以很好地漂浮在渔网上，也能够很好地堵住木桶或其他的封闭容器。

最后，为什么软木塞在受压时会表现出很强的弹性和膨胀性？它是如何承受强度如此之大的压缩？它又是如何恢复原状的？显微镜可以轻易地告诉我们，整个物体是由无数的小盒子或是气囊组成，组成了一种具有弹性的物质，能承受高强度压缩（我通过多次的潜水试验发现，我发现软木可以被明显地压缩变形，而除了我的手之外并无任何如机架、叶片、轮子、滑轮等外部力量施压，只不过形变是逐渐发生的）。而除此之外，这些小孔的薄膜或侧面很有可能具有弹簧的性质，就和其他种类的植物性质一样，可以使它们迅速恢复原有姿态。

我们是否能轻易地发现这些薄膜以及其他物体（如软木塞）的结构与纹理呢？现在我们不妨把这些现象的真正原因解释一下，即，是什么原因使它们具有弹性和韧性，使它们既灵活又能迅速恢复原样；为什么其他一些植物却是脆弱又易碎。在显微镜或其他方法出现之前，我们根本无法发现各种物体的真实结构与纹理，我们只能摸索前行，犹如在暗夜行舟，只能通过类比来猜测事物背后的真正原因。

再回到我们的观察。我已经对软木的孔洞进行了说明，还发现仅在一英寸长度的末端约十八分之一处，就有 60 个左右的细小孔洞。我据此断定在一英寸的长度内会有 1100 多个这样的孔洞，而在一平方英寸内有 1166400 多个孔洞，在一立方英寸内，则有 1259712000 多个孔洞，难道不是借助显微镜的直观演示才让我们证实了这件不可思议的事实吗？不仅如此，难道不也是在显微镜的帮助下，我们才像观察软木塞上的小孔一样，发现横膈膜上的小孔在一立方英寸内却具有超过十倍多的小细胞吗？这在几种经过烧灼焦化的植物中十分明显，大自然的作品是如此奇妙，这些明显的孔洞似乎是为了使营养液或植物的天然汁液通过的路径或管道，看起来似乎也能与具有知觉的动物体内的静脉、动脉以及其他血管相对应。我认为这些孔洞非常渺小，按照伊壁鸠鲁的设想原子会靠近这些孔洞，但事实证明这些原子太大而无法进入孔洞，更无法在其中形成流体。螨虫的血管一定更小，而且我还在玫瑰花瓣的背后也发现了一种气孔，它的体积与小灌木丛的体积相比要小上几百万倍，我将在后文对此进行详尽描述。正如我们已经发现的这些孔洞与植物体积之间存在的关系，这种小植物的孔洞是否也与植物本身保持着一定比例？关于这些孔洞，我在其他地方也已进行过多次详尽描述。

……

观察五十四 虱子

这是一种随处可见的生物，每个人迟早都会遇到它。它总是如此忙碌，放肆无礼地强行伴在每一个人身边。它又是如此高傲且志向远大，因此它肆无忌惮地将最好的东西踩在脚下践踏，甚至高高在上的王权也不在话下。它的日常进食及生活都在高处，这使它变得十分无礼，无论谁要是碰到它，它便揪住那人咬个不停，直到流血为止。没有什么比一个搔着头的人更令虱子感到烦恼，因为它知道这个人正在密谋着对它进行伤害，因此，它往往会及时地隐匿到一个更低的位置去，绕到这个人的脑后，尽管这里的头发可能非常碍事。它生存的恶劣条件使人们得以对它有更多了解，随即也便听之任之，对此我就不再进一步说明了。那么我忠实的墨丘利，我亲爱的显微镜，是否给我带来关于虱子的其他信息？借助投射在它身上的一束非常明亮的光，我发现虱子是一种形状非常奇特的动物，它的头如下页图中所示。A 点处看起来几乎是个圆锥，但是上部和下部都略显平缓，在头部最宽部分（就是在近似其他生物耳朵的位置处）的左右两侧各有一枚突出的乌黑发亮的眼睛 BB，其周围有几根小小的纤毛，也可能是长在眼睛周围的毛发，所以它似乎并不具有良好的视力。它似乎并没有眼皮，这也许是造物主刻意安排的，如此它便可以用前腿对眼睛进行更好地清洁；这可能正是它躲避光线并且要隐藏在阴暗之处的原因。因此，它的眼睛可能具有很大的瞳孔，所以明亮的光线，特别是太阳光，必然会使它感到极其不适。它的眼睛前面长着两个角（CC），便于从毛发中穿行时保护眼睛，角就长在人们认为本该长着眼睛的地方。每个角上都有四个关节，上面长有细小的鬃毛，鬃毛一直延伸至鼻尖 D 处。它的头看起来很圆，向上逐渐变窄，末端长着一个尖尖的鼻子 D，鼻子上似乎还有个小洞，可能就是它用来吸血的通道。如图中所示，将它翻过来腹部向上放置。似乎在许多位置上都如图中 EE 所示长着类似的皴裂或是钳夹，然而当虱子被摆成其他姿势时，便看不到这些黑色的线条了。我将好几只虱子养在一个盒子里两三天了，在这段时间里，它们没有任何食物。我发现，当我让其中一只虱子爬到我的手上，它立即开始吮吸，但它似乎既没有将鼻子深深地扎进皮肤里，也没有张开嘴巴；我清楚地看到有一小股血从它的鼻子里流进了它的肚皮。在 A 点附近似乎有个类似于水泵、风箱或是心脏的装置，因为正是随着那里迅速地收缩及舒张，它用鼻子将血液抽出并吸入了身体。我在它吸吮的时候观察了好一会儿，它仿佛要将鼻子整个伸进我的皮肤里，而不是仅仅将鼻尖 D 扎入皮肤，它并没有引起丝毫可察觉的疼痛，但血液迅速地流过它的头部。因此，尽管它身上没有任何皮肤，但血液依然在其身上四处分散，甚至是在表皮之内；即便它将整个鼻子从 D 处猛刺至 CC 处，它也无法达到预期的外皮厚度，因为鼻子的长度不会超过一英寸的百分之三。它有六条腿，上面覆盖着一层非常透明的壳，其关节与螃蟹或龙虾的关节完全一样；每条腿都被这些关节分成六个部分，腿上随处长着细小毛发；每条腿的末端都有两个爪钳，非常适合它的特殊用途，因此它能够非常安全地在皮肤与毛发上行走。的确，其脚部的这一结构非常奇特，能够满足同时做出两种必要动作的需要，即在人的头发上行走以及攀爬，没有比这种结构更加便利的了：由于小爪钳（a）比大爪钳（b）短得多，当它在皮肤上行走时，较短的爪钳便不会触碰到人类的皮肤或是毛发；而且由于其脚部同螨虫以及其他许多小昆虫的脚是一样的，因此它可以通过长爪上的小关节进行弯曲，合起两只爪子抓住一根头发，如图中所示，长条透明筒状体 FFF 便是一根被它抓住的头发。它的胸腔表面似乎比腹部要多一层物质，这是一种薄而透明的角质物，因为在禁食之后，这种生物不会变得软弱无力；透过这层物质我可以清楚地看到，它从我手中吸取的血液正在其体内朝着不同的方向流动，来回不停；大约在 G 点的位置有一片很大的白色物质似乎在其胸腔内移动。此外，我还发现了许多乳白色的小血管，这些小血管途经胸部而穿行于其两腿之间，每一边还有许多细小分支延伸出来，这些似乎就是静脉与动脉，同所有昆虫的血液一样，它的血液也是乳白色的。

虱子的腹部同样覆盖着透明物质，但这种物质更像是皮肤而并非外壳，

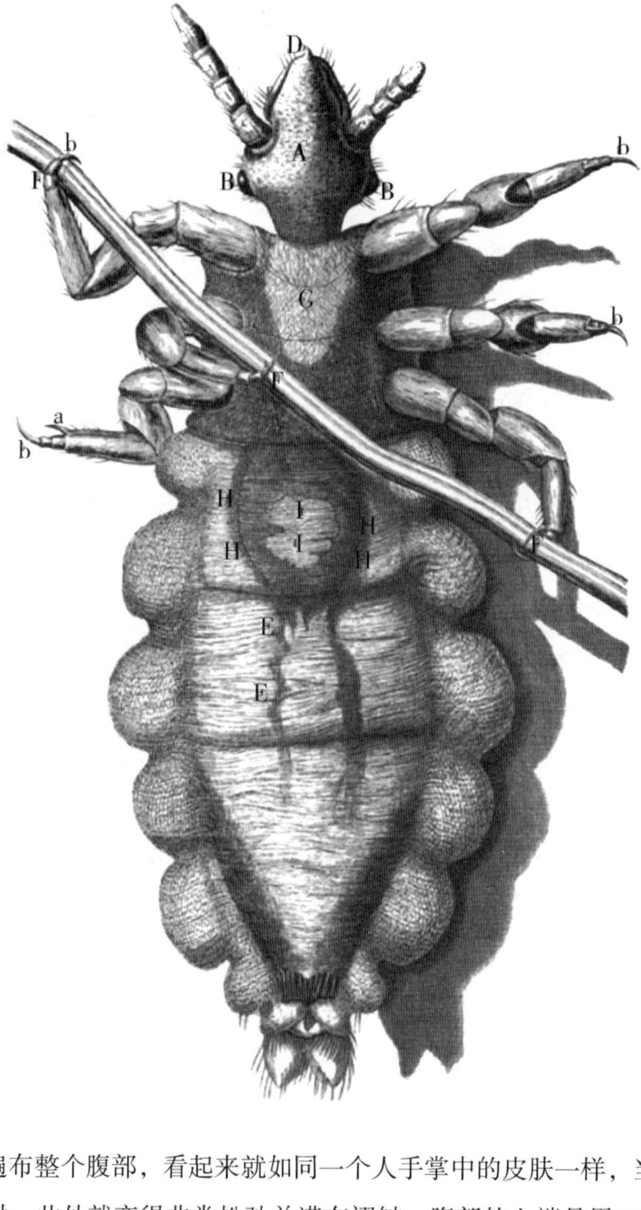

其纹理遍布整个腹部，看起来就如同一个人手掌中的皮肤一样，当它的肚子空空之时，此处就变得非常松弛并满布褶皱；腹部的上端是胃 HH，白斑 II 或许是它的肝脏或胰腺。在内脏蠕动的作用下，肝脏或胰腺不会随之收缩和舒张，而是会随着拥挤或推动而前后移动。禁食两天之后再对这些生物进行观察，所有虱子的后部都变得瘦削无力，白斑 II 几乎不再发生任何移动，白色分支大多已经消失不见，内脏之中的大部分红色或是吸进体内的血液，几乎已看不出有任何蠕动。但当我忍受痛苦让其吮吸时，它腹部的皮肤立刻被填满，其身体两侧的六个扇贝形浮突也填满鼓胀起来，肠胃和内脏也都吃得满满的。内脏蠕动加快，II 部分的蠕动也随之加快；许多乳白色的血管似乎很快便被填满并肿胀起来，这可能是血管及动脉部分。这种生物如此贪婪，尽管它无法再装下更多血液，但它还是一如既往地迅速吸吮，并又迅速排空。这种生物的消化过程一定非常迅速，因为虽然我能感觉到血液在刚被吸进体内的时候更浓更黑，然而，到了它的内脏中，血液又呈现出一种非常可爱的红宝石色，其中一部分被消化进了静脉， 看上去呈白色。由此看来，进一步消化会使血液变成奶白色，或是一种近似于牛奶的颜色。关于这种生物的其他观察结果可参见上页的图。

（罗伯特·胡克　公元 1665 年）

动植物的结构与生长一致性的微观研究

细胞理论

关于一个组织机体所蕴含的基本力量，人们持有各种意见，但大致可以分为两种，而这两种在本质上是截然不同的。第一种观点认为，每一个有机体都是由一种内在力量产生的，正是这种力量使有机体符合一种主导的观念。为了要实现这一观念的某些特定目的，分子会按照需要进行排列组合。因此，这种能够对分子进行排列、结合的力量具有十分明确的目的。这种力量与无机自然界中的力量有着本质上的不同，因为后者的行动是盲目的。无论出于何种目的，随之而来的必然是质量和数量发生某种变化。然而，据此看来，由于具有明确的个体目标，因此有机体的基本力（即斯塔尔所谓的“灵魂”）更接近非物质原则，并被赋予了意识，而我们必须承认的是，这种意识也同样作用于人类。

另一种观点认为，组织机体的基本力与无机自然界所具有的基本力在本质上是一致的，它们不会考虑任何目的，一味盲目地按照必然规律工作，但与物质力量一样，它们同样是建立在物质存在基础上的力，因此可以假定，构成组织机体的力根本不存在于无机的自然界中，因为组织机体是通过某种特定分子组合来获得能量，而这种分子组合在无机自然界中却不会发生，它们可能同物理力量与化学力量并没有本质上的区别。的确，不可否认的是，适应特定目的是每个有机体的特征，这在某些个体中甚至会以极高程度呈现，但是，根据这一观点，每一种有机体都是为了达到这一目的而通过自身力量的努力发展起来的，但这种适应性却并非来源于此，而是源于无机的自然界，源于在创造物质的过程中盲目的力量被理性左右。因而……

关于组织机体的基本力的第一种观点被称为目的论，第二种被称为物理观点，通过一个例子可以表明这一点——从生理学角度来讲，解决这一问题的方法与遵循哪种观点同样重要。例如，我们将炎症与化脓定义为有机体为清除入侵体内的异物所做的努力，或者认为发热是有机体为消除疾病而做出的一种努力，这都是"有机体专制"的结果，因此这些解释都符合目的论观点。通过这些过程，有害物质得到有效清除，因此影响它们的过程就是适应并达到该目的的过程。由于生物体的基本力是按照明确的目的进行运作，它既可以先将这些进程付诸行动，也可以进一步召唤物质的力来帮助自己，始终保持自身为"第一推动者"；另一方面，据物理学观点来看，这也可以解释为，地球围绕太阳运行并产生季节变化是行星系对行星影响的结果，而潮起潮落，则是地球有机体对月球做出的反应。

在物理学中，所有那些由目的论观点对自然所作出的解释都沦为"虚无过度"之流，早已被抛诸脑后。但是在生机勃勃的自然界，出于目的的适应性——个体适应性——十分显著，以至于我们很难完全拒绝目的论的解释。同时，我们必须记住，只有在无法采用其他观点时，这些能同时对一切以及虚无加以说明的解释才可被作为最后的选项，但就组织机体而言，没有必要承认目的论观点……

无论如何，力求采用物理解释对科学的目标更有帮助。我再重申一遍，当谈到有机现象的物理解释时，没有必要去理解已知的物理力，例如普遍的避难用电等，而是根据严格而又盲目的必然性规律，用一种近似于物理学的力量来进行解释，无论它们是否存在于无机的自然界中。

因此，我们可以假设，一个组织机体并非由一种基本力（这种基本力是按照一种明确思想指导进行运作的）产生的，而是根据必然性的盲目法则，由多种力发展起来的，这些力与无机自然界中的力一样，是因物质存在而建立起来的。由于有机自然的基本材料与无机王国的基本材料并没有什么不同，有机现象的来源只能存在于这些材料的另一种组合中，无论它是以一种特殊的方式将基本原子结合起来形成二阶原子时，还是在形成生物体单独形态的基本部分或全部时，都是按照这些聚合物分子的排列方式组合起来。此处我们只对后一个问题进行讨论：究竟有机现象的原因在于整个有机体，还是在于它的各个基本部分——如果这个问题有答案，那么，有机体或它的基本部分是通过组合成砾岩分子的特殊模式，还是通过基本原子结合成砾岩分子的模式，而获得这种能力尚待进一步研究。

因此，对于有机现象（如生长等）的成因，我们可以得出以下两种观点。第一种观点是，原因存在于有机体的整体中。例如，有机体在其发展的每一个阶段，都会产生一种力量，这种力量使这种生物能够从外界获取新鲜的物质，并将其用于形成新的基本组成部分，或用于现有结构的生长，因此，此处的基本组成部分生长的原因基于有机体整体。另一种观点认为，生长并不是由整个有机体中的某个能量源产生的，而是每一个独立的基本组成部分都具有独立的力量，都是独立的生命体，换句话说，每一个独立的基本组成部分中的分子结合得如此紧密，以至于会释放出一种能吸引新分子的力量，如此，整个有机体就只能通过单个基本部分的相互作用而生存下来，因此，单一的基本组成成分只会对营养产生积极的影响，而有机体的整体也许确实是一种条件，但在这一观点看来，却并非形成原因。

为了确定这两种观点中哪一种是正确的，我们必须重新审视原有的调查结果。我们已经看到，所有的组织机体都由本质上相似的部分组成，即细胞，这些细胞的形成和生长基本上都遵循着相似的规律，因此，无论在任何情况下，这些进程都是在同样的作用下产生的。现在，如果我们发现这些基本组成部分，即便与其他部分并无区别，却能够自主地从有机体中分离出来，独立生长。那么，我们就可以得出这样的结论：每一个基本组成部分，每一个细胞，都具有吸收新鲜分子并生长的能力。因此，每一个基本组成部分都有自己的力量，都是一个独立的生命体。如果某一基本组成部分与外部的各部分的关系同它在有机体之中的关系类似，那么，它就拥有了自己的力量，是一个独立的生命体，能够独立地发展自己。例如，动物的卵子便是这种独立细胞，它们可以从生物体中分离出来。的确，对于高等动物的卵子来说，受精后的卵子与生物体的其他细胞有本质上的不同：通过受精，某种物质被传送到卵子中，此时的卵子不仅仅是生命力的外在条件，更不仅仅是营养物质；它可能首先获得了其特有的生命力，因此，你无法通过它推断出有关其他细胞的任何东西。但这种情况却不适用于只由雌性个体组成的类群，也不适用于低等植物中的孢子。此外，在低等植物中，任何细胞都可以从植物中分离出来，然后单独生长。所以，可以肯定的是，由细胞组成的植物具有独立的生命力。因为所有的细胞都是按照相同的规律生长的，因此生长的原因既不可能存在于细胞中，也不可能存在整个有机体中；既然我们还可以进一步证明某些细胞是独立发展的，它们的生长方式与其他细胞并无不同，我们就必须认为所有的细胞都有独立的生命力，也就是说，在任何单个细胞中出现的这种分子组合，都能够释放出吸收新分子的能量。营养和生长的原因不在于整个有机体，而在于各个独立的基本组成部分——细胞中。任何一个特定的细胞从组织机体中分离出来都无法生长，这句话正是对这一理论的轻微驳斥，正如一只蜜蜂无法独自生存，它在离开蜂群后无法继续存活很长时间。细胞内能量的表现则取决于某种条件，而只有当它与整个（有机体）相联系时才会受到该条件的支配。

于是，关于组织机体的基本力的问题便分解为个体细胞的基本力的问题。我们现在必须考虑细胞形成的一般现象，以便从中发现究竟是何种力量使细胞形成。这些现象可以分为两类：第一类，那些与形成细胞的分子结合的有关现象，可以被称为细胞的塑性现象；第二类，由细胞本身的组成颗粒或周围的母细胞内的化学变化引起的，可被称为代谢现象（表示容易引起或遭受变化）……

这些是在细胞形成和发育过程中观察到的最重要的现象。人们认为，能够解释细胞这些过程的未知原因，可被称为是细胞的塑性能力。接下来，我们将着手确定，这些现象可以对这种能力作出多么精确的定义。

首先，细胞从形成初期便具有吸引力……

这种吸引力在整个细胞内可能是均匀分布的，但也可能局限于某些单一的点位；新分子会更多地沉积在这些点位处，因此细胞膜不均匀生长的结果是细胞形态的改变。

细胞的吸引力在其运作中会表现出某种形式的选择。它不吸收周围母细胞内的所有物质，只吸收特定的物质，或者是那些与细胞中已经存在的物质类似的（同化）物质，或者是那些在化学性质上与细胞不同的物质。这几层物质通过同化作用而增长，但每当形成一个新的物质层时，就会吸引与先前所形成的层不同的物质。对于核仁来说，细胞核与细胞膜是由不同化学性质的物质组成的。

这就是迄今为止，人们从观察中所能得出的细胞的塑性能力的特点。但是，这种能力的表现却是以细胞的另一种能力为前提的。形成细胞的母细胞含有构成细胞的材料成分，但却是以其他组合的形式存在：它不仅是细胞物质的溶液，而且还是只含有某些有机物质的溶液，因此，细胞不仅要从母细胞中吸引物质，而且必须具有在其组成颗粒中产生化学变化的能力。除此之外，细胞本身的所有部分都可能在生长过程中发生化学变化。我们将所有这些现象的未知原因都归类于细胞代谢现象，并将其命名为代谢能力……

因此我认为，为了解释细胞内物质和外部母细胞之间的区别，我们必须指出，细胞膜不仅具有使它所接触或吸收的物质发生化学变化的一般能力，而且还具有使物质分离的能力，使得某些物质出现在细胞膜的内部，而另一些物质出现在细胞膜的外部。如果细胞不具有这种能力，就无法对血液中存在的物质分泌现象进行解释，例如尿管中排列的细胞会分泌出尿素。然而其中却并无特别害处，因为事实不过是，在电堆作用下的分解过程中，不同的物质会被分离出来。通过细胞代谢现象的特殊性或许可以推测出，构成细胞膜的原子轴的特定位置对于这些现象的产生起到了关键性作用。

（西奥多·施旺　公元 1839 年）

生长在可栖息的地球

无论是《圣经》还是理性都使我们相信，宇宙这台惊人的机器是由一位伟大的缔造者创建出来的。尽管一切有因就有果，但理性之人却不会认同无限多的次要原因的存在：因此，我们必须在触及某一领域的极限之处立即停下脚步；也就是在触及那个涵盖范围最广的、堪称绝对完美的、最重要原因之时。

当我们反思人类的本性，仔细研究动物与昆虫，或是观察某一株植物，就能发现在我们身边随处彰显着一种令人钦佩的智慧，任何具有艺术才能的人都无法与之比拟。人体是由各种各样错综复杂的纤维构成，试问有哪种天才、哪种艺术能够仿制出这种纤维呢？在这极为精细的纤维结构中，我们见证了伟大的宇宙自然缔造者的鬼斧神工。如果我们再将注意力转向元素的性质，我们又会迷失于它带给我们的惊奇：如果我们对那些与我们相隔着广袤空间的星星进行观测（或是单凭裸眼视觉，或是依靠那些经过工艺改良的仪器），研究它们的规律，它们的亮度，以及它们在无限空间深处的运行轨迹；每个小时、每一分钟、每一秒钟都恪守法则，我们惊叹于这种无限的力量、智慧以及它们那伟大的缔造者。人类的一生太过短暂，因此无法以最简洁的方式去概括缔造者作品中的所有奇迹，我们只能尽可能充分全面地对这些作品进行思考。

借此，我想要谈一谈那些让我深信不疑的理由，即在世界诞生之初，每一种生物都只有一对，且是由雌雄各一组成的性伴侣。

为了证明这一观点，请诸位继续聆听并仔细关注下述内容。

我所说的性伴侣，是指每一物种都有一个雄性与一个雌性，二者的个体性别有所不同；但也有某些动物天生就是雌雄同体，最初它们都只有一个个体。

经验告诉我们，人类与动物在排他性婚姻状态下所产生的后代数量会超过父母的数量。随着后代长大，成员会变得越来越多，因此，在我们每一次停下来考虑之时都会发现，在向下迭代排序时，下面的数字总是会比与之相邻的上一个数字大； 如今所有物种的数量都比从前要多；如果我们以相反的顺序追溯这个序列，向上回看，就会发现每一阶的个体数量越来越少；很多人都是源自一小部分人，越往上看数量就会变得更少。依此类推，直到递减的层阶终止于一对个体。

为了尽可能简明扼要地切入该主题的其余部分，我将提出如下主张，但就我个人而言，该命题并不存在严重错误：即在世界的最初时代，整个大陆几乎是全部沉没在海底的， 海面中央只有一座小岛——岛上的所有动物都生活得十分舒适，所有的植物也都生长得非常茂盛。

我们以往从启示录以及理性证明中知晓，人类被创造时每种性别只有一个个体。

既然人类如此，那么各种各样的昆虫与植物一定也都在这里拥有它们的一席之地。因为每一种植物都滋养着某种昆虫，而大多数昆虫的食物也仅限于某些特定的植物。

无数次的检验都可以证明：

家蚕只能在桑树多生的地方存活或繁殖；瓢虫仅以印度无花果为食。有些鱼类仅以特定的蠕虫为食，如以水母为生的格陵兰鲸。而有些则仅靠草本植物为生，如生活在克利特岛的鹦嘴鱼或红点鲑。有些鸟只吃某些浆果，如无花果和葡萄。其他一些鸟，如啄木鸟，除了特定种类的昆虫之外几乎不吃任何东西。而鹟是以苍蝇为食，蛎鹬是以贝类为食，食蚁兽以蚂蚁为食，鼹鼠以蚯蚓为食，蝙蝠则捕食夜蛾作为食物。鱼类和猛禽是以它们种群中的其他种类为食，它们都是各自群体中的狩猎者。因此，一种动物以另一种动物的生命来维持自身生命，除非能找到一张能满足其自然需求的餐桌，否则它无法维持生命。

现在我们再来考虑地球本身，我们希望这一命题的真理能明确地表现出其后验性。

通过肉眼观察我们可以明显看出，陆地面积逐年增加，大陆的边界也在不断扩大。波底尼亚湾的东西两海港的面积每年都在缩减，泥沙和土壤不断地向海岸堆积，导致船只无法通行，港口的居民必须改变他们的居住地，有时不得不搬到离海岸四分之一英里远的地方，我们在皮托瓦、卢洛亚和赫德威克瓦尔都看到过类似的事例。在过去的 90 年里，霍堡附近的哥特兰岛东侧大陆面积有了明显的增长，每年能增长 2 到 3 突阿斯[①]；同样，斯利特与基勒地区遍布巨大石块，它们被随意地搭在一起便成了高大的庙宇、巨人以及巨大雕像，但这些石块却是通过水的力量从最坚硬的岩石中开采出来的。哥特兰的托夫堡和霍堡两座高山是由石灰岩构成，在整个哥特兰沉入大海的同时，它们也被海水掏空，除了也是以同样的方式从海底浮出之外，这两座山在外形上与现在的加罗来纳群岛相似。

如果不是心中饱含敬佩之意，你是无法见到这些巨大的石块以及岩石的，毕竟它们杂乱无章地散布在地球表面的各个角落，当这些岩石碎裂开时，人们发现它们是由云母、石英以及小贝壳组成的。这一明显迹象表明，它们（以及其他所有石头）是在地球上形成的——并且是在地下形成的，但是由于海浪的力量，它们得以从地底释放出来，并被抛到海岸上，就像我们经常在海岸上看到的一样。

西博斯尼亚的居民曾在石头上刻下记号，观察到海水每 10 年垂直下降 4.5 英寸，据此推算，6000 年前的海洋比现在深 240 英尺。

除了这些证据之外，我们还可以加上在石灰质山脉中发现的无数海鱼壳。拉特维克与达利克姆的石灰质山脉满布石化的海螺与直角珊瑚。在海尔芬吉亚随处可见的贝壳状土壤都是由帽贝、海螺的土黄色碎片所组成，无人不知它们来自海洋，而非陆地——这些海螺与双壳类动物是在离陆地一定距离的

①长度单位，约等于 1.95 米。——译者注

地方发现的，而不是在深海里。谁没有见过大海将死去的水生贝壳类动物的壳状覆盖物抛到岸上呢？我们由此可以推断，海洋曾渗透到 20 英里以上的达勒卡里亚，甚至还曾到达过更远的地方——任何可以发现贝壳遗迹的地方。

但如果有人将这些情况归因于突然而至又匆匆退去的洪水，那么他一定对自然哲学一窍不通；而他所见之物，都是通过别人眼睛的观察得到的。海洋每年都会朝海岸上抛撒泥土、沙子和石头，从而使其变得愈加深邃，因此，岸边土地的面积不断增宽，海洋本身也因抛出了占据其空隙的泥土物质而深度有所增加。因此在一定范围内，海岸边形成了悬崖峭壁。

我在哥特兰的霍堡附近见到的巨大石头，没有任何动物或是人类技艺可以将其撼动，却被大海抛至岸边。它们由红白颗粒的纯大理石构成，这种石头并非产自当地，而是来自卡罗来纳群岛。毫无疑问，它们是被海浪的力量推到此处的。在距离霍伯格四分之一英里处，有一种尺寸特别的石头名为云母，它体型巨大，任何人力都无法搬动，但它却并不属于那里，因为附近的物质条件并不适于生成云母，由此我们可以推断，当哥特兰还在海底沉睡的时候，这些石块被来自瑞典或是俄罗斯的猛烈海浪裹挟带到此处。

（卡尔·林奈　公元 1744 年）

关于“自然经济”的一篇论文

第二节

我们所居住的这个世界，或者说在这个水陆两栖球体上，遍布着各种元素，并且其表面包含了三个自然王国：构成地壳的化石王国；装饰着地球表面，并从化石王国汲取了大部分营养的植物王国；以及依靠植物王国生存的动物王国。这三个王国覆盖、装饰并改变了我们的地球表面。我无意对水陆两栖球体的中心进行任何探究，青睐假设学说的人们可能会去请教笛卡儿、赫尔蒙特、基歇尔或是其他人，而我的工作只考虑地球的外层部分，以及任何视力所及之物。

关于地层和山脉，就我们迄今为止所能发现的，上层部分是由硬质岩石组成，然后是板岩，第三层是满是化石的大理石岩，第四层同样是板岩，最底部的一层则是软性石。尽管地面坑坑洼洼、高低不平，但与水面相比，地球上适合居住的地方仍是随处可见，而且往往离海越远，地势越高，因此，处于较低位置的水流也并非静止的，除非遇到障碍拦阻，否则会一直向低洼处流淌，并由此而形成湖泊、沼泽……

我们经常会看到干涸的沼泽中生出新草甸，如果已经生了一层泥炭藓，那么草甸会长得更快。因为随着时间的推移，泥炭藓会变成一种多孔腐殖土，直到几乎将整个沼泽都填满。随后，灯芯草会开始生根，与羊胡子草一起长成一片草皮，它们会以这种方式不断生长，根部不停延伸，从而为其他植物的生长打下更为坚实的基础，直到整片沼泽变成美丽宜人的草地，特别是如果有水源恰好在此形成一条新的水路……

毫无疑问，散布在世界各地的岩石与石块最初都是由地球生成的，但也正是它们构成了地球。当倾盆大雨轻而易举地使可溶解的土壤软化，并将土壤冲到地势较低的地方时，我们可以想象，这些结实、沉重的岩体便会裸露出来，暴露在地表。我们也可以留意潮汐产生的奇妙影响，正如我们时常在海岸上看到的，海岸不断经受着浪潮的反复拍打，最终屈服、碎裂，也正因如此，海浪冲上海岸的垃圾也随处可见。

冬日的严寒令大地与泥土做好准备，泥土被分解成非常微小的颗粒，因此得以进入腐败的状态，更加适宜滋养植物；不仅如此，降雪还会覆盖住植物的种子和根部，保护它们免受寒冷的侵袭。我还必须要补充的一点是，冬天刺骨的霜冻能够使空气以及腐烂的水域得到净化，从而更加有益于动物的健康……

植物王国

第六节

解剖学充分证明，所有植物都是有机的，都是有生命的活体；现代工业已经充分证明，所有的有机物都是由卵繁殖而来的。因此据经验之谈，我们拒绝接受植物那种可以说是模棱两可的生殖方式。如今植物的种子被称为受精卵，不同植物的受精卵也各不相同，但却具有同样的意义，每种植物都可以进行繁殖，生出与父本和母本一样的后代，壮大种群。我们也不否认，很多植物会在两年或两年以上的时间里持续从根部长出新鲜的补偿物（新芽），不仅如此，还有相当多的植物可以通过它们固定在地面上的树枝、芽、吸盘以及叶子来进行繁殖，许多树木便是如此。因此，树木的茎会分化成树枝，你也可以把它们看作是树木生长在地面上的根，因为根系也是以同样的方式在地下伸展爬行，并且树木的茎还会分化出树枝。还有更多的理由可以佐证这一观点。我们知道即使一棵树被倒着栽进土里，也就是根朝上、头朝下埋在地里，它也会生长，随后开枝散叶，再开出花朵。欧椴树便是个例子，它也是园艺师们的主要实验对象。然而，这也无法推翻所有植物都是通过种子进行繁殖的理论，因为，很显然在上述的每一个例子中，植物都是先通过种子生成某一部分，然后再生长为整株植物。因此，确切地说，没有种子便不会产生新的植物。

于是，植物也会产生种子，但是根据以往经验来看，如果种子没有进行受精作用，即通过不同性别之间的结合完成受精，它们就无法进行繁殖，因此，植物必须具有生殖器官；在这一方面，它们与动物近似……

而且，我们还会惊讶地观察到，大多数花朵都会在日出时分纷纷绽放，而当乌云密布、大雨欲来或是夜幕降临之时，它们又会自行合拢，以免生殖器上的粉末凝结或是无法被传递到柱头。还有更加令人叹为观止的！当受精结束后，花朵就不再惧怕阵雨，也不会在黄昏时合拢了。因此，每逢花期落雨，农夫和园丁便会预言说今年的水果将会减产……还有一点，我必须要特别指出的是，在动物王国里生殖器官往往并不直观，而在植物世界中则几乎随处可见，尤其是当人们举行婚礼的时候。说起来令人惊奇的是，植物的生殖器官往往以其绚烂多彩的颜色和馥郁的芳香使我们这些旁观者们心生愉悦。与此同时，蜜蜂、苍蝇以及其他昆虫也被吸引来，从植物的生殖器官的蜜腺中吸取蜜露，不必说蜂鸟自然也是如此，而且蜜蜂还会从已经失效的花粉中收集到蜡状物……

第七节

……浆果以及其他果皮，天然就是动物们的食物，但动物们吃下果肉的同时也会播下种子，因为它们进食过后，总是会连本带息地把食物以某种形式返还给土壤，果实的种子几乎是毫发无伤地回到土壤里。因此，这也难怪，如果农夫用新近的泥土或是并未完全腐熟的粪便来为某块土地施肥，各种可能妨碍作物生长的野草植株也会随着播种的谷物一同生长出来。许多人认为，明明种下大麦或黑麦却会长出燕麦，尽管所有这类变质作用并不符合生殖法则，不过我们却可以考虑到产生这种现象的另一个原因。也就是说，这块土地很可能经过马粪施肥，而燕麦种子则来自马匹，这些燕麦种子得以完好保存并长成谷物……

第八节

万物之父命令整个世界都要被植物所覆盖，无一处有所遗漏，也无一处荒芜。但由于所有国家的季节变化不尽相同，每一种土壤也不尽适合每一种植物，因而任何地方都会有一些符合其自然本性或是适应当地气候的植物，所以有些植物可以经受严寒，有些则能忍耐高温；有些青睐干燥的土壤，另一些则偏爱潮湿……因此，同样的植物都生长于同一个季节，同一片土壤中……

第十节

生活经验告诉我们，所有的植物以及其他生物最终都会死亡——植物萌芽、生长、茂盛、成熟结果、枯萎，最终完成了生命之旅，待死亡过后重新归于它们初生的那片尘土。由此，覆盖大地的所有黑霉，大部分是由死去的植物形成的，由于所有的根都是顺着枝干扎进沙土里形成的，因此植物失去了茎，但根依然会存在。这些根最终也会腐烂成为霉菌。通过这种方式，泥土中被混入了霉菌，这完全是大自然的杰作，就如同农夫往田里撒下粪肥一样，如此，大地母亲便敞开胸怀，将其从植物中得到的养分精华再次奉献给植物。当种子深入大地时，它们汲取养分，适应自身本性长成植物，而这一模式更精妙之处在于，植物生长的整个过程都是在太阳、空气、云、雨以及风等共同作用下完成的。因此，准确地说，最高的树也不过是由空气与水奇妙混合而成的霉菌，再经过造物主的改进，通过种子进行传播罢了，这些植物死亡后会再次形成霉菌，而这些霉菌恰恰是最初赋予了植物生命的霉菌。但是，通过这样的方式，霉菌的数量大量增加。因此，植物增加了黑霉菌的数量，而黑霉菌自身的繁殖也从不间断。然而，即便如此，除非不断地有新的霉菌供应补充，否则地球依然无法满足其每年的消耗。

动物王国

第十一节

当我们对造物主的作品加以探究时，首先应当考虑的是动物的繁衍，这会使我们对造物主愈加钦佩，特别是惊叹于它的安排方式。造物主借助繁衍的方式对胎儿的概念以及排他性加以规范，排他性是指胎儿应该适应每一种活体动物的性情和方式，而这也是最值得我们关注的。

没有任何一种动物能免于爱的痛苦，这种痛苦伴随着它们的终生，因此造物主的命令得以执行，动物们繁衍生息。于是，含有胎儿雏形的卵子得以受精；如果未经受精，所有的卵子都无法孕育后代……

第十二节

……大多数昆虫既不哺育幼体也不会对卵进行孵化，但它们的种群数量在一切生物中却是最为庞大的。因此，如果它们的身体体积与它们的数量成正比，则留给其他任何种类的动物的生存空间就所剩无几了。那么，让我们来看看造物主在管理这些微小生物的繁殖方面运用了怎样的智慧。雌性昆虫通过自然本能与雄性相遇并交配，然后产卵，但也并非不分青红皂白地随处产卵，因为雌虫在产卵后不久便会死去，即使它们活着，也没有能力来照顾幼虫，所以它们知道该如何选择那些可以给后代幼时提供营养并满足其必需之物的地方。

蝴蝶、飞蛾、某些甲虫、象鼻虫、臭虫、沫蝉、瘿虫、树虫等都会在植物的叶子上产卵，但每个不同种类的昆虫会选择自己偏好的植物种类。不仅如此，每一种植物都可以给昆虫提供营养。更重要的是，几乎每种植物的每一部分都会为某种昆虫所喜爱。故此，一只昆虫是以花朵为食；一只则在树干上谋生；另有一只栖息在大树根部；还有一只则在啃食树叶。尤其令我们感到好奇的是，当一些树木及植物被昆虫在叶片上产卵之后，它们的身上会长出瘿瘤，而这些瘿瘤就好像是母体昆虫为年幼的后代们建造的住所，方便幼虫生活在那里……

第十五节

动物一旦成熟便不再需要父母的照顾，它们会按照每个物种的法则竭尽所能地努力生活，以延续自己的生命。但是动物们数量众多，随处可见，因此许多动物可以互为依靠，可以维持相对稳定的秩序，看看造物主的奇妙安排——他给每个物种分配了特定种类的食物，以限制它们的食欲，因此有些食物会生活在特定种类的植物上，而这些植物只生长在特定的地区和土壤中。有些昆虫会生存在特定的动物身上，有些则在尸体上，有些甚至生存在泥土与粪便中。因此，有些昆虫畅游在特定水域内，而另一些则翩翩飞舞；有一些生活在炎热、寒冷或是温带地区，另一些则常常出没于沙漠、山脉、森林、池塘或草地。所有这些都是由当地是否具有足够适宜昆虫生存的食物来决定的。这就是说，无论是陆地、海洋、河流，或是天空都包含并滋养着各种生物。同样，一种动物也不能掠夺另一种动物的食物，一旦发生这种情况，另一种动物的生命或健康将会受到威胁。因此，无论任何时候，这个世界都在为如此众多的居民们提供养分，与此同时，这些地球居民们所产出的东西也并非都是无用或多余的。

第十八节

……当我们对构建这样一种自然秩序的目的加以思考时，会发现有些动物被创造出来似乎就是为了被其他动物残忍地屠戮，这样看来造物主的意图更是为了使所有物种都能保持恰当的比例。为了实现这一意图，就要防止它们中的任何一种过度增长，以免损害人类与其他动物的利益。如果地球表面只能容纳一定数量的居民，而这一点也的确是事实，那么如果某一物种增加一倍或是三倍，则它们必然会走向灭亡。

有一些胎生的苍蝇能产下 2000 只幼蝇，若不是被鸟类、蜘蛛或是许多其他动物所吞食，这些苍蝇就会在短时间内遍布空中，如同乌云蔽日一般……

拉普兰阿尔卑斯山脉地区的白狐也具有同样的优点，它们大量捕杀同样生活在那里的挪威老鼠，有效抑制了老鼠们疯狂繁殖的数量增长，以免它们会过度破坏植被。

对我们来说，没有哪件事是平白无故地创造出来的，任何被创造出来的东西都蕴含着大自然的智慧。我们不要妄想，当这些贪婪的动物侵扰我们时，造物主会根据我们个人的经济利益来规划自然秩序。要知道，拉普兰人有一种生活方式，欧洲农夫有另一种生活方式，霍屯督人则又有着另外一种生活方式。即便上帝并非按照我们的计算方法进行精确计算，我们也应以同样的眼光来看待这件事——就像每个水手都期盼着能够一帆风顺——我们也应当清楚地看到，并非每一个人都对他所扮演的角色感到满意。

第十九节

如果没有动物喜欢吃腐尸或是臭气熏天的遗骸，整个地球都会被尸体埋没。因此，当有某些动物死去时，熊、狼、狐狸、乌鸦等动物会片刻不误地将它们分食殆尽。但是，如果一匹马死在公路附近，过几天，你就会发现它的尸体胀大、爆裂，最后布满了食肉蝇蛆，它会被这些蝇蛆彻底分食……

虱子会在儿童的头上以一种奇妙的方式增多，虽然看起来脏兮兮的，但却并非毫无用处，因为它们会消耗掉人体的多余体液。

夏天，各种甲虫从牛的排泄物中汲取各种潮湿的黏性物质，使牛粪变为尘土，随风散落回大地。如果不是如此，粪便下面的植物便无法茂盛生长，所有土壤就都会变得贫瘠。

第二十节

最后，大自然中的所有这些珍宝都是如此构思精巧，奇妙的繁衍遍及大自然的三个王国并为其提供支撑，这一切似乎是大自然为了人类而有意为之。世间万物都可为人类所用，即便不是直接的，也可以被间接利用，但却无法被其他动物所用。人类在理性的帮助下可以驯服最凶猛的动物，可以追赶并捕捉最敏捷的动物，不仅如此，即便是藏身于海底的动物，人类也能找到它们。

在理性的帮助下，人类极大地增加了植物的数量，这一点的确是通过人工手段来实现的，凭借自然的力量恐怕无法完成——人类通过智慧从植物中获取便于利用的或是必要的食物、饮品、衣服、药品、航海用品以及其他用品。

人类已经找出可以下到地底深渊的方法，并且几乎下探到了地下深处。人类掌握了从富含岩石的山脉中取出石材的技巧，能使最坚硬的石头如水一样流动，能从无用的渣滓中将有用的金属分离出来，并将细沙变为有用之物！简而言之，当我们对这一系列的创造之物加以观察时，会思考大自然是如何为了一种生物而创造出了另一种生物的，事情就是这样——万物都是为人类而造的。出于这一目的，人类享受着一切事物，满足自己的一切所需，方便且愉悦地度过一生。

第二十一节

关于自然经济这一问题，我刚才轻描淡写地提及了一小部分，但它们竟是如此重要与庄严。也就是说，如果每一部分都能得到妥善处理，人们便会发现要找到解决问题的办法几乎需要运用全部脑力。不仅如此，即便是在最为渺小的昆虫之中，最敏锐的人类的智慧也能够发现其中令人惊讶的经济、法则以及精巧结构，这一点就连时间也自愧不如。正如普林尼所观察到的那样，大自然最细微的作品最能体现其精巧，每一种被创造出来的生物都值得观察者对其认真探究。

如果按总量计算，我们计算出世界上共有植物 200 种，蠕虫 300 种，昆虫 12000 种，两栖动物 200 种，鱼类 2600 种，鸟类 2000 种，四足动物 200 种，各类生物加起来共有 40000 种。除非我们愿意做一个无所事事的旁观者，否则我们便应当也有责任在履行职责的时候虔诚地对大自然这座辉煌的宫殿加以观察和审视。可以肯定的是，除了不应为了自身的经济发展而过度滥用我们的智慧之外，我们还应发掘更为优秀的自然经济，并应在发现之后对其倍加珍惜。

所有元素的变化都是相互的。一个物质失去的会转移到另一个物质上。

（艾萨克·比伯格　公元1749年）

人口论

第 1 章

问题的提出——对立的两派存在严重分歧，难以做出决定——反对人类及社会可完善性的主要论点从未得到合理的回复——人口问题所引发困境的性质——本书的主要论点概述

近年来，在自然哲学领域不断涌现一个又一个出人意料的重大发现，随着印刷术的发展，通识知识得以广泛传播，那种热情奔放、无拘无束的探索精神遍及了整个学术界，即便是学术界之外也受到影响。人们对政治问题产生了不同寻常的新见解，这些新观点使人们眼花缭乱、惊讶不已，特别是法国大革命这一重大事件的发生，如同一颗灼灼燃烧的彗星，以鲜活的生命力与动力振奋人心，誓要将地球上所有畏首畏尾之人烧为焦土。所有人一致认为，我们正迈入一个充满重大变革的时期，从某种程度上来讲，这些变化决定着人类未来的命运。

据说，目前人们正在激烈争论着一个重大问题，即人类是否应当加速向前迈进，以实现无法估量的发展进步，抑或是，注定要在幸福与痛苦之间永远徘徊不定，并且在每一次努力之后却依然与期望的目标相距甚远。

然而，正当每一位人类朋友都在焦急地盼望着这种悬而未决的痛苦能够早日结束，当怀揣探究之心的人们迫切地为每一道可能会带来希望的曙光欢呼时，令人颇为遗憾的是，这一重大问题的激辩双方却依然势同水火。他们

之间的争论从未经受过公正的检验；这一问题始终未能有所共识，即便是在理论层面似乎也未能有所决断。

思辨哲学家一派常被现有秩序的维护者视为一群善使阴谋诡计的无赖。现有秩序的维护者们认为这些人鼓吹乐善好施，描绘美好的社会蓝图，不过是为了推翻现有制度，以实现他们根深蒂固的野心计划。抑或是，将这些思辨哲学家视为头脑狂热的激进分子，认为任何稍有理性的人都不值得关注他们那些愚妄的想法以及荒谬的悖论。

至于那些主张人类与社会可完善论者（思辨哲学家）则以更为轻蔑的言辞反唇相讥。他们斥责现存制度的辩护者是最可怜、最狭隘且眼光偏颇的奴隶，因为能从现存制度中受益，因此才会站出来为社会弊端辩护；认为这些现有秩序的维护者或者是出于一己私利而自欺欺人，或者是由于他们智力所限无法理解任何崇高的事物，又兼鼠目寸光，根本无法容得开明人士的见解。

在这种混杂着谩骂的争论中，真理必将受到损害。争论双方切实有益的论点都没能引起应有的重视，双方过于固执己见，丝毫不愿取对方之长来补自己之短。

现有秩序的盟友们不分青红皂白地斥责一切政治思辨，连屈尊思考一下社会制度可完善的理论基础都不愿意做，更不愿费力去客观公正地揭露其荒谬之处。

而思辨哲学家们的做法也有着异曲同工之妙，他们的行为有损真理。他们的双眼一味盯着更美好的社会，用最迷人的色彩去描绘理想社会能给人类带来的幸福，变本加厉地用最恶毒的语言来咒骂一切现有制度，不愿运用自己的才智来稍加思索是否存在比铲除弊端更好、更稳妥的方法。他们似乎没有意识到，自己的理论依然存在着一些巨大的障碍，而这些障碍恰恰阻碍了人类在自我完善之路上向前迈进。

在哲学领域内，有一条公认的真理：实践是检验真理的唯一标准。可在实际运用中，却往往会出现许多阻力，许许多多意想不到的琐碎小事，即使是那些知识最广博、最富有洞察力的人几乎也无法提前预测，因此只有在极少数的情况下，未经实践检验的理论被宣称为是正确理论。但是，在充分考察所有相反论点并对其进行明确而彻底的驳斥之前，人们无法宣称某种未经检验的理论是有根据的，更不能宣称它是正确无误的。

我知晓一些有关人类和社会可完善性理论，这些理论所描绘的诱人愿景使我颇感兴奋和愉快。我热切地期望着这种能给人类带来幸福的社会变革有朝一日能够实现，但据我看来，变革的过程中势必要面临某些艰难险阻，本文的创作初衷也正是为了说明这些困难；与此同时，我还想申明一点，尽管这些困难确实是击败革新派的一项因素，但我并未因此而感到欣喜，恰恰相反，我最大的快乐莫过于能看到这些困难被完全消除。

……

我想，我或许可以提出下述两个假设：

第一，食物是人类生存所必需的。

第二，两性之间的情欲（激情 / 感情）是必然存在的，且几乎会一直维持现状。

自从我们对人类有了一些了解，这两条似乎就成了关乎人类本性的固定法则。既然迄今为止它们未曾发生任何变化，我们也就无权断言称日后必会发生变化，除非是最初排布宇宙秩序的神明直接出手加以干预。但是，考虑到他一手创造出的各种生物，一切仍然会按照既定的法则运行。

我不知道是否有哪位作家曾设想过，在这个地球上，人类终将实现不依靠食物而生存。但是，葛德文先生却推测说，两性之间的情欲火花总有一天会熄灭。既然葛德文先生声明称，他著作中的这一部分内容纯属推测，那我也不必对此多作评论，我只想说支持人类可完善性这一观点的最好论据是，人类已经从野蛮状态取得了巨大进步，且很难说这种进步会止于何处。但对于两性之间情欲消退这一问题，迄今尚未获悉有所进展。时至今日，两性之间的情欲仍同 2000 年甚至 4000 年前一样强烈，并无分别，尽管也会存在例外，但那些个例的数量似乎并无增加。因此，如果仅就例外的存在而推论例外最终将成为规则，那么规则最终也将会成为例外。

如果我的假设成立，也就是说，人口的力量永远大于地球为人类生产提供生活资源的能力，那么，如果不抑制人口，人口便会按几何比率高速增长，而生活资料却只是以算术比率增加，稍通算术的人都会知道，与后者相比，前者的力量有多么巨大。

根据自然法则，即人的生存离不开食物，这两种力量（人与食物）之间必须保持平等均衡的状态，这就意味着获取生活资料的困难会经常性地给人口施加强有力的压力，这种困难必然会在某地发生，因此会有很大一部分人口必然能强烈地体会这种困难。

大自然在整个动物界和植物界极其慷慨地播撒生命的种子，但它在给予养育生命种子所必需的空间和营养方面却一直颇为吝啬。我们这个地球上的生命之种，如果拥有充足的食物和空间，那么经过几千年的繁殖，能够挤满几百万个地球。但不可避免的是，那专横且无处不在的自然法则却能够将一切生命约束在有限的范围内。所有的植物与动物都要臣服于这一伟大的限制性法则。人类虽有理性，却也无法逃避这一法则的制约。在植物和动物当中，这种自然法则会表现为种子不发芽、病害或是夭折，而对于人类来讲，自然法则表现为苦难与罪恶。苦难是自然法则带来的必然结果，而罪恶也是如此。但是，尽管我们看到罪恶盛行，却不应将其视作是自然法则的必然结果。毕竟，对于美德的考验就是抵制一切邪恶的诱惑。

地球上人口增长能力与生产力发展这两种力量本就是不均衡的，然而伟大的自然法则却一直在不断保持着两者之间的均衡，我认为，这就是阻碍社会自我完善且不可克服的巨大困难，与之相比，其他困难都是次要的、微不足道的。我看不出有何办法能使人类摆脱这一自然界法则的重压。任何幻想中的平等，任何一种最大程度上的农业规章制度，都无法消除这种压力——即便仅仅是一个世纪之内的压力缓解也不可能实现，因此，自然界的法则似乎对于可能的社会存在起着决定性的作用；因为这个社会的所有成员都应该过着舒适、幸福和相对悠闲的生活，而不应该为自己和家庭提供生活资料而感到焦虑。

因此，在公正的前提下，反对人类大众的可完善性的论证就是毋庸置疑的。

上述内容便是我所要阐述的论点，我会继续对其进行更加具体的研究，但我认为，经验是一切知识的真正源泉和基础，并始终与真理保持一致。

（托马斯·马尔萨斯　公元1798年）

自然神学：从自然现象中收集的关于神性存在和其属性的证据

第 1 章 争论状态

穿过某片荒地时，如果我的脚碰到一块石头，有人问我这块石头是怎么来的，我也许会回答说，我所知道的答案恰恰相反，它一直躺在那里，从未移动，或许你很难去证明这个答案的荒谬性。但是，假如我在地上发现的是一块手表，便可以质疑那只表如何会在那里；此时，我便无法再用刚才的答案作答。为什么这个答案可以适用于石头却不能用于回答手表的问题呢？为什么同样的答案，在第二种情况下就不能像在第一种情况下那样被接受呢？只有一个原因——而并非其他——即，当我们对手表进行检查时会发现它的几个部件都是出于同一目的而被组装在一起的（而石头则并非如此）。例如，这些部件的形成与调整都是为了要实现运动，而这种运动又是如此规律，因此能够明确指示出一天之中的任何时刻；如果不同部件的形状有所差异，大小有所差异，或者摆放的位置不同，抑或是摆放的顺序不同，那么这台机器（手表）既不会发生任何运动，也无法实现它现在的用途。观察这些部件及它们的位置，就会观察到以下发现：我们看到在一个圆柱形的盒子里，装着一根卷曲的弹簧，当弹簧努力伸展时，就能使盒子转动起来。接下来，我们会观察到一条柔性链（人工制作的弯曲链），它会将弹簧的动作进行传递，也就是从盒子传递给熔断器。然后我们就会看到一系列齿轮，它们的牙齿相互咬合并相互作用，如此，运动从熔断器传递到天平，再从天平传递到指针；同时，根据这些轮子的大小和形状的不同，可以对这种运动进行调节，使指针在给定的时间内以一种平稳而有序的节奏通过给定的空间。我们可以看到，齿轮是由黄铜制作的，以免生锈；弹簧是钢制的，因此拥有其他金属所没有的弹性；而手表的表面装有一块玻璃，这种材料与表的工作其实并无实际关联，但指针位于表盘内，如果不用这种透明的材质而是采用其他材料的话，那就只有打开盒子才能看到时间了。根据观察到的这一机制（但正如我们说过的，这的确需要对仪器进行检查，或许是凭借着以前对这门学科的一些知识去感知和理解；哪怕只有一次，就像我们刚才所说的那样去进行观察与理解，去认识并理解它），我们可以推断出，这块手表一定是有制造者的：一定是在某时、某地，由某位或多位能工巧匠出于某种目的将它组装出来，而这正是刚才问题的答案；这些能工巧匠了解它的构造，并因此设计出了它的用途。

我认为，这并不会对结论有所影响。我们从来也不知道有哪位艺术家能够做出这样的作品；我们自己完全没有能力做出这样一件作品，也不知道它是如何制成的；所有这一切，都不过是一些古代艺术或某些失传艺术的精美遗存，相对于现代工艺批量生产出的普通产品，它们是如此的不同寻常。百万人之中是否能有一人知晓椭圆形镜框是如何转动的吗？这种无知使我们对艺术家们那些未知的或是不曾亲眼所见的技艺有了更高的评价。尽管他并不为人所知，但曾几何时，在我们的脑海中，的的确确存在着这样一位艺术家。

其次，它也无法否定我们的结论。手表时常出错，或者说很少走对。机器、设计以及设计者的目的都是显而易见的，但无论我们如何对运动的不规则性加以解释，或者无论我们能否加以解释，这种假定的情况都是显而易见的。一台机器无须为了展示某种设计而变得完美，更不必为了追求某种设计巧思而变得完美。

第三，它不会给论点带来任何不确定性。如果手表内有某些我们未能发现或是尚未发现的零件，那它们对整体效果存在什么影响呢？还有一些我们无法确定的部件，它们是否也以某种方式产生效用。对于第一种情况，如果由于某些零件的丢失、错位或腐朽导致手表的运动发生停滞的、受到干扰或是变得迟缓，那么毫无疑问，这些零部件的作用只能存在于我们的想象中，毕竟我们无法对这种方式或者联系进行研究，也无法得知最终会产生何种效果。毕竟，最终效果取决于这些零件的运动情况以及与它与其他相邻部件的关联；机器越复杂，这类情况就越容易发生。

然后，第二种情况，也就是有些部件的存在与否并不会影响手表的运动，我们已经通过实验验证了这一点——这些多余的零部件，如果我们能够断定它们确实是多余的，那么就不会影响到我们对其他零件所做出的推论。因为对于其他零件来说，发明的迹象依然存在，与之前并无不同。

第四，任何一个头脑清醒的人都不会认为，包含各种机械运动在内的手表的存在以及它的各种机械装置，是一种物质形态组合的存在；无论在发现手表的地方发现了什么，肯定包含着某种内部构造，这种结构既可能是现在所看到的结构，也就是一块手表的工作方式，也可能是其他某种结构。

第五，他所获得的答案是否能令他感到满意呢？事物中存在着一种排序原则，正是这种原则使手表的各个组成部分都按照现有的形式与位置进行安装。他从来都不知道手表是按排序组合安装的。

第六，如果当他得悉，手表的机械装置并不能作为其属于某项发明的证据，不过只是一种引发大脑产生某种想法的动机罢了，那他一定会大吃一惊。

第七，当他得知，手中的这块表不过是金属自然法则的产物时，同样会倍感讶异。将任何法则指定为是某种事物的有效可操作原因都是语言上的曲解。法则以动因为前提：这仅仅是动因产出的一种方式，其中蕴含着一种力量，这就是秩序，是力量行为的基础。很显然，如果没有了动因，或是没有了力量，法则什么都做不了，聊胜于无。“金属自然规律”这种说法，在具有哲学思维的人听来可能既奇怪又刺耳，但其实这一观念似乎与他所熟悉的一些其他观点一样，同样合乎道理。例如说“植物自然规律”“动物自然规律”，或者说统称为“自然法则”，当被认为是某种现象的原因时，便排除了动因与力量，或是当它被这些因素所取代之时。

最后，我们的观察员也不会因为得悉他在此事上的一无所知而被迫放弃结论，或放弃他对结论真实性的信心。他对自己的论点有足够的了解，知道目的的效用，知道通过顺从和适应的方式达成目的。这些观点是已知的，他在其他方面的无知，他对其他观点的怀疑，并不会影响他推理的确定性。意识到自己所知甚少，并不会使人对自己所知之事产生怀疑。

第2章 争论仍在继续

假设，在过了一段时间之后，发现手表的人在另一个地方，发现除了他迄今为止在手表中所观察到的所有特性之外，他还发现手表具有一种意想不到的特性，那就是在它走动的过程中，会产生另一只和它一样的表（在脑海中想象出的形象）。它包括一个机械装置，一个零件系统，例如一个模具，或者是一套包含车床、图纸与其他工具在内的复杂调校装置，这些显然都各自具有不同的功用。让我们来探究一下，这一发现会对他先前得出的结论有什么影响。

（1）第一个效果是增加他对这一发明的钦佩之感，以及他对发明者所掌握高超技艺的信心。不管他是否认为这是一种巧妙又独特的复杂装置，但在许多浅显易懂的道理中，他通过新的观察会发现，除了得到一个重复所做之事——再次观察到手表的构造、设计和高超工艺——的额外理由之外，一无所获。如果该结构并不具备这种性质，或者说在这种性质之前并未引起注意，则（手表的）制造意图与技艺可被证明是被有意识地加以利用的，而当他更进一步地意识到其他性质、表冠以及一切方面的完美时，他的证据会更加有力。

（2）他会深思，虽然在他面前的这块表，从某种意义上来看，是另一块表（脑海中想象的）的制造者，是它在运动的过程中制造出来的，然而，这与木匠是椅子的制造者这一概念截然不同；无论是发明者，或是手表工作时各部件之间关联的原因，都完全不同。有鉴于此，第一块表与第二块表之间并无关联：因为对于新表来说，无论是其所包含的部件，或是通过其辅助工具制造出的部件，第一块表在任何意义上都并非构造与顺序的制定者。我们可能会说，一股水流碾碎了玉米，但这句话没有给我们留出任何表达的余地，也没有任何猜测可以引导我们去思考：这股水流建造了磨坊。尽管磨坊太过于老旧，因此它的建造者根本无从知晓。而水流在这件事中所起的作用不多不少恰到好处，把一种不具智慧的冲动力量应用到一项事先安排好的、与之相独立的机械上，就产生了一种效果，即磨碎玉米。效果的确是通过这种安排而产生的。水流的力量不能说是造成这种结果的原因或始作俑者，更不能说是水流安排了这种结果。在建造磨坊的过程中，理解与计划都是必不可少的，因为要考虑到水流在碾磨玉米的过程中所起到的作用。那么，据此看来，上节内容中所提出的假设，捡到的那块手表在生成新手表的过程中是否也起到了相同的作用呢？

（3）我们的观察者发现的这块表，虽然并不是能工巧匠立即制作的，然而，这丝毫不影响我们的推论，即在最初的制造过程中，的确曾有一位工匠。来自设计的争论依然存在。与之前一样，设计与发明的痕迹已不可查。因此，我们同样想知道存在不同性质的原因。我们可能会问到表身颜色、硬度以及表芯背后的原因——这些原因可能各不相同。但我们现在要问的是：我们在前面的那只表中已经指出的，在从属于某种用途以及与目的之间的关联背后，存在的原因是什么？这个问题没有答案，只能得知它是由前一只表产生的。没有设计师便没有设计；没有发明者又何来发明；顺序无从选择；没有什么能够安排；从属性与目的的关系就是——没有从属性便没有目的。零件的排列、配置、为达成目的而采取的手段、工具与使用的关系，皆暗示着智慧和心智的存在，因此，没有人能够理性地相信，我们面前的那只表就是源于那只没有知觉、没有生命的表生产出来，这正是我们对它所具有的那种功能心生钦佩的原因——可以说是制造了这个仪器，处理它的零件，使零件各司其职，决定它们的顺序、传动以及相互咬合，将多个动作组合，实现某个结果，这也是与其他存在效用相联系的结果。因此，所有这些性能同样没有得到任何解释。

（4）把困难往后推也毫无益处。也就是说，假定我们面前的这块表是用另一块表制成的，那块表又是用之前的一块表制成的，依此类推，无穷无尽。我们回溯到如此遥远的过去，却依然无法寻求到满意的答案。发明创造仍然没有头绪……

……

虽有发明，却没有发明者；虽有设计的证据，却不见设计师。

（5）我们的观察者还将进一步思考，他面前这块手表的制造者，实际上就是由这块表生产之后的每一块表的制造者；制造者亲手用锉刀、车床、凿子等工具制作这一块表与用亲自制作另一块表，以及处理、固定和插入这些仪器或是与之相当的其他仪器，这两者之间并无什么不同（除了后者显示出某种更加精湛的技艺外），在他制作旧表的过程中，他会一步一步地，在已经用这种方式制作出的手表内部，造出新表。在此过程中，他只使用了一组工具，并不存在另一组工具。

通过对那只表的工作原理、结构与动作进行第一次检查，得出的结论是，关于这种构造的原因与作者，一定存在一个了解其机械原理与设计用途的工匠。这一结论无可辩驳。第二次检查给我们带来了一个新发现，所述手表在其运动过程中被发现可制造出另一块与自身相似的手表；不仅如此，我们还发现，这是一个独立于原有设计初衷的系统或组织。这一发现对我们先前的推断有什么影响，或者说应该有什么影响呢？正如前面所说的，除了使我们对制造这样一台机器的技术赞叹不已外，还有什么意义呢？或者，它是否能一下子带我们得出相反的结论，即在这个行业里没有任何艺术或技能可言，尽管所有其他关于艺术和技巧的证据都保持原样，但这项最后的、至高无上的艺术品要被归结于其他类别？我们是否可以不再如此荒谬地继续推论下去？当然，这就是无神论。

第 3 章　争论的用途

这是无神论：这只表的每一种精巧表现，每一种设计，都是大自然的杰作；在自然方面的差别更大更多，在某种程度上来说超出了一切计算。我的意思是，自然发明在复杂性、精妙性以及珍奇程度上均超越了工艺发明；而且，如果可能的话，它们是否在数量及种类上也超越了工艺发明。

我不知道还有什么更好的方法来介绍这样一个庞大的课题，因此我只能将一件事与另一件事进行比较。例如，用眼睛与望远镜相比。对这种仪器的研究表明，眼睛是为视觉而生的，正如望远镜是为辅助视觉而生的一样，它们都是基于同样的原则，两者都根据光线的透射和折射规律而进行调整。我说的并非法则本身的起源。但是，由于这些法则都是固定的，因此在这两种情况下，法则都能适用。例如，这些法则规定，为了产生同样的效果，当光线通过水分进入眼睛时，其折射面比光线直接射入眼睛时的折射面更为突出。因此，我们发现鱼的眼睛中被称为晶状体的结构，比陆地动物的眼睛晶状体要圆得多。还有什么比这种差异更能清楚地体现设计呢？一个数学仪器制造商还能通过什么来展示他对自己专业领域知识的掌握、运用，以及他运用自己的手段达到目的呢？我不愿展示其在技巧及工艺上的卓越，因为将这些进行比较都是不得体的，只能证明其决策、选择、考虑与目的而已。

……

还有什么办法比这更巧妙呢？拥有这种变化能力的作者，一定知晓光学最为隐秘的定律。这就好像是一位验光师，当他要近距离地观察某个对象时，应该用另一个玻璃片来对仪器加以矫正，同时再将镜筒调整至不同长度……

尽管这种能力非常重要，却也并非全部。不同种类的动物都具有我们所描述的这种能力，其在一定程度上与它们的生活方式和获取食物所需的不同视野范围有关。例如，鸟类通常通过喙来获取食物，它们的眼睛与喙尖之间的距离很小，因此它们必须具备看清近处物体的能力。另一方面，由于它们经常身在高空，常在空中飞速移动，因此为了安全，也为了能够发现猎物，它们需要一种远视的能力。许多猛禽在这方面所具有的能力简直令人咋舌。因此，鸟类的眼睛具有两种特点，而这两种特点都倾向于促进眼睛适应不同距离的变化。一种是骨性的，存在于大多数鸟类中，它们眼睛最宽处环绕着一圈或一环骨骼，它将眼部肌肉的活动限制在一定范围内，从侧向对眼球施加压力，通过施加侧压力将眼球的轴距拉长，以便近距离观察物体。另一种是名为巩膜、角膜的额外肌肉，它能够将晶状体拉回来，观察非常遥远的物体。通过这些方式，鸟类的眼睛视距范围极广，可以从一个极端调整到另一个极端，因此比其他动物的视力更加敏锐。

与陆地动物的眼睛相比，鱼类的眼睛也表现出一定的结构特征，这与它们的生活状态及生活环境相适应。我们已经观察到，晶状体的形状通过其圆度可对光通过介质的密度予以补偿。此外，我们还必须补充一点，鱼的眼睛在自然放松的状态下，可以适应周围的近物，这一点与人类的眼睛、四足动物和鸟类的眼睛都不相同。鱼眼睛的形状通常比陆地动物的眼睛要凸出许多，在肌肉结构上也存在相应差异。也就是说，鱼的眼睛自始至终都在一步步变平。鱼眼睛内的虹膜也无法收缩。这一点是鱼类与其他动物眼睛的极大差异，可能的原因是，被水减弱的光线对鱼类的视网膜来说并不过于强烈。对于鳗鱼来说，它们的头部必须穿过沙砾和碎石这些最为粗糙、尖锐的物质，因此，在它们眼睛前面有一层透明的角质凸出外壳或是覆盖物，可以使鳗鱼在不妨碍视力的情况下保护眼睛。对于鳗鱼来说，还有什么结构比这更需要、更有用的吗？

因此，在对不同种类动物的眼睛进行比较时，我们可以从它们的相似之处与区别中看出，仿佛是有谁制定出了某项总体规划，然后再根据需要适应的紧急情况随着发生变化。

……

第 14 章　未来的发明

我几乎想不出还有什么比准备更能说明他（造物主）是有意为之的了，即事先准备好可能会在相当长一段时间之后才会用到的东西。这意味着对未来的思考，而思考却属于智慧的范畴。

不同动物的躯体为这些前瞻性发明提供了各种各样的范例。

人类的牙齿便可以作为前瞻性发明的例子，而且这一结构的发育完成也是被刻意中止的。它们在牙龈内形成，然后停止生长。事实上，它们的进一步成熟不仅对新生的动物毫无用处，而且还很不利。很明显，相对于坚硬突出的牙齿骨骼来说，口腔内部与牙龈边缘则是光滑柔软的，而对于一段时间内用于摄取营养的吸吮行为来说，光滑柔软的口腔环境对乳母及婴儿都更加便利。待有需要之时，牙齿早已准备就绪。在过去的几个月里，牙齿一直待在牙龈里，只要稍有突出便会妨碍口腔的内部工作。大自然创造的智慧，在婴儿出生后的第一年便有所体现。不过，当大自然在对那些稍后才会用到的功能进行安排时，它又会小心翼翼地避免对现有功能进行干扰。这一切都有可能是大自然巧妙设计的结果，牙齿虽不完美，但口腔内的其他部分却是完美的。嘴唇与舌头都很完美；脸颊、下颚、上颚、咽、喉，一切都完美无缺；只有牙齿并非如此。这就是关于人类嘴巴的安排。事实上，上面列举的这些结构从设计之初便是为了应用；然而，牙齿在那里却只会造成诸多障碍与烦恼。当需要相反命令时，相反命令便会执行。对于从卵中孵化出来的甲虫幼虫来说，它们的牙齿是最先发育完善的部分。昆虫一旦从卵壳中挣脱出来就开始啃食，而身体的其他部分则是一点点逐渐发育成熟。

我们在牙齿上所观察到的情况，同样也适用于动物的角；并且也都出自同样的原因。小牛犊或是羊羔没有角，至少在它们能够在牧场上吃草之前头上不会长出长角。因为这样一种物质长在幼崽的前额上，很可能会在哺乳时顶到母兽的乳头，妨碍吸吮。

但就牙齿而言——至少就人类的牙齿而言，这种前瞻性发明还有待进一步研究。从最初开始，牙齿便是按顺序生出；而第二层牙齿在最开始便已经成形于第一层牙齿之下，几年之后才会开始使用。这种双重的或是作为辅助的备用机制解决了口腔构造上存在的几乎无法克服的困难。下颚的扩张（这是动物及其头骨按比例生长的结果）必然会使第一组牙齿分离，无论布局多么紧凑，牙齿的彼此之间都要保持一定的距离，这一点非常不便。因此，在适当时机，即下颚长为更大尺寸时，一组新的牙齿便会冒出来（使先前的旧齿松动，再将它们顶出牙龈），更确切地说，它们能够在即将占据的空间内更加紧密地排列在一起，就这样以紧凑排列的队形向上生长，以便在之后头颅发育增大时，有足够的空间得以生长延伸。

补偿

补偿是一种关系。当某一部分或器官的瑕疵由另一个部分或器官的结构来修复时，它们之间便存在着补偿关系。因此：

大象短而无法弯曲的脖颈会由长而灵活的象鼻来补偿。如果没有象鼻，大象便无法够到地面；或者，如果说它是以水果、树叶或是树枝为食，那它又是怎样喝水的呢？可能有人会问，为什么大象的脖子这样短？或许答案是，一根细长的脖颈无法支撑一颗有着如此沉重分量的头颅。因此对动物来讲，某种形态在某些情况下是必要的，但在其他场合的某些情况下可能便不再适合，一种使其倍感吃力的缺陷恰好由另一种补偿的增添来加以弥补。

如果有人认为象鼻是创造出来的，也就是在漫长的岁月中，由几代大象不断地努力伸长鼻子而形成的（最近有人试图用这种普遍的假设来解释生机勃勃的自然形式），那么我想问的是，其间大象又是如何生存的？一直持续到这个长长鼻子的这一过程完成？而在物种不断完善的过程中，个体又会变成什么样？

我们现在的任务仅仅是指出这个器官与它所属动物的特殊形象之间的关系。在这一点上，一切都是相互对应的。大象长鼻子的必要性源于其短短的脖子；而颈部的粗短是由其沉重的头部所决定的。如果我们对象鼻的结构以及解剖结构进行检查，那么我们就会发现，在所有动物机制的例子中，这是最令人好奇的一个。首先，环状物和纤维的排列形成一根长长的软骨管；其次，收缩及延长该软骨管；第三，在不违背动物意愿的前提下将其向不同方向转动；最后再追加一点，鼻管肥厚多肉，长度及厚度约与人类手指相同，并且同样能起到手指的作用，因此它能够从地上捡拾起一根稻草。同一器官的这些不同特性组合在一起便构成了一个标本，不仅在设计方面（明显具有优势），而且可以被认为是精湛的艺术，正如我所说的，这一切都是精心准备的结果。

第20章　植物

我认为在植物身上所表现出的经过设计与研究的机制，总的来说比在动物身上更加明显，而且，既然更具说服力的论据就在眼前，又何必再去退而求其次。一些关于植物王国的观察结果就直白地在我们眼前铺陈开来，对它们视若无睹显然并不恰当。

自然对于植物结构的远大目标之一似乎便是使种子愈加完美，并且出于同一目的，还要对其进行妥善保存，直至趋于完美。自然对这一目标的实现，首先表现在对植物的保护及成熟所采取的严谨态度上，它为植物生长赋予了所能给予的一切有利条件，恩赐植物最能直接生成果实的部分，即花药、花蕊以及柱头。这些部分通常位于花朵的中心、凹陷或是层层迷宫之中；这些部分尚且幼嫩或是尚未成熟时，便被封存在茎梗之中，或是被隐藏在花蕾之中；一旦它们质地坚实，足以承受阳光的照射，并准备好履行它们被赋予的重要职责，便会通过茎部的开裂或是花瓣的伸展而暴露在阳光与空气中；之后，当花朵开放之时，它们大多会通过花朵的形状来使光与热从花苞内部的凹面反射到它们身上……

仅从果实的构造来看，即使没有经验也可以想到，精心准备的其中一个目的便是为了动物能够加以利用。由于植物所用有限，这一供应本身似乎超出了其目标。苹果果肉紧实、橘子果肉多汁、李子果肉肥厚、橄榄果肉富含油脂，这些似乎足以滋养种子或是果仁成熟。这一事件表明，如果存在是冗余，那么这种冗余同样有助于支持并满足动物本性；当我们看到一项准备对于实现某一目的来说绰绰有余，而对另一目的来说却稍显匮乏，那么由此得出结论认为，精心准备是为了同时满足这两个目的则有失公允……

（威廉·佩利　公元1802年）

动物学哲学：关于动物自然史的论述

第一部分

有关动物的自然历史、特征、相互关系、有机结构、分布、分类及物种的考虑。

第三章　有关生物之间的物种形成及其应有的附属观念

我们要在生物之中建立起所谓物种的概念，并研究物种是否具有绝对的恒定性，这一切都并非徒劳。物种同自然一样古老，它们最初的存在方式和我们今天看到的一样，它们可能会受到相关环境变化的影响，却并未随着时间的推移（尽管这一过程非常缓慢）而改变特征与形状。

阐明这一问题不仅关系到动植物学知识，而且对于地球历史的了解也至关重要。我将在后面的一个章节中表明，每个物种长期处于某种环境中会受到该环境的哪些影响，而我们所了解到的物种习性也会对每个物种的个体产生部分影响，这些个体会对自身进行修正，以适应所获得的习性。我们先来研究一下“物种”这一概念。

我们所说的物种，是由相似个体组成的集合，而这些个体都是由与它们相同的个体所产生出来的。

这一定义是准确的，因为每一个享有生命的个体总是与那些赋予它生命的某一个体或某些个体极其相似。但是，我们在这个定义中加入了这样一个假设，即组成一个物种的个体在其特定特征上从未发生变化，因此该物种的本质具有绝对的稳定性。

我要予以反驳的正是这一假设，因为通过观察所得到的明确证据足以证明这一假设毫无根据。

这一假设几乎得到普遍认可，即生物因其不变的特性而构成截然不同的物种，这些物种的存在与自然本身一样古老，但当时的人们对自然的观察还不够充分，自然科学几乎是一片空白。这一假设每天都在遭受质疑，这些质疑的声音来自那些长期观察自然、追随自然，以及从博物馆大量的丰富的馆藏中获益良多的人。

此外，所有那些致力于研究自然史的人都知道，如今的博物学家们在对那些必须将所属物种考虑在内的对象进行定义时非常尴尬。其实，他们并不知道，物种的稳定性只与所有组成它们的个体被发现的环境的持续时间有关，其中一些个体经历变化后形成了种族，而这些种族可以调节成其他邻近的物种，博物学家们武断地做出决定，把在不同国家及不同环境中观察到的一些个体描述为变种，而将其他个体描述为物种。因此，在物种鉴定的相关工作中存在的缺陷日益增多，这就意味着，会更加令人尴尬与困惑。

事实上，很长一段时间以来，人们一直能观察到，有很多个体在有机结构上以及各部分的总数都非常相似。从人类认识它们的那一天起，它们就世世代代都处于同样的状态，因此，人们认为这些相似个体的集合构成了各种各样的不变物种是合理的。

一直未曾注意到的事实是，只要影响它们生活方式的环境并未发生本质上的变化，现有损害与相似个体的相继再生也可以完全一致，那么一个物种的个体就要在不发生变异的情况下使自己延续生存。人们认为，每个物种都未曾发生变化，也都同自然一样古老，都是由至高无上的创造者所创造出的独一无二的东西。

当然，如果不是出于万物之至高创造者的意志，任何事物都不会存在。但是，我们是否能在造物主旨意的执行过程中设置某些规则或是创建某种可遵循的方法呢？难道他那无限的力量无法创造出一种事物的秩序，可以使我们所见的每一种事物，以及那些我们未知的每一种事物，都能够相继地获得生命吗？

可以肯定的是，无论造物主具有何等意愿，其在任何地方都具有无限力量，无论他以何种方式实现他的工作，任何力量也无法削弱他的伟大。

因此，鉴于这些法则中饱含着无限智慧，我将自己局限在仅作为一名自然观察者的范围之内。如果能在自然形成的旅途之中有所发现，我将毫不犹豫地断定自然之所以有这种能力及力量，都是秉承着创造者的意志的。

人们所形成的生物物种的概念十分简单直接，由于个体不断繁殖或世代延续着个体形态，且明显存在着恒常性，我们便确认这属于某项物种，而这些个体为我们创造出了大多数日常可见的各类物种。

然而，随着我们对于覆盖在地球表面上的有机体认识越深入，在进行物种判定时便会愈加困惑，因为在对物种的属加以限定和区分时需要更加具有说服力的理由。

我们收集的自然产物越多，我们的收藏就越丰富，我们就能看到几乎所有的空白都被逐渐填满，原有的分界线也被渐渐擦除。我们发现自己的决定过于武断，因此我们把变种之间极细微的差异当作我们所认为的“物种”的特性。有时，我们把某些略有差异的个体称为某些物种的变种，甚至还有其他人认为这些个体构成了一个独立的物种。

我再次重申：我们的收集品越丰富，越能证明一切都或多或少存在着细微差别，显著差异则会逐渐消失，而大自然为我们创造出的往往都是些细微差别，有些特性甚至可以说是十分幼稚……

我们对这些物种划分归“属”的时候，只知道它们中的一小部分物种，因此，很容易对它们进行区分。但如今，它们之间的差距几乎都已得到填补，因此具体差异必然十分微小，且往往并不充分。

既已如此，我们便来研究一下可能引起这种情况的原因。让我们看看大自然是否具备这样的能力，以及我们是否可以通过观察来深入了解这一问题。

许多事实告诉我们，如果物种个体的生存环境、气候、生活方式或习惯发生改变，它们从这种变化中获得的影响会一点一点地改变着它们的各个部分、形状、官能，甚至是它们有机结构的恒常性以及比例，其结果就是，随着时间的推移，它们体内的一切都参与了这场突变。

在同样的气候环境下，一开始，暴露在迥异的环境条件下生存，会引起某些个体意识到周围条件的变化，后随之为了适应开始发生变化。但是，随着时间的推移，我所谈论的那些在相同条件下长期生活和繁殖的个体，会因情况的持续差异而发生变化，这在某种程度上来讲对它们的生存至关重要。因此，在经历了许多代之后，这些原本应属于另一个物种的个体会发现自己最终变成了一个与其他物种截然不同的新物种。

举例来说，生长在湿地中的某种杂草或植物的种子，由于某种原因被带到邻近小山的斜坡上，那里虽然海拔较高，但土壤足够潮湿，因此植物得以继续生存。于是，当种子能在那里生存并进行多次繁殖之后，这种植物便能够逐渐生长到山坡上近乎干旱的土壤里，并在那里存活下来，然后通过世代的繁衍得以延续下去，再然后，这种植物会发生巨大变化，以至于当植物学家再次遇到它时会认为这是一个特殊的新物种。

同样的事情也发生在动物身上，环境迫使它们改变可适应的气候条件、生活方式以及习性。但就我刚才所提到的因果影响而言，动物个体要比植物花费更多的时间才能表现出明显变化。

物种的含义包括一群相似的个体，它们通过繁殖出与自己相似的生物得以永存，这种方式会一直持续下去，只要同一物种的个体在繁殖行为中没有与其他物种个体进行交配，它们就能以同一形式存在下去。

不幸的是，据现有观察表明，且这种观察每天都在发生，一切都说明这种想法毫无依据。因为杂交行为在植物中极其普遍，而我们也常常会在动物中见到不同种类之间的个体交配，这些都证明了这样一个事实，即物种之间存在的界限并非如人们想象中那般坚不可摧。

可以肯定的是，这些奇怪的交配通常不会产生任何结果，尤其是涉及那些迥然不同的种类时，即使能够产生个体，但这些个体通常也都是无法进行繁殖的。但话说回来，如果两个物种之间的差距不是很大，那么我们所讨论的缺陷就不会发生。现在，这种方法本身就足以创造出变种个体，变种个体渐渐成为种族，然后随着时间的推移形成了我们所说的物种。

为了评估传统的物种观念是否具有真正的理论基础，让我们再次回顾我在前文中所提出的观点，我们从中得出以下结论：

（1）地球上所有的有机物都是自然的产物，是在很长一段时间内相继产生的。

（2）在自然进程中，大自然周而复始地创造着最简单的有机体，除此之外自然不会直接创造出任何东西，也就是说，一切都是以这些有机结构为最初开端，然后便是自然生成的过程。

（3）动物与植物最初是在适当的场所与环境中形成的。一旦生命及有机运动的能力构建起来，这些动物和植物的器官就会逐渐发育，随着时间的推移，它们的器官及其各部分也开始呈现出多样化。

（4）有机体各部分的生长能力是生命最初作用所固有的，它产生了不同的个体繁殖方式。在此过程中，有机结构的组成、各部分的形状与多样性都取得了进展。

（5）随着时间的推移，在有利的情况下，借助地球表面上的相继发生的每一点变化，借助新情况与新习惯所具有的力量改变，被赋予了生命的身体器官，都是在不知不觉中形成的。正是我们现在所看到的一切存在。

（6）最后，在经历了上述一系列事件之后，每一个生命体的有机体结构与器官状况都经历了或大或小的变化。我们所谓的物种就是以这种方式在不知不觉中相继形成；它们具有恒常性，但这种恒常性只与它们自身状况有关，并非同自然一样古老……

第七章

我们现在所关心的并非理性的猜测，而是对可靠事实的检验，这一事实远比人们想象得更加普遍，却并未得到应有的重视。毫无疑问，这是由于在大多数情况下要认识到这一点是非常困难的。这一事实包括环境对受其支配的不同生物的影响。

事实上，很长一段时间以来，我们已经注意到有机结构的不同状态对我们的性格、倾向、行动，甚至是对我们的思想所产生的影响。但在我看来，还没有人知道我们的行为与习惯会对我们自身有机结构产生影响。那么，由于这些行为和习惯完全取决于我们通常所处的环境，现在我将尽力说明这些环境对于一般形式、各部分状况，甚至是对生物的有机结构产生多大影响。因此，本章将对这一既定事实进行探讨。

如果我们不能明确看到，把若干生物迁移至与原来生存环境差距巨大的环境中对于此等生物的影响，如果我们未曾亲眼见证这些结果的作用与变化，那么我们将永远无法知晓此处所述的重要事实。

事实上，环境的影响虽然无论何时何地都在对生命体发生着作用，但我们却很难认识到这种影响，因为需要经过很长一段时间我们才能察觉或是意识到这种影响（尤其是发生在动物身上）。

在对这一值得关注的（对动物学哲学极其重要的）事实展开调查之前，我们先要明确分析思路。

在前面的几章中，我们已经看到一个无可争辩的事实，那就是，若将动物群体按照与自然次序相悖的顺序进行观察，我们就会发现，在形成这种规模的群体中，组成群体的动物的有机结构存在着持续却并不规则的退化现象，即生物体组织越来越简单，最终会导致这些生物体的官能也相应减少。

这一众所周知的事实却为我们提供了最深刻的见解，使我们得以了解大自然在创造所有动物时所遵循的秩序。但是，它并不能告诉我们，为什么动物的有机结构能从简单粗陋发展至极致完善，并且越来越复杂，仅仅是为了表示出不规则的等级吗？这种毫无规则的等级，又显示出诸多异常或偏倚的现象，在多样性方面也并未表现出明显的顺序。

现在，在探究动物群体中出现这种奇特的不规则现象的原因时，如果我们考虑到地球上所有地区的各种环境对这些动物的常见形状、器官、甚至是有机结构所产生的影响，那么一切都能得到解释了。

事实再清楚不过，对于我们所看到的每一种动物来说：一方面，它们都是有机结构日益复杂的产物，有机结构趋向于创造出具有规律性的阶层；另一方面，每一种动物又是多种迥异环境影响下的产物，这些环境都具有破坏阶层复杂化的倾向。

此处有必要对下面这句话加以解释：环境会对动物的形态及有机结构造成影响。这意味着，在经历重大的变化的过程中，随着时间的推移，环境会相应地对动物的形态与有机结构本身产生影响，引发其变化。

当然，如果按照字面意思来理解，你会认为我错了。因为，无论环境如何，它们都无法直接改变动物的形状与有机结构。

但环境发生了重大变化，导致动物们的需求也随之发生了巨大改变，需求的变化必然导致其行动的变化。现在，如果新的需求能够保持稳定或是长时间持续，动物们便会获得新的习惯，而这些习惯的持续时间与引起它们的需要保持一致。这一点很容易证明，事实上无须过多解释便可理解。

因此，当环境发生重大变化时，一旦对于某种动物来说成为恒常现象的，这些动物便会形成新的习性……

对于植物来说，由于植物不存在行为，因此严格来讲也不具有习惯，但环境的重大变化仍会使植物各个器官的发展产生重大差异。因此，这些环境差异使植物的某些器官产生和发展的同时也会对其他某些器官造成影响，甚至导致了它们的消失。但是，一切作用的产生都是由于环境变化导致植物营养成分发生变化，使植物通过吸收与呼吸作用，通过日常接受温度、光照、空气与湿度等因素的影响，最终通过上述这些各种各样的生命运动获得了异于其他同类的优势。

在同一物种的个体中，如果某些个体在有利于其全面发展的环境中不断得到良好的营养供给，而其他个体却发现自己处于不利环境中时，那么这些个体之间便会由此产生差异，这种差异会变得愈来愈明显。我还可以举出无数动植物的例子进一步证实这一观点！现在，如果环境保持不变，营养不良的个体一直习惯性地、持续地忍受着这种痛苦和营养不良的状况，其内部有机结构最终也会发生改变。上述个体繁殖出的后代会保留下既得的变异，并最终形成了一个新的种族，这一类种族却与那些更适合环境的个体种族之间存在着迥然差异。

春季天气极为干燥，牧场上的草生长得极为缓慢，植株瘦弱细长，虽长势缓慢，却仍会开花结果。

如果春日里炎热天气与阴雨天交替出现，这些草就会繁茂生长，干草的收成便会很好。

但是，如果由于某些原因导致不利于植物生长的环境一直持续下去，这些植物便会随着环境而持续发生变化，最初发生变化的是植物的外貌或是它们的整体形态，然后是植物的一些特殊性质。

举例来讲，如果草原上的一粒草籽或是其他植物的种子被风吹到干燥、贫瘠、多石且常年狂风肆虐的高地上，它也会在那里发芽，但长成的植株却总是营养不良，如果它的后代继续生存在这种恶劣的环境中，那么它将会变成一个与原本生活在草原上的同类截然不同的种族（这便是第二个种族的起源）。这个新物种的个体会很弱小，且骨瘦如柴，它们的一些器官因为比其他植物的器官经历了更多历练，而展现出奇怪的比例。

那些观察了大量资料并查阅了大量收藏品的人可以确认，随着环境、朝向、气候、营养、生活方式等条件的变化，高度、形状、各个器官之间的比例、颜色、一致性、敏捷性和勤勉程度（对于动物来说）等特征也相应地发生了变化。

大自然花费大量时间所做的工作，我们每日也在做，我们也可以使植物及其他物种个体的生活环境发生骤然改变……

下述（关于植物的）事实证明，某些重要环境的变化对生物体各组成部分的变化会有多大的影响……

毫无疑问，就动物而言，它们习惯的生活环境如果发生了重要变化，也会使它们的身体部位产生类似的变化，但这种变化却比在植物中的表现要慢上许多。因此，我们对其知之甚少，对于其中的原因也难以辨认。

如今，在所有这一切的相关事物中，考虑真正的顺序时应认识到下述几点：

（1）各种动物种族在所处环境中所保持的一切细微变化，都是为了满足该种族所需的真正变化。

（2）动物需求的所有变化，都要求动物们通过其他行为来满足这种新的需求，从而又产生出其他不同的习惯。

（3）每一个新需求的满足都需要有新的行动，从动物的经验来看，它需要更频繁地使用一些以往较少用到的器官（使该器官进化或生长），或是对新器官加以利用，而这种需要是通过动物内心情感的努力在不知不觉中产生的。这一点我会用既定事实来加以证明。

因此，为了解这么多不同形式与习惯背后的真正原因，鉴于已知动物向我们展示出的这些范例，我们必须认识到，各个种族的动物都生活在无限多样化与持续缓慢变化的环境中，这为每个物种带来了新需求，也必然导致习性的转变。那么，一旦人们认识到这一无可争辩的真理，就很容易理解动物是如何满足新的需求并养成新的习性，这就需要我们注意到以下两个经过观察证实的自然法则。

第一法则

一切动物，在不超出其自身发育的极限内，任何器官越是被频繁持续地加以使用，越会逐渐强壮发达，器官功能也会随着长久使用而愈加增强。然而，若是某一器官长期不用，则会逐渐衰弱、退化，其功能也会逐渐衰退，直至消失。

第二法则

由于长时间受生活地域环境约束的影响，动物某部分器官经常使用，某部分器官久旷不用；其影响所及，自然就使个体获得某部分器官或丧失某部分器官。此种变化对于雌性或雄性动物来说都是相同的，对于新生的个体也是如此。于是，每代的新生个体，都存续其上代的性质。

除非是从不观察或是从不遵循自然规律的人，或是那些因争强好胜而使自己误入歧途的人，上述两条都是不容忽视的永恒真理。

一旦博物学家注意到动物身体器官的形态与这些器官的使用紧密有关，他们就会认为是这些器官的形态和条件决定了其使用程度的大小。但这一观点是错误的。因为通过观察很容易证明事实恰好相反，正是对各个器官的需要与使用才使得它们不断发展，也正是因此动物的各个部分从无到有，并最终成为我们如今所见到的样子。

为了避免这种情况的发生，大自然有必要根据动物赖以生存的环境的多样性，为它们创造尽可能多的形态，而这些形态与环境一样不会发生改变。

这当然不是现存的自然秩序。因为如果真是如此，我们便不会有英国那种形式的赛马；也不会有大挽马，这种马高大强壮，与赛马迥然相异，而大自然本身却并没有创造出类似的物种。出于同样的原因，我们也不会有四肢弯曲的巴吉度猎犬、步履如飞的灵缇、水猎犬等。我们更不会有无尾母鸡、扇尾鸽等。最后，我们还可以在花园肥沃的土壤里随心所欲地栽种野生植物，不必担心它们会因长期培育而发生改变。

很长一段时间以来，我们都对这种实际情况有所了解，并发展出了一种说法，这种说法已然成为一句众所周知的谚语：习惯成自然。

诚然，如果每一种动物的习性与本能都无法改变，那么这句谚语便是谬误，根本不会出现，更不会在有人提出后得以保留下来。

若是你对上述内容进行过认真思考，便能理解我在《活体研究》一书中理性地提出的以下观点：

“动物身体各部分的性质与形状使动物产生了习性与特殊能力，并非出于器官的问题，恰恰与之相反，动物的习性、生活方式以及个体所处的环境，随着时间的推移，构成了动物的形态、器官数量与状态，以及动物所具有的官能。”

如果对上述命题加以仔细思考，并将自然与事物状态每时每刻的观察结果关联在一起，那么它的重要性与可靠性就是我们最重要的证据。

正如我所说的，有利的时机与环境是自然创造事物的两种主要手段。我们知道，自然是没有时间限制的，因此它有充足的时间来创造这一切。

至于自然每日用来改变一切的环境，它用来持续不断地创造一切的环境，在某种程度上来说，也是取之不尽的。

特定区域的环境主要受气候、大气和周围环境的温度、不同地域、朝向、习性、最普通的运动、最频繁的行为，乃至自我保护的方式、繁殖等因素影响。

由于上述各种因素影响，某些功能会随着使用次数的增加而得以展开和增强。随着新习惯在很长一段时间内被保留下来，它们开始多样化。各个不同部分的性质与状态，也同其他器官一样，经历着这些影响，产生结果，并通过繁殖得以保存和延续。

这些事实只是上述两种自然规律的结果，并在任何情况下都可得到充分证实。这些事实明确表示出生物多样性的自然过程。

但我们并不满足于假设的一般性，为此我们直接对事实进行调查。我们可以以动物为例加以思考，对于动物来说，是否频繁使用某个器官取决于每个种族被迫养成的习惯。

现在我要证明，某个器官如果长期缺乏锻炼，先是功能衰退，然后便会逐渐萎缩。如果这种缺乏使用的情况持续很长一段时间，或是在同一种族的连续几代动物中出现，那么最终会导致该器官的消失，甚至损坏。

随后我要揭示的是，相比之下，在每一种官能尚未达到极限的动物身上，如果它们有对器官进行锻炼的习惯，那么不仅会增强该器官的功能，使其生长发育，而且会在不知不觉间改变它的尺寸。因此，随着时间的推移，该器官与缺乏锻炼动物身上的同一器官相比有着很大不同。

某一器官缺乏使用，一旦因为个体养成的习惯而变得恒定，这一器官就会逐渐缩小并最终不复存在。

许多昆虫，根据其目甚至属的自然特征，原本都应该有翅膀，但由于从不使用，它们的翅膀便会在不同程度上有所缺失。鞘翅目、直翅目、膜翅目、半翅目等都可作为例证。这些动物的生活环境使它们在习性上根本不必使用翅膀。

仅仅解释导致不同动物器官状态存在差异的原因是不够的，因为我们所观察到的情况在同一物种的动物中总是相同的。除此之外，有必要让人们知道，仅仅是因为物种个体的特有习性发生巨大改变，而导致的某个独立个体一生中的器官变化。下述这一极其显著的事实能够完整地证明习惯对器官状况的影响，并确定个体习惯的持续变化在多大程度上导致器官状况发生变化，而这些器官在养成这些习惯的过程中都发挥着不同作用。

研究人员特农先生告知整个科学界，他对几个人的肠道进行检查，这些人在一生之中的大部分时间里都是狂热的嗜酒之徒。而他往往会发现，与那些没有嗜酒习惯的人的同一器官相比，这些人的器官存在着大幅度萎缩。

我们知道，那些豪饮之人或是嗜酒成瘾之人几乎不吃固体食物，他们几乎什么都不吃，仅仅依靠频繁大量地饮酒维持生命。

由于可消化的液体，尤其是酒精饮料，并不会在肠胃里停留过久，饮酒者的胃与肠道的某些部分已经失去了扩张能力，就像那些久坐不动、经常忙于脑力劳动或是习惯少量进食之人的胃部会逐渐收缩，肠道变短。

上述的缩短并不是该器官收缩而致的现象，如果内脏器官不再空虚，而是偶然之间得以填满，便会呈现正常大小形状下所具有的收缩现象。而这些器官真正发生的收缩现象是指，若它们突然遭遇到扩大至正常大小的需求时，它们已经无法随意扩大来满足需求，因此只能发生破裂。

可以对比一下，在完全相似的年纪，如果一个人为了学术研究或是习惯性的脑力工作而养成了少食少动的习惯，而另一个人则经常走出家门，并保持着良好的饮食习惯。那么第一个人的胃容量会很小，只需极少量的营养物质便可填满，而第二个人的胃则由于得到了很好的保护，甚至容量会增加。

在人类个体的一生中，这一器官仅仅由于习惯发生变化，便会使其在形状、大小以及各种能力方面发生极大变化。

对某种器官的频繁使用，一旦变得稳定并形成习惯，便会使该器官的能力得到增强、发展，并使其获得在较少锻炼该器官的动物身上所不具备的尺寸及活力……

（让·巴蒂斯特·拉马克　公元 1809 年）

器官相关法则

对存在于不同器官之间关系的看法

前一篇文章中已经指出，属于每种动物的功能器官在结构与作用上存在着巨大差别。如果我们深入讨论细节，并把问题延伸至不那么重要的问题上，这些差别就会越来越多。

但很显然，从我们描述它们的方式来看，即假设一个器官的每一个差别都相继地与另一个器官的差别结合在一起，将会产生出数量相当庞大的组合方式，与同样数量庞大的动物种类相对应。但是，当我们抽象地去考虑这些可能的结合时，就会发现它们在自然界中并非全部存在，这是因为，在生命的状态中，这些器官并非简单地组合在一起，它们不仅相互作用，而且作用于一个共同的目标。因此，其中任何一个发生改变都会对其他器官产生影响。这些并非同时存在的变化，相互排斥，而其他的变化则被纳入同一体系；这种现象不仅发生在那些具有直接关联的器官之间，而且也发生在那些看上去似乎是完全独立的器官里。

事实上，没有哪种功能可以脱离其他功能而独立存在，或是完全不会受到其他功能的影响。例如，呼吸作用的发生离不开血液运动的帮助，因为血液运动，血液的流动才能与周围元素发生接触，加上血液是循环运动的，因此它是产生呼吸作用的必要手段。

循环本身是由心脏与动脉的肌肉活动引起的，因此，它是通过刺激来产生，这种刺激是在神经与体液的调节作用下进行，由此感觉的功能通过某种循环回到血液循环中，这也是所有分泌物存在的原因。

如果没有肌肉的力量，即便是最微不足道的力量，又何谈感觉的价值呢？如果我们无法将手伸向可触摸的物体，那么感觉又有什么用呢？如果我们无法将头或眼睛转向四面八方，那么视力对我们又有什么好处呢？

正是在这些功能的相互依赖、相互作用的基础上，决定各器官关系的法则才得以建立，这些法则的起源与形成或与数学法则的必然性是一致的：因为很明显，相互作用的器官之间存在着一种恰当的和谐，而这种和谐正是它们共同存在的必要条件；如果任何一种功能的变化方式与其他功能的变化规则相悖，这种功能也就无法存在。

因此，在有血管以及双重循环的动物中，即那些直接吸入空气，使空气进入多细胞的肺部进行呼吸的动物，它们的两条动脉主干总是十分接近，并配备有肌肉发达的强健心室，二者会结合到一起；那些只通过鳃褶之间的水来进行呼吸的动物则总是有两条独立的血管，无论它们是有像乌贼（鱿鱼）那样的心室，或是像鱼类或软体动物一样的心室（仅有一个心室）……

在这两种功能中所观察到的神经系统变化，与呼吸功能变化相似。冷血动物的外部感官能量要小得多，它们的大脑也要小得多，因为冷血动物的大脑只占头盖骨的一小部分，而那些温血动物的大脑则占据整个脑腔。毫无疑问，只需要运动的器官有一定程度的活动便会对这些动物体内的纤维形成轻微刺激：充满活力的感觉与强烈的激情会耗尽它们的肌肉力量。由此，感觉器官便立即与呼吸器官产生了直接关联。

但是，究竟存在着什么秘密的原因才使得在所有通过不同器官呼吸的动物髓质团块数量较少，且都聚集在头盖骨内，或是至少与脊髓分离；而在那些通过气管呼吸的动物体内，它们整个神经束范围内分布着几乎相同的神经节？为什么没有呼吸器官的动物就没有明显的神经系统呢？呼吸系统与神经系统这两者之间必然共属于某种我们尚且未知的原因关系中。

消化功能也与呼吸功能有关：消化功能是一种能以最快速度消耗和排出身体内的物质的功能之一。一般来说，呼吸越彻底，消化能力就越强，如此身体获得的量与排出的量便能达到平衡。

由于呼吸器官与其他几种功能的变化之间存在关联，因此后者之中的某些功能相互之间也存在着联系，尽管这些乍看起来似乎并没有什么必要。这就是为什么鸟类通常具有强健的胃以及非常高效的消化系统的原因所在。这也是它们能频繁地享用美餐的原因。在所有的红血动物中，爬行动物似乎在各方面都与鸟类相反，使我们颇感惊奇，爬行动物的食量很小，可以在很长一段时间内忍受饥饿。这两类动物消化能力的差别并非由它们运动器官的性质决定的，而是取决于呼吸器官的性质，呼吸器官的变化与运动器官的变化有直接的关系。

我们很容易看出，这两种不同程度的消化能力取决于两种不同性质的消化器官，这两种性质中的每一种都必须与其相应的呼吸器官性质共存。呼吸器官的性质总是与一种性质联系在一起，这种性质在运动器官和感觉器官中同样起决定作用。可以说，在循环系统中，共五种器官系统中的每一个都在调节和支配着其他的器官系统。。

消化系统与运动和感觉系统之间也存在着直接关联。从某种程度上来说，消化道的构造决定了动物的食物种类；但是，如果这种动物在它的感觉器官和运动器官上并不具备辨别适合它的食物方法，那很明显这种动物也就不可能存在了。

因此，为了使自己的物种得以延续，只能消化肉类的动物必须具备发现猎物、追赶猎物、抓住猎物、战胜猎物并把猎物撕成碎片的能力。因此，它们必须拥有一双敏锐的眼睛，强有力的爪子与下颚，并且能够快速地迅猛出击。令人欣慰的是，一颗适合撕扯肉块的尖锐牙齿与遍布角质的四足，并未在同一物种身上同时出现，因为这种足只能为动物提供支撑，却无法抓住任何东西。因此，所有的有蹄动物都是食草动物；当然，还有某些更为详细的规则，但都是第一个理论的推论，比如蹄子的出现表示这种动物还长有臼齿，且齿冠扁平，拥有长长的消化道，有一个或多个容量很大的胃，以及其他几种相似的特征。

那些决定不同功能之间关系的规则，同样也会对同一系统的不同部分起作用，并以同样的力量把各方面都联系起来。这些规则在消化系统中十分明显，而消化系统的组成部分较多，也都十分独特。牙齿的形状、长度、曲度，消化道的扩张，可容纳溶解液的数量与体积，以及动物所进食物质的性质、硬度及溶解度等，它们之间总是存在着令人感到惊讶的联系，这种联系是如此明显，以至于对于经验十足的解剖学家来说，只要确定了其中某个部位的位置，就能轻易推测出其他的部分在体内的位置，甚至可以根据前面的规律对其他功能的范围进行推测。

类似的现象同样存在于运动器官系统的各个部分之间。当每一个器官作用于其他器官，并依次经历它们的作用时，特别是当动物完全处于运动状态时，不同器官之间的所有形式都是相互联系的。所有骨骼按比例变化，任何一块骨头的表面、弯曲程度或隆起程度发生了变化，其他骨头也都会有相应变化。因此，我们可以从其中的某一点出发，在一定程度上准确地勾勒出整副骨架的概念。

到目前为止，我们所指出的这些共存规律，都是通过我们对每个器官的相互作用与功能知识进行推理并简化得出的。通过观察，证实了这些定律之后，我们便可以在某些情况下采取相反的策略，即当我们观察到某些器官之间不断变化的形式时，我们可以得出这样的结论：它们之间相互影响，我们甚至可以对两者的用途做出相当准确的推测……只有对这些关系进行深入研究，并发现迄今为止我们尚未观察到的那些关联，我们才有希望使生理学得以进一步发展。因此，比较解剖学可以被认为是完善这一重要知识分支的最丰富的观察来源之一。

自然从来不会超越生存的必要条件所规定的界限，但只要它不用受到这些条件的限制，它就会表现出其应有的繁殖力与多样性。在重要器官的基本变化之间，大自然永远不会放弃一切可能存在的结合，似乎所有的生物体结构都充满着无限可能。在这些情况下，特定的形式或安排似乎并无必要，甚至经常发生的情况是，大自然所创建出的某些特定的形式与配置似乎并不具有任何明显的实用价值；似乎只要它们能够实现就可以了，也就是说，它们不会破坏整体的和谐。因此，当我们将注意力从主要器官转向那些不太重要的器官上时，我们就会发现变化越来越明显；当我们留意动物身体的表面时，也就是身体本质上要求最不重要的部分，我们就会注意到，体表的多样性是如此可观，博物学家即使付出全部努力仍无法给我们一个清楚明确的解释。

在众多组合中，必然存在许多共同的部分，但总有一些组合会表现出些许差异。因此，通过对相似的事物进行比较，我们可以建立起一种由原始类型逐渐演变而来的层级序列。这些考量是以某些博物学家的思想为基础，而《存在尺度》也基于此，本书的目的是要将这一完整系列展现出来，从最简单的组织开始——它们拥有最少的数量与最普通不过的属性。因此，思路一环紧扣一环，几乎没有任何间隔，就这样毫无意识地形成了。

诚然，当我们把自己限制在一定的范围内，特别是当我们把每一个器官分开来考虑，并以它为线索贯穿同一类的所有物种时，我们就会发现，它在序列中是以一种奇异的规律性延续下去。我们甚至能够感知到器官的一部分，或是在物种中观察到某个器官的残留，对于这些物种来说，该器官不再有任何用处。也正因如此，大自然才会把它留在那里，似乎只是为了表明大自然是如何严格遵守不会发生任何突然转变的法则。但是，一方面这些器官并不都遵循相同的层级顺序，在一个物种中，有一种是最完美的；而在另一个完全不同的物种中，则有另一个最完美的。因此，如果我们要单独考虑每一个器官再据此对不同的物种进行分类，我们应该通过调节机制尽可能地形成更多层级，要做出一个总体完美的，就要计算出每种组合会产生出的效果。然而，这根本就不切实际。另一方面，只要我们将自己限制在主要器官的同一组合中，只要重要的生命之源保持不变，温和渐变的分级方式便会继续，所有发生这类情况的动物似乎都是处在同一个水平阶层，这也是所有微小外部变化形成的基础。但当我们把注意力转向那些发生组合的动物时，它们就不再具有任何相似之处了，它们之间能明显地看到不同层级之间的间隔或是明显的过渡。

无论我们如何对脊椎动物和无脊椎动物进行排序，它们永远都不可能被置于某一阶层的最底层，或是另一阶层的最高层，因为这两类动物之间非常近似，并互为纽带。

（乔治·居维叶　公元1800年）

论地球表面的革命

简介

当我在编撰《骨化石》一书时，我给自己布置了一个任务，就是鉴别出那些遍布地球表面的化石残骸是属于哪些动物的。这就意味着我必须要走上一条迄今为止人们只是试探性迈出了几步的未知小径。初窥古文物学门径，我必须先要学会将这些残骸恢复到它们原先处于动荡时期的样子，同时还要破解出它们所蕴含的意义。我必须先把这些动物的碎片按照原来的顺序全部收集起来进行排序，再将这些碎片所属的远古生物重现出来，使之符合它们原有的比例与特征，最后将它们与如今生活在地球表面的生物进行对比。这是一门几乎不为人知的艺术，你可以暂且将其视为一门尚未被深入了解的科学，是研究支配有机生命体各部分的形式共存的法则。因此，我必须对现存动物进行长期研究，借此为相关研究做准备。只有尽可能对现有事物进行全面回顾，才能为我正从事的远古生命研究提供一些证据。但与此同时，此类研究还必须为我提供大量的可论证规则以及相互联系。当我在对地球理论进行初步探索的过程中，我必须能够以某种方式使整个动物王国服从新的法则。

我之所以坚持从事这一双重任务的研究，是因为该项目本身便足够吸引人，而且它对解剖学、所有关于有机实体的科学基础、地球的物理历史、矿物学基础、地理学等普通科学都有所贡献——甚至可以说——它在人类史以及帮助人类了解自己等方面同样具有重要意义。

如果有人对那些从我们这个物种尚处于婴儿期便几乎已经湮灭殆尽的遗迹怀有兴趣，他一定也会着迷于在地球早期的历史中去搜寻那些早在国家出现之前便已经存在的大自然的变革痕迹。人类的这种探索精神值得钦佩，正因如此，人类才能测量出行星的运动，而这一点大自然似乎并不想让我们发现；天才和科学已经超越了空间的极限；人类通过推理得出的一些观察结果揭示了世界的机械运作原理。如果人类能够知晓如何超越时间界限，通过一些观察重新开始揭示地球的历史以及在人类诞生之前发生的一系列事件，这会是多么伟大的壮举啊！毫无疑问，在这件事上，天文学家的进展要比博物学家快上许多。现有的地球理论很像某些哲学家所秉持的信念，即认为天空是由毛石（细粒砂岩或石灰石）构成的，而月亮则如同伯罗奔尼撒半岛一样大。但是，继阿纳克萨哥拉之后，哥白尼与开普勒也为牛顿开辟了道路。那么，为什么自然历史不会有朝一日拥有一位自己的“牛顿”呢？

阐述说明

在本文中我首先提出，我在骨骼化石方面的研究计划与成果，我还将尽力对迄今为止地球经历的动荡历史进行简要说明。毫无疑问，我所发现的这些事实只是构成这段古老历史中的一小部分；其中的几项事实非常重要，而且有鉴于我在确定这些事实时所采用的方法颇为严谨，因此我相信这些事实完全可以作为确定无疑的论点，且足以构建出一个科学史上的特殊时代。最后，我希望这些论点的新颖之处足以吸引读者将注意力集中在它们身上。

首先，我希望通过展示陆生动物骨骼化石的历史阐明其与地球理论之间的联系，以及它们在这方面具有特殊重要性的原因。然后，我将阐述骨骼鉴定所依据的原理，换句话说，是根据一块骨头碎片来辨别出属于某个种或分属于出某个属的技术，而这项技术的可靠性则取决于我所做的全部相关工作的细枝末节。我会简要介绍某些新的物种，一些以前不为人知的属。我正是通过上述原理发现了它们以及它们千姿百态的内部构造。尽管这些物种与现今物种之间的差异并未超过一定的界限，但是我要证明的是，如果与现在用来区分相同物种的变种的界限相比，古今物种之间的界限还是要宽泛得多。最后，我将指出这些物种在受到时间、气候抑或是最终驯化的影响下会发生多大变化。

由此，我将得出（在此我邀请读者们与我一同总结出）如下结论：一定是某些重大事件的发生，导致了我所发现的那些重大偏差。接着，我会对我的研究提出一些特别的修正意见，这些意见必须纳入迄今为止人们所接受的有关地球变革的意见之中。最后我将检验人类的民俗史、宗教史以及对地球历史的考察结果能够实现何种程度的一致？所有这些观察的设定都是基于人类社会何时能够建立永久家园、拥有可耕种的土地，以及何时社会能够以一种持久形式存在的可能性。

古代的地质记录剧变

对大地的初步印象

当一位旅行家穿过那些肥沃的平原，看到缓缓流动着的河水滋润着两岸繁茂的植物，看到栖居着无数居民，拥有着富足的乡村、繁华的城市以及壮丽的名胜古迹的土地，除了战争的破坏和暴君的蹂躏，从来没有被侵扰的时候，他绝不会去设想自然界也有它自己的内部斗争，地球表面也曾因为连续的运动和各种灾变而受到强烈震撼。但是，只要他对如今看似一片平静的土层进行挖掘，或是当他登上与平原毗邻的小山，他的看法就会发生改变；或者说，随着其视野的扩大，他认识上的变化也会随之扩展。当他登上原先被那些小山环绕着的山脉高峰时，或是沿着奔流而下的河床洞察其内部构造时，就能完全接受我曾提起的那些古代灾变事件的论述。

巨变的第一批证据

在地球上最为低洼、平坦的地区，当向下挖掘至极深处时，所见的也只是由各种物质组成的水平地层，而且几乎各个地层都含有无数的海洋生物。含有同种生物的类似地层构成了小山，甚至隆起至相当高的高度。有时贝壳多到竟然构成了整个地层。这些贝壳被发现时，有的位于远远高出海平面的山丘上，有的则是位于那些目前看来海洋无论如何也侵袭不到的地方。它们有的被封存于松散的沙子之中，有的被镶嵌在坚硬的石头中。地球的每一部分、每个半球、每块大陆、每个大小不等的岛屿都呈现出这一现象。愚昧地认为这些有机物的残骸不过是大自然的简单安排，是地球创造力孕育的产物。这种时代早已过去，某些形而上学者不断努力却仍无法使这些陈旧观点得以被人们重新接受。仔细对比这些沉积物的形状、组成以及它们的化学成分，我们会发现，这些贝壳化石与现在仍被海洋滋养着的贝壳并没有什么区别，它们的保存堪称完美。我们观察到的化石往往既没有碎裂也没有破损，没有任何迹象显示它们曾经历过猛烈运动，即便是最小的贝壳也完好保留着最脆弱的部分、最微妙的隆起以及最纤细的线条。因此，它们不仅曾在海洋中生活，而且在海洋中沉积，并最终留在了我们发现它们的地方。这片海洋在这些地方保持了很长时间，有足够的时间来保持平静并一直持续这种状态，因此才在这些地方形成了如此规律、厚重、广阔且十分坚实的沉积物，而这些沉积物中满布了海洋动物的遗骸。海盆也提供了证据，证明这片海洋的范围或是位置，甚至是这两者都曾经历过的变化。最初的勘察与最浅表的考察结果便是如此。

当我们再往高处走，进一步靠近巨大山脉的山脚下时，巨变的遗迹就会变得更为明显，那里仍保留有许多贝壳层。我们可以观察到这些贝壳更大、更坚硬，它们同样数量众多且保存完好，但它们的种类却与在低洼平坦之处所发现的贝壳种类不同，而且你会发现这些贝壳的地层往往并非呈水平状态，有些甚至是近乎直立状态。在平原与较低山脉地区识别地层的连续性必须要进行深挖掘，而在这里，当我们沿着撕裂而成的山谷前行时，便可以在山坡上看到这些地层就在眼前。在悬崖脚下，堆积着大量的碎石，形成圆形的小山丘，它的高度还会伴随着每一次融雪与暴风骤雨而增高。

那些形成次级山脉峰顶的垂直地层并非停留在高低起伏的丘陵上。恰恰相反，这些地层沉没在这些小山脚下，而这些小山又位于这些倾斜地层的斜坡上。当我们在山脉附近的水平地层中钻孔时，会在深处发现这些倾斜地层。当倾斜地层不太高时，它们的峰顶处甚至是水平地层，至少对它们之中的大多数来说必然是水平状态下形成的。很明显它们后来又被抬升起来，所以在它们上面覆盖其他地层之前，它们便已经存在了。

因此，在水平地层形成之前，海洋中便已经形成过其他地层。这是在遭到某种破坏后，地层抬升，并以成千上万种方式翻转扭曲而形成，就和在海洋的前一个时期形成的倾斜地层高于之后围绕它们形成的水平地层一样。导致地层发生倾斜的原因，同样使地层突出海面形成岛屿，或者至少形成暗礁或不平坦的地形。无论地层是在极端条件下被再次抬升，还是与之截然相反的沉降导致海水回退，结果都是如此。对于那些愿意花时间研究这些遗迹并为研究结果提供证据的人来说，这两个结果同样清晰可证。

这些变革曾多次发生的证据

但是，造成地球现状的变化并不局限于古老地层的倾覆和新地层形成之后的海平面下降。当我们对不同地层以及蕴藏在它们之中的动植物遗骸进行详尽对比时，我们很快便会发现这片古老的海洋并非不断沉积同一种岩石，也不仅沉积同一种动物遗骸，每层的沉积物也并非会覆盖整个海洋表面。变化始终在接连不断地发生，其中，只有最初的变化几乎是普遍分布的，其他变化的影响范围似乎要小得多。地层越老，越能在很大程度上表现一致性；地层越新，分布则越是有限，并且在很小的范围之内存在诸多变化。因此，液体的性质和溶液中所含物质的性质也会随着地层的变化而发生改变。当某些地层突出海平面之上形成岛屿和突出的山脉时，几个特定的海洋盆地之内便会发生不同的变化。

我们知道，随着这种液体性质发生变化，其中所孕育的动物不可能保持不变，它们的种类，甚至属，都会随着地层的变化而变化；尽管在小范围之内也有一些物种得以回归，但可以肯定的是，古代地层的外壳有其独特的形态，某些物种会逐渐消失，不再出现于最近的地层中，而在现今的海洋则更少被发现，而且在海洋中也从未发现任何与它们类似的物种。甚至就连它们的某些属都未能发现。相比之下，近代地层中的贝壳却类似于生活在现在海洋中的贝壳。在最后形成的、最松散的地层中，以及某些近期形成的有限的沉积物中，有一些物种，即使是最内行的人也无法将它们与生存于现在近海地区中的物种区分开来。

因此，动物界中所发生的一系列变化，是由动物所生活区域的液体化学性质所发生的变化或至少是由与这些变化相对应的变化引起的。这些变化使水生动物的种类逐渐达到了现在的状态。当海洋最后一次从我们的大陆上退却时，它的栖居者与今天海洋中所哺育的物种并没有什么不同。

最后，如果我们更仔细地研究这些有机生物的残骸，会发现在海洋地层的中间，甚至是最古老的地层中，也充满了来自陆地或淡水区域的动植物化石；而在较新的地层之中（即最靠近地表的地层中），有一些陆地动物却被埋藏在大量的海洋生物下面。因此，不仅是各种灾变逐渐使岩层发生移动，使陆地的各个部分从海底升起，缩小了海盆的面积，而且该盆地也会在同样的作用下向不同方向移动。那些变成陆地的地区往往会由于地面下沉或是海水上升而再次被海洋覆盖。至于上次退海时所露出来的那块土地，便成了如今人类与陆生动物们赖以生存的处所，这里曾是一片干燥的土地，滋养了四足动物、鸟类、植物以及各种各样陆地生物在这里生存。因此，曾经离开这片土地的大海也曾再次席卷而来，海洋高度的变化并不仅仅是某一次或多或少的渐进性或普遍性海水消退形成的，而是海水反复多次侵袭再回退的结果。但毫无疑问的是，正是这些变化最终导致了海平面的普遍下降。

这些变革突然发生的证据

同样需要注意的是，海洋这种反复地侵袭与撤退的过程并非缓慢的，也并非逐步发生的。恰恰相反，大多数灾难都是突然间发生的。这一点很容易得到证明，特别是通过最后一次灾难可以证明，双重运动作用下导致海水泛滥，随即海水回退恢复干涸，如此形成了我们如今的大陆，至少是形成了大部分陆地。那场灾难还在北方国家留下了许多大型四足动物的尸体，它们被封存在冰层里，而它们的皮肤、毛发与肉身一直完好保存至今。如果它们不是刚死去便被冰封起来，恐怕早已腐烂分解。另一方面，这些动物陷入绝境时，这些地区尚不具有永久性的冰冻特性，因为这些动物不可能在如此低温下生活。因此，就在这些动物死亡的瞬间，它们的栖息地也在转瞬之间遭到冻结。一切都在刹那间突然发生，没有任何渐进的发展过程。这在距今最近的一次灾难中得到了明确证实，之前的几次灾难也是同样如此。人们在更古老的地层中所看到的撕裂、重新排列以及倾覆现象都可以毫无疑问地证明，某些突发原因使它们成了我们如今所看到的状态。在坚实地层之间夹杂的堆积如山的遗迹与圆形的鹅卵石证明了水体运动所蕴含的力量。因此，地球上的生命经常会受到可怕灾害的侵扰，无数生物都成了这些灾害的遇难者。一些生活在陆地上的居民眼睁睁地看着自己被洪水吞噬，那些生活在深海之中的生物则因海底突然上升而突然被暴露于干涸的土地上。它们的种族被彻底灭绝了，除了一些对于自然科学家来说都难以辨认的残骸之外，它们在这个世界上几乎什么也没有留下。

这就是我们依据调查每一步所遇到的对象而得出的必然结论，这一点几乎在每个国家的每时每刻都能得到验证。这些巨大而可怕的事件几乎在世界各地都留下了清晰的印迹，仿佛是有意为那些能够解读这些遗迹之人留下线索，让人们知道曾发生的故事。

但更加令人惊讶却又确定无疑的是，地球上并非一直有生命存在，观察者能够轻易辨认出生命开始出现的那一个时间节点。

生物存在之前便有巨变发生的证据

我们继续向上攀登。当我们沿着巍峨的山脊向上攀爬，向山脉的峰顶前进。没过多久，我们就发现了这些海洋动物的遗骸，那些数不清的贝壳，变得越来越稀少，最后彻底消失不见。我们见到了另一种完全不同的地层，那里完全没有留下任何生物痕迹。然而，通过地层的结晶与分层，我们却可以发现它们同样也是在液体中形成的。它们倾斜的方向与峭壁表明它们也曾发生倾覆。它们斜向位于含有贝壳的地层之下，这表明它们形成于含有贝壳的地层之前。最后，这些光秃秃的峰顶高度超过所有含有贝壳的地层，表明当含有贝壳的地层形成时，这些峰顶早已离开水面。

这些就是著名的（远古）原始山脉，它们从不同的方向横跨我们的大陆，高耸入云，将河流分开，常年积雪，如同蓄水池一样为河流补给水源，并形成了类似地球骨架的粗糙框架。

我们从很远的地方便能看到分开峰峰的凹陷之处以及耸立在那里的陡峭山峰，这些都表明这里曾经发生过剧烈上升，这里与那些圆形山岭或表面平坦的小山截然不同，那些圆形小山丘上至今仍保留着最近几次海洋侵袭后所平稳沉积下来的堆积物。

当我们再走近一些，这些迹象变得愈加清楚。山谷内不再有微微倾斜的缓坡，也不见有尖角凸起，与之相对的则是一些凹痕，它们看起来就像是古代河道的河床。这些河床的宽度时宽时窄，毫无规则。河床的水域有时会一直延伸至湖泊；有时又像急流一样俯冲下来。有时岩石突然聚在一起，形成横向的堤坝，拦截水流形成瀑布。而那些被撕裂开的地层，则往往一侧露出锋利的垂直边缘，另一侧的表面则呈现出斜向大剖面结构。它们的高度也并不一致。山谷的某一侧形成悬崖陡坡，对应的另一侧却毫无踪迹，也不会再次出现。

然而，一些伟大的自然学家已经证实，在这一切混乱之中仍然存在着某种特定的秩序，尽管地层变得竖直或是翻转倾覆，但它们所表现出的层序在所有的大型山脉中几乎都是相同的。人们认为，这些位于山脉中央的山峰绝大部分是由花岗岩构成的，并且花岗岩的分布位置远远高于其他岩石，但它也同样被掩埋在其他岩石之下。这（花岗岩）是我们视力所及范围内大自然所赋予这块土地的最古老的物体，它或许起源于一种普遍存在的液体，毕竟在远古早期，一切事物的出现都源自液体，或者说，它或许是第一块巨大熔融物质冷却之后形成甚至是通过蒸发作用形成的岩石。片理岩斜倚在花岗岩两侧，形成了这些大山脉的侧峰。地层之中还混杂着片岩、斑岩、砂岩以及碎屑堆积物，粒状大理石以及其他不含贝壳的钙质岩石位于片岩之上，形成了外部山峰、较低的阶地与丘陵地带，这是这种未知液体所进行的最后一项工作。这片看起来仿佛没有任何生灵栖息的海洋，似乎为软体动物与植虫动物提供了生存所需，因此才迅速地在海底沉积了大量的贝壳或珊瑚。我们甚至看到了这些软体动物与植虫动物的初级形态，在这些原始构造的最新地层中，或是在地质学家称为过渡地区的地壳部分随处可见少量的化石。在这些地方，贝壳层随处可见，其中还夹杂着一些年代相对较近的花岗岩，它们位于片岩及一些近代的粒状大理石层之间。这些希望占据地球的生命体似乎在早期曾与先前占主导地位的惰性自然进行过一番斗争，因此在经过了一段相对较长的时期之后，生命体才明显占据优势地位。只有生命体才有权继续为地球的固体表面不断沉积加固。

因此，不可否认的是，如今构成最高山脉的物质最初却是液体状态的；它们在很长一段时间里都处于水下状态，没有任何生命存活。物质的性质并未发生变化，只不过是在生命出现之后才沉积下来。以前形成的岩体发生了改变，后来形成的岩体同样发生了变化。它们同样可以证明，它们所处的位置曾经发生了剧烈的变化，其中一些转变发生在某些物质独立存在且尚未被贝壳岩层覆盖之时。我们有证据可以证明，在这些地层中观察到的断层、撕裂与裂缝等现象，同样存在于随后形成的较新岩块之中，不仅数量更多而且也更为明显。

但这些原始结构在第二纪地层形成之后还经历了其他剧变，这些原始结构或许直接导致了或是间接参与了第二纪地层曾经历的一些变动。事实上，尽管原始结构所处位置比许多第二纪地层的位置低，但仍有相当一大部分的原始岩石完全裸露在外，除非它们出现在第二纪地层形成之后，否则它们怎么可能并未被覆盖起来呢？在某些国家，我们发现在第二纪地层的表面散落着大量的古代岩块，很可能是深谷甚至是海水将这些岩块与它们发源地的山峰或峰顶分隔开来。一定是在火山爆发之后将它们抛在这里，或者是当这些岩块被移动至此处时，这些阻拦它们移动的低洼地还未存在，或者是由我们难以想象的猛烈的水流运动将它们席卷至此。

从古至今的这一系列事件，尽管无法对每一事件的时期进行精确定义，但它们的发生次序却可以毫无疑问地得到验证。

现代地质作用

现今仍对地球表面起作用的因素的相关调查

现在让我们再来看看如今地球上所发生的变化，让我们对仍然作用于地球表面的原因加以分析，并确定其影响的可能范围。毕竟对于地球历史来说这一部分（近代变化）更加重要，因为在很长一段时间里，我们一直认为可以用现在的原因来对早期发生的翻天覆地的巨变加以解释，正如充分了解我们这一时代的阴谋后，我们便可以轻而易举地去解释历史上发生过的政治事件。但我们将会看到很不幸的一点，在物理学史上情况并非如此。整个进程遭到中断；大自然的脚步已然发生改变；今天自然所运用的任何一种手段都不足以再次产生古代作用的那些结果。

时至今日，仍有四个积极因素在影响着大陆表面使其发生变化：雨水与融雪侵蚀着陡峭的山岭，并将冲刷下来的碎片堆积至山脚下；水流带走这些碎片，并使它们在水流减缓之处沉积下来；海水不断侵蚀着高高耸立着的海岸根基处，并在那里形成悬崖，与此同时将堆积如山的沙子抛向低海拔的海岸；最后，火山突破坚硬的地层，在地表耸起并喷发出其所蕴含的大量物质。……

恒常的天文学原因

地球的两极围绕着黄道的极点做圆周运动；两极之间的轴线则略向同一条黄道的平面倾斜。如今这两种运动的原因已经得以确定，它们在已知的方向及范围内运行，且与我们刚刚确定的上述那些影响的大小不成比例。在任何情况下，这两种运动都太过于迟缓，无法用于解释这场灾难，毕竟我们刚刚已经表明灾难是突然之间发生的。

最后，这一理由也同样适用于所有人们能想象出的缓慢活动。毫无疑问，人们不过是希望它们的存在不会被否认，因为人们很容易固执地认为，这些活动实在过于缓慢，因而不易察觉。这一观点是否正确无关紧要。这些力量也无法用来解释任何现象，因为任何缓慢的行动都无法产生这些突发影响。因此，无论是水在逐渐减少，还是海水把固体物质带到四面八方，又或是地球的温度有所上升或下降，这些都无法使地层发生倾覆，无法将大型四足动物连同它们的皮肉一起封冻起来，更无法将海中的水生贝壳类动物完好保存至今并呈现在干涸的陆地上，就仿佛它们才刚刚被捕捞上岸，也无法将整个物种或是整个属毁灭殆尽。

这些论点给绝大多数自然科学家留下了深刻的印象。在那些试图对地球现状加以解释的人当中，几乎没有人将原因完全归结于那些缓慢的活动，更不用说有些至今依然在我们眼前起作用的原因。因此，他们需要寻找其他原因，而如今我们在工作中所看到的同样使科学家们产生了许多不同寻常的猜想，这使得他们陷入错误的泥潭并在矛盾中迷失自我。正如我在其他地方说过的，长久以来，这些科学家们所从事的科学名称竟一直受到某些怀有偏见之人的讥讽与诟病，这些人只看到了由此而产生的体系，却忽略了它所揭示并确立的一系列事实。

地质学史与地质学系统

古代地质学家体系

长久以来，我们认为地球上只发生过两件重大事件：创世纪与灭世洪灾。地质学家倾尽一切努力来解释地球的现状，他们想象地球曾处于某种原始状态，随后因洪水而改变。他们每个人都对这些事件的原因、作用以及影响的性质有着自己的推测。

……

距今最近的体系

我们这一时代的人比以往任何时候都更具自由精神，也更希望从事这一重要课题。某些作家重现并极大地扩展了德·梅耶的思想。他们声称最初所有物质都是液态的，然后从这种液体中生出极为简单的动物，如单细胞生物或其他纤毛虫类微生物物种，随着时间的推移与不同习惯的养成，动物种族变得更为复杂和多样化，而时至今日我们仍能见到这些多样化特性。

……

其他一些作家则更加青睐开普勒的观点。如这位伟大的天文学家一样，他们赋予了地球自身重要的能力。他们认为，地球上有一个流动的圆环，其内部就像生物体内部那样发生着同化作用。它的每个部分都具有活力。每个基本分子都具有各自的本能与意志；它们根据彼此的憎恶与同情来相互吸引或排斥；每一种矿物都能将大量物质转变为自身的性质，就如同我们将食物转化为血肉一般。山脉是地球的呼吸器官，片岩则是分泌器官。海水被山脉与片岩分解，进而形成火山爆发。最后，矿层则是矿物界腐烂的牙齿，是矿物王国的脓肿，而矿层中的金属则是腐烂与疾病的产物。这也是它们令人感到不快的原因。

……

所有体系的分歧

……

我们还可以举出二十个与上述完全不同的体系。为了避免产生误解，我们先要申明一点，即我们的初衷并非要对这些体系的作者加以批评。恰恰相反，我们认为这些思想往往是出自智者或有识之士，他们并未忽略任何事实，他们之中的一些人甚至是经过长期旅行调查来对这些事实加以核查，收集了大量重要的科学信息。

……

问题的性质与条件

摒弃了这种数学语言，我们便可以断言，实际上，这些体系的所有作者都将注意力集中在那些对他们有着严重影响的难点之上，决心要以或多或少可行的方式来解决这些困难，却将其他诸多同等重要的难题搁置一旁。

……

是否有哪些动植物是某个地层所特有的？最先出现的物种是什么？随后又出现了什么物种？这两种物种是否曾同时出现？它们是否曾以交替模式出现？换句话说，第一个物种是否曾再次出现，而它出现时第二个物种是否仍然存在？这些动植物是否都生活在被我们发现遗骸的地方，还是被从其他地方带到此处？它们今天是否依然存在，还是已经全部或部分遭到毁灭？这些地层的年龄与地层中的化石和生物在相似性或差异性之间是否存在固定的关联？化石以及那些与它们最为相似的生物之间是否存在某种气候关联？是否可以由此得出结论，如果物种迁移确实存在，这些生物曾经从北到南或是从东到西，又或者是通过分散及混杂而发生迁移？我们是否能通过保留着这些生物痕迹的地层来辨别这些生物迁徙的时间呢？

如果我们无法回答这些问题，如果我们并没有充分理由可以在肯定与否定之间做出选择，那么关于地球形成现状的原因又有什么可说的呢？时至今日，这些问题无一能够得出确切答案，我们甚至做梦也未曾想到，在构成一个体系之前，首先应当明确上述问题的答案。

这些条件被忽视的原因

有人认为，地质学家仅仅是博物馆的博物学家，或者仅仅是矿物学家，如果是前者，那他们几乎从未对山体结构本身进行研究，如果是后者，他们又并未对无数种动物及其各部分的无限复杂性进行详细、充分的研究，由此造成这种奇怪的情况便不足为奇了。前者只创造出体系，后者则提供了出色的观察结果。他们的确奠定了科学的基础，但他们却未能在此基础之上建造出一座宏伟建筑。

矿物地质学的进步

当然，其他学者们一直在研究有机体的化石残骸，他们收集了成千上万件样本并绘制出副本，他们的作品将是极具价值的藏品。但是，人们收藏这些动植物遗迹仅仅因为它们是化石，而从未从地球理论的角度来考虑，或者只是将这些化石视为珍奇之物，而从未将其视为历史记载。最终，人们乐于对每件沉积物的成因做出部分解释，却总是对探寻化石所在位置与地层之间关系的普遍规律不甚在意。

（乔治·居维叶　公元 1826 年）

地质学原理应可被视为地球及其居民近代变迁的地质学例证

第 1 章

……

地质学是一门研究自然界中有机物和无机物所发生的连续变化的科学，它同时也探讨这些变化发生的原因，以及这些变化在改变地球表面及外部结构方面所产生的影响。

通过研究过去地球与寄居在地球上的生物的情况，我们才能对它的现状有更充分的了解，对于如今制约有机物和无机物发展的规律，也可以得出更加全面的结论。当我们研究历史学时，我们通过将古今社会情况进行对比来深入了解人类的本质。我们必须对逐渐造成目前形势的一系列事件进行追溯，借助因果论的方法，我们才能对无数复杂的关系加以分类并记忆，诸如民族性格的特点、不同程度的道德和智力修养，以及许多其他的环境因素，等等。如果没有与历史相结合，一切都会变得索然无味，或者很难得到充分的理解。各民族的现状多是以往历次变迁的结果，有些距今遥远，有些仿佛就在昨日，有些是循序渐进的，有些则是突变而剧烈的；自然界的状态也是在一连串事件相继发生的长期作用下所产生的结果。如果我们要增长对现代自然法则的知识，必须首先探讨它在过去的时期中所造成的各种后果。

当我们对各民族历史进行回顾时，往往会惊异地发现，某一场战争的胜负，是如何影响了千百万同辈人的命运，而这一场战争，可能早已被大多数人所遗忘；我们还会发现，在一个伟大国家的边疆领域，生活在那里的居民所说的语言，以及他们那特殊的风俗习惯、法律与宗教信仰，都与这次遥远的事件有着千丝万缕的关系；而当我们对自然界的历史进行回顾时，会意外地发现自然界中同样存在这种联系，而且更加令人感到震惊；海岸的形态、内陆的地形，以及湖泊、河谷、山川的存在与分布，都可以追溯到曾经活跃的地震和火山运动，而如今这些地方早已没有这一类活动了；某些区域土壤肥沃、另一区域则土壤贫瘠、陆地升出海面、气候以及其他特征，都可以明显地归因于这些发生于远古时期的剧变；地面上的特殊地貌，则往往源于远古时代缓慢而宁静的作用——湖泊或大洋中的沉积物逐渐堆积，或甲壳类与珊瑚的大量繁殖都属此类。

再来看看另一个例子，我们在某些地方会发现含有植物物质的地下煤层，而这些植物，原本应当生长在沼泽里面，或是漂流到湖海之中。这些湖海后来被填满，而原本生长着森林的陆地则沉没到水底而被新地层掩盖，漂流着植物的河流与海水如今早已无处可寻，在煤层中发现的诸多植物也是属于在地球表面上早已绝迹的物种。如今，一个国家的商业繁荣与国力强盛，主要依赖于当地的燃料分布，而燃料分布则取决于当地的古时期情况。

地质学几乎和所有自然科学都有着密切关系，正如历史学之于各种道德伦理学。如果可能的话，一位历史学家应当深入了解伦理学、政治学、法学、军事学、神学，总之他应当掌握一切可以用来洞察人事或人类道德和智力方面的知识。地质学家也同样如此，他必须精通化学、物理学、矿物学、动物学、比较解剖学、植物学，简而言之，他必须精通任何有关有机物与无机物的科学。拥有这些成就，历史学家与地质学家才能从古代流传下来的各种遗迹中得出正确且符合哲理的结论。他们便能知晓，基于同样的原因，有哪些近似的结果可供参考，而通过推论的方法，他们往往可以为原本残缺的档案弥补上诸多缺失的相关资料。但是，如此广博的学识，绝非某个人的力量所能及，因此致力于各个不同学科的学者应当通力合作。例如，历史学家不仅应当接受考古学家的帮助，也应接受在伦理学以及政治学领域颇有造诣的学者的建议；地质学家则应当接受来自自然科学家的帮助，特别是那些对已经绝种的动植物化石进行专项研究的专家们。

……

经过了很长时间，人们才充分认识到地质学的独特性与研究对象，同人类文明初期的历史学、诗歌学与神话没有一定界限一样，最初地质学与其他学科的研究之间也没有明确的界限。即便是在魏尔纳时代，或是18世纪末期，地质学似乎还被认为是属于矿物学的一个附属学科，德马雷则将其划分到自然地理学之内。最常见的同时也是最严重的混乱现象起源于另一种概念，即人们认为地质学的任务是发现创造地球的方式，或者，有许多人认为，地质学是研究这些宇宙学原因的影响，也就是研究造物主是如何使地球从原始混沌状态转变为比较完整且适于居住的情况。赫顿是第一个试图在其喜爱的科学与宇宙起源学之间划清界限的人，他曾宣布：地质学与“万物起源问题”毫不相关。

就如同人类起源问题的推测与历史学研究之间存在区别，我会在本书后面的章节中努力证明地质学与宇宙发展史之间同样存在差异。但在详细讨论这一尚存争议的问题之前，我们必须先追本溯源，即了解从最早时期到十九世纪初期有关该问题的研究进展情况。

……

第13章　生物界与非生物界过去一系列变化的一致性

……

宁静与纷乱时期交替出现学说的起源

如果我们把含有化石的地层按照年代次序进行排列，我们的确可以在这些遗迹中发现许多断裂与残缺：我们会发现从水平地层到高度倾斜的地层中间没有任何过渡痕迹；由一组特殊成分的岩石变成另一组成分迥异的岩石；由常见物种之中的一组有机体集合变为另一组有机体集合，而其中大部分的种属都发生了变化。这一类连续性的破坏是如此普遍，因此在大部分地区，这种现象已经成为规律而并非个例，许多地质学家却将这种现象作为生物界与非生物界曾经发生过突然变革的决定性因素。根据某些作家的推测，在地球过去的历史中，宁静与纷乱时期往往会交替出现，宁静的时期很长，情况与现在人们所经历的情况近似，其他时期则是短暂偶发的，突然生出新的山脉、海洋与山谷，一群生物被毁灭，另一群生物则随之诞生。

本章的目的旨在表明，这种理论意见很难用地质遗迹来证明。诚然，在地球的坚硬结构中，我们有一套中间缺失了许多环节的自然年代纪录，但是在对所有现象进行详细研究之后，大家相信，这种顺序原来就是残缺的—— 而且历经时期越长，残缺越多——况且地球的绝大部分区域都是人力所不能及，而即便是人力所能达到的部分，也有百分之九十以上至今尚未加以考察。

如何通过假设有一系列一致变化解释相关事实

在地质事件的顺序中并非一定存在重大而突然的变化，使读者相信这一理论的最简便的方法可能就是，向读者展示出在生物界与非生物界是如何通过一系列有规律的、不间断的变化而在地层顺序中产生出断裂以及层岩等现象，这些现象常被认为是剧烈运动或大灾难的产物。要说明这一点，我们必须使假定的事件与地质学家在地球构造方面所得出的正确结论相符合。以现有的科学水平而论，或许我们要提出一部分假定的自然过程；但如果这样做，我们应避免与已知的古今自然法则进行类比时产生矛盾。讨论如此宽泛的问题，虽然必定会使初学之人觉得过于深奥，但是我希望借此鼓励他的兴趣，使他多阅读一些基础的地质文献，并且教导他了解现在地球上所经历变化的科学意义。同时可以使他了解本书第二、三篇之间的密切关系，前一篇讨论无机物的变化，后一篇则讨论了有机物的创造。

为了上述计划得以实行，第一，我将在本章讨论生物世界动荡的过程；第二，讨论同时期地下运动影响地壳的方式；第三，讨论沉积物沉积的规律。

变化的一致性 I：关于生物

首先，关于生物变迁，大家都认为，地壳中连续沉积的地层，不仅可以用矿物成分来进行划分，也可以用有机遗迹来加以区分。如果把各类生物按照年代排列而加以比较研究，所得出的一般结论是，在前后相继的各时代中，居住在陆地上和水中的动植物种类是不相同的，地层年代越新，生物的类型与现存的物种类型越相似，而与较老岩石中所产生的物种类型则相差越远。如果对生物现状加以研究，观察它们现在是否已经固定不变，我们会发现，它们始终处于一种不断变化的状态——即有许多原因会导致消物种的灭绝，而这些原因却都与物种不灭的学说相悖。但是，对于自然历史的研究时间尚短，到现在为止，我们只有少数几个例子可以证明现代物种的灭亡原因，且其中只有一两个例子是绝对的，也都十分明显地经过了人类干涉。

不过，从第三册（第三十七章至第四十二章）[①]中详述的事实和论据来看，人类并非物种灭绝的唯一因素；即便没有人力，动植物的逐渐疏散以及繁殖力下降，也会加速物种的灭亡。地球上的每一次自然地理与气候变化也都会造成同样的影响。如果我们再进一步深入研究新的物种是否不断地替代已经灭亡的物种，并探究新物种的不断出现是否是造物主不变的法则之一，我们便会发现，人类进行观察的时间太短而无法提供足够的数据来说明如此重要的问题。我们所能做的只是表明，不断引进新物种可能是陆地系统的一个组成部分，而我们却对这一事实缺乏直接证据。新物种的一次又一次出现很容易被发现，而由于已知动植物的数量增长得如此之快，有些物种翻了一番，有些则变成了原有的四倍之多。我们在后文中会再次提到这一点（第三册，第 43 章）[②]，如果一个物种最初是由单一的种群进化而来，要证明曾经在某一地区大量繁殖的物种已经灭绝，总是比证明另一个物种是首次出现要容易得多。因此，截至现在只有一两个明确的灭绝实例，如渡渡鸟，而到目前为止，希望我们能找到某个新物种作为首次出现的单

①此处新所述内容未节选。——译者注

②同上。

一实例，却几乎是不可能的。

变化的一致性Ⅱ：关于地下运动

回到前面提出的三个问题中的另一个问题，读者可在本书第二篇[①]中找到历史上的地震记载，其中提到，某些区域从无法追溯的时代起就不断遭受极其猛烈的震动，但地球的绝大部分却自始至终都岿然不动。在那些经历震动困扰的区域，岩石破碎、地面隆起形成山脊、深沟开裂，并伴有土地的大面积永久抬升或下降。有些地方始终平静安宁，但有些地区根据各时期所进行的测量结果来看却正在不知不觉间缓缓上升，比如瑞典；有些地方则是逐渐沉降，如格陵兰。地质证据表明，无论是上升还是下降，这些运动长期来看都是在沿着同一方向进行……

一般说来，要发现逐渐缓慢下沉的证据更为困难；在本书第三册最后一章中对珊瑚环礁与潟湖群岛的形成学说进行了解释[②]，可以帮助读者了解，地球上有一些方圆几千英里的区域，在这些区域内向下沉陷作用始终存在，但是陆地却从来不会出现某一次突然下降几百英尺的现象。地质学的证据也可以表明，过去时期的单向运动也并非永久不变的。由于震荡，干涸的陆地曾经沉没到水面以下几千英尺，可能很久之后，它又再次向上升露出水面。这些区域也不是永久不动的，如今反复发生地震的区域，曾经也可能经历过一段极长的平静期。经过长期活动之后，骚动现象时而中止，或者是在暂时中止之后又重新恢复活力。但是从远古以来，这种震动从未使地壳全面崩溃，也未能使整个地壳表面变得荒芜，地壳上从未发生过全面性震动，这一点可以通过含有化石的最古老地层至今依然保持着完整的水平位置加以佐证……

①此处新所述内容未节选。——译者注

②同上。

变化的一致性 III：关于沉积作用

现在我们来讨论新地层沉积的控制规律。如果我们对地球表面进行考察，就会立即发现它可以被分为沉积区域以及非沉积区域，或者换句话说，在任何时期内，都存在某些地区存在接受沉积物的区域，也存在不接受任何沉积物的区域。例如，干涸的陆地上便不会有新地层的沉积，即便年复一年也是如此；而在海底或湖底的许多区域，每年都会被河流及洋流带来的泥土、沙砾铺满。在某些海洋中沉积着大量的石灰岩，这些石灰岩主要是由珊瑚与贝壳组成。

干涸的陆地不会发生沉积

至于干涸的陆地，这绝不是一个承载新物质的地方，因为侵蚀作用几乎无处不在。例如像巴西地区那高大繁茂的森林，那里可能是四足动物、鸟类与各种昆虫的聚集地。但是在经历几千年之后，一层不过只有几英寸厚、富含有机物质的黑色土壤，可能就是无数树木、花叶、果实以及曾经居住在这个肥沃区域的鸟、兽、爬行动物骨骼的唯一残留。如果这块陆地后来沉没水中，海洋的巨浪很可能在几小时内便将这薄薄的一层霉烂物质完全冲走，或是可能在新沉积的泥灰岩、沙土以及其他新落下的物质所组成的地层中留下薄薄的一层深色印记。在没有沉积物堆积的海底，可能生活着海藻、植虫、鱼类，甚至是甲壳生物，它们一直在那里繁殖和腐烂，可是却没有留下任何遗迹。它们在水中腐烂的过程虽然比较缓慢，但是却一直从未中断，而其腐烂程度最后也一定与在露天状态下腐烂一样彻底。它们无法永久维持化石状态，除非是埋在不透水的层层基质之中，或者至少这种基质能够阻止含有微量碳酸或其他酸类的液体自由渗入；但是如果不加以阻止，甲壳与骨骼化石都会被一点一点地溶解、流失，直至完全消失，除非它们已经石化，或是它们所含的有机质被某种矿物所替代。

无论在过去的任何地质时期，海洋与陆地都一直存在，这一点可以通过埋在每一时代岩石中的古树与陆生植物化石得以证实。那些偶然间发现的湖沼与河川内的贝壳、昆虫、两栖或陆地爬行动物的骨骼，也证明了这一结论。正如前文所述，过去的所有地质时期都有干涸陆地的存在，这就意味着沉积物发生了部分沉积，或是只沉积于某些地区。我希望读者注意到一点，也就是这些沉积的区域经常会发生变动，经常会由一个地区迁移至另一个地区。

……

为什么连续的沉积群内包含着不同的化石

如果根据上述所说理由，我们可以假定地球上的一部分物种仍在继续消失，而另一部分物种则不断出现，那么相隔很远的两个时期在同一地点形成的地层中所含化石的差别，一定要比这些地层中所含矿物成分的差别大得多。因为相隔许久之后，在同一区域有时会重新产生同样的岩石；可是某种物种一旦灭亡之后，却再也不会重生。陆地沉没之后，一定会立即开始沉积一组含有新的动植物化石的沉积物，等到海底重新变成陆地时，可能随即停止制造地质的遗迹，而且之间停顿的时期可能会很长。如果陆地再次向下沉，沉积物会继续堆积。在两次沉积物堆积之间的一段时期内，动植物的生存状态很可能已经经过了一次或多次彻底变化。

化石层系原始完整性的必要条件

如果我们根据前面所解释的原因推断，生物界的变动是由物种缓慢而连续的迁移和创造引起的，便可以明确，只有在各种条件的罕见结合下，才能把可以证明一组生物逐渐过渡到另一组生物的整套地层保留下来。要产生这样的地层，必须碰巧具备以下各种条件的配合：第一，同一区域内的沉积物，必须要长期不断地持续供给；第二，沉积物的每一部分，都必须满足维持化石状态的条件；第三，必须伴随缓慢的沉陷运动，以免海洋和湖泊被沉积物填满而变成陆地。

在讨论珊瑚礁的一章中会还提到，在太平洋与印度洋的某些地区便是如此，与上述条件颇为相符，随着海底下沉而不断向上繁殖的珊瑚，生长速度极慢，所历经的时间又极长，因此，如果我们能在海底部分进行地质考察，似乎就可以在这些地区发现生物逐渐变化的线索。除了珊瑚石灰岩外，我们还可以假定某些其他地方的河流泥沙也在不断沉积，例如几千年来恒河与雅鲁藏布江连续不断地汇入孟加拉湾。尽管海湾的一部分很深，但在鱼类、软体动物、或其他海洋与陆地其他生物可能觉察到变化之前，最深的部分便可能已经被填满。但是，如果这一区域的底部向下沉陷，而速度恰好与河泥填充的速度相等，那么海湾的这一区域永远也不会变成陆地。在这种情况下，一层新的物质会沉积在原有物质之上，层层重叠，厚度可达几千英尺，于是最下面一层的化石，可能与埋在最上面一层中的化石种类截然不同，然而从较老的一组物种过渡到较新的一组物种，却可以看出新旧生物群变迁的经过。但是，即使这些遗迹的顺序毫无间断地在海洋的某些部分继续发展，所有的地层又恰好适宜于保存深埋其中的化石，使它们不至于分解，然而要使这些海洋区域成为地层并露出地面供人考察，不知还需历经多少次意外变故！所有的沉积物首先必须升高几千英尺，才能使最下面的层次露出，而在露出的过程中，还要保证最上面的地层不会因剥蚀作用而被完全除去。

首先，由于地球的四分之三都被海洋覆盖着，因此沉积块体升出海面的可能性约为三比一。如果这些沉积物经历剧变成了陆地的一部分，并且还要经过地质学家的勘测，然后才能作为根据；而这块区域的面积可能还不到整个地球的十分之一。这块已经勘探过的陆地尽管面积并不太大，但人们对它的了解却很有限，我们必须寻找到一套地层，而这套地层最初的范围便很有限，之后又因剥蚀作用而大大减少。

然而，正因为我们未曾遇到能一步步表示出从一种生物状态过渡到另一种生物状态的证据，才有如此多的地质学家认为生物界历史上曾经历天翻地覆的巨大变化。他们并不满足于仅仅利用我们如今所知的连续中断以及间断的原因来进行简单分类，而是要根据记录环节中的中断频率推断出生物界与非生物界中的事件不规则发展的演替模式。但是，除了曾经存在于链条上的某些环节如今已经明显地消失了，还有一些环节被隐藏起来之外，我们有充分理由怀疑，这条长链原本就是不完整的。毫无疑问，地球上每时每刻都有某些地区正在形成地层，因此在过去的每一时刻，大自然都会在它的史料记录中添上一页；但是我们应当牢记一点，永远不要妄想将原来分散在地球上的残篇断简收集起来编成一本连续的历史。因为同一时期生存于相距很远区域的物种彼此之间存在着很大差异，而不同地区的不同时期的化石之间更是毫无关系，例如美洲第一时期的化石，与印度第二时期的化石，这两者之间毫无关联，因此如果要在这两组地层之间寻找生物逐渐变迁的迹象，无异于是在以一页中国历史来填补欧洲史册的空白。

智利或南美洲西岸的任何地点都不存在含有近代甲壳的重要沉积物，达尔文据此断言，“海底或是静止，或是上升，这样的环境远不如那些始终处于沉陷状态的区域那般有利于堆积厚度很大、面积很广的含甲壳地层，更无法抵御大规模剥蚀作用”。如果我们对挪威和瑞典距今最近的表层黏土、沙子与砾石进行研究，就会发现这些地方的陆地一直在上升，于是我们很轻易地便能接受类似观点。然而，在这些情况下，海岸与内陆废弃物也提供了大量沉积物，特别是在巴塔哥尼亚与智利地区……

渐变理论与沉积顺序中存在的大断裂相一致

回归本章所讨论的一般论证，我们可以根据上述说明的理由假定，在适于生物生存的海洋与陆地表面，正同时发生着物种的缓慢变化；然而动植物的石化作用，却仅限于有新地层沉积的区域。正如我们所见，这些区域的位置常发生变化，因此石化过程也常会随之移动，在此过程中，某一特定时期的生物界的特殊情况，却得以保留下来。

为使我们所说的这一工作原理更加清晰明确，我将把它与人类历史上可能发生的某种类似的情况进行比对……

假设我们在维苏威火山脚下发现了两座深埋地下的城市，即波蒂奇与雷西纳。如果现在火山爆发，灰烬便会覆盖在赫库兰尼姆之上。根据这两个城市的公共建筑上所刻文字记载，考古学家便可以断定，位于下层位置较为古老的城市居民是希腊人，而上层较新城市的居民则是意大利人。但这位考古学家也可能根据这些资料做出另外一种草率的推测，即认为在坎帕尼亚地区，人们突然从讲希腊语转为讲意大利语。但是，如果他随后在火山灰中发现了三个相互重叠的城市，中间一个属于罗马时代，而其他两个还是如之前所说，最下面的是希腊，最上面的是意大利，那么他就会立刻发现原先他所提出的观点是错误的，并且开始怀疑，摧毁了各城市的重大灾难很可能与居民的语言变化毫无关系。因为，罗马语显然介于希腊语及意大利语之间，而两种文字之间可能还有许多相继应用的方言，所以从希腊语转变为意大利语的过程可能异常缓慢；在此过程中，有些名词逐渐遭到废弃，但又有新名词被不断地创造出来。

如果这位考古学家能够证明维苏威火山爆发时，被喷发物交叠掩埋的城市次数，恰好与当地居民语言变迁的次数相等，那么从一个希腊城市到罗马城市，再从罗马城市到意大利城市的突然转变，才能成为当地人语言变化与城市变迁的次数一样多的证据。

地质学方面的情况也是如此。如果我们假定，在地球的每一个区域都保留有一套连续的遗迹用来纪念生物界的变化，而这正是大自然计划中的一部分，那么我们便可以据此做出推断，即一组物种骤然消失的次数与另一组物种产生的次数，以及含有不同化石的两组地层互相接触的次数一样多。如果我们未能看出这并非属于大自然计划的一部分，那一定是我们刻意忽视而未曾研究现存有关水、火、有机的全部自然法则。

关于古今陆地系统变化同一性的总结

现在我将对从第五章开始讨论的问题做出结论，也就是：从最遥远的时代起，生物界与非生物界变化的统一系统是否曾有过间断？我们之所以要对这一问题进行研究，是因为我们假设如果将过去造成地球变化的原因与如今每天都在发生的原因进行类比，会发现无论是在种类上或是程度上都不甚相同，这一假设在很大程度上影响了地质学观点的发展。很显然，早期的地质学家不仅对现有的变化知之甚少，甚至都没有意识到他们的知识浅薄到何种程度。基于这种毫无意识的推断，他们毫不犹疑地断定：以自然界现有的力量，时间因素根本不足以产生重大变化，更不用说是形成地质学上的剧变了。因此，他们觉得可以自由运用他们的幻想来猜测可能的原因，而不是去深究真正的原因。换句话说，他们宁愿一心执着于去猜想远古时期自然界的发展过程，也不愿对自己生存的这个时代的自然法则加以探究。

在他们看来，对过去时期的可能性加以猜测远比耐心探究现有事实更加科学，而在这些信念的影响下发表的理论，使他们再也不愿按照自然界正常运作的准则来检验这种学说是否正确……

与这种哲学推理方法完全背道而驰的途径，是用认真耐心的精神去进行探究，探究这些地质现象正在进行的变化与如今正在经历的变化是否一致，探究那些我们无法达到的地区是否正在经历变化，而火山与地下运动证实了变化的存在。与此同时，还要设法估计看似寻常的作用经久之后的累加结果，并要始终秉持一种乐观的态度，希望能通过观察、实验以及从研究自然界现状中获取资源，而大自然的资源不会轻易枯竭。基于上述原因，凡是假定整个地球与地球生物曾经历过突然的剧烈灾害与变化的相关学说都无法被接受——这些理论不会受到现有类比的约束。在这些理论中，人们表现出一种愿望，宁愿一下切断也不愿花费耐心地解开戈尔迪乌姆之结。

鉴于已有经验，现在我们已经知晓，相反的方法可以将地质学引向真理之路：即提出观点，尽管可能并不完美，但却能够加以改进，直到最后形成可被普遍接受的学说；而对过去事物和原因的不同状态进行推测的方法会产生出诸多相互矛盾的体系，它们之间彼此争辩，无法修改，而这往往需要完全相反的论证。

本书的其余部分将致力于对地壳以及生存在其上方的生物如今正经历的

变化进行探究。研究者对于这类研究的重视程度取决于他对上述原则所持的信心程度。

……

（查尔斯·莱尔　公元1830年）

第七部分

进化的出现：达尔文与其对话者

论物种形成变种的趋势，兼论通过自然选择产生的变种与物种存续

……

尊敬的阁下，随信所附文件为我们有幸同林奈学会之间进行的沟通交流，这些往来书信都围绕着同一主题，即对变种、种族以及物种的产生造成影响的规律，其中包括了两位不屈不挠的博物学家查尔斯·达尔文先生以及艾尔弗雷德·华莱士先生的研究结果。

针对我们星球上物种的变种与特定形式的产生、存续这两位互不相识、彼此独立进行研究的先生却针对该问题设想出了同一套精彩绝伦的理论来做出解释，他们俩在这一重要的研究方向上，都有资格宣称自己是原创思想家，但他们二人始终都未曾发表自己的观点。多年来我们一直反复敦促达尔文先生这样做，但两位作者都选择毫无保留地将论文交给了我们，因此我们认为，林奈学会所要做出的选择，应最有利于促进科学的发展。

现按照时间顺序排列，其中包括：

1. 达尔文先生所著的一部有关物种的作品，该作品于 1839 年完成提纲框架，并于 1844 年出版，胡克博士也于当年读到该书，随后查尔斯·莱尔爵士经书信得知了书中内容。第一部分关于“有机生物在家养条件下以及自然状态下的变异”，在我们向学会推荐阅读的该书摘要中所涉及的相关内容正是出现在本书这一部分的第二个章节中，标题为“论自然状态下有机生物的变异，论自然选择法，论家养种族与原种族的比较”。

2. 达尔文先生于 1857 年 10 月写给阿萨·格雷教授的一封私人信件的

摘要，他在信中重申了自己的观点，而据摘要显示，这些观点在 1839 年至 1857 年间并未发生任何改变。

3. 华莱士先生的一篇名为“论变种与原种之间的无限分离趋势”的论文。该论文于 1858 年 2 月完成，在读过与之有着书信往来的朋友达尔文先生的著作之后，他将这篇论文寄给了达尔文，并且明确表示如果达尔文先生认为这篇论文足够新颖有趣的话，希望他能将其代为转交给查尔斯·莱尔爵士。达尔文先生非常欣赏其中所阐述的观点，认为其十分有价值，因此他在给查尔斯·莱尔爵士的一封信中提议，希望能够征得华莱士先生的同意，使这篇文章尽快发表。我非常赞同他的做法，因为达尔文先生并未对公众有所隐瞒，正如他强烈要求的那样（支持着华莱士先生），而至于他自己关于同一主题所著的研究报告，如前所述，我们之中的某人早在 1844 年便已读过该书，而书中内容我们于多年前便已知晓。在向达尔文先生陈述这一点时，他允许我们对其研究报告进行适当利用；在将其呈交给林奈学会的过程中，我们已经向他解释，我们不仅仅要考虑到他及其朋友所要求的优先考虑的问题，更要考虑到更为广泛的科学利益。因为我们觉得，基于对事实广泛推断而得出的观点，在经过多年的深思熟虑之后，会立即形成目标，其他人也可以此目标作为开端，而科学界则在等待着达尔文先生的完整著作问世，他的一些重要工作成果，以及他那位朋友的研究成果，应当一同公之于众。

我们在此向您奉上最为诚挚的敬意

查尔斯·莱尔

约瑟夫·道尔顿·胡克

J. J. 班尼特

林奈学会秘书

……

（1858 年，6 月 30 日，书于伦敦）

Ⅲ. 关于变种无限偏离原始类型的趋势

为了证明物种的原始性和永久性，人们提出的最有力论据之一是，在家养状态下生产出的品种或多或少都是不稳定的，而且往往会呈现出一种趋势，即如果任其自然繁殖，它们就会恢复原始物种的标准形态。这种不稳定性被认为是所有物种都具有的特性，即便是那些在自然状态下形成的野生动物品种也具有该特性，并以此来保护原始的物种独特不会发生变化。

由于缺少野生动物品种的观察事实，博物学家认为该论点不足为信，并导致大众对物种的稳定性普遍存有偏见。然而，同样普遍的信仰是所谓的“永久性或真正变种”——动物中某个种系不断地繁殖出与其相似的后代，又与其他种系（尽管是不时地发生）的差别如此之小，以致被认为是另一种系的变体。一般很难确定哪一个是变种，哪一个是原始物种，除非是在某些罕见的情况下，已知的某种系会生产出与自身不同，却与其他种系相似的后代。然而，这似乎与“物种的永久不变性”的观点并不一致，但是，这一点疑问却可以通过假设来解决。我们假设这些品种有严格的局限性，并且再也无法与原来的品种产生更大的差异，但它们很可能会变回类似于家养动物的原始物种，这种假设尽管具有很大的可能性，但却无法得到确凿证明。

很明显，创造论者的上述论证是完全建立在假设之上的，即自然状态形成的品种与家养品种类似，甚至是完全相同的，它们的持久性或进一步变化都遵循着同样的规律。而本文将表明，这一假设是完全错误的。自然界中存在一个普遍规律，正是这个规律导致许多变种会接替原始物种存活下来，并使其发生与祖先类型差异越来越大的持续性变异，而且同样会表现出家养动物中所产生的退化至原始物种的趋势。

野生动物就是为了生存而斗争，它们所有的天赋、技能和活力都是为了保证自己的存活以及抚育后代。如何在困难季节获取食物以及逃避天敌的攻击是决定生物个体和整个物种存在的首要因素，这些因素同时也控制着一个物种种群的大小。因此我们就能理解，为什么某些物种如此繁盛，而它们的近亲却几近灭绝。

我们很容易就能发现，自然界中不同动物间的数量比存在着一定规律。大型动物不可能像小型动物那样数量庞大；食肉动物一定比食草动物数量少；鹰和狮子永远不可能像鸽子和羚羊数量那么庞大；鞑靼沙漠中的野驴也不可能与生活在美洲大草原上的野马一样多。繁殖力的强弱通常被认为是其丰富性或稀缺性的主要原因之一，但是如果你仔细考虑上述事实，就会发现这两者之间可能并不存在太大的关系。如果不加以控制，即使是繁殖力最差的动物数量都会迅速增加，但在全球范围内，该动物的种群规模却基本保持不变，甚至会在人类的影响下而逐渐缩小。生活在某一区域内的动物，其个体的数量有可能发生不同程度的波动，但几乎不可能无节制地增加。比如，日常观察告诉我们，鸟类的数量不可能每年都以几何级数增长，但如果它们的自然增长未能得到强有力的遏制，它们的数量便会快速增长。只有极少数的鸟类每对每年繁殖的幼鸟数量少于两只，许多鸟类每对每年都会繁殖六只、八只，甚至是十只幼鸟，四只幼鸟是低于均线水平的。现在假设每对鸟每年只繁殖四只，当然该数字也是低于均线水平的，并假设这些鸟不会因暴力因素或是食物短缺而死亡。然而，照这样的速度下去，再过几年，鸟类的单对数量将会出现多么惊人的增长啊！简单计算一下便能得知，15 年后，每对鸟所繁殖的后代数量将达到 1000 万！当然，没有任何鸟类物种的个体数量会以这样的速度增长，不用说是 15 年，即便是 150 年也不可能。拥有如此强大繁殖能力的鸟类必然能在崛起之后的短短几年内便达到种群规模的极限并保持相对稳定。因此，很明显，每年都有大量的鸟类死亡——实际上，这一数字相当于每年新繁殖的个体数量。据保守估算，每年新繁殖个体的数量是原有鸟类数量的两倍，也就是说，无论原种群的平均数量是多少，每年都会有两倍于原来数量的个体死去，这一结果虽然令人感到震惊，却最接近真相。因此，就物种的延续和保持平均个体数量而言，大的种群的个体数量过多。只要物种依然存在，并且其种群的大小维持稳定，上述情况就不会停止。一般而言，这些鸟要么葬身于鹰、鹞子、猫科动物以及黄鼠狼等动物的腹中，要么随着冬天的到来而死于寒冷和饥饿。一些物种为我们提供了鲜活的实例，因为我们发现它们个体的丰富性与它们繁殖后代的繁殖力毫无关系。其中最值得注意的就是美国旅鸽，它们每次只产一枚蛋，最多产下两枚蛋，几乎可以说是代代单传。但为什么旅鸽的数量依然如此之多，而其他鸟的幼鸟数量是旅鸽幼鸟数量的两到三倍，种群数量却比旅鸽少得多？答案并不难找。旅鸽赖以生存的食物分布范围非常广，旅鸽可以在不同的地域条件与气候条件下觅食，它们可以从一个栖息地飞往另一个栖息地觅食，因此几乎不会出现食物短缺的现象。这种鸟能够长时间地快速飞行，因此它们可以轻松地飞出自己的居住地。一旦食物供应开始短缺，它们马上可以飞到另一个地方，找到新的食物来源。旅鸽的例子表明，不断获得有益健康的食物几乎是保证某一物种迅速增长的唯一条件，因为无论是有限的繁殖力还是来自猛禽和人类的攻击，都无法阻止这一种群的发展。到目前，尚未发现其他鸟类能如旅鸽这样在迥然不同的环境中都能充分适应。其他鸟类要么很容易发生食物短缺，要么飞行能力不足以穿越广袤的地区去寻找食物，要么是在食物短缺时没有其他食物替代，总之，尽管它们的繁殖能力很强，但却无法保证后代能在食物短缺的季节存活下来。许多鸟类只有在食物匮乏的时候才会迁徙到气候温和的地区，或是其他气候不同的地区，因此它们被称为候鸟，尽管这些候鸟数量并不多，但很明显，它们所到之处仍然无法为它们源源不断地提供有益健康的食物。对于那些无法迁徙的鸟类，如果其食物发生周期性短缺，它们也不可能形成庞大种群。这或许就是我们身边的啄木鸟的数量如此少，而在热带地区却非常多的原因。麻雀的数量比知更鸟多也是这个道理，因为麻雀的食物更加稳定充足——草籽在冬天得以保存下来供麻雀采食，农作物收割后的残茬为其提供了几乎取之不尽的食物。为什么水生动物，尤其是海鸟通常数量众多？这一种群数量庞大也并非由于繁殖能力，恰恰相反，海鸟的繁殖能力并不强，而是由于它们的食物总是源源不断，海岸和河岸上每天都挤满了新鲜的小软体动物和甲壳类动物。同样的规律也适用于哺乳动物。野猫数量多，敌人少，可为什么它们的数量却没有兔子多呢？唯一合理的解释就是野猫的食物来源并不稳定。据此，我们可以推断，只要一个地区的环境稳定，生活其中的动物种群规模不太可能发生显著变化。如果某一种动物数量显著增加，那必然是因为另一种与之共享食谱的动物数量发生了明显缩减。每年死亡的动物在数量上也必然是巨大的；既然动物的存活依赖于其自身的努力，那么那些每年死去的动物必然是种群中的弱势群体；存活时间最长的，只能是那些最能频繁获取食物，并能有效地逃避天敌攻击的个体。正如我们开始时所说的那样，这是一场“生存斗争”，在这场斗争中，那些最为弱小的个体必然会走向灭亡。

因此根据事实我们清晰可知，发生在某一个物种个体之间的情况必然也会发生在该物种的其他几个亲缘物种之间，即那些能定期获得食物供应、抵御敌人袭击和季节变迁的动物必然会取得并保持数量优势，而那些由于能力或组织的缺陷而无法保证食物供给，且无法抵御袭击和季节变化的物种，必然会数量减少，在极端情况下甚至会完全灭绝。在这两个极端之间，物种将表现出不同程度的能力，以确保维持生命延续的手段。至此，我们解释了物种的个体数量的多样性。虽然我们不能准确地找到物种个体数量多样性的原因，但是我们能掌握各种动物的组织和习性，我们能衡量人在所处环境中为自身安全和生存而采取各种必要行动的能力，我们甚至可以计算出个体的比例，这些都是自然选择的必然结果。

那么现在我们已经成功地确立了两点：首先某些地区动物种群的规模大体是稳定的，其主要的制约因素来自食物供应的周期性变化；其次物种个体的相对丰富性或稀缺性完全取决于其内部的组织结构以及由此产生的习惯，当这些因素使它们在某些情况下难以获得足够的食物，也很难保障自身安全时，则只能通过在某个特定地区的数量差异来实现平衡。如今我们已经具备条件可以着手进行变种的研究，而上述意见对这些问题有着直接且极其重要的影响。

在一个物种原始类型身上所发生的任何变异，哪怕十分微小，几乎都会对每一个个体的生活习性或者生存能力产生影响。比如，颜色的变异可能会影响个体的可识别程度，进而影响到个体的生存安全；毛发的发育程度可能或多或少地改变个体的生活习惯。还有更为重要的变异，如四肢或是任何外部器官在力量或尺寸方面发生变化，可能都会在一定程度上影响个体获取食物的方式以及种群的栖息地范围。显然，大部分变异会对个体的生存能力产生或好或坏的影响。具有短而纤弱四肢的羚羊必然更容易遭受大型猫科动物的攻击；翼力较弱的旅鸽在获得食物的能力方面迟早会受到影响。因此在上述两种情况下，变异必然会造成种群规模的缩小。相反，如果一个品种所发生的变异增强了个体的生存能力，该品种在个体数量上相较于其他品种必然占有优势。尽管并非所有个体都在完全遵循这一法则，但从整体上讲，变异对种群中个体的影响是确凿无疑的。据此，我们可以将所有的品种划分为两个类型：种群规模小于物种原始类型的品种以及种群个体数量大于原始类型的品种。如果此时区域范围内的自然条件发生了变化，比如长期干旱，或者蝗灾毁坏了大批的植被，或者有新的食肉动物在此开辟新“狩猎场”，诸如此类的环境变化会使整个物种面临危机，每个个体都只能全力以赴为生存而奋斗，以避免自身死亡。因此很明显，对整个物种来说，较为弱小的品种承受的压力最大，很容易绝灭。但与此同时，物种的原始类型也会承受较大的生存压力，种群的个体数量会逐渐减少。如果类似的不利环境变化再次发生，原始类型很有可能也会消失，最终就只剩下优势物种。当周围环境恢复正常，优势物种的个体数量就会快速增长，充斥所有的生存空间。

如果该变种已经取代了原有物种，它将是一个更加完善且组织性更强的物种。从各方面来说，它都能更好地适应环境，以确保其安全，延长其个体和种族的存在时间。这样的变种无法退回原有形式，因为原始物种适应环境变化的能力较差，不具有任何竞争优势。因此，即使新物种仍保留着退化为原始物种的“趋势”，这个优势物种在个体数量上仍会占据优势，使其得以在恶劣条件下再次存活下来。

但随着时间的推移，这一经过改良的、数量庞大的新种群也可能会产生新的品种，并表现出几种不同形式变化，而其中的任何一种变化都倾向于增强该种群维持生存的便利性，根据普遍规律，这些变化最终也必然会占据主导地位。现在，我们从调节动物在自然状态下生存的一般规律以及频繁出现的事实中推导出进化以及持续性的差异，但这一结论却并非一成不变。某一地区物质条件的变化有时可能会使该地区的物种发生重大变化，在原有条件下最能维持生存的种群如今却变得不再具有生存优势，甚至可能会导致在一段时期内较为优越的新种群灭绝，而那些古老的、亲本物种以及初等物种却得以继续繁荣发展。但变异也可能发生在不重要的部位，即所发生的变异对个体的生存没有影响，这样形成的变种会与原始亲本物种共同发生同步变化，或者发生新的变异，或者退化至原始状态。我们认为争议在于，某些特定变种存在一种趋势，即它们比原有品种生存时间更久，这种趋势应当引起人们的重视。尽管在有限的范围内，偶然性与平均主义理论并不可靠，不过若将范围放大，其结果就会更接近理论假设，而且如果范围接近无穷大，结果便会愈加精准。现在大自然的作用范围是如此之大——它所处理的个体数量与时间周期都接近无穷大，而任何原因，无论多么轻微，即便可以轻易地被偶发情况掩盖和抵消，最终都必然会产生完全合理的结果。

现在我们再来谈谈家养动物，探讨它们是否符合刚刚阐明的法则。野生动物与家养动物的本质区别在于，前者的生存完全依赖于其全部感官与身体的健康状态，以及持续不断的锻炼；而后者只有个别器官会得到锻炼，许多器官甚至完全弃置不用。野生动物的每一口食物都是自己辛勤劳作的结果——它们需要通过锻炼视觉、听觉和嗅觉等来找寻食物、逃避天敌、在严寒的季节寻找庇护所、抚育后代并保护其安全。它们每时每刻都在活动着身体，其所有的感官与本能在持续的锻炼下不断增强。而家养动物有充足的食物供给，有固定居所，而且通常是封闭空间，以抵御季节变迁所带来的影响，它们能得到精心保护而免受天敌的攻击，有些甚至都无法在没有人类帮助的情况下抚养幼崽。它们一半的感官与官能都是完全无用的；另一半也只是极其偶尔地进行微弱活动，就连肌肉组织也只是不定期地偶尔活动一下。

当家养动物出现了某一新的品种时，不论是它的哪种部位特征得到了增强，这种增强都是毫无意义的，因为它们并不会去使用这些新特性，甚至它们自己也意识不到这些新特性的存在。与之相反，野生动物出于生存的需要，会将自己的全部才能与力量充分发挥出来，任何方面能力的增强都会立即生效，从某种程度上来说，这也改变了它们的食物、习性以及整个种族的生存状况。这种特性的增强创造出了一种全新的动物，一种更高级的力量，它们必然会不断扩大自己的种群，并且远远胜过那些不如它们的动物。

但是，对于家养动物而言，所有的变异也都同样具有延续的机会；野生动物的那些妨碍个体生存竞争的变异对于家养动物来说却不会构成危害。体重迅速增加的猪、短腿的绵羊、球胸鸽以及贵妇犬，这样的动物在自然状态下是不可能存活下来的，因为这种向低级形态迈进的一步很可能会导致整个种群的迅速灭绝，更加无法与它们的野生近亲相竞争。虽然赛马的速度快，但耐力很弱，而农夫队伍里的马匹力量虽大，却体型笨重，这两者在自然状态下都毫无用处。如果将它们放养在南美洲的潘帕斯大草原上，它们可能很快就会灭绝；或者是在适宜的条件下，经过几个世代的繁殖逐渐恢复为其物种的原有正常状态，只有如此它们才能完美地协调自身的力量与本能。在这种情况下，通过充分发挥其组织各部分的作用，动物才可以独自继续生存。家养品种一旦变成野生品种，就必须恢复接近原始野生品种的水平，否则就会完全灭绝。

因此，我们无法通过观察家养动物的变种来对自然状态下的变种加以推断。二者的生存条件迥然不同，适用于其中之一的条件几乎肯定不适用于另一者。家养动物是畸形的、不正常的人工产物；它们属于在自然状态下永远不会产生的品种——它们的存活完全依赖于人类的饲养；到目前为止，它们中的很多品种已经丧失了身体结构与本能的协调，然而在自然状态下，只有具备这种协调性，它们才能得以存活并使种群得以延续。

拉马克的假设——物种的持续性变化是由于该物种的个体都在有意地改善自身的器官，进而改善自身的结构和生活习性——这一有关变种与物种的观点不断地被诸多学者加以批驳，他们似乎认为这样做便可以解决问题了；但是本文中所论述的观点表明物种的持续变化是受自然法则控制的，并以此来说明拉马克的假设完全没有必要。鹰隼和猫科动物都具有强壮的、伸缩自如的爪，但这并非它们有意改造的结果，而是在它们早期的分化品种中，那些能更好抓牢猎物的品种特性也随之一起被逐渐保留下来。长颈鹿的长脖子也不是因为它们想去够到高处的灌木叶子，而是因为在其祖先所分化出的诸多品种中，如果它们的脖子比普通长颈鹿更长，那么与生活在同一片土地上的短脖子同类相比，无异于获得了一片新的牧场；而在食物匮乏的情况下，脖子更长的长颈鹿也更容易存活。许多动物所特有的颜色，特别是那些通常生活在树干上的昆虫，它们的体色会与土壤、树叶或树干的颜色非常接近，这一点也可以用同样的原理来加以解释；因为，尽管在漫长的岁月中，自然界中可能会出现各种各样的色调，然而，那些最擅长隐藏自身颜色的种群势必更加容易存活。此处，我们同样可以用一个行为原因来解释这种在自然界中经常能够观察到的平衡，即一组器官的缺陷总是会由其他器官的高度发展来弥补，强有力的翅膀总是会和相对较弱的足一起出现，而飞快的速度可以弥补防御武器缺乏的劣势。因为已经证实，所有处于失衡状态的缺陷品种都无法长久地存在。这一原理的作用就像蒸汽机的离心调速器，它几乎能在任何不规则现象变得明显之前便进行检查与纠正；同样地，动物界的不平衡缺陷也不会达到显著的程度，因为一旦有失衡的缺陷出现，动物们就会感到巨大的生存压力，随后这种缺陷很快便会消失。我们论证的起源的观点也与这种形态变异的特性相一致。最初的品种会分化出许多完全不同的品种——从中心类型发展出众多支线，通过一系列的亲缘物种来提高特定器官的效率和能力，以及一些不太重要的部分，如颜色、羽毛或毛发的质地、角或头冠的形状，并通过一些差异较大的品种进行广泛分布。这也为我们提供了一个理由，我们可以认为，与已灭绝的物种相比，欧文教授提出的“更专业的结构”属于现代物种的特征，显然，这是对动物有机体中任何一种具有特殊用途的器官进行逐步改造的结果。

我们相信现在已经表明，自然界中具有一种趋势，即某些种类的变种在不断地从原始类型向更远处发展——一种看上去似乎没有理由对其加以任何明确限制的发展——在自然状态下产生这种结果的同一原则也解释了为什么家养变种会表现出回退至原始类型的趋势。这一过程无时无刻不在进行，且没有固定的方向，但却总会受到必要条件的制约。人们相信，只有在这样的条件下，物种才有可能得以保留，从而符合有机生命体所呈现的所有现象，而生物的灭绝与更替，它们所表现出来的形式、本能及习性方面的各种不同寻常的改变都与此相关。

（查尔斯·达尔文与艾尔弗雷德·华莱士　公元1858年）

物种起源：通过自然选择的方式，在生存竞争中保留优势种群

序言

当我以博物学者的身份登上皇家军舰贝格尔号环游世界时，我曾在南美洲地区亲眼见到有关生物地理分布以及现存生物与古生物地质关系的某些事实，这些事实令我深受震撼。正如我会在本书后面各章中所要论述的那样，这些事实似乎为物种起源提出了一些例证，而物种起源曾是哲学家最神秘的问题之一。1837 年回国以后，我想如果能耐心搜集和思考有关物种起源化事实，也许能得到某些结论。在之后五年的工作中，我专心思考这个问题，并写出一些简短的笔记；1844 年我将这些简短的笔记扩充为一篇纲要，以此来表达当时在我看来大抵就是事实的结论。从那时起到现在，我始终坚定不移地追求着同一个目标。我希望读者们原谅我的这些个人琐事，我谈及这些，是为了表明我的结论并非草率得出的。

我的工作已几近尾声，但要完成仍需许多年月，而且我的健康状况堪忧，因此朋友们都劝我先发表一个摘要。而我这样做还有一个特别的原因：正在研究马来群岛自然史的华莱士先生的观点与我在《物种起源》中所得出的一般结论几乎完全一致。去年他寄给我一份关于这一问题的论文，托我转交查尔斯·莱尔爵士，莱尔爵士将这篇论文送给林奈学会，并刊登在该学会第三卷会报上。查尔斯·莱尔爵士与胡克博士都知道我正在进行的工作——胡克曾读过我在 1844 年所写的纲要——他们也想授予我一份荣誉，认为可以将我手稿中的若干摘要与华莱士先生的卓越论文同时发表。

我现在发表的这份摘要一定不够完善。在此我还无法为我的若干论述提出相关参考资料和依据；但我期望读者能对我论述的正确性予以信任。尽管我一向小心从事，只信赖可靠的证据，但是在此过程中混入某些错误，也难以避免，因此，我在此只能陈述自己所得出的一般结论，再用少数事实来做实例，我想在通常情况下这种做法便足够了。日后我会将为结论提供相关依据的全部事实以及参考资料详细地发表出来，这一点很有必要，而且我认为在这一点上谁也不会比我更有深切体会；我希望能在将来的某一部著作中实现这一愿望。我清楚地认识到，本书所讨论的观点几乎没有哪一点不能用事实来证明，而这些事实往往又会直接引出与我的结论截然相反的结论。因此，只有对每一个问题的正反两方面的事实和论点同时加以充分的叙述和比较，才能得出最为公平的结论，但目前还无法实现。

许多博物学者都慷慨地施以援手，其中有些人甚至与我素不相识；但受篇幅所限，我无法在此对他们一一表示谢意，对此我报以深深的歉意。然而我却必须要对胡克博士表示深切的感谢，近十五年来，他始终以其渊博的学识以及卓越的判断力在诸多方面给予我最大的帮助。

关于物种起源，我完全可以想象到，如果一位博物学者对生物的亲缘关系、胚胎关系、地理分布、地质演替以及其他此类事实加以思考，那么他大概会得出如下结论：物种并不是被独立创造出来的，而是与变种一样，是由其他物种进化而来的。尽管如此，这一结论并不能令人满意，除非我们能够阐明这个世界的无数物种经历了怎样的变异，才获得了如今这令人惊叹的如此完善的构造以及相互适应性。博物学者们前仆后继地将变异的唯一可能原因坚定地归于外界条件，如气候、食物等。若是从狭义角度来说，正如后文即将讨论到的，这种说法很可能是正确的；但是，举例来说，啄木鸟的脚、尾、喙，这三者是如此令人赞叹地适于捉出潜藏在树皮下的昆虫，如果将此也仅归因于外界条件，则颇为荒谬。而对于槲寄生而言，它从某几种树木那里吸取营养，它的种子必须由某几种鸟进行传播，而且它是雌雄异花，因此绝对需要借助某几种昆虫的帮助才能完成异花授粉，那么，用外界条件、习性或植物本身的意志的作用来说明这种寄生生物的构造以及它与几种不同生物之间的关系，同样十分荒谬。

我想《自然创造史的痕迹》一书的作者可能认为，经过若干代的进化之后，有些鸟生出了啄木鸟，有些植物则长成了槲寄生，正如我们现在看到的那样，这些动植物都是完美无缺的；但这一假设在我看来却无法自圆其说，因为它留下了有机生物相互适应以及适应生存条件的例子，但并未给出足够的解释。

因此，弄清楚变异与适应的途径十分重要。在我最初研究这一问题时，便认为仔细研究家养动物及栽培植物十分有利于弄清这一难题。后来正像我期望的那样，在此类以及其他更为错综复杂的条件下，我总是能够发现有关家养状态下的变异知识，即使并不完善，却也能提供极佳的和最为可靠的线索。在此我愿大胆地声明，我相信这类研究具有极高价值，尽管它们常常被博物学者们所忽视。

根据上述理由，我将在本书的第一章讨论驯养状态下的变异。如此，我们即将看到大量的遗传变异示例，更为重要的是，我们还将看到，在微小变异的连续积累方面人类所起到的作用是何等之大。随后，我将讨论物种在自然状况下的变异；然而不幸的是，我只能简略地讨论这一问题，因为只有列举大量事实才能将该问题阐述清晰。但不论如何，我们还是能够讨论何种环境条件对于物种变异是最为有利的。接下来的一章要讨论的是，全世界所有生物之间的生存斗争，这是它们依照几何级数高度增殖所引发的不可避免的结果。这也是马尔萨斯（Malthus）学说在整个动物界与植物界领域的应用。每一物种所产生的个体数量，远远超过其可能生存的个体，因此会反复引起生存斗争，于是任何生物所发生的变异，无论多么微小，只要在复杂而时常变化的生存条件下以有利于自身的方式存在，就会获得较好的生存机会，这便是自然选择。根据强有力的遗传原理，任何被保留下来的变种都具有繁殖变异后的新类型的倾向。

自然选择的基本问题将在第四章中详加论述；到那时我们就会看到，自然选择是怎样使改进较少的生物几乎不可避免地大量灭绝，并且会如何引发我所说的性状分歧。而在第五章中，我将讨论复杂而又知之甚少的变异法则。在接下来的四章里，我将讨论人们在接受本学说方面存在的最为明显的重大难点。第一，转变的难点，也就是说一个简单生物或一个简单器官如何能够变化成或改善成高度发展生物，如何拥有构造精密的器官。第二，本能的问题，即动物的精神能力。第三，杂交现象，即物种间杂交的不育性与变种间杂交的可育性。第四，地质记录的缺失问题。在第十一章中，我将考察生物在时间顺序上从古至今的地质演替。在第十二章和第十三章，我将讨论生物在全部空间上的地理分布。在第十四章，我将论述生物的分类或相互亲缘关系，此外还包括成熟期与胚胎期。在最后一章中，我将对全书进行简明扼要的总结。

如果我们对周遭生活着的诸多生物之间的相互关系一无所知，那么对于物种和变种的起源至今仍有许多无法解释的情况就不足为奇了。谁能解释出某一个物种为什么分布范围广且数量众多，而另一个近缘物种却分布范围狭小且数量稀少呢？然而这之间存在的关系非常重要，因为正是它决定着这个世界上的一切生物是否能够繁盛，并且我认为这种关系同样决定着它们未来的延续与变异。至于世界上无数生物在既往地质时代里的相互关系，我们所了解的就更少了。尽管许多问题至今不明，而且在今后的很长时期里依然无法找到答案，但经过我的深入研究与冷静判断，我毫不怀疑地认为，时至今日许多博物学家依然怀揣着我曾认同过的观点——每一物种都是被独立创造出来的——而这一观点是错误的。我完全相信，物种并非一成不变的，那些所谓同属的物种皆为另一个已经灭绝的普通物种的直系后裔，正如人们公认任何一个物种的变种都是该物种的后裔一般，而且我也相信，尽管自然选择并非变异的唯一途径，但却是最重要的途径。

1. 驯化下的变异

这一部分主要介绍下述内容：变异的原因，习性的影响，生长的相关作用，遗传，家养变种的性状，区别变种与物种的困难，家养变种起源于一个或一个以上的物种，家鸽的差异与起源，古代作为依据的选择原理及其效用，系统选择与无意识选择，家养物种的未知起源，人工选择的有利条件。

就较为古老的栽培植物与家养动物来看，对它们的同一变种或亚变种的个体进行比较，最引起我们注意的要点之一便是，它们相互间的差异一般比自然状况下的任何物种或变种个体之间的差异大。栽培植物和家养动物多种多样，它们长期在迥然不同的气候与管理条件下生活，因而发生了变异。如果我们对此加以思索，必然会得出以下结论，即这种巨大的变异性，是由于家养生物所处的生活条件不同于亲缘物种在自然状况下所处的生活条件，并且与自然条件存在差异。又如安德鲁·奈特（Andrew Knight）所提出的观点，这种变异性或许也与食物过剩有关系。但有一点似乎很明显，生物必须在新条件下繁育数代才会发生大量变异；并且，生物一旦开始变异，通常会在许多世代中继续变异下去。迄今为止，在有关变异的记载上尚未见过一种发生了变异的有机体在培育过程中停止变异的例子。最古老的栽培植物，例如小麦，至今仍在产生新变种；而最古老的家养动物至今也依然能够迅速地改进或是变异。

关于变异是在生命的哪个阶段发生的以及变异的原因一直存在争议，但无论答案是什么，通常都会起到一定作用；无论是在胚胎发育的早期或晚期，还是在受孕的瞬间都是如此。杰弗里·圣伊莱尔（Geoffroy St.Hilaire）的实验表明，对胚胎进行非自然处理会导致畸形，畸形与变异之间无明显区别。但我强烈怀疑，最常见的变异原因很可能是雄性与雌性的生殖系统在受孕前曾受到影响……

不育常被认为是园艺的祸根，但从这个观点来看，我们就可以把变异与不育归于同一原因，即变异性是花园所有精品的源泉。我还要补充一点，有些生物在最不自然的条件下却繁殖得最为自由（例如，将兔子与雪貂关在笼子里），它们的生殖系统并没有因此受到影响。因此，一些动物和植物在经受驯化或栽培后，只会略有不同——也许仅比在自然状态下发生变异的可能性稍高。

“芽变植物”之多使人轻易地便可列出一个长表；园艺师甚至用该词来表示萌发新芽或新枝，它会突然呈现出与植物其他部分截然不同的新特性。这种芽可以通过嫁接等方式进行繁殖，有时也可以通过种子繁殖。这种“芽变”在自然状况下鲜少发生，但在栽培状况下则并不罕见；在这种情况下，我们看到对亲本的处理会对芽或新枝产生影响，而不会影响胚珠或是花粉。但大多数生理学家认为，芽与胚珠在形成的最初阶段并不存在本质上的区别。所以，事实上，“芽变”证实了我的观点，变异在很大程度上应归因于胚珠或花粉，或是两者都因母本在受孕前发生变化而受到影响。无论如何，这些例子表明，变异并不一定如一些作者所设想的那样与世代行为相关。

来自同一果实的幼苗，以及同一窝的幼崽，有时彼此之间存在着很大差异，尽管正如穆勒所说，这些幼苗或幼崽与它们的亲本显然都处于完全相同的生活条件下；这表明，与生殖、生长和遗传的规律相比，生活条件的直接影响并不是那么重要。因为如果外在条件具有直接作用，那么一旦某个幼体发生了变化，那么其他幼体可能都会以同样的方式发生变化……然而我认为，生活条件的直接作用的确可能会导致一些轻微的变化，例如，在某些情况下，食物的数量会使体形增大，特定种类的食物和光线丰富了颜色，或许气候的变化还会造成动物皮毛厚度的增加。

习性也具有决定性影响，如植物从一种气候条件被迁移到另一种气候条件下，它的花期便会发生变化。至于动物，它们躯体各部分的常用或不常用情况也会产生显著影响。例如，我发现家鸭的翅骨与全身骨骼的质量之比，要比野鸭的小，而家鸭的腿骨与全身骨骼的质量之比却比野鸭的大；这种变化可以被毫无争议地归因于家鸭与其野生祖先相比，走路更多而飞行较少。牛和山羊的乳房，在惯常于挤奶的地区比不挤奶的地方发育得更好，而且这种发育具有遗传性，这大概是使用效果的另一个例子。有些地方的家养动物全都长有下垂的耳朵；有人认为，耳朵的下垂是因为生活在此地的动物很少受到重大惊吓，从而导致耳部的肌肉不常使用，这种观点大概是正确的。

许多法则支配着变异，可是我们只能模糊地理解其中的少数几条，之后我们再对此进行讨论，在此我只准备把或可称之为相关变异的问题说一说。如果胚胎或是幼虫发生了重要变化，大概率会引起成熟的动物也发生变化。在畸形生物的世界里，迥然不同的各部分之间有着十分奇妙的相互作用；关于这一问题，杰弗里·圣伊莱尔的伟大著作中记载了许多事例。饲养者们都相信，修长的四肢几乎都伴随着较长的头颅。有些相关的例子十分奇怪，例如具有蓝色眼眸的猫通常都患有失聪。体色和体质特性的关联，在动物和植物中有许多显著的例子。依据豪辛格（Heusinger）所搜集的事实来看，白色的绵羊与猪会受到某些植物毒素的影响，而同类的有色物种则不受影响。无毛的狗，牙齿不全；长毛和粗毛的动物据说都会长出长角或多角；毛脚的鸽，外趾间有皮；短嘴鸽脚小，而长嘴鸽脚大。因此如果人们选择了某种特性，并刻意加强这种特性，那么由于神秘的相关法则，几乎必然会在无意中改变身体其他部分的构造。

各种不同的、未知的，或仅模糊理解的变异法则的结果是无限复杂和多种多样的……

任何非遗传性变异对我们来说都是不重要的。但是能遗传的构造差异，不论是轻微的，还是在生理上相当重要的，其数量和多样性都是无限的。卢卡斯博士（Dr.Prosper Lucas）的两大卷论文，是有关该问题的最充实和最优秀的著作。没有哪位饲养者会怀疑遗传倾向是这么地强悍有力：类生类是他们的基本信念，只有空谈理论的著作家们才对这一原理有所怀疑。当构造上的偏差出现，并且见于亲本与子本的时候，我们不能说这是同一原因作用于二者的结果；但是，任何极为罕见的偏差，由于环境条件的某种异常结合，在数百万个体中，偶然出现于亲代并且又重现于子代，这时我们几乎就要在纯机会主义的压迫下将其归因于遗传。每个人想必都听说过同一家庭中的几个成员身上会出现白化病、皮肤敏感及身上多毛等情况。如果某些奇异的或稀少的构造偏差的确源于遗传，那么那些看似寻常的普通偏差，当然也可以被认为是遗传的了。也许看待整个问题的正确方法是，将各种性状的遗传视为规则，而将非遗传视为异常。

支配遗传的诸法则，大部分都是未知的。没有人能说明同种的不同个体间或是异种间的同一特性为何有时可以遗传，有时又无法遗传；为什么子代常常会重现祖父或祖母一代的某些性状，或者重现更远祖先的性状；为什么一种特性常常由某一性别传给雌雄两性，或只传给某种性别。出现于雄性家畜身上的特性，通常绝对地或者极大程度上会遗传给雄性，这对我们来说是一个相当重要的事实。有一个十分重要的规律也很可信，即一种特性不管是在生命的哪一个时期初次出现，它都倾向于在特定年龄的后代中重现，尽管有时可能会提早出现。虽然在许多情况下，这都不太可能——例如，牛角的遗传特性，仅会在其后代即将成熟时出现；我们知道蚕的各种特性，都会在蚕的幼虫期或蛹期出现——但是，遗传性疾病以及其他一些事实，使我相信这种规律还可以适用于更大的范围，即尽管并没有明显证据可以表明某种特性会在一定年龄出现，可是这种特性在后代中出现的时期倾向于在其父代初次出现的同一时期。我相信这一规律对解释胚胎学法则是极其重要的。短角母牛和长角公牛交配后，其后代的角会变长，尽管可能出现得较晚，但很显然这是由于雄性因素的作用。

前面讲过返祖问题，现在我想谈谈博物学家们时常论述的一点，即我们的家养变种回归野生状态时，就必然会逐渐重现它们原始祖先的性状。所以，有人曾经辩称，不能以演绎法来由家养族推论自然状况下的物种。我曾努力探求，人们是以何种既定事实为依据才会如此频繁和大胆地得出上述论点，但却终告失败。要证明它的真实性的确极其困难，但是我们却可以大胆断言，绝大多数具有显著异常的家养变种大概都无法在野生状况下生存。在许多情况下，我们无从知晓它们的原始祖先究竟是什么样子的，因此我们也就无法认定所发生的变异是否近乎完全属于返祖现象。而为了防止杂交进一步产生的影响，人们只能将某个变种单独养在它的新家乡。因为变种有时的确会重现祖先所具有的某些性状，因此我觉得很可能会出现以下情形，如果我们能成功地使其自然化，或是在经历多代之后培育出多个品种。以卷心菜为例，若是将其栽培在极其贫瘠的土壤里（但在这种情形下，有些影响可能会归因于贫瘠土壤的作用），它们会在很大程度上，甚至是整体恢复野生原始性状。无论该试验最终是否能获得成功，对于我们的论证都不十分重要，因为试验本身就已经使生活条件发生了改变。如果能够证明家养品种表现出了强烈的退化趋势，即失去它们的获得性，那么在这种情形下，我会同意不能由家养变种来推论自然界物种的任何事情这一观点。但是，没有丝毫证据支持这一观点，没有人敢断言我们无法培育出挽马与赛马、长角或短角牛、各种各样的家禽、可食用的蔬菜。我还要补充说明一点，当生活的自然条件发生改变时，生物便很可能出现变种或是特性上的转变；但是正如我们后面将要解释的，自然选择将决定由此产生的新特性被保留到何种程度。

……

在试图对近似家养种族之间的构造差异量进行估算时，由于不知道它们究竟是从一个还是几个亲种传下来的，我们很快便会感到迷惑。一旦弄清楚这一点，会非常有趣。例如，如果能够阐明，那些人们热衷于一代代饲育的灰狗、寻血猎犬、㹴犬、西班牙猎犬和斗牛犬，都是同一物种的后代，那么这一事实便会对我们的研究造成严重影响，使我们对于栖息在世界各地的许多非常近似的自然物种——例如许多种类的狐——从未发生变异的这一说法产生极大疑惑。当然我并不相信，这些不同品种狗的全部差异都是因驯化而产生的，但是，在其他一些家养种群中，却存在一些假定的甚至是有力的证据可以支持这一观点。

……

对于家犬，我完全认同它们很可能是几个野生品种的后代，但我也确信它们曾经历大量的遗传变异。谁能相信类似意大利灰狗、猎犬、斗牛犬、布伦海姆猎犬的野生动物也曾在自然状态下自在生存过呢？毕竟如今它们看起来同野生犬科动物是如此不同。常有人脱口而出，我们所有的犬种都是由少数原始物种杂交产生的，但是我们只能通过杂交获得介于两亲之间的某些类型。如果用这一过程来说明我们的几个家养种群的起源，我们就必须承认一些极端类型的存在，如意大利长躯猎狗、寻血猎犬、斗牛犬等，都曾在野生状态下生存过。更何况，我们将杂交产生不同族的可能性过于夸大。毫无疑问的是，如果按照我们想要的任何特征来对这些杂种狗进行仔细挑选，那么很可能会通过偶然的杂交来改变一个种群；但是，我很难相信，可以通过两个极端不同的种群或物种的杂交来获得一个中间性物种。约翰·塞布赖特爵士（Sir J. Sebright）特意为此进行实验，但试验失败了。两个纯系品种第一次杂交后所产生的子代，其性状有时高度一致（正如我在鸽子中所发现的那样），于是一切似乎都很顺利；但是，当我们对于这些杂交品种进行数代杂交之后，其后代几乎没有哪两种是彼此相像的，很显然这项任务变得极其困难或者可以说是彻底失败。当然，要得到某个介于两个极端差异的品种的中间性品种，必须对其进行无微不至的照顾以及长期的持续选择，但我却无法找到任何相关记录中曾说明如此便能形成某个长久种群的例子。

关于家鸽的品种

我相信用特殊类群进行研究是最好的方法，因此经过慎重考虑之后，我选取家鸽作为实验对象。我饲养了每一种我能购买或是得到的家鸽品种，并且还从世界各地得到了人们热心惠赠的各种鸽皮，特别是尊敬的 W. 埃利奥特（W.Elliot）阁下从印度以及尊敬的 C. 默里（C.Murray）阁下从波斯寄来的鸽皮。

……

尽管鸽子的品种有很大差异，但我完全相信博物学家们所持有的共同观点是正确的，即它们都是由岩鸽（原鸽）传下来的，但在此名称之下还包含着几个彼此间存在细微差别的地理品种或亚种。

……

鉴于上述这些原因，人类不可能曾使七八个假定存在的鸽种在家养状况下自由繁殖；这些假定的物种从未在野生状态下被人发现，而且也毫无踪迹可寻；这些物种尽管在诸多方面都与岩鸽相似，但与其他鸠鸽类相比却在某些方面具有极其不正常的特征；在纯粹繁育或杂交的情况下，所有品种都会偶尔重现蓝色与各种斑纹；杂种后代也完全具有生育能力。综上所述，我们可以毫无疑问地推断出，一切家养品种都是由原鸽及其地理亚种传下来的。

……

我已对家鸽的可能起源进行了若干论述，但这还远远不够。因为当我开始饲养不同种类的鸽子并对它们进行观察时，我能清楚地看到它们的繁育过程，但我却依然很难相信它们可能源于同一对父母，正如所有博物学者都很难对自然界中的许多雀类物种或其他大型鸟类得出同样结论一样。有一件事给我留下了深刻印象，即几乎所有我曾经与之交谈或曾有幸拜读过他们文章的各种家养动物的饲养者以及植物的栽培者，都坚信他们所养育的几个品种是从很多不同的原始物种那里传下来的。如果你也曾像我一样，去向赫赫有名的赫里福德牛专业饲养者询问他的牛是否并非源于长角牛，那么你定会招致他的嘲笑。我从未遇见过某个鸽、鸡、鸭或是兔的饲养者会怀疑那些主要品种都是由某个特殊物种遗传而来的。凡・蒙斯（Van Mons）在其关于梨与苹果的论文里明确表示，他根本不相信不同种类的苹果源于同一棵树的种子，例如立孛斯东・皮平苹果和考得林苹果来自同一棵树的种子。相似的例子不胜枚举。我想其中的原因很简单：经过长期的持续研究，他们对不同品种之间所存在的差异印象深刻；尽管他们很清楚每个品种之间都存在细微差别，而他们正是通过这些细微差异来获得想要的品种，然而他们却忽视了所有的一般论证，而且也不愿过多地去考虑和总结历代累积而来的轻微差异。那些博物学者对于遗传法则的了解远不如饲养者，而对于血统承袭中间环节的了解也不如饲养者，但他们都承认许多家养品种源于同一对父母，可当他们对自然状态下的物种是其他物种的直系后代这一观念表示讥讽时，难道他们没有谨慎地吸取教训吗？

选择

现在，我们对家养品种从一个物种或几个近似物种中产生出来的步骤进行简要讨论。有些效果可以被归因于外界生活条件的直接作用，有些则可被归因于习性，但是如果有人用这种作用来说明挽马与赛马、灰狗与寻血猎犬、信鸽与筋斗鸽之间的差异，则未免过于冒失。家养品种最为显著的特色之一，是正如我们所见，它们的出现并非为了满足动物或植物自身的利益，而是为了适应人类的使用或爱好。有些于人类有用的变异大概是突然发生的，即一步形成的。例如，许多植物学者相信刺果的刺钩是任何机械装置都无法比拟的，但这种刺果本身不过只是野生川续断草的一个变种而已；而且这种变化也可能是在一株实生苗上突然发生的。因此很可能短腿狗的出现也是如此；

而众所周知，安康羊也是如此。但是，当我们比较挽马与赛马、单峰骆驼与双峰骆驼的区别，当我们比较斗鸡与较少发生同类争斗的品种，永远不停歇的“常生卵”品种以及小巧优雅的矮脚鸡时，当我们比较果园以及花园的不同品种植物本体时，我认为，不仅仅要了解它们之间的变化，我们的观察还应更进一步。关键就在于人类积累了选择的力量，而自然则赋予了连续性变异；人类沿着对自己有用的方向将这些变异累积起来。在这种意义上才可以说人类为自己制造了有用的品种。

……

如今，优秀的饲养者们都会按照一种明确的目的，试图通过有计划的选择来形成优于国内一切种类的新品系或是亚品种。但是，对于实现我们的目的来说，或许无意识的选择更为重要，而这种选择源于人类想要拥有最优良的动物个体并对其进行繁育。因此，一个想要养狗的人自然会想要尽可能多的优良的狗，随后他便会以自己最好的狗来进行繁殖，但他从未想过或是期望使品种发生永久性改变。但我毫不怀疑的是，如果这一过程在几个世纪以来一直持续进行，那么所有品种都将会得到改进或改造，正如贝克韦尔（Bakewell）及柯林斯（Collins）等人所做的，他们通过同样的过程大大地改变了牛的体形与品质，只是这一过程进行得更有条理。除非是在很久以前就对相关品种进行精确计量或细心描绘以供比较，否则这些缓慢而不易觉察的变化便永远都无法得到辨识。但在某些情形下，同一品种中毫无变化的或略有变化的个体往往生存在文明落后的地区，那里的品种很少发生改进。我们有理由相信，查理王小猎犬自某个时代以来在很大程度上被无意识地改变了。某些极富才能的权威人士相信，塞特猎犬源自西班牙猎犬，它们的某些细节是逐渐发生改变的。众所周知，英国猎犬在18世纪发生了很大的变化，人们认为这种变化主要缘于其与猎狐犬的杂交；但我们所关心的是，这种变化是在无意识中逐渐发生的，实际上尽管古老的西班牙向导猎犬确实来自西班牙，但是据博罗先生（Mr. Borrow）所说，他在西班牙并未见过英国猎犬这样的狗。

经过同样的选择程序与精心训练，英国赛马的体格与速度都已超过其亲种阿拉伯马，因此依照古德伍德赛马的规则，阿拉伯马的载重量被减轻了。斯宾塞勋爵（Lord Spencer）和其他人曾经指出，如今英格兰的牛同先前养在这个国家的原种相比较，其重量与早熟性都有显著增加与增强。若将旧论文中论述不列颠、印度、波斯的信鸽和筋斗鸽的内容与它们现在的状态加以比较，便能清晰地追溯它们经历的各个阶段，由此便可得知它们与岩鸽存在的巨大差异。

……

而由未开化之人所饲养的家养动物，无法忽视的一点是，它们几乎总是要为自己的食物而挣扎，至少在某些季节时如此。在两个环境迥异的国家，尽管相同物种的个体结构略有不同，但往往一个地区的生存情况比另一个地区更好些，因此，通过“自然选择”的过程，同一个物种可能会形成两个亚种，而“自然选择”一词将在后文中做详细解释。这种现象或许可以部分说明为什么如某些作者所说，未开化之人所饲养的变种比在文明国度内饲养的变种具有更多的物种特性。

根据上述人工选择所起的重要作用，我们可以明显看出为何家养物种的构造或习性能适应人类的需要或爱好。或许我们可以进一步了解，为什么家养物种会频繁地出现异常性状，为什么外部性状所呈现出的差异如此巨大，而内部器官所呈现出的差异却如此细微。除了看得见的外部性状外，人类几乎无法选择，或只能极其艰难地对构造上的偏差进行选择；至于内部器官的偏差则的确鲜少被注意到。除非自然首先在一定程度上向人类提供了一些轻微变异，否则人类也无法进行选择。一个人不会想到要育出扇尾鸽，除非他先看到某只鸽子的尾巴在某种轻微程度上表现出发育异常状态；一个人在看到一只鸽子的嗉囊大小异乎寻常之前，他也不会想到要去培育球胸鸽。任何性状在最初被发现时表现得越奇怪或者越不同寻常，便越能引起人们的注意。但是对于“试图培育出扇尾鸽”这样的表达，我坚定地认为这是完全错误的，至少在大多数情况下是如此。最初某人选择了一只尾巴略大一些的鸽子，但他绝不会想到那只鸽子的后代在经过长期连续的，部分无意识的以及部分有计划的选择之后，会变成什么样子。所有扇尾鸽的始祖恐怕都只有十四根尾羽略微展开，就和今日的爪哇扇尾鸽一样，或是像其他独特品种的个体那样具有十七根尾羽。最初的球胸鸽嗉囊的膨胀程度并不比今日浮羽鸽食管上部的膨胀程度要大，而浮羽鸽的这种习性并未被饲主所留意，因为这并非该品种的主要特点。

不要以为只有某种构造上的大偏差才能引起养鸽者的注意，某些极小的差异也能被觉察到，而且人类的本性是对其所有物的任何新奇之处，即使只是轻微之处，也会十分重视。

……

我现在要稍微谈谈人工选择的有利或是不利条件。高度的变异性显然更为有利，因为它能向选择大量地供给材料，使之顺利发生作用；即使仅仅是个体差异，也是够用的，如果我们能给予细致入微的关注，也能使它朝着所希望的方向发展，并积累起大量变异。但是，鉴于对人们明显有用的或符合人们爱好的变异只是偶然出现，因此，饲养数量越多，变异出现的概率也会越大。因此，数量之于成功至关重要。

……

现在我将对家养动植物的起源加以总结。我认为从对生殖系统的作用来看，生活条件到目前为止是造成变异的最重要因素。一些作者认为，对于所有的有机生命来说，不论在何种情况下，变异性都是一个与生俱来的必然事件，但我却并不这样认为。变异的影响会因不同程度的遗传与逆转而改变。变异性是由许多未知的法则支配的，尤其是与生长相关的作用。有些变异可以归因于生活条件的直接作用，还有一些则必须归因于使用与废弃。最终结果变得无限复杂。我毫不怀疑，在某些情况下不同物种的杂交在家养品种的起源上发挥了重要作用。无论在任何地方，若干品种一经形成，那么在选择的帮助下，它们之间的偶然杂交无疑会对新亚品种的形成大有帮助；但我认为，就动物以及那些通过种子进行繁殖的植物而言，品种杂交的重要性被过分夸大了。对于通过插枝、芽接等方法进行暂时繁殖的植物，不同物种与品种间的杂交具有重要意义，因为如此栽培者不必顾虑杂种与混种的极度变异性以及杂种的不育性；不借助种子繁殖的植物对于我们来说不甚重要，因为它们的存在只是暂时的。在所有这些变化原因中，我确信，选择的累积作用，无论是有条不紊地快速进行，还是无意识地缓慢进行，都行之有效，而且是到目前为止最主要的力量。

2. 自然状态下的变异

这一部分主要介绍这些内容：变异性；个体差异；可疑的物种；广泛分布、扩散的普通物种拥有最多变化；在任何地区，较大属的种类与较小属的种类相比差异更大；许多较大属的物种在亲缘关系上很像变种，但却并不相同，且存在限制范围。

在将上一章的原则应用于自然状态的有机生物之前，我们必须简要地讨论一下这些有机生物是否会发生变化。为了正确对待这一问题，本应列出一系列枯燥无味的事实来加以说明，但我将这些都留到之后的作品中。我也不打算在此处讨论关于“物种”一词的各种定义。毕竟迄今为止并没有某个定义能让所有的博物学家都感到满意；然而，每一位博物学家在谈及物种时却都隐隐约约地知道自己所表达的物种含义。一般来说，该术语包括一个独特的创造行为的未知因素。“变种”一词几乎也同样难以定义，但在此处它却普遍隐含着共同血统的含义，尽管这一点很难得到证明。还有所谓的畸形，但它们也会逐渐分化为不同的变种。我认为畸形是指某一部分结构存在着某种显著偏差，这种偏差对于该物种是有害或无益的，且通常不会被繁殖传播。有些作者在技术意义上使用“变异”一词，暗指直接因生存的物理条件而发生的变化；这种意义上的“变种”则被认为是无法遗传的。但是谁又能说，生活在波罗的海咸水中贝类的矮化状态，或是阿尔卑斯山顶上植物的矮化状态，又或是遥远北部地区动物所拥有的较厚毛皮，这些特征不会在某些情况下向下遗传呢？我认为在这类情况下，这些新的形式便可以被称为品种。

同样，各种微小的差异可被叫作个体差异，例如在同一亲本的后代中经常出现的诸多微小差异，或是假定在同一特定区域内栖息的相同物种的个体之间可能也会观察到的微小差异，它们都属于个体差异。没有人会认为同种的全部个体都是从完全相同的定型模具里铸造出来的。这些个体差异对我们来说非常重要，因为它们为自然选择的积累提供了材料，就像人类可以在其家养产物中以任何给定的方向积累个体差异一般……

与个体差异相关的某一点令我十分困惑：我所指的即被称为“变形的”或“多态的”那些属，在这些属里物种表现出了惊人的变异量；几乎没有哪两位博物学家能就“哪些形式应归于物种而哪些应归于变种”这一问题达成一致意见。我们可以用植物里的悬钩子属、蔷薇属、山柳菊属，以及昆虫类与腕足贝壳类的几个属为例。在大多数多态的属里，有些物种具有稳定的特定性状。除了少数例外，在某地呈现为多态的属，似乎在其他地区也是多形态的，同样地，若从腕足贝壳类来判断，它们在早先生活的时代也是如此。这些事实令人颇为不解，因为它们似乎表明，这种变异与生活条件无关。我怀疑，我们在这些多态属中所看到的结构变化对于物种而言并无好处，但也无害，因此，自然选择对于它们并没有发生作用，因而也无法使它们确定下来，这一点我们将在后面再做解释。

那些在相当大的程度上具有物种特征，但又非常接近某些其他形式的形态，或是经由中间层级与其他类型紧密衔接，以致博物学者们不愿将它们归类为不同物种的类型，在许多方面都是极其重要的。我们有充分的理由相信，在这些可疑的、彼此之间紧密联结的类型中，有许多曾在很长一段时间内始终保存着它们的性状；因为据我们所知，它们同良好的真种一样长久地保持了它们的性状。当某位博物学家可以通过某些具有中间特征的类型将其他两种形式结合起来时，他就是将一种类型看作另一种类型的变种，按照最常见的分类来看，首先被描述的常被作为物种，而另一个类型则被视为多样化品种。但是，我在这里就不再列举那些难以判定的例子了，有时判定的困难在于是否应将一种形式作为另一种形式的变种，即便它们通过中间环节紧密联系在一起；即使中间类型具有一般所假定的杂种性状也无济于事。但在很多情况下，一种形式被视作另一种形式的变种，并非因为已经找到中间环节，而是观察者采用类推的方法假定这些中间类型的确生存在某些地方，或是以前可能存在；如此，一扇通往怀疑与猜测的大门就此敞开了。

因此，当决定一个类型应被列为物种还是变种的时候，那些具有健全判断力及丰富经验的博物学者的意见似乎是唯一可被遵循的指南。然而在许多情况下，我们在做决定时仍须以大多数博物学家的意见为参考，因为那些特征明显且为人熟知的变种鲜少能被那些有能力的鉴定者列为物种。

这种令人疑惑的性质变化并不罕见，因此毋庸置疑。将不同植物学家所描绘的英国、法国、美国的几个植物群进行比对，统计有多少种植物会被某位植物学家评为好物种，却被另一位仅仅评为变种，得出的数字必定十分惊人。曾给予我诸多帮助而使我万分感激的 H.C. 沃森先生为我列出了一份清单，那些通常被认为是变种的英国植物中，居然有 182 种都被植物学家列为物种；在列出这一清单时，他略去了许多虽微不足道却被某些植物学家们列为物种的变种，他甚至完全省去了几个高度多态的属。而在种属下包含着最为多样的形态，巴宾顿先生（Mr. Babington）曾列举出 251 个物种，而边沁先生（Mr. Bentham）只列举出 112 个物种——二者之间竟相差 139 个可疑形态！在每次孕育都需要雌雄结合且具有高度移动性的动物之中，有些可疑类型被某一位动物学者列为物种，而被另一位动物学者列为变种，这些可疑类型在同一地区很少出现，但在相隔甚远的地区却十分普遍。在北美洲与欧洲，有多少鸟和昆虫，彼此间差异甚微，因此曾被某位优秀的博物学者列为无可怀疑的物种，却被其他博物学者列为变种，或者，正如他们经常所说的，被列为地理种群！许多年前，当我对来自加拉帕戈斯群岛邻近岛屿的鸟类与来自美国大陆的鸟类进行对比，或是看到他人对它们进行对比时，物种与变种之间的区别是如此模糊和武断，这一点使我倍感震惊。

……

当一位青年博物学者开始对一个陌生的生物类群开展研究时，首先令他感到困惑的就是要决定哪些差异可作为物种的差异，哪些差异可作为变种的差异，因为他对于该生物类群所发生的变异量以及变异种类一无所知，而这至少可以表示生物所发生的某种变异是否属于普遍情况。但是，如果他把注意力集中于一个地区里的某一类生物，他很快便能决定该如何划分大部分的可疑类型。他的一般倾向使他能够确定出许多物种，这是因为正如以前讲过的养鸽爱好者和养鸡爱好者那样，他所不断研究着的那些类型的差异量会给他留下深刻的印象；同时由于他对其他地区以及其他生物类群的相似变异方面缺乏基本了解，因此无法通过类比来对自己的初步印象加以矫正。一旦观察范围被扩大，他就会遇到更多的困难，因为他将遇到更多的近缘品种。但是，如果他进一步扩大观察范围，最终就能够决定哪些属于物种，而哪些属于变种；不过要想做到这一点，他首先要承认存在着很多变种，而其他博物学家往往会对这种存在的真实性提出怀疑。此外，当他开始对来自非连续地区的相似物种形式进行研究时，他很难在这些可疑的形式之间找到中间类型，因此不得不依赖于类推的方式，而这几乎难于登天。

当然，物种与亚种之间并不存在明确界限，也就是说，在一些博物学家看来，亚种与物种十分相似，但却未达到变种的级别；或者，在亚种与特征显著的变种之间，或是次级变种与个体差异之间并不存在明显界限。这些差异相互交织融合在一起，形成一个不可察觉的系列，而这一系列会使人感觉这正是演变的实际过程。

……

在某些情况下，从一个差异阶段过渡到另一个差异阶段，可能仅仅是由于两个不同地区不同的物理条件长期持续的作用。但我不太相信这一观点，一个品种从与其亲本有细微差别的状态过渡到与其亲本有较大差别的状态，我将此归因于自然选择在特定方向上积累结构差异的作用（我将在后文中对此做出详细解释）。因此我认为，将某个显著的变种称为早期物种更为恰当；但这一观点是否合理，必须通过对本书中所列举的各种事实及论点的价值加以判断后才能获知。

……

由于我把物种看作只是特性显著且界限分明的变种，因此我推测各地的大属物种应当要比小属物种更常出现变种；因为按照一般规律，在许多密切近似物种（即同属的物种）的形成地区应有许多变种，即初期的物种正在形成。在树木繁茂生长的地方，我们必然可以找到树苗。在某一地区，同一属中的许多物种皆因变异而形成，则此处的各种条件必定有利于变异的发生，因此，我们可以期望这些条件还会继续催生变异。相反地，我们如果把各个物种看作一种特殊的创造行为，我们就没有明显的理由来说明为什么含有多数物种的类群要比含有少数物种的类群中出现更多变种。

……

最后，变种具有与物种相同的普遍特征，因此无法将它们与物种区分开来。首先，除非发现中间衔接类型，而这种衔接的出现并不影响它们所连接类型的实际特征；其次，除非两者之间存在一定的差异，因为如果两个类型间差异很小，一般会被列为变种，尽管尚未发现两者之间存在中间衔接形态，但是需要多大的差异量才能将两种类型归列为物种却无法确定。无论在任何地区，属内的物种数量一旦超过平均值，那么这些属的物种数量就会超过变种的平均数量。在大属中，各个物种间倾向于紧密却不均等地相互结合，因此某些种的周围会形成小群。与其他物种关系非常密切的物种，其活动范围显然十分有限。从上述这些论点来看，大属物种与变种极其相似。如果物种曾经一度作为变种生存过，并且源于变种，我们便可以清楚理解这种类比了；然而，如果每个物种都是独立创造的，那么这些类比便根本无法得到解释。

我们也曾看到，在较大属中最为繁盛的优势物种会生出最大数量的变种；而正如我们随后会看到的，变种往往会转变为新的特殊物种。较大的属会变得更为庞大。而放眼整个自然界，现在占据优势地位的生物类型往往会通过留下许多经过改良且拥有更多优势的后代而使这种优势变得愈加明显。但是后文中也会解释，较大的属往往也会分裂为较小的属。因此，整个宇宙的生物类型便在种群之中划分出次级种群。

3. 生存斗争

与自然选择的关系；“生存斗争”一词的广义使用；按几何比率增长；自然界中动植物的迅速增加；抑制个体增加的性质；斗争的普遍性；气候的影响；个体数量的保护；自然界中动植物的复杂关系；同一物种的个体与变种之间的生存斗争最为激烈；同属物种间时常会发生剧烈斗争；生物有机体

之间的关系是一切关系中最重要的。

在进入本章的主题之前，我必须先简述几句，阐明生存斗争对“自然选择”的影响。在前一章中我们已经谈到，自然状况下的有机生物中存在着个体差异；事实上，我的确不知关于这一点曾经存在争议。将一群可疑类型称为物种、亚种或是变种，对于我们的讨论来说无关紧要。例如，只要承认某些显著变种的存在，那么将不列颠植物中的二三百个可疑类型列入哪一层级都无伤大雅。但是，仅仅知道个体变异及某些少数明显变种的存在，尽管对于此类研究工作的基础而言颇为重要，但是对于我们理解物种在自然界中是如何出现的这一点却并无太大帮助。组织的一部分是如何对另一部分进行精细调整，以使其适应生存条件，以及这一生物对于另一生物的一切巧妙适应，都是怎样完成的呢？我们在啄木鸟与槲寄生身上可以非常明显地见到这种奇妙适应的存在；而对于附着在四足动物毛发或鸟类羽毛上的卑微寄生虫来说，就不是那么明显了。水中甲虫的构造、在微风中飘荡着的带有绒毛的种子……总之，我们在有机世界中随处可见这种奇妙的适应性。

再者，有人可能会问，在大多数情况下，变种之间存在的差异要远远大于它们与物种之间存在的差异，那么，这些变种是如何由我所谓的初期物种最终变为性状优良的独特物种的呢？那些组成所谓不同属的种群间存在的差异比同属的物种间差异更大，这又是怎样发生的呢？我们将在下一章中看到，所有这些结果都是从生存斗争中获得的。由这种生存斗争引发的变异，不论多么轻微，也不论出于何种原因，如果它在某种程度上有利于任何物种的个体，有利于它与其他有机生物以及外部自然那无限复杂的关系，这些变异就会使这样的个体保存下来，并且通常可被遗传给后代。因此，后代也将获得更好的机会得以生存，尽管物种的许多个体都是周期性出生的，但仍有少数能够生存下来。我将这一原则称为“自然选择”，即每一个有用的微小变化都会被保留下来，以示它与人类选择能力的关系。我们已经看到，人类利用选择的确能产生伟大的结果，并且通过累积自然所给予的微小而有用的变异使生物更适合被人们所用。但是正如我们之后将会看到的，自然选择是一种时刻准备行动的力量，如同大自然的作品之于艺术作品一样，自然的力量相对于人类那微乎其微的努力来讲是不可估量的。

现在我们将对生存斗争稍加讨论。我即将出版的另一部作品中将会对这一问题进行更加详细的讨论。德·堪多与莱尔在很大程度上切实表明，所有的有机生物都暴露在激烈的竞争中。关于植物，W.赫伯特以无与伦比的气魄与才华对这个问题进行了讨论，显然这是由于他具有渊博的园艺学知识。口头承认生存斗争普遍存在这一真理是再容易不过的事情，但却没有比在头脑中时时刻刻记住这一结论更为困难的——至少我是这样认为。然而，我相信，除非这一点彻底植根于头脑之中，否则整个自然界中关乎分布、稀有、繁盛、灭绝以及变异的每一个事实，都会在认识上模糊不清或是被完全误解。我们欣然注视着生机勃勃的大自然，常常能见到过剩的食物；可我们却看不到或是忽略了在我们周围悠然歌唱的鸟儿大多以昆虫或种子为食，因此常常朝不保夕；我们也忘记了鸣禽的蛋或雏鸟，大多都丧命于猛禽或是猛兽之口；我们也时常遗忘，尽管目前食物可能很丰富，但却并非每年每季皆如此。

我首先要申明的是，我所使用的“生存斗争”这一术语颇具隐喻含义，其中包含着一种生物对另一种生物的依赖关系，而且（更重要的是）也包含着个体生存的意义，以及其能否成功地留下后代。毫不夸张地说，在食物匮乏时期，两类犬科动物会为了获得食物与生存而互相斗争。但是，生长在沙漠边缘的某株植物则在与干旱作斗争，或者更为确切地说，它需要依靠水分才能生存。如果一株植物每年能结出一千粒种子，那么平均算下来只有一粒种子能够开花结籽，因此更确切地说，它在和覆盖在地面上的同类以及异类植物相斗争。槲寄生要依赖于苹果树以及其他树种生存，那么说它在与这些树相斗争，这种说法的确有些牵强附会，因为如果有太多槲寄生生长在同一棵树上，这棵树便会枯萎死去。但是如果几株寄生的幼苗密集地寄生于同一根枝条上，那么它们是在互相斗争这种说法便很贴切。由于槲寄生是由鸟类传播种子的，因此它的生存便取决于鸟类；可以打个比方说，它会引诱鸟类吞食其种子而不是去吞食其他植物的种子，如此它便是在与其他结果的植物进行斗争。为了便于表达，我用“生存斗争”这一通用术语来描述这几种具有相近意义的情况。

一切生物都具有快速增殖的倾向，因此不可避免地会出现生存斗争。各种生物在其自然的一生中都会产生出若干的卵或种子，而在其生命的某一时期、某个季节或是某一年，也必然会遭到毁灭，否则生物的数量若是一直按照几何比率增加，很快会变得多到无处容纳。由于新生个体数量要多于存活个体，因此势必要发生生存斗争，或者是同种的某个体与另一个体之间的斗争，或是异种个体之间发生斗争，又或者是同物理生活条件进行斗争。这便是马尔萨斯的学说在整个动植物界的应用，因为在这种情形下，既无法人为地增加食物，也不能谨慎地限制交配。因此，尽管现在某些物种可以或多或少地迅速增加数目，却并非所有的物种都能如此，因为这个世界无法全部容纳下它们。

每一种有机生物都无一例外地以极高速率快速自然增殖，以致即便没有被毁灭，地球也很快会被首对物种的后代所覆盖。即使是生殖较慢的人类也能在二十五年间数量翻倍，照此发展下去，再过几千年，人类的后代便再无立足之地。林奈（Linnaeus）曾计算过，如果一株一年生植物只结出两枚种子——实际上并没有哪种植物的生殖能力如此之低——而它们的每一株幼苗转年再次结出两枚种子，以此类推，则二十年后这种植物的数量约为一百万株。在所有已知动物中，大象的繁殖速度被认为是最慢的，我颇费了一番周折才估算出它的最低自然增长率：假定大象在三十岁时开始繁殖，一直繁殖到九十岁，那么在此期间内仅仅诞下三对幼崽也是不足为奇的；如果事实果真如此，那么到四世纪末，世界上就会有一千五百万头大象，而它们都是第一对大象的后代。

……

在自然状态下，几乎每一种植物都会生出种子，而动物几乎也都是每年交配。因此，我们可以自信地断言，所有的动植物都趋向于以几何比例增长，并以最快的速度占领它们可以任何方式存在的地方，而这种呈几何比率增加的趋势必定在某一时期遭到抑制……

在对自然进行观察的时候，记住上述论点是极其必要的——我们要牢牢记住身边的每一种有机生物都在竭尽全力地增加数量；每一种生物在生命的某一时期都要依靠斗争才能生存；每一代人或是每隔一段时间，都会有严重的毁灭性灾难不可避免地降临到幼者或是老者身上。而抑制作用的减轻或是毁灭作用的些许缓和，都会使物种的数量在瞬间增加到一定数量。我们可以将大自然比作一个由成千上万个锋利的楔子紧紧挤在一起构成的弯曲表面，这些楔子不断地受到外部打击而向内推进，有时一个楔子受到冲击，但与此同时另一个楔子的力量便会增强。

究竟是什么阻止了每个物种数量增长的自然趋势？这最令人费解。看一看生命力最强的物种，它的数量越多，增长趋势就会越明显。即便是对于某一个特定实例来说，抑制其增多的原因究竟是什么，我们同样无法确切知道。任何人只要想到我们在此方面是多么无知就不会感到惊讶，即使是关于人类，人类的所知与任何其他动物相比也并非无可比拟。这一问题已有其他作者进行过恰当论述，但我仍会在之后的研究中进行更为详尽的展开，特别是关于南美洲的野生动物。在此我只稍做简述，使读者略注意几个要点。卵或很幼小的动物似乎最容易受到伤害，但也绝非一概如此。植物的种子极易被破坏，但依据观察，我认为在已然遍布其他植物的土壤中发芽的幼苗最容易受到影响。此外，幼苗还会遭遇大量敌害。例如，在一块三英尺长、二英尺宽的土地上先耕地再除草，那里便不会再受其他植物的抑制，当所种植物萌发之后，我在这些幼苗上标好记号，在 357 株幼苗中至少有 295 株遭到破坏，大多是被蛞蝓和昆虫毁灭的。如果某块草地已经被清理过很长一段时间，或是被四足动物细密啃食过，那么任由草地自然生长，生命力越强的植物会逐渐杀死生命力较弱的植物，即便后者已经完全长成。

每个物种所能吃到的食物数量也为各物种的数量增加设定了极限，但是，决定一个物种平均数量的往往并非可获取的食物数量，而是捕食者的破坏力。因此，毫无疑问，在任何大片领地上生存的鹧鸪、松鸡以及野兔的数量主要取决于当地捕食者的破坏力。如果在接下来的二十年里，英格兰境内没有一头猎物遭到射杀，也没有捕食者被消灭，那么很有可能猎物的数量会比现在还要少，尽管现在每年都有数十万只狩猎动物遭到捕杀。而另一方面，在某些情况下，大象与犀牛等动物并不会被猛兽所杀害：在印度，即使是老虎，也很少敢于去攻击有母象保护的小象。

气候在决定一个物种的平均数量方面起着重要作用，并且极端寒冷或是干旱的周期性气候似乎在一切抑制作用中最具效果。1854 年至 1855 年冬季，我在自己的土地上进行计算，发现鸟类的死亡比例高达五分之四。这真是重大的毁灭，我们知道，人类传染病的死亡率达到百分之十时便属于异常惨重的灾祸了。最初看来，气候的作用似乎同生存斗争完全无关，气候的主要作用在于减少食物的数量。从这一点上来说，它促成了同种或异种个体间的最激烈斗争，因为它们需要依靠同样的食物来维持生存，甚至当气候发生作用时，例如严寒直接发生作用时，受害最严重的是那些较弱个体，或是那些在冬季获得食物最少的个体。当我们从南方旅行到北方，或是从湿润地区旅行到干燥地区，必定会看出某些物种渐次稀少，及至绝迹；气候的变化是如此明显，因此我们不免会将这整个的效果全部归因于气候的直接作用。但这种见解是错误的；我们忘记了各个物种，即使是在其最适宜生存的地方，也经常在生命的某一时期因遭遇敌害侵袭或在同一地区因食物同源的竞争而被大量毁灭；只要气候有些许改变，稍有利于这些敌害或竞争者，它们的数目便会增加；并且由于各个地区都已遍布某种生物，其他物种必定会相应减少。如果我们向南旅行，看见某一物种在减少，我们可以觉察到必定是因为有其他物种得到了生存利益，而导致这一物种受到损害。我们向北旅行的情形亦是如此，只不过程度较差，因为越往北部前行，各类物种的数量越慢慢减少，因此竞争者的数目也减少了；当向北旅行或登高山时，比之于向南旅行或下山时，我们所能见到的植物通常更加矮小，这是由气候的有害作用直接导致的。当我们到达北极地区，或是常年积雪的山顶，亦或是一望无际的沙漠时，便可以看到生存在这些地区的生物几乎完全是在同自然环境进行生存斗争。

在很大程度上，气候是通过对其他物种有利而间接起到作用的，我们可以清楚地看到，养在花园里的植物数量惊人，它们也完全可以适应气候，但却永远无法自然化的，因为它们无法与本土植物竞争，也无法抵御本土动物的破坏。

当某一物种因对环境条件的高度适应而在小范围内肆意蔓延时——至少

这种情况在狩猎动物身上普遍发生——疫病也随之而来，这是一种同生存斗争无关的生物数量抑制。但是，甚至有些所谓的传染病其实是由寄生虫引起的，其中部分原因在于它们在拥挤的动物群中传播更为便利，因此才会呈现出不成比例的扩散现象。这是属于寄生虫与其猎物之间的斗争。

另一方面，在很多情况下，同种个体的数量与敌害数量相比，需要占据绝对优势才能得以生存。因此，我们才能在田间收获大量的谷物和油菜籽等，因为它们的种子与以它们为食的鸟类相比占有数量优势，鸟类在这一季里虽然拥有异常丰富的食物，但它们却无法按照种子供给的比例而增加数量，这是因为它们的数量在冬季会受到抑制。凡是做过试验的人都知道，要从花园里的些许小麦或其他类似植物中获得种子是何等麻烦；我还曾有过颗粒无收的经历。同一物种需要通过维持庞大数量来得以延续，我认为这一观点可以用来解释自然界中某些奇特的事实。例如某些珍稀植物有时会在其栖息地的某些地区生长得极其繁盛，而某些丛生性植物即便是在其分布范围的某些极端地区依然能够繁茂丛生。在这种情况下，我们有理由相信，一种植物只有在极其利于多数个体共同生存的条件下，才能生存下来，与其他植物彼此拯救，才能使该物种免于覆灭。我还要补充一点，频繁杂交的优良效果以及近亲杂交的不良效果，在某些情况下也都会产生影响；但在此，我暂不会对这一错综复杂的问题进行过多展开。

……

我再列举一个事例来说明在自然界等级中相距甚远的植物与动物是如何被复杂的关系网联结在一起的。之后我还会证明，在此地生长的一种异国半边莲不会被任何昆虫造访，而且由于其结构特殊，也无法结出种子。几乎所有的兰科植物都需要飞蛾来带走它们的花粉团，从而使它们受精。我也有理由相信土蜂对于三色堇的受精来说不可或缺，因为其他蜂类根本不会来拜访这种花。而通过实验，我发现对于三叶草来说，蜜蜂的造访即便不是必不可少的，也是非常有益的，但是只有土蜂才会拜访红三叶草（红车轴草），因为其他蜂类都无法采到它的花蜜。因此我可以断定，一旦英格兰的整个土蜂属遭到灭绝或是变得数量稀少，那么三色堇与红三叶草也会变得稀有或是全部消失。无论任何地区的土蜂，其数量在很大程度上都取决于当地田鼠的数量，因为田鼠会破坏土蜂的蜂巢与巢穴。长期研究土蜂习性的H.纽曼先生（Mr. H. Newman）认为“全英格兰至少有三分之二的土蜂都是这样遭到了毁灭”。众所周知，老鼠的数量在很大程度上取决于猫的数量；纽曼先生得出结论，认为“在村庄与小镇的附近，我发现土蜂的巢穴数量要比其他地区多，我认为这是由于当地捕鼠猫的数量很多”。因此，很有可能某个地区猫科动物的大量存在，会率先干预老鼠的数量，再借此对土蜂数量进行干预，如此便可以决定该地区内某些花朵的开放频率！

就每一个物种而言，在生命的不同时期，在不同的季节或年份，都有多种不同的抑制对其发生作用；其中某一种或者少数几种抑制作用最为有效，但在决定物种的平均数，甚至是物种生存时，则需要全部的抑制共同发挥作用。在某些情况下可以看出，同一物种在不同地区所受到的抑制作用有着较大差异。当我们看到河岸边密布生长的植物时，我们很容易把它们的比例数与种类归因于我们所谓的“偶然”。但这一观点大错特错！众所周知，当美洲的某片丛林遭到砍伐之后，那里很快便会生出不同的植物群落；但你也能观察到，如今生长在美国南部印第安丘陵上的树木，会同周围原始森林中的树木一样，呈现出丰富的多样性以及绝佳的种类比例。在这里，在这些每年都会播撒出成千上万粒种子的若干树种之间，必定经历了几个世纪的生存斗争；昆虫与昆虫之间的战争——以及昆虫、蜗牛、其他鸟兽类动物之间——同样激烈，它们都在努力繁殖，彼此相食，或是啃食树木及其幼苗，或是啃食那些最初覆盖在地面上抑制树木生长的其他植物！当你抛出一把羽毛，所有的羽毛都必然按照明确的规律落在地面上；但是，与无数动植物的活动与反应相比，这个问题又是如此简单！经历了几个世纪的时间，这些生活在这片古老的印第安丘陵地区的动植物已经决定了在此生存的树木数量以及种类。

生物之间彼此依存的关系，一如寄生物之于寄主，通常发生在那些在自然界中相距遥远的生物之间。严格说来，这些动物是在为了生存而互相争斗，例如蝗虫与食草的四足动物之间便是如此。不过发生在同种个体之间的斗争往往最为激烈，因为它们居住在同一区域内，需要同样的食物，并且也面临着同样的危险。

……

由于同一属的种在习性和结构上通常（尽管这一点并非绝对）存在某些相似之处，在结构上更是如此，因此，当同一属种间彼此竞争时，通常比不同属种之间的竞争更为激烈。我们可以通过下面这一事实了解这一点，近来，随着某种燕子在美国部分地区的迅速蔓延，而导致另一种燕子的数量随之减少。最近苏格兰部分地区的槲鸫数量开始增多，导致画眉鸟的数量有所减少。我们也经常听说，在极端气候环境下，某个鼠种会代替另一鼠种！在俄罗斯，小型亚洲蟑螂入境之后几乎随处可见，分布速度远胜其人型同类。一种野芥菜取代了另一种，类似的各种实例比比皆是。我们从中可以隐约看出，为何在自然界中几乎占据相同位置的相似物种之间的竞争最为激烈；但是在任何情况下，我们都无法确切说出为何一个物种能在这场伟大的生存斗争中战胜另一个物种。

从上述论述中可以得出一个非常重要的推论，即每一种生物的构造都是以最基本的但往往也是最为隐蔽的方式同其他有机生物的构造相关联，这种生物会与其他生物争夺食物或居所，或者避开其他生物，或与其所捕食的猎物息息相关。这一点在老虎的牙齿与爪子的结构上表现得十分明显；而那些盘附在虎毛上的寄生虫们，它们的腿与爪的构造也明显地阐明了这一点。但是蒲公英那漂亮的绒毛种子以及水栖甲虫那扁平且生有排毛的腿，乍看上去似乎仅仅与空气及水元素有关。然而毫无疑问，绒毛种子的优点与其生存的土地已经被其他植物所覆盖的关系最为密切；只有如此，蒲公英的种子才能广泛地散布开去，落在空地上。水栖甲虫的腿部构造，非常适于潜水，这种构造使它们可以与其他的水栖昆虫竞争，使它们得以捕食食物，并逃避其他动物的捕食。

……

因此，当我们试图赋予任一物种超越其他物种的优势时，这种想象固然很好，但可能在任何情况下都不知该如何获得成功。因此我们有理由相信，我们对所有有机生物之间的相互关系一无所知；信念是必要的，但却似乎难以实现。我们所能做的，就是牢牢记住每一个有机体都在努力地以几何比例的形式增长；每一种生物在它生命中的某一时期，一年中的某一季节，每一世代或是每隔一段时期，都必须为生存而斗争，而且还会遭遇严重破坏。当我们对这场生存斗争进行反思时，我们可以用坚定的信念来安慰自己，即自然界的战争并非永无休止，不会有谁因此而感到恐惧，死亡不过只是一个瞬间，而那些精力充沛的、健康的、幸福的物种得以生存下来并繁衍生息。

4. 自然选择

自然选择：其力量与人工选择力量的比较，它对于不重要性状的作用，对于不同年龄与雌雄两性的作用；性选择；同种个体间杂交的普遍性；对自然选择有利和不利的诸条件，即杂交、隔离、个体数目；缓慢作用；自然选择导致的绝灭；与任何小型地区生物多样性以及归化相关的性状分歧；性状分歧与灭绝，对源于同一祖先的后代所产生的自然选择作用；一切有机生物组群的解释。

上一章中对生存斗争进行了简要论述，那么对于变种它又产生了何种作用呢？在人类手中发挥巨大作用的选择原理，是否也能够应用于自然界？我想我们可以见证它是如何强有效地发挥作用的。我们应当始终牢记一点，无论是家养生物还是自然状况下的生物，都存在着无数的轻微变异或是古怪的个体差异；同时也要记住遗传倾向的力量。或者更确切地说，在家养状况下生物的整个体制在某种程度上变得具有可塑性。我们还要记住，一切有机生物之间的相互关系与它们的物质生活条件之间存在着多么复杂的紧密关联。既然对于人类有用的变异必定曾发生过，那么在这场伟大而复杂的生存斗争中，对于每一种生物来说有用的变异，是否会在之后的成千上万个世代中一直延续下去？如果这种现象确实存在（要记住，出生的个体远比存活下来的个体要多），那么我们是否有理由怀疑，无论具有何种优势的个体，即便这种优势十分微弱，这种个体也具有更佳的生存以及繁育的机会。另一方面，我们可以确定，任何有害的变异，即便程度极其轻微，也会使个体遭到严重破坏。我将这种有利变异得以保留而有害变异得到毁灭的过程，称为自然选择。至于那些既无益也无害的变异，则不会受到自然选择的影响，它们可能会成为一个波动的因素，正如我们可能会在多态物种中所看到的。

我们最好以某一地区所经历的某种物理变化(例如气候变化)为例，来了解自然选择的可能过程。一旦气候发生变化，当地的生物比例数几乎立刻就会发生变化，有些物种可能会灭绝，而从我们所了解的各地生物的密切而复杂的关系来看，可以得出如下结论：即使撇开气候的变化不谈，生物的比例数发生任何变化，都会严重影响到其他生物。如果该地区的边界是开放的，则新的类型必然会迁移进去，这会严重打乱某些原有生物之间的关系。因此请大家记住，从外地引进某一种树或某种哺乳动物的影响是何等巨大；对此我们已有所阐明。但是，在一个岛上，或是在一处有障碍物部分环绕的地方，如果适应力很强的新类型无法自由移入，那么我们就要在该地区整体自然经济体系中留出一些位置，这时如果能对当地的原有生物进行某种改进，那么这些新的类型就可以被填充进来；因为一旦该区域允许这些外来生物自由移入，那么这一地区恐怕早就被这些入侵者占领了。在这种情况下，在时间进程中出现的每一个微小变化，只要其在任何方面有利于任何物种个体，并使个体能够更好地去适应发生改变的外界条件，这些变化就能够被保存下来；由此，自然选择便能在改进生物方面自由地发挥作用。

正如上一章中所述，我们有理由相信，生活条件的变化会通过对生殖系统的特殊作用来引起或是增强变异性；在上述情况下，生存条件经历变化显然有利于自然选择，因为它使有利变异发生的机会逐渐增多；如果没有有利变异的发生，自然选择便无法发挥作用。我并不认为，所有极端变化都是必要的；人类当然可以通过在任何特定的方向上增加个体差异而产生伟大的成果，自然同样可以做到，而且要容易得多，因为它可支配的时间长久得远非人类可以比拟。我也并不认为必须要借助巨大的物理变化，例如气候的变化或是高度的隔离，来阻碍物种移入，从而使某地的不同物种加以改变或完善，来为自然选择创造出新的空间。因为各地区的生物都在以精密的平衡力量互相斗争着，一个物种的构造或习性发生极为细微的变异，便会使它比别种生物占优势；若同样的变异进一步发展，其优势会逐渐增强。没有哪个地方的一切本地生物都能够彼此相互适应，能完好适应它们所生活的物质条件，因而毫无改进余地；因为在任何地区，当地物种都已被归化的外来物种所征服，允许外来物种占据这片土地。那么既然外来生物在各地都会战胜某些本地生物，我们便可断言，本地生物也会发生有利的变异，以便更好地抵御入侵者。

既然人类可以运用有条不紊的、无意识的选择手段，而且已经产生了巨大的结果，那么自然选择为何不能产生这些效果呢？人类只能作用于外在的可见性状，自然却并不关注外表，除非这些外表对于生物来说具有一定作用。自然能对各种内部器官、各种细微的性状差异以及有机生物的整体结构发生作用。人类只是为了个人利益而进行选择，自然则是从被其保护的生物本身的利益出发进行选择。每一个被选择的角色都得到充分运用，生物被安置在非常适合的生存条件之下。人类会将原本生长于不同气候条件下的多种生物养在同一地区，人类很少会采用某种特殊的或是适宜的方法对各个被选择出来的性状加以锻炼。人类用同样的食物来饲养长喙与短喙的鸽子，不会以任何特殊的方式去锻炼长背或是长脚的四足动物；人们在同样的气候条件下同时饲养长毛与短毛绵羊。人类不允许最强壮的雄性通过斗争去占有雌性。人类不会去严格地消灭所有劣等动物，而是尽其所能在每个季节里保护所有生物。人类往往选择那些在一定程度上表现出半畸形的类型，或者至少是某种足以引起注意的显著变异、明显有用的变异。在自然状况下，生物构造或结构上存在的某些细微差异便能动摇生存斗争的微妙的平衡，并因此得以保存。人类的愿望和努力是如此短暂啊！人类的生命又是何等短暂啊！因而，如果同自然在全部地质时代的累积结果相比较，人类所能得出的结果是何等贫乏！那么我们是否可以认为，与人类产物相比，自然产物必然具有更为“真实”的性状，因此能更好地适应最为复杂的生存条件，并明显地表现出更加高级的技巧呢？

可以说，自然选择每时每刻都在仔细检查着最细微的变异，剔除坏的变异，将好的变异保存下来并加以积累；无论何时何地，大自然会抓紧一切时机有条不紊地默默进行着自己的工作，以改善每一个有机存在与其有机和无机生存条件之间的关系。我们无法觉察这种缓慢的变化进程，除非有时间流逝的标志，然而我们对于过去的悠久地质时代所知有限，我们能看出的也只是现存的生物类型与先前的有所不同罢了。虽然自然选择只能对各种生物的利益发挥效用，但对于那些我们往往认为极不重要的性状与构造，同样会产生影响。当我们看见吃叶子的昆虫是绿色的，吃树皮的昆虫是斑灰色的，高山松鸡在冬季是白色的，而红松鸡则是石楠花色的，黑松鸡是泥炭色的，我们有理由相信这些颜色可以有效保护这些动物免遭危险。

……

自然选择能使子体的构造随亲本发生变异，也能使亲本的构造根据子体发生变异。在社会性动物中，自然选择能使不同个体的构造适应整体的利益，前提是这种被选择出来的变异有利于整体。自然选择所无法做到的是：改变某一物种的构造，却对该物种毫无益处，而是有益于另一个物种。尽管在某些博物学著作中曾提及这种效果，但到目前为止我尚未找到一个值得研究的事例。在动物的一生中仅仅只能使用一次的身体构造，如果确有必要，那么自然选择必定会使这种构造发生改变，例如某些昆虫具有专门用以破茧的大颚，或者未孵化的雏鸟长有可以啄破蛋壳的坚硬喙端等。有人说过，品种最好的短嘴筋斗鸽死在蛋壳内部的概率远比破壳而出的高得多，因此养鸽者需要在孵化时给予适当的帮助。那么，假使自然为了鸽子自身的利益，使充分成长的鸽子生有极短的喙，则这种变异过程大概是极其缓慢的，同时也会对卵内的雏鸽进行严格的挑选，被自然选择的将会是那些具有强有力喙部的雏鸽，因为所有喙弱的动物都不可避免地会遭到死亡淘汰。或者，那些蛋壳脆弱易破的雏鸽也会生存下来，因为我们知道，蛋壳的厚度也同其他结构一样会发生变化。

性选择

在家养状况下，有些独特性状常常只发生在物种的单一性别中，而且只由这一性别遗传下去，在自然状况下无疑也是如此，因此自然选择能够改变某种性别与另一性别之间的功能关系，或是这两种性别截然不同的生活习惯，例如某些昆虫就是如此。这让我想对“性选择”这一话题略作阐述，这种选择的形式并不在于一种生物对于其他生物或外界条件的生存斗争，而在于同性个体间的斗争，往往是雄性间为了争夺雌性而引发的斗争；斗争的结果也并不意味着失败的一方会因此丧命，而是它很难留下后代甚至是没有后代。因此，性选择不像自然选择那般激烈。一般说来，最强壮的雄性最适于在自然界中生存，而它们留下的后代也最多。但在许多情况下，胜利并不全靠体格强壮，还需要雄性具备某些特种武器。例如无角的雄鹿很少有机会留下大量的后代。由于性选择总是允许胜利者繁殖，因此它确能使雄性增强不挠的勇气、翅膀拍击的力量等，这种选择同那些斗鸡饲主的选择相似，因为最后也总是战斗力最强的公鸡会被选择下来。在自然界的各类物种中，这种战斗规则会一直向下持续到哪一个等级才会不受性选择的影响，我不得而知。但有人描述雄性短吻鳄想要占有雌性的时候，会战斗、叫嚣、不停环走，就如同印第安人跳起战舞一样；雄性大马哈鱼整日处于战斗状态；雄性鹿角虫总是伤痕累累，这是被其他雄虫用巨大的上颚咬伤的。而在一夫多妻制动物的雄性之间，战争往往最为激烈，这类雄性动物似乎总是随身配备着特殊武器。雄性食肉动物时刻全副武装，对于它们来说，性选择还会赋予它们特殊的防御手段，如狮子的鬃毛、野猪的厚实双肩以及雄性大马哈鱼的钩状颚；因为要想获得胜利，盾牌与剑、矛都至关重要。

在鸟类之中，这种斗争则通常较为和缓。所有对这一问题有过研究的人都相信，许多种鸟的雄性之间最激烈的竞争方式就是用鸣叫声去引诱雌鸟，圭亚那的岩鸫、极乐鸟以及其他一些鸟类，则是会聚集在一处，由雄鸟们逐个将美丽的羽毛极其精心地展开，再以最好的风度显示出来；它们还会在雌鸟面前做出奇形怪状的姿势来吸引雌鸟注意，而雌鸟则会作为观察者站在一旁，最后选择最具吸引力的那只作为配偶。如果你仔细观察笼中鸟儿便能得知，它们对于异性个体的好恶常常迥然不同。例如，R. 赫伦爵士（Sir R. Heron）曾经描述过一只斑纹孔雀是如何独树一帜地吸引了其他孔雀的注意。

对于一些没有必要的细节，我在此不多做讨论，如果人类能在短时间内依照自己的审美标准使饲养的矮鸡获得美丽优雅的姿态，那么我实在没有充分的理由来怀疑雌鸟也会依照它们的审美标准，在成千上万的世代中挑选出那些鸣声最好的或是最美丽的雄鸟，由此便产生了显著影响。至于雄鸟与雌鸟的羽毛不同于雏鸟羽毛的某些著名法则，或许可以借助这一观点来进行解释，即性选择对于不同时期内发生的，并在一段相当时期内单独遗传给雄性或是遗传给雌雄两性的变异所起的作用，但此处因篇幅所限，不做过多讨论。

如此，当任何动物的雌性与雄性具有相同的生活习性，但却在身体结构、颜色或是装饰上有所不同时，我们便有理由相信形成这种差异的原因主要是性选择。这是由于一些雄性个体在武器、防御手段或是美观等方面，比别的雄性略占优势，而这些优越性状在连续世代中又只遗传给雄性后代。然而我却不愿将一切性差异都归因于这种作用，因为我们在家养动物中会看到某些特性并非雄性所独有（如某些动物独有的红色肉垂、某些家禽的角状突起等），这些特性看似也并不会在战斗中对雄性有利，或是对雌性有吸引力。我们在自然界中也会看到类似的情况。例如，雄火鸡胸前的毛丛既没有任何用处，也毫无装饰性可言；一旦这种毛丛在家养状况下出现，会被称为畸形。

自然选择作用的示例

为了弄清楚自然选择是如何起作用的，请允许我举出一两个想象中的示例。让我们以狼为例，狼会捕食各种动物，有些是用狡诈的奸计获取猎物，有些是用体力直接捕获猎物，还有些则是用敏捷的速度获取猎物。我们假设在狼捕食最为困难的季节里，那些最敏捷的猎物，例如鹿，由于当地发生的某些变化，鹿群的数量有所增加，或是其他猎物的数量有所减少，那么在这种情况下，毫无疑问，速度最为敏捷的以及体形最为纤长的狼拥有最好的生存机会，因而会被保存或是被选择下来——这使得它们在不得不改为捕食其他动物的季节里，仍能保持着足以制服猎物的力量。我看不出有任何理由能够对这一结果表示怀疑，这正如人类通过仔细的有计划选择来提高灰狗的奔跑速度，人们可能从未想过要改变这个品种，仅仅是试图保留最优良品种的狗而进行的无意识选择。

即使狼捕食动物的比例没有任何变化，其幼崽也可能天生便具有一种追逐某种猎物的倾向。这也并非毫无可能，因为我们经常会观察到很多家畜的自然习性本就具有很大的不同。例如，一只猫被用来捕捉大老鼠，而另一只则被用来捕捉小家鼠。圣·约翰先生（Mr. St. John）认为，一种猫会将长有翅膀的猎物带回家，而另一种是衔回野兔或小兔，还有一种则会在沼泽地狩猎，并且几乎每晚都能捕到鹬鸵。众所周知，捕捉大老鼠而非小家鼠的这种倾向来自遗传。因此如果某只狼在习性或结构上存在任何对其有利的微小先天性改变，它便有很大机会生存下来并留下后代。一些幼崽可能会将同样的习性或结构继承下来，而通过这一过程的不断重复便可能会形成一个新的变种，新变种或者会取代具有原有特性的亲种，或者与其共存。很可能，居住在山区的狼以及经常出没于低地的狼是因被迫捕食不同的猎物而有了地理上的区分，之后得以保留下来的两种个体则各自完好地适应了自己的生存区域，可能会慢慢形成两个变种。这些变种会在它们相遇的地方杂交融合，而关于杂交的问题，我将在后文中再次提及。还要补充的一点是，皮尔斯先生（Mr. Pierce）认为，在美国的卡茨基尔山栖息着狼的两个变种，一种如同灰狗一样轻快，它们以捕鹿为生，而另一种身形较为庞大，四肢略短，常常会袭击牧人的羊群。

……

我知道用上述想象的例子来说明自然选择的学说，一定会遭到人们的驳斥，一如当初查尔斯·莱尔爵士（Sir Charles Lyell）的“将地球近代变迁作为地质学例证”这种宝贵意见依然会遭到驳斥一样，不过如今该理论依然用于解释深谷或是内陆长形崖壁的形成，我却很少再听到有人认为其琐碎或是不甚重要。自然选择的作用，只是把每一个有利于生物的微小遗传变异保存并累积起来。正如近代地质学几乎排除了一次洪水便能冲击出大山谷的观点那般，自然选择也能将连续创造新生物的观念，或是生物构造会发生巨大的或是突然变异的观念排除掉。

……

现在来总结一下在极端复杂的情况下，对自然选择有利和不利的情况。我的结论是，从长远的角度来看，对于陆栖生物而言，那些地表经历多次变动的广袤地区最有利于生出新的生物类型，因为这些地区既适于生物的长期生存，也适于生物的广泛分布。如果该地区是一片大陆，则生物的种类与个体数量都会很多，因而会陷入残酷的生存斗争。而如果地面下陷，形成诸多分离的岛，而每个岛上还分布着许多同种个体，那些发生在各个新物种分布边界区域的杂交行为就会受到抑制；在经历任何形式物理变化之后，物种的迁入受到阻碍，因此每个岛上自然形成的新的生存环境，且势必会对旧有生物产生影响；而时间会让岛上的每一个变种都能得到充分改良与完善。如果地面再次升高，这些岛屿重新变为大陆，那么激烈的竞争局面会再次上演：最受欢迎的或是改良品种能够得以传播，而改进程度较低的物种将会大量灭绝，如此新大陆上各种居民的相对比例将再次发生变化。

我完全认同，自然选择的作用通常是极其缓慢的。当某个区域的自然组成中还留有一些位置，可以由现存生物经过变异后占有时，自然选择才会发生作用。这种位置的出现通常取决于物理变化，这种变化同样是很缓慢的。此外还取决于较好适应类型的迁入是否会受到阻止。少数旧有生物一旦发生变异，其他生物间的相互关系就会因此被打乱；这就会创造出新的位置，有待适应较好的类型填充进去。但这一切进行得过于缓慢，即便同种的所有个体都在某种微小程度上互有差异，整个生物体制内的各部分发生恰当变化，也需要很长时间。这种结果往往还会受到自由杂交的阻滞。许多人认为上述种种原因已足够抵消自然选择的力量了，但我却无法苟同。我的确相信自然选择的作用通常极为缓慢，要经过长久的时间且只能作用于同一地区的少数生物。但我却进一步相信此等缓慢的、连续性结果，恰恰与地质学告诉我们的世界生物变化速度及方式都很吻合。

尽管选择的过程是缓慢的，但既然力量薄弱的人类尚能在人工选择方面大有作为，那么在很长的时间里，通过自然选择的力量，即通过最适者的生存，我觉得生物的变异量会是无限的。所有有机生物之间的相互适应是如此奇妙且拥有无限的复杂性，生物彼此之间以及与它们与生存条件之间，在很长一段时间内都可能会受到自然选择力量的影响。

灭绝

在《地质学》的一章中还会详细讨论这一问题，但因为它与自然选择间具有密切关联，因此此处有必要涉及。自然选择的作用在于保存在某些方面有利的变异，随之引起它们的存续。由于一切生物的数量都按照几何比率高速度增加，因此每一地区都充满了生物；于是，有利的类型在数目上得以增加，而较为不利的类型则会在数目上相应减少，甚至有些不利的类型变得十分稀少。正如地质学所告诉我们的，稀少就是灭绝的预告……

此外，个体数量最多的物种在任何特定时期都有产生有利变异的最佳机会。我们可以用第二章中的事实来证明这一点，常见物种便是拥有最多记录的物种，或是早期物种。而稀有物种在任何特定时期内都无法被快速改变或是改进，因此它们会在生命竞赛中被那些经过改变的普通物种的后代所打败。

从这几个方面考虑，我认为下述情况是不可避免的：随着时间的推移，通过自然选择的力量，新物种得以形成，其他物种越来越稀少，终至灭绝。那些同正在进行变异的物种类型进行最为激烈斗争的，牺牲也最大。我们在“生存斗争”一章中已经看到，十分近似的类型，即同种间某些变种以及同属或近属的一些物种，会由于具有近乎相同的构造、体质、习性，因此彼此间的斗争通常最为激烈。结果，每一个新的变种或是新种在形成过程中，对于与它最为接近的那些物种的压迫也最为强烈，并且会进一步呈现出消灭它们的倾向……

性状分歧

我用这一术语表示的原理极其重要，我相信可以用它来解释若干重要事实。第一，各个变种，即使是那些特征显著，多少带有物种性质的变种——例如在任何情况下对它们加以分类都是个难题——这些变种之间的差异，也远比那些单纯而明确的物种之间的差异小。在我看来，变种是处于形成过程中的物种，也曾被我称为初期物种。变种间的微小差异是怎样扩大为物种间的较大差异的呢？我们可以由下列事实推论出这一过程的发生：在自然界中，无数物种都会呈现出显著差异，而变种——这些未来显著物种的假想原型与亲本——却会呈现出细微的或是不甚明显的差异。仅仅是偶然间，某个变种在某些性状上与亲本出现差异，之后这一变种的后代在同一性状上再次与其亲本间表现出更大的差异；但是仅此一点，远远不能说明同属异种间所表现出的差异何以如此常见和迥异。

按照我的一贯做法，我们先从家养物种的产生中来获取这方面的启示。我们将在此找到某些相似之处。一位养鸽者会被喙部稍短的鸽子所吸引，而另一位养鸽者则会被一只喙部较长的鸽子所吸引。根据“养鸽者不要也不喜欢中间标准，而是只偏好极端类型”这一公认的原则，他们会选择和养育那些喙愈来愈短的鸽子（筋斗鸽品种实际上就是这样产生的），或是喙愈来愈长的鸽子。我们同样可以假设，在历史的早期，某人喜欢速度飞快的马匹，而另一个人却偏好强壮的高头大马。这两种马匹最初的差异可能极其微小，但是随着时间的推移，一些饲养者不断地选择速度轻快的马，而另一些人则是一直选择强壮的马，这两种马匹间的差异就会越来越大，渐渐地便形成了两个亚种。最后，经过若干世纪，这些亚种逐渐稳定，变成完全不同的两个品种了。等到差异足够大，那些具有中间性状的劣等马，也就是既没有轻快步伐也不甚强壮的马，将不会被用来育种，从此逐渐遭到消灭。由此，我们便从人类的选择中看到了所谓分歧原理的作用，它引起了差异，最初仅仅是微小差异，后来差异逐渐增大，于是在品种之间及其与共同亲本之间，在性状上便出现了分歧。

但是问题来了，如何才能将类似原理应用于自然界呢？我认为不但能够应用，而且这种应用还十分有效，因为简单地说，任何一个物种的后代如果在构造、体质、习性上存在的分歧越明显，那么它在自然组成中的适应性越强，而且在数量上也越能明显增多。

在习性简单的动物中，我们可以清楚地看到下述情形。以食肉的四足动物为例，它们在能够维持生存的地区早已达到饱和的平均数。如果允许它们的数量自然增加的话（在该区域的条件没有发生任何变化的情形下），它们只有依靠变异的后代才能取得目前被其他动物所占据的区域，才能成功地增加它们的数量。例如，它们当中有些能够捕食新的猎物，无论是死是活；有些能栖息在新的居所，能够爬树，离水源较近，甚至有些可以降低食肉频率。这些肉食动物的后代，在习性和构造方面变得越有分歧，它们所能占据的地方就越多。能应用于一种动物的原理，同样也能应用于其他动物身上，当然这是在它们发生变异的条件下，如果未发生变异，自然选择便无法发生任何作用。关于植物，也是如此。试验表明，如果在一块土地上仅播种一种草种，同时却在另一块近似的土地上播种若干不同属的草种，那么在后一块土地上生长出的植物更加繁茂，因此能收获更多干草。如在两块同样大小的土地上，一块播种某个小麦变种，另一块则是混杂地播种几类小麦变种，也会发生同样的情形。因此，如果某个草种一直在持续变异，并且各变种被连续选择，则它们将像异种与异属的草类那样彼此相互区别，同时这个物种的大多数个体，包括变异的后代，都能成功地在同一块土地上生存。我们知道每个草种以及变种每年都要散播无数种子，因此可以这样说，它们都在竭力地来增加数量。结果，在经历数千代之后，任何一个草种最为显著的变种都能成功地拥有增加数量的绝佳机会，并能排斥那些较不显著的变种；一旦变种变得与亲本截然不同的时候，便可被视为物种。

在许多自然环境中可以看到这一原则，即最大数量的生命可以由结构的多样化来支撑……

经过前面的讨论，我认为我们可以假设，任一物种的改良后代都更为成功，因为它们在结构上更加多样化，从而能够侵占其他物种的栖息地。现在让我们来看看，这种从性状分歧中获得巨大利益的原则，如果与自然选择以及灭绝原则相结合，会发挥何种作用。

下图有助于我们更好地理解这一颇为复杂的主题。设定字母 A 到 L 代表某一区域内的一个较大属的物种，假定它们之间的相似程度并不相等，正如自然界中的普遍情形那样，在图中会用字母间的不同距离来表示。图中所示是一个大属，因为正如第二章中所述，平均而言，大属中往往比小属中拥有更多的物种变化，且大属的不同种还拥有更多变种。我们还可以看到，最普通和分布最广的物种，比罕见的和分布狭小的物种拥有更多变异。假定 A 是普通的、分布广的、变异的物种，并且这一物种属于本地的一个大属。从 A 发出的不等长的、分散开的虚线则代表着它的变异后代。假定这类变异极其微小；假定它们并非同时发生，而是常常间隔一段较长时间才会发生；假定变异发生之后的存在时间也各不相等。只有那些获得某些利益的变异才会被保存下来，或是被自然选择下来，由此便凸显出了性状分歧能够得到利益这一原理的重要性，因为这通常会导致最不同或最分散的变异（外部虚线所示）被自然选择保存和积累。当一条虚线延伸至与一条横线相交时，那里会用一个小写字母加数字的形式来进行标记，表示变异的数量已得到充分的积累，因而形成一个明显变种，并且该变种值得被记录下来。

图中横线之间的距离，代表一千代；但如果能代表一万代，那就再好不过了。一千代以后，假定物种 A 产生了两个很显著的变种，名为 a^1 和 m^1，则这两个变种所处的条件一般还和它们的亲代发生变异时所处的条件相同，而且变异性本身是遗传的；结果它们同样地具有变异的倾向，并且差不多如亲代一样会发生变异。除此之外，这两个变种只是轻微变异的类型，会倾向于遗传亲代 A 的优点，这些优点会使其亲代比本地生物更为繁盛；它们还会遗传亲本所隶属种属较为普遍的优点，这些优点使该属在其栖息地内成为大属。所有这些外在环境对于新变种的产生都是有利的。

这时，如果这两个变种仍能发生变异，那么它们变异的最大分歧在此后的一千代中通常都会被保存下来。经过这段时间后，假定图中的变种 a^1 产生了变种 a^2，根据分歧的原理，a^2 和 A 之间的差异要比 a^1 和 A 之间的差异大。假定 m^1 产生两个变种，即 m^2 和 s^2，彼此不同，而和它们的共同亲代 A 之间的差异更大。我们可以用同样的步骤把这一过程延长到之后更加久远的数千代：有些变种，在一千代之后只会产生一个变种；在变异越来越大的条件下，有些则会产生两个或三个变种；有些无法产生变种。因此变种，即共同亲代 A 的变异后代，一般会继续增加它们的数量，并且持续在性状上产生分歧。

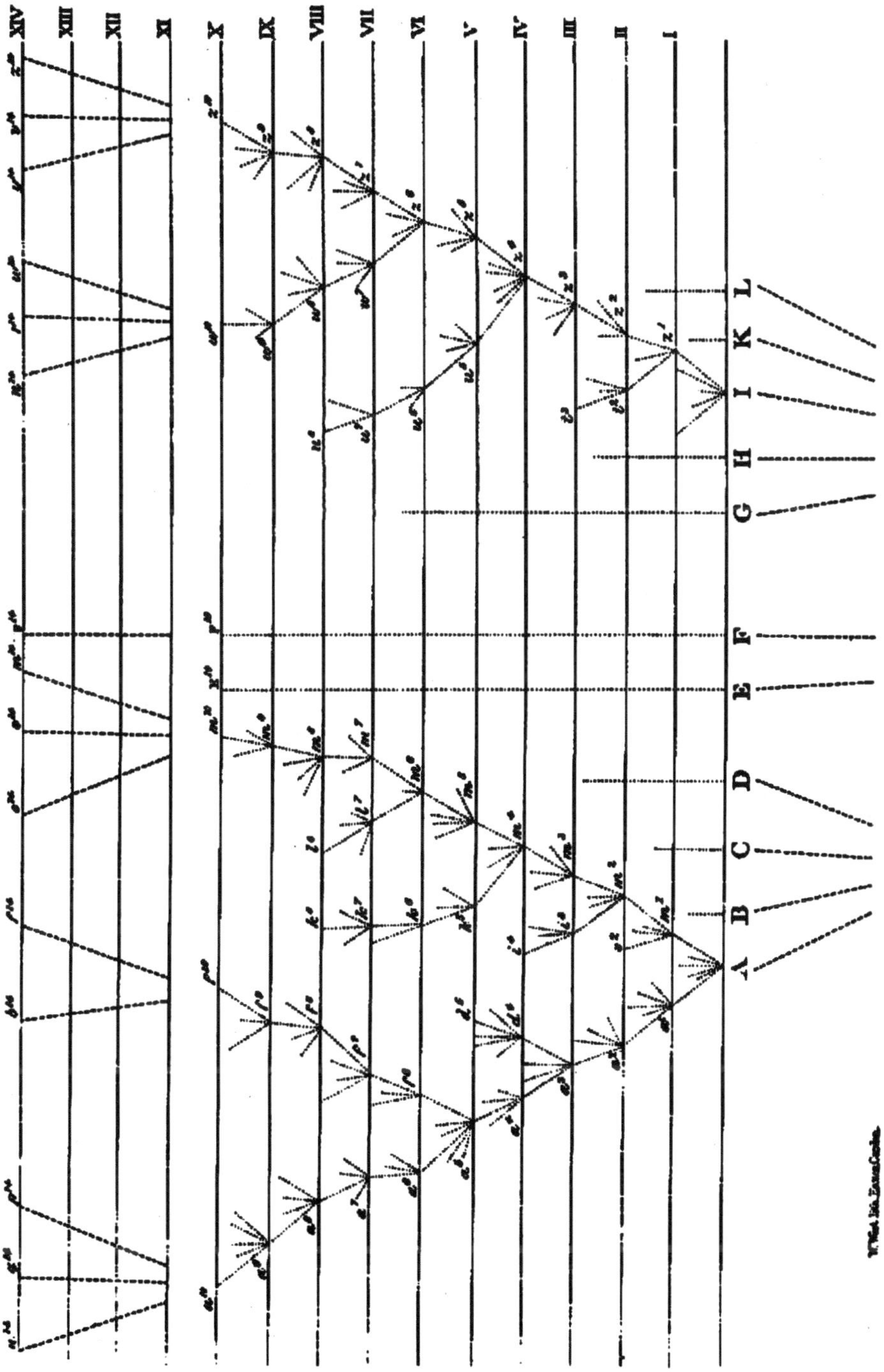
A
B
C
D
E
F
G
H
I
K
L
I
II
III
IV
V
VI
VII
VIII
IX
X
XI
XII
XIII
XIV

在图中，这一过程表示到一万代为止，而在更为压缩的简单化形式下，则到一万四千代为止。

但我必须在此处说明，该过程并非会如图所示那般如此规律变化，尽管图本身多少已经考虑到不规则性。我并不认为最具多样性的物种会永远盛行并成倍增长：一个中间类型往往能够长期存续，并且不一定会产生出一个以上的经过改良的后代。因为自然选择常常会按照未被其他生物占据或未被完全占据的地理性质发生作用，而这一点又取决于无限复杂的关系。但是，按照普遍规律，任何一个物种的后代，在构造上越有分歧，越能占据更多的领地，并且它们变异的后代数量越会增加。在我们的图中，横线间的规则间隔被小写的字母加数字标示中断，这些标示代表连续的类型，而这些类型十分具有特点，因此可以被列为变种记录下来。但是这类中断是想象中的，可以被嵌入图中的任何地方，只要拥有足够的间隔，便允许分歧变异量的积累。

……

但正如图中所表示的那样，在变异过程中，另一原理，即灭绝的原理，同样也起着重要的作用。因为在每一处充满生物的地区，自然选择的作用必然在于选取那些在生活斗争中比其他类型更为有利的类型，任何一个物种经过改进的后代经常具有某种倾向，即在系统的每一阶段中，将其前代以及原始祖代驱逐出去或是消灭掉。请时刻牢记，在习性、体质和构造方面彼此最相近的类型之间，斗争通常最为惨烈。因此，介于较早的与较晚的类型之间的中间类型，即介于同种中改进较少的与改进较多的状态之间的类型，以及原始亲种本身，通常都具有灭绝的倾向，物种体系上的许多旁支都是如此遭到灭绝的，它们会被后来的或是改进的支系战胜。但是，如果某个物种的变异后代进入到某一不同地区，或是迅速适应了一个全新区域，那么，后代与祖代间就不会发生斗争，二者可以继续共存下去。

……

新物种 F^{14} 的性状值得稍加考虑，它的性状本不应存在太多分歧，毕竟仍然保存着 F 的特性，并未发生改变或仅是稍有改变。在这种情况下，它与其他十四个新种间的亲缘关系便会呈现出一种奇特而又疏远的性质。因为它是从现在假定已经灭亡而不为人所知的A和I两个亲种之间的类型传下来的，那么它的性状大概在某种程度上介于这两个物种所传下来的两群后代之间。但这两群的性状已经和它们的亲种类型有了分歧，因此新物种 F^{14} 并不直接介于亲种之间，而是介于两群的亲种类型之间；每一个博物学者大概都能想到这种情形。

在这张图中，各条横线都假定代表着一千代，但它们也可以代表一百万或是更多代，它们还可以代表包含着灭绝生物遗骸的地壳中连续地层的一部分。在"地质学"一章中，我们会再次讨论这一问题，并且这张图对与灭绝生物的亲缘关系会有所启示，这些生物虽然常与现今生存的生物属于同目、同科，或是同属，但是常常在性状上多少介于现今生存的各群生物之间。我们是能够理解这种事实的，因为灭绝的物种生存在各个不同的遥远时代，那时这些物种系统线上的分支线还只有较小的分歧。

我认为没有理由将现在所说的变异过程，仅仅局限于属的形成。在图中，如果我们假定分歧虚线上的各个连续的群所代表的变异量是巨大的，那么标着 a^{14} 到 p^{14}、b^{14} 和 f^{14}，以及 o^{14} 到 m^{14} 的类型，将会形成三个极不相同的属。我们还会看到从I传下来的两个极不相同的属，它们与A的后代大不相同。该属的两个群按照图示的分歧变异量形成了两个不同的科，或是不同的目。这两个新的科或目，是从原属的两个物种传下来的；而这两个物种又被假定为是从某些更古老的和不为人所知的类型传下来的。

我们可以看到，在各地常常出现的变种，即初期物种，往往是较大属的物种。这也的确在意料之中，因为自然选择是通过一种类型在生存斗争中比其他类型占有优势而起作用的，它主要作用于那些已经具有某种优势的类型；而任何一群能够成为大群就表明它的物种从共同祖先那里遗传了一些共通的优点。因此，产生新的、改良后代所引起的斗争，主要发生在努力增加数目的诸个大群之间。一个大群会慢慢战胜另一个大群，使其数量减少，进而减少其继续变异与改进的机会；在同一个大群里，后兴起的以及高度完善的亚群，由于在自然组成中分离出来并且占有许多新的位置，往往具有排挤以及消灭较早的、改进较少的亚群的倾向。至于那些小的衰弱的群及亚群则终将归于灭亡。展望未来，我们可以预言，现今那些巨大的、获胜的、最少受到灭顶之灾的生物群能在一段较长时期内继续增加成员数量。但是却无人能够预言哪些种群能够最终获得胜利，因为我们知道许多种群从前极为发达，如今却已经灭绝。若放眼更为遥远的未来，我们相信，由于较大的种群始终在不断增大，大量的小型种群终要走向灭绝，而且也不会留下变异后代，其结果就是，无论是生活在哪一时期的物种，能将后代传到遥远未来的只能是极少数。我在“分类”一章中还会继续讨论这一问题，但我想说，按照这种观点，由于只有极少数较远古的物种能将后代传至今日，而且由于同一物种的一切后代会形成纲，于是就不难理解，为何在动物界与植物界内的每一个主要大类里，现存的纲如此之少。虽然极远古的物种中只有少数留下了变异后代，但在过去遥远的地质时代里，地球上也曾分布着众多的属、科、目及纲级物种，其繁盛程度几乎与今天一样。

本章小结

在漫长的生命历程中，在不同的生存条件下，有机生物组织的几个部分呈现出完全不同的特征，我认为这一点毫无争议；由于生物的数量是按几何比率增加的，因此它们在不同年龄、不同季节或是不同年代都会发生激烈的生存斗争，这一点也无可争论；于是，一切生物之间及其与生活条件之间的无限复杂关系，会引起构造上、体质上及习性上对其有利的无限分歧。从未发生过任何有益于生物本身繁荣的变异，例如曾经发生的许多有益于人类的变异，这种说法十分离谱。但是，如果确实曾发生有益于生物的变异，那么具有这种性状的诸个体在生存斗争中拥有最佳机会来保存自己，而根据坚强的遗传原理，它们将会产生出具有同样性状的后代。为了便于理解，我将这种保存原理称为自然选择。根据相应龄期的遗传原理，自然选择能够改变卵、种子、幼体，就像改变成体一样容易。在许多动物的世界里，性选择有助于挑选出最为强健的、最具适应性的雄性，产生最多的后代。性选择还可以使雄性获得独有的有利性状，与其他雄性进行斗争或对抗。

自然选择是否真能如此发生作用，使各种生物类型适应于它们的若干条件与生存条件，必须根据后续各章中所举出的证据来加以判断。但是我们已经看到自然选择是如何引起生物的灭绝，而在世界史上灭绝的作用又是何等巨大，地质学已然对这一点加以明确。自然选择还能引起性状上的分歧，因为在生物的构造、习性及性状方面越有分歧，这一地区所能维持的生物数量就越多，而我们只要对任何一处的生物以及外地归化的生物加以考察，便可以证明这一点。因此在任何一个物种的后代变异过程中，以及在一切物种增加个体数目的不断斗争中，后代变得越有分歧，它们在生活斗争中的成功概率便会越大。如此，同一物种中不同变种间的微小差异会逐渐增大，一直增大至同属物种间的较大差异，甚至是异属间的较大差异。

我们已经看到，变异最大的，是在每一个纲中是大属的那些普通的、分布范围广的物种，而且这些物种会将这种优势传给它们经过改造的后代，而正是这种优越性使它们如今在自己生活的地区占据主导地位。正如方才所讲的， 自然选择能引起性状上的分歧，并且能使改进较少的和中间类型的生物大量灭绝。根据这些原理，我们就可以解释全世界各纲中无数生物间的亲缘关系以及普遍存在的明显区别。这的确是奇异的事情，我们很容易因为熟悉而忽略这些奇异性，即一切时间和空间内的一切动物和植物，都可分为各群，而彼此关联。正如我们所看到的情形，即同种的变种间的关系最密切，同属的物种间的关系较疏远而且不均等，便形成了区及亚属，异属的物种间关系更疏远，并且由于属间关系远近程度不同，形成亚科、科、目、亚纲及纲。任何一个纲中的几个次级类群都不能列入单一行列，而更像是聚集在一起的诸多圆点，这些圆点又环绕着另外一些圆点，如此循环往复。如果物种是独立创造的，这样的分类便不能得到解释；但是就我的判断而言，正如我们在图中所见到的，灭绝与性状分歧的产生可以通过遗传和自然选择的复杂作用来进行解释。

同一纲中一切生物的亲缘关系常常用一株大树来表示。我相信这种比拟在很大程度上表达了真实情况。绿色的、生芽的小枝可以代表现存的物种；以往年代生长出来的枝条可以代表长期的、连续的灭绝物种。在每一生长期中，一切生长着的小枝都试图向各方分枝，并且试图遮盖和弄死周围的枝条，同样地，物种和物种的群在巨大的生活斗争中，随时都在压倒其他物种。巨枝分为大枝，再分为越来越小的细枝，而现在的巨枝，在树尚处于幼苗时期时，曾一度是生芽的小枝。这种旧芽和新芽由分枝来联结的情形，可以代表灭绝物种和现存物种的分类，它们在群之下又分为群。当这棵树还仅仅是一棵矮树时，在许多茂盛的小枝中，只有两三个小枝存活下来，生存至今，并且负荷着其他枝条；生存在久远地质时代中的物种也是这样，它们当中只有少数留下了变异后代。从这棵树开始生长以来，许多巨大枝丫都已经枯萎脱落了，这些枯落的、大小不等的枝条，可以代表那些没有留下生存后代而仅处于化石状态的全目、全科及全属。我们看到，一个细小的、孤立的枝条从树的下部分叉处生出来，它在某种程度上适宜生长，至今还在旺盛地生长着，正如有时我们看到的如鸭嘴兽或肺鱼之类的动物，它们根据亲缘关系将生物的两条大分支联结起来，并由于生活在有庇护的地点，可从致命的竞争中得到幸免。由于生长，树生出新芽，这些新芽如果健壮，就会长成枝条并遮盖四周许多较弱的枝条，所以我相信，这巨大的生命之树在其传代中也是这样的，这株大树用它那枯落的枝条填充了地壳，并用它那不停生长的美丽枝条遮盖了地面。

9. 地质记录的不完整性

现有缺乏中间变种的问题；已灭绝的中间品种的性质以及它们的数量；通过沉积与剥蚀的速度推算时间的流逝；古生物标本的匮乏；地质构造的间歇性；任何地质层中都缺乏中间变种；物种群的突然出现；物种群在已知化石层最底层的突然出现。

在第六章中，我已经列举了有关本书中所持观点的主要异议。对这些异议中的大多数也已做讨论。其中之一，即物种类型的明显差异，以及缺乏明显的过渡环节能对它们加以联结，这的确是一个显而易见的难点。我曾举出理由来说明为何这种联结如今并不常见，即便是在显然最有利于它们存在的情况下，即在一个广泛而连续的、物质条件逐渐改善的地区，通常也并不存在。我也曾竭力阐明，每一种生物的生命，与其说取决于气候，不如说取决于其他已经确定的有机形式的存在；因此，真正能够支配生存条件的力量不会像温度或湿度那样在不知不觉中逐渐消失。我也曾尽力阐明，由于中间变种的数量远比它们所要联结的种类数量要少，因此在物种的进一步改良与优化的过程中，这些中间变种常会遭到淘汰或是消灭。然而，无数中间变种如今在整个自然界中不复存在的主要原因在于自然选择这一过程，通过这一过程，新的变种不断地取代或消灭掉了它们的亲本类型。但是，由于这种灭绝的过程规模是巨大的，因此，以前在地球上存在的中间变种的数量也必然是巨大的。那么，为何在各地质结构以及各地质层中却并未如想象中那般遍布着中间变种呢？地质学肯定没有揭示任何如此精细的分级有机链，而这或许正是对自然选择学说提出的最为明显和最重要的异议。而我认为，其原因在于地质记录的极度不完善。

首先，根据自然选择学说，中间类型是曾经存在过的。我发现，当对任意两个物种进行观察时，很难不去想象直接介于它们之间的那些类型。但这是一个完全错误的观点。我们应当去追寻各个物种以及它们之间共同祖先的类型；而这个祖先通常在某些方面不同于已经发生变异的后代。举个简单的例子：扇尾鸽与球胸鸽都是从岩鸽传下来的，如果我们掌握了所有曾经生存过的中间变种，我们就能掌握这两个品种和岩鸽之间各有一条极其紧密的系列。但是没有任何变种直接介于扇尾鸽与球胸鸽之间并将这两个品种的特征结合起来，即将稍微扩张的尾部和稍微增大的嗉囊结合起来的变种并不存在。而且，这两个品种已经变得如此不同，如果我们对于它们起源的任何历史和间接证据一概不知，而仅仅根据它们与岩鸽在构造上的不同，是不可能判断出它们究竟是从岩鸽传下来的，还是从其他相近类型传下来的。

野生物种也是如此，如果我们观察那些迥然不同的类型，如马和貘，我们就没有任何理由可以假定曾经存在的人直接介于它们之间的人，但却可以假定马和貘以及它们共同祖先之间曾经存在过中间变种。它们的共同祖先在整体结构上与马和貘具有高度一致的相似性，但在某些个别构造上可能和这二者都有很大差异，而这种差异甚至可能远比二者之间的差异还要大。因此，在类似情况下，除非我们掌握了一条近乎完美的中间变种链条，否则即使将祖先构造与其变异后代加以仔细比较，也无法辨识出任意两个或是两个以上物种的亲本类型。

根据自然选择学说，两个现存类型中的其中一个很可能来自另一个，例如马来自貘；而在这种情况下，它们之间应存在着直接的中间联结。但是这就意味着其中一个类型很长时间保持不变，而它的子孙却在这期间发生了大量变异；然而，受亲子间竞争原理的影响，这种情形极少发生，因为在任何情况下，新的改良的生命形式都趋向于取代旧的和未改良的生命形式。

根据自然选择学说，一切现存物种都曾经与本属的亲种有所关联，它们之间的差异并不比如今我们所看到的同一物种间自然变种与家养变种之间的差异大；这些目前通常已经灭绝了的亲种与更古老的物种间有所关联；如此向前回溯，便会定位到每一个大纲的共同祖先。因此，在所有现存物种与灭绝物种之间存在的中间联结的数量必定十分惊人。如果这一理论是正确的，那么这些中间联结必定曾在地球上存在过。

时间的流逝

除了我们尚未发现这类无限数量的中间联结的化石遗骸之外，另外一个引起反对意见的观点是，时间并不足以引发如此大规模的有机变化，所有的变化都是通过自然选择缓慢发生的。如果读者并非一位实地考察的地质学者，那么我很难使他相信这一事实或是使他对时间流逝有所了解。查尔斯·莱尔爵士的《地质学原理》（*Principles of Geology*）这一伟大著作注定会被未来的历史学家们承认在自然科学中掀起了一次革命，然而对于那些不愿承认过去时代曾是何等久远浩瀚之人，却很可能立即放弃该书。只研究《地质学原理》或是阅读不同观察者关于各地质层的专题论文，并且注意到作者们对每个地层甚至每个地层的持续时间提出的观点并不确切，还远远不够。因此，当一个人必须花费数年时间来亲自考察这些层层相叠的岩层，去仔细观察大海是如何将岸边的岩石磨碎形成新的沉积物的，才有可能对时间流逝有所了解，才能对周围随处可见的估计有所了解。

沿着由中硬度岩石构成的海岸漫步，并且沿途观察海岸的陵削过程是非常有帮助的。在大多数情况下，潮汐触及岸边岩崖的时间很短，每天只有两次，且只有当海浪中挟带着细沙或砾石时才会对岩石造成侵袭，因为我们有理由相信，清水对侵蚀岩石几乎无法起到任何效果。最后，悬崖的底部遭到破坏，巨大的岩石碎块倾落下来，这些岩石碎块便固定在倾落的地方，然后一点一点地被海浪侵蚀，直到它们逐渐变小到能够被海浪带走，再被磨成砾石、细沙或是泥土。但是我们时常看到海岸岩崖基部的圆形巨砾上面覆盖着一层厚厚的海洋生物，这表明它们很少被磨损，也很少滚来滚去！还有，如果我们沿着任何正在退化的岩石峭壁走上几英里，就会发现目前正遭受侵蚀的崖壁，不过只有短短的一段，或只是环绕海角的几处。而由地表与植被的情况可以看出，此处岩石的基部已经被海水冲刷多年。

……

我很想再举一个例子，也就是著名的威尔德剥蚀作用。尽管我不得不承认，与拉姆齐（Ramsay）教授在其相关专著中阐述的有些厚达一万英尺的古生代地层被剥蚀掉的情形相比，威尔德地区的剥蚀作用显然微不足道。然而，当你站在北唐斯之上望向南唐斯时，你会由心底生出敬佩之情，因为这南北两座悬崖在西侧不远处就会相遇并交汇，人们可据此想象出，在白垩地层形成以来的有限时期内，威尔德曾被巨大的穹顶岩层覆盖。正如拉姆齐教授告诉我的，北唐斯与南唐斯之间相距约 22 英里，而几层岩层的平均厚度约为 1100 英尺。但是，如果像一些地质学家们所推测的那样，威尔德的下方有许多古老岩层，覆盖在其周围之上的沉积岩层可能会比其他地方稍薄一些，那么上面的估算就是错误的；但是，这种疑虑却不会对该地区西侧的估算产生很大影响。如果我们知道海水冲刷沿岸任一特定高度岩崖的速率，那么便可以推算出剥蚀威尔德所需的时间。当然，这一点很难做到，但为了能对这一问题形成一个粗略概念，我们可以假定海水以 1 个世纪 1 英寸的速度侵蚀着 500 英尺高的悬崖。这一数值初看起来有些小，但是，这就如同我们假设一个 1 码高的悬崖以几乎每 22 年 1 码的速率遭受侵蚀。我怀疑除了在最暴露的海岸之外，任何岩石，即便是像白垩岩这样的松软岩石，都会以这样的速率遭受侵蚀；尽管毫无疑问，高耸悬崖的剥蚀作用会发生得更为迅速，因为很多岩块会掉落并碎裂。但另一方面，我并不相信任何长达 10 到 20 英里的海岸线会同时遭受侵蚀；而我们要记住的一点是，几乎所有的地层都含有较为坚硬的岩层或硬核，它们由于长期存在且十分耐磨而在岩基底部形成防波堤。因此，我认为在通常情况下，对于 500 英尺高的悬崖，其整个长度以每世纪 1 英寸的速率遭受剥蚀便已经足够了。如果按照这一速率，威尔德的剥蚀必定需要 306662400 年，也就是 3 亿多年。

当平缓倾斜的威尔德地表抬升之后，淡水几乎不会对其产生太大的侵蚀作用，但却或多或少会减少上述估算时间。另一方面，在海平面波动期间，我们知道这的确曾经发生过，此处可能已经作为陆地存在了数百万年，因此得以免遭海水的侵蚀作用；当它深深地沉入海底并且经历同样长的时间，它也同样会避开海岸波浪的冲击。因此，自中生代晚期以来，时间流逝超过 3 亿年是完全有可能的。

我之所以做出上述论述，是因为对逝去的年月有过一些了解，尽管这种了解可能并不完善，但对于我们来讲却极其重要。在这些岁月中，在整个世界，无论是在海里还是在陆地上，都曾生存着无数的生物类型。在漫长的岁月长河中，一定相继生存着无数世代，而我们的思想却不足以了解它们。现在让我们去看一看有着丰富收藏的地质博物馆，看看那里的陈列品又是多么贫乏！

古生物标本的匮乏

众所周知，我们的古生物标本极其匮乏。我们应当牢记可敬的古生物学者爱德华·福布斯（Edward Forbes）曾说过的，大多数化石物种都是根据单个的且常常是破碎的标本，或者是根据某一个地点的少数标本被命名的。地球表面只有一小部分曾进行过地质学上的发掘，从每年欧洲的重要发现来看，可以说没有哪处地方曾被十分重视地仔细发掘过。没有一种完全柔软的生物能够保存下来。落在海底的贝壳和骨骼，如果不是因为有沉积物的掩盖，也会腐朽和消失……我猜想，在高水位和低水位之间的海滩上生活的许多动物中，只有少数被保存了下来。

……

如果这等说法存在一定程度的真实性，我们就没有理由去奢望能在地质层中找到这等无限数目的、差别微小的过渡类型，而按照我们的学说，这些类型曾经把同一种群的所有过去物种与现存物种连接在一条生物链中。我们只需找出其中的一些连接，有些联系得更紧密，有些则较远；而这些连接，即便曾经极为密切，如果见于同一地质层的不同层次，也会被许多生物学者列为不同的物种。我毫不讳言，如果不是在每一地质层的初期及末期生存的物种之间缺少无数过渡连接，而对我的学说构成了如此严重的威胁，我将不会想到在保存得最好的地质断面中，记录依然如此贫乏。

整个类群的突然出现

整群物种在某些地质层中突然出现的现象，曾被某些古生物学者如阿加西斯（Agassiz）、匹克泰特（Pictet）以及塞奇威克（Sedgwick）教授视作反对物种演变这一信念的论据。如果属于同属或同科的无数物种真的是同时产生出来的，那么这种事实对于以自然选择为依据的进化学说，的确是致命的。因为依据自然选择，所有从某一祖先传下来的一群类型的发展，一定是一个极其缓慢的过程，并且这些祖先一定在它们的变异后代出现很久以前就已经存在了。但是，我们常常对地质记录的完整性寄予厚望，并且由于某属或某科从未见于某一阶段，就错误地推论它们以前从未在那个阶段存在过。因此无论在任何情况下，只有积极的古生物证据才可完全信赖；而那些消极的证据，如经验告诉我们的，毫无价值。我们常常忘记，与被调查过的地质层的面积相比，我们的整个世界是何等辽阔；我们还会忘记，物种种群在侵入欧洲的古代群岛和美国以前，也许曾在其他地区已经存在了很久，并且已经在慢慢繁衍；我们也没有恰当考虑在我们的连续地质层之间所经历的间隔时间，在许多情况下，这一时间要比各个地质层堆积起来所需要的时间更加久远。这些间隔会给予物种充分的时间，使其某一个类型得以繁盛，以至于该种群或物种在之后生成的地质层中仿佛是被突然创造出来的。

……

物种群在已知化石层最底层的突然出现

还有一个与之相似的难点，情况更为严重。我所指的是同一类群的物种数量在已知化石层最底层突然出现的情形。绝大多数的论证使我相信，同群之中的一切现存物种都是由一个单一的祖先传下来的，这也同样适用于最早的已知物种。例如，我无法怀疑所有的志留纪三叶虫都是由某一种甲壳动物进化而来的，而这种甲壳动物一定早在志留纪之前便已经存在，并且可能与任何已知的动物都截然不同。某些非常古老的志留纪动物，如鹦鹉螺、海豆芽等，与现存物种并无太大差异。根据我的理论，却无法假定这些古老物种是它们同属所有物种的祖先，因为它们在任何程度上都未表现出介于它们之间的物种的性状。此外，如果它们的确曾是这些目类的祖先，它们一定在很久之前便因被它们经过无数次改进的后代所取代而绝迹了。

因此，如果我的学说是正确的，那么毫无疑问，在志留纪最底层沉积以前，必然要经过一个长久的时期。这一时期可能与志留纪至今这段时期一样长久，甚至更为久远，并且在如此漫长且人们对其知之甚少的时期内，世界上已经充满了生物。

至于为什么我们并未发现这些漫长远古时期的记录，我却无法给出令人满意的答案。

……

至于我个人，则是遵循莱尔的比喻，将地质记录看作一部已经遗失不全的、由各种方言写成的世界历史书。在这部历史书中，我们所拥有的只是最后一卷，而这一卷只与两三个国家相关；与此同时，在这一卷中，仅在随意几处保存了一个短小章节，每页不过寥寥数行。这种用来书写历史的语言，每一个字都在慢慢发生变化，在断断续续的各个章节中又都存在着些许不同，这些字则可能代表着埋藏在前后相接却又相隔甚远的地层中的生命形式的突然改变。按照这一观点，上面所讨论的各个难点便会大大减少，甚至全部消失。

13. 有机生物之间的亲缘关系：形态学，胚胎学，退化器官

分类，类群之下有从属类群；自然体系；分类中的规则与难点；变种的分类；世代繁衍常被用于分类；类似的或适应的性状；亲缘的、一般的、复杂的以及辐射型关系；灭绝分开并界定了类群；同纲成员之间以及同一个体各部分之间的形态学；胚胎学的法则，变异不在早期发生，而是在相应的年龄由遗传来决定；发育不全的器官；它们的起源的解释。

小结

从生命的第一缕曙光开始，所有的有机生物都在以渐次下降的方式呈现出不同程度上的相似，因此可以在类群之下再分出从属类群。这种分类并不像是在星座中进行星体分类那样随意。如果说某一类群完全适于栖息在陆地上，而另一类群完全适于栖息在水里，某个类群完全适于吃肉而另一个类群完全适于吃植物性物质等，那么类群的存在就太过简单了。事实却与此大相径庭，因为众所周知，即便是同一亚群里的成员，也都具有不同的习性，这一现象是何等普遍。在第二章与第四章中讨论变异与自然选择时，我曾试图阐明，在每一地区内分布最为广泛的、过于分散的常见物种才是较大属中的优势物种，也是发生变异最大的物种，我认为由此产生的变种或是早期物种最后可以转化成全新的独特物种；并且依据遗传的原理，这些物种具有产生

新的优势物种的倾向。因此，现在的大群通常包含有许多优势物种，并且在规模上呈现出无限增长的倾向。我还想要进一步阐明，每一物种的变异后代都尝试在自然组成中占据尽可能多的以及尽可能不同的位置，它们具有永远能够形成性状分歧的倾向。只要观察到小型区域内生物种类繁多，竞争激烈，并看到有关自然化的某些事实，便可证明这一观点。

我还试图阐明，在数量增加、性状分歧的形式中，存在着一种持续性趋势，也就是取代和消灭分化程度较低、改良程度较低的形式以及原有形式。请读者参阅前文中用来解释相关原理作用的图示，便可看到由此产生出的不可避免的结果是，来自同一祖先的变异后代在群下又分裂成群。如图所示，顶端横线上的每 个字母代表着 个包括多个物种的属，并且这条顶线上的所有的属共同形成一个纲，因为它们全部源自同一个古代祖先，因此它们遗传了某些共同之处。但是依据这一原理，左边的三个属具有很多共同点并形成一个亚科，且与右边相邻的两个属所形成的亚科不同，它们是在系统为第五个阶段时从一个共同祖先分出来的。这五个属仍然有许多共同点，虽然比两个亚科的共同点略少；它们组成一个科，与更右边、更早时期分出来的那三个属所形成的科不同。这些属都是从 A 传下来的，组成一个目，与从 I 传下来的属不同。所以在这里我们有从一个祖先传下来的许多物种组成的属，属组成了亚科、科和目，这一切都归入同一个大纲。生物在群下又分成群的自然属，由于十分普遍，因此不会引起太多注意，在我看来已经足够了。

我们看到，博物学者试图依据所谓的自然体系来对每一纲内的物种、属和科进行排列。但是这一系统有何意义呢？有些作者仅仅将其看作一种把最相似的生物排列在一起，而把最不相似的生物分开的一种机制，或者认为它是某种想要尽可能简要阐明普通命题的人为方法。也就是说，用一句话来描述一切哺乳类所共有的性状，再用另一句话来描述一切食肉类所共有的性状，再用一句话来描述犬属动物所共有的性状，然后再加一句话来全面地描述每一种狗。这个系统的巧妙之处以及所具有的效用是不容置疑的。但是许多博物学者所考虑的自然体系含义远比这丰富：他们相信自然体系揭示了造物主的计划，但有关造物主的计划，除非能够详细说明它在时间或空间上的次序或是这两方面的次序，又或是能够详细说明它是否具有其他意义，否则在我看来，我们的知识并未因此得到任何有益的补充。正如林奈的那句名言，我们常会遇到这样一种情形，即属并非由性状构成，而是属赋予了性状，这似乎意味着在我们的分类中包含着比单纯的相似更为深刻的某种其他联系。我相信实际情形不只如此，并且相信这种亲缘关系——有机物之间高度相似的唯一的已知原因——是一种联系，尽管由于不同程度的变化而隐藏起来，但却被我们的分类部分地揭露出来。

我们现在考虑一下分类所采用的规则，以及依据以下观点所遭遇的困难。这一观点就是，分类要么给出某种未知的创造计划，要么只是阐明一般命题和把彼此最相似的形式放在一起的计划。人们大概曾经认为（自古便这样认为），决定生活习性的那些构造部分，以及每一生物在自然组成中的普遍位置对于分类来说极其重要。但没有比这一想法更错误的了。没有人会认为老鼠与鼩鼱、儒艮与鲸鱼、鲸鱼与鱼的外在相似之间存在什么重要性。

……

如果我的看法并非大错特错，那么上述一切分类上的规则、依据以及难点都可以根据下述观点得到解释，即自然体系是以伴随着变异生物的由来学说为根据的；博物学者们认为两个或两个以上物种间那些表明真实亲缘关系的性状都是从共同祖先遗传下来的，一切真实的分类都是依据血统之间的联系发展的；共同的血统联结正是博物学者们始终在无意之中所追求的潜在纽带，而不是某些未知的创造计划，也不是什么命题表述，更不是将或多或少有些相似的对象简单地放在一起或是分开。

……

因此在我看来，自然体系是依据谱系排列的，就和人类的宗谱一样；但是不同类群所经历的变异量必须用以下方法来表示，即把它们列在不同的所谓属、亚科、科、部、目和纲里。

……

根据上述观点，我们便能理解真实的亲缘关系与相似性以及自适应的相似性之间具有重要的区别。拉马克首先注意到了这一问题，之后麦克利

（Macleay）与其他一些人也注意到了这一点。厚皮动物儒艮与鲸在身体形状和前肢上，以及与哺乳动物和鱼类之间，都有相似之处。在昆虫中也有无数类似的事例。例如，林奈曾被外表误导，竟然将一种同翅类的昆虫归为蛾类。甚至在家养变种中，我们也可以看到大致相同的情形，例如有着肥大块茎的普通萝卜与瑞典萝卜的相似之处。有些作者将灰狗与赛马比喻成截然不同的动物，这种说法并不比这种比喻本身更令人感到匪夷所思。在我看来，只有当性状揭示了世系繁衍才会在分类上具有真正的重要意义，依据这一观点，我们便可理解，为何对于系统分类学家而言，类比或适应性特征毫无价值可言，尽管它们对于生物的福祉极为重要。有着截然不同血统的两种动物，可能很容易适应相似的条件，从而在外表上也很相似；但是这种类似却无法揭示，反而会趋于掩盖它们与其原本世系之间的血缘关系。我们也可以理解以下看起来明显矛盾的情形，即某些相同性状，在一个纲或目与另一个纲或目进行比较时十分类似，但是当同一个纲或目之内的成员相互比较时，才能揭示出真实的亲缘关系。因而只有把鲸与鱼类进行比较时，鲸的身体和鳍状前肢的形状才是相似的，因为鲸和鱼类都适应水中生活；但是鲸科的几个成员之间，鲸体的形状与鳍状前肢却是显示真实亲缘关系的性状，因为这些鲸类动物，无论大小都有许多相同的特点，因此毫无疑问，它们从共同祖先那里继承了身体的一般形状与肢体结构。鱼类也是如此。

……

形态学

我们看到同一纲种的成员，不论它们的生活习性如何，在一般的构造设计上通常都是类似的。这种类似性常常用“模式一致”这个术语来表示；或者说，同一纲的不同物种的身体若干部分和器官是同源的。这整个问题可以包括在“形态学”这一总称之内。这是博物学中最有趣的部分之一，而且几乎可以说就是博物学的灵魂。适于抓握的人手、适于掘土的鼹鼠的前肢、马的腿、海豚的鳍状前肢以及蝙蝠的翅膀，都是在模式一致下构成的，而且在同样的相对位置上长有相似的骨骼，还有什么比这更加奇怪的呢？圣·伊莱尔曾极力主张同源部分相互关联的高度重要性：这些部分在形状和大小上几乎可以变化到任何程度，但它们始终以相同的顺序连接在一起。例如，我们从来没有发现过肱骨和前臂骨，或大腿骨和小腿骨颠倒位置。因此，同一名称可以用于大不相同的动物的同源的骨。我们在昆虫口器的构造中同样可以看到这一伟大法则：天蛾极长而螺旋形的鼻子、蜜蜂或臭虫奇异可折叠的喙、甲虫巨大的颚，还有什么比这些更加奇特呢？可是这些用于如此迥异目的的器官，却都是由上唇、上颚与两对下颚经过无穷变异而形成的。类似法则也支配着甲壳类的口器和肢的构造。植物的花朵也是如此。

没有什么比企图采用功利主义或是目的论来解释同一纲的成员的这种形式的相似性更加无望的了。欧文在其《四肢的性质》（*Nature of Limbs*）这部有趣的著作中承认这种企图毫无希望。从一般的观点来看，每一种存在都是独立的创造物，我们只能说，的确如此，毕竟造物主乐于创造每一种生物。

这种解释在自然选择理论中再明显不过——每一种变异都以某种方式对于变异的类型有利，但是又经常由于相关作用影响该类型的其他部分。在这种性状变化中，很少或并不具有改变原始类型或转换各部分位置的倾向。骨可以缩短和变扁到任何程度，同时被包以很厚的膜，当作鳍用；有蹼的手可以使它所有的骨或某些骨延长到任何程度，同时连接各骨的膜增大，用以当作翅膀。可是这一切变异并没有一种倾向来改变骨的结构或改变器官的相互联系。我们设想一切哺乳类、鸟类和爬行类的某种早期祖先，或是称之为原型，如果它们的四肢都符合现有的一般模式构造，那么不论其用于何种用途，我们都能立刻看出全纲动物四肢同源构造的明显意义。

……

按照创世论的普遍观点，这些事实是多么令人费解！为什么大脑要被包裹在一个由如此众多且形状异常的骨头组成的盒子里呢？正如欧文所说，分离的骨片便于哺乳类动物产生幼体，但由此而来的益处却无法用来解释为何鸟类也拥有构造相同的头颅。为什么在蝙蝠翅膀和腿的形成过程中会产生类似的但用途完全不同的骨骼呢？为什么一种甲壳类动物的嘴由许多部分组成，非常复杂，腿的数目却很少，而具有许多腿的甲壳类动物则有着比较简单的口器呢？为什么一朵花的萼片、花瓣、雄蕊和雌蕊，虽然用途各异，却都是按照同样的模式构造的呢？

依据自然选择学说，我们能够在一定程度上解答这些问题。在脊椎动物身上，我们看到一系列带有某些突起和附肢的内部椎骨；在节肢动物身上，我们看到身体被分成一系列组成部分，并带有外部附属物；在开花植物身上，我们看到一系列连续的螺旋形叶子。对同一部位或器官的无限重复（如欧文所观察到的），是所有低级或很少改动的形体的共同特征。因此，我们很容易相信，脊椎动物的未知祖先拥有许多脊椎；节肢的动物的未知祖先，拥有许多分节；开花植物的未知祖先，则有许多螺旋状的叶子。重复多次的部分在数量和结构上很容易发生变化，因此很可能，在一个长期持续的改变过程中，自然选择会抓住一定数量的原始相似部分，多次重复，最终使它们适应最不相同的目的。由于整个变异都是由轻微的连续步骤完成的，因此我们也无须惊讶会在某些部分或器官中存在一定程度的基本相似性，并且这些部分或器官会通过很强的继承性原则得以保留。

……

胚胎学

我们已经讲过，同一个体的不同部分在早期胚胎阶段完全相似，在成体状态才变得大不相同，并且用于迥然不同的目的。同样，我们也曾阐明，同一纲中最不相同的物种胚胎往往有着惊人的相似之处。没有比阿加西斯所提到的情况更能证明这一点的了，他认为如果忘记给一些脊椎动物的胚胎贴好标签，他便无法分清它们是哺乳动物、鸟类的，还是爬行动物的。与蛾类、蝇类、甲虫类等昆虫的成虫相比，这些昆虫在蠕虫状幼虫期彼此更为相似，但在幼虫期，胚胎是活跃的，适于特殊的生活途径。胚胎相似性法则的痕迹，有时会一直持续到相当晚的时期。因此，同属、亲缘关系相近的鸟类，它们的第一羽和第二羽往往相似，正如我们在画眉鸟身上看到的带有斑点的羽毛。在猫科的物种中，大多数物种的身上都长有条纹或斑纹，小狮子身上的条纹便十分明显。我们偶尔也会在植物中看到类似的现象，尽管这种情况并不多见：金雀花或荆豆的胚叶以及假叶金合欢属的初叶，都与豆科植物的普通叶子一样呈羽状或分裂状。

同一纲中截然不同的动物胚胎在构造上相似的各点，往往与它们的生存条件并无直接关系。比方说，在脊椎动物的胚胎中，鳃裂附近的动脉有一特殊的弧状构造，我们很难想象，这种构造与在母体子宫内得到营养的幼小哺乳动物、在巢里孵化出来的鸟卵、在水中的蛙卵所处的相似生活条件有关系。我们没有理由相信这样的关系，就如同我们没有理由相信人的手、蝙蝠的翅膀、海豚的鳍内相似的骨与相似的生活条件有关系。没有人会认为幼狮的斑纹或是乌鸫雏鸟身上的斑点对于这些动物来说有任何用处。

……

但是却没有明显理由可以解释，例如，关于蝙蝠的翅膀或海豚的鳍，在它们的胚胎中任何部分都可辨别时，为什么所有部分没有立即以适当的比例显现出来。在某些整个动物群中以及其他群的某些成员中便是如此，胚胎不管在哪一时期都与成体并无太大差异，例如欧文曾就乌贼指出，“没有变态，头足类的性状远在胚胎发育完成以前就显示出来了”。还有蜘蛛，“几乎并未经过任何变态”。大多数昆虫的幼虫都要经过一个蠕虫状的阶段，不管它们是活动的和适应于各种不同习性的，还是因处于适宜的养料之中或受到亲本哺育而无须活动，但是在某些少数情形里，例如蚜虫，如果我们留意到赫胥黎（Huxley）教授关于这种昆虫发育的出色绘图，那么我们几乎看不到蠕虫状阶段的踪迹。

那么，我们该如何解释胚胎学中的这类现象呢？胚胎与成体之间在构造上只是具有普通差异；同一个体胚胎却在最后变得极不相同且用于不同目的的各种器官在生长早期又是如此相似；同一纲里最不相同物种的胚胎或幼体是类似的，却又并非都是如此；胚胎在卵中或子宫中的时候，往往保存有在生命的那一时期或较后时期对自己并没有什么用处的构造；必须为自己的需要供给食料的幼虫期对于周围的生存条件是完全适应的；某些幼体在等级上甚至高于它们将要发育成的成体。我相信对于所有这些事实可做如下的解释。

……

例如前肢，亲本物种曾经一度将其当作腿用，在悠久的变异过程中，在某一类后代中变得适合当作手用，在另一类中则作为鳍用，而在又一类中则作为翅膀用；但是根据上述两个原理，即每一连续变异发生在一个较晚的生长阶段，并在相应的较晚生长阶段得以遗传，该亲本物种几个连续后代胚胎中的前肢依然十分相似，因为它们并没有发生很大的变异。但在每一个新物种中，胚胎的前肢与成熟动物的前肢有很大的不同；后者的前肢在较晚的时期经历了许多变化，于是就变成了手、鳍或翅膀。长期坚持锻炼或使用，又或者放弃使用，无论这些对改变一个器官可能产生何种影响，这些影响都主要对成年动物起作用，因为这些成年动物已经达到活动体能的全盛阶段，必须自谋生路。这些影响所产生的效果，也将在相应的成年期得到遗传。而幼体却不会因为器官使用或不使用而有所改变，抑或被改变的程度较小。

……

一切曾经生存过的生物，无论灭绝的还是现在依然存在的，都要放在一起进行归类，因为所有生物都被细微的逐次变化联结在一起。如果我们的采集是近乎完全的，那么唯一可能的分类便是依据谱系进行分类。所以世系繁衍是博物学者们在自然体系的术语下所寻求的互相联系的潜在纽带。按照这个观点，我们便能理解，在大多数博物学者的眼里为什么胚胎的构造在分类上甚至比成体的构造更加重要，因为胚胎的构造呈现了动物较少改变的状态， 它揭示了其祖先的结构。

……

因此在我看来，胚胎学上的这些无比重要的事实，按照以下的原理就可以得到解释：某一古代祖先的许多后代中的变异，曾出现在生命的不算太早的时期，并且曾经在相应的时期发生遗传。如果我们把胚胎看作一幅图画，虽然多少有些模糊，却反映了同一大纲中一切成员祖先的状态，或是它的成体状态，或是它的幼体状态，如此，胚胎学的重要性就大大地提高了。

退化的、萎缩的或不发育的器官

在整个自然界中处于这种奇异状态的器官或部分带有无用的印记极为常见。例如，退化的乳头在哺乳动物的雄性个体中非常普遍；我认为鸟类的小型翼羽也完全可以看作呈退化状态的趾；许多蛇的肺叶是退化的；其他一些蛇类，则保留有骨盆以及后肢的残迹。有些退化器官的例子极为古怪。例如，鲸的胎儿生有牙齿，而当它们长成后却连一颗牙齿都没有；未出生的小牛上颌处生有牙齿，却从不暴露于牙龈之外。有可靠的说法称，在某些鸟类的胚胎中也发现有牙齿的残迹。翅膀用于飞翔，这是再明显不过的了，但我们也曾见过很多昆虫，其翅膀小到根本无法飞翔，常常隐藏于鞘翅之下！

……

按照伴随着变异生物而来的观点，残迹器官的起源较为简单，并且我们能够在很大程度上理解控制它们不完全发育的法则。在我们的家养生物中，也存在着许多残迹器官的例子，如无尾绵羊品种的尾的残迹，无耳绵羊品种的耳的残迹，无角牛的角的残迹，而据尤亚特（Youatt）称，特别是小牛的下垂小角的重新出现，以及花椰菜的全部开花的状态。我们在畸形生物中常常会看到各种不同部分的残迹。但是我怀疑这种例子除了表明残迹器官能够产生出来以外，并不能说明自然状况下的残迹器官的起源，因为我怀疑自然状况下的物种不一定经历过突然的变化。我认为废弃是主要的原因。它导致了连续几代物种的各种器官逐渐缩小，直至退化，就像生活在黑暗洞穴里的动物的眼睛，以及生活在海洋岛屿上的鸟类的翅膀一样，这些鸟很少被迫飞行， 最终它们失去了飞行的能力。在某些情况下有用的器官，在其他情况下可能会带来伤害，就像生活在开阔小岛上的甲虫的翅膀一样；在这种情况下，自然选择将继续缓慢地使器官缩小，直到它变得无害并退化。

……

总结

在本章中我试图表明：从古至今所有生物体中群体与群体间的从属关系；

一切现存生物以及灭绝生物被复杂的、放射状的、曲折的亲缘线连接起来，组成同一纲的生物；博物学者在分类中所遵循的法则以及遇到的困难；那些性状，不管它们极其重要还是微不足道，或像残迹器官那样毫无意义；类比或适应特征与真实亲本特征在性状上的广泛对立；其他法则。如果我们承认近似类型有共同的祖先，并且它们通过变异和自然选择发生变化，从而引起灭绝以及性状上的分歧，那么，上述一切便是水到渠成。在考虑这种分类观点时，应该记住在对同一物种的性别、年龄和公认的变种进行排序时，不论它们在结构上有多么不同，都普遍使用了血统因素。如果对血统因素——有机物相似的唯一已知的原因——加以扩展，我们便会理解什么叫作自然体系：它试图按谱系进行排列，用变种、物种、属、科、目和纲等术语来表示所获得差异的各个等级。

根据同样的伴随着变异的生物由来学说，便可以理解形态学中的重大事实——无论我们出于何种目的，观察同一类不同物种的同源器官所表现出的相同模式，或者是每个动、植物个体中以相同模式构造的同源部分，都是如此。

根据连续的细微变化的原理，我们可以理解胚胎学中的重要事实，这些变化不是在生命的早期阶段出现的，而是在相应的时期继承的；也就是同源个体胚胎中同源部分的相似性在成熟后会在结构和功能上大相径庭；同种异体在同一纲的不同物种之间所具有的相似部位或器官，尽管在其成年成员之间所具有的相似部位或器官，功能却很可能并不相同。幼虫是活动的胚胎，它们随着生活习性的变化而多少发生了特殊的变异，并且把这种变异在早龄期遗传下去。根据这些原理，请记住，器官由于不被使用或由于自然选择而退化，这种退化一般发生在生物必须满足自己所需的生存时期；同时还要记住，遗传的力量是多么强大——退化器官的出现以及最终的完全不发育，并不存在什么无法解释的难点；与之相反，它们的存在甚至是预料之中的。胚胎学特征和基本器官在分类中的重要性是可以理解的，因为一种排列只有按照谱系排列才符合自然规律。

最后，我认为本章中已经讨论过的若干事实已经十分明确，栖息在这个世界上的无数的物种、属和科，在它们各自的纲或群的范围之内，从共同祖先那里继承了某些性状，并且在生物发展的进程中发生了变异。鉴于此，即使没有其他事实或论证的支持，我也会毫不迟疑地坚持这一观点。

14. 概述与总结

概述自然选择理论的难点；概述支持该理论的一般与特殊情况；普遍相信物种不变的原因；自然选择理论可以引申至何种程度；自然选择理论对于博物学研究的影响；结束语。

由于全书是一篇长篇论证，因此简明扼要地概括一下主要事实与推论可能会为读者带来些许便利。

通过自然选择改变后代的理论必然会招致许多严重非议，对于这一点我并不否认。毕竟我已竭尽所能。首先，没有什么比完善更复杂的器官与本能更令人难以置信的了。完善这些器官和本能不是通过超越人类理性（虽然与人类理性类似）的手段，而是通过对个体拥有者的每一种好处在无数细微变化的积累中完成。然而，尽管这一困难在我们的想象中似乎难以克服，看起来也并不真实，但如果我们承认下列命题——我们可以认为，所有的器官和本能，无论是现在存在的，还是可能存在的，即使在极微小的程度上，也是千差万别的——最终，为了生存而进行的斗争，导致了结构或本能的每一种有益偏离得以保留。我认为这一观点的真实性无可争辩。

毫无疑问，这一过程是极其困难的，即便是猜想许多结构已经达到完善的层次，尤其是对那些破碎的和失败的有机生物群体来说，更是如此；但是我们看到自然界里有如此多奇异的层级，正如教士们所宣称的那样，“自然无法飞跃”，因此我们应当十分谨慎地说，任何器官或本能，或任何生命体整体，都无法经过许多循序渐进的步骤才达到现有状态。我们必须承认，在自然选择理论方面的确存在一些特别困难的示例，其中最令人好奇的是，在同一个蚁群中，存在着两到三个有明确规定的工蚁等级或是不育的雌蚁，但是，我已经试图阐明该如何克服这些难点。

物种在初次杂交时几乎普遍具有不育性，与变种在杂交中的普遍能育性，形成了极其鲜明的对比。关于这一点，我必须请读者参阅第八章结尾处所提出的事实概述。在我看来，这些事实表明了这种不育性就像是两棵不同种的树木无法嫁接在一起一样，并非因为天赋异禀，而只是基于杂交物种的生殖系统差异所发生的偶然情况。当两个相同物种进行相互杂交时，我们可以从其结果的巨大差异中看到这一结论的正确性；此处的相互杂交是指，一个物种先用作父本，后用作母本，进行杂交。

杂交品种及其杂种后代的能育性无法被认为是普遍共性；它们普遍具有生育能力也并不足以令人惊讶，因为我们知道，它们的体质或生殖系统都不太可能得到深刻的改变。而且，大多数已经被试验过的品种都是在驯化过程中产生的；由于驯化过程显然倾向于消除不育，因此我们也不应该期望它也同样具有不育性。

杂种的不育性与首代杂交的不育性大不相同，因为前者的生殖器官在功能上或多或少是不起作用的，而首代杂交中双方的生殖器官均处于完善的状态。我们总是能看到，各种各样的生物因稍微不同以及新的生活条件而干扰了自身的机体构成，从而造成一定程度的不育，因此对于杂种在某种程度上的不育，我们无须感到惊奇，因为两个截然不同的机体结构混合，几乎不可避免地会对它们的机体构成形成干扰。这种平行性受到另一类与之平行却直接相反的事实的支持，即所有生物的活力与能育性通过其生活条件的一些轻微变化而得到提高，由杂交而产生的稍微变异的类型或许是变种后代，其活力与能育性也会有显著提高。因而，一方面，生存条件的剧烈变化以及经历了较大变化的类型之间的杂交，会降低能育性；而另一方面，生存条件变化较小以及变化较小的类型之间的杂交，则会提高能育性。

说到地理分布，变异血统理论遇到的困难是相当严重的。同一物种的一切个体、同一属或更高一级的群的一切物种都是从共同的祖先那里发展下来的；因此，如今不论是在地球上何等遥远的地点发现它们，它们也一定是在连续世代的过程中由某一地点迁徙到其他地点的……

根据自然选择理论，必然存在着无穷无尽的中间形式，它们通过像我们现在的物种那样精细的层次把每一类群中的所有物种连在一起，因此我们可以提出疑问：为什么我们没有在周围看到这些中间类型呢？为什么所有的有机生命体不是混杂在一个不可分割的混沌之中？关于现存的类型，我们应该记住我们没有任何权利去希望（除极少数情况外）发现它们之间的直接联系，而只能在一种形式和一些已灭绝和被取代的形式之间发现这种关联的存在。如果一个广阔的地区在一段长久时期内保持着连续的状态，并且当地生存条件与其他条件都保持不变，当这一地区从被某一个物种所占有逐渐变化到为另一个密切近似的物种所占有，那么即使是在这样的区域内，我们也无权去奢望在中间地带能够找到中间的过渡品种。因为我们有理由相信，每一属中只有少数物种曾经发生变化；其他物种则完全绝灭，没有留下变异后代。在确已发生变化的物种中，只有少数在同一地区内同时发生变化，而且一切变异的过程都是逐渐完成的。我也已阐明，起初在中间地带存在的中间变种大概很容易被近似类型排挤，因为后者由于生存数目较大，因此相对于生存数目较少的中间变种，往往能以较快的速率发生变化和改进，由此，中间变种便被排挤和消灭掉。

世界上现有生物与灭绝生物之间，以及每一个时期内灭绝的物种与更加古老的物种之间，均有无数的连接环节，而它们都已经灭绝了。那么根据这一学说，为什么并非在每一地层中都布满这种类型呢？为什么并非每一处化石遗迹都能提供生物类型过渡与变异的确凿证据呢？我们并未发现此类证据的存在，这在可能被用来驳斥我相关理论的众多异议中，是最为有力的。而且，为什么整群的亲缘物种仿佛突然出现在几个地质阶段之中呢，尽管这往往不过是种假象？为什么我们并未发现大量含有志留纪化石群祖先遗骸的地层呢？因为在我看来，这样的地层一定是在世界历史上这些古老的、完全不为人所知的时代的某个地方沉积下来的。

我只能根据假设来回答上述问题与异议，即地质记录远比大多数地质学家所想象的还要不完整。没有足够的时间进行任何程度的有机变化，这一观点根本不能用来作为反对的理由，因为时间的流逝是如此漫长，以至于人类根本无法对其进行估量。一切博物馆内的标本数目与曾经生存过的无数物种的无数世代相比，绝对是微不足道的。我们很难辨识出一个物种是否是任何一个或多个物种的亲本，即便对其进行十分仔细的研究也很难看出，除非我们能够获取它们过去的状态与目前状态之间的许多中间环节；但由于地质记录的不完整，我们很难寄希望于发现如此多的中间环节。无数现存的可疑类型，大概都属于变种，但是谁敢说将来发现的众多中间环节，就无法决定这些可疑的类型为变种？只要任何两个物种之间的大多数环节是未知的，如果任何一个环节或中间品种被发现，它就只会被简单地归类为另一个不同物种而已。世界上只有一小部分地方进行了地质勘探，只有某些纲的有机生物能以化石状态得以保留至今……

关于志留纪地质层以下缺乏富含化石的地层这一点，我们只能回顾第几章中所提出的假说。大家都承认地质记录是不完整的，但是很少有人承认它的不完整已影响到了我们的学说。如果我们有足够漫长的时间进行观察，那么地质学自会清晰表明，一切物种都经历了变化；而且它们正是按照我的理论所要求的那种方式发生变化，因为这种变化在缓慢地、逐渐地发生着。我们可以从化石遗骸中清晰地看到这一点，在连续地质层中的化石遗骸彼此之间的关系，比时间上彼此相隔甚远的地质层中的化石遗骸之间的关系更为密切。

以上就是可以被正当提出来反对这一学说的几种主要异议与难点的概要，现在已经就我所知简要概述了我的回答与解释。多年以来我曾感到这些难点是如此严重，以至于无法忽视它们的存在。但是值得特别注意的是，更加重要的异议与我们公认无知的那些问题有关，而且我们并不知晓我们的无知究竟到了何种程度。我们也不知道在最简单的和最完善的器官之间的一切可能的过渡环节，也无法假装知晓多年来各种各样的分布方式，也不能假装知道地质记录是怎样不完整。尽管这几项异议非常严重，但据我判断，它们并不足以推翻血统理论。

现在让我们来谈谈另一方面的争议。在家养状况下，我们看到由生存条件的改变所引起的或者是所激发的大量变异性，但是它经常以模糊的方式发生，以至于我们很容易视其为自发现象。变异性受许多复杂的法则支配——相关生长、补偿作用、器官的使用和不使用、周围条件的一定作用等，确定家养生物曾经发生过多少变化，困难很大，但是我们却可以推论，变异量巨大，而且变异能够长久地遗传下去。只要生存条件保持不变，我们就有理由相信，曾经遗传过许多世代的变异可以继续遗传到几乎无限的世代。另一方面，我们有证据表明，一旦发生作用的变异性被置于家养环境中，那么这种变异性可能会在很长一段时期以内不会停止；我们也不知道它是否曾经停止过，毕竟即便是最为古老的家养生物，也会偶尔产生新的变种。

变异性实际上并非由人类引起，人类只是无意识地把生物放在新的生存条件之下，于是自然就对生物的体制发生作用，引起它发生变异。但是人能够选择并且确实选择了自然给予它的变异，从而把变异按照需要的方式累积起来。如此，他便可以使动物和植物适应他自己的利益或爱好。他可以有计划地这样做，也可以无意识地这样做，这种无意识选择的方法就是保存对他最有用或最合乎他喜好的那些个体，但却并没有改变品种的企图。这种无意识的选择过程在形成最显著的和最有用的家养品种过程中起到了重大作用。人类所产生的许多品种在很大程度上具有自然物种的性状，这一事实已由许多品种究竟是变种还是不同的物种这一难以解决的问题阐明了。

并没有明显理由可以解释在家养状况下曾经如此有效地发生作用的原理为什么无法在自然状况下发生作用，在不断发生的生存斗争中，有利的个体或种群得以生存，从这一点中我们可以看到一种强有力的和经常发生作用的选择的形式。一切生物都以几何倍率高速增加，这必然会引起生存斗争。这种增加率可以通过计算来证明——许多动、植物在连续的特殊季节中以及在新地区自然化时数量都会迅速增加。产生的个体比能生存下来的多。天平上的细微差别便可决定哪些个体将得以生存，哪些个体将走向死亡，哪些变种或物种将增加数量，哪些变种或物种将减少数量或最后绝灭。同一物种的个体之间在各方面进行了最密切的竞争，因此它们之间的斗争往往最为激烈；同一物种的变种之间的斗争几乎也是同样激烈的，其次就是同属物种之间的斗争。此外，在自然系统上相距很远的生物之间的斗争也常常是激烈的。某些个体在任何年龄或任何季节只要比与其竞争的个体占有优势，或者对周围物理条件具有更好的适应性，就会打破平衡状态。

对于雌雄异体的动物，在大多数情形下，雄性之间为了占有雌性会发生斗争。最强有力的雄性，或与生活条件斗争最成功的雄性，一般会留下最多的后代。但是成功往往取决于雄性具有特殊武器，或者防御手段，或者魅力；轻微的优势就会导致胜利。

地质学清楚地表明，各个陆地都曾发生过巨大的物理变化，因此，我们可以预测生物在自然状况下曾经发生变异，就如同它们在家养状况下曾经发生变异那样。如果在自然状况下发生任何变异，那么自然选择必然起到了一定作用，否则便无法解释。常常有人主张，变异量在自然状况下是一种严格且有限制的量，但是这一主张却无法得到证实。人类，尽管只是作用于物种的外部性状且其结果莫测，却能够在短暂时期内由累积家养生物的个体差异而取得巨大的效果，并且每一个人都承认物种个体差异的存在。但是，除了个体差异外，一切博物学者都承认自然变种的存在，这些自然变种被认为足够特别，因此值得被记载在分类学著作中。没有人能够明确区分个体差异与细微差异之间的区别，也没有人能够区分比较明显的品种与亚种。让我们来观察一下博物学家们在对欧洲与北美许多代表类型进行分类时是有多么不同。

如果我们看到自然状态下确实存在变异性，并有强大的力量在发挥作用进行选择，为何我们还会怀疑对生物有用的变异，在异常复杂的生活关系中无法得以保存、累积，以及遗传呢？人类既然能够耐心选择对其有用的变异，为什么在变化着的和复杂的生存条件下，有利于自然生物的变异却并非经常发生，继而被保存、被选择呢？对于这种在悠久年代中发生作用并严格作用于每一生物的整个体制、构造和习性——优胜劣汰——的力量，人类是否能够加以限制？对于这种缓慢地且美妙地使每一类型适应于最复杂的生活关系的力量，我无法看到有何限制，甚至即便我们无法看得更远，自然选择学说似乎也依然高度可信。我已经尽可能公正地就对方所提出的难点与异议进行论述，现在让我们转而谈一谈支持这一学说的特殊事实与论点吧。

一种观点认为物种只是有强烈标记且永久存在的变种，且每一物种首先作为变种而存在。根据这一观点，我们便能理解，在由特殊创造行为产生的物种与公认为由第二性法则产生的变种之间，为什么没有一条分界线。基于同样的观点，我们可以理解为什么在每一个产生许多属种的地区，以及它们现在蓬勃发展的地方，这些相同的物种会呈现出许多变种。因为一般说来，在物种形成活跃的地区，我们可以断定它还在一直持续进行；如果变种是早期物种，情形便是如此。此外，具有较多变种或早期种的较大属的种，在一定程度上保留了变种的特征；那些亲缘关系很近的大属物种，其活动范围显然是有限的，它们以小群簇拥在其他物种周围——在这一方面它们很像变种。从每个物种都是独立创造的观点来看，这是一种奇怪的关系，但如果所有物种最初都是作为变种存在的，那么这种关系就可以理解了。

各个物种都有按照几何倍率过度增加数量的倾向，而且各个物种的变异后代由于在习性上与构造上更加多样化，便能在自然组成中获取许多大不相同的场所，从而增加自身的数量，因此自然选择就经常倾向于保存任何一个物种的最有分歧的后代。所以在长久连续的变异过程中，同一物种的诸变种所特有的轻微差异便趋于增大，成为同一属的诸物种所特有的较大差异。新的、改进了的变种不可避免地要排除和消灭掉旧的、改进较少的变种，以及中间变种；如此，物种在很大程度上便是确定的、界限分明的。每一纲中属于较大群的优势物种有产生新的和优势类型的倾向；其结果是，每一个大群倾向于变得更加庞大，同时在性状上更加具有分歧。但并非所有的群都能如此继续增大，因为世界无法容纳下它们，因此比较占优势的类型就要打倒比较不占优势的类型。这种大群继续增大以及性状继续分歧的倾向，加上不可避免地大量灭绝的事实，说明了一切生物类型都是按照群下再分群进行排列的，这些群都被包括在曾经自始至终占有优势的少数大纲之内。

自然选择仅能借着轻微的、连续的、有利的变异的累积发生作用，所以它无法产生巨大的或突然性变化，它只能按照短小、缓慢的步骤发生作用。因此，“自然界里没有飞跃”这一格言，已被每次新增加的知识所证实，根据这个学说，它就是可以理解的了。我们能够理解，为什么在整个自然界中可以用几乎无限多样的手段来达到同样的一般目的，因为每一种特点，一旦获得，就可以被长久遗传下去，并且已经在许多方面变异的构造势必同样能够适应普遍目的。我们可以清楚地看到，为什么大自然在多样性方面慷慨大方，而在创新方面却又十分吝啬。但是如果每一物种都是被独立创造出来的，那么，又为什么要有自然法则的存在？这一点就没有人能够解释了。

在我看来，许多其他事实都可以用这个理论来解释。比如说这一切是多么奇怪：啄木鸟这种形态的鸟本应在地面上捕食昆虫，很少或永不游泳的高的鹅却同样长有蹼足，画眉本应潜水并捕食水下昆虫，一种海燕本应具有适于海雀或鹈鹕的生活习性与构造！这样的例子比比皆是。但是从每个物种都在不断地试图增加数量的观点来看，自然选择总是在使每一物种的缓慢变异的后代适应于自然界中未被占据或占据得不好的地方，那么上述事实就不足为奇，甚至是可以料想到的了。

自然选择由竞争而发生作用，它使各个地方的生物得到适应和改进，这一点与相关物种的完善程度有关，因此，任何一个地方的物种，尽管按照通常的观点常被假定为，为了该地区创造出来，因而特别适应当地条件，却被从其他地方移来的归化生物所打败或是取代，对此，我们不必感到惊讶。如果在我们看来，自然界的所有发明并非绝对完美，我们也不应对此感到惊讶；当然，如果他们中的某些人与我们关于环境适应的看法相抵触，自然也不必惊讶。我们更不必惊讶于蜜蜂的蜇伤会导致蜜蜂自己的死亡；大量的雄蜂被生产出来，仅仅是为了一次表演，然后便会被那些不育的姐妹们屠杀；还有枞树花粉那惊人的挥洒浪费，蜂后会出于本能而憎恨其具有较强生育能力的女儿们，姬蜂会在毛虫的活体内求食，其他类似的情况数不胜数。

……

至于地理分布，如果我们承认，由于以前的气候变化和地理变化以及由于许多偶然的和未知的散布方法，在悠长的岁月中曾经有过从世界的某一部分到另一部分的大量迁徙，那么根据伴随着变异的生物由来学说，我们便能理解有关分布的大多数主要事实。

……

正如我们所看到的，所有过去和现在的有机生物构成了一个宏大的自然系统，群体隶属于群体，而已灭绝的群体常常毁于最近的群体之间，根据自然选择及其所引起的灭绝和性状分歧学说，这一事实是可以理解的。在这些相同的原则下，我们看到每一纲内的种和属的相互亲缘关系是如此复杂和迂回。我们便能知晓，为何某些性状比其他性状在分类上更加有用——为什么适应的性状虽然对于生物具有高度的重要性，可是在分类上却几乎毫无意义；为什么从残迹器官而来的性状，尽管对于生物并无什么用处，可是却在分类上往往具有很高价值；还有，胚胎的性状为什么往往是最有价值的。一切有机生物的真正亲缘关系都可被归因于遗传或血统的共同性。自然体系是一种依照谱系排列的体系，因此我们必须通过最稳定的性状去发现谱系，不管这些性状看起来是多么无足轻重。

人类的手、蝙蝠的翅膀、海豚的鳍以及马的腿都是由相似的骨骼构成的，长颈鹿的颈与象颈的脊椎数目相同，以及无数其他的这类事实，按照缓慢的、微小而连续变异的生物由来学说，立刻可以得到解释。蝙蝠的翅膀和腿，螃蟹的颚和腿，尽管目的性完全不同，但它们的结构样式却很相似。这些器官或部分原来是相似的，但之后逐渐发生了变异，根据这一观点，上述的相似性便不难理解了。连续变异并不总是发生在早期阶段，而遗传也是发生在相应时期，并非在更早的生存时期；依据这一原理，我们更可以了解，为什么哺乳类、鸟类、爬行类和鱼类的胚胎会如此相似，而成体类型又是如此不同。呼吸空气的哺乳类或是鸟类的胚胎，也与必须依靠发达的鳃来呼吸溶解在水中的空气的鱼类那样，同样具有鳃裂和弧状动脉，对此我们无须大惊小怪。

……

现在我已经对一些主要事实与思考进行了概述，这些令我完全相信，物种在长期的世代繁衍过程中，通过保存或选择很多连续轻微的有利变异，已经发生了变化。也许有人会问，为什么所有健在的最为卓越的博物学家与地质学家们却都反对物种可变性这一观点？不能主张生物在自然状况下不发生变异；不能证明变异量在悠久的年代中是一种有限的量；在物种和特征显著的变种之间，未曾有或者也不能有清楚的界限。不能主张物种杂交后的后代必然是不育的，而变种杂交后的后代必然是可育的；也不能主张不育性是创造的一种特殊禀赋和标志。只要把地球的历史想成是短暂的，几乎就会不可避免地相信物种是不变的产物；而现在我们对于时间的推移已经获得某种概念，我们不能再毫无凭据地去假定地质记录是完全的，不要认为只要物种曾经有过变异，地质就能向我们提供有关物种变异的明显证据。

但是，我们之所以不愿意承认一个物种会产生其他不同物种，主要是因为我们总是无法立即承认巨大变化所经历的步骤，而这些步骤又并不为我们所知。莱尔最初主张长排内陆岩壁的形成以及巨大山谷的凹陷都是海岸波浪缓慢冲蚀所导致的，对此许多地质学者都难以接受。即便是对于“一亿年”这个词，人们的思想也无法领会其全部意义；而对于经过几乎无限世代所累积的许多轻微变异，其全部效果则更加难以领悟了。

尽管我完全相信本书在抽象形式下所提出的观点是正确的，但是，富有经验的博物学者们的思想中满载着大量事实，其观点与我的观点完全相悖，我并不奢望能够说服他们。我们的无知被轻易地隐藏在“创造性计划”“设计的一致性”之类的说法下，认为我们所给出的解释不过是在重述事实。无论何人，只要他的性情偏重尚未解释的难点，而不重视对许多事实的解释，他就必然要反对这一理论。而一些头脑灵活的博物学家已经开始怀疑物种的不可变性，因此他们很可能会受到本书的影响；但我对未来，对年轻的和正在崛起的博物学家们满怀信心，他们终将能够不偏不倚地正确看待这个问题的两个方面。而那些已被引导到相信物种可变的人们，则会通过认真表达自己的信念来服务世人，因为只有如此，才能消除这一问题所遭遇到的深深偏见。

……

也许有人会问，我要将物种变异的学说延伸至多远。这个问题很难回答，因为我们所讨论的类型愈是不同，论证的力量就愈弱。但是最有力的论点却可以延伸至很远。整个类的所有成员都可以通过亲缘关系链连接在一起，所有成员都可以按照相同的原则进行分类归属。化石遗骸有时有一种倾向，会把现存诸目之间的巨大空隙填充起来。残迹状态下的器官清楚地表明，早期祖先的这种器官是很发达的，在某些情形下，这意味着它的后代已发生过大量变异。在整个纲里，各种构造都是在同一样式下形成的，而且早期的胚胎彼此很相似。所以我不能怀疑伴随着变异的生物由来学说把同一大纲的所有成员都包括在内。我相信动物至多是从四种或五种祖先传下来的，而植物则是由相同甚至更少数量的祖先进化而来的。

类推法可以使我进一步相信，所有的动植物都是由某一种原始类型演变而来的。但是类推法也可能将你引入迷途。所有生物在化学成分、生发囊泡、细胞构造以及生长与繁殖规律方面都存在诸多共同之处。我们甚至在如此微不足道的情况下也能看到这一点，即同一种有毒物质常常会对不同的植物与动物都产生影响，如瘿蝇分泌的毒液能使野蔷薇或橡树上生出畸形瘤。因此，我可以由类推法推断，很可能曾经生存在地球上的全部有机生物都是由某种原始形态演变而来的，生命最初就是由这种原始形态产生的。

当这本关于物种起源的书中所提出的观点或是类似观点能被人们所普遍接受，我们就能够隐约地预见到，在博物学领域即将发生一场重大变革。

……

博物学的其他领域将会引起人们极大的兴趣。博物学加所采用的术语如亲缘关系、关系、群落类型、父系、形态学、适应性性状、退化与残遗器官等的含义，将不再是隐喻性的，而是直白的。当我们看待一个有机生命体，不再像是未开化的野人将船视作完全不可理解的东西时；当我们把自然界的每一种产物都看成历史硕果的时候；当我们把每一个复杂构造以及本能视为诸项发明的结合，懂得每一项发明对于拥有者来说都是有用的，几乎就像我们把任何伟大的机械发明看作无数工人的劳动、经验、理智甚至是错误的集合一样；当我们能以如此的眼光来看待每一个有机存在的时候，我凭经验可以断言，博物学研究定会变得异常有趣！

在变异的原因与法则、生长相关性、器官使用与不使用的效果、外界条件的直接作用等方面，将会开辟出一片广大的、几乎无人涉足的研究领域。家养生物的研究价值将大大提高。对于研究而言，人类培育一个新物种要比在已有记录的无数物种中再增加一个物种重要得多，也更为有趣。我们通常按谱系进行分类，那时才会真正显示出所谓创造计划。当我们有了明确的目标时，分类规则无疑会变得更加简单。

……

在地球历史的早期，生命形式可能更少、更简单，变化速度也可能更慢一些；在生命最初出现的时候，仅有极少数构造最为简单的生物类型存在，变化的速度也可能极其缓慢。就目前所知的整个世界史，尽管对于我们来说时间久远得难以理解，但是相对于第一个生命，即无数已经灭绝的以及现存生物的祖先而言，自其诞生以来所经历的年代，不过只是一小段时间碎片而已。

而在遥远的将来，我看到研究领域会变得更加重要、更为广阔。心理学将建立在新的基础之上，逐步获得每一种精神力量与心智能力。人类的起源及其历史也将由此揭开面纱。

那些具有最高权威的作者们似乎完全对每个物种都是独立创造的这一观点颇为满足。但在我看来，没有一个现存物种会将其外表毫无改变地保留到遥远的未来。而现今存活的物种之中，也很少能将任何种类的后代传到遥远的未来，因为依据一切生物分类的方式来看，每一属的大多数物种以及许多属的一切物种都没有留下任何后代，完全灭绝了。到目前为止，我们可以预言，最后胜利的并且产生占有优势的新物种的，将是那些在各个纲中拥有较大优势的群体。既然一切现存生物类型都是远在志留纪以前生存过的生物的直系后代，我们便可以据此断定，世代演替这一普遍规则从未有所中断，而且也从未有过任何灾变，致使整个世界变成一片荒芜。因此我们可以满怀信心地期待一个不可估量的长久未来。由于自然选择纯粹地是为了每一种生物的利益而产生影响，因此一切物质的与精神的天赋都会朝向完美的方向发展。

当你凝视着草木交错的堤岸，上面长满了各种各样的植物，鸟儿在灌木丛中歌唱，各种昆虫飞来飞去，蚯蚓在潮湿的泥土中爬行……想象一下这些构造精巧的生物，它们彼此之间是如此不同，却又以如此复杂的方式相互依存。这一切都是按照在我们周围发生作用的法则产生出来的，这是多么有趣。这些法则从广义上来说，就是生长繁殖；而繁殖又代表着遗传；由于外部生存条件的间接作用与直接作用，以及使用和不使用所引起的变异；高生殖率引发生存斗争，并且作为自然选择的结果，还会导致性状分歧以及不完善的物种灭绝。于是，通过自然界战争，通过饥饿与死亡，我们便能体会到最为崇高的目标，即高级动物的出生，也会随之而来。这种对生命的看法是伟大的，因为它向一种或多种形式内注入了多种力量；当这颗行星按照万有引力的既定法则持续循环运行的时候，无数最美丽与最奇异的类型便由如此简单的形式开始进化，而这一过程至今依然在延续。

（查尔斯·达尔文　公元 1859 年）

人类的由来及性选择

序言

现对本书的写作过程进行简要说明，希望有助于人们对其主旨进行更好地理解。多年以来，关于人类的起源，我收集并整理了一些资料，却从未产生就这一问题发表作品的意图，毋宁说已决定不予发表，因为我考虑到，我如果发表此著作，只会引发某些人的偏见，使他们据此来反驳我的观点。我在《物种起源》的第一版中便已指明，这一著作将使“人类的起源及其历史清楚明白地显示出来”，我认为阐明这一点似乎足以说明问题了。这意味着，关于人类出现于地球之上的方式，在任何普遍结论中，人类都应与其他有机生物划分在一起。但如今情况完全发生了改变。卡尔·沃格特（Carl Vogt）之流的博物学家，居然以其日内瓦国立研究院院长的身份，胆敢在其演说（1869 年）中妄称“至少在欧洲，恐怕已无一人仍主张物种是独立创造的了”。显然，至少大多数博物学者必须承认，现存生物乃物种经过改良而产生的后代，这一点在那些年轻的新派博物学者们之间更是倍受认同。多数人已然承认自然选择的作用，尽管有些人仍极力主张我过高地估计了它的重要性，但其是否公正，未来必会给出定论。在自然科学界德高望重的诸位领袖人物中，还有许多人依然以各种方式反对进化论。

进化观点现已为大多数博物学者所采纳，而且正如在其他场合那样，最终亦将为科学界以外的人士所遵循，因此，我才将所有相关资料编纂在一起，以便看看在我以往著作中所得出的一般性结论能够在多大程度上适用于人类。鉴于我从未审慎地将这些观点应用于单独一个物种，这项工作似乎很有必要。当我们把注意力局限于任何一种生物类型时，我们便丧失了把整个生物类群连接在一起的亲缘关系性质所导出的重大论据，如生物过去和现在的地理分布、生物在地质上的演替。无论研究对象为人类还是其他物种，我们都可以把注意力集中在物种的同源构造、胚胎发育以及退化器官等方面。不过在我看来，这几大类事实提供了充分而确定的证据，以支持逐渐进化的原理。然而，我们也应时刻注意来自其他论据的支持。

本书的唯一目的在于考察：第一，人类是否像其他物种那样，是由某一既往存在的类型遗传而来的；第二，人类发展的方式；第三，所谓的人类种族差异的价值。由于我的考察仅限于上述几点，因此无须详细描述若干人类种族之间的差异——这是一个巨大的课题，已在许多有价值的著作中有过充分讨论。人类起源已久这一点最近已为许多卓越人士的工作所证实，其中布歇·德·佩塞（Boucher de Perthes）最早得出结论，因此他的理论对于理解人类起源是必不可少的基础。所以，我认为这一结论已经确立，并且奉劝读者们阅读查尔斯·莱尔爵士（Sir Charles Lyell）、约翰·卢伯克爵士（Sir John Lubbock）以及其他人士的令人钦佩的论著。至于人类与类人猿之间的差异，我也没有必要再加以说明，因为，最有能力的评论家认为，赫胥黎教授已经对此进行过无可争辩的阐明，在每一个可见的性状上，人类与高等猿类之间的差异都要小于高等猿类与同一灵长目（Primates）的低等成员之间的差异。

关于人类，本书并未提供任何崭新的事实，但是，当我完成初稿之后，我所得出的结论还是十分有趣的，我想它也许同样会引起其他人的兴趣。常常有人断言，人类的起源不可知。但愚昧无知往往要比学识渊博更能使人自信，因此往往正是那些知之甚少的人，而非博闻强识之人，才会如此肯定地断言这个或那个问题绝非科学所能解决的。人类与其他物种都是某一个久远的、低等的且已经灭绝的物种后裔，这一结论在任何程度上来说都算不上新奇。拉马克在很久以前就得出了该结论，后来这一结论也为几位卓越的博物学者以及哲学家所坚信，例如华莱士、赫胥黎、莱尔、沃格特、卢伯克、比希纳、罗尔等，特别是赫克尔。最后这位博物学者，除了他的巨著《普通形态学》（*Generelle Morphologie*）（1866 年）外，最近又出版了《自然创造史》（*Natiirliche Schpfungsgeschichte*）（1868 年出版，1870 年再版），他在这一著作中充分讨论了人类的谱系。如果这一著作发表在本书成稿之前，我大概就决不会再继续动笔写下去了。因为我发现，几乎所有我得出的结论都已被这位博物学者所证实，他的学识在许多方面都要比我渊博得多。凡是我根据赫克尔教授的著作所补充的任何事实和观点，在本书中均已指明其出处；其他叙述则一如本书原稿的本来面貌，间或标注脚注，以证实较为含糊的或有趣的各个论点。

多年来我一直觉得，性选择很有可能在人类种族的分化上起了重要作用。我在《物种起源》（第 版）中仅仅对这一想法有所暗示， 当时便已心满意足。当我开始把这一观点应用于人类时，我发现对整个性选择问题进行充分详细的探讨是必不可少的。因此，与本书中的第一部分相比，探讨性选择的第二部分便显得过于冗长，但这也无法避免。我曾打算在本书中附加一篇有关人类和其他动物各种表情的文章。许多年前查尔斯·贝尔（Charles Bell）爵士的一本绝佳著作唤起了我对这个问题的注意。这位杰出的解剖学者主张，人类被赋予的某些肌肉专为人类的表情所用。由于这一观点显然地反对人类是从某一个低等类型传下来的信念，所以我有必要对这个问题进行讨论。我还想要查明，不同的人类种族在多大程度上是以同样方式来做出表情的。但是受本书篇幅所限，我认为最好将这篇部分完成的论文留待以后单独发表。

第一部分——人类的由来

第一章　人类起源于某一低等生物类型的证据

有关人类起源证据的性质——人类与低于人类的动物的同源构造——有关一致性的各点——胚胎发育——退化构造、肌肉、感觉器官、毛发、骨骼、生殖器官等——这三大类事实同人类起源的关系如果一个人想要确认人类是否为某一既往生存类型的变异后裔，那么他最初大概会问，人类在身体构造和心理官能方面是否也会存在变异，哪怕是轻微的变异；如果存在这种变异，则这种变异是否按照普遍适用于低于人类的动物法则遗传给后代。还有，就我们贫乏的知识来判断，这种变异是否也同其他生物那样，是同样一种普遍原因的结果，并且也同样受到普遍法则的支配。例如，是否受相关作用，以及是否会受到遗传效果等法则支配？如果在发育时受到抑制、器官重复等影响，人类是否也会同样畸形，并且人类的任何畸形表现是否属于返归某一先前的、久远的构造类型？当然还可以问，人类是否也像众多的其他动物那样，也存在彼此仅有微小差异的变种和亚族，或者会分生出差异巨大的种族，而必须把它们分类为可疑的其他物种？这类种族是如何在全世界分布的？当它们进行杂交时，在第一代以及之后各代之间会彼此产生影响吗？诸如此类。

随后，追问者会问到重点，即人类是否正是因为如此快速繁殖，以致不时引起剧烈的生存斗争，结果，无论在身体方面还是心理方面，有益变异得以保存下来，而有害变异却遭到淘汰。人类的种族或种属——无论用哪个名词都可以——是否也会彼此侵犯，互相取而代之，因而有些种族或种属最终也会归于灭绝？我们将会看到，所有这些问题一定都可以按照低于人类的动物的提问方式得到肯定回答。就大多数问题来说，的确如此，但对刚才所谈到的几个需要考虑的问题暂时推迟讨论，可能更为妥当。我们先来看一看，人类的身体构造会在多大程度上或多或少明确地显示出一些痕迹，以表明人类同样来自某一低等类型。在接下来的两章中，我将对人类的心理能力与低于人类的动物的心理能力进行比较。

人类的身体构造。众所周知，人类与哺乳动物的一般形式或形体相同。人类的一切骨骼可以同猴子的、蝙蝠的或海豹的对应骨骼相对照。人类的肌肉、神经、血管以及内脏也是如此。正如赫胥黎与其他解剖学者已阐明的，在一切器官中最为重要的人脑也遵循着同一法则。就连比肖夫

（Bischoff）这位饱含敌意的证人，都承认人类大脑的每一个主要脑沟都同猩猩的相似；但他却接着说，二者的脑在任何发育时期都不完全一致，当然也不能期望它们完全一致，否则它们的心理能力就要完全一样了……

人类很容易从低等动物处染上疾病，而且也可以轻易地再将这些疾病传给它们，如狂犬病、天花、鼻疽病等。这一事实证明了其组织和血液在细微构造以及成分上的密切相似，这比在最优良的显微镜下或借助化学分析来比较它们所得出的结论更加明显。猴类也像我们一样，经常患上许多不具传染性的疾病。例如，伦格（Rengger）曾在巴拉圭卷尾猴的原产地对它们进行仔细观察，发现它们容易患黏膜炎，表现出寻常症状，且如果经常复发，就会引发肺结核病。这种猴还会患上中风、肠炎与白内障。幼猴在乳齿脱落时常死于热病。而药物会对它们产生与我们一样的效果。许多种类的猴子都对茶、咖啡、酒有着强烈嗜好，我曾亲眼见到它们吸烟取乐。布雷姆（Brehm）断言，非洲东北部的土人会把装有浓啤酒的器皿放在野外，等野狒狒喝醉后再趁机捕捉它们。他也曾看到自己圈养的几只狒狒喝醉，他对它们的醉态和怪相做了详尽描述，十分有趣。次日早上，狒狒们会变得非常易怒和忧郁，它们用双手抱住疼痛的脑袋，表情极其可怜。此时再给它们啤酒或果子酒的话，它们就会厌恶地躲开，但喝起柠檬汁却津津有味。一只美洲蛛猴在喝了白兰地而醉酒之后，就会永远不再碰白兰地酒，这样看来，它远比许多人聪明。这些琐事证明了人类与猴类的味觉神经是多么相似，而且二者的神经系统所受到的影响也是如此相似。

……

物种繁殖这个最重要机能的全部过程，从雄性的最初求偶行为到幼仔的出生和哺育，在所有哺乳动物中都是一样的。猴类幼仔出生时也与我们的婴儿一样无助；在某些属中，猴类幼仔的外貌与成猴完全不同，犹如我们的子女幼时不同于父母长相一样。有些作者极力主张，作为一种重要的差别，人类幼儿的成熟期要比其他动物长得多。但是，如果我们注意看一看居住在热带地区的人类，就会发现这种差别并不十分显著，因为猩猩在 10 到 15 岁才会成年。男人同女人在身材、体力、体毛以及精神方面都有差别，而许多哺乳动物的两性也是如此。因此，人类同其他高等动物，特别是同类人猿，在一般构造上、在组织的细小构造上、在化学成分上以及在体质上的一致性是极其密切的。

胚胎发育。人是由一个直径约为 1/125 英寸的受精卵发育而成的，人类的受精卵在任何方面都与其他动物的卵并无差别，几乎无法分辨人类在最早时期的胚胎和脊椎动物界其他成员的胚胎。此时动脉延伸为弓形分支，好像要把血液输送到高等脊椎动物如今已消失不见的鳃中，虽然在他们的颈部两侧还依然保留有鳃裂（图 1 中的 f–g），这些鳃裂标示着它们先前的位置。在稍晚时期，当四肢开始发育时，正如杰出的冯·贝尔（Von Baer）所指出的，蜥蜴类和哺乳动物的脚、鸟类的翅膀和脚，以及人的手和脚，都是按照同一个基本模式生成的。赫胥黎教授说：“在相当晚的发育阶段，人类幼儿才同幼猿表现出明显差别，而猿在发育过程中同狗的差别程度，正如人在发育过程中同狗的差别程度一样大。看起来这一断言简直令人咋舌，但其真实性却是可被证明的。”

由于本书的读者可能从来没有看过有关胚胎图，所以我特意放置了人与狗的胚胎图，这二者的胚胎均处于早期发育阶段。该胚胎图无疑是自绝对正确的相关著作中仔细复制得来。

在列举了上述如此高水平的权威人士所做的叙述之后，我便没有必要再借用别人的详细材料来证明人类的胚胎与其他哺乳动物的胚胎极其相似……在此我引用赫胥黎的话来做结束，他提出了疑问：“人类是按照不同于狗、鸟、蛙或鱼的演变过程演变的吗？”然后他给出了下述回答：“可以毫不犹豫地立即回答：人类的起源方式以及他们的早期发育阶段同在等级上相对较低的动物是完全相同的；毫无疑问，人类与猿类在这等关系上远比猿类与狗近得多。”

退化器官。这个问题虽然在本质上不及上述两个问题重要，但出于某些原因，我还要在这里更充分地予以讨论。我们无法举出任何一种动物，断言它的某些器官不是处于退化状态的，人类也不例外。必须把退化器官同新生器官区别开来，虽然在某些场合把它们区别开并不容易。退化器官要么是绝对无用的，如雄性四足动物的乳房，反刍动物永远不会突出牙龈的门齿，要么仅有微小的作用，以致我们无法想象它们是在现有

a. 前脑，大脑半球等

b. 中脑，四叠体

c. 后脑，小脑，延髓

d. 眼

e. 耳

f. 第一鳃弓

g. 第二鳃弓

h. 处于发育过程中的脊椎和肌肉

i. 前肢（四肢）

k. 后肢（四肢）

l. 尾或尾骨

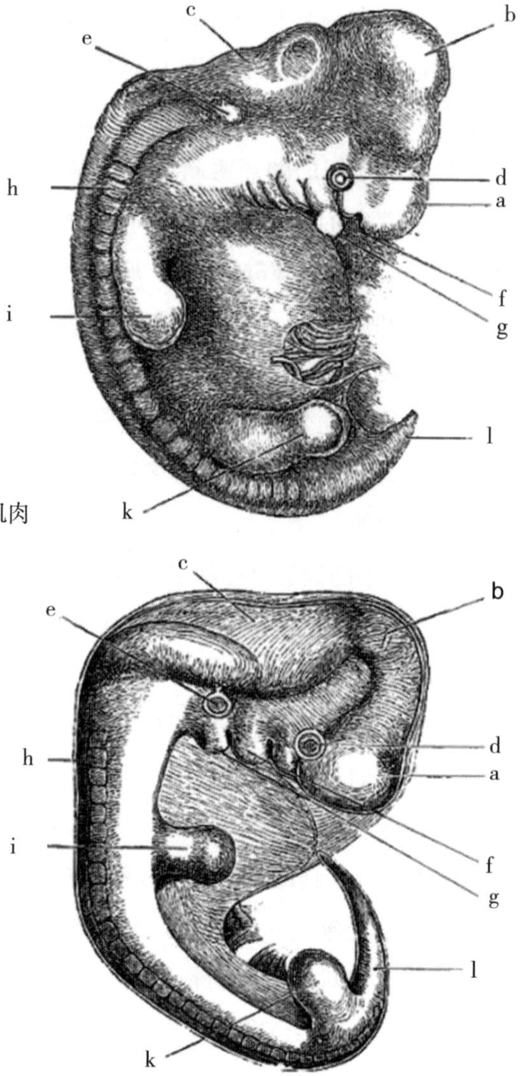

图 1　人类胚胎（来自埃克，上图）与狗的胚胎（来自比肖夫，下图）

生活条件下发育出来的。处于后一状态的器官并不是完全退化的，但存在这一方面的趋势。另一方面， 新生器官虽然并未充分发育，却对其所有者来说是必不可少的，而且还会进一步向前发展。退化器官变异显著，关于这一点也很好理解，因为它们都是无用或近乎无用的，因此也就不再受自然选择的支配。它们往往完全受到抑制。当这类情况发生时，它们往往很容易通过返祖现象偶尔重现，这一点十分值得注意。

……

有少数人可以收缩头皮上的表面肌肉，这些肌肉处于变异和部分退化状态。德坎多尔（de Candolle）曾写信告诉我一个有关这种能力长期保持或遗传并且异常发达的事例。有一个家族，其族长在幼年时能仅靠头皮的动作把几本沉重的书从头上移开，他靠耍这个把戏打赌，从而赢得赌注。他的父亲、叔叔、祖父以及他的三个孩子都具有这种能力，而且均达到异常程度。这个家族在八代以前分为两支，所以上述一支的族长同另一支的族长是七世的堂兄弟。这位远房的堂兄弟在法国的另一地方居住，当问到他是否也具有这种能力时，他立即进行了表演。这个例子很好地说明了一种完全无用的能力是如何持续地遗传下去的。

为移动外耳廓服务的外在肌肉和使不同部分活动的内在肌肉对于人类来说都处于一种退化状态，而且它们都属于肉质膜的系统；它们在发育方面，至少在机能方面，也是易于发生变异的。我曾见过一个人能够把整个耳朵向前拉，一个人能够把耳朵向上拉，还有一个人能够把耳朵向后拉。据其中一人对我说，只要经常触动我们的耳朵，把我们的注意力转向它们，大多数人在反复练习中大概都能恢复一定的移动耳朵的能力。把耳朵竖起并使它们朝不同方向移转的能力对许多动物来说，无疑是非常有用的，因为如此动物们就可以觉察出危险来自何方，但我从来没听到过有充足的证据可以证明一个人具有这种能力对他有什么用处。整个外耳，包括各种耳褶和突起（如耳轮和对耳轮、耳屏和对耳屏等）都可以被看作退化器官。对于低等动物而言，当耳朵竖起时，这些结构能起到加强和支撑耳朵的作用，却不会给耳朵增加重量负担。然而，有些作者猜想，外耳的软骨有向听觉神经传导振动的作用，但是，托因比（Toynbee）先生在搜集了所有相关问题的已知证据之后，断定外耳并不具有独特的用途。黑猩猩的耳朵同人类的耳朵异常相似，而且其特有的肌肉同样也是非常不发达的。动物园的饲养员向我证实，这些动物从来不会移动或是竖起它们的耳朵。所以，就其机能而言，它们的耳朵与人类的耳朵一样，同样处于退化状态。至于为何这类动物以及人类的祖先失去了竖立耳朵的能力，尚未得出结论。很可能是因为，它们在树上生活的习性以及拥有的强大力量，使其面临的危险相对较小，很长时间都很少移动耳朵，因此逐渐丧失了这种能力，但我对于这一观点却不甚满意。这大概同下述事例类似，即那些体形较大而身形笨重的鸟类由于居住在海岛上，不必面临食肉猛兽的攻击，因此便失去了使用双翅来飞翔的能力。

著名的雕塑家伍尔纳（Woolner）先生告诉我，他时常在男性和女性中观察到外耳具有一个小特征，而且他觉察到这一发现很有意义。最初引起他注意这个问题的是他雕塑小妖精的时候，他给这只小妖精雕塑了一个尖尖的耳朵。于是，他被引导去考察各种猴类的耳朵，此后他又更加仔细地对人类的耳朵进行观察。这一特征为一个小钝点，突出于向内折叠的耳边，或称耳轮。伍尔纳先生为其制作了一个精确的模型，并将图 2 赠予我。这个突出点不仅朝着耳的中心向内突出，而且还常常稍微突出于它所在的平面， 因而当从正前方或者从正后方观察头部时，都可以见到这个突出点。它们大小不一，位置也各不相同，有的位置稍高，有的略低，且有时只出现在一侧的耳朵上，另一侧耳朵上则没有这种现象。我认为，这一突出点必然具有某种作用，但人们可能会认为，它的作用太过于微不足道，因此并不值得注意。然而， 这种想法虽是错误的，却也很自然。耳轮显然是由向内折叠的最外部耳边形成的，这一折叠部分似乎多少同整个外耳被持久地压向后方有关联。在许多等级不高的猴类中，如狒狒和猕猴属的一些物种，耳的上部是微尖的，而且耳边全然不向内折叠；但是，如果耳边向内折叠的话，那么一个微小的点必然要朝着耳的中心向内突出，而且可能稍微地突出于耳的平面之外。实际上这一点可以从动物园里的蜘蛛猴标本中观察到。我们可以肯定地得出结论，这是一种类似结构——以前是尖耳朵的痕迹——偶尔也会在人类的身上出现……

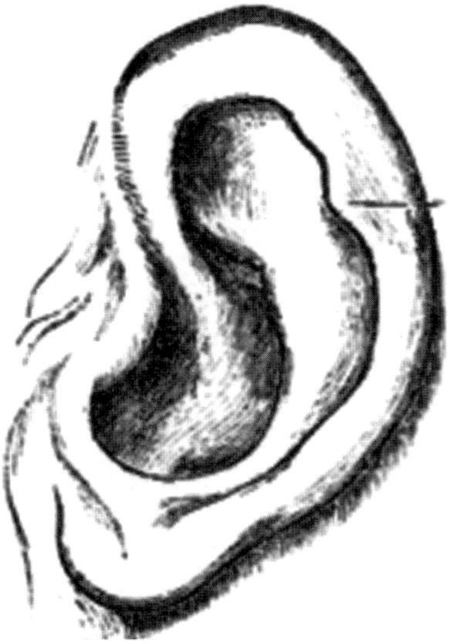

图 2　人类的耳朵，由伍尔纳先生雕塑并绘制

人类几乎裸而无毛，这是同其他灵长类动物的显著差别。但男性的身体上还是有少量稀疏的短毛，女性身体上也有纤细的绒毛。同一种族不同个体中，毛发的多少和部位存在明显差异，因此有些欧洲人的肩部是光秃秃的，而另外一些人的肩部却生有茂密的丛毛。毫无疑问，散布全身的毛发是对低等动物均匀一致皮毛的退化，这一点并不存在太大争议。这一观点下述事实来看越发正确，我们知道，人类四肢以及身体其他部分的纤细的、短的、淡色的毛发，当长久发炎的皮肤附近受到异常的营养滋养时，偶尔也会发育成为“茂密、粗而黑的长毛发”。

……

最靠后的那颗臼齿，即智齿，在人类比较文明的种族中似乎存在退化的倾向。这种牙齿比其他的臼齿小得多，而黑猩猩的相应牙齿也是如此，而且它们同样只有两个分叉的牙根。到 17 岁左右，它们才会穿出牙龈。有人向我保证，智齿远比其他牙齿容易龋坏，而且脱落也要早得多，不过有些著名的牙医却否认这一点。它们还远比其他牙齿容易变异，无论是在构造上还是在它们的发育上都是如此。黑色人种的智齿通常具有三个分叉的牙根，而且通常都很健全；它们同其他臼齿在大小上也有差别，不过其差别比高加索人种要小。沙福赫生（Schaaffhausen）教授以文明种族的“腭的后齿部一直在缩短”来解释存在于各种族之间的这种差别，我设想，可以把这种缩短归因于文明人习惯吃软烂和烹煮过的食物，因此他们较少使用腭部。布雷斯（Brace）先生告诉我，在美国，把儿童的某些臼齿拔掉一事十分常见，因为他们认为腭部长得不够大，无法容纳完全发育的正常齿数。

……

现在列举出的这三大类事实的意义是明确无误的。但此处，若是再次重复我在《物种起源》中详细给出的论点便显得十分多余。如果我们承认各物种均来自一个共同的祖先，并且承认它们继此之后曾适应多种多样的外界条件，那么，位于同一等级的诸物种之间，整个框架的结构同源就是可以理解的了。但从其他角度来看，人或猴的手、马的足、海豹的鳍、蝙蝠的翼等之间的模式都是何其相似，这一点却完全无法解释。就发育而言，我们可以清楚地了解， 变异是在较晚的胚胎时期发生的，并在相应的时期进行遗传，那么，我们就能清楚地理解为什么那些形态极其不同的胚胎依然或多或少地保留着它们共同祖先的结构。人、狗、海豹、蝙蝠以及爬行动物的胚胎在最初阶段几乎无法分辨，对于这一不可思议的事实，从未有过其他相关解释。为了理解退化器官的存在，我们只能假定先前的一位共同祖先曾具有这些器官的完善结构，之后在生活习性发生改变的情况下这些器官结构发生萎缩，而这种萎缩或者是由于单纯地不加使用，或者是由于自然选择的作用。

这样我们就能理解，为什么人类和其他脊椎动物都是由同一普遍模型构成的，为什么它们都通过了同样的早期发育阶段，为什么它们都保留着某些共同的退化痕迹。因此，我们就应该坦白地承认它们血统的共同性；如果接受其他观点，则无异于承认我们的构造以及我们周围的所有动物的构造仅仅是一个陷阱，它诱使我们的判断落入其中。如果我们留意一下整个动物系统的成员，并且考虑从它们的亲缘关系或分类、它们的地理分布和地质上的演替中所得到的证据，上述结论的依据就能够得到加强。而引导我们反对上述结论，促使我们宣称自己的祖先是半神半人状态生物的，正是我们蒙昧的偏见和骄傲自大而已。但是不久之后，那一天终会到来，到那时，熟知人类与其他哺乳动物的比较构造及比较发育的自然学者们，如果还相信每个物种都是分别创造作用的结果，那才会令人称奇。

第二章　人类同低等动物的心理能力比较

最高等猿类同最低等未开化人在心理能力上的巨大差异——某些共同的本能——各种情绪——好奇心——模仿性——注意力——记忆力——想象力——理性——逐步改善——动物使用工具与武器——语言——自我意识——审美感——对神的信仰、精神力量、迷信

在上一章中，我们看到，人类的身体构造明显带有某一低等类型生物的痕迹，但也许可以这样说：由于人类在其心理能力上同其他动物存在巨大差别，因而这一结论一定存在着某种错误。毫无疑问，这一方面的差别是巨大的，即使我们把一个最低等的未开化的人的心理与一只最高等的猿的心理进行比较，结果也是如此。尽管这类人无法用语言表示任何数字四以上的数目，对普通事物或感情也几乎不会使用抽象名词，纵然一种高等猿类进化或开化到能像一只狗超出其祖先物种狼或豺的那种程度，二者之间的差别无疑仍是巨大的。火地人可以被列为最低等的野蛮人，在英国皇家军舰“贝格尔”号上就有三个火地土著人，他们曾在英国住过几年，能说上一点儿英语，这三个人在气质和大多数心理官能上同我们如此相似，以致经常使我感到惊奇不已。如果除了人类以外没有一种生物具有心理能力，或者，如果人类的心理能力的性质完全不同于低等动物，那么我们永远无法使自己相信人类的高等智能是逐渐发展而来的。我们还必须承认，最低等的鱼类，如七鳃鳗或文昌鱼，同高等猿类在心理能力上的差距要比猿类同人类在这方面的差距大得多，

而这一巨大差距是由无数的物种进化层级填补起来的。

就道德倾向（moral disposition）而言，老航海家拜伦（Byron）笔下所描述的那个野蛮人，只因他的儿子倾落了一篮海胆，就将其撞死在岩石上，如果将这个野蛮人与霍华德（Howard）或克拉克森（Clarkson）相比，必然是天差地别。而就智力来说，几乎不会使用任何抽象名词的野蛮人与牛顿或莎士比亚之间的差别，亦是如此。最高等种族的最高等人士与最低等未开化人之间的距离，是用最细小的等级连接起来的。因此，双方很有可能由这一端变化并发展到另一端。

这一章的目的在于阐明，在心理官能上人类与高等哺乳动物之间并无基本差别。这个题目的每一部分都可以扩充为一篇单独的论文，但在此只能简单地加以讨论。因为心理能力尚未发展出一种能被普遍接受的分类方法，因此我将按照最适合我的顺序来进行论述，并且选用那些给我留下深刻印象的事实，希望通过它们对读者产生一些影响。

……

现在直接回归主题：低等动物也会像人那样感到快乐和悲伤，幸福和苦难。幼小的动物如小狗、小猫、小羊等在一起玩耍时也和我们的小孩子一样快乐， 它们这时所表现出的幸福感非常明显。甚至包括昆虫，如卓越的观察家皮埃尔·于贝尔（P. Huber）所描述的，他曾看到一些蚂蚁也像许多小狗那样在一起追逐， 假装互相追咬。

低等动物也可以被感情刺激，这个事实已经如此充分地得到证明，因此实在没有必要再长篇大论，来引起读者的厌烦。恐怖对它们产生作用的方式也同对我们一样，会引起肌肉颤抖、心脏剧烈跳动、括约肌松弛以及毛发竖立。猜疑是畏惧的产物，它是大多数野生动物显著的性格特征。有些狗和马的脾气很糟糕，容易生气，而另一些狗和马则十分温顺，这类属性肯定是遗传得来的。谁都知道动物有多么容易狂怒，而且它们的表达方式又是如此明显。至于许多动物会在很长时间之后仍会狡猾地进行报复，我们在报纸和杂志上看到过许多类似的奇闻趣事，而这些看起来也都是真的。伦格和布雷姆说，他们所驯养的美洲猴和非洲猴确实会施行报复。狗对主人的爱是众所周知的，据说，狗在临死的极度痛苦之时还会去安抚它的主人。大家也曾听说过，正在被解剖的狗甚至还会去舔舐解剖者的手；除非解剖者铁石心肠，否则他必将悔恨终生。休厄尔（Whewell）说："各种关于母爱的感人事例经常同各民族妇女以及雌性动物联系起来，任何读过这些事例的人难道会怀疑这两种情况并非出于同一种行为原则吗？"

……

大多数较为复杂的情绪都是人类与高等动物所共有的。众所周知，一只狗的主人对任何其他动物表现出过分亲昵的行为，都会引起这只狗的忌妒；而在猴子的身上，我也曾观察到同样的事实。这说明动物不仅会施爱于他人，而且同样具有接受爱的欲望。动物显然具有好胜心，它们喜欢得到称赞。一只狗用嘴为它的主人提着篮子，就会表现得很是得意或骄傲。当狗过于频繁地乞求食物时，它会感到羞耻，这同恐惧有别，而更接近于谦逊。大狗会对小狗的吠叫表现出蔑视，这或许可以被称为宽宏大量。有些观察家说过，猴类肯定厌恶别人拿它取笑，而且有时它们会认为这是人类在攻击它们。我在伦敦动物园曾见过一只狒狒，每当它的饲养员拿出一封信或一本书对着它高声朗读时，它总是暴怒；它是如此怒气冲冲，以致有一次我亲眼看到它将自己的腿咬出了血。

现在我们要谈谈更近于理智的情绪与官能，这是高等心理能力发展的基础，因此十分重要。动物们显然都很喜欢兴奋，而讨厌无聊，经常能看到狗会表现出这种情形，伦格说猴子也会有这种表现。所有的动物都具有惊异感，有许多动物还有好奇心。它们经常会因为后一种属性而受到伤害，因为当猎人做出滑稽动作时，它们就会感到好奇。我曾亲眼看到鹿便是如此，谨慎的岩羚羊也是这样，某些种类的野鸭也会有同样表现。布雷姆写下过下述这一奇妙报道，他养的猴子对蛇表现出了本能的畏惧，但它们却有着强烈的好奇心，因而总是忍不住去看，不时地把蛇箱的盖子掀开，以享受恐怖感带来的乐趣，这一点与人类何其相似。我对他的描述感到非常惊奇，所以我把一条人造的、盘卷的蛇标本扔进了伦敦动物园的猴房，由此引起的激动是我平生所看到的最奇妙景象之一。有三只长尾猴最为惊恐，它们在笼内冲来冲去，并且发出其他猴子都能听懂的带有危险信号的尖锐叫声。而少数幼猴和一只老东非狒狒却对这条蛇不在意。于是我把这个人造标本放到较大隔间的地上。这一回，所有的猴都聚到一起，围成了一个大圈，目不转睛地注视着那个蛇标本，面貌极其滑稽可笑。它们变得极度紧张，因此当一个它们经常玩的木球突然滚进草丛里，半掩其中时，它们被吓得四散奔逃。当把一条死鱼、一只鼠或是其他新奇物件放进它们的房间时，这些猴子的表现就大不相同了，尽管它们最初也会被吓一跳，可是猴子们很快就会走近这些东西，触摸检查。这时我又将一条活蛇放入一个纸袋内，袋口微闭，然后把纸袋放在一间较大的猴房里。有一只猴子随即走近，小心地把袋口打开一点儿，向内窥视，然后立刻跑开。于是我亲眼见到布雷姆所描述的那种情况，猴子们相继而来，把头抬得高高的，而且扭向一侧，忍不住去偷看那个安静地卧在袋底的可怕之物。好像猴类对动物学的亲缘关系也有某种概念，因为布雷姆养的猴子对于无害的蜥蜴和蛙类表现出了一种虽然是错误的，却也堪称奇异的本能恐惧。据说，猩猩在第一次见到海龟时也很惊恐。

人类的模仿能力很强，特别是野蛮人。德索尔曾说，没有一种动物自愿模仿人类的动作，直至上升到猴类的等级，情况才发生改变；众所周知，它们是一群可笑的模仿者。然而，动物间却会不时地模仿对方的动作。例如，有两种由狗养育的狼，它们会学狗叫，就像豺不时所做的那样，这是否可以被称为自愿的模仿是另一个问题。根据我读过的一篇报道，我们有理由相信，某些由猫喂养大的小狗能够学会舔脚，还能学会洗脸。至少可以肯定的是，就像我从一个完全值得信赖的朋友那里听到的那样，有些狗的表现就是如此。鸟类会模仿其双亲的叫声，有时还会模仿其他鸟类的叫声；鹦鹉更是以擅长模仿它经常听到的声音而出名。

对人类智慧的进步来说，几乎没有什么比注意力更重要的了。动物们也会明确地展示出这种能力，如猫会守候在鼠穴旁，时刻准备着扑向老鼠。野生动物有时注意力过于集中，因此人类在此时可以轻易地接近它们。巴特利特（Bartlett）先生告诉过我一个奇妙的例证，足以说明这种能力在猴类中多么容易变异。有一个从事驯猴表演的人，经常从动物学协会处购买普通种类的猴子，每只五英镑，但是如果允许他先把三四只猴养上几天，再从中选出一只，他则愿意付出双倍价钱。当向他问起是如何快速判断出被选定的猴子能成为好的表演者时，他答道，这完全取决于它们的注意力。当他向一只猴说话和解说任何事物的时候，如果它的注意力容易分散，比如将注意力转向墙上的一只苍蝇或其他细小物件，那么它就没有希望了。如果他试着用责罚来使注意力不集中的猴子表演，猴子就会发怒。另一方面，那些仔细关注他一举一动的猴子则往往会被训练得很好。

动物对人与地点都有极好的记忆力，对此已不必多加赘述。安德鲁·史密斯爵士（Sir Andrew Smith）告诉我，在好望角（the Cape of Good Hope）有一只狒狒，在他离开 9 个月之后依然认识他，并表现出了喜悦之情。我养过一只狗，它对所有生人都表现出嫌恶且凶悍十足，在我离开 5 年零 2 天之后，我特意试了下它的记忆力。我慢慢走近它的窝，按照以前的老样子呼喊它，它虽没有表现出喜悦，却立即跟我出去散步，并且听从我的指挥，仿佛我只不过离开它半小时一样。休眠达 5 年之久的一连串联想，就这样立即在它的头脑中被唤醒了。正如皮埃尔·于贝尔曾明确阐述的，蚁类和同群的伙伴分开 4 个月之后，甚至还能彼此认识。动物肯定能以某种方法去判断再发事件的间隔时间。

想象力是人类所拥有的最高特权之一。一个人仅凭这种官能，而不必依赖意志，就能把先前的意象与观念结合在一起，并由此得到灿烂而新奇的结果。正如让·保罗·莱希特（Jean Paul Richter）所言[①]，一位诗人“如果必须思考他要塑造的人物应该说‘是’还是‘否’，那就让他见鬼去吧，这个人物只能是一具愚蠢的僵尸”。做梦这件事可以帮助我们更好地理解想象力的概念，让·保罗还说过，“梦是一种无意识的诗歌艺术”。我们想象力产物的价值当然取决于我们的印象的数量、准确性和清晰度，取决于我们在取舍无意识印象组合时所做的判断和所表现出的爱好，并且在一定程度上还

①引自莫兹利（Maudsley）博士在其《精神的生理学和病理学》（*Physiology and Pathology of Mind*）一书，1868 年，19，220 页。

取决于我们有意识地将它们组合起来的能力。据可靠权威论述，狗、猫、马，以及一切高等动物[①]，甚至是鸟类，都有清晰的梦，它们在睡眠中的动作和发出的声音都阐明了这一点，因此我们必须承认它们同样具有某种想象力。

我设想，在人类的所有心理官能中，理性被认为处于顶峰。现在只有少数人对动物具有某种推理能力尚存疑问。而我们常会看到，动物会表现出踌躇、审慎和下决心的样子。一位博物学者对特殊的动物的习性研究得越多，他就越容易将动物的习性归因于理性，而越不容易将其归因于无意识的本能，这一点很值得注意[②]。在以下几章中将会看到，某些等级极低的动物显然也会显示出一定程度的理性。理性的能力与本能的能力常常难以区别。因此海耶斯（Hayes）博士在他的《开阔的极地海洋》（*The Open Polar Sea*）一书中屡次提到，当他的狗把雪橇拉到薄冰上的时候，它们就不再继续采取密集队形，而是会彼此散开，以便它们的重量在冰面上平均分布。这往往是旅行者们得到的第一个警告与通知，即冰层已经变薄，十分危险。那么，狗的这种行为是来自各个个体的经验，比较年长而且比较聪明的那些狗的示范，还是来自一种遗传的习性，即本能呢？这种本能可能产生于很久以前当地居民用狗来拉雪橇的时候，或者，爱斯基摩犬的祖先北极狼便已经具有这样的本能，这种本能迫使它们不会在薄冰上成群结队地去攻击它们的猎物。这类问题最难回答。

在各种著作中都记载了许多事实，说明动物具有一定程度的理性，我在此处只举出两三个经过伦格论证的例子。这些例子与美洲猴有关，它们在灵长类动物中的地位很低。他说当他第一次把鸡蛋递给他的猴子时，它们把鸡蛋打碎了，因而大部分蛋黄和蛋白都损失掉了；之后它们会把鸡蛋的一端轻

---

①杰尔登（Jerdon）博士，《印度鸟类》（*Birds of India*），第1卷，1862年，第21页。

②引自路易斯·亨利·摩尔根（L. H. Morgan）先生的《美洲河狸》（*The American Beaver*），1868年。该书为这一叙述提供了一个良好例证。然而我不得不认为他过于低估了本能。

轻地撞向坚硬的东西，再用手指剥去一点儿碎壳。只要它们被锐利的工具割伤一次，它们就不会再去动它，或者非常小心地拿起它。伦格常常将糖块用纸包好后再给它们；有时伦格会在纸包中放一只活黄蜂，当它们急着打开纸包时便会被蜇到。如此经过一次之后，它们就会先把纸包放在耳朵旁边，检查一下里面是否有动静。如果有人不相信这些事实，也并未被我后文补充说明的其他事实所说服，那么他可以通过观察自己的狗得知动物也会推理。尽管如此，我还是要举出一个关于狗的例子，因为它来自两个截然不同的观察者，几乎无法依靠任何本能改变。

科尔库恩（Colquhoun）先生①曾用枪射击两只野鸭的翅膀，它们落在了一条小河另一侧较远的地方。他的寻回犬试图一次把两只同时叼回来，但却并未成功。于是它谨慎地咬死一只，将另一只带过河后，又返回去把那只死的带了回来，但在此之前它从来没有损伤过野鸭的一根羽毛。据哈钦森（Hutchinson）上校叙述，他曾用枪同时射到两只鹧鸪，一只被射死，一只受伤。受伤的那只试图逃走，却被寻回犬捉到，当它回来的时候又跑回死去的鹧鸪旁边，“它停了下来，显然很为难，试了一两次之后，发现无法把死鸟带走而不让伤鸟逃走。考虑片刻之后，它狠狠地咬了伤鸟一口，将其咬死，然后把两只一齐带走。这是它故意伤害猎物的唯一事例”。尽管该事例并不完美，但我们仍有理由相信，寻回犬可能会先把受伤的鸟带回来，然后再返回去找死去的那只，就和处理那两只野鸭的方式一样。

南美的赶骡人说道：“我不会给你一头走得最平稳的骡子，而会给你一头最理性的骡子。”接着洪堡又补充道：“根据长期经验所表达出来的这种通俗言辞，反驳了动物是有生命的机器系统那种说法，这可能比思辨哲学的所有论点都好。”

……

---

①《沼与湖》（*The Moor and the Loch*），第 45 页。哈钦森上校《狗的训练》（*Dog Breaking*），1850 年，第 46 页。

第三章　人类同低等动物的心理能力比较（续）

道德观念——基本命题——社会性动物的属性——社会性的起源——相反本能的斗争——人类是一种社会性动物——比较持久的本能战胜比较不持久的本能——野蛮人唯独重视社会美德——在较晚发展阶段获得的私德——同一群体成员对于行为评判的重要性——道德倾向的遗传——总结

……

结束语。有一个学派认为道德是派生的。这一学派的哲学家曾假定，道德是建立在利己之上的，但最近“最大幸福原则”忽然被提出来。根据上述观点，道德观念与社会本能具有本质上的一致性。就低等动物而言，把本能说成是出于自私或为了社会的幸福而发展出来的，就太过荒谬了。然而，它们的发展自然是为了实现社会的普遍利益。“普遍利益”这一术语可以被定义为一种方式，即在它们所隶属的外界条件下，把最大数量的个体养育得充满活力和十分健壮，而且使其一切能力趋于完善。无论是人类社会还是低等动物的社会，本能都是以差不多的同样步骤发展而来的，因此如果行得通，那么在这两种场合采用同一个定义，并且以群体的普遍利益或福利，而不是以普遍幸福为道德的标准，还是可取的；但是，出于政治伦理的考虑，这一定义可能需要加以某些限制。

当一个人冒着生命危险去救一个伙伴的生命时，我们与其说他的这种行为是为了人类的幸福，不如说是为了人类的利益。毫无疑问，个人的利益与个人的幸福通常是一致的；一个满足的、幸福的部落会比一个不满足的、不幸福的部落繁荣兴旺。我们已经知道，甚至在人类历史的早期阶段，群体的明确愿望会自然地在很大程度上影响着每一个成员的行为，因为所有成员都希望幸福，因此“最大幸福原则”便成为排在第二位的目的了；然而，社会本能以及同情心则为主要冲动。这样，对把我们本性最高尚的部分建筑在利己原理基础之上所做的指责便会被消除。

如前所述，同一群体中成员间的愿望和判断的表达，起初是通过口头语言，后来是通过书面语言，成为人们行为的重要指导，它有助于社会本能，但有时却与社会本能相反。而后者在“荣誉法则”中得到了例证，即由地位平等的人提出的意见，而非由所有同胞提出的意见形成的一项律条。违反这一律条，甚至即便知道这种违反行为符合真实的道德准则时，也会致使许多人感到痛苦，这种痛苦甚至远比真正犯罪时的痛苦更为严重。我们在下述的感觉中可以辨认出同样的影响，如果偶然违反了一种琐碎却不容忽视的礼节，那么每当我们回忆起来时，即使已经事隔多年，仍然会有一种炽烈的羞愧感。从长远观点看，对所有成员来说什么才是最好的，群体对此所做的评判一般要受到某种幼稚经验的支配；但是，由于愚昧无知，这种评判陷于错误的情况也并不罕见。因此，无怪乎那些同人类的真正利益和幸福完全相反的最为奇怪的风俗或迷信会在全世界风行。

我们不知道，这众多的荒谬行为准则从何而来，我们也不知道，它们是如何在世界各地如此深入人心的，但值得一提的是，人们如果在生命早期就被不断地灌输一种信仰，那么这种信仰似乎就会获得一种与本能差不多的性质，而本能的本质就在于遵从它，并不依靠理性。我们无法说明，为什么某些可称赞的美德，如诚实，在某些部落远比在另外一些部落更受欣赏；我们也无法说明，某些美德甚至在文明的民族之间也存在差别。既然知道许多奇怪的风俗和迷信已经得以稳定下来，那么我们对下述情况就不会感到惊奇了，即受到理性支持的自重美德，尽管在人类早期状态下并未得到重视，但如今看来它却是如此自然，以至于被认为是天生的。

尽管有诸多疑惑，我们还是能够区别高级与低级的道德准则。高级道德准则是建立在社会本能之上的，而且同他人的福利有关。它们得到了理性的支持。当有些低级道德准则含有自我牺牲的意思时，虽然不应被称为低级的，但它们主要同自我有关，而且是由舆论引起的，且受经验和教养支配，渐渐趋于成熟。

当人类文明有所进步，并且小部落联合成较大的群体时，最简单的理性将告诉每一个人，他应该把他的社会本能与同情扩大到同一民族的其他一切成员，即便他们并不相识。这一点一旦达成，阻止同情扩大到所有民族和所有种族的人，就只是一种人为的障碍了。诚然，如果人们因为容貌与习惯的巨大差异而被区分开，那么既往经验则不幸地向我们阐明，在我们将他们视为同胞之前，不知要经过多么悠久的岁月。超越人类范围的同情，即对低等动物施以人道，似乎还是最近获得的道德之一，当然这一点主要是针对自己豢养的宠物。而野蛮人显然并不具有这种感觉。古罗马人就对其所知甚少，这可以从他们那可憎的角斗表演中看出。据我所知，潘帕斯大草原上的大多数高乔人还不知道真正的人道概念。这是人类被赋予的最高尚美德之一，它似乎是我们的同情变得愈益亲切且愈益广施的附属产物，直到把同情扩大到一切有知觉的生物。这种美德一旦受到少数人的尊重并被实行，它就会通过教育和榜样的作用传播于青年之间，并最终成为舆论的一部分。

道德修养可能的最高阶段是，我们认识到应该控制自己的思想，“甚至不再去想过去使我们如此愉快的那些罪恶”。[①]无论何种糟糕行为，只要为心理所熟悉，就容易实行得多。正如罗马皇帝马可·奥里利乌斯（Marcus Aurelius）曾说过的，“汝之习以为常之思想为何，汝之心理特性亦为何，盖灵魂被思想之色所染也”[②]。

英国大哲学家赫伯特·斯宾塞（Herbert Spencer）最近表明了他对道德观念的观点。他说，“我认为通过人类种族过去世代所组织起来并且巩固下来的一切功利经验，已产生了相应的变异。这等变异由于连续的遗传和积累而成为我们道德直觉的一种能力——道德直觉乃对正确行为和错误行为反映出来的一定情绪，而这等行为在个人功利经验方面，并无明显的基础”[③]。在我看来，道德倾向或多或少地受到强烈的遗传，这并不存在固有的不可能性。因此，更不必说我们的许多家养动物会将各种性情与习性传递给后代。一些可靠的事例表明，偷窃的欲望和说谎的倾向在一些上层家庭中也会有所

---

①坦尼森（Tennyson），《国王的叙事诗》（*Idylls of the King*），第 244 页。

②《罗马皇帝马可·奥里利乌斯的思想》（*The Thoughts of the Emperor M. Aurlius Antoninus*），英译本，第 2 版，1869 年，第 112 页。马可·奥里利乌斯生于公元121 年。

③摘自斯宾塞给米尔（Mill）先生的一封信，见贝恩（Bain）的《心理学与道德学》，1868 年，第 722 页。

蔓延，因为偷窃在富有阶级中是一种罕见的犯罪，所以如果同一家庭的两三个成员都有这种倾向，便很难用偶然的巧合来加以解释了。如果坏倾向具有遗传性，那么好倾向很可能也是具有遗传性的。

美德的倾向即使只是部分遗传，也会直接或间接地对来自社会本能首要冲动和认可给予莫大帮助。只要承认美德倾向是遗传的，那么似乎很可能得出结论，在贞洁、自我克制、对动物施行人道等场合中，美德倾向通过在同一家族中连续若干代的习性、教育和榜样最初印记在精神领域中，并且通过具有这等美德而在生存斗争中获得最大成功的个体，最初印记在精神领域中，不过后者的程度却并不太重要，或者根本没有作用。关于此类遗传，我的主要疑问是看似毫无感情可言的风俗、迷信和嗜好，是否也是按照同一原理而代代传承。我却并未遇到过任何证据，可以支持迷信的风俗以及无感觉的习性遗传，事实上，这种遗传可能并不比动物们获得对某些食物的遗传口味或是对某些敌人的恐惧的遗传性小。

总之，人类与低等动物一样，都会为了群体利益而获得社会本能，一开始人类具有某种帮助同伴的愿望和情感，这种冲动会在其早期成为他判断是非的原始准则。但是，随着人类智力的逐渐进步，并且能够探知其行为较为深远的后果，他获得了充分的知识以抵御有害的风俗和迷信，他不仅重视同胞们的利益，日益重视他们的幸福，而且具有遵从有益经验、教育以及榜样的习性，他的同情变得愈加亲切而且广施于人，以至于扩大到一切种族的人，低能、残疾人以及社会上其他无用之人，最终扩大至低等动物——他的道德标准随之步步升高。派生学派的道德学者们以及直观学派的学者们都承认，自从人类早期历史以来，道德标准升高了。

我们不时可以看到在低等动物的各种本能之间存在一种斗争，在人类的社会本能，由此派生出来的美德与他的低级的、暂时较为强烈的冲动和欲望之间也存在着一种斗争，这不足为奇。正如高尔顿（Galton）所说的，人类是在相当近的时期内才脱离野蛮状态的。当屈服于某种诱惑之后，我们就会感到不满足、羞愧、后悔，甚至悔恨，这与其他强有力的本能或欲望并未得到满足或受到压抑时所引起的感觉相似。我们把过去受到诱惑的薄弱印象同永久存在的社会本能进行比较，或者同幼年时期获得而在一生中增强的、差不多像本能那样的强烈习性进行比较。如果现在我们面前存在这种诱惑，而我们不为所动，那是因为社会本能或某种风俗习惯占据了优势，或者是因为我们已经懂得社会本能或某种风俗习惯，当与受到诱惑的薄弱印象相比，前者似乎更加强烈，而且违背它很可能会招致痛苦。若展望未来诸代，也不必担心社会本能会变弱，因为我们可以预期美德的习性将会变强，并通过遗传而固定下来。那么在类似场合中，我们的高级冲动与低级冲动之间所进行的斗争便不会太过剧烈，而且美德终将获得胜利。

对以上两章的总结。最低等动物与最高等动物之间的心理差异无疑是巨大的。一只类人猿如果能不带偏见地观察自己周围的情形，那么大概它自己也会承认，尽管它能狡黠地制订计划，对某个田园实施劫掠行动，尽管它能用石头去攻击或是砸开坚果，但是“把石头制成工具”这种想法却完全超乎其能力范围之外。它可能也会承认，若是论及一系列有关形而上学的推理，或是解答一道数学题，又或是对恢宏的自然景色表达赞美，它更是几乎毫无作为。然而，有些猿类却可能会宣称，它们能够表达赞美，而且也的确赞美过其配偶在婚配期间所表现出的皮毛颜色之美。它们大概还会承认，虽然它们能用叫声使其他猿类理解自己的某些知觉以及某些较为简单的需求，但是它们的头脑中却没有一丝通过某种声音来表达特定意思的概念。或许它们会坚称，这是因为它们乐于以各种方式去帮助同群的伙伴，会为了伙伴甘愿冒生命的危险，还会对族群里的孤儿给予照抚，但它们也不得不承认，论及对所有生物的无私之爱，人类所具有的最高尚品质完全超出它们的理解力。

尽管人类与高等动物之间的心理差异是巨大的，但这种差异却只是程度上的差异，而非种类上的。我们已经看到，人类所自夸的感觉和直觉，各种情感和心理能力，如爱、记忆、注意、好奇、模仿、推理等，在某些低等动物中也存在，只是处于一种萌芽状态，而对于某些低等动物来说，它们的这种能力甚至可以说是十分发达的。这种情感与心理能力也能通过遗传实现某种进步。如果能够证明一般概念的形成、自我意识等某些高等心理能力仅为人类所特有，那么，这等属性很可能仅仅是其他智能高度进化的附带结果，而智能的高度进化则是完善的语言连续性使用的结果。新生儿到什么年龄才能拥有抽象的能力或是自我意识，并且可以考虑到其本身的存在呢？我们还无法做出回答。至于要上升到何种生物等级才能拥有上述心理能力，我们也无法做出回答。语言的半人为、半本能的状况仍然带有逐渐进化的标志。那种崇高信仰，并非人类普遍具有的。也许道德观念在人类与低等动物之间提供了一个最好的和最高级的界限，但是关于这个问题，我不必多说什么，因为我曾力图阐明社会本能——人类道德构成的首要原则①——在活跃的智力与习性的帮助下，自然会引出一条金科玉律："汝等所欲人之施于己者，即应以此施于人。"而这正是建立在道德基础之上的。

在下一章中，我将略述人类的心理官能和道德官能逐渐进化过程中可能会经历的步骤。这种进化的存在是无可否认的，因为我们在每一个婴儿身上都可以看到这些官能的发展；而且我们还可以从比低等动物的心理官能还要低的那些人身上，到像牛顿那样的伟人身上，追踪出一系列完整的心理等级。

第四章　人类自某一低等类型的发展方式

人类身体和心理的变异性——遗传——变异性的原因——人类的变异法则和低等动物的一样——生活条件的直接作用——各部分增强使用和不使用的效果——受到抑制的发育——返祖——相关变异——增长的速度——对增长的抑制——自然选择——人类是世界上最占优势的动物——人类身体构造的重要性——导致人类直立的诸原因——由于直立而发生的构造变化——犬齿的缩小——头骨的增大及其形状的改变——无毛——无尾——人类不能自卫的情况

我们在第一章中已经看到，人类的同源结构、胚胎发育以及保留下来的基本结构，都以清晰明确的方式表明人类是从某种较低级的形体进化而来的。"拥有崇高的精神力量"无法对这一结论进行无可辩驳的驳斥。为了使类人

---

①《马可·奥里利乌斯的思想》，第 139 页。

猿一样的动物能按照许多有序链接变成人类，这种早期的形式应该在思想和身体上都有所不同，这一点十分必要。但是，如果现在可以证明人始终是在变化的—— 而变异同样是由普遍原因所引起的，并且也如低等动物那样遵循着普遍规律——那么毫无疑问，前面的中间环节也会以同样的方式发生变化。血统遗传的每一连续阶段的变化也必然以某种方式积累和固定下来。

本章中所要提出的事实与结论几乎完全针对身体结构而言，探讨人类改造的可能手段。下一章将专门讨论人类智力与道德能力的发展。但是不论采用哪种说法，目前的讨论都会涉及不同种族或人类物种的起源。

显然，人类现今依然受强大的变异性所支配。在同一个种族中，没有任何两个人是完全相像的。我们不妨对无数面孔加以比较，就会发现每张面孔都不一样。人类身体各部分的比例和大小方面也存在着大量的多样性，腿的长度是最容易发生变异的点之一。虽然在世界的某些地区可能普遍存在着长头颅的性状，而在另外一些地区短头颅更加普遍，但是在同一个种族的范围内，头颅的形状却具有丰富的多样性，如美洲和澳大利亚南部地区的土著居民就是如此，而后一种族的血统、风俗以及语言在现存各种族中大概是最为纯粹、统一的，甚至区域狭小的桑威奇群岛上的居民也是如此。

……

自然选择。现在我们已经知道人类的身体和心理都是可变异的，这等变异就像低等动物的变异那样，是由同样的一般原因直接地或间接地引起的，并且服从同样的普遍规律……因此我无法理解为什么华莱士先生要主张“自然选择只能把略优于猿类的脑赋予野蛮人”。

……

心理官能逐渐发达，人类脑部肯定也会随之变大。我想没有人会怀疑，人脑体积与其身体的比例要大于猩猩的脑体积同其身体的比例，而这一点与人类的高度心理能力之间存在着密切关联。在昆虫领域，我们也遇到了极其类似的事实，蚁类的脑神经节异常大，所有膜翅目的脑神经节都比智力较差的目（如甲虫）的大许多倍。另一方面，没有人会想象出任何两种动物或两个人的智力可以通过脑壳的容积准确地测定出来。可以肯定的是，只要拥有一点儿纯粹的神经物质，就可进行非凡的心理活动。例如，众所周知，蚁类具有令人吃惊的各种各样的本能、心理能力以及感情，而它们的脑神经节尚不及一个小针头的四分之一大。从这个观点来看，蚁脑是这个世界上最不可思议的物质之一，也许远比人脑不可思议。

人脑的大小同智能的发达程度之间有某种密切关系这一观点，可以通过野蛮人与文明人的头骨比较以及古代人和近代人的头骨比较获得支持，而且也得到了从整个脊椎动物体系中看到的相似现象的支持。布罗卡（Broca）教授发现，巴黎坟墓中的19世纪头骨大于12世纪墓穴中的头骨；普里查德（Prichard）相信，不列颠的现代居民比古代居民具有“宽阔得多的脑壳”。尽管如此，我们还必须承认，有些极其远古的头骨，如尼安德特人的头骨，也是非常发达而且宽阔的。关于低等动物，拉尔泰（Lartet）根据对同一类群的第三纪哺乳动物和近代哺乳动物的颅骨的比较，得出如下值得注意的结论，即在较近代的类型中，脑一般会较大些，脑旋圈会较复杂些。另一方面，我曾指出，家兔的脑体积同野兔或山兔的脑体积相比较，前者的缩小了；这大概可以归因于它们被严密地禁闭了许多代，因而很少运用它们的智力、本能、感觉以及自主运动。

……

结论。在本章中，我们可以看到，如今的人类也如其他动物一般，很容易发生多种多样的微小变异，人类的早期祖先无疑也是如此；这等变异的发生从古至今皆如此，都是由同样的普遍原因所引起的，并且受同样的复杂的普遍法则所支配。由于所有动物的增殖都有超出其生活资料的倾向，因此人类的祖先必然也是如此，这就不可避免地会导致生存斗争和自然选择。后一过程大大受限于身体诸部分增强使用的遗传效果，这两种过程之间会相互作用。还有诸如我们之后将要看到的，人类似乎是通过性选择获得了各种不重要的性状。此外还有一些无法解释的变化，我们只好把它们留给那些假定的未知力量的一致作用，这种作用的偶然发生却会在家养生物中引起某些突发的强烈、显著的构造差异。

根据野蛮人以及大多数灵长类动物的习性来判断，原始人以及人类的类猿祖先大概都是以社会生活的方式来生存的。关于社会性动物，自然选择不时通过保存有利于群体的变异而对个体发生作用。一个群体如果包含大量天生种性良好的个体，就会增加其数量，而且它们会战胜其他天赋较差者；即使个别成员并不明显优于同群的其他成员，也是如此。例如，群居昆虫所获得的许多奇异构造，如工蜂的花粉采集器或螫针，兵蚁的巨大颚部，对于个体来说都是用处不大或者毫无用处的。对于那些高等社会性的动物，我还不知道有任何构造专为群体的利益而发生变异，虽然有些构造变异对于群体具有第二位的用途。例如，反刍动物的角、狒狒的大型犬齿，由雄性获得似乎是为了进行性竞争，但也用于保卫兽群。至于某些心理能力，正如我们在第五章将要看到的，情况则完全不同，因为这等能力的获得主要甚至可能专门为了群体的利益，而个体不过是恰巧在此时间接地得到了利益而已。

上述这类观点常常遭到驳斥，称人类是世界上最不具自助以及自我保护能力的动物，而在幼年尚未发育完全的状态下，情况更为严重。例如，阿盖尔公爵坚决主张，“人类的身体构造已经偏离了野兽的身体构造，逐渐趋向于更加无助和脆弱的方向发展。也就是说，在其他所有的分歧中，这一点是最无法被单纯归因于自然选择的”。他认为，人类身体光洁无毛，处于无保护的状态，又缺少可用于自卫的尖锐爪牙，人类体力不佳又缺乏速度，并且人类利用嗅觉去寻找食物或躲避危险的能力也十分薄弱。而在这些缺点的基础上似乎还可以加上一个更加致命的缺点，即人类无法依靠迅速攀爬来逃避敌人。众所周知，不着寸缕的火地人在恶劣气候下也能生存，因为对居住在温暖国度的人来说，体毛的消失并不会带来严重影响。当我们将人类这种无法自卫的状态与大多拥有锋利犬齿的猿类相比较时，我们必须记住一点，那就是猿类所具有的发育完全的锋利犬齿仅为雄性所有，主要作用是与对手搏斗；而雌性猿类虽然不具犬齿，却也照样生存。

而就体形或力量大小而言，我们尚不知晓人类究竟是如黑猩猩这样的小型物种遗传而来，还是源自大猩猩那样强有力的大型物种，所以我们无法断言，人类相对于祖先来讲是变得更大更强，还是变得更小更弱。然而我们应该记住，像大猩猩那样体形庞大、力量强劲、凶猛的动物，很可能正是因为它们可以保护自己不会受到一切危害，才无法成为群居动物；恰恰是这一点有效地阻止它们获得高级的心理属性，比如对伙伴的同情和热爱。因此，对人类来说，从某种相对弱小的动物身上产生出来，可能才是某种巨大的优势。

尽管人类力量微弱、速度慢，又缺乏天然的武器，但是却可以通过下述几种方式来得到平衡。首先，人类拥有智力，即便是在早期野蛮状态下，人类也能为自己制造出武器、工具等等。其次，人类具有社会属性，这种社会属性可使人类与同伴间实现互助。世界上没有哪一处地方会像南非那般充满危险野兽，也没有哪处地方会像北极地区那样物质资源极端匮乏，然而，在南非却生活着一个名为布须曼的弱小种族，而身材矮小的因纽特人则世代生活在北极地区。毫无疑问，人类的祖先在智力方面，大概也在社会性方面，都远远不如现存的最低等野蛮人，但是你却完全可以想象到，即使他们逐渐丧失了诸如爬树之类的蛮力，他们仍然能够生存下来，甚至繁衍不息，与此同时，他们的智力也在逐步提高。如果这些祖先当时居住在温暖的大陆或大岛，如澳大利亚、新几内亚、加里曼丹岛（加里曼丹岛便是猩猩的故乡），那么即便人类的祖先远比任何现存的野蛮人更加无助或是毫无抵抗，他们也不会遭遇任何特殊的危险。在这样的岛屿地区，生存条件相对优越，部落之间的竞争也足以使人类通过适者生存的基本法则，结合习性的遗传，在有机生物界实现今日的高度发达。

……

第六章　人类的亲缘与系谱

人类在动物系列中的位置——系谱的自然分类法——价值微小的适应性状——人类同灵长类动物在各个微细之点上的类似——人类在自然分类中的等级——人类的发源地及其古老性——作为链接环节的化石的缺少——首先根据人类亲缘，其次根据人类构造推论出来的人类系谱较低诸阶段——脊椎动物的早期雌雄同体状态——结论纵使承认人类同其关系最近的同源动物之间在身体构造方面的差异大到像某些自然学者们所主张的那样，而且即使我们必须承认他们在心理能力方面的差异是巨大的，但上述各章所列举的事实依然以最明确的方式表明了人类是从某一较低等类型传下来的，尽管中间的链接环节迄今尚未被发现，但事实确实如此。

人类容易发生各种微小的、各式各样的变异，这类变异与在低等动物中发生的情况一样，是由同样的普遍原因引起的，并且通过同样的普遍规律的支配而遗传下去。人类的繁殖速度很快，以致必然要受到自然选择的影响，时刻处于生存斗争之中。人类分生了许多种族，其中有些种族彼此之间迥然不同，以致常常被自然学者们列为不同的物种。人类的身体是由同其他哺乳动物一样的同源结构构成的，通过同样的胚胎发育阶段，保持着许多退化的和无用的构造，而毫无疑问，这些构造以前一度是有用的；性状不时在其身上重现，我们有理由相信人类的早期祖先曾经具有这类性状。如果人类的起源与其他动物完全不同，则上述种种表现就是一种欺骗，但要承认的话的确令人难以接受。相反，如果人类与其他哺乳动物都是某一未知的、较低等类型的共同后裔，则上述表现就可以理解了，至少在很大程度上可以被理解。

有些博物学者由于对人类的心理和精神动力有深刻的印象，因此把整个有机界分为三个领域，即人类界、动物界、植物界，把人类单独划分为一界。博物学者无法对精神能力进行比较或加以分类，但他们可以像我曾经所做的那样，尽力阐明人类于低等动物的心理官能虽在程度上有巨大差异，但在种类上却并无不同。无论一种差异的程度多大，也不能证明我们把人类列为独特的一界是合理的。这就像是把两种昆虫，例如属于同纲的胭脂虫和蚂蚁的心理能力加以比较，或许这个例子能对这一点进行最好的说明。而在昆虫的例子中，这二者的心理能力差异要远大于人类与最高等哺乳动物之间的心理能力差异，尽管其种类不同。雌性胭脂虫在幼虫时会用喙附着在一种植物上，靠吸取汁液为生，不再移动，然后受精产卵。这就是它的一生。另一方面，若是像皮埃尔·于贝尔所做的那样去描述工蚁的习性及心理能力，则需要鸿篇巨制来完成，但在此我只简略地列举以下几点。蚁类之间会互通消息，蚂蚁会联合起来进行同一项工作或是一起游戏，即便分离数月，它们依然认识同群的伙伴，而且还会彼此感到同情。它们共同构建大厦，保持清洁，晚间关闭门户，还会安排警卫。它们修筑道路，在河床下面修筑隧道，架设临时桥梁将河两岸连接在一起。它们为群体搜集食物，当运回的东西太大而无法进入蚁穴时，它们还会将门开大，然后再修复成原状。它们细心保存植物的种子，防止种子发芽。如果发现种子受潮，就会将其运到地面上晒干。它们会豢养蚜虫或其他昆虫，将其当作“奶牛”。它们会排着整齐的队列出发，还会为了族群的利益而牺牲自己的生命；它们按计划进行迁徙；它们俘获奴隶；它们把蚜虫的卵和自己的卵一起放在蚁巢中最暖和的地方，以便它们尽快孵化。还有无数类似的事实。总之，蚂蚁和胭脂虫之间在心理动力方面的差异是巨大的，但从来没有人想过把这两种昆虫放入不同的纲，更不用说放入更高的不同界了。这两种昆虫之间的差异无疑可以由其他昆虫衔接起来，但人类与高等猿类之间的差异却并非如此。不过我们有各种理由可以相信，这一链接的中断仅仅是因为许多类型的物种已经灭绝。

欧文教授主要根据脑的构造把哺乳动物分为四个亚纲。他把人类专门列为一个亚纲，又把有袋类和单孔类合并，列为一个亚纲，所以他把人类与其他哺乳动物区分开正如把有袋类和单孔类合并起来一样。据我所知，凡是能够进行独立判断的博物学者，都不同意这一观点，因而此处无须再做进一步讨论。

我们能够理解，为什么以任何单一性状或器官为根据的分类法——即使这种器官异常复杂且十分重要，就如大脑那样——或是以心理官能的高度发达为根据的分类法，几乎肯定会被证明不能令人满意。这一原则的确曾对膜翅类昆虫试用过，但是，当以它们的习性或本能进行分类时，便能证明这种排列法完全出于人为。[①]当然，无论根据何种性状，如身体大小、颜色或居住的自然条件进行分类都可以，但博物学者们长期以来深信着一种自然分类

---

① 韦斯特伍德（Westwood），《昆虫的近代分类》（*Modern Class of Insects*），第 2 卷，1840 年，第 87 页。

法。如今这种分类法已经得到普遍承认，它必须尽可能地按照谱系进行排列，也就是说，同一类型的共同后裔必须纳入同一类群中，且必须同其他类型的后裔分开。但是，如果亲本类型彼此之间有关联，那么它们的后裔也要有联系，并且两个类群合在一起就会形成一个更大的类群。几个类群之间的差异量——各个类群所发生的变异量——则由属、科、目、纲这样的专有名词来表示。因为我们并没有关于生物由来的系统性记录，因此只能根据对被分类的生物之间的类似程度所做的观察，才能发现谱系。为了实现这一目的，多数的类似点要远比少数几点的相似量或不相似量重要得多。如果两种语言在大量的单词和构造上彼此类似，它们就会被认为是源于同一个根源，尽管它们在某些少数单词或构造上有重大差异。但对生物来说，对相似生活习性的适应却不能作为类似点形成的原因。例如，两种动物由于生活在水中，它们的身体可能都会发生变异，然而在自然体系中却不会因此将它们放得更近一点儿。因此，我们可以知道，只有生物彼此的相似性才最适合用来进行分类，因为它们并非由于后期适应环境而出现。如此，它们才能揭示出远古生物由来的血统或者真正的亲缘关系。

我们还能进一步得知，为何某一性状的大量变异无法作为对任何两种生物进行区分的依据。一个部分如果已经与亲缘相近类型的同一部分大不相同，那么按照进化学说，这个部分已经发生了重大变异，因而它就容易进一步发生同一类型的变异；这类变异如果是有利的，则大概率会保留下来，并在种群中不断地扩大范围。在许多场合中，一个部分的不断发展，例如鸟喙或哺乳动物的牙齿，对这个物种获得食物或达到其他目的会有很多帮助，但对于人类，仅就利益而言，我们却看不出脑和心理官能的不断发展存在什么界限。因此，在自然体系，（即谱系分类）中决定人类的位置时，不应认为在重要性方面，极度发达的人脑就一定超过其他较不重要的或完全不重要的部分。

大多数博物学者们在考察了人类的全部构造及其心理官能之后，会按照布卢门巴赫（Blumenbach）和居维叶的理论，把人类放在单独的一目，名为两手目， 因此，人类同四手目灵长类动物及食肉目等动物处于相同地位。最近许多优秀的博物学者又开始遵循富有洞察力的林奈所率先提出的观点，将人类与四手目放在同一个目，名为灵长类。这一结论的正确性将会得到承认，因为：第一，我们必须记住，人脑的高度发达对分类来说在与其他灵长类动物比较上并没有什么重要意义，而人类和灵长类动物的头骨之间的强烈显著差异（该理论由比肖夫、埃比以及其他人近来所主张）显然是由它们脑的发达程度不同所致；第二，我们必须记住，人类与四手目之间的几乎一切其他更加重要的差异显然是由于对它们本性的适应而产生的，而且主要同人类的直立姿势有关，如人类的手、足、骨盆的构造，脊骨的弯曲以及头部的位置。海豹科很好地说明了自适应特征对分类的重要性。这等动物在身体形状上、在四肢构造上同其他肉食类动物的差异，远远大于人类和高等猿类在这方面的差异；然而在大多数分类法中，从居维叶分类法一直到最近的弗劳尔（Flower）先生分类法[①]，只不过是将海豹列为食肉目的一个科。如果不是人类自己来分类，大概也不会想到要为自己单独设置一个目类……

第七章 论人类种族

物种性状的性质及其价值——对人类种族的应用——支持和反对把所谓人类种族分类为独特的物种——亚种——一元发生论者和多元发生论者——性状的趋同——最不相同的人类种族之间在身体和心理上的无数类似点——人类最初分布于全球之上时的状况——每一个种族都不是来源于单独一对配偶——种族的灭绝——种族的形成——杂交的效果——生活条件直接作用的轻微效果——自然选择的轻微作用或没有作用——性选择

……

人类究竟是由一个人种还是几个人种组成的，这是近几年来人类学者广泛讨论的问题，他们分为两个学派，一个是一元论者，一个是多元论者。那些不承认进化原理的人们一定将人种视为独立创造的，或是在某种方式

①《动物学会会报》（*Proc.Zoolog.Soc.*），1863 年，第 4 页。

上将其视为迥然不同的实体；而且他们按照把其他生物分为不同物种所通常使用的方法，决定人类的何种类型应该被划分为人种。但想要决定这一点，却是一种无望的努力，除非“物种”这一术语的某种定义能够得到公认，而且该定义还不应包括像创造作用那样性质不明的成分。在没有任何定义的情况下，或许我们也能试着决定一定数量的房屋是否可以被称为村、镇或城市。北美与欧洲许多亲缘密切的哺乳类、鸟类、昆虫类动物以及植物，它们究竟应被分类为物种还是地理族系，这一点尚无明确定论，这便是一个难以做出决定的示例；生活在大陆邻近诸岛上的生物也是如此。

另一方面，那些承认进化理论的博物学者们坚定地认为所有人类种族都来源于同一个原始祖先，如今这一理论已为大多数青年所承认；不论他们是否认为应该把人类种族命名为不同的人种以示差异，都如此认为。至于我们的家养动物，各式各样的族系是否起源于一个或一个以上的族系，那是另外一个问题了。虽然可以承认所有的族系以及同属的所有自然物种都源于同一个原始祖先，但下述情况还是一个适于讨论的题目，例如所有狗的家养族系是否从某一个物种最初被人类家养以来就获得了它们现今的差异量？或者，它们的某些性状是否从一个独特物种遗传而来，而这个物种在自然状况下已经发生了分化？而关于人类，却不会有这样的问题发生，因为人类并不存在于某一特定阶段曾被家庭驯养过的情况。

在人类种族从一个共同祖先分化出来的早期阶段，种族之间以及他们的人数之间的差异一定很小，因此，就其有区别的性状而言，那时的人类种族比现存的所谓人类种族，更没有资格被分类为人种。尽管如此，“人种”这一术语是如此被任意使用，以致这些早期人类的种族恐怕还会被某些博物学者分类为独特的物种。种族之间的差异，即使是极其轻微的差异，如果比现在的差异更为稳定或者没有渐渐地彼此融合，也会被那些博物学者用来进行分类。

然而，人类早期祖先的性状也许相差非常大，直到他们彼此之间的差异比任何现存种族之间的差异更大。可是，正如沃格特所提出的，之后人类祖先的性状又逐渐趋同，这种情形并非不可能，但却并非一定如此。当人类为同一对象选择两个不同物种的后代时，仅就一般外貌而言，会产生一定程度的趋同。正如冯·纳图西亚斯（von Nathusius）所阐明的，遗传自两个不同种的猪的改良品种就是如此；牛的改良品种也是如此，却并不十分显著。伟大的解剖学者格拉特莱特（Gratiolet）主张，类人猿并不能形成一个自然的亚群，但猩猩却是高度进化的长臂猿或长尾叶猴，黑猩猩是高度进化的猕猴，大猩猩则是高度进化的山魈。这一结论几乎完全是以脑的性状为依据的，如果可被承认，就可以作为外部性状趋同的例子，因为类人猿在许多方面的彼此相似性肯定比它们同其他猿类的相似性更甚。所有类似性，如鲸和鱼的类似性，都可以被认为是趋同的例子，但"趋同"这一术语决不能应用于表面的或是适应方面的类似性。迥然不同的生物留下发生变化的后裔，它们有许多构造上的性状是极其相似的，可是，若是把这种相似性也归因于趋同，未免过于轻率。一个结晶体的形态完全是由分子力来决定的，而且，不相似的物质有时也会呈现出同样的形态，这不足为奇；但关于生物，我们应当知晓，每一种生物形态都取决于无数的复杂关系，即取决于变异，而引起变异的原因又如此复杂，以致无法进行追查——取决于被保存下来的变异的性质，这种变异的性质又取决于自然条件，更加取决于彼此竞争的周围生物——最终则取决于无数祖先的遗传（遗传本身就是一个变动无常的因素），而所有这些祖先的形态又是由上述各种复杂关系决定的。

如果两种生物改变了的后裔彼此差别显著，那么，如果说它们此后再次趋同到如此近似的地步，以至于这两种生物后裔的整体构成几乎相等，那么这种说法就令人难以置信了。而在纳图西亚斯看来，上述趋同的例子，主要源于两个原始祖先的证据依然明显地保存在它们的头骨中。就像某些博物学者所推测的，如果人类的不同种族皆源于两个或两个以上的不同人种，而这等人种彼此差别之大就像猩猩同大猩猩那样，那么几乎可以肯定的是，在现存人类中依然可以发现在某些骨骼构造上存在着显著差异。

尽管现存的人类种族在许多方面，如在肤色、毛发、头骨形状、身体比例等方面都存在差别，但是如果从整个构造上看，就可以发现他们在众多点上都极其相似。许多类似点都不太重要，却很奇特，以致它们几乎不可能是从原本独特的物种或种族那里分别获得的。对于最独特的人类种族之间的无数心理上的相似点，这一观点同样可以应用或者可以更加充分地应用。任何可以列举出的三个种族之间的心理差别也不会像美洲土著居民、黑人和欧洲人之间的差别那样大，然而，我在“贝格尔号”舰船上和那几位火地人一起生活的情形却时常使我激动不已，许多微小的特点表明他们的心理状态与我们是多么相似；还有一位曾与我来往密切的黑人也是如此。

若你有幸拜读过泰勒（Tylor）先生和约翰·卢伯克爵士（Sir J. Lubbock）的有趣著作，就无法不对所有人类种族在嗜好、性情和习惯上的密切相似留下深刻印象。下述情形更是阐明了这一点，他们都喜欢跳舞、原始的音乐、演戏、绘画、文身或其他装饰自己的方法，他们会用手势语言来进行沟通，当他们因各种各样的原因而情绪激动时，他们的脸上有着同样的表情，有着同样含糊不清的哭声，这一点我将在下一篇文章中说明。如果将不同的猴子所做的不同表情以及它们所发出的不同叫声进行对比，我们就会发现这种相似性，或者说这种同一性是十分惊人的。有很好的证据可以证明，用弓射箭的技术并不是从任何共同的人类祖先传下来的，然而正如尼尔森（Nilsson）所论述的，这种技术是从世界最遥远地方带来的，和在最远古时期制造出石箭头的情况相似；这一事实只有用各个不同种族具有相似的发明能力（即心理能力）来加以解释。考古学家对某些普遍流行的，装饰品也进行了同样的观察，如“之”字形装饰物等，以及各种不同的朴素信仰及风俗，如将死人葬于巨石建筑之下。我记得曾在南美看到，同世界上许多其他地方一样，生活在那里的人们通常会选择在高山之巅将石块聚集成堆，以此来纪念某些大事件或是埋葬死者。

那么，如果博物学者们在两个或两个以上的家养品种之间，或在亲缘接近的自然类型之间，观察到习性、嗜好以及性情上的许多细微之点高度一致的话，那么他们就会将这一事实作为论据，来说明它们源于共同祖先，因而它们应被分类在同一个物种之下。同样的论据也可以更加有力地应用于人类种族。

由于若干人类种族在身体构造和心理能力上（我这里所说的不涉及相似的风俗）的诸多并不重要的相似点不可能全都分别获得，所以这些类似点一定是从一个具有同样特性的祖先那里遗传而来的。这样，我们就能洞察人类逐步分布于地球整个表面之前的早期状态。人类分布于被海洋隔离得很远的各地之前，若干种族的性状并不存在任何巨大差异；如果不是这样，我们就应在不同大陆上时常遇到同样的种族，但情况绝非如此。约翰·卢伯克爵士在比较了世界各地野蛮人如今所熟练掌握的技艺后，详细列举出人类最初离开其原始诞生地时所无法通晓的那些技艺，因为如果一旦学会这些技艺，他们就永远不会忘记。于是他指出，“矛不过是由小刀的尖端发展而来，棍棒也只不过是木槌的延长，自古流传下来的东西仅此两件”。然而他也承认人类很可能很早就掌握了取火之术，因为所有现存的种族均能为之，而且欧洲古代洞窟居民也通晓此术。制造原始独木舟或木筏的技术恐怕也早已为人所知，但是在遥远的古代就有人类存在，那时许多地方的陆地高度与今天很不相同，所以大概人类不借助于独木舟也能广泛分布。约翰·卢伯克爵士进一步论述，人类的早期祖先不可能“计数到十，因为如此众多的现存种族都无法计数到十以上”。尽管如此，即使在那样早的时期，人类的智力和合群力却也不会太过逊于今天最低等野蛮人所具有的这类能力，否则，原始人类就无法在生存斗争中获得如此显著的成功，毕竟他们早期的广泛散布便证明了这一点。

根据某些语言之间的基本差别，有些语言学者推论，人类最初广泛分布时，是尚未掌握语言的动物；但可以猜测，即使那时已经拥有语言，它们所使用的语言也并不像今天的人类语言系统那样完善，而且还要用各种姿势予以辅助，然而在此后高度发达的语言中，却并没有留下痕迹。如果没有语言的使用，人类的智力能否升高到早期处于支配地位时所暗示的那样的水平，这一点令人心生疑问。

原始人类只掌握少数几样技艺，而且通常十分简单，他们的语言能力也极不完善，那么它们是否应被叫作“人类”就要取决于我们所采用的定义。由某一类猿动物徐徐地进化到现存人类，在这一系列的类型中，要想在某一固定点上使用“人类”这一术语大概是不可能的。但这件事并不重要。再者，所谓人类种族不论是否因此被命名，或者被分类为人种或亚种，几乎也都无关紧要，不过后者名称似乎更为恰当。最后，我们可以断言，当进化原理被人们普遍接受的时候，一元论者和多元论者之间的论争也会在不知不觉中渐渐消失。

还有一个问题不应被忽略，即人类的各个亚种或族系是否如曾经假设的那样，出自同一对祖先。至于我们的家养动物，也一直谨慎地通过唯一一对配偶进行交配，来逐渐形成一个新的种族，甚至通过具有某种新性状的单独个体的变异后代进行交配，来达到这一目的；但是，大多数家养族群，并非有意识地选择一对配偶，而是由于以某种有用的或合乎人意的方式发生变异的许多个体被无意识地保存下来，才逐渐形成的。如果某一地区喜好强壮的、善于负重的马，而另一个地方喜好轻巧快速的马，那么我们就可以肯定，在这两处地方并不需要挑选出一对马使它们繁育，经过一定时间自然就会产生出两个泾渭分明的亚品种。许多家养族群都是如此形成的，而且它们的形成方式同自然物种的形成方式是极其相似的。我们还知道，运到马尔维纳斯群岛的马在连续经过几代之后，就会变得弱小，而那些潘帕斯草原上的野生马则获得了较大的、更接近原始形状的体形。这种变化显然不是由于任何一对配偶，而是由于所有个体都处于相同的条件之下，也许还有返祖原理的助力。在这种情况下，新的亚种并非起源于任何单独一对配偶，而是起源于以不同程度，但按同样的一般方式发生变异的许多个体。我们可以断言，人类种族的产生也与此相似，其变异或许是暴露在不同条件下的直接结果，或许是对某种类型的选择的间接结果。之后我们还会对后一问题再作讨论。

关于人类种族的灭绝。许多人类种族或亚种族的部分灭绝或完全灭绝，都是历史上的已知事件。洪堡曾在南美见过一只鹦鹉，它能够说出一个消亡部落的语言中的一个单词，是唯一能说出该部落语言的活着的生物。在世界上的许多地方都曾发现过古代遗迹和石器，它们暗示着曾发生的大量灭绝。有些散落的小部落作为以往种族的残余，依然生存在隔绝的、一般是山麓的地区。按照沙福赫生的说法，欧洲的古代种族“在等级上比现存最粗野的野蛮人还要低”，他们在某种程度上不同于现存的种族……

论人类种族的形成。我们可以假设，当我们发现同样的种族分布在很大的区域之中，尽管他们会分裂成不同的部落，但我们仍然可以将他们的普遍相似之处归因于他们源于同一个祖先。在某些场合中，不同种族的杂交导致新种族的形成。欧洲人与印度人同属于雅利安（Aryan）血统，所使用的语言也基本一致，但面貌却大不相同；而欧洲人和犹太人的面貌虽差别不大，但后者却拥有闪米特人（Semitic）血统，并且使用一种完全不同的语言，布罗卡将这一奇特的事实解释为，某些雅利安人的分支在其广泛散布期间，曾同土著部落的人大量进行了杂交。当两个种族密切接触而发生杂交后，其最初的结果就是一种不均匀的混合。因此，亨特（Hunter）先生在描述印度桑塔利人（Santali）或山地部落时说，“由黑色的、矮胖的山地部落到具有智慧的额头、平静的双眸、高高的颅顶、瘦削高挑的身材、橄榄肤色的婆罗门（Brahman）”可以查出成百上千的细微层级，因此如果在法庭上便很有必要对证人进行询问，问清他们是桑塔利人还是印度人。如果一个异质的种族，如波利尼西亚群岛上的一些居民，是由两个独特种族形成的，只留下少数或者没有留下纯种的成员，那么他们是否会成为同质种族，却尚未有直接证据能够说明。但是，关于我们的家养动物，经过少数几代的细心选择，必然能够形成一个固定的杂交种族，于是我们可以据此推论，一个异质的混血种族在长期繁衍中的自由杂交大概可以代替选择的作用，而胜过任何返祖的倾向，因此杂交种族虽然没有同等程度地具有双亲种族的性状，但最终还会成为同质种族。

关于人类种族之间的差异，尤以皮肤的颜色最惹人注目。以往人们认为，这种差异可以通过长期暴露于不同气候中得到解释，但帕拉斯却阐明，这种解释是站不住脚的，之后几乎所有的人类学者都追随他的主张。这一观点之所以遭到驳斥，主要是因为各种不同皮肤颜色的种族长期居住在他们现今的故乡，而他们的分布同气候的差异并不符合。根据权威意见，我们听说有些荷兰人的家族在南非居住了 300 年之后，其皮肤颜色却丝毫未变，对于此类示例应当予以重视。还有一个相关论据，即世界各地的吉卜赛人与犹太人的面貌都是一致的，但是犹太人面貌的一致性多少被夸大了。曾经，过于潮湿的或是干燥的空气被假定为比单纯的炎热对于改变皮肤的颜色更有影响，但南美的多比尼（D'Orbigny）与非洲的利文斯顿（Livingston）却在有关潮湿和干燥方面得出了截然相反的结论，因此在这方面的任何结论都非常可疑。

我在其他地方所举出的各种事实，均证明皮肤和毛发的颜色时常与完全避免某些植物的毒害作用以及某些寄生虫侵袭之间以一种惊人的方式有所关联。因此我想到，黑人与其他黑皮肤的种族也许由于较黑的个体在长久世代中摆脱了他们家乡瘴气的致命影响而保留下了深色皮肤。

随后我发现威尔斯（Wells）博士长期以来都持有同样见解。黄热病在热带美洲是一种毁灭性的疾病，而黑人，甚至黑白混血儿几乎可以完全避免这种疾病，这一点早已为世人所知。他们在很大程度上还能避免致命的疟疾，这种病流行于非洲沿岸至少达 2600 英里之遥，白人殖民者每年有 1/5 死于此病，还有 1/5 因患此病被送回家乡……

黑人的免疫力在某种程度上与其肤色有关，但这只是一种猜测，还可能与他们的血液、神经系统或其他组织的某些差异有关……

尽管以我们目前所掌握的知识无法确定人类的不同种族在肤色上的明显差异是否与体质特征相关，也可能是受气候的直接影响，然而，我们却不应忽视后一种作用，因为有充分的证据表明，某些遗传的影响正是由此产生的。

……

然而，如果留心观察分布于全世界的人类种族，我们就一定能推测出他们的特性差异无法从不同生活条件的直接作用中得到解释，即使受到这种作用的时间非常悠久，也是如此。不穿衣服的火地人以荒凉海岸的水产品为生，巴西的博托克多人（Botocudo）漫游于炎热森林的腹地之中，主要以植物性食品为生，然而这等部族如此密切相似，以致有些巴西人误把“贝格尔舰”上的火地人当作博托克多人。再者，博托克多人以及热带美洲的其他居民同大西洋彼岸的黑人完全不同，但他们暴露在相似的气候之下，遵循几乎一样的生活习惯。

人类的种族差异也不会用身体各部分使用频率的增加或减少对遗传效果产生影响进行解释，即便可以产生影响，作用也是微乎其微的。惯常利用独木舟生活的人们，腿多少有点儿短；长期居住在高原地区的人们，胸部可能增大；不断使用某些感觉器官的人们，容纳这些器官的腔可能多少有些增大，因而他们的容貌也会稍有改变。至于各个文明民族，腭部会因减少使用而缩小，为了表达不同的感情而运用不同肌肉，智力活动的增强使脑部增大，因此同野蛮人相比，所有这些都使文明民族的普遍面貌产生了很大变化。身材增大，而脑的大小却不会相应增大，但却可能使某些物种的头骨加长，从而使头型变长（根据前文中举的家兔例子推断得出）。

……

现在我们已经看到，对于人类外部特征的差异，生活条件并不会产生直接作用，身体各部分的连续使用也不会使其发生变化，也无法由相关原理得出令人满意的解释。由此引导我们追问，人类容易发生的轻微个体差异是否不会在一长列的世代中通过自然选择而被保存下来并有所扩大。此时我们便会遇到障碍，即只有有利的变异才能被保存下来；就我们所能判断的来说（尽管我们的判断经常出错），人类种族之间的差异并没有任何直接的或特别的用处。当然，智慧的、道德的或社会的能力一定不在此论之内。人类种族之间外在差异的巨大变异性，同样表明了它们并不太重要；如果很重要的话，那么在很久以前这些变异就会被固定下来或是被消除掉。在这方面，人类也同那些被博物学者称为变化多端的，即多态的类型相类似，这等类型极容易发生变异，这似乎是由于这类变异的性质无关紧要，而且也避开了自然选择的作用。

在我们试图解释人类种族之间差异的过程中，遇到了上述诸多阻碍，但还剩下一个重要的力量，即性选择，这一力量不仅对人类也对其他动物产生过强有力的作用。我不敢断言，用性选择可以解释人类种族之间的一切差异，因为尚有一点无法解释，我们对此是无知的，因此只能说，因为一些个体生下来就具有稍微圆一些或狭长一些的头颅，以及稍微长一些或短一些的鼻子，所以如果诱发这等轻微差异的未知力量不断地发生作用，这些差异就会变得固定而一致。本书第二章中提到这类变异时，只是将它们暂时归类，而且鉴于缺少恰当的术语，只能将它们称为自发性的。我也并非妄自断言性选择的效果能够以科学的正确性表示出来，却可以阐明一点，即它曾对无数动物产生过强有力的作用，如果没有使人类发生改变，那么这就是一个无法解释的事实了。进一步可以阐明，人类种族之间的差异，如肤色、毛发、脸形等，是处于性选择影响之下的一类差异。但是，为了恰当地处理这个问题，我发现有必要对整个动物界进行回顾，因此，我将在本书的第二部分对此进行讨论。最后，我还会回到人类话题上来，在努力阐明人类通过性选择发生了怎样程度的改变之后，再对第一部分的各章进行简短回顾。

第二部分　性选择

第十九章　人类的第二性征

男女之间的差异——这等差异以及男女双方所共有的某种性状的起因——战斗的法则——心理能力的差异——声音的差异——美貌对人类婚姻的影响——野蛮人对装饰品的注重——野蛮人对女性美的概念——对每种自然特性夸张的倾向

人类之间的性差异大于大多数灵长类动物的性差异，但不及某些灵长类动物的性差异那么大，如山魈。雄性比雌性高大、强壮，力量更大，并且拥有更加宽阔的双肩，肌肉也明显更加发达。由于肌肉的发达同眉部的向前突出存在着关联，因此雄性的眉弓通常高于雌性的。雄性的躯干，尤其是面部，具有更多的毛发，而且音调也与雌性不同，往往更加强有力。据说在某些部落，妇女的肤色与男子的略有不同，但我不知道事实是否真的如此；而在欧洲，妇女的肤色恐怕比男性更加鲜明，但是正如我们所看到的，男性与女性都暴露在同样的气候下。

男性比女性更为勇敢、好战、精力旺盛，而且富有发明禀赋。男性的大脑明显大于女性的大脑，但这是否与其较大的体形成比例，尚未有所定论。女性的面部通常较圆，两腭和头骨基部较小，体部轮廓较圆，有些部位较突出，而且骨盆要比男性的宽阔；但是，与其把后述这一性状视为初级性征，不如将其视为次级性征。而女性的成熟年龄也早于男性。

在各纲动物中，雄性未成熟时，其显著不同的性状不会充分发展；如果被阉割，那么这类特征就永远不会出现。例如，胡须属于第二性征，男孩在幼年时尽管头发浓密，但却没有胡须。这大概是由于在男性方面所发生的连续变异是在生命的很晚时期出现的，男性通过这等变异获得男性特征，而这些特征只在男性之中传递。男性与女性在幼年时极其相似，就像其他许多动物的雌雄幼仔彼此相似一样，而成年之后二者却大有不同；同样，男孩与女孩同成熟女性的相似度要远超过同成熟男性的相似度。然而，女性最终总要呈现某种明确不同的性状，且其头骨的构造据说是介于儿童和男性之间的。而由于亲缘关系密切，所以不同物种的幼体彼此之间的差异并不像成年之后那样显著，人类不同种族的儿童也是如此。有些人甚至认为无法通过婴儿头骨找出种族的差异。关于肤色，新降生的黑人婴儿呈栗棕色，很快就变为石灰色；婴儿到 1 岁时，皮肤便完全发育为黑色。而在埃及，幼儿直到 3 岁才会充分发育为深色皮肤。黑人的眼睛最初呈蓝色，毛发最初为栗褐色而并非黑色，且只有发尾是卷曲的。澳大利亚儿童刚降生时皮肤呈黄褐色，但随着年龄的增长肤色会逐渐变深。巴拉圭的瓜拉尼族（Guarani）的婴儿皮肤呈白黄色，但在几周之后便会如父母一样变成黄褐色。美洲的其他地区，也呈现出类似的观察结果。

……

毫无疑问，同女性比起来，男性的体格较大，体力较强，而且双肩较阔，肌肉较发达，身体轮廓线条较粗，更为勇敢，更为好斗，所有这些主要来自其半人男性祖先的遗传。然而，在人类长期未开化阶段，最强壮且最为勇敢的男性无论在一般生存斗争还是在争夺配偶的斗争中都容易获得成功，上述性状便得以保存下来，甚至会被增强。这种成功大概还会保证他们比身体处于劣势的同伴留下更多的后代。男性最初获得较强的体力大概不会是因为下述的遗传效果，即男性为了自己和家庭的生计要比女性付出更多的劳动；因为，在所有未开化的民族中，女性也要被迫劳动，其劳动强度至少和男性的一样。凭借战争来占有女性的模式，在文明人的世界里早已停止；而另一方面，按照普遍规律，男性势必要比女性付出更多的劳动来维持其共同的生活；于是，他们较强的体力也因此得以保存下来。

两性心理能力差异。关于男女之间这种性质上的差异，性选择在很大程度上起到了决定性作用。我知道有些作者怀疑这类差异并非通过遗传得来；但是，如果根据具有其他第二性征的低等动物来类推，上述情况至少是存在可能性的。毕竟没有人会去怀疑，公牛和母牛、公野猪和母野猪、公马和母马，在性情方面不相同，而且正如动物园管理员所熟知的那样，大型猿类的雌雄二者在性情方面也并不相同。女性与男性的气质似乎也不相同，这主要表现在女性会表现出较多的温柔以及较少的自私，甚至在野蛮人中也是如此。关于这一点，蒙戈·帕克（Mungo Park）在其所著的《旅行游记》（*Travels*）的其中一节以及在其他许多旅行者们的叙事中均有记载。女性出于自身的母性本能，在对待自己的孩子时会将这种母性发挥到极致，因此她们将这等属性扩展到同一群落里的其他人身上是很有可能的。男性之间互为竞争对手，争强好胜，这就会引起野心，而野心非常容易发展成利己主义。后面这等属性似乎是男性所天然具有的。人们普遍认为，女性所具有的直觉能力、迅速知觉的能力、模仿的能力，都比男性强得多；但是，其中的某些官能属于较低种族的特征，因而也是过去文化较低状态的特征。

男女之间的智力差别主要体现在男性无论做什么事，都能达到比女人更高的地位——无论是需要深思、理性的，还是需要想象的，或者仅仅是需要使用感觉和双手的，都是如此。如果在两张表格上，列出在诗歌、绘画、雕塑、音乐（包括作曲和演奏）、历史、科学以及哲学诸方面成就最杰出的男性和女性，每一项列出十个名字，便可看出这两个表格上的人根本无法一较高下。高尔顿（Galton）先生在其《遗传的天才》（*Hereditary Genius*）这部著作中，对平均离差法则做了充分说明，我们可以据此推论，如果男性在许多智力活动方面都优于女子，则男性的心理能力必定也优于女性。

在人类的半人祖先以及在野蛮人中，男性之间为了占有女性，几乎世代发生斗争。但是仅靠体壮力强很少能取胜，除非同勇敢、坚忍以及不挠的精神结合起来，才能奏效。在社会性动物中，幼小的雄性在赢得一个雌性之前，势必要经过多次争斗，而且年龄较大的雄性也势必要重新战斗才能留住它所占有的雌性。对于人类来说，男性还要保护其所占有的女性及其子女不受或免受其他任何侵害，为了大家的生存而去狩猎。但是，为了成功地避免敌害或向它们进攻，为了捕获野生动物，为了制造武器，就需要男性具有较高的心理官能，即观察力、理解力、发明力或想象力。这种种官能在男子成年期间不断受到检验；在此期间，这类智力通过不断运用而得到加强。因此，我们便可判断这等智力至少倾向于向男性后代传递。

如果两个男性之间进行竞争，或者一个男性同一个女性竞争，而且双方所具有的每一种心理属性都是同等完善的，那么倘若一方具有较强的精力、耐力和勇气，则这一方一般就会在各种细节中领先。所以一位权威人士曾经宣称，人们说他是天才，正是因为天才拥有非凡耐力；从这种意义上来说，耐力就意味着坚持。但这种对天才的见解恐怕并不全面，因为，如果没有较强的想象和理解能力，就无法在许多问题上取得卓越的成功。而后面所说的这等官能以及前面所说的那些官能，在人类中是通过性选择，即通过敌对的雄性之间的斗争，而且部分地通过自然选择，即通过在一般生存斗争中获得成功而发展起来的；由于这两种争斗都是在人类成熟期间进行的，而这一时期所获得的性状传递给雄性后代的比传递给雌性后代的更充分，因此，男性最终变得比女性更为优越。但幸运的是，在整个哺乳类动物中的确普遍存在着向两性平等地传递特征的规律；否则，很可能男人在心智上的天赋比女人更优越，就如同雄孔雀的装饰性羽毛要胜过雌孔雀那样。

……

第二十一章　整体概述与结论

人类起源于某一较低类型的主要结论——发展的方式——人类的谱系——智能和道德官能——性选择——结束语

一份简明的摘要足以使读者们对本书中一些较为突出的要点加以回忆。其中提出的观点，有许多是高度推测得出的，还有些则无疑会被证明是错误的，但是，我会在每一种情况下列举出我所主张观点的理由。进化原理对人类自然史中的一些比较复杂的问题究竟能解释到哪种程度，似乎也值得在此进行讨论。虚假的事实对科学进步的危害极大，因为它们的存在往往持续而长久，但得到某种证据支持的虚假观点则危害相对较小，因为每一个人都乐于证明它的虚假性，这一点是有益的，如此，通向错误的路就被关闭了，同时打开了通向真理的那一条路。

本书所得出的主要结论为，人类起源于某种等级较低的类型，而这一结论如今已得到许多具有正确判断能力的博物学者们的支持。这一结论不会发生动摇，因为人类与低等动物之间在胚胎发育方面极其相似，它们在无数构造及体质要点上，无论是高度重要的，还是最不重要的，也都极为相似，人类所保留的退化器官不时会发生畸形返祖的倾向，这些也都是无可争辩的事实。而这些事实也早已为人所知，但是直到最近我们才从中得知关于人类起源的事情。从人类对整个有机世界的认识角度来看，其意义毋庸置疑。如果把这等事实同其他事实联系起来加以考虑，例如，同一类群的诸成员之间的亲缘关系，他们在过去与现在的地理分布，以及他们在地质上的演替，那么伟大的进化理论就站得住脚了。认为这类事实均错误的观点也无法令人信服。除非像野蛮人那样满足于把自然现象看作毫无关联，否则人们不会坚信人类是独立创造的产物。人们也只能承认，人的胚胎同其他哺乳动物的胚胎极为相似——人的头骨、四肢以及整体构造都同其他哺乳动物的相关部分、整体构造相同，不管用途如何，都是如此——人们会不时重现各种构造，例如人类之中不常出现，灵长类动物却共有的几块肌肉在人体上的重现。所有这些都以最为明确的方式得出下述结论：人类与其他哺乳动物属于一个共同祖先的同系后裔。

我们已经看到，人类在身体的所有部分以及心理官能上不断地表现出个体差异。此类差异或变异就像在低等动物中出现的那样，似乎都是由相同的普遍原因诱发的，而且都服从于同一法则。相似的遗传法则适用于上述双方。人类数量的增加速度具有大于食物增加速度的倾向，因此他们就会不时地陷入激烈的生存斗争之中，而自然选择就会在一定范围内发生作用。对于自然选择来说，连续而强烈显著的相似变异并非必需的，个体中轻微的变异就足够了。我们没有任何理由假设同一物种的所有部分都会以同样程度发生变异。可以肯定的是，身体各部分长期连续性使用或不使用的遗传效果将会按照自然选择的同一方向发挥重大作用。以往具有重要性的变异，虽然现在没有任何特殊用途，却仍会长久遗传。当某一部分发生变异，其他一些部分也会按照相关原理发生变化，关于这一点，我们可以用畸形的例子来进行说明。上述变异多少可以归因于周围生活条件的作用，如丰富的食物、炎热或潮湿环境的直接作用；而生理上并不重要的诸多性状，以及在生理方面的确重要的某些性状，都是通过性选择获得的。

毫无疑问，人类与其他各种动物还具有一些这样的构造，以我们有限的知识来看，它们无论是现在还是以往，对一般的生活条件或两性关系都没有任何用处。这类构造无法用任何形式的选择或身体各部分使用和不使用的遗传效果来解释。我们知道，家养动物和植物会在构造上偶然出现许多奇异而强烈显著的特性，如果未知原因使其更加一致地发生作用，那么这类特性很可能会被这一物种的全部个体所共有。关于这种偶然变异，我们希望今后能够解开其中奥秘，对畸形进行研究更有助于增加了解，因此，实验工作者们的劳动，如卡米尔·达列斯特（M. Camille Dareste）的劳动，对于将来解开谜团大有帮助。总之，我们所能说的只有，导致各种轻微变异和畸形的因素中，生物构造的因素要远远超过周围条件性质的影响，尽管变化的新条件在激发许多种类的生物变化上必定也起到重要作用。

正是通过上述方法，或许还借助了其他尚未发现的原因，人类才会上升到今天这样的地位。但是，自从人类达到人的等级以后就分为不同的种族。有些种族截然不同，以至于如果将二者的标本带给一个博物学者去看而不做进一步说明，这位博物学者会毫无疑问地把他们视为不同物种。尽管如此，所有种族在诸多并不重要的细微构造上以及在非常多的心理特性上仍是一致的，因此只有根据遗传自一个共同祖先，这类构造与特性的一致性才能得到解释，而一位具有此类特征的祖先大概是值得被列入人类等级的。

千万不要设想，每一种族同其他种族的差异，以及所有种族同共同祖先的差异，都可以追溯到某一对祖先配偶。反之，在变异过程的每一阶段，能够更好地适应生活条件的个体要比适应性较差的个体更容易存活。人类并非有意识地选择家畜的特殊个体，而是用所有优秀的个体进行繁育，遗弃那些低劣者，人类的变异过程也是如此。于是，人类就能缓慢而稳定地改变其种族，并且无意识地形成一个新的族系。因此，并非由于选择而获得的变异，而是由于有机体性质和周围条件作用或生活习性变化获得的变异，没有任何一对配偶的改变大于在同一地方居住的其他配偶的改变，因为所有个体将通过自由杂交不断地混合在一起。

根据人类的胚胎构造以及人类的返祖倾向，我们便能想象到我们祖先的样子，并且能够大致将他们置于动物系列中的适当地位。于是，我们可以得知人类起源于一个身体多毛的、有尾的四足兽，这种四足兽居住在旧世界中，很可能具有树栖的习性。如果一位博物学者对这种动物加以检查，很可能会把它分类到四手目中，其确切程度正如把旧世界和新世界猴类的更古老的祖先分类到这一目中一样。四手目与其他高等哺乳动物大概来自古代的同一种有袋动物，而有袋动物则来自某一种与两栖类动物相似的动物，这种动物又来自某一种与鱼类相似的动物。由此我们可以看到，在朦胧的过去，所有脊椎动物的祖先一定是某种水生动物，它有鳃，雌雄同体，而且其身体的最重要器官（如脑和心脏）是不完全的或并不发达。这种动物同现存的海鞘类十分相似，而这种相似性远胜于其他已知生物类型。

当我们就人类起源得出结论之后，最大的难题便是人类的智力和道德倾向是如何达到如此高标准的。但是，承认进化原理的人都会必然看到，高等动物同人类的心理能力，尽管在程度上截然不同，但性质却无异，是能够进步的。例如，在某一高等猿类和某一鱼类之间或一种蚂蚁和一种介壳虫之间，心理能力的差距是巨大的，然而它们的发展并没有遇到什么特别困难，因为就这些动物而言，心理官能是可变异的，而且这种变异是具遗传性的。谁也不会怀疑心理能力对自然状况下的动物是多么重要。因此，通过自然选择，外界条件对心理能力的发展可以起到促进作用。这一结论同样适用于人类；智力对人类一定是高度重要的，甚至早在十分古老的年代便是如此。智力能使人类发明和使用语言，制造武器、器具、陷阱等，在它的帮助下，人类很久以前就成为一切生物的最高统治者。

半技术和半本能的语言得到运用之后，智力也随之快速发展。语言的连续使用对大脑产生作用，而这种作用又具有遗传效果；反过来，这一过程也会刺激语言的进步。昌西·赖特(Chauncey Wright)说得很对，同低等动物相比，人脑按其身体的比例来说是很大的，这主要归因于人类早期对于某种简单形式语言的运用——语言是一种不可思议的机器，它能给各种物体以及各种性质做上记号，并引发思维的连锁效应；仅凭感觉的印象，思维的连锁效应无法发生，即使发生了也无法进行到底。因此人类的较高级智力，如推理、抽象作用、自我意识等，大多是因其他心理官能的不断提高而产生的；如果缺乏足够的心智，无论对于种族还是个人而言，能否行使这些能力从而充分实现这些能力，都很值得怀疑。

道德属性的发展是一个更加有趣的问题。它构建于社会本能之上，而“社会本能”这一名词含有家庭纽带的意义。这类本能高度复杂，在低等动物中同样具有进行此类活动的某种特别倾向，但其更重要的组成部分还是爱，以及同情感。具有社会本能的动物合群，彼此警告危险，并能用许多方法来实现互相帮助。但它们的这种本能却无法扩展到同一物种的所有个体，而只能扩展到同一群落的某些个体。由于这类本能对物种极为有利，所以它们完全可能是通过自然选择而获得的。

有道德的生物能够对自己过去的行为和动机予以反省——赞同这个，反对那个；人被称为人，就在于人类和低等动物之间的这种最大的区别。但是，我曾在第三章中试图阐明道德观念源于以下几个方面：第一，社会本能的持续和恒久存在；第二，人类懂得同群诸人的称赞和刁难；第三，人类心理官能的高度活动以及对过去的印象鲜明。由于这种精神状态的存在，人类不可避免地瞻前顾后，并把当前状况与过去的印象进行比较。因此，当某种暂时的欲望或激情抑制了其社会本能之后，人类就会对自己的行为进行反省，从而形成相应的印象，并把这等印象同恒久存在的社会本能加以比较；他为此感到不满，这是所有不满的本能留给他的，于是他决定将来不再发生这样的行为——这就叫作良知。任何一种本能如果永久地强于另一种本能，而且持续时间较长，这种本能就会触发我们用语言进行表达应该遵从的那种感情。一条指示犬如果能够对自己过去的行为进行反省，它大概会对自己说，我应该（恰如我们对它所说的）指出那只兔子的所在位置，而不应屈服于一时的诱惑去猎捕它。

社会性动物往往受到一种愿望的驱使，即对其同群成员进行帮助的愿望，但更为普遍的是履行某些特定的行为。人类同样也被帮助其同伴的一般愿望所驱使，但这很难被称为本能，或者根本没有这种本能。人类与低等动物之间的区别还在于前者具有用语言表达自己愿望的能力，这可以成为需要帮助和给予帮助的引导。人类给予帮助的动机也发生了重大改变：它已不再单纯是盲目的本能冲动了，而是会受到其同伴称赞或谴责的严重影响。对称赞和谴责的鉴别以及称赞和谴责的给予则是建立在同情之上的，正如我们已经看到的，这种情绪是社会本能的最重要组成部分。尽管同情是作为一种本能被人类获得的，但还是会因使用或习性而得到有效加强。由于所有人都希望自己获得幸福，所以对行为和动机所给予的称赞或谴责都是以他们能否实现幸福这一目的来决定的，而由于幸福是公共利益的一个重要部分，因此最大幸福原理是以是非的基本评判标准间接发生作用的。由于推理能力的发展以及经验的获得，人们会察觉到某种行为会对个人性格以及公共利益产生更为遥远的作用，于是自尊的美德就会被放到舆论范围内，并受到人们的称赞，反之就要受到谴责。但就文明程度较低的各个民族来说，理性常常会出现错误，因此许多不良风俗以及愚蠢的迷信行为也会同样被置于舆论范围之内，于是这类风俗和迷信就成为备受尊崇的高尚美德，一旦违反了它们便罪无可恕。

人们普遍认为道德官能比智力具有更高的价值，这种看法是正确的。但是我们应该牢记，在回忆过去印象时，心理活动才是良知根本的基础。这就提供了一个最强有力的论据，该论据表明每一个人的智能都是通过各种可能的途径受到教育和激发的。毫无疑问，一个心理迟钝的人，如果他的社会情感和同情心十分发达的话，也会被引导做出良好的行为，而且也可以拥有相当敏锐的良知。但无论在任何情况下，只要能使想象更为鲜明，使回忆过去的习性得以加强，就会使良知变得愈加敏锐，甚至可以或多或少地对衰弱的社会情感和同情心有所补偿。

人类的道德本能之所以能够达到今天这样的标准，部分是由于推理能力的进步，从而引起公正舆论的进步。而人类通过习性、范例、教育以及反省，同情心也随之变得更加敏感且广泛普及。美德的倾向经过长期实践之后并非不可遗传的。尽管很少有人能够挣脱同伴褒贬的影响，但人类终究不会以褒贬为唯一准则，受到理性支配的习惯信仰则为人类提供了最为恰当的准则。于是，人类的良知便成为最高的判断者与告诫者。尽管如此，道德观念的最初基础或起源还是在于包括同情心在内的社会本能，这类本能就像在低等动物中那样，最初无疑是通过自然选择获得的。

正如我们已经看到的，人类的信仰不可能是天生的或本能的。另一方面，对无所不在的精神力量的信仰似乎十分普遍；显然这是来自人类理性的进步，而且是来自人类想象、好奇和惊异的官能的进步。

……

本书用两卷的内容对性选择进行了详细讨论，因为正如我试图阐明的，性选择在生物界的历史中起了重要的作用。我知道还有许多地方存在着疑问，但我已尽力针对全部情况提出一个公平的观点。在动物界的较低阶层中，性选择似乎并没起到什么作用：这类动物往往终生固定生活在一个地点或是雌雄同体，更加重要的是，它们的知觉力与智力远没有进步，因此无法表现出爱和嫉妒的感情，更无法选择感情对象。然而，论及节肢动物和脊椎动物这两大类物种时，甚至是在它们最低等的纲中，性选择却都发挥了很大作用。

值得注意的是，我们在此处发现，智力官能在两条截然不同的道路上发展到了最高标准，即节肢动物中的膜翅目（蚂蚁、蜜蜂等），以及脊椎动物中的哺乳动物，当然人类也包括在内。

在哺乳类、鸟类、爬行类、鱼类、昆虫类，甚至甲壳类等动物的几个大纲中，雌雄之间基本按照同样的规律表现出差异。雄性几乎永远都是求偶者，它们具有特殊的武器，用来与竞争对手进行战斗。它们一般比雌性更有力，而且体形更大，并且拥有勇敢和好斗这类必需的品质。它们具有专门的声乐器官以及散发气味的腺体，即便并非为它们所专有，也要比雌性的更加发达。它们拥有最鲜艳的或引人注目的颜色，这些颜色往往以十分优美的样式进行排列，而雌性却不具有这类装饰。当雌雄二者在更重要的构造上表现出差异时，往往是雄性具有特殊的感觉器官——借以发现雌性，具有运动器官——以达到雌性的所在，具有抱握器官——以抓住雌性。而雄性的这些能够媚惑雌性的构造常常只在每年的某一时期才充分表现，即繁殖季节。在许多情况下，这类构造也会或多或少地传给雌性，但即便如此，它们在雌性身上也仅表现为退化。当雄性被阉割之后，这类构造就会消失。一般来说，在雄性的幼年期这类构造并不发达，而是在将要达到生殖年龄之际才会出现。因此，在大多数场合，幼小的雌雄二者彼此相像，而且雌性终生同其幼小的后代相似。几乎在每一个大纲中都有少数反常现象发生，这时雌雄二者所固有的性状差不多完全互换，雌性呈现雄性所固有的性状。在如此众多的远隔的诸纲中，雌雄二者之间的差异受到了一致法则的支配，如果我们承认这一共同的原因，即性选择在起作用，那么这种情形就是可以理解的了。

性选择决定了同一性别的某些个体胜过其他个体，这与物种繁殖有关；而自然选择决定于雌雄双方的喜好，而不论其年龄如何，这与一般的生活条件有关。性的斗争分为两种：一种是发生在同一性别个体之间的斗争，通常发生在雄性之间，以便赶走或弄死其竞争对手，而雌性则通常处于被动地位；另一种斗争也是在同一性别的个体之间进行的，通常发生在雌性之间，以便刺激或吸引异性，此时的雌性不再处于被动地位，而是会主动选择更合意的配偶。后面这种选择同人类对家养生物的选择很相似，人类进行这种选择虽无意识，却很有效。人类在悠久的时间内保留下最合他们心意的或是最有用的个体，却并未改变这个品种的任何需求。

任何一种性别通过性选择所获得的性状究竟是传递给同一性别还是传递给雌雄双方，以及这类性状的发育年龄，均由遗传法则来决定。在生命晚期发生的变异似乎普遍只会向同一性别传递。

变异性是选择作用的基础，变异性同选择之间完全没有关系。随之而来的，是具有同样一般性质的变异，与物种繁殖有关的因素常常会通过性选择被利用并得到积累；与一般生活目的有关者，则通过自然选择被利用和被积累。因此，当次级性征同等地传递给雌雄双方时，只依据类推方法就能够把它们同物种的普通性状区别开来。通过性选择所获得的变异往往是强烈明显的，因此雌雄二者常常会被分为不同的物种，甚至被分为不同的属。这类强烈而明显的差异在某种方式上是高度重要的，我们知道，在某些事例中它们的获得不仅招致了不方便，而且还会使其处于实际的危险之中。

对性选择力量的信念主要是以下述考虑为依据的。一定的性状仅限于某一性别所特有；仅仅这一事实就很可能说明，在大多数场合中这类性状是同繁殖行为相关联的。大量事例表明，这类性状只在成熟时，而且常常只在每年的特定时期——繁殖季节，才会充分表达。雄性在求偶时通常较为积极（除少数例外）；它们具有较好的武器，而且在各个方面更富有魅力。此外还应注意的是，雄性会在雌性面前精心展示自己的魅力；但在非求偶季节，它们则鲜少或绝对不会如此展示。若说这一切完全没有任何目的，恐怕没有人会相信。最后，就某些四足兽和鸟类来说，我们有明确的证据可以表明，某一性别的个体会对异性的特定个体产生厌恶或是偏爱的强烈感情。

如果记住这类事实以及人类对家养动物和栽培植物所实行无意识选择的显著结果，在我看来几乎可以肯定，如果某一性别的诸个体在一系列世代中乐于同异性的特定个体进行交配，后面这些个体是以某种特殊方式构成其特征的，那么，它们的后代就会缓慢而肯定地按照同样的方式发生变异。我并非要妄下断言，认为除非雄性的数量多于雌性或盛行一夫多妻，否则魅力较强的雄性一定比魅力较弱的雄性能够留下数量较多的后代，并使它们在自我装扮或其他方面的魅力得以承继，因为这一点尚有疑问；但我已经阐明，这大概率是由于雌性，尤其是那些精力旺盛且最先实现繁育的雌性，不仅偏好魅力较强的，而且更为喜爱精力较旺盛的或是获得胜利的雄性。

尽管我们有某种确切的证据可以证明鸟类喜欢鲜明而美丽的物体，就像澳大利亚的园丁鸟那样，它们十分欣赏鸣唱的能力，但我对许多鸟类以及某些哺乳动物的雌性能够拥有足够的审美力来欣赏那些通过性选择所获得的装饰物这一点，还是十分惊讶；而在爬行类、鱼类和昆虫类中，这种情形更加令人讶异。但关于低等动物的心理，我们的确一无所知。例如，雄性极乐鸟或雄性孔雀在雌性面前如此尽力地竖起、展开以及摆动它们那美丽的羽毛，人们很难想象此举全无目的。我们也应该记住在前一章诸位优秀权威所举出的事实，即当几只雌性孔雀被禁止接近一只备受倾慕的雄性孔雀时，它们宁愿在整个交配季寡居，也不愿与其他雄性孔雀进行交配。

……

每个承认进化原理的人，却很难承认雌性哺乳类、鸟类、爬行类和鱼类也都具有鉴赏雄性美貌的高品位，而这种鉴赏能力往往也符合人类标准，由此反映出，脊椎动物的每一个成员的大脑神经细胞，均属于整个群体的共同祖先的直接分支。因此我们可以得知，大脑与智力官能是按照差不多的方式发展的，因此也执行近乎相似的功能。

通过阅读讨论性选择的这几章内容，读者就能判断出，我所得出的结论究竟可以在多大程度上得到证据支持。一旦他接受了这些结论，就可以将其扩大至人类；但是我刚刚谈过的有关性选择作用于人类男女的方式就无须重复赘述了，性选择引起了男女在身体和心理上的差别，也引起了若干种族在各种不同性状上的差别，同样也引起了若干种族同其祖先之间的差别。

承认性选择原理的人能够得出一个明确结论，即神经系统不仅支配着身体现有的大部分机能，而且也间接影响着某些心理属性以及各种身体构造的向前发展。勇敢、好斗、坚忍，体力和体形，各种武力、音乐器官，鲜明的颜色以及装饰性的附属器官，所有这些都是由某一性别或另一性别通过选择的进行，通过爱情和嫉妒的影响，以及通过对声音、颜色或形态之美的欣赏而间接获得的；而这类心理能力显然决定于脑部系统的发展。

人在使其饲养的马、牛和狗进行交配之前，总要细心地检查这些动物的性状及其谱系；但当他自己结婚时，却很少或根本不会注意这些。人类高度重视精神魅力以及美德，人类在这方面虽然远远高于低等动物，但却同样是被动物选择对象时的那种动机所推动。另一方面，人类也会单纯地被对象的财富或地位吸引。然而人类通过选择，不仅对其后代的身体构造和体质起到一些作用，对其智力和道德属性也会起到一些作用。如果男性或女性的身心在任何显著程度上来看都是低劣的，那么他们就应当克制住自己结婚的念头；不过这种希望实属空想，除非某一天遗传法则能被人们彻底了解，否则就连局部实现这种希望也只是空谈。凡有助于人类实现这一目的的人都做出了巨大贡献。当繁殖与遗传原理能够被人类更好地理解时，我们将再不会听到立法机关的那些无知人员以轻蔑的口吻来否决血族婚姻是否对人类有害的相关方案了。

人类谋求福利是一个错综复杂的问题。凡是那些因诞下子女而不可避免地陷于赤贫的人，都应遏制住自己结婚的念头，因为贫穷不仅仅是一种巨大的危害，一旦不计后果地结婚，还会很可能使这种弊害进一步加剧。另一方面，正如古尔顿先生所说，如果鲁莽之人草率结婚，而谨慎者却避免结婚，那么社会就会呈现出低劣成员逐渐取代优等成员的倾向。就像其他动物那样，人类进步到如此高的等级，无疑是在迅速繁殖而引起的生存斗争的激励下完成的；如果人类欲往更高处进步，恐怕还要进行更为激烈的斗争，否则人类就要堕入懒惰之中，天赋较高的人在生活斗争中将无法比天赋较低的人获得更大成功。因此，人类的自然增加率虽可导致许多明显的弊害，却无法使其有效降低。因此所有人都应参加公平竞争，而不应以法律或习俗来阻止富有才能的人获得最大的成功与养育数量最多的后代。生存斗争过去很重要，现在依然很重要，然而仅就人类本性的最高部分而言，还有其他更为重要的力量。这是因为人类道德品质的进步需要直接或间接通过习性、推理能力、教育、宗教等作用来完成，远比通过自然选择来完成的进步大。

我很遗憾地说，本书得出的主要结论，即人类起源于某种低等类型，必然会使许多人感到极其厌恶。但不可否认，我们确实是野蛮人的后裔。我永远也不会忘记自己第一次在荒凉海岸上看到一群火地人时所感到的惊讶，因为我立即想到，这就是我们的祖先。这些人赤裸着身体，周身涂满颜色，长发乱成一团，时常因过于激动而口吐白沫，他们表情十分粗野，很容易惊恐且很是多疑。他们几乎没有任何技艺，如同野兽一般生活，捕获到什么就吃什么；他们没有政府，对于每一个不属于自己小部落的人都冷酷无情。当一个人在本地看到一个野蛮人时，如果被迫承认在其血管中流有某一更为低等动物的血，很难不将其视为奇耻大辱。至于我自己，我宁愿是那只颇有几分英雄气概的小猴子的后代，它敢于为了保卫主人而抗击可怕的敌人；我也宁愿是那只老狒狒的后裔，因为它曾从山上跑下来，从狗群中将一只受惊的小狒狒顺利救走。

尽管人类达到生物等级的顶峰并非出自自身的力量，但对此感到骄傲还是情有可原的；人类现在的地位并非与生俱来的，而是后来逐步升上去的，这一事实也给予了人类以希望——在遥远的未来注定还可以登上更高的地位。但我们在此所关注的焦点却并非对未来的希望或恐惧，而是理性允许我们发现的真理，对此，我已经尽我所能提出了所有相关证据。然而在我看来，我们必须承认，尽管人类具有一切高尚的品质，会对世间最为卑劣之人予以同情，人类的仁慈不仅惠及他人，甚至还会关爱最低等的生物，人类所拥有的神明一般的智慧甚至可以洞察太阳系的运动及其构成，但是，在人类的身体构造上始终留有低等生物的标记，这一点永远也无法抹去。

（查尔斯·达尔文　公元 1871 年）

《物种起源》评述

达尔文先生提出的理论足以解释物种起源，这一理论被多数人接受，甚至可以说肯定是正确的，因为人们接受过生理学、自然史和地质学的知识，所以这种理论可以形成一种理智的观点。他们认为事实与理论相符。在动物及其后代之间可以观察到细微的差别，而在物种之间则可以观察到较大的差异，这一点已经形成了一种共识。所谓物种之间的差异，有时在外观上并不比有共同起源的物种大多少。即使物种差异变得更大，这种所谓的差异也只是程度上的，并不是种类上的。不论两种动物是否来自同一个祖先，他们都看不出它们在各个方面有什么明显的区别。他们认为有理由得出这种结论：尽管有些动物结构显示出相反性质，但它们可能是少数几个祖先的后裔——不，甚至是一对祖先的后裔……

有些人似乎认为这个理论对道德等方面有威胁，其他人则一笑置之。我们既不能分享前者的恐惧，也不能分享后者的欢乐，恰恰相反，我们对这一学说的独创性，和提出该学说时表现出的态度，都感到由衷的钦佩，尽管从下面这些争论角度来看，我们的意见与它的理论相矛盾。

可变性。达尔文的理论要求，后代与其祖先之间可能存在的差异不应有任何限制，或者就算有限制，至少要有很大的距离，以便理解已知生命形式间的最大差异。如果需要的可变性不是无限的，那么就是不明确的。培育家畜和植物的经验表明，的确存在很大的可变性。达尔文尤其留意到各种鸽子之间的差异，他说，这些鸽子是同一种鸽子的后代。不同品种的牛和马，以及其他家畜也是一样。他认为，这些差异要比那些让博物学家把多种标本归类为不同物种的差异更大。与他的理论所要求的范围相比，这些差异是无限小的，但他也认为连续的差异积累会产生程度的变化……

我们都认为，如果一个饲养员最开始有相当数量的普通马，通过选择，他可以在几代之内获得跑得比它们的父辈或母辈都快得多的马；也许有朝一日，会有后代比祖先的速度快一倍，而且可能和赛马一样快。但每代之间的速度差距不会越来越小吗？每年有数百名技术娴熟的人培养出成千上万只赛马。如果一个培育员可以培育出一匹比同伴快五千分之一的马，他就能享尽荣华富贵。根据经验，我们的赛马在过去的二十代中速度提高了千分之一吗？难道我们不能在二十代的培育时间里把轻便马车的速度提高一倍吗？和炮弹类比一下，在指定方向上的变化率并不恒定，但也不是不可预测；它是一个递减的速度，因此趋向一个极限……

因此我们认为，无论变化着的兽类、鸟类，还是花卉中有什么新奇点是饲养者喜欢的，一开始都可以很快接近达成，但是接近的速度很快就会降低，趋于一个永远无法达到的极限。达尔文说，我们最古老的栽培植物仍然能产生新品种。的确是这样，但新的变化不是一个方向上的连续变化。马的耳朵或长或短，毛发或长或短，马蹄或大或小，也许颜色、眼睛、牙齿都各有不同。简言之，无论普通事物的变化如何，我们通过选择都可能使这种变化程度更大。如果提出这些新颖的特点能获得年度大奖，可能前几年的变化尤为显著，但二十年后裁判应该会很困扰奖要颁给谁，最优秀的成绩也会以数据的形式表现并传播，这样就算八分之一英寸的差距都可以决定成功或失败。

我们已知的动植物看上去都是可控的，也就是说，在一个变化范围内，一个个体在靠近表面的部分，而同物种的另一个个体在靠近表面的另一部分，普通动物则靠近中心。任何个体都有可能产生向任何方向变化的后代，但更有可能产生向球体中心变化的后代，而向这个方向的变化将比向表面变化的量大。因此，一组同等价值的赛马不加选择地配种，只会产生更多速度上更为劣质的小马驹，并且衰退的速度将会比选种改良的速度快。一群克莱德斯代尔马将产生在力量方面更为劣质的小马驹。达尔文承认，恢复的倾向在上面球体的比喻中得到了概括。另一方面，达尔文坚信新奇事物的产生很迅速。对于现在所论证的观点，这种快速和随后的缓慢同样重要。

我们希望明确一点，不管变化的速度有多慢，即使它只是每两万或两千代中改变了一千个个体的一部分，但如果它恒定或不可预测，我们就可以认为，在未知时间里它会发展出未知的变化。但如果我们在任何情况下发现个体有和均等的偏差，这种偏差都会在最开始很快受到影响，而偏差率会逐渐减小，一直到几乎难以察觉的程度，那么我们有权为可能偏差假定一个限制，就像我们可以根据炮弹速度的递减知道它的进程一样。这种对物种变异的限制似乎适用于所有人类选择的情况。那么达尔文提出了什么论据来证明，当变异缓慢进行而不是迅速发生时，变异定律将会有所不同呢？定律可能不同，但是否有实验依据证明它的不同呢？达尔文说："自然选择与逆转和变异的倾向之间的斗争，会随着时间的推移而停止，而最不正常发育的器官可能会保持不变，我认为没有理由质疑这一点。"可是我们又有什么理由相信这一点呢？达尔文认为，当个体倾向于恢复以前的状态时，持续的排斥反应会使这种变异消失；但是否有任何实验根据可以让我们相信这种变化将会消失呢？其次，如果这种变化恒定，那随着时间的推移，它会在原来的方向上发生更大的变化，超出我们所认为的人类选择的极限吗？特别难理解的是，自然选择是如何排斥那些倾向于让后代回归原始族群的个体的。

虽然许多家畜和植物可变性很强，但它们在任何方向上的变化似乎都是有限的。这种极限体现在，新奇点一开始是迅速获得的，但后来变得很慢，最后不再发生明显变化。因此，由于变异性很强，我们不能自由假定同一种类的连续变异性可以累积。也没有实验可以佐证这个极限会被移到很远的距离外，或者只是因为它是以非常缓慢的速度接近目的，而并非快速接近，就会被逾越。没有理由认为新的变异是通过长期选择获得的；相反，我们知道，对于最古老的品种来说，减少优良品种的数量比增加更为容易。变化的球体就是这一点的比喻：球体上的每一点对应同一种族的不同个体，中心对应一般动物，表面对应各个方向的极限。靠近中心的个体，后代可能以几乎相同的速度向各个方向变化。在表面附近的变化可以使它更接近表面，但在其他方向有更大的变化趋势。这个球体对某些物种来说可能很大，但对其他物种来说可能很小。

自然选择的效率。最适应环境的物种个体，平均寿命要比不太适应所处环境的个体长。最长寿的个体将有最多的后代，由于后代在总体上与父母相似，所以后代在总体上都会与该物种中较优秀的个体相似，而不是与不太优秀的个体相似。这么多的自然选择理论都很难被否定，但值得考虑的是，这个过程会在多大程度上导致某一方向的变化。很明显，它通常倾向于避免偏离常见类型。一个物种的存在，本身就证明了它已经很好地适应了它必须过的生活；许多可能发生的变化其实是更坏的变化，而自然选择一定会将这些变化消灭。草丛中的白松鸡或潜伏的白兔子，都要比普通羽毛或普通颜色的更容易被敌人发现。即便如此，根据当下的特殊情况，任何有利的偏离都必须给其幸运的拥有者更好的生存机会；但这一结论与假定结果大不相同，即整个物种可能或即将获得某种新特性，或以相同方式向同一方向彻底改变。在论证这一点时，必须分别考虑两种不同的可能变异：第一，这种共同变异对于物种的每个个体，必须不仅是可能的，而且是不可避免的， 比如腿长或腿短、听力好或听力差等；第二，这种变异很少发生，可以称为一种自然运动，或者更简单地说是一种“运动”，就像孩子出生时每只手都有六个手指。共同的变异并不局限于某一动物，而是发生在所有动物身上； 当我们说整体来看强者比弱者长寿时，我们的意思是说，在某些情况下，长寿是由于肺部健康，有些是因为听力好，有些是因为腿脚好。很少有一种能力会超越其他所有能力，对动物来说更是如此。如果不是这样，自然选择的作用就只是杀死那些虚弱的动物，并保护一个无恙、健康、发育良好的品种。如果我们承认逐步积累进化的原则，自然选择将逐步改进一切事物的品种，让如今这代野兔比它们的祖先跑得更快，听力更好，消化得更好，而它们的敌人黄鼠狼、灰狗等，也会有类似的进步，因此或许兔子并没有真正变得更好。但无论如何，变化的方向将把侏儒之战变成巨人之战。由于万物的这种逐渐完善性缺少佐证，意见会有所不同，但它与讨论这一论点的问题相关，因为物种起源并不需要动物保留相同习性或结构的逐步改善，而习性和结构的改进最终会导致新器官的形成。我们要坦率地承认，如果微小的改善可以累积，那么自然选择就可以让野兔成为更好的野兔，让鼬鼠变成更好的鼬鼠，也就是说，它可以创造一种动物，让它具有它的祖先一切有用的功能和器官，并发展到更高的程度。不仅如此，自然选择还可以消除一些曾经有用，但由于环境改变而不再有用的器官，因为器官在谋生过程中只会徒增重量……

由于不完全理解而模糊使用机会主义，首先会让达尔文主义的支持者混淆上述两种不同情况；其次会让他们想象，一种有利于某些个体的运动必然会导致它的延续。总之，在上面的例子中，最有利的运动每五十次将会被保存一次。我们来想一下，最有利的运动如果保留下来，会对主体部落产生什么影响。它会继续繁殖后代，可能会有一百只；总体来说，这些后代将介于普通个体和这种运动之间。与普通个体相比，这种新物种中某一属的概率为一比一，因此对它们有利的概率将小于它们的父母；但由于它们的数量更多，它们中大约只有一只能存活下来。除非它们在一起繁殖，但这是最不可能的事，否则它们的后代会再次更加接近普通个体。总体有 150 个， 它们的优势比是一比一；现在更有可能的是，它们中有两只能活下来，生下 200 个孩子，其中八分之一有优势。比起其中两只存活下来，这种优势将会再次缩小，直到几代以后，这种优势将再也不能观察到；比起在普通器官中发生的几百种微不足道的进步，在生存斗争中也不会更有价值。举个例子就可以说明这一点。假设一个白人在黑人岛屿上遇难，并与一个强大的部落建立了友好关系，也已经学会了这个部落的风俗习惯。假设他拥有统治白人种族的体力、精力和能力，岛上的食物和气候都适合他的体质，且让他拥有我们能想象到的白人的所有优势。必须承认在生存斗争中，他的长寿机会将远远超过土著酋长。然而综合所有这些条件，并不能得出下述结论，即经过有限或无限代人之后，岛上的居民会是白人。我们的海难英雄可能会成为首领；他会在生存斗争中杀掉很多黑人；他会有许多妻子和子孙，而他的许多臣民将会像单身汉一样生活和死去；保险公司会接受他的人身保险，保费大概是黑人保费的十分之一。白人的品质肯定会让他安享晚年，然而无论经过多少代人，他都不足以使他的臣民的后代变成白人。可以说，肤色白并不是获得优势的原因。的确如此，但它可以简单地让人们认识到，一个人的各种品质必须逐渐被抹杀掉。第一代会有几十个聪明的黑白混血儿，他们的平均智力要比黑人高得多。我们可能认为，几代人的王位将由一位或多或少黄肤色的国王占据，但谁能相信整个岛屿的人口都将逐渐变成白人，甚至是黄种人，或者说岛民们拥有了精力、勇气、聪明才智、耐心、自制和忍耐力，而我们的英雄正是凭借这些品质杀害了他们的众多祖先，生下了众多子嗣。实际上， 如果生存斗争能选择的话，它会选择哪些品质呢？

在引进了一种全新物种的情况下，且这个物种在人们听说的任何运动上都有更大优势，那么这种优势虽然有利于保护它，却不能让它永垂不朽。

达尔文说，在谋生过程中，一粒谷物都可以让天平向特定结构方向倾斜，随后这些结构就会被保存下来。假设有 7000 个甲和 7000 个乙，它们代表一种给定动物的两个变种，且所有乙由于结构上的微小差异，都有 1/7000 的更好的生存机会。我们必须承认，乙的后代取代甲的后代的可能性很小；如果一开始有 7001 个甲和 7000 个乙，机会还是一样的；但如果一开始有 7002 个甲，机会就会落在甲身上。没错，它们被杀的可能性会更大，但这样它们就更能承担被杀的代价。只有当这些个体非常平衡时，谷粒才会转动天平，而且数量上的优势会影响重量，甚至结构上的优势也是如此。由于优势群体数量减少，所以必须增加其相对优势，如果其存在的可能性大于其灭绝的可能性，且任何现代都会与其后代自由繁育出劣质后代，直到某对情侣的后代消灭了数以千计的后代， 它们几乎就不再有任何优势，优势就是这样逐渐失去的。如果不可能通过自然选择来保存和传播个体的任何变异或偶然变异，无论这种变异对生存多么有利，发生在个体身上的微小且难以察觉的变异都更不可能被收集以及传播给不断增加的数量。因为如果一个非常受人喜爱的白人不能使一个黑人国家的人口变白，那么一个迟钝的黑白混血儿就很难有机会产生一个黄褐色肤色的部落；这一观点如果和实际情况联系起来看，几乎有些荒谬，它是建立在一个普遍存在于物理学中的谬论之上的。当一个人表现出产生某种特定效果的倾向时，他通常会认为自己已经证明了这种效果一定会随之而来。他没有考虑到相反的倾向，没有测量各种力，更没有从计算结果角度去考虑问题。例如，假设海底电缆是一条垂曲线，而且权威部门曾说过是如此，但实际上，他们忽视的力量完全改变了垂曲线的曲度。和通常一样，同一根缆绳有完全松开的趋势；幸好还有相反力，它们只解开了一点儿。这些情况很难理解，但如果有人断言地球的离心趋势一定会使地球偏离轨道，我们该怎么回应呢？一种趋势被其他趋势平衡或抵消，一个独立样本具有的结构优势也会被其他样本具有的数量优势大大抵消。

（弗利明·詹金　公元 1867 年）

亚当·塞奇威克致查尔斯·达尔文的一封信

亲爱的达尔文：

我给您写信是想感谢您写的《物种起源》系列书籍。我记得后半部分是在上周到的，但其实来得更早，它就放在我的书袋里，我没有注意，因为要是我太懒或忙于手头的工作，就会一直不打开书袋。我一打开这本书就开始阅读了，在多次中断后，终于在星期二读完了。昨天，第一，我找到了工作；第二，准备了我的演讲；第三，参加了我朋友的会议，讨论议会委员会的最终建议；第四，进行了演讲；第五，在听取了讨论的结论后，学院给出了答复，根据我自己的意愿，我们接受了委员会的计划；第六，我和一位老朋友在克莱尔学院共进晚餐。然后我又参加了某俱乐部的每周例会，晚上十点从俱乐部回来，我累得连楼梯都爬不上去了；最后，我还要翻阅《时代》杂志，看看繁忙的世界发生了什么事……

我说这些并不是为了填空（虽然我认为大自然讨厌真空），只是为了证明我一有空就开始准备向您表示感谢的回信了，虽然这只是个很简短的机会。如果我认为您不是个性情温和、热爱真理的人，我就不会告诉您这一点，我读了您的书，但痛苦多于快乐。其中有些部分我非常欣赏；有些部分我笑得脸都疼；其他部分我读了却非常悲伤，因为我认为它们是完全错误且非常有害的。在确定的物理真理的道路上起步之后，您已经抛弃了真正的归纳方法，启动了一个我觉得像火车头一样狂野的机器，它要和我们一起驶向月球。您的许多宽泛的结论是基于既不能证明也不能反驳的假设。

那为什么要用哲学归纳法的语言来表达它们呢？

至于您的首要原则——自然选择，它只不过是假定或已知主要事实的次要结果。“发展”是个更好的词，因为它更接近实际原因……您写到的“自然选择”就好像它是由选择主体有意识完成的。这只是预先假定的发展结果，以及随后的生存之战。

您对自然的这种看法很值得钦佩，所有博物学家都承认这一点，且任何有常识的人都不会反驳。我们都承认发展是历史的事实，但这是怎么发生的呢？这个问题在语言上，更确切地说是在逻辑上，是完全空白的。自然既有物质的一面，也有道德的一面或形而上学的一面。否认这一点的人一定深陷愚蠢的泥潭。有机科学的最高荣耀在于它能通过最终原因把物质和道德联系起来，但不管我们考虑自然的哪一面，都不允许把它们混淆在对规则和对规则分类的最初概念中。您忽略了这种联系，并且如果我没有误解您的意思，您已经在一两个怀孕的案例中尽了最大努力来打破它。如果有可能打破它（这是不可能的），在我看来，人性将遭受一种破坏，这种破坏会使它变得野蛮，并使人类陷入自有历史记录以来最底层的堕落中。您书中的段落，都像我提到的一样糟糕（还有其他部分也差不多一样糟糕），大大震撼了我的道德鉴赏力。我认为在推测生物衰退时，您夸大了地质学证据，并且您在谈论自然血统的断裂环节时太过简略了，但我的论文快写完了，我要到教室去了。

最后，我非常不喜欢结束章，总结章写得还不错，但我不喜欢您吸引年轻一代的胜利自信的语气（就像我谴责《遗迹》作者的语气一样），以及对未在子宫内发生的事情的预测；而且，（如果我们相信人类感官所积累的经验及其逻辑的推论）除了在人类想象的肥沃的子宫里，在任何其他地方都不可能找到。

现在来说说您那个老朋友，也是猴子的后代。我比去年好多了，我每周上三天课（以前每周上六天），一点儿也不累，但我发现由于自己丧失了活动、记忆和所有生产力，我的躯体正慢慢向地球下沉。但我有对未来的憧憬，它们是我的一部分，就像胃和心一样，尽管所有憧憬都有最好最伟大的成果原型。但有一件事，我必须谦恭地接受神对自己的启示，尽我最大的努力去贴合只有他才能赐给我的知识，以及只有他才能支持我做的事。如果您与我做到了这一切，那就让我们在天堂相遇吧。

我以兄弟之爱匆匆写了这封信，如果您不喜欢其中任何一句话，请谅解，并且尽管我们在最重要的道德问题上存在分歧，还是请相信我，我是您真诚的老朋友。

（亚当·塞奇威克　公元 1859 年 11 月 24 日）

对达尔文《物种起源》的评述

达尔文先生指的是每个物种的个体，由于某种原因，要么在成熟前死亡，要么在成熟后不久死亡。

“不论有多轻微，也不论基于什么原因，任何变化只要对任何物种的个体在任何程度上有利，在与其他有机生命和外部自然的无限复杂关系中，都会倾向于保护个体，而且通常会遗传给后代，因此后代也会有更好的生存机会，虽然任何物种的多数个体都会周期性出生，但也有少数能够生存下来。每个微小的变化只要有用，就会被保留下来，我把这一原则称为‘自然选择’，以便区分它和人工选择之间的关系。我们已经看到，通过自然之手给予人类微小而有用的变异积累，人类通过选择一定能创造伟大的结果，并能使有机生物适应自己的用途。但正如我们随后看到的，自然选择是一种随时准备采取行动的力量，它超越人类微弱努力的程度不可估量，就像自然作品超越艺术作品一样。”

科学界一直怀着极大的兴趣期待着这一事实，也就是达尔文最终可能会认为，自己的理论足以解释生物学最高问题，也足以支持他为了揭示“神秘中的神秘”而进行的归纳性原创研究。我们现在引用了作者最初观察的主要部分，如果不是全部，我们的失望是可想而知的。观察，不仅要令人信服，还要为假说加上个人的渲染，随后我们就会认为自己掌握了高深的思想、智慧的力量、思想和表述的清晰度和精确度，而这些都是如今让一个人出类拔萃的品质，使他能够在自然历史中分辨出普通群落的真相、巧合、相关性和类推，并能使他比同行得出的结论更深刻、更真实。

我们必须承认，这些期望在细读这本书的第一句话时就受到了考验。

在我们合上书并对这一段落沉思的时候，我们可能会扪心自问，栖居动物（我们猜想他的意思应该是指南美的原始动物）或分布在该大陆的群落，怎么可能表明人可能是由猿转变而来的，或怎么可能反映出人类或其他物种的起源呢？达尔文一定是知道普遍理解的“无人岛”的含义，然而，它可能指的是南美洲的栖居动物，而不仅仅是人类，不仅仅是原始动物以及其他物种，而是所有低等动物。况且，为什么珊瑚虫或海绵比植物更能被称为“栖居物”呢？也许这句话的意思是，南美洲有群居生物的分布和地理关系表明了一种转化的观点，它们通常可以表明这类地方性动植物的独立起源。但是，“某些事实”是指什么？它们在神秘的物种起源中所揭示的光的本质，在目前的著作中并没有任何提及或进一步暗示……

达尔文说，“隔离也是自然选择过程中的一个重要因素”。但如果一个物体是孤立的，又怎么能做出选择呢？达尔文承认，即使是在有限区域的意义上使用这个词，“整个区域的生存条件也会倾向于以同样的方式和同样的条件改变物种的所有个体”。然而，没有任何证据表明物种曾经是这样被创造出来的，但即使假设了影响和蜕变，也是没有选择的。作者补充说，“虽然我不怀疑隔离在新物种产生中是相当重要的，但总的来说，我倾向于相信，面积巨大对于产生广泛传播的物种更为重要”。

现在，关于诸如物种起源的这类问题，任何一篇有关这个主题的明确、正式的科学论文，都在表达一种寻求证明的信仰，而这真的很令人愤怒。我们不关心作者的信仰或作者倾向于相信什么。信仰是缺乏实际知识的心理状态。它可以支配行为，其基础是对自己没有能力证明某命题的默许，再加上顺从地接受权威的教条，或崇拜心中最崇高的偶像。我们欣然承认，一个物种生长的区域越广，它就会传播得越广。但我们没有认识到它对正在讨论的重大问题有多么重要。

我们精心阅读和研究了大部分专著，它们都展示出了对特定动物群体密切研究的结果，但没有发现达尔文所断言的事实，至少他读到的特定动植物群体研究人员的论文是这样的，也就是说，它们的作者都“坚定地相信每个明显的形式或物种最开始都是被独立创造的”。而我们的经验是，这些作者很少对他们仔细研究过的物种起源，亲力亲为地给出任何推测性的假设。

达尔文认为，“头脑中充满大量事实的经验丰富的博物学家”可能会“持有和我相反的观点”，他呼吁他们看向“少数有灵活思维的博物学家”，从而使他们更有可能接受他的假设。我们必须承认，我们倾向的结论都是信奉真理、追求真理、传播真理的一类科学家提出的，罗伯特·布朗、鲁道菲、居维叶、埃伦贝尔、哈罗德、希博尔德等都是我们的典范。正确而明智地普及知识与持续艰苦研究的毅力有关，这在我们下面引用的专著中得到了体现。这些作者很少用他们的信仰来烦扰知识世界，而是用证据来丰富知识世界。仔细进行长期研究，再加上决心的加持，就能得到准确的结果。达尔文先生似乎认为，有远见的发现能力并不够，而应该是不受权力制衡，不被散漫浅薄的知识骚扰，头脑清醒地研究与追求。生物学中越难的问题未必是越高级。

的确，到目前为止，只有在掌握知识的基础上才能得出持久和富有成果的结论；然而，现在我们要接受一个以缺乏知识为借口的假设。有人说，地质记录太不完善了！但人类的记录有哪些是完善的呢？特别是过去有机体的记录和现在的比肯定要差很多。对于这些，我们要坦率地承认。但达尔文先生的假说缺乏所需要的中间形态的化石，大概只有解剖动物学家可以欣赏链接无数宿主，这种链接也就是所谓的“自然选择”。

但一定存在某个时期或某个世界上的历史时期，达尔文先生会声称，未来目的层的形式可能是什么，或可能不是什么，我们会回复称，我们预言可能发生的事的唯一依据，就是与已经发生的事情进行类比。比如，我们可以预测，次生岩石中会有一个空壳，但没有证据表明墨鱼和海参斑鱼之间有生物联系。

达尔文问：“我所谓的早期物种是如何最终变成优良而独特的物种的？”对此，我们又提出了一个问题：它们会变成优良而独特的物种吗？有没有任何被观察到的事实可以证明这种转变？我们在那卷书里找了很久，但一无所获。在最近的化石系列中，当我们看到大多数物种和最近的同类之间的差异时，我们要么会质疑逐步转变的事实，要么会认为像达尔文在给阿萨·格雷博士的信中所说的，“一个人的想象力必须填补广阔的空白”。

最后一只鱼龙消失在白垩纪，很难与第一种鱼龙区别开来，第一种鱼龙突然在早侏罗世地层中引入了奇怪的海蜥蜴形态。最古老的翼手龙和最末一代的翼手龙进化得一样彻底且完整。这是最鲜明的对比，而且我们相信，大量证据可以证明，不同种类的鱼龙在整个海洋鲕粒岩地层和白垩纪时期是有指导意义的，没有任何形式能让我们相信鱼龙的存在，或是在这些时代前后的演变。

阿加西教授也肯定这个说法：“在连续两个地质时期间，动植物发生了变化。但这些被博物学家称为物种的原始生命形态，在任何时期都没有发生过变化。不可否认，有些博物学家认为，不同连续时期的物种特征来自前几个时代的变化，但这只是一种假设，既没有生理学证据，也没有地质学证据。认为动植物会在同一时间以同样方式发生类似的变化，也是毫无道理的。”

居维叶举出了鸟兽被保存在埃及坟墓中的证据，以这种纪念性的证据证明，它们的某些特征在两千、三千、五千年之内没有任何更改，因为这些物种的个体都是木乃伊制作者的试验品。

阿加西教授引用证据表明，现在有一些动物物种，生活在地球上的时间实际上要长得多。

他写道：“我们通过监测珊瑚礁的形成和增长，尤其是在佛罗里达州，就可以足够精确地确定，从基础到垒成露出海平面的珊瑚礁，大约需要八千年的时间。在佛罗里达州最南端就有四个这样的珊瑚礁，它们彼此同心，可以证明它们是一个接一个累积而成的。因此可以判断出第一个已经有超过三万年的历史，然而它们赖以累积的珊瑚，在所有珊瑚礁上都是同样的物种。这样这些事实就为我们提供了从物理研究的任何分支中都能得到的最直接的证据，也就是说，有些现存的动物种类已经存在了三万多年，在整个时期内没有发生过丝毫变化。”

当然，对于这一点，生物演变论者的回答是，时间更长的话，可能会发生三万年内没有发生过的事情。

巴登·鲍威尔教授一定也肯定这种说法："虽然每个物种随着时间的流逝都有其不变的特性，但实际上只要时间够长，所有早期的特征都会被后期的特征取代，以此证明物种到最后还是变化的，前提是要有足够长的时间。"但是存在一个错误：它只证明了物种是变化的，但并没有任何关于变化模式的证据，在这种情况下，渐变或突变都只是一种假设。我们在任何方面都不反对这种改变，只是非常想知道这种变化是如何产生的。欧文长期以来一直表示，他相信某些预先规定的规律或次要原因在促成这种变化方面的确有效，但如果这种规律存在，我们在这方面的知识也只能在规定条件下获得。因此，我们要向居维叶呕心沥血进行的细致比较，以及他当时在木乃伊化的朱鹭、猫、鳄鱼身上得到验证的骨学特征和其他特征，还有纳沙泰尔渊博的古生物学家对三万年间累积成珊瑚礁的珊瑚虫的哲学研究，以及马耶、布冯、拉马克、维斯提、巴登·伯维尔、达尔文对物种起源问题的归纳，表示感谢。

"物种"这一复杂概念的基本要素，就像博物学家对其进行的各种界定和定义一样。也就是说，所有这类物种个体之间的血缘关系在"自然选择"的假设下被消灭了。根据这种观点，一个属、一个科、一个目、一个纲、一个亚界，代表不同等级或不同关系的个体，现在只在程度上不同于同一物种的个体；这些物种和其他族群一样，只是逻辑生物，不再来自自然。目前从形式、结构和生殖现象中得到的证据，证明了与此相反的命题的正确性，即"分类是科学的任务，而物种是自然的成果"。我们相信这句格言将会流传下去，我们确信这一点尚未得到驳斥。我们再重复一次林奈的那句话：分类是科学的任务，而物种是自然的成果。

（理查德·欧文　公元 1860 年）

《物种起源》的时代来临

你们中有很多人都会慢慢熟悉这本绿色封面的小书。这就是第一版《物种起源》，还标明了印刷日期——1859 年 10 月 1 日。有了它，只用几个月就可以了解 21 年历史的完整故事。

那些了解当时情形的人都会记得，《物种起源》这个婴儿非常活泼，很多优秀的人都把这个孩子活泼的个性误认为是淘气，实际上，他的摇篮里发生过一阵骚动。我对那时的记忆还特别深刻，因为对婴孩这种温柔的喜爱对我来说是一种非凡的承诺，因此我做了一段时间护理工作，就这样迎来了威胁每个年轻生命的风暴对我的摧残。几年来，这无疑是一项温暖的工作，与此同时，很多坚持与低级的反对形式也消失了。

我把这一时期说成某种过去的东西，它只有一种历史意义，甚至可以说是一种古老的意义。在《物种起源》存在的第二个十年里，反对的声音虽未消亡，却呈现出不同的面貌。所有有理由尊重自己的人，都表现出完全尊重的态度。这时最迟钝的人才意识到，这个孩子不大可能因为先天弱点或婴儿时期的紊乱而死去，而是会逐渐成长为健壮的人，对他一味地训斥或用桦树条恐吓，是不会有什么效果的。

事实上，《物种起源》在生物学研究领域的影响是可以追溯的，那些过去十年中目睹了科学进步的人都可以充分证明我的观点；每个国家最顶尖的科学家要么公开拥护其主要学说，要么起码会避免反对；一群热情的年轻研究者在达尔文先生的伟大著作中找到了灵感和方向；它所表达的进化论的一般原理，在生物学中得到了坚实的操作基础，在这个基础上它可以征服整个自然领域。

然而历史告诫我们，新的真理的命运通常开始时是异教，结束时是迷信。目前来看，这并不只是个草率的预测：二十年前由于反馈和理由太少，我们的同代人拒绝了这些理论；再过二十年，新一代人受到各种影响，将有可能全面接受《物种起源》的主要学说。

让我们大家虔诚地祈祷，不要发生这样的结局，因为科学精神比产品更有价值，非理性对待真理可能比理性的错误更加有害。科学精神的实质是批判。它告诉我们，在一种学说要求我们同意时，我们应该予以答复。如果可以控制，那就接受它。生存斗争在知识世界和物质世界中同样存在。理论是一种思维，它的生存权与它抵抗对手以避免灭绝的能力是相辅相成的。

在我看来，从这个角度看，这将是对即将到来的“物种起源”时代的一个可怜的庆祝方式，而我只相信事实，因为事实毋庸置疑且引人注目。在过去的二十年里，纯粹的疯狂和愚蠢已经膨胀到可怕的程度。我们不妨问一问，1859 年以来究竟发生了什么事，为什么有那么多人崇拜他们所烧毁的东西，并且烧毁他们所崇拜的东西。因为只有事实，我们才能获得评价的方向。就像判断出我们目睹的运动只是时尚的后尘，还是真正具有进步性、不可逆潮流的进程一样，只能是避免倒退。

每种信仰都是两个因素的产物：第一，表达该信仰所呈现的精神状态；第二，证据本身的逻辑说服力。在我看来，这两个方面为过去二十年的生物科学史所发生的变化提供了充分的解释；简单回顾一下这段历史中的重大事件我们就会明白，为什么说如果《物种起源》现在出版会有与 1859 年截然不同的反响。

21 年前，尽管赫顿开始了这项工作，莱尔也以罕见的技巧和耐心继续着自己的工作，但关于地球过去历史的主流观点仍是灾难性的。伟大而突然的物理革命、大规模的创造和生物灭绝，是流行起来的地质史诗中的原始章节。它被严肃地维护和教导，每个地质时代的结束都标志着一场大灾难，地球上每个生物都被这场灾难卷走，而当世界恢复平静时，一个崭新的创造物将取而代之。就像是仿照惠斯特牌的连续三轮游戏，在每三轮的末尾，牌手们打翻了桌子，要求换一副牌，这套自然规律似乎并没有让任何人感到震惊。

我也许并不正确，但我怀疑目前这些意见只剩下了一个负责任的代表。科学地质学的进步把“均变说”的基本原理，即对过去的解释要在目前的研究中寻求，提升到了公理的地位。250 年前，我们曾满怀敬意地聆听众多灾变论者的异想，但现在已经没有了。现在没有地质学家会奢望在已知的自然原因范围外，寻求对数百万年前任何事情的解释，就像他不会对当前事件的类似荒谬感到内疚一样。

这种观点的改变对生物学推测的影响是显而易见的。如果没有周期性的物理大灾难，那么是什么导致了假定的大灭绝和生命的再创造，也就是相应的生物灾难呢？而且如果在有机世界里，就像在无机世界里那样， 也没有发生过这种自然进程的中断，那么除了承认进化还有什么别的选择呢？

生物学中的进化论是均变论原理在生命现象中逻辑应用的必然结果。达尔文是赫顿和莱尔的自然继承者，《物种起源》是《地质学原理》的逻辑顺序。

《物种起源》的基本原则，就像是各种形式的进化论应用于生物学一样，是“被无数物种、属和家庭的有机生物充斥的世界，上面的居民都是承袭下来的，每个都在自己的类别或群组中，从共同的亲代和所有改进过的后裔承袭而来”。（《物种起源》，第一版，第 457 页）

“而且，根据地质学的事实，所有现存的动植物都是那些生活在志留纪之前很久的动植物的直系后代。”（《物种起源》，第 458 页）

有所改进的继承是这一理论明显的结果，有时被认为是所有动植物，虽然它们现在可能不同，但肯定在某些时期有着直接或间接的中间等级。

在达尔文先生的著作中，这一部分最为直接地与二十年前自然学家的先入观念背道而驰。这种先入观念是可以原谅的，因为当时这无疑是非常伟大的事，它有利于物种的固定和产生巨大突破。

由于各种科学或非科学的原因，人们对人类和其他高级哺乳动物之间的差异做了许多研究，也难怪这个问题第一次引发争论。我不愿重提过去，我宁愿开心地遗忘掉争论，但我必须说明一个简单的事实：1860 年，为了把人类与其他动物区别开来，人们曾激烈地断言大脑和其他特征的区别，然而如今被证明是不存在的，且反对的学说现在已经被普遍接受和传授。

但在某些情况下，动物之间存在的巨大的结构差异不是虚构的；而且，当这种结构突变真实存在时，达尔文先生只能通过假设曾经存在的中间形式已经灭绝来进行解释。在尤为精彩的一段中，他表示："我们甚至可能以此来解释整个类别中每个个体的区别——例如，鸟类和所有其他脊椎动物——因为许多动物的生命形式已经完全丧失，而鸟类的早期祖细胞正是通过它们，才与其他脊椎动物的早期祖细胞相关。"(《物种起源》，第 431 页)

诸如此类的建议吸引了很多恶意的批评。当然，设想灭绝是很容易摆脱困境的，但要在鸟类和爬行动物之间假设存在所要求的中间形式，哪怕最微小的证据在哪里呢？他可能随后就发表了一大篇文章，摒弃了"培根式归纳法"。

但难以预料的是，知识的进步在某种程度上证明了达尔文先生是正确的。1862 年，始祖鸟标本被发现，直到两三年前它依然非常独特；从它的羽毛和大部分组织来看，它就是一种真正的鸟，但在其他方面，它又很明显是一种爬行动物。

我很荣幸让在这个剧院的各位注意到 1868 年对某些古老爬行动物进行解剖的结果，结果显示四足爬行动物继承了两足鸟的改进特征；我刚才向你们提出的结论，从那时起就已经有了确凿的证据。

1875 年，玛什教授在北美发现，齿白垩纪地层的有齿飞鸟完成了一系列鸟类和爬行动物之间的过渡。这一发现也从可论证事实的角度，驳斥了达尔文先生"依据鸟类的早期祖细胞与其他脊椎动物类别的早期祖细胞有关，可以判断许多动物的生命形式已经完全丧失"的假设。

1859 年，脊椎动物和无脊椎动物之间出现了非常明显的差异，不仅在结构上，更重要的是在它们的发育过程中。我认为我们甚至不知道两者间的确切联系，但科瓦莱夫斯基和其他人对文斐克西斯和突尼斯人的发展所做的调查，毫无疑问可以证明，对两者间的转化造成障碍的差异是不存在的。脊椎动物是如何从无脊椎动物进化而来，现在已经没有什么困难了，虽然还没有充分的证据可以证明这种转变是如何发生的。

还有在 1859 年，开花植物和无花植物这两大类群之间的分化也同样明显。只是后来一系列由霍夫迈斯特实施的著名研究，带来了完全出乎意料的生殖器官进化结果。

再强调一遍，从 1859 年以来，我们就已经获得了关于最低等生命形式的丰富知识，这些知识展示了试图从最低等动物中分离出最低等植物的徒劳，表明了两种生物国度之间有个中间地带，处于中间地带的生物要么属于两者，要么不属于任何一方。

因此我们可以看到，自 1859 年以来，一系列研究的明显中断造成了困难，生物学研究的整体趋势是朝着消除困难的方向发展，而对等级的认识就是接受进化的第一步。

我把在胚胎学研究方面所取得的惊人进展，看作让博物学家意见转变的另一个重要因素。二十年前，我们不仅对许多动植物群的发展模式缺乏准确的认识，而且调查方法非常粗糙且不完善。目前重要的有机生物群体的发展都得到了认真研究，而现代方法使胚胎学家能够确定这一过程的性质，对于那些记忆能追溯到现代组织学起源的人来说，的确非常令人吃惊。这些胚胎学研究的结果与进化论的要求完全一致。所有高级动物生命的最初阶段都是相似的， 然而不管它们的成年条件如何不同，它们都是从一个共同的基础开始的。此外， 动植物从最初的卵或胚芽发育的过程是真正的进化过程，这个过程也就是从几乎不成形的物质到或多或少具有高度组织性的物质的过程，这是由物质固有的特性决定的。

对于那些熟悉发展过程的人来说，对生物进化学说的反对很幼稚。凡是看过从原生物质，也就是形成青蛙卵或鸡蛋的基础物质，到形成复杂动物这一过程的人，已经知晓有足够的证据可以表明，类似的进化对于整个动物世界都一样。

然而，另一项研究成果在很大程度上消除了 1859 年对进化论的反对意见。连续的发现证明，达尔文先生并没有高估地质记录的不完整性。1859

年第三纪哺乳动物群的知识与其现状的比较最能够说明这一点。M. 高德利对匹克米化石的研究发表于 1868 年，而雷迪女士、玛什和柯普等人对美国西部地区化石的研究，几乎全部出现于 1870 年，M. 菲尔霍对凯尔西磷质岩的研究则发表于 1878 年。这些调查给我们介绍了大量已灭绝的动物，这些动物的存在以前几乎没有人怀疑过，就像动物学家将要认识一个迄今还不为人所知的国家一样。这个国家有极其丰富的新生命形式，就像巴西人或南非人曾经看待欧洲人那样。的确，美国西部地区的化石动物群在意义和重要性上，超过了所有其他已知第三纪沉积物的总和；除了美国第三纪的个体之外，这些调查的范围非常有限，而在匹克米，这些调查被限制在一个非常小的空间里。

这些在我看来就是过去二十年里历史知识进步的主要事件，同样可以用于解释人们对进化论想法的转变。这种转变目前由于不能直接由进化论解释，而被归结为生物科学的进步。

但所有这些都只是次要证据。它可以消除异议，但却不能迫使人们同意。支持进化论的主要证据和直接证据只能由古生物学证据充当。地质记录一旦接近完整，在受到合理质疑时，就必须给出肯定或否定的答案：如果发生进化，就会留下痕迹；如果没有发生，就会有反驳。

1859 年的情况如何？让我们听听达尔文先生是怎么说的，毕竟他总是尽其所能地反对自己。

“根据世界上现存和已灭绝的居民之间的无限联系，以及在每个相继时期内灭绝的物种和更古老物种之间的联系的被消灭，为什么不是每个地质构造都有这种联系呢？为什么不是每个收集到的化石遗迹都能清楚地证明生命形式的渐变和突变呢？我们没有遇到这种证据，这是反对我理论的众多意见中最明显和最似是而非的。”（《物种起源》，第一版，第 463 页）

这是最有效的典型的反对派的公开声明，很快这个理论就立即反转，他们承认作者的观点被古生物学的事实反驳。但实际上，达尔文先生并没有承认过。他所说的效果实际上不是古生物证据对他不利，而是古生物证据并不是明显对他有利，而且他并没有试图去淡化事实，而是用证据的不足和不完善来进行解释。

我们已经看到，我们对第三纪的哺乳类的知识增加了五十倍，在某些方面甚至达到了完整的程度。那么现在情况如何呢？

简单地说，如果进化论不存在，那么它一定是古生物学家们发明出来的。自 1859 年以来，对第三纪哺乳类动物遗骸的研究让人们不由自主地产生了这种想法。

高德利在匹克米化石中，发现了古代果子狸的连续阶段传递到更现代的鬣狗；通过美国西部的第三纪沉积物，玛什追踪到古代马的血统演变成当前马的连续形态；此外，研究人员们还获得了无数其他高级哺乳动物的进化方式不太完全的指示。在我提到的关于凯尔西磷质岩的回忆录中，M. 菲尔霍描述了不少于 17 个拟指犬的变种，它们填补了灵猫科动物和犬熊类之间的所有空白。

在总结结果的过程中，M. 菲尔霍观察到磷矿时代，动物形态发生了巨大变化，几乎和现存的类型分化相同；在我们没有确切知识的自然条件影响下，虽然可以发现它们的踪迹，但物种已经以一千种方式改变了，即种族出现了，也变得固定，因此也产生了相应数量的次级物种。

1859 年，《物种起源》无意中的语言被认为是疯狂的猜测。目前，这已经成了严格的批判性调查员经过大量古生物事实研究，根据得出的结果所做的严肃声明。我冒昧地重复一下我说过的话，就动物而言，进化不再是一种推测，而是对历史事实的陈述。它与所有学派的哲学家都必须承认的真理并驾齐驱。

因此，明年 10 月 1 日，《物种起源》成书时最初的希望将得到实现，我们将准备祝贺这本书受人尊敬的作者，不仅是因为他的伟大成就，他对知识进步的持久影响，他在哈维旁边赢得了位置，更重要的是，他和哈维一样长寿，战胜了诋毁和反对的声音，看到了那些被建筑者抛弃的石头都变成了墙脚的基石。

（托马斯·亨利·赫胥黎　公元 1880 年）